中国国家标准汇编

457

GB 25078～25104

（2010 年制定）

中国标准出版社　编

中国质检出版社
中国标准出版社
北　京

图书在版编目（CIP）数据

中国国家标准汇编：2010年制定．457：GB 25078～25104/中国标准出版社编．—北京：中国标准出版社，2012
ISBN 978-7-5066-6472-1

Ⅰ．①中…　Ⅱ．①中…　Ⅲ．①国家标准-汇编-中国-2010
Ⅳ．①T-652.1

中国版本图书馆CIP数据核字(2011)第187937号

中国质检出版社
中国标准出版社 出版发行
北京市朝阳区和平里西街甲2号(100013)
北京市西城区三里河北街16号(100045)
网址：www.spc.net.cn
总编室：(010)64275323　发行中心：(010)51780235
读者服务部：(010)68523946
中国标准出版社秦皇岛印刷厂印刷
各地新华书店经销

*

开本 880×1230　1/16　印张 38.75　字数 1 110 千字
2012年1月第一版　2012年1月第一次印刷

*

定价 220.00 元

出 版 说 明

1.《中国国家标准汇编》是一部大型综合性国家标准全集。自1983年起，按国家标准顺序号以精装本、平装本两种装帧形式陆续分册汇编出版。它在一定程度上反映了我国建国以来标准化事业发展的基本情况和主要成就，是各级标准化管理机构，工矿企事业单位，农林牧副渔系统，科研、设计、教学等部门必不可少的工具书。

2.《中国国家标准汇编》收入我国每年正式发布的全部国家标准，分为"制定"卷和"修订"卷两种编辑版本。

"制定"卷收入上一年度我国发布的、新制定的国家标准，顺延前年度标准编号分成若干分册，封面和书脊上注明"20××年制定"字样及分册号，分册号一直连续。各分册中的标准是按照标准编号顺序连续排列的，如有标准顺序号缺号的，除特殊情况注明外，暂为空号。

"修订"卷收入上一年度我国发布的、修订的国家标准，视篇幅分设若干分册，但与"制定"卷分册号无关联，仅在封面和书脊上注明"20××年修订-1，-2，-3，……"字样。"修订"卷各分册中的标准，仍按标准编号顺序排列（但不连续）；如有遗漏的，均在当年最后一分册中补齐。需提请读者注意的是，个别非顺延前年度标准编号的新制定的国家标准没有收入在"制定"卷中，而是收入在"修订"卷中。

读者配套购买《中国国家标准汇编》"制定"卷和"修订"卷则可收齐上一年度我国制定和修订的全部国家标准。

3. 由于读者需求的变化，自1996年起，《中国国家标准汇编》仅出版精装本。

4. 2010年我国制修订国家标准共2846项。本分册为"2010年制定"卷第457分册，收入国家标准GB 25078～25104的最新版本。

中国标准出版社

2011年8月

出版说明

目　　录

ICS 17.140
A 59

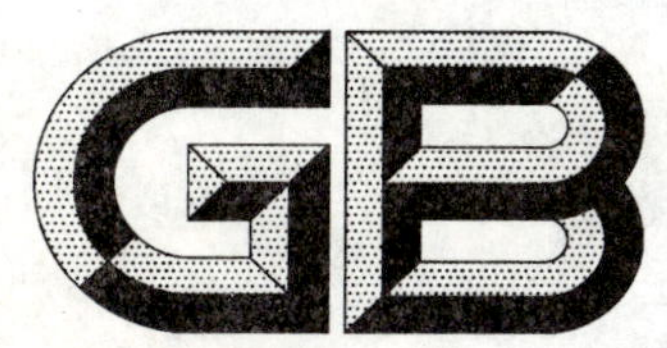

中华人民共和国国家标准

GB/T 25078.1—2010/ISO/TR 11688-1:1995

声学 低噪声机器和设备设计实施建议 第1部分:规划

Acoustics—Recommended practice for the design of low-noise machinery and equipment—Part 1:Planning

(ISO/TR 11688-1:1995,IDT)

2010-09-02 发布　　2011-04-01 实施

中华人民共和国国家质量监督检验检疫总局
中国国家标准化管理委员会　发布

前　言

GB/T 25078《声学　低噪声机器和设备设计实施建议》分为2个部分:

——第1部分:规划;

——第2部分:低噪声设计的物理基础。

本部分为GB/T 25078的第1部分。本部分等同采用ISO/TR 11688-1:1995《声学　低噪声机器和设备设计实施建议　第1部分:规划》(英文版)。

为便于使用,本部分对ISO/TR 11688-1:1995进行了编辑性修改,并在参考文献中加入了2002年出版的马大猷主编的《噪声与振动控制工程手册》等较新的参考书目。

本部分的附录A和附录B为规范性附录。

本部分的附录C为资料性附录。

本部分由中国科学院提出。

本部分由全国声学标准化技术委员会(SAC/TC 17)归口。

本部分起草单位:南京大学声学研究所、中国科学院声学研究所、同济大学声学研究所、西北工业大学、长沙奥邦环保实业有限公司。

本部分主要起草人:邱小军、田静、程明昆、俞悟周、毛东兴、陈克安、莫建炎。

引　言

本部分为低噪声机器的设计提供实施建议。目前已提出的绝大多数标准给出了噪声测量和评估的方法,本部分的目标是对现有机器和正在设计中的新机器进行噪声控制,给出了低噪声机器和设备设计的基本原则和方法。

在噪声控制实践中,非声学专业工程师的介入非常重要。他们对噪声产生和传递特性的基础知识的掌握和对噪声控制措施原理的理解对噪声控制的效果极为重要,本部分可以作为获得更多噪声控制知识的基础。

需要通过标准化的方法来支持本部分所给出设计原则,为此,制定了在噪声控制领域的一系列标准。

声学 低噪声机器和设备设计实施建议 第1部分:规划

1 范围

GB/T 25078的本部分有助于对机器和设备噪声控制基本概念的理解。

本部分所推荐的方法旨在帮助在任何设计阶段的设计者控制最终产品的噪声。选择产品的系统化开发设计流程为基础,构成本部分的结构框架(见第4章)。

本部分没有列出所有的设计原则。在设计阶段也可以采用其他等效的或更有效的降噪技术措施。

若需要解决本部分涉及范围以外的问题,设计者可以参考本部分的参考书目。这些书目代表了在本部分出版时的声学手册的一般状况。另外,还可参考更多的解决声学问题的技术出版物。

2 规范性引用文件

下列文件中的条款通过GB/T 25078的本部分的引用而成为本部分的条款。凡是注日期的引用文件,其随后所有的修改单(不包括勘误的内容)或修订版均不适用于本部分,然而,鼓励根据本部分达成协议的各方研究是否可使用这些文件的最新版本。凡是不注日期的引用文件,其最新版本适用于本部分。

GB/T 3767—1996 声学 声压法测定噪声源声功率级 反射面上方近似自由场的工程法(eqv ISO 3744:1994)

GB/T 3768—1996 声学 声压法测定噪声源声功率级 反射面上方采用包络测量表面的简易法(eqv ISO 3746:1995)

GB/T 14574—2000 声学 机器和设备噪声发射值的标示和验证(eqv ISO 4871:1996)

GB/T 16404—1996 声学 声强法测定噪声源的声功率级 第1部分:离散点上的测量(eqv ISO 9614-1:1993)

GB/T 16404.2—1999 声学 声强法测定噪声源的声功率级 第2部分:扫描测量(eqv ISO 9614-2:1996)

GB/T 16404.3—2006 声学 声强法测定噪声源的声功率级 第3部分:扫描测量精密法(ISO 9614-3:2002,IDT)

GB/T 17248.1—2000 声学 机器和设备发射的噪声 测定工作位置和其他指定位置发射声压级的基础标准使用导则(eqv ISO 11200:1995)

GB/T 22156—2008 声学 机器与设备噪声发射数据的比较方法(ISO 11689:1996,IDT)

GB/T 25078.2—2010 声学 低噪声机器和设备设计实施建议 第2部分:低噪声设计的物理基础(ISO/TR 11688-2:1998,IDT)

ISO 9611:1996 声学 关于连接结构声辐射固体声的声源的特性 弹性安装的机械装置接触点处的振速测量

3 术语和定义

下列术语和定义适用于GB/T 25078.1的本部分。

3.1

空气声、液体声和结构声 airborne, liquid-borne and structure-borne

分别指空气、液体或者固体结构中传播的声。

3.2

有源噪声部件　active noise components

机器中产生噪声的部件。在许多情况下，它们是动力转换设备，从如电能、机械能或磁能、液压、内力、或者摩擦等动力源产生机械功。其他类型的噪声部件可以是非定常流体和运动部件之间的接触面。

3.3

无源噪声部件　passive noise components

传递有源部件产生的噪声的部件；它们不包含声源，但可能是主要的声辐射部件。典型的无源噪声部件包括机器的结构零部件和覆盖面板。

3.4

周期性噪声　periodic noise

周期性重复的噪声。典型的周期性噪声源包括机器的齿轮和活塞。周期性噪声呈现线谱特征。

3.5

有调噪声　tonal noise

主要由一个或几个可清楚辨认的单频声构成的噪声。

3.6

宽带噪声　broad band noise

由单一的冲击，如短时压力脉冲或者撞击，或者由在空气或液体中的湍流产生的噪声。宽带噪声的特征是通过频谱分析可以看见在较宽的一段频率范围内存在连续谱。

3.7

力激励　force excitation

激励力和被激励结构特性无关的激励；例如在相对硬而重的结构物体上的轻而软的振源。

3.8

速度激励　velocity excitation

激励速度和被激励结构特性无关的激励；例如被相对大质量的振源激励的轻而软的结构。

3.9

准静态响应　quasi-static response

机器对低于其最低共振频率的激励的响应。

3.10

共振响应　resonant response

机器对某个频段区域的激励的响应，在这个频段，可明显区分机器的单个共振频率。

3.11

多共振响应　multi-resonant response

机器对某个频段区域的激励的响应，在这个频段，机器有许多共振频率，无法明显区分单个共振频率。

4　系统化设计和声学方面的考虑

系统化设计是通过利用多学科的信息（如机器噪声控制）而形成的一种实施方法。这种方法建立了在设计和开发的各个阶段达到目标和决策的基础。

设计过程可以分为如下4个逐渐细化的阶段（见图1）。随着每一个阶段信息量的增加，有可能按确定的设计要求（如低噪声级等）来确定可供选择的解决方案。系统化设计的阶段是：

a)　明确任务：将所有要求列表，该表是整个设计任务的控制文件。该表中噪声指标的制定可参考法规、当前技术发展水平、竞争者的产品性能、顾客需求或公司销售书中该机器噪声所占的权重（见附录B）。

b)　概念设计：本阶段设计过程主要集中于达到所希望的目标。本阶段几乎没有最终产品的信息,通常通过与已经有的设计进行对比,评估噪声性能。

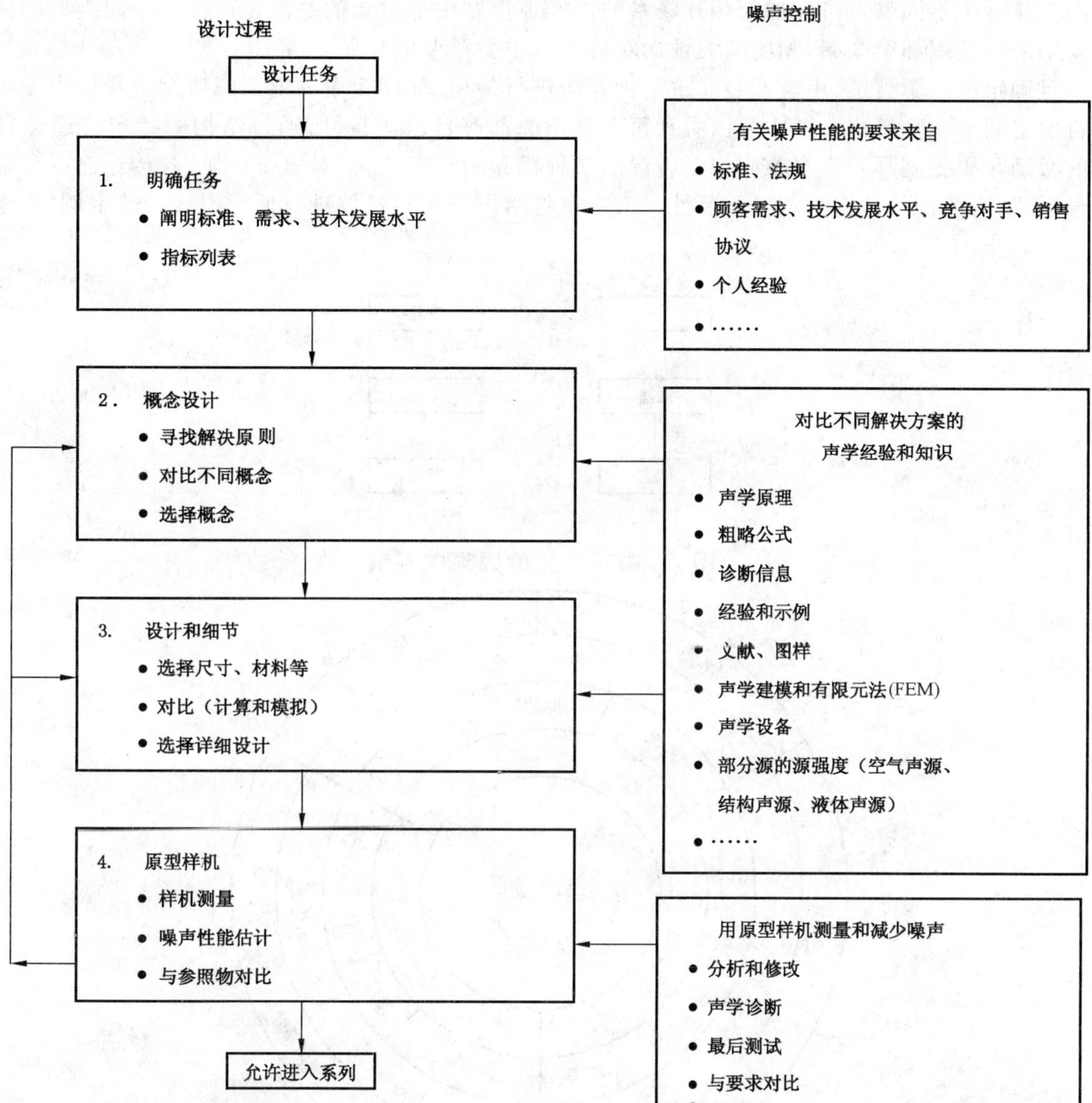

图1 设计流程的各阶段和相应噪声控制方法的支持

c) 设计和细节:随着个别部件的设计和选择的进展,可以通过设计项选择来定量估计噪声性能。

d) 原型样机:样机上的测量可获得主要噪声源和声传递途径的量化数据。这些数据可能会指出需要采取某些特定的噪声控制措施,而这些措施会改变机器的设计。通过测量可以确定设计是否达到要求。

下面的步骤可以用到上述4个阶段的各个阶段。要在设计的前期阶段去除最主要的噪声问题,遵循这个原则非常重要:

a) 第一步:确定机器的主要噪声源,并按优先级(噪声影响程度)排序(5.2)。

b) 第二步:在确定了主要噪声源后,进一步分析相应的噪声产生机理(5.3)。

c) 第三步:分析和描述从声源到接收位置的直接噪声辐射,以及通过结构到辐射面的传递(5.4)。

d) 最后一步:分析来自这些表面的噪声辐射,确定这些辐射面对接收位置声压级的各自贡献。

e) 评估各种噪声控制措施组合的最佳者。

在设计低噪声机器过程中,应当在考虑因果关系链(图2)的前提下,确定所涉及的基本声学机理。

所有设计过程都可重复进行。因此每个阶段都要决定是否进入下一个阶段，还是要重复前面的步骤。

图 3 显示了不同噪声机理如何相互联系的。噪声控制中最重要的是确定声源。不同类型的声源列于图 3 中的第 1 圈和第 2 圈，相应的关键词对应着以下各章节的标题。

一旦确定了声源类别，声波就会通过某种媒质进行传递，如图 3 中的第 3 圈所示。最后声波将被辐射到自由空间或激励结构。图中可以看到每个噪声源都有自己的特性、通过结构的特定传递途径和辐射面的激励。要控制具有许多不同类型声源的某种机器的噪声，需要对每个声源、各传递途径和辐射面进行分析，从而能评估他们的相对重要性。第 5 章将给出一个对机器进行低噪声设计的示例。

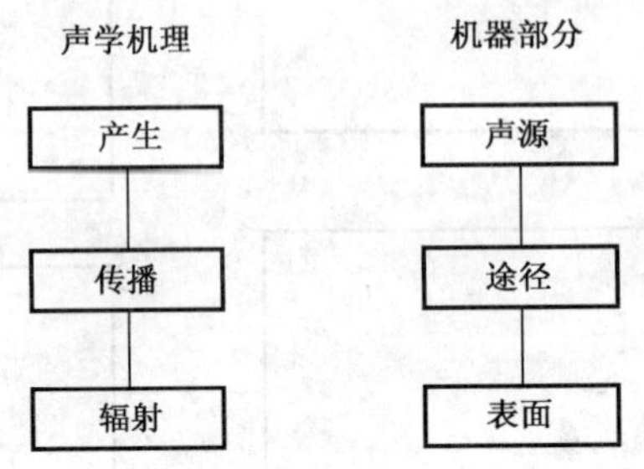

图 2　噪声产生的因果关系链

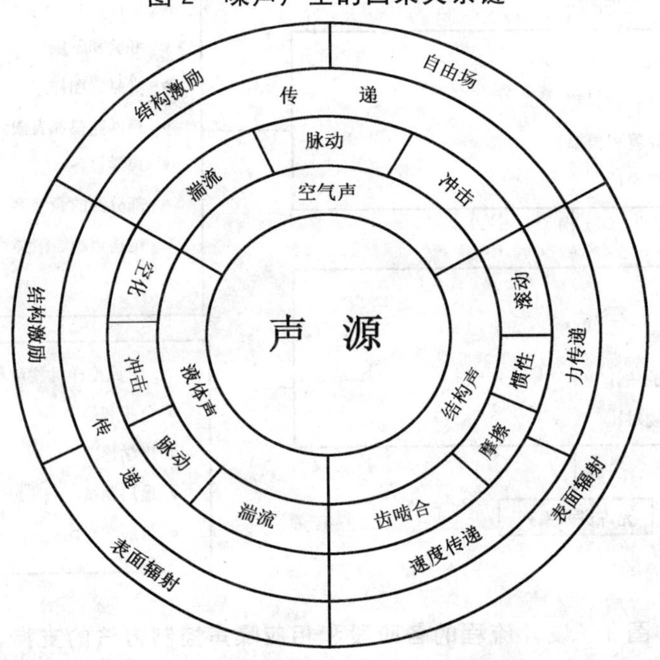

图 3　机器噪声产生的基本模型

5　概念和详细设计

5.1　概述

因为任何一个设计方案总是要在物理工作原理的选择和功能系统的选择之间综合考虑，所以可以对设计概念的选择给出如下建议：

a)　大多数情况下，最低速度和加速度工况的声学结果最佳。

b)　对于给定的工作原理，可以通过改变结构的质量、刚度和阻尼来降低机器的噪声。设计参数如材料、形状、位置、部件个数、尺寸、连接的结构和方式等对声发射可能有较大影响。如果应用得当，这种改变可以降低机器的振动和/或辐射。

c)　气体和液体的定常流要比非定常流噪声低。

在概念阶段和详细设计阶段，第 4 章介绍的步骤和接下来的章节中进一步的详细阐述可以用于诊断和噪声控制措施。概念阶段可能只有粗略估计，可遵循一般的设计原则或和已有解决方法的比较。而在详细设计阶段，可应用详细计算、建模和调查实验的结果。

5.2 基本步骤

5.2.1 声学建模和排序

具有不同声源的机器的噪声性能可以通过机器的声学模型(见图 2)来形象化地描述出来。要更详细地建模，设计者必须首先将机器分为有源噪声部件和无源噪声部件。

有源噪声部件和无源噪声部件可以产生、传递和辐射空气声、液体声和结构声。所以有必要按这 3 种类型的噪声来分析噪声部件。进一步对噪声部件分类的目的是确定主要噪声源、传递途径和辐射面。

接着，设计者必须分析能够传递噪声的途径。结构声、液体声和气体声的途径都要考虑。而且要考虑个别有源噪声部件可能产生的直接空气声辐射。

最后，应确定辐射噪声的机器表面。

当确定了最重要的噪声源及其传递途径后，必须进行过程参数分析。首先必须控制主要噪声的贡献。建议在处理声传递途径和辐射面之前先控制声源。

有源噪声部件驱动频率和无源噪声部件共振频率的吻合可能导致严重的噪声问题。

一般设计原则如下：

a) 将机器分成有源噪声部件和无源噪声部件；

b) 确定空气声、液体声和结构声的声源；

c) 确定空气声、液体声和结构声的声传递途径；

d) 确定声辐射面；

e) 辨识最主要的噪声贡献来源(声源、传递途径、辐射面等)。

5.2.2 示例

本例的目的是演示如何进行声学建模和进行噪声源的排序。

图 4 所示是一个静压动力机组，其有源噪声部件包括电机、液压泵和阀门。

它们都通过一个闭环路连接到一个贮液箱。

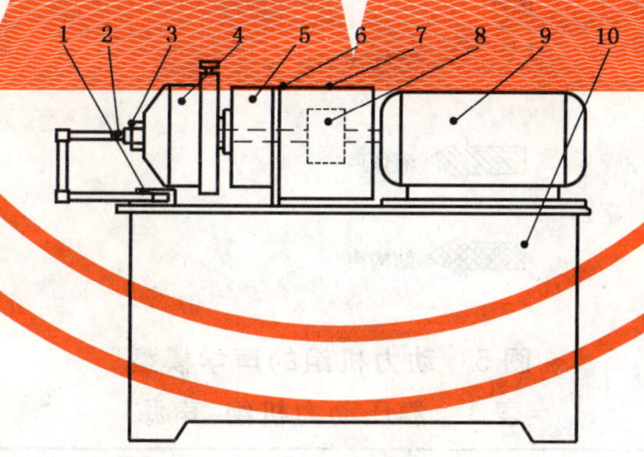

1——安全阀；

2——出口管(12 mm)；

3——缩口管接头(25 mm～12 mm)；

4——泵；

5——隔振法兰；

6——连接法兰；

7——罩壳；

8——联轴器；

9——电机；

10——贮液箱。

图 4 静压动力机组

这个动力机组的有源噪声源包含空气声、结构声和液体声的声源。

为了形象化地描述来自机器不同声源的噪声传递，图5用方块图描述了该动力机组的噪声机理。

表1至表3列出了噪声源、传递途径和声辐射面。

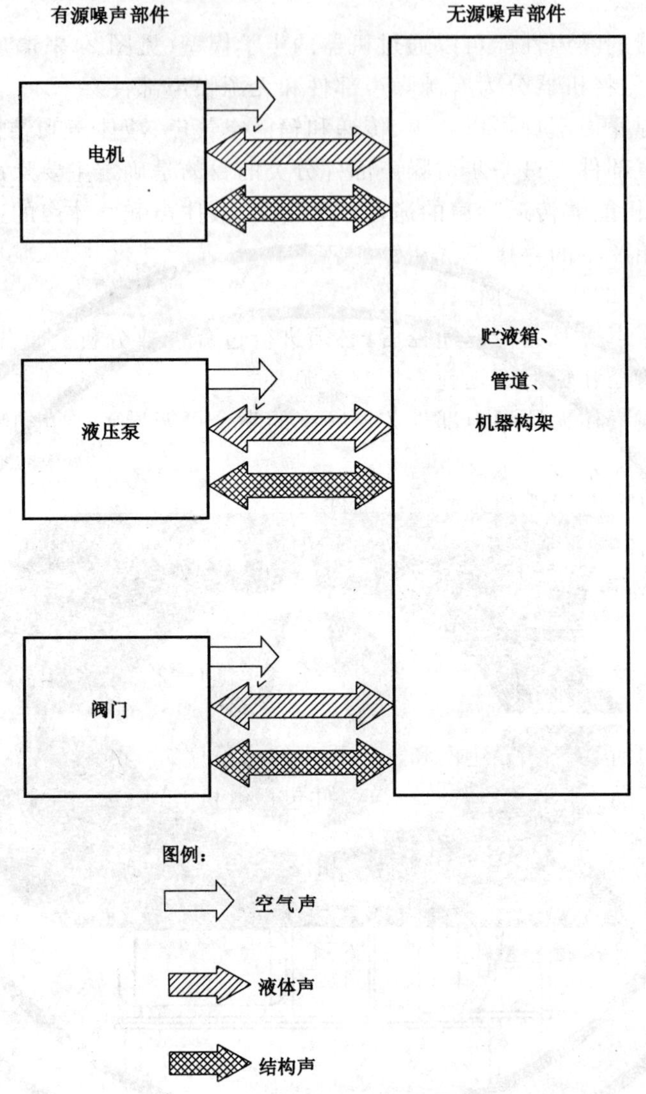

图5 动力机组的声学模型

表1 静压动力机组：声源

部件名称	声源	A	S	L
电机	磁场		—	
	风机	+		
	不平衡		—	
液压泵	泵浦		+	+
	不平衡		—	
溢流阀	节流			—
	阀门不稳定		—	—
注：A 空气声；S 结构声；L 液体声；+ 主要贡献者；— 次要贡献者。				

表 2　静压动力机组:传递途径

部件名称	途　　径	A	S	L
电机	安装点		+	
	轴		—	
液压泵	安装点		+	
	轴		—	
	流体连接		—	
安全阀	安装点		—	
	流体连接		—	
联接	联接件		+	
管路	钢管		—	
	液体			—
贮液箱	安装点		+	
	壁板		—	
	液体			—

表 3　静压动力机组:辐射面

部件名称	辐　射　面	A	S	L
电机	机架和外壳	+		
液压泵	机架和外壳	—		
管路	管壁	—		
贮液箱	壁板	+		

在静压动力机组上做了许多实验来确定与声发射有关的不同的声源、传递途径和辐射面。表 4 列出了在混响室内进行声功率测量的主要结果。所有实验都是在相同工况下进行的。

表 4　静压动力机组:噪声控制措施效果

	动力机组噪声控制 1 500 r/min;180 bar	L_{WA} dB
1	如图 5 所示,所有传递途径存在情况下	90
2	将电机和液压泵放在一个单独的支架上,该支架和贮液箱罩通过隔振器连接。这个措施减少了贮液箱和机器结构间的结构声传递,噪声功率得到了少许降低	89
3	将电机和泵的支撑架与贮液箱间的振动耦合去除。泵和阀门之间用 2 m 长的水力制动用软管连接,进一步降低传递到贮液箱的结构声,噪声功率又降低了 3 dB	86
4	将贮液箱从混响室移出,去除来自它的空气声贡献。这个措施没有得到进一步的噪声降低。由此得出结论,贮液箱在上述第 3 步中已经较好地被解耦	86
5	液压泵通过 个隔振器安装在电机的锥形法兰上。去除电机上的风机,用水冷却,又使噪声功率降低了 1 dB	85
6	最后,将电机用隔声罩包起来,降低由其表面辐射的空气声	81
注:1 bar=10^5 Pa。		

从实验中可以得出如下结论:

a)　从静液力泵表面辐射的空气声的噪声功率级比整个静压动力机组的小 9 dB;

b) 主要噪声源是静液力泵产生的结构声和液体声;

c) 泵和电机以及泵和贮液箱之间的途径是结构声传递的主要途径;

d) 电机和贮液箱表面是主要的辐射面。

本例所用的液压泵并不是目前可以得到的典型装置。换用一个结构声和液体声声源强度小的液压泵将降低总声功率级。

5.3 声源的控制

5.3.1 空气声源

所有流动的气体(例如空气)可能由于湍流、冲击和脉动产生噪声。

5.3.1.1 湍流

湍流产生噪声的机理有许多不同的形式。湍流流过圆柱体时可以产生纯音,例如烟囱道。气体流过腔体,例如长笛或者木工机械中的切割机,也产生有调噪声。对管道里的流体,锐角、支杆或者阀门可以产生噪声。

喷嘴中喷出的高速流体或者风机的边缘由于受到在喷嘴或者风机边缘附近静止的空气和被激励的空气流的接触区域的剪切力的作用产生漩涡,导致宽带噪声。声级和频谱取决于流速、媒质的粘性和喷嘴的几何形状。

降低接触区域的流速可以降低噪声。这可以通过在喷嘴或管道出口处降低压力差、加大喷嘴直径或通过分流来实现。

通过对流体系统进行分析,寻找可能的障碍物来确定声源具体位置。通过改变杆子的直径、在烟囱中引入阻流片、改变其空气动力学形状或降低流速可有效降低噪声。

设计风机时尽可能降低叶片端速(线速度)。使用可变的速度而不是节流。转子和机架间的空间太小会增大噪声产生。

去除障碍物,减少障碍物的数量或者改变其空气动力学形状(避免尖锐的边缘),可以避免在障碍物后面产生湍流。

通过采用分支或细缝来改变喷嘴或者阀门的几何形状增加所产生噪声的频率。这有利于吸声和隔声处理。

控制气体湍流的设计原则:

a) 降低工作压力;

b) 降低压降;

c) 最小化流速;

d) 优化设计喷嘴出口,减小流经喷嘴的速度变化;

e) 降低转子叶片末端的速度;

f) 避免流体中的障碍物;

g) 改善流体流态。

5.3.1.2 冲击和脉动

在活塞式机器中,由于不均匀的体积流动,产生体积和压力脉动。因为这些机器中包含有旋转部件,脉动发生的频率正比于转动频率,产生有调噪声。如果可能的话,可以通过降低转速和高压机器的工作压力来降低噪声。

冲击产生于受压媒质向低压区域快速释放。在打开和关闭阀门以及高压气动电机和泵中会产生这种现象。通过减少压力差值或者延长变化时间来减缓压力—时间变化可以降低冲击噪声。在超音速气流中,例如排气阀,产生准稳态的冲击。可以通过降低流速降低它们的噪声。

通过设计开启阀门的喷口面积变化,使之仅能随时间缓慢变化,可以使噪声最小。通过均衡通道来避免对活塞或者齿轮泵中的存留流体进行压缩。

从阀门出来的单个冲击是宽带声源(产生了很多频率)。但冲击也能周期性地发生,如高压泵和电机,导致在转动频率及其谐波处的周期性噪声。

由于流速大于空气中的声速而在阀门排气口处产生稳定的冲击导致强烈的宽带噪声。这可以通过降低流速避免。

控制气体中的冲击和脉动的设计原则:

a) 降低压力变化的速度;

b) 转子附近避免障碍物。

5.3.2 液体声源

与空气一样,液体也可以通过湍流、脉动和冲击方式产生噪声。所以5.3.1中的设计原则同样适用于液体。

控制液体声的设计原则是:

a) 降低压降;

b) 使流速最小;

c) 避免流体中的障碍物;

d) 改善流体流态;

e) 减缓压力变化的速度。

空化:当静态压强下降到低于蒸汽压力时,液体中产生空化。例如,阀门和泵中会发生这种现象。在压力小于蒸汽压的区域,空化气泡增大。在再次压缩期间,空化气泡爆炸,产生高压。因为通过表面的流体停滞而时常发生再压缩,空化不仅产生噪声而且可能具有很强的腐蚀性。

例如可以通过减少各个阀门处的压力下降来避免空化。引入更多的阀门可得到期望的总压力下降。

空化是宽带噪声源。

控制空化的设计原则是:

a) 降低压降;

b) 降低流速;

c) 提高静态压强;

d) 改善流体流态避免空化;

e) 流体速度不要超过1.5 m/s;

f) 缩短进液管;

g) 贮液箱液面高于泵进口;

h) 使用低流动阻力的部件,例如滤网、阀门等。

5.3.3 结构声源

5.3.3.1 撞击

撞击噪声是机械噪声源中最主要的一种。许多噪声的产生机理可以看作是周期性的撞击。撞击噪声中最主要的参数是撞击体的质量、速度以及撞击持续的时间。

通过对撞击噪声的频谱分析,发现因为撞击持续的时间很短,频谱主要是以高频为主的宽带噪声。周期性撞击产生周期性噪声。频谱分量为撞击频率及其倍频。

控制撞击噪声的设计原则是:

a) 延长撞击时间;

b) 降低撞击速度;

c) 使自由撞击体的质量最小;

d) 增加固定被撞击体的质量;

e) 避免其他负载下的部件松动。

5.3.3.2 齿啮合

齿啮合是撞击噪声的一种特殊形式，发生在例如齿轮箱和链条的传动中。主要的参数有接触部件(齿)的接触周期、接触期间力—时间—变化以及接触部件(齿)的刚度。齿缺陷可能引起附加的力变化并因此增加噪声。齿啮合主要导致纯音的产生(啮合频率的倍数)。

影响齿啮合的措施有通过齿的几何形状和接触面(齿顶和齿根的修形、斜齿轮)的变化来增加接触率、提高齿轮的精度和调整或增加齿数。彼此接触的车轮的齿数应当这样选择使相同配对的齿尽可能很少地碰在一起(例如采用素数)。齿和轴的弯曲和几何形状的变化要同时考虑。齿轮的齿形可以在有限的负载范围内优化，但无法对所有负荷条件进行优化。

在低负载情况下(例如家用电器齿轮)，可以采用塑料做齿轮材料。在高的特定负荷情况下，改变材质对噪声的产生影响不大。

控制齿啮合产生的结构声的设计原则：

a) 增加接触时间；

b) 采用斜齿轮；

c) 增加齿数量；

d) 提高质量(调准、齿精度)；

e) 低负荷时采用塑料。

5.3.3.3 滚动

滚动声是由于滚动接触面粗糙或者不规则而产生的。滚筒和滚珠轴承间、运送装置系统、铁路和公路交通工具中产生滚动噪声。滚动噪声也和接触面的弹性有关。

滚动噪声是宽带噪声。在实际中，常常遇到在激励中有周期性单元(如滚珠轴承)的情况，此时，滚动噪声也具有周期性成分。

控制滚动噪声的设计原则是：

a) 保持滚动面光滑；

b) 采用合适的润滑剂；

c) 采用精密的滚珠轴承；

d) 减少机架公差(要适合安装的轴承)；

e) 采用滑动轴承；

f) 增加接触面的弹性。

5.3.3.4 惯性

质量块的加速度产生力，从而产生噪声。它以多种多样的效果表现出来，例如撞击、滚动、摩擦或脉动。摆动的质量块或者不平衡或旋转部件导致惯性力。在某些情况下，(例如曲柄机构)惯性力可激励部分机械结构以转动频率的整数倍振动。如果滚动轴承有惯性力时，要注意滚动噪声。

通过平衡、降低转动速度、降低带有加速度的质量块或者加速度本身可减少惯性力。在某些情况下，盘形转子的单面平衡就足够了，而在其他情况下，需要采用动力平衡。

控制由惯性引起的结构声的设计原则是：

a) 通过平衡转子或者平衡可移动质量使惯性力最小；

b) 使带有加速度的质量最小；

c) 提高运动的稳定性。

5.3.3.5 摩擦，自激

因摩擦引起的粘滑现象的机理是潜在的噪声源。这里遇到的力的变化类似于撞击，它可能激励结构共振，或以自激共振的形式出现。摩擦产生的噪声如刹车片、带铰链门柱的尖叫等都与选择的材料和润滑剂有关。

总的来说，滑动产生宽带噪声，但由于结构共振的激励，在产生的声音中时常有很强的单频分量。

控制由摩擦和自激引起的结构声的设计原则是：

a) 选择合适的材料控制摩擦；

b) 采用合适的润滑剂控制摩擦；

c) 增加可能自激的结构的阻尼。

5.3.3.6 磁场

磁场应用在诸如电动机等机器中产生旋转动力。在一个旋转中，力矩的不均匀变化导致轴承和电机的静态零部件受力发生变化，引起振动。

磁场引起的噪声和负载有关。在应用低噪声轴承和好的热设计的电动机情况下，磁场噪声可能成为主要噪声。对通过转换器控制的变速驱动，可能产生高频率噪声。

变压器噪声由两倍主频(50 Hz)及其低于600 Hz的高次谐波构成。通过磁现象(如依赖于材料选择的磁致伸缩)在变压器铁芯中产生的结构声是通过冷却介质和安装点传递并通过机架和外壳辐射。

必须仔细固定电力变压器的绕组以避免振动和其引起的低频声。

控制由磁场产生的结构声的设计原则是：

a) 选择磁隙的数量避免激励转子和定子中的共振；

b) 避免磁隙与磁极平行；

c) 使磁芯的位置和形状公差最小来获得磁场对称；

d) 优化磁极的形状；

e) 考虑由于变速驱动的转换器引起的磁致噪声；

f) 选择变压器铁芯材料减少结构声的产生。

5.4 噪声传递

5.4.1 空气声传递

机器零部件中产生的空气声发射到环境中。有几种方式控制这种能量传递：

a) 隔声罩；

b) 声屏障；

c) 消声器；

d) 声吸收。

在这些噪声控制措施中采用到的物理现象是反射和吸收。

5.4.1.1 隔声罩

这是封闭的隔声罩子。甚至很小的开口也应密封。通常采用薄金属板做成隔声罩来反射噪声。为了提高隔声罩的噪声衰减量，在隔声罩内采用多孔材料制成的吸声衬里。吸声衬里的厚度取决于控制的最低频率。

机器的基本设计或者是采用隔声罩来完成，或改造现有的机器罩作为隔声罩。如果需要开口(通风、材料流动、电缆等)，开口处应安装消声器。维护保养用的开口在机器运行期间应密闭。

为了避免结构声传递到机器罩，应当在装配连接处采用隔振器(5.4.3)。

用隔声罩控制空气声传递的设计原则是：

a) 完全封闭噪声源，即使是小缝或者小洞(例如裂口、接合点)也很重要，应密封；

b) 隔声罩的外壳采用密实的板材(隔声材料)；

c) 内部使用吸声材料；

d) 在通风口、电缆、管道、传送材料的开口处使用消声器；

e) 机器与隔离罩之间避免刚性连接，减少安装点的数量；

f) 对部件的隔声罩也可能有效。

5.4.1.2 声屏障

声屏障可以安装在有高噪声发射的小机器部件附近。它们的有效性比隔声罩低很多，且在很大程度上倚赖于方向和距离。然而在某局部地区(操作者位置)，它可以起到降低噪声的作用。

它们的效果受频率的限制，屏障的长度和宽度至少等于或大于空气声的波长，才有效。

采用声屏障控制空气声传递的设计原则是：

a) 使用密实的板材(隔声材料)做屏障；

b) 对操作者位置使用声屏障；

c) 面向机器的屏障面应当采用吸声覆层。

5.4.1.3 消声器

消声器是防止空气声通过开口传递的部件。

吸声(阻性)消声器是一种多孔衬里管道。为了不降低隔声罩的效果并保证散热，吸声消声器常常与隔声罩和风机组合在一起使用。反射(抗性)消声器的工作原理是基于在管道突然变化的横截面上的声的反射(通常应用于内燃机的进气口和排气口)。消声器通常是吸声和反射类型的组合。

气动阀的扩张噪声是用扩张式消声器来控制的。

通过消声器控制空气声传递的设计原则是：

a) 对宽带噪声采用吸声消声器；

b) 吸声消声器中流动媒质的速度应在 20 m/s 以内；

c) 使用反射类型消声器控制低频噪声；

d) 压缩排气口处使用充气式扩张式消声器。

5.4.2 液体声传递

管道中常出现液体声的传递。可以在管道系统入口、系统内部或者出口处控制噪声。控制方法是反射和吸收。在管道或者软管端头使横截面发生变化、或者用软管和管子的组合改变管壁的刚性，都可以获得声反射。软管、钢丝绒或者气体填充的堆积物可提供液体声吸收。软管可以降低液体声但增加空气声。

控制液体声传递的设计原则是：

a) 将管子和软管组合在一起使用；

b) 使用消声器。

5.4.3 结构声的传递

由声源到辐射面的结构声的传递受传递结构的质量、刚度和阻尼分布变化的影响。选择的噪声控制策略依赖于多种情况，例如：

a) 是否允许增加重量?

b) 受力激励或者速度激励(或者中间特征的激励)?

c) 是窄频还是宽带激励?

d) 是低频还是中频或者高频激励? 这些频率范围值与结构的准静态响应、共振响应和多共振响应有关系。

如果允许增加重量，增加系统质量，尤其是在激励区域附近可能是很有效的，这种方法尤其适用于多共振响应频段和力激励的情况。

在力激励的情况下，通过增加受激励区域的质量而增加输入阻抗是非常有效的，尤其对多共振响应频段。

如果是速度激励，增加激励区域的质量没有效果。在这种情况下，声源隔离是更合适的方式。

当激励只是在有限个数的窄频带发生时，如周期信号激励，通过重新分配质量和刚度可以有效改变结构共振频率，对噪声振动控制是有效的，但条件是激励在共振频率范围内。在这种情况下，增加阻尼也是有效的。

对宽带激励来说,改变共振频率不是有效的方法,目标应当是降低宽带传递。

在低频范围内(包括准静态响应),唯一有效的方法是隔振(见5.4.3.1)。

在中频范围内(有明显的共振响应),下列方法可能是有效的(取决于激励的类型):

a) 在激励点增加质量;

b) 增加阻尼;

c) 隔离振源;

d) 利用不连续处的反射,见图6。

在高频范围内(有多共振响应),下列方法可能是有效的:

a) 增加激励区域的质量或者刚度;

b) 隔离振源;

c) 将不连续机理和在源侧增加阻尼组合使用,见图6。

在这种情况下,仅增加阻尼不是有效的方法。

有必要细化上面所涉及的两种方法:

a) 隔振;

b) 阻尼。

5.4.3.1 隔振

隔振等效丁在局部引入相对的低刚度。使用隔振器(是由橡胶、气囊、螺旋形弹簧或者其他有弹性的部件组成的),或者弹性层(由橡胶、软木或者其他“软的”材料制成)可实现隔振。

当在隔振器或者弹性层受振端的结构足够硬和重时,只有在受振方有足够的阻抗失配时才能获得较大的隔振。此时,增加底座阻抗和降低隔振器(或者弹性层)的刚度同样重要。

可以通过不同方式隔振:

a) 隔离振源;

b) 使传递途径不连续(见图6);

c) 隔离机器外部壳层和机器其他所有剩余部分的联系;这种结构可以是用于降低来自原结构表面的空气声辐射的隔声罩。

通过隔振控制结构声传递的设计原则是:

a) 使用有足够弹性的部件或者弹性层;

b) 应用足够硬而重的底座。

5.4.3.2 阻尼

增加阻尼被用来更多地耗散结构振动能量,在共振响应频段和结构不连续机理一起在被激励的地方(例如靠近声源)使用时尤其有效。

只有在原阻尼相对低的时候,采用额外阻尼的方法才有效。可惜通常不是这种情况。复杂机器,由于存在多种机理,一般不需特殊的阻尼处理就已经有较大的阻尼。

可以通过各种方式增加结构阻尼,例如:

a) 特殊的阻尼层;

b) 有阻尼的夹层板代替单层板;

c) 采用只有有限接触点数的附加板(在两块板之间薄空气层流产生阻尼);

d) 使用具有更大内在阻尼的材料;

e) 以带阻尼质量弹簧系统形式调好的动力吸振器。

上述动力吸振器只有在需要抑制有限个共振时才有效。

通过阻尼控制结构声传递的设计原则是:

a) 当原阻尼小时,增加额外阻尼;

b) 在共振响应频段应用阻尼降低传递；

c) 在声源附近应用阻尼；

d) 对薄板要考虑增加阻尼(较难对硬而重的结构进行有效阻尼)。

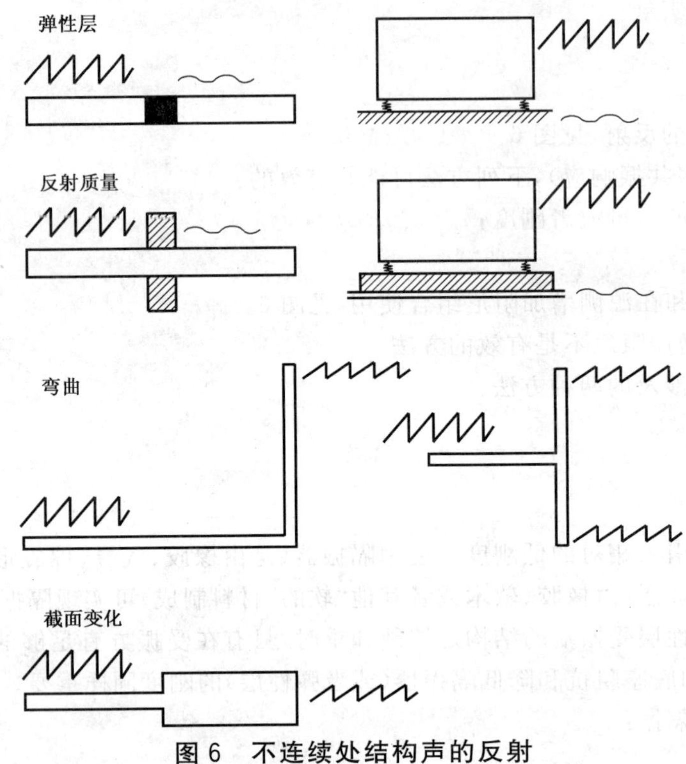

图6 不连续处结构声的反射

5.5 噪声辐射

5.5.1 开口处空气声的辐射

空气声可以通过进气口和排气口辐射,例如隔声罩的进排气口或者管道末端。这类噪声有一定的指向性,常常沿管道轴向最高。在开阔空间或者自由场,可以修改开口来降低某一方向的噪声。

控制空气声辐射的设计原则是:

a) 开口要开在合适的一边(考虑声传递的指向性);

b) 在开口处采用消声器或者声屏障。

5.5.2 结构声的辐射

机器表面的辐射和其面积、形状、弹性、质量和阻尼有关。至于辐射,有利的设计是将那些承受负载的机器部件尽可能紧凑地装载在一起,这是因为小尺寸、高刚度和质量将降低噪声的辐射。

要降低辐射就要减少辐射面积,或者改变涉及的结构部件的刚度、质量或阻尼。

也可以通过采用具有低辐射效率的面板来降低来自表面的辐射。另一个可能性是使用由弹性层和薄板组成的隔声板。

控制结构声辐射的设计原则是:

a) 减少辐射面积;

b) 采用对主要频率有低辐射效率的覆盖面:

——用薄板而不用厚板;

(注意:如果这个盖板是力激励的,要谨慎考虑)

——开孔板;

——有阻尼层的盖板。

6 低噪声原型样机

6.1 概述

对原型样机测量可以检查出主要噪声源，并给出特定的措施供在详细设计和方法阶段改变设计（图 1）。通过测量可以确认是否达到任务表（第 4 章和附录 B）中的某些项的要求。

6.2 检测

第一步是通过测量进行分析来检测以下目标：

a) 主要噪声源和它们的分类（噪声产生的机理）；

b) 从噪声源到受声者或者从结构到辐射面的噪声传递途径；

c) 辐射噪声的机器零部件（开口、面板）。

一般而言，分析首先采用相对简单的步骤以能够粗略确定噪声源和它们的空间、时间和频谱特性。结合对噪声源和传递途径的评估的进一步的研究只对机器的若干选定部件进行。

对原型样机进行声学测试的一系列方法请参考 GB/T 25078.2—2010。按照不同的标准选择合适的测试方法：

a) （部分地）为分析噪声产生模型专门设计的测量程序（图 3）：

——内部噪声源；

——机器内的噪声传递途径；

——机器的噪声辐射零部件。

b) 某些测量方法仅当机器操作条件（例如速度）可以变化时，或者当改变的设计可能是有效时（选择性隔离或屏障、弹性支座的变化、局部声源替换等）才能被采用。

c) 大多数测量方法提供定性的结果值来描述机器原型样机的声学性能，并且构成了对比研究（分解不同的噪声产生原因、确定基本传递途径）的基础。某些测量过程允许定量估计特定噪声源或特定机器出口部件的辐射声功率。

6.3 评估

检测后噪声源的评估是通过对主要声源按噪声贡献大小排序列表来进行。在这个过程中，列出声源并记录它们的基本特性（声功率级、在参考测量点的声压级、时间函数、频谱、机器中的位置）。

噪声源的排序可以通过对原型样机的测量得到，也可以从设计所依赖的噪声发射数据得到。这很有必要。因为这不仅能用来推断如何对机器的噪声控制进一步采取行动，而且对所有的修改以及它们对机器噪声发射的影响提供了记录。

如果目标是整个噪声级，但仅对部分噪声源进行噪声控制措施规划，这时应考虑许多特定特性：

a) 没有必要完全消除主要部分噪声源，这是因为整个噪声在消除主要噪声源后将由所有剩余部分的噪声源来决定。一般来讲，将主要部件的噪声减少到比残余噪声小大约 5 dB 就足够了。此时，进一步减少那个部分噪声源的声级对整个噪声级来说影响很小。

b) 当几个部分噪声源的强度近似相等时，必须对所有这些噪声源采取噪声控制措施。降低单个噪声源的噪声对整个噪声级的影响有限。

c) 上面提到的关系只适用于不相干部分噪声源，例如，部分声源不是被同一激励源激发的。

6.4 改进

噪声控制措施的目的是依照评估中建立的噪声源贡献大小顺序来逐个减少局部噪声源的噪声发射。每个局部噪声源由内部声源、传递途径和辐射噪声的机器零部件组成，因此所有这三个部分都可能受影响。

对单个局部噪声源，在某些特定环境下，可能有必要更深入地确定激励、传递或者辐射（辅助平衡）的交互作用，以便有效识别内部噪声源并对噪声产生的所有三个过程采取措施。在此可以应用机械噪声控制设计原则（第 5 章）。

一般而言,采用接近内部声源的噪声控制措施是最有效的。原则上,噪声控制措施的优先顺序如下:

a) 内部噪声源;

b) 传递结构;

c) 辐射噪声的机器零部件。

在实际应用中,这些方法可以与技术性和经济性方面联系起来综合考虑。

主要噪声问题的优先排序(6.3)必须根据随时更新以反映已采取的噪声控制措施。

7 最终测试

最终测试的目的是确认机器噪声控制所达到的水平。这个测试包括在开始设计工作之前规定的参数的测试(第4章和附录B)。

确定机器声功率级的测量方法见相应的标准(第2章)和对特定机器的噪声测试规范。另外,声压级的测试可以在特定点进行。

在最终测试过程中,机器必须是:

a) 在特定装配下运行;

b) 按照设计要求清单设定操作参数;

c) 与工厂中的其他部件隔离(例如连接的管路和管道,它们同样也辐射噪声)。

附 录 A
(规范性附录)
设计原则归纳

A.1 总设计原则

- 将机器分解为有源噪声部件和无源噪声部件;
- 确定空气声、液体声和结构声的声源;
- 确定空气声、液体声和结构声的传递途径;
- 确定声辐射面;
- 辨识最主要的噪声贡献来源(声源、传递途径、辐射面)。

A.2 空气声源

控制气体湍流的设计原则:
- 降低工作压力;
- 降低压降;
- 使流速最小;
- 优化喷嘴出口设计使喷嘴截面处发生的速度变化最小;
- 降低转子叶片末端的速度;
- 避免流体中的障碍物;
- 改善流体流态。

控制气体冲击和脉动的设计原则:
- 降低压力变化的速度;
- 转子附近避免障碍物。

A.3 液体声源

控制液体声源的设计原则:
- 降低压降;
- 使流速最小;
- 避免流体中的障碍物;
- 改善流体流态。

控制空化的设计原则:
- 降低压降;
- 降低流速;
- 增加静态压力;
- 改善流体流态避免空化;
- 流速不要超过 1.5 m/s;
- 缩短进液管;
- 贮液箱液面高于泵进口;
- 使用低流阻的部件,例如滤网、阀门等。

A.4 结构声源

控制撞击噪声的设计原则:

- 增加撞击时间;
- 降低撞击速度;
- 使自由撞击体的质量最小;
- 增加固定体的质量;
- 避免有交替负荷的松动部件。

控制齿啮合产生的结构声的设计原则:

- 增加接触时间;
- 使用斜齿轮;
- 增加啮合齿的数量;
- 提高加工质量(对准、齿形);
- 对低负荷使用塑料。

控制滚动噪声的设计原则:

- 保持光滑的滚动面;
- 使用合适的润滑剂;
- 使用精密的滚珠轴承;
- 减少机架公差(要适合安装的轴承);
- 使用滑动轴承;
- 增加接触面的弹性。

控制惯性产生的结构声的设计原则:

- 通过平衡转子或者变换质量保持平衡来使惯性力最小;
- 降低带有加速度的质量;
- 提供运动的稳定性。

控制摩擦和自激而产生的结构声的设计原则:

- 选择合适的材料控制摩擦;
- 使用合适的润滑剂控制摩擦;
- 增加可以自激的结构的阻尼。

控制磁场产生的结构声的设计原则:

- 选择磁隙的数量避免转子和定子中的共振的激励;
- 避免磁隙与磁极平行;
- 使磁芯的位置和形状公差最小来获得磁场对称;
- 优化磁极的形状;
- 考虑由于变速驱动的转换器引起的磁致噪声;
- 选择变压器铁芯材料减少结构声的产生。

A.5 空气声传递

使用隔声罩控制空气声传递的设计原则:

- 完全隔离噪声源,即使是小缝或者小洞(例如裂口、接合点)也很重要,必须密封;
- 隔声罩的外壳采用密实的板材(隔声材料);
- 内部使用吸声材料;
- 在通风口、电缆、管道、传送材料的开口处使用消声器;
- 机器与隔离罩之间避免刚性连接,减少安装点的数量;
- 对部件的隔声罩也可能有效。

通过声屏障控制空气声传递的设计原则:

- 使用密实的板材(隔声材料)做屏障;
- 对操作者位置使用声屏障;
- 面向机器的屏障面应当采用吸声覆层。

通过消音器控制空气声传递的设计原则:

- 对宽带噪声采用吸声消声器;
- 吸声消声器中流动媒质的速度应在 20 m/s 以内;
- 使用反射类型消声器控制低频噪声;
- 压缩排气口处使用充气式扩张式消声器。

A.6 液体声传递

控制液体声传递的设计原则:

- 将管子和软管组合在一起使用;
- 使用消声器。

A.7 结构声传递

通过隔振控制结构声传递的设计原则:

- 使用有足够弹性的部件或者弹性层;
- 应用足够硬而重的底座。

通过阻尼控制结构声传递的设计原则:

- 当原阻尼小时增加额外阻尼;
- 在共振响应区域应用阻尼降低传递;
- 在声源附近应用阻尼;
- 对薄板要考虑增加额外阻尼(较难对硬而重的结构进行有效阻尼)。

A.8 空气声辐射

控制空气声辐射的设计原则:

- 开口要开在合适的一边(考虑声传播的指向性);
- 在开口处采用消声器或者声屏障。

A.9 结构声辐射

控制结构声辐射的设计原则:

- 减少辐射面积;
- 采用对主要频率有低辐射效率的覆盖面:
  ——用薄板而不用厚板;
  (注意:如果这个盖板是力激励的,要谨慎考虑)
  ——开孔板;
  ——有阻尼层的盖板。

附 录 B
(规范性附录)
设计中的噪声控制要求

B.1 噪声发射量

机器噪声发射的指标中要用到下面的量,例如:

- 主要量:
  ——A 计权声功率级 L_{WA};
  ——工作位置(操作者位置)或者特定的位置上的 A 计权发射声压级 L_{pA};
  ——其他标准和法规中定义的量。
- 附加量:
  ——距机器一定距离的 A 计权表面声压级$\overline{L}_{pAf}$;
  ——C 计权峰值发射声压级 L_{pCpeak}。
- 其他信息可以从以下获得:
  ——选定测量点的声压频谱(例如,1/3 倍频程谱);
  ——脉冲性;
  ——如果有必要,指向性指数 DI。

这些量的测量方法在相应的标准中有介绍(例如 GB/T 3767,GB/T 3768,GB/T 6881,GB/T 16404 系列和 GB/T 17248 系列等)。

如果在原型样机阶段(见第 6 章)要对比不同设计,可采用简单的程序,如在机器周围只选择一个传声器位置而不是许多位置。

B.2 噪声指标

B.2.1 发射值

表示设计的噪声控制指标要求的噪声发射值,应当按如下原则测定:

- 对该种类型的机器是否存在有一个指定标准来进行噪声测量;如果没有,应当采用哪一个噪声测量的指南;
- 必须依据相关标准获得噪声发射值。

借助如下渠道可以确定噪声指标中的发射值:

- 机器购买者要求的噪声限值(或者推荐的噪声限值);
- 国际组织(例如 ECE 汽车规范、ICAO 飞机规范附件 16、IEC 的旋转电机规范)或者国家、国际标准中规定的噪声限值(或者推荐的噪声限值);
- 来自其他生产商的,由生产商或使用者或测试实验室等测量的类似机器的发射值,它可以通过以下方法获得:
  ——机器相关文档;
  ——数据库或者类似数据文件,它们可以是单个的数值也可以是平均值,后者带有各自的测量离差(GB/T 22156—2008,ISO 11689,IDT 提供了详细的说明)。

如果以下条件得到确认,可以用以下发射数据得到发射值:

- 它们按照同一标准测量或者按照同样规则平均;
- 如果按照不同标准(例如采用不同精确级的测量技术,机器的不同运行条件)测量,测量数据可以被转换成可比较的;

- 考虑数据收集时和目前的时间间隔后，它们是可比较的；
- 已经在代表目前市场的新机器上完成测量的。

在设计阶段，常常要区别期望值和最大允许值（例如，5 dB 差异）。

若通过在噪声照射点的噪声限值来评价噪声发射，例如 L_{pA}，可采用如下的过程：

- 在可对比的照射点测量；
- 基于声传播定律进行计算。

如果声压级随时间变化（例如间歇运转的机器），应当确定等效连续 A 计权声压级 L_{pAeq}（按时间测量或者计算）。

B.2.2 附加要求

如果全部设计过程是在几个设计组之间划分，或者包括下一级承包商，部件的发射值可以从最终产品的发射值得到，例如电机、齿轮、泵和风机。这可以采用声能量相加的原则来计算。

除了空气声值，可能有必要为结构声和液体声设定值。

也可能有必要设定机器部件的噪声频谱限值。在特殊情况下，例如办公设备和家庭设备，对声特性会有要求，例如对更佳声性能产品的"无声部件"的要求。

另外一类要求是在机器设计中不能采用一些噪声控制措施，例如禁止使用隔声罩。

B.2.3 要求列表

按照如下表格完成要求列表（见表 B.1）：

要声明表中各个项目的性质：是必达要求的（D）还是期望要求的（R）。

必达要求是不达标就不可接收的要求。最大的需求都必须这样陈述（例如声功率级）。

期望要求是每当可能都应当考虑的要求，也许有保证有限的成本增加的约定。在必需评估和选择不同的解决方法时，在不同的设计阶段可以考虑"请求"。解决方法的选择取决于"需求"的履行，而评估只是针对已经满足需求的变量。

如果可能，应当避免对结构声传递的一般陈述。在本特例中，给出了一个评估标准。

表 B.1 声学要求列表（示例）

	液压动力机组的指标		第×页，总×页
变化	D/R	需求	责任方
		…	
	D	最大声功率级 $L_{WA}=85$ dB 按照 GB/T 3767 测量	
	R	最大声功率级 $L_{WA}=80$ dB	
	D	C 计权峰值发射声压级 $L_{pCpeak}<97$ dB	
	R	减少传递到基座的结构声	
	R	减少泵和电机/之间的结构声传递 ……	

附 录 C
（资料性附录）
报 告 内 容

这个附录是本部分的资料参考部分，可以用于完成报告。

下面的清单（见表 C.1）可以作为依据本部分在一台机器上采取噪声控制措施后的报告模板，可供公司内部或者其他公司参考。

在设计阶段的每一阶段（概念设计、详细设计、原型样机），对机器或者其部分都可采用如下所列的清单。

对每个机器部件来说，这个表格可用来表明出现的噪声机理。打勾表示遇到了该种机理，如果某一个机理占主导地位，可输入较高优先级。这个表同样也可以用作针对该机器产生噪声的测量报告或者其他特定信息。

表 C.1　依据本部分进行噪声控制需要报告的信息清单

机器零部件编号（参见所附的部件清单）		1	2	…
必要条件	声功率级/dB			
	工作位置处的声压级/dB			
	C 计权峰值声压级/dB			
	表面声压级/dB			
	频谱			
	脉冲性			
	指向性			
	其他：			
声源分析	空气声			
	● 湍流			
	● 脉动			
	● 冲击			
	液体声			
	● 湍流			
	● 脉动			
	● 冲击			
	● 空化			
	结构声			
	● 撞击			
	● 齿啮合			
	● 滚动			
	● 惯性			

表 C.1（续）

机器零部件编号 （参见所附的部件清单）		1	2	…
声源分析	● 摩擦			
	● 磁场效应			
传递途径分析	空气声			
	● 隔声罩			
	● 消声器			
	● 声屏障			
	液体声			
	● 消声器			
	● 其他			
	结构声			
	● 力激励			
	● 速度激励			
	● 准静态响应			
	● 共振响应			
	● 多共振响应			
	● 质量			
	● 刚度			
	● 阻尼			
	● 隔振			
辐射面分析	空气			
	● 开口(孔)			
	结构			
	● 辐射面积			
	● 辐射效率			

机器零部件清单应随本清单附上。

参 考 文 献

[1] Harris. Handbook of noise control. Mc Graw-Hill Book Company, New York, 1979.
[2] Noise control. Bruel &Kjaer. Denmark, 1986.
[3] Beranek. Noise and vibration control. Mc Graw-Hill Book Company, New York, 1971.
[4] Lyon. Machinery noise and Diagnostics. Butterworths, Boston, USA, 1987.
[5] Walker, White. Noise and Vibration. Ellis Horwood Limited, Chichester, UK, 1982.
[6] Cremer, Heckl. Structureborne sound. Springer-Verlag, Berlin, Heidelberg, New York, 1988.
[7] Kurze, U. J. and Dietz, p.. Larmarm Konstruieren Ⅷ -Schalltechnische Regeln der Konstruktionsmethodik, Wirschaftsverlag NW, Bremerhaven, 1985.
[8] Heckl, M. and Müller, H. A. . Taschenbuch der Technischen Akustik. Springer-Verlag, Berlin, 1975.
[9] 马大猷.噪声与振动控制工程手册.北京:机械工业出版社,2002.
[10] Bies D. and Hansen C. H.. Engineering noise control. 3rd Edition. E & FN SPON, London, 2003.
[11] Fahy F. J.. Foundations of engineering acoustics. Academic Press, London, 2000.
[12] Vér I. L. and Beranek L. L.. Noise and vibration control engineering: principles and applications, Wiley. 2nd edition, 2005.

ICS 17.140
A 59

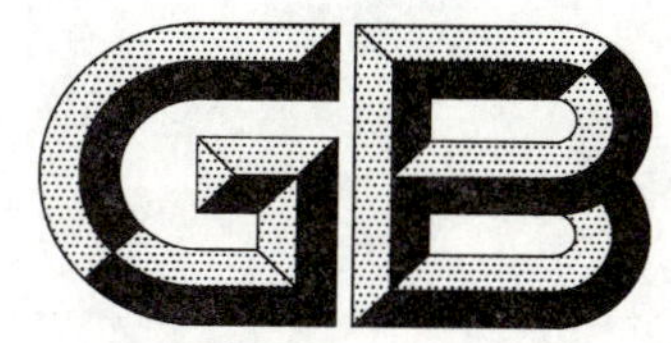

中华人民共和国国家标准

GB/T 25078.2—2010/ISO/TR 11688-2:1998

声学　低噪声机器和设备设计实施建议 第2部分:低噪声设计的物理基础

Acoustics—Recommended practice for the design of low-noise machinery and equipment—Part 2:Introduction to the physics of low noise design

(ISO/TR 11688-2:1998,IDT)

2010-09-02 发布　　2011-04-01 实施

中华人民共和国国家质量监督检验检疫总局
中国国家标准化管理委员会　发布

前言

GB/T 25078《声学　低噪声机器和设备设计实施建议》分为 2 个部分：

——第 1 部分：规划；

——第 2 部分：低噪声设计的物理基础。

本部分为 GB/T 25078 的第 2 部分。本部分等同采用 ISO/TR 11688-2:1998《声学　低噪声机器和设备设计实施建议　第 2 部分：低噪声设计的物理基础》(英文版)。

为便于使用，本部分对 ISO/TR 11688-2:1998 进行了编辑性修改，并在参考文献中加入了 2002 年出版的马大猷主编的《噪声与振动控制工程手册》等较新的参考书目。

本部分的附录 A 和附录 B 为资料性附录。

本部分由中国科学院提出。

本部分由全国声学标准化技术委员会(SAC/TC 17)归口。

本部分起草单位：南京大学声学研究所、中国科学院声学研究所、同济大学声学研究所、北京市劳动保护科学研究所、合肥工业大学。

本部分主要起草人：邱小军、程明昆、杨军、毛东兴、俞悟周、张斌、李志远。

引　言

GB/T 25078—2010《声学　低噪声机器和设备设计实施建议》系列标准的第1部分的目标是对现有机器和正在设计中的新机器进行噪声控制，给出了低噪声机器和设备设计的基本原则和方法。本部分针对第1部分给出的低噪声机器和设备设计的原则、方法、示例以及广泛的专业文献的应用提供物理方面的基础知识。

在噪声控制实践中，非声学专业工程师的介入非常重要。他们对噪声产生和传递特性的基础知识的掌握和对噪声控制措施原理的理解对噪声控制的效果极为重要，本部分可以作为获得更多噪声控制知识的基础。

需要通过标准化的方法来支持本部分所给出设计原则，为此，制定了在噪声控制领域的一系列标准。

声学 低噪声机器和设备设计实施建议 第2部分:低噪声设计的物理基础

1 范围

本部分是 GB/T 25078—2010 的第 2 部分,针对第 1 部分给出的低噪声机器和设备设计的原则和示例提供物理学的背景知识,对广泛的专业文献的应用提供帮助。

本部分的使用对象为机器和设备的设计者、使用者或购买者以及相关领域的立法、监管和督察部门。

本部分给出的公式有助于提高对噪声控制的一般性理解,在许多情况下,能够用来比较不同的设计方案,但无法给出绝对的噪声发射值的预测。

有关内部声源、传递途径和机器的声辐射部分是机器噪声控制的基础。因此,第 7 章、第 8 章和附录 A 给出了获得这些信息的测量和计算方法。

2 规范性引用文件

下列文件中的条款通过 GB/T 25078 的本部分的引用而成为本部分的条款。凡是注日期的引用文件,其随后所有的修改单(不包括勘误的内容)或修订版均不适用于本部分,然而,鼓励根据本部分达成协议的各方研究是否可使用这些文件的最新版本。凡是不注日期的引用文件,其最新版本适用于本部分。

GB/T 3767—1996 声学 声压法测定噪声源声功率级 反射面上方近似自由场的工程法(eqv ISO 3744:1994)

GB/T 3768—1996 声学 声压法测定噪声源声功率级 反射面上方采用包络测量表面的简易法(eqv ISO 3746:1995)

GB/T 14574—2000 声学 机器和设备噪声发射值的标示和验证(eqv ISO 4871:1996)

GB/T 16404—1996 声学 声强法测定噪声源的声功率级 第 1 部分:离散点上的测量(eqv ISO 9614-1:1993)

GB/T 16404.2—1999 声学 声强法测定噪声源的声功率级 第 2 部分:扫描测量(eqv ISO 9614-2:1996)

GB/T 16404.3—2006 声学 声强法测定噪声源的声功率级 第 3 部分:扫描测量精密法(ISO 9614-3:2002,IDT)

GB/T 17248.1—2000 声学 机器和设备发射的噪声 测定工作位置和其他指定位置发射声压级的基础标准使用导则(eqv ISO 11200:1995)

GB/T 22156—2008 声学 机器与设备噪声发射数据的比较方法(ISO 11689:1996,IDT)

GB/T 25078.1—2010 声学 低噪声机器和设备设计实施建议 第 1 部分:规划(ISO/TR 11688-1:1995,IDT)

ISO 9611:1996 声学 关于连接结构声辐射固体声的声源的特性 弹性安装的机械装置接触点处的振速测量

3 术语和定义

下列术语和定义适用于 GB/T 25078.2 的本部分。

3.1

空气声、液体声和结构声 airborne,liquid-borne and structure-borne

分别指空气、液体或者固体结构中传播的声。

3.2

有源噪声部件 active noise components

机器中产生噪声的部件。在许多情况下,它们是动力转换设备,从如电能、机械能或磁能、液压、内力、或者摩擦等动力源产生机械功。其他类型的噪声部件可以是非定常流体和运动部件之间的接触面。

3.3

无源噪声部件 passive noise components

传递有源部件产生的噪声的部件;它们不包含声源,但可能是主要的声辐射部件。典型的无源噪声部件包括机器的结构零部件和覆盖面板。

3.4

周期性噪声 periodic noise

周期性重复的噪声。典型的周期性噪声源包括机器的齿轮和活塞。周期性噪声呈现线谱特征。

3.5

有调噪声 tonal noise

主要由一个或几个可清楚辨认的单频声构成的噪声。

3.6

宽带噪声 broadband noise

由单一的冲击,如短时压力脉冲或者撞击,或者由在空气或液体中的湍流产生的噪声。宽带噪声的特征是通过频谱分析可以看见在较宽的一段频率范围内存在连续谱。

3.7

力激励 force excitation

激励力和被激励结构特性无关的激励;例如在相对硬而重的结构物体上的轻而软的振源。

3.8

速度激励 velocity excitation

激励速度和被激励结构特性无关的激励;例如被相对大质量的振源激励的轻而软的结构。

3.9

准静态响应 quasi-static response

机器对低于其最低共振频率的激励的响应。

3.10

共振响应 resonant response

机器对某个频段区域的激励的响应,在这个频段,可明显区分机器的单个共振频率。

3.11

多共振响应 multi-resonant response

机器对某个频段区域的激励的响应,在这个频段,机器有许多共振频率,无法明显区分单个共振频率。

4 声学建模

为便于理解机器、设备和车辆(在本标准中,也被视为机器)中的复杂噪声产生和传播机理,需要建立简单的声学模型。这些模型是设计阶段噪声控制措施的基础。

一般的方法是区分内部声源、机器里的声传递途径及其边界上的辐射。根据所使用的媒质,内部声源和声传递途径可分为3类,即空气的、液体的和结构的;而辐射仅针对空气。

图 1 和图 2 显示了声学建模的主要原理。图 1 显示的是由一个电机及其带有开口的机壳构成的简化机器。其中电机是唯一的内部声源,它产生空气声和结构声。有 3 条传递途径:通过机壳里的空气到开口,通过机壳里的空气到机壳的壁面,通过固定装置到机壳的壁面。辐射面为机壳的开口和壁面。

图 2 是其方块图。机器发射的总声功率是这 3 条传递途径贡献的总和。

系统的噪声控制方法是:首先对各个传递途径贡献的相对大小进行评估,接着通过研究图 2 中的各个方块来寻求降低声源强度、传播和辐射的可能性(详细见下面各章)。在机器设计过程的各个阶段(见 GB/T 25078.1—2010 的图 1)重复上述方法。

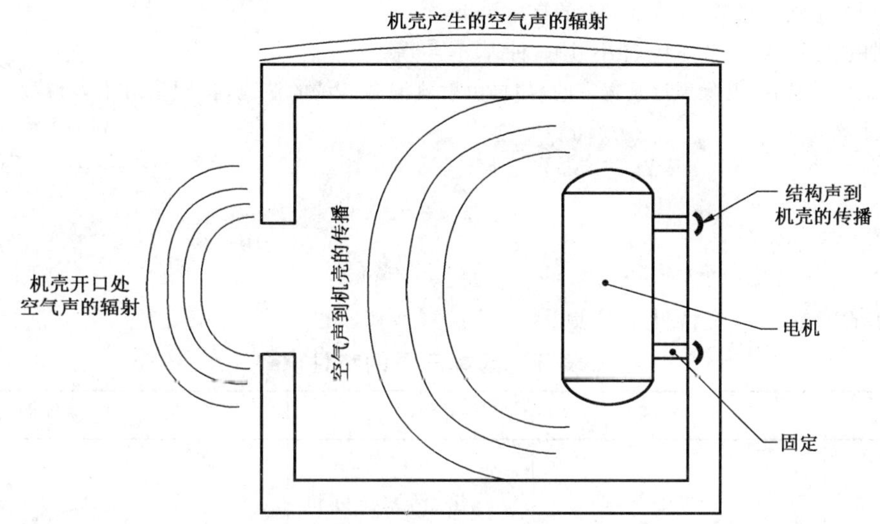

图 1　用于说明声学建模的简单机器

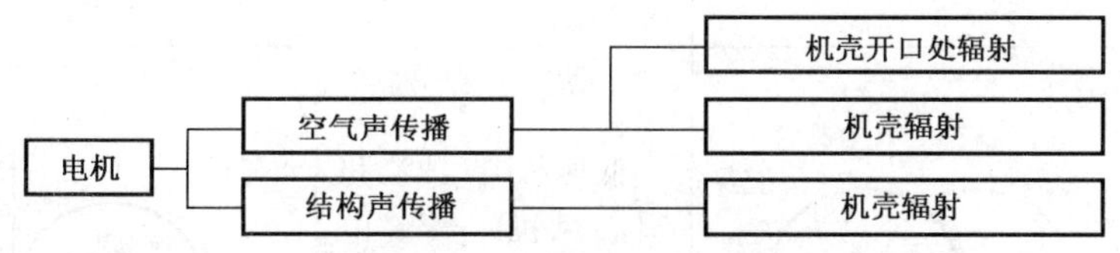

图 2　用于说明图 1 中简单机器声的产生、传播和辐射的方块图

5　空气声和液体声的控制

空气声(或其他气体声)和液体声的产生、传播和辐射的基本原理基本相同,因此在本章中一同考虑。但注意有一个重要的例外,那就是空化。空化仅发生在液体中,该现象将在 5.1.3 单独考虑。

5.1　流体动力噪声的产生

气体和液体中重要的噪声产生现象有湍流、脉动和冲击。如果某一有限区域的气体或液体的流速和压力随时间变化,该流体动力过程就会产生噪声,例如在湍流中。这个过程导致声波从该流体受扰动的有限区域传播到周围媒质中。从喷嘴喷出压缩空气的过程就是一个典型的示例。

流体动力噪声产生的机理可以和已知特性的基本声源的性质联系起来,如单极子、偶极子和四极子声源。

5.1.1　基本模型声源

单极子声源是由同相流体体积变化产生的,例如以任何形状脉动的流体体积或大的刚性表面上的活塞。单极子声源在远场具有球面波的辐射模式。单极子声源辐射声的降低可以通过降低其体积流速的时间变化率得到。

例 1:内燃机的出口、旋转活塞式风机、多缸压缩机、活塞泵、活塞压缩机和火焰等。

偶极子声源是随时间变化的外力作用在没有体积变化的流体上产生的。例如任意形状振动的刚性物体。偶极子声源可以用靠得很近的等强度反相的单极子声源代替。表 1 给出了偶极子声源的远场指向特性。偶极子声源辐射声的降低可以通过降低作用在流体上的力的时间变化率得到。

例 2:机器的刚性振动部分、失去平衡的机器零部件、管道、螺旋桨和风机。

四极子声源可用体积和位置没有变化的流体随时间变化的形变来描述,可以用靠得很近的等强度反相的偶极子声源代替。表 1 给出了其远场指向特性。四极子声源辐射声的降低可以通过减少其随时间变化的形变得到。

例 3:安全阀、压缩空气的喷嘴、管道接头中的自由湍流。

机器中遇到的大多数声源都包含不止一种基本声源。

注:由于湍流的随机特性,其噪声谱是宽带的,如自由射流混合区域的湍流,特别是对于马赫数 $Ma>0.8$ 的情况。

马赫数的定义如式(1):

$$Ma = u/c \qquad (1)$$

式中:

u——流速;

c——声速。

表 1 归纳显示了基本声源特性的信息。

表 1 基本声源的特性

声源类型	示意图	示例	远场指向性
单极子 “脉动”球	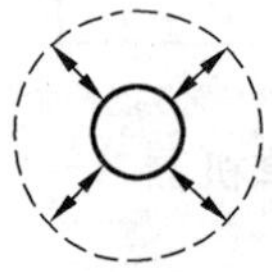	汽笛、活塞压缩机或泵、内燃机出口、空化现象、空压机、气体火焰	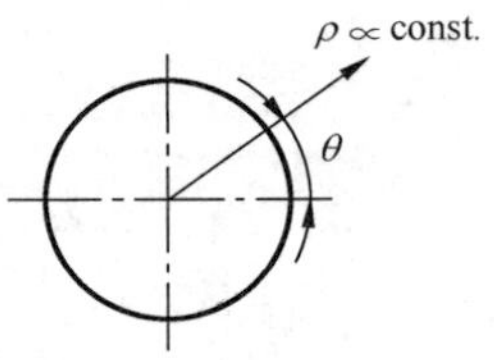 $\rho \propto$ const. θ
偶极子 “振动”球	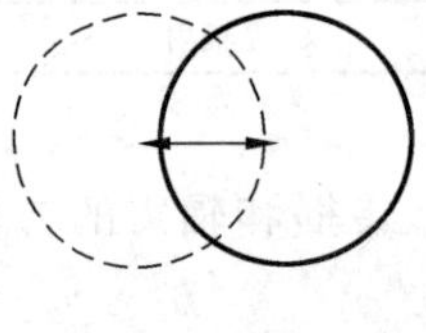	低速机器(轴流和离心风机),气流中的障碍物(分离流)、通风和空调系统、流体管道	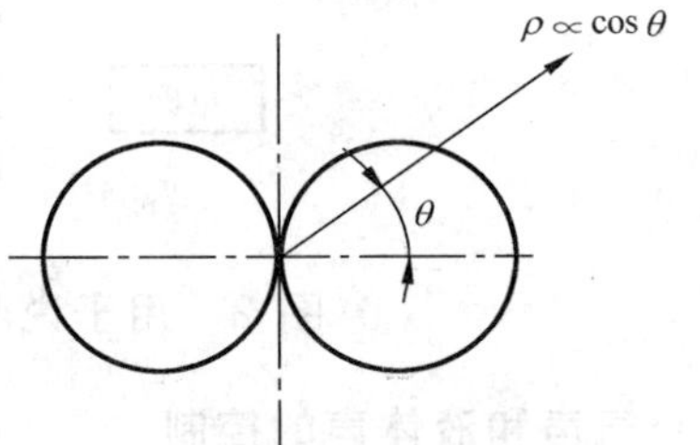 $\rho \propto \cos\theta$ θ
四极子 两对相位相反的“振动”球(两个偶极子声源)	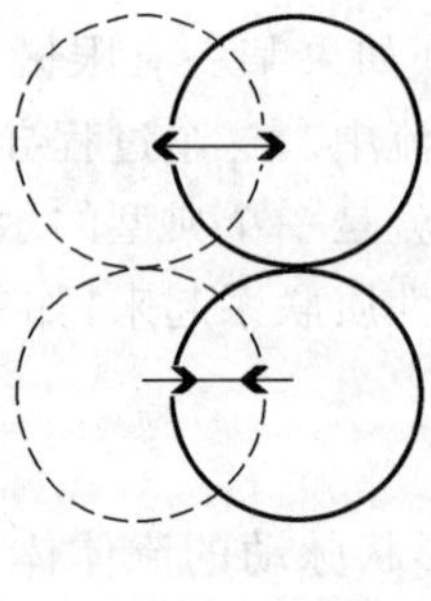	湍流(自由射流混合区域),压缩空气的喷嘴、蒸气喷气设备、安全阀	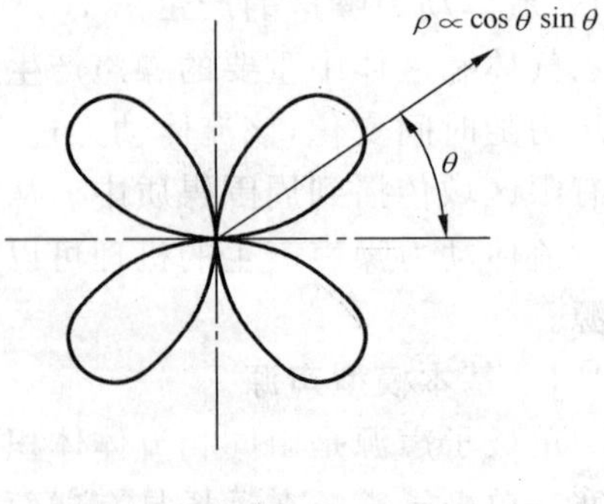 $\rho \propto \cos\theta \sin\theta$ θ

5.1.2 主要参量的影响

空气动力声源(例如单极子、偶极子和四极子等基本声源模型)辐射的声功率可以用下式近似表示(参考文献[17]):

$$W=\rho D^2u^3\left(\frac{u}{c}\right)^k=\rho D^2u^3Ma^k \quad\cdots\cdots(2)$$

式中:

ρ——流体密度;

D——基本声源的特征尺寸;

u——流速;

k——马赫数的指数,其大小依赖于基本声源的类型。

注1:k 的典型值:

——对单极子声源,$k=1$;

——对偶极子声源,$k=3$;

——对四极子声源,$k=5$。

注2:Stüber 和 Heckl[18]证明在三维声场和三维声传播中有如下关系:

$$k=(n-3)+(2e-1) \quad\cdots\cdots(3)$$

式中:

n——流场的维数;

e——基本声源的阶数(对单极子声源,$e=1$;对偶极子声源,$e=2$;对四极子声源,$e=3$)。

表2归纳了流速和流场维数对发射声功率的影响。表2中,a 是流场中声速。

表2 流速 u、流场维数 n 和声功率 W 的函数关系汇总(见参考文献[18])

	流场维数 n		
	$n=1$	$n=2$	$n=3$
质量流变化(单极子声源)	$W\sim\rho au^2$	$W\sim\rho u^3$	$W\sim\frac{\rho}{a}u^4$
作用力变化(偶极子声源)	$W\sim\frac{\rho}{a}u^4$	$W\sim\frac{\rho}{a^2}u^5$	$W\sim\frac{\rho}{a^3}u^6$
湍流(四极子声源)	$W\sim\frac{\rho}{a^3}u^6$	$W\sim\frac{\rho}{a^4}u^7$	$W\sim\frac{\rho}{a^5}u^8$

因为在三维流场的流体动力噪声源的声功率,对单极子声源而言正比于流速的4次方,对偶极子声源而言正比于流速的6次方,对四极子声源而言正比于流速的8次方,因此,通过降低流速可以显著降低其辐射的声能量。对于带转子的机器,降低流速也意味着降低转速,即线速度。

图3给出了声源声功率级随流速的变化规律。如果某一特征流体力学值(例如质量流速、体积流速、机械功率消耗)需要保持不变,则流速的降低必须通过增加声源的特征尺寸 D 来补偿。

声源的特征尺寸的示例有:

——流体管道直径;

——流体机械的叶轮直径;

——流体中障碍物的最小尺寸;

——入口和出口喷嘴的直径。

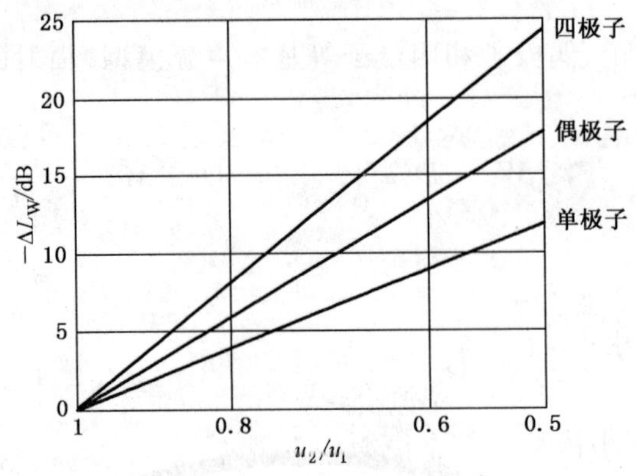

u_1=已给定流速,u_2=降低的流速。

图 3 流速降低引起的声源声功率级降低曲线(对三维声传播)

对基于空气动力噪声源机理的声功率的简单预测和估计,声效率是非常重要的一个量:

$$\eta=\frac{W}{W_{\text{mech}}} \qquad \cdots\cdots(4)$$

式中:

W_{mech}——流体的机械或空气动力功率。

式(5)给出一个估计声功率级的经验公式:

$$L_W=120+10\lg\eta\frac{W_{\text{mech}}}{W_0} \qquad \cdots\cdots(5)$$

式中:$W_0=1$ W。

表 3 归纳了空气动力声学中声效率的示例。

表 3 声效率的典型值

空气声学声源	基本声源类型	声效率 η
活塞压缩机(长管系统辐射)	单极子	$\eta=\frac{p'}{\Delta p}$
汽笛	单极子	1×10^{-1}
喇叭	偶极子	1×10^{-2}
螺旋桨飞机	偶极子	1×10^{-3}
出口流(亚音速的,$Ma<1$)	混和	$1\times10^{-4}Ma^5$
柴油机(出口流噪声)	混和	1×10^{-4}
燃气涡轮	混和	1×10^{-5}
流体机械(在设计点)	偶极子	1×10^{-6}
自由湍流喷射	四极子	$1\times10^{-4}Ma^5$
产生空化的船的螺旋桨	单极子	1×10^{-7}
注:p'是可变化声压的最大值,Δp是压力差值。		

对于液体产生的噪声,没有一般性的高精度预测和估计其声功率级和声功率频谱的理论方法。式(2)可写成对数形式:

$$L_W=L_{W\text{sp}}+20\lg\frac{D}{D_0}+k\cdot10\lg Ma \qquad \cdots\cdots(6)$$

如果已知特定声功率级 $L_{W\text{sp}}$,从某一特定环境设置下测得的声学数据可以通过相似性原理用到其他具有不同几何尺寸、维数、流速、静压或流体媒质的环境设置下。

为方便频谱的转换，宽带和有调成分的不同必须显著标出。有调噪声的频率可以用斯特劳哈尔数(Strouhal number)S_t来归一化：

$$S_t = \frac{fD}{u} \qquad (7)$$

5.1.3 空化

空化是液体中发生的特殊现象。当局部液体压力降到蒸气压力以下，流体中就会发生空化。空化泡产生，然后在压力较大的区域坍塌，如图4所示。流体中的压力可以用伯努利方程描述：

$$\frac{u^2}{2} + \frac{p}{\rho} + gz = 常数 \qquad (8)$$

式中：

u——流速；

p——静压；

ρ——流体密度；

$g = 9.81\ \mathrm{m/s^2}$；

z——所关注区域上部流体的高度。

注：$p = \rho g z$。

式(8)可用来确定能发生空化的低压区域。当空化泡进入流体压力大于蒸气压力的区域，空化泡向内破裂。

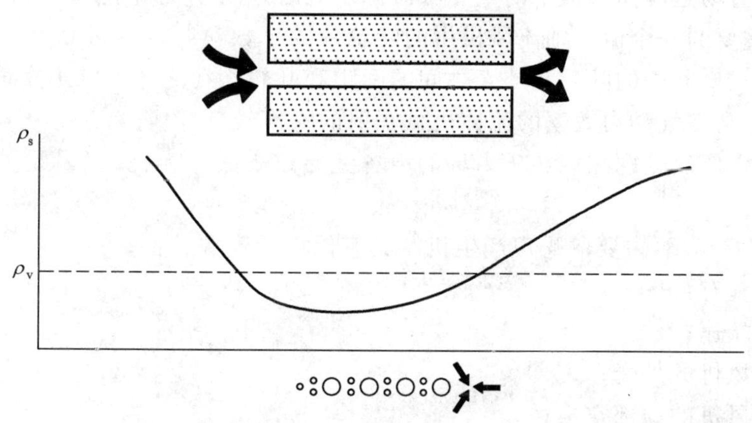

图4 空化泡的产生和向内破裂

空化现象可以通过在系统吸入线附近维持低流速来避免。在低压管中，如果空化泡产生后，再没有增加压力，空化泡可以持续存在。这些空化泡被传输到贮液箱，然后进入泵，导致噪声的发生。可通过在贮液箱的入口和出口之间放置网来分离这些空化泡。为避免空化，可以增大静压，同时保持较低的压力差。空化泡是单极子声源。避免空化的具体措施见GB/T 25078.1—2010。

5.2 噪声控制措施

下面以若干工业中重要的流体噪声源为例说明噪声产生的机理和噪声控制措施。

5.2.1 流体中的障碍物

在流体力学中，流体对障碍物的作用的影响用无量纲的阻力系数ζ_W和阻力F_W来表述，

$$\zeta_W = \frac{F_W}{\frac{\rho}{2} u^2 A} \qquad (9)$$

式中：A——一般是障碍物主要横截面面积。

尺度分析显示阻力系数ζ_W是如下雷诺数和长度比L/D的函数

$$Re = \frac{uD}{\nu} \qquad (10)$$

这里,L 是障碍物的长度;D 是障碍物的特征尺寸;ν 是动态黏滞系数。

对于雷诺数 $Re>100$ 的情况,偶极子声源的声功率级和阻力系数的关系是:

$$L_W = L_{W\mathrm{sp}} + 10\lg\frac{A}{A_0} + 30\lg\zeta_W + 60\lg\frac{u}{u_0} \qquad (11)$$

式中:$A_0=1\ \mathrm{m}^2$,$u_0=1\ \mathrm{m/s}$。

特定声功率级 $L_{W\mathrm{sp}}$,如通风网格的,是 10 dB。

从上述方程可以看出,噪声降低可以通过以下途径得到:

——降低流体流速(u);

——缩小障碍物尺寸(A);

——改变涡流分布(A, ζ_W);

——使障碍物外表面流线型(A 保持不变,减小 ζ_W)。

5.2.2 管道中的流体

实际安装(弯头、扩散和截面的变化)的管中的声源是:

——导致次级流区域的分离;

——不同流速(或密度)的剪切层产生的湍流。

分离流区域和脉动次级流具有偶极子声源特性。

5.2.3 流体机械

叶轮的旋转压力场是流体机械中的重要噪声源。离心风机中的叶轮和外壳之间的径向间距是(离散)噪声辐射的最重要的一个值。轴流风机中的叶轮片的个数对叶片通过频率处的声功率级大小有较大影响。轴流涡轮式机器中的叶轮和外壳之间的间距和叶轮半径之比对噪声发射也重要。

一般来说,有较高空气动力效率的流体机械辐射的噪声较低。

因为受扰动的入口流轮廓在旋转压力场的声场上导致高的压力扰动,因此风机的安装对噪声产生有重要影响。

对于马赫数 $Ma<0.3$,主要的噪声产生机制具有偶极子声源特征。

噪声控制的措施有:

——降低叶片端速;

——增大离心风机的外壳;

——减小轴流风机的顶部空隙;

——避免动片和静片互为倍数或约数,以避免其周向模态向外传播。

5.2.4 自由喷射

自由喷射噪声来源于喷嘴出口下游大约 4~5 倍直径的湍流混合区域。这意味着噪声主要产生在存在不同马赫数的混流层中。

噪声降低的措施有:

——降低流速(增大出口直径);

——在流中避免障碍物;

——减小出口流体和周围流场的马赫数差别;

——用小开口代替大开口产生噪声频移。

6 结构噪声的控制

6.1 结构声产生模型

当时变力或速度作用在结构(如机器外壳)上就会产生结构声。

图 5 给出了一个描述结构声产生的因果过程的模型。根据图中的模型,机器辐射的声功率由激励函数(力或者速度频谱)和表述振动传递的量(h_{TF}, h_{Tv})以及被激励结构的辐射效率(σ)决定。

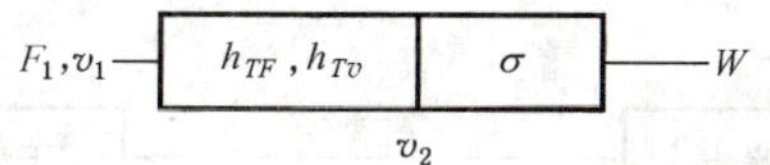

F_1，v_1——激励力或者速度；

h_{TF}，h_{Tv}——振动传递量；

v_2——结构辐射面速度；

σ——被激励结构的辐射效率；

W——辐射声功率

图 5　结构声产生模型

激励量不仅包括诸如冲击、失衡等机械过程引起的量，而且包括其他一切能激励结构振动的物理过程，如磁场通量（电机）、流体中的非平稳作用力（泵、内燃机）。空气声的激励暂不考虑。

机械结构包括外壳、机架和覆层，也包括那些在机器运行中能够移动的部分，只要它们能传递或辐射噪声。

针对低噪声设计问题，采用具有如下特征的简单模型比较方便：

——激励量用和其时域描述对应的频谱描述；

——激励力作用点用其机械阻抗或导纳描述；

——无源机械结构用各频带的总传递函数来描述；

——复杂机械部件简化成简单的结构（板、梁等）；

——结构声的传递采用近似模型；

——振动结构的辐射采用近似模型。

另外，还做了以下假设：

——结构的传递特性是线性的；在无源结构中发出噪声的“松散连接”（如覆层的哗哗声等）被当作新噪声源处理；

——激励是点作用的，且无指向性；

——激励是不相干的。即各个激励可以分别处理，且总效果是各激励结果的能量相加。

根据以上假设，有两类显著不同的结构声激励情形：

a)　力激励

激励可以单独用力近似描述，即，不需和频率有关的导纳 h_a 和 h_p 的复数值（图 6）。如果源导纳远大于被激励系统（无源噪声部件）的导纳，就有可能发生这种情况。此时，对高导纳源（力源）有 $h_a \gg h_p$。对于有 $h=1/j\omega m_a$ 的质量控制结构，此时 $m_p \gg m_a$。例如，图 7 中的活塞压力激励发动机结构。

b)　速度激励

如果 $h_a \ll h_p$（对质量控制系统，$m_a \gg m_p$），声源和负载连接点的速度不依赖于各自的导纳。这对机器的外围常常成立。例如图 7 中，壁很厚的机壳激励薄铁皮。

判断“力还是速度激励”对采取有效的噪声控制措施的选择非常重要。

图 5 模型的数学表述依赖于结构辐射效率 σ 的定义。它间接地通过辐射声功率定义：

$$W(f)=\rho c\overline{v^2(f)}S\sigma(f) \qquad (12)$$

式中：

ρc——空气的特征阻抗，ρ 是空气密度，c 是空气声速；

$\overline{v^2(f)}$——辐射表面振速的空间平均均方值；

σ——典型频率特征的辐射效率（图 29）；

S——结构的辐射表面积。

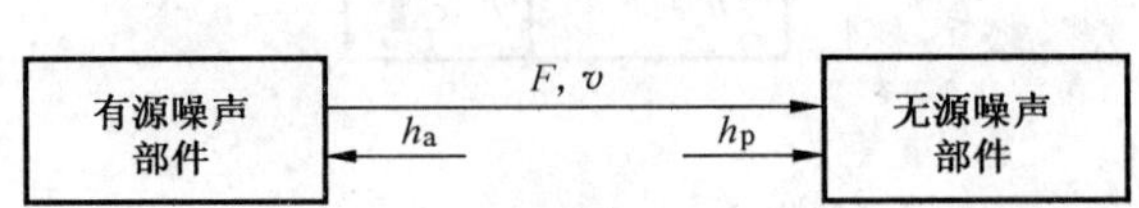

F,v——激励力或速度；

h_a——内部声源导纳；

h_p——负载导纳。

图 6　声源-接收模型

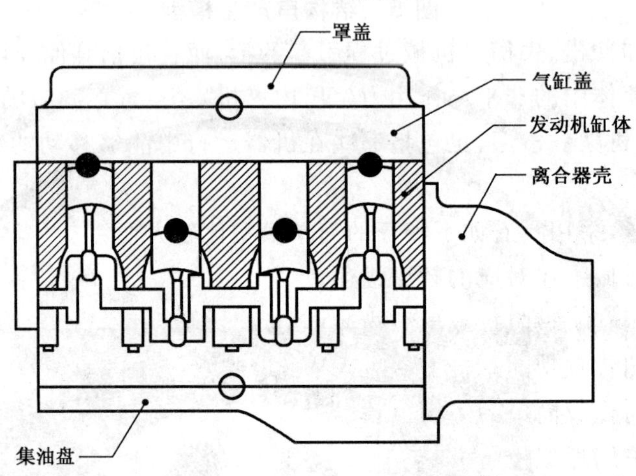

○——刚性发动机缸体振动对薄盖的速度激励；

●——动态活塞压力对刚性发动机缸体的力激励。

图 7　柴油机截面示意图

对于力激励的情况，其能量模型(图 8)可以用速度传递导纳的平方描述，即 $h_{TF}^2(f)=\frac{\overline{v_2^2}}{F_1^2}$。定义为辐射表面平均速度和激励力的比值的平方。

对于速度激励的情况，其能量模型(图 9)可以用速度传递比的平方描述，即 $h_{Tv}^2(f)=\frac{\overline{v_2^2}}{\overline{v_1^2}}$。定义为辐射表面平均速度和平均激励速度的比值的平方。利用辐射效率 σ 的定义，力激励引起的辐射声功率为：

$$\frac{W(f)}{F_1^2(f)}=\rho c h_{TF}^2(f)\sigma(f)S=\rho c h_{Tv}^2(f)\frac{1}{Z_1^2(f)}\sigma(f)S \quad\cdots\cdots\cdots\cdots\cdots\cdots\cdots\cdots (13)$$

式中 $Z_1(f)=F_1(f)/v_1(f)$，是驱动点的阻抗，即在驱动力点的阻抗。因此，对于力激励的结构辐射噪声功率的降低可通过如下措施达到：

——增大驱动点的阻抗；

——减少辐射表面积；

——降低辐射效率 σ 或速度传递比 h_{Tv}。

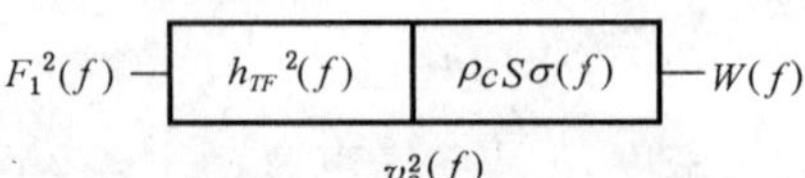

图 8　力激励的能量模型

$v_1^2(f)$ — $h_{Tv}^2(f)$ | $\rho c S\sigma(f)$ — $W(f)$

$v_2^2(f)$

图 9 速度激励的能量模型

用级来表示下式，

$$W(f)=\rho c F_1^2(f)h_{TF}^2(f)\sigma(f)S \qquad (14)$$

有

$$L_W(f)=L_F(f)+10\lg\frac{S}{S_0}\frac{h_{TF}^2(f)}{h_{TF_0}^2(f)}+10\lg\sigma(f) \qquad (15)$$

式中：$\rho c=(\rho c)_0$，且

$$S_0=1\ \mathrm{m}^2,\quad h_{TF_0}^2(f)=2.5\times10^{-15}\ \mathrm{m}^2\cdot\mathrm{s}^{-2}\cdot\mathrm{N}^{-2} \qquad (16)$$

另外，力级

$$L_F(f)=20\lg\frac{F(f)}{F_0} \qquad (17)$$

式中：$F_0=1$ N。声功率级

$$L_W(f)=10\lg\frac{W(f)}{W_0} \qquad (18)$$

式中：$W_0=10^{-12}$ W。引入单位作用力产生的声功率级 $L_{WF}(f)$ 来表述无源机器结构，式(15)变成：

$$L_W(f)=L_F(f)+L_{WF}(f) \qquad (19)$$

由于单位作用力产生的声功率级谱形状和频率有关，对激励频谱需要频率计权才能得到产生的噪声功率级谱。图 10 给出了典型内部激励力的频谱和无源机器结构的单位作用力产生的声功率的频谱相乘导致的激励频谱形状变化。结果是辐射的声功率级的频谱。图 11 给出了测得的典型的无源机器结构的单位作用力产生的声功率的频谱 $L_{WF}(f)$。

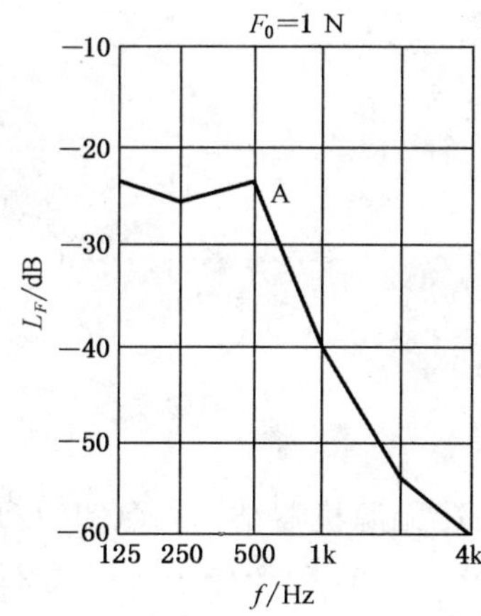

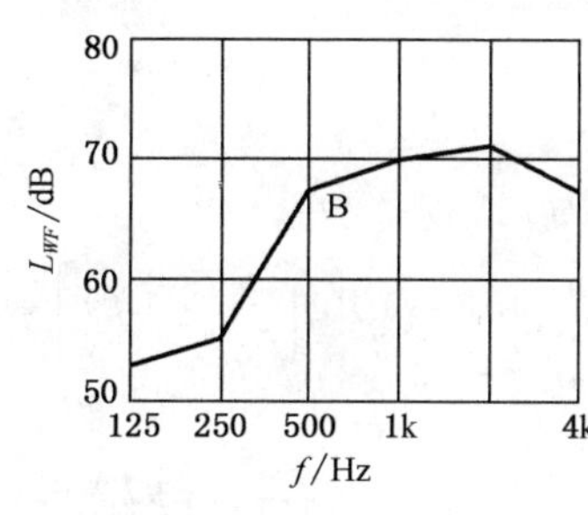

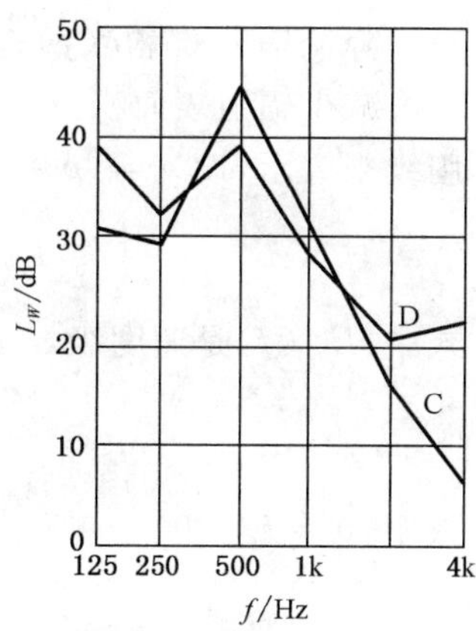

A——测得的压缩机的等效激励力级；

B——在压缩机支座的安装点通过测量得到的单位作用力产生的声功率级(假设辐射效率 $\sigma=1$)；

C——通过图 A 中的 $L_F(f)$ 和图 B 中的 $L_{WF}(f)$ 算得的 $L_W(f)$；

D——直接测得的 $L_W(f)$。

图 10 制冷压缩机的激励和噪声频谱

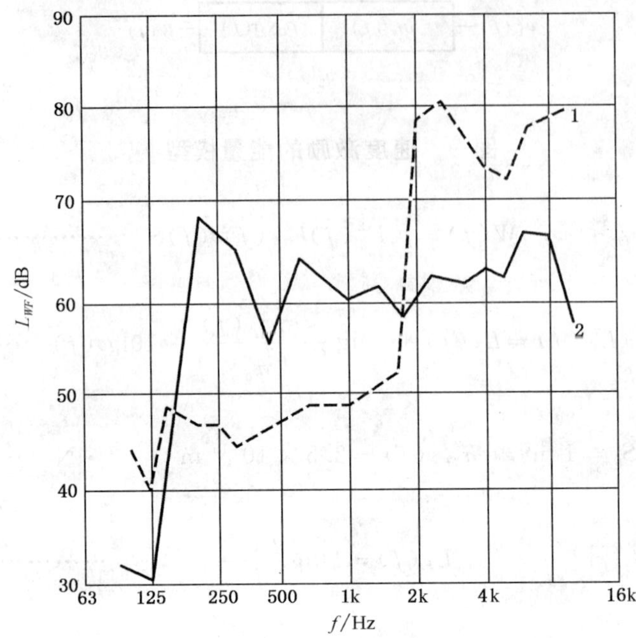

1——密封式压缩机舱，1.5 mm 钢板，大约尺寸 0.2 m×0.2 m×0.2 m；

2——用厚度在 20 mm～40 mm 的铸铁做成的机壳，大约尺寸 0.5 m×0.5 m×0.5 m。

图 11 不同压缩机机壳的 $L_{WF}(f)$

对于速度激励的情况，

$$\frac{W(f)}{v_1^2(f)}=\rho c h_{Tv}^2(f)\sigma(f)S \qquad \cdots\cdots(20)$$

因此，对于速度激励的结构辐射噪声功率的降低可通过如下措施达到：

——降低速度传递 $h_{Tv}(f)$；

——降低辐射效率 $\sigma(f)$；

——减少辐射表面积 S。

用级来表示，设 $\rho c=(\rho c)_0$，上式变为，

$$L_W(f)=L_{v_1}(f)+10\lg\left[\frac{S}{S_0}h_{Tv}^2(f)\right]+10\lg\sigma(f) \qquad \cdots\cdots(21)$$

式中：$L_{v_1}(f)$是速度级，

$$L_{v_1}(f)=10\lg\frac{v_1^2(f)}{v_0^2}$$

式中：$v_0=5\times10^{-4}$ m/s。引入单位速度产生的声功率级 $L_{Wv}(f)$来表述无源机器结构，式(21)变成

$$L_W(f)=L_{v_1}(f)+L_{Wv}(f) \qquad \cdots\cdots(22)$$

基于这些方程，若能很清楚地知道结构被激励的方式(力或者速度)，则其辐射的声功率可以很容易地得到。

6.2 内部声源

6.2.1 激励分类

下面将众多的机械结构声产生的激励系统分成 5 个可清楚区分的基本类别，列于表 4。

表 4 结构声激励的分类

激励类型	子类/示例	影响激励的措施
1. 自由质量力 线谱	**不期望的自由质量力** 转子类(涡轮,电机) **期望的自由质量力** 传送、筛选、清洗和压缩等振动技术	降低转速、提高平衡、尽量使质量均布； 技术改变,如同相激励下的压缩容器的刚性体的运动
2. 冲击 对单个冲击是连续谱	**冲击技术** 落锤锻造、冲铆、打字、型砂压实、刚性物体传送 **设计产生的冲击** 定位停止、进行	技术改变;或改善时间函数,如延长冲击时间； 使用弹性冲击界面(使用阻性橡胶)、降低运动质量和冲击速度、避免回弹
3. 不规则力曲线 ——周期过程:线谱 ——瞬态过程:连续谱	**机器部件间的相互作用** 齿轮箱、滚动过程(轴承)、电机 **机器和工件间的相互作用** 分离、切割和成形过程 **内部脉动对机器结构的激励** 活塞类机器、内燃机和泵	提高制造精度和一致性、如采用斜齿轮装置(斜齿轮传动)； 改变激励力的空间分布(使相反方向的等幅力的距离小于结构弯曲波的波长)
4. 非定常流导致的力 随机过程的宽带连续谱;空化 单个有调分量:涡流形成 k 单元的旋转网栅的压力脉冲 $f=kn/60$,n:转速	**封闭管路系统中的流体机械** 压缩机 涡轮机 泵	优化流设计
5. 自激 纯音;突然启动或停止的参量变化较小的高声级	**粘滑过程** 啸叫的摩擦制动器;在切割、成形和滑动的车床上啸叫的刀具;有轨车辆的转弯时的啸叫	满足反馈系统的稳定性要求;增加刚度;增加车床上刀具的刚度和阻尼;对工件加润滑油

6.2.2 不同力-时间函数关系的激励

许多激励过程的力是时间的函数,可通过傅立叶变换得到其频谱:

——对某一单个事件(如一次冲击),频谱为某一频段的连续谱；

——对一周期过程(如一种不平衡),频谱为线谱特征。

对于粗略的描述,通过"力-时间"函数的一些特征值足以确定相关频谱的包络曲线。如图 12 和图 13 所示,采用 log-log 形式(纵坐标为 L_F,横坐标为 $\lg f$),可以用直线段表示变化的梯度。

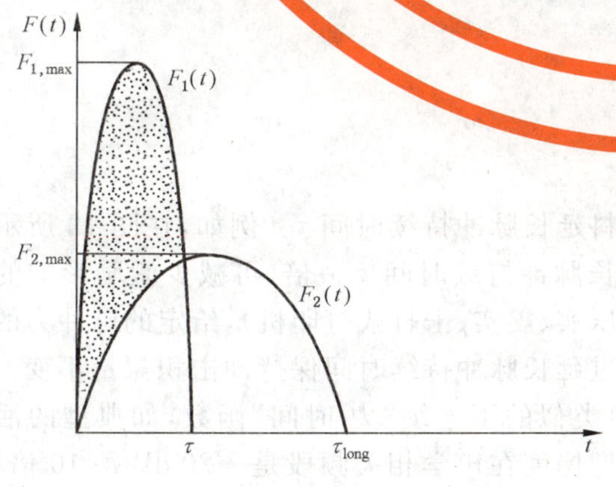

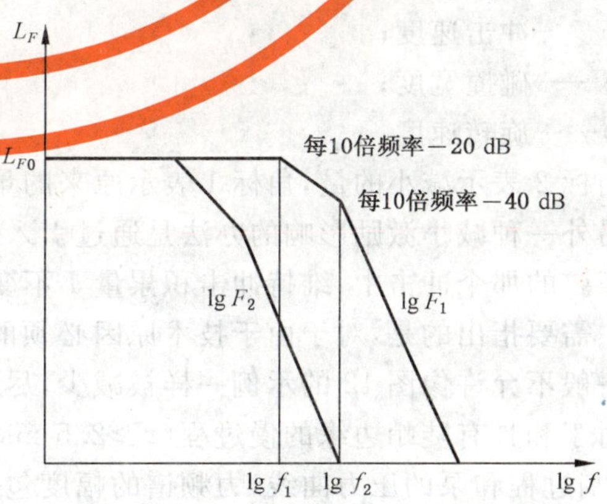

$$\int_{\tau} F_1(t)\,\mathrm{d}t = \int_{\tau_{\text{long}}} F_2(t)\,\mathrm{d}t$$

图 12 短时冲击的示意频谱

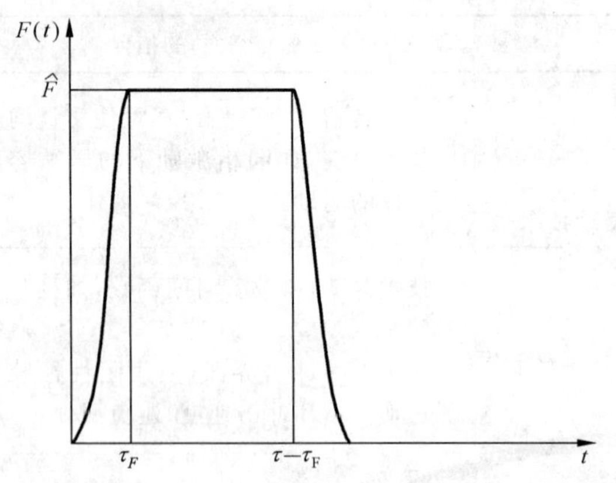

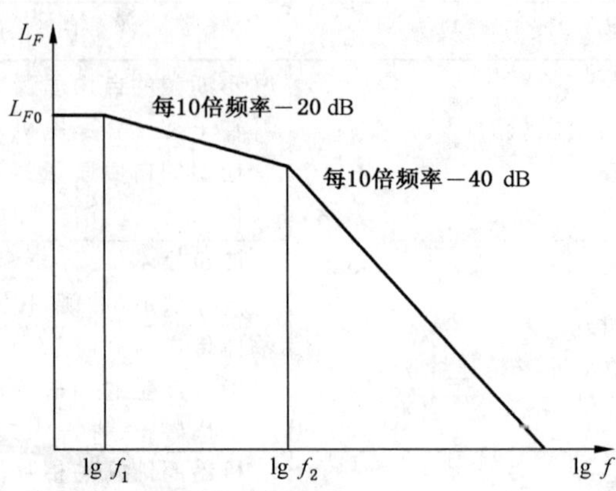

图 13　具有连续一阶导数的"力-时间"函数的示意频谱

图 12 中表示的频谱的特性量由以下方程得到：

$$I=\int_0^\tau |F(t)|\,\mathrm{d}t=F_0 \quad \cdots\cdots (23)$$

$$L_{F_0}=20\lg\left|\frac{I}{I_0}\right| \quad \cdots\cdots (24)$$

式中：$I_0=1\ \mathrm{N\cdot s}$。

$$f_1=\frac{F_{\max}}{2\pi I} \quad \cdots\cdots (25)$$

$$f_2=\frac{1}{2\pi F_{\max}}\left|\frac{\mathrm{d}F}{\mathrm{d}t}\right|_{\max} \quad \cdots\cdots (26)$$

因此对于冲击技术中发生的任何形状(图 12)的短脉冲(持续时间小于 0.5 ms)、如运动的零部件间的碰撞、定位停止等过程，激励力频谱的包络在较宽的一段频率范围(例如对持续时间约 0.1 ms 的短脉冲，频响在 0 Hz～5 kHz)为常数。对于这类激励，可通过减小介入的质量 m、降低冲击速度 v，减小碰撞宽度 S 和旋转速度 n 等减小激励过程的影响。

$$\Delta L=20\lg\frac{m_2}{m_1}+20\lg\frac{v_2}{v_1}+20\lg\frac{\sqrt{S_2}}{\sqrt{S_1}}+20\lg\frac{n_2}{n_1} \quad \cdots\cdots (27)$$

式中：

m——介入的质量；

v——冲击速度；

S——碰撞宽度；

n——旋转速度。

角标 2 表示减小的量，角标 1 表示原来的量。

另外一种减小激励影响的办法是通过引入弹性材料延长脉冲持续时间 τ。例如，在图 12 所示幅度为半正弦的那个冲击中，维持冲击积累量 I 不变，但延长脉冲持续时间 τ 一倍，可减少激励影响的高频分量。需要指出的是，对于由于技术原因必须的冲击(压实、震实、击打式打印机)，给定的脉冲力的峰值大小一般不允许像图 12 的示例一样被减少，尽管可通过延长脉冲持续时间保持冲击积累量不变。

对于和具有陡峭边缘的慢过程($\tau\geqslant2.5$ ms，图 13)类似的不连续"力-时间"函数，如典型的活塞机械、切割过程和泵的压力曲线，力频谱的幅度包络的典型梯度在声学相关频段是－20 dB 每 10 倍频程。通过避免较快的力-时间变化，从而降低力-时间曲线边缘的陡度，可以得到对结构较低的激励。例如：

——在泵上采用阻尼缝隙；

——通过使截面平滑和缓慢的变化避免管道和阀门处的压力突变；

——采用按角度研磨的切割工具；

——用分割和切割代替敲击。

图 13 中表示的频谱的特性量由以下方程得到：

$$L_{F_0}=20\lg\left|\int_0^{\tau}\frac{F(t)}{F_0}\mathrm{d}t\right| \quad \cdots\cdots(28)$$

$$F_0=1\ \mathrm{N}\cdot\mathrm{s} \quad \cdots\cdots(29)$$

$$f_1=\frac{1}{\pi(\tau-\tau_F)} \quad \cdots\cdots(30)$$

$$f_2=\frac{1}{2\tau_F} \quad \cdots\cdots(31)$$

连续力-时间函数类似于随凸轮传动机制或径向凸轮发生的慢过程($\tau\geqslant 2.5$ ms)，连续力-时间函数的幅度谱在声学相关频段分别依赖于力-时间的连续性及其导数。因此，对于连续力-时间函数，其幅度谱以－40 dB 每 10 倍频程衰减。

因此，降低激励的措施是提高凸轮传动的连续性和它们的精确平衡。

另外，滚动和滑动面要光滑，且保持很好地润滑。

由于对辐射声功率的较大影响，为降低激励力频谱的最大幅值，转速要尽量得低。例如，某液压泵的转速加倍导致其辐射声功率级增加 15 dB。因此，不建议采用增加转速的办法，而建议采用其他诸如并行装置或者多线操作等方法获得更高的机器性能。

6.3 结构声的传递

6.3.1 概述

结构被激励的若干点或区域辐射的噪声能量和整个机器结构表面辐射的噪声能量相比，一般可以忽略。因此，必须采用适当的措施防止和降低从内部源点到这些表面的结构声的传递。

6.3.2 激励点阻抗

激励点阻抗 Z 表征了在某激励点，机器结构对振荡性激励力的阻力。

注 1：点阻抗特指激励力对结构作用区域的大小小于 1/6 的相应波长(如弯曲波或剪切波)。

设一简谐激励力 F 在某点作用于结构上，在该点的结构相应速度为 v，则输入到结构里的机械功率为：

$$W=\frac{1}{2}\mathrm{Re}(F\cdot v^{*}) \quad \cdots\cdots(32)$$

式中，角标(＊)表示复共扼。上式可化为：

$$W=\frac{1}{2}\ |F|^2\mathrm{Re}(Y)=\frac{1}{2}\ |F|^2\mathrm{Re}\left(\frac{1}{Z}\right) \quad \cdots\cdots(33)$$

式中 Y 为导纳(见注 2)，有

$$Y=Z^{-1}=v/F \quad \cdots\cdots(34)$$

因此，增大激励点阻抗或者减小激励点导纳可以减少对机器结构的激励，从而降低最终的声辐射。

假设是简谐速度激励，则输入的机械功率的方程为：

$$W=\frac{1}{2}\ |v|^2\mathrm{Re}(Z) \quad \cdots\cdots(35)$$

因此，对于速度激励的结构，必须减小激励点阻抗来减少对机器结构的激励。这可以通过采用弹簧或者软隔振器实现。

注 2：由于单点激励下结构振动相应的多自由度，点阻抗 Z 和点导纳 Y 在实际应用时以矩阵的形式出现。由于实际应用的原因(测量)，激励点阻抗通常定义为作用点激励力和结构上该点沿力作用方向的速度的比值。因此，根据实际测得的激励点的导纳 $Y=v/F$，取其倒数，得到激励点阻抗 Z。在理论研究中，采用导纳有时更方便。

激励点阻抗 Z 一般是复数量。因此，对于自由的刚性振动质量块，Z(见图 14)可以写成：

$$Z=\mathrm{Re}(Z)+\mathrm{j}\mathrm{Im}(Z) \quad \cdots\cdots(36)$$

$$Z=\frac{F}{v}=\mathrm{j}\omega m \quad \cdots\cdots(37)$$

式中，m 是质量，$\omega=2\pi f$ 是角频率。

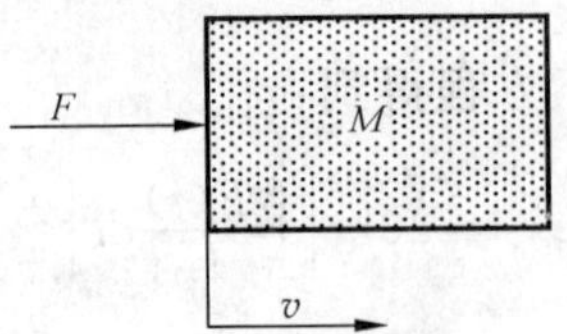

图 14　作用在质量块上的力

对一个理想弹簧(没有阻尼和质量,如图 15),Z 可以写成:

$$Z = C_s / j\omega \qquad (38)$$

式中:

C_s——弹簧的刚度。

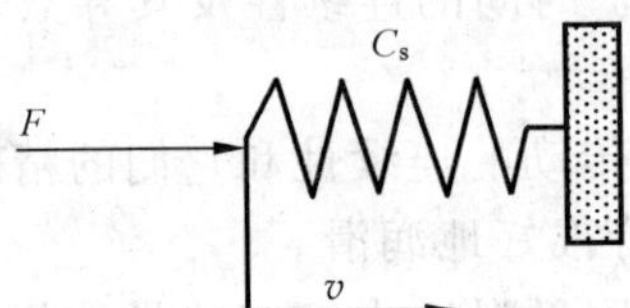

图 15　作用在弹簧上的力

机器的许多结构单元可以近似成梁和板。因此,了解板和梁的阻抗将有助于估计改变板和梁的阻抗是否有效。

尽管图 16 所示的给定大小和边条件的板的激励点阻抗在相关频率范围内由于不同的特征值分布,似乎没有规律地波动,但对厚度 d 小于 1/6 弯曲波波长 λ_B 的板,经过对所在频段的平均可以得到一个简单的近似公式:

$$Z_{plate} = \omega \rho d \lambda_B^2 / 5 \qquad (39)$$

式中:

ρ——板材料的密度。

对于梁,类似的简单近似公式为:

$$Z_{beam} = 2.67 \rho A \sqrt{C_L d f}\,(1 + j) \qquad (40)$$

式中:

A——梁的截面积;

C_L——纵波速度;

d——梁的厚度。

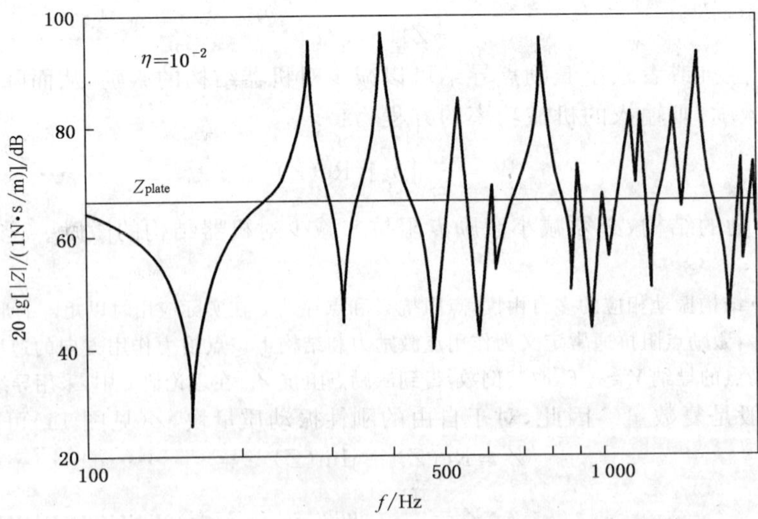

注:钢板,480 mm×340 mm×5 mm,边缘支撑,在板中心附近点激励。

图 16　边缘支撑的板的特征响应曲线

以上对板和梁的激励，均假设激励力垂直作用在结构部件的表面。

图 17 给出了上述各基本部件的力阻抗随频率变化的特点。

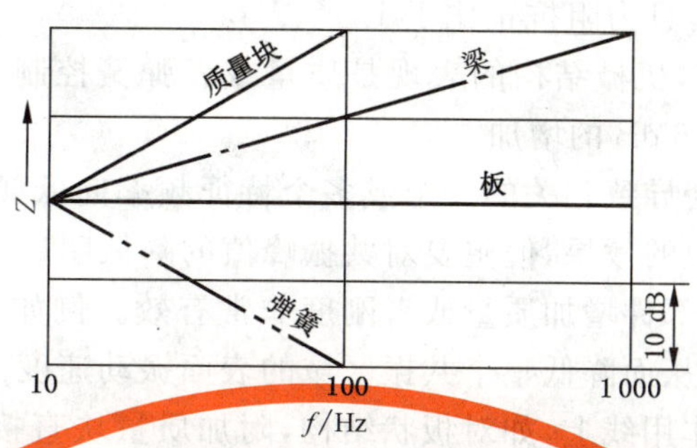

图 17　理想结构单元的特征响应曲线

最容易地有效改变结构激励点力阻抗的方法是在结构上加质量。图 18 给出了一个实际结构的点阻抗曲线示意图。

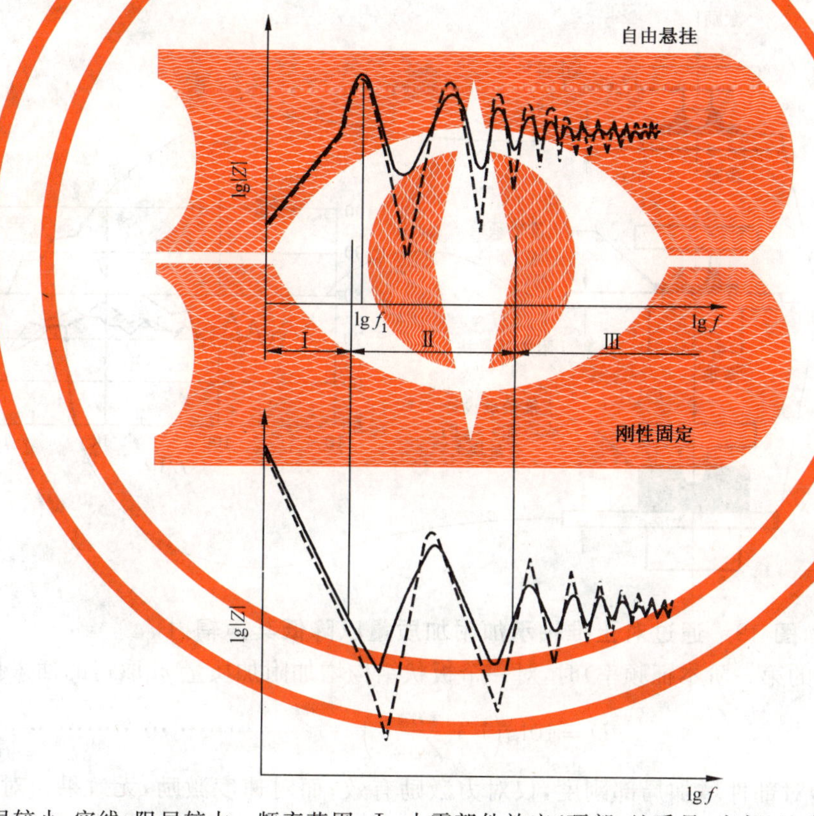

虚线：阻尼较小；实线：阻尼较大。频率范围，Ⅰ：小零部件效应（顶部：纯质量，底部：纯弹簧）；Ⅱ：共振频率区域，如 f_1 为第一本征频率；Ⅲ：多共振响应区域，大部件效应。

图 18　一个实际结构的激励点阻抗曲线|Z|示意图（注意响应的范围和阻尼的效果）

从图 18 可以看出，在低频段，该实际结构的力阻抗类似于质量（$Z_M \propto f$）或弹簧（$Z_S \propto 1/f$）的力阻抗，可用归一化斜率为 +1 或 −1 的直线描述。在中频段，该结构可视作梁（$Z_M \propto \sqrt{f}$）或者板（$Z_M \neq F(f)$，和频率无关），可用归一化斜率为 1/2 或 0 的直线描述。一般结构在高频段的阻抗可用式（39）近似。对于非常重和硬的结构，其力阻抗为 $Z = 2\pi f m_a$，式中，m_a 为从该板或梁上切下来的半径为 1/4 横向波长 λ_T 的球的质量，而，

$$\lambda_{\mathrm{T}}=\frac{1}{f}\sqrt{\frac{G}{\rho}} \tag{41}$$

式中，G 是剪切模量。这意味着，在该特征频率范围内，力阻抗主要由局部特征决定。在高频段的力阻抗直线的归一化斜率为 -2，且力阻抗正比于 $1/f^2$。

在低频区域（图 18，区域Ⅰ），机械结构的表现是质量或者弹簧控制，增加阻尼几乎没有任何作用。质量或者刚度加倍，可使阻抗有 6 dB 的增加。

局部增加的质量或者刚度会导致相关的一个或多个特征频率向低频移动，从而有可能降低某些特定声源的辐射。增加阻尼有类似的效果，但主要对共振峰值的降低明显有效。

在多共振响应区域，对特定部件增加质量或者刚度非常有效。例如在结构表面增加质量会导致结构的第一共振频率向低频移动，从而降低整个共振区域的表面振动速度。

当质量直接加在激励力的作用线上，如对板状结构，附加质量块直接加在激励点上，该激励点阻抗随着频率增加类似于质量，从而达到降低辐射的目标。

图 19 给出了在止推轴承的低噪声设计中将附加质量加在激励力作用线上的效果。

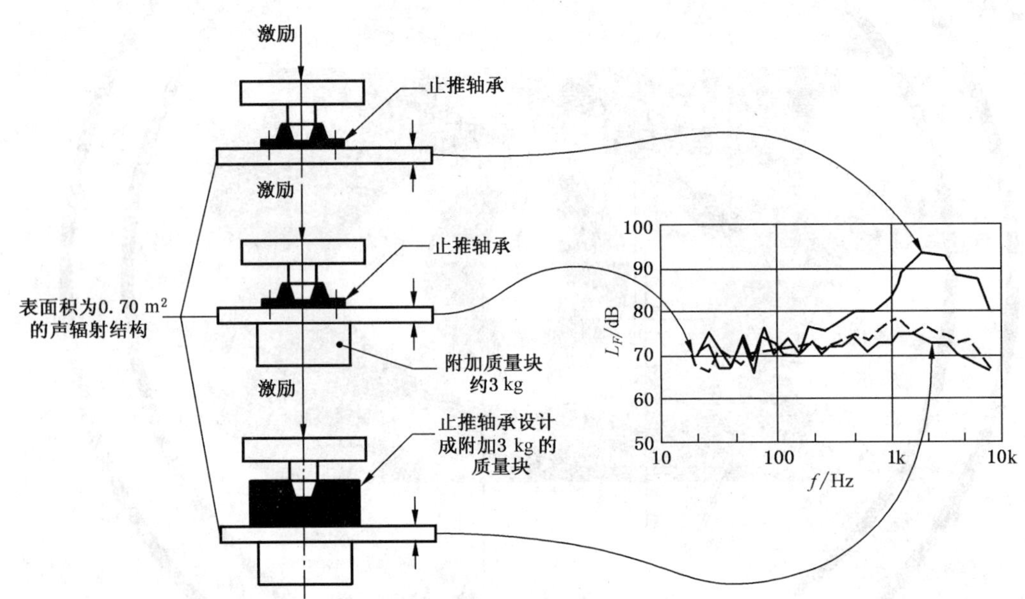

图 19　通过对止推轴承加附加质量以降低其声辐射

当 $f \gg f_1$（f_1 是结构的第一阶本征频率）时，对一个板状结构增加附加质量 m 取得的插入损失 D 为：

$$D=10\lg\left(1+\frac{\omega m}{Z_{\text{plate}}}^{2}\right) \tag{42}$$

在多共振响应区域，对部件增加局部刚度，仅对力激励有效；而对速度激励，无效果。对于小于结构的第一阶本征频率 f_1 的频率范围，增加结构的刚度（例如对结构表面加肋）能降低声辐射。

当 $f<0.5f_1$ 时，由额外的刚度取得的插入损失 D 为：

$$D=10\lg\left(1+\frac{C_{\text{ad}}}{C_{\text{s}}}\right)^{2} \tag{43}$$

式中：

C_{ad}——新增加的刚度；

C_{s}——原结构在激励点的刚度。

对被激励的结构引入弹簧和质量可将速度激励转化为力激励。

表 5 给出了基于改变激励点阻抗的对 3 个响应频段的噪声控制措施的纲要。

表 5 基于改变激励点阻抗的噪声控制措施

激励类型	准静态区域	共振区域	多共振响应区域
力激励	增加质量 增加刚度	增加质量 增加刚度 增加阻尼	增加质量 增加刚度 增加阻尼
速度激励	加入弹簧并增加质量 或增加刚度	加入弹簧并增加质量 或增加刚度	加入弹簧并增加质量 或增加刚度

6.3.3 结构声传递的一般特点

机器里结构声的传播和机器里无源噪声部件的形状和材料有关。为了理解结构声传播的一般物理规律，将机器里不同形状的无源噪声部件，如用薄板做成的矩形机器外壳，用或者部分用板或者梁来代替。板的弯曲波波长为：

$$\lambda_B = 1.4\sqrt{\frac{dc_L}{f}}$$

式中：

d——板的厚度；

c_L——板中的纵波速度，对钢板大约为 5 100 m/s。

图 20 给出了不同情况下板中的弯曲波波长和空气中的声波波长。

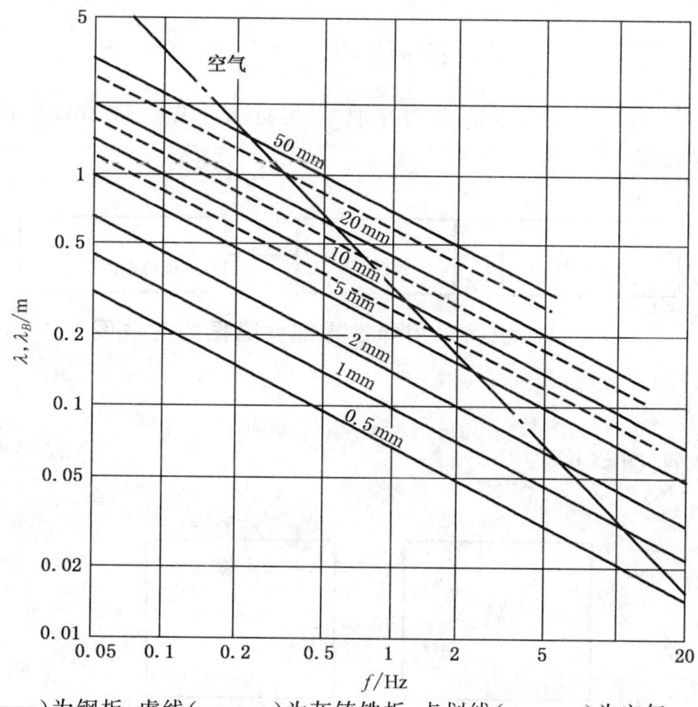

注：实线(————)为钢板；虚线(---------)为灰铸铁板；点划线(-·-·-·-·-)为空气。

图 20 板中的弯曲波波长和空气中的声波波长

如果弯曲波的波长小于板(或类似形状结构的)的长宽，结构声的能量传递遵循所有典型波的传递特性，如反射、衰减等。这发生在多共振响应区域。

如果弯曲波的波长大于板的长宽，则可以不考虑波的传递特性，而是将板看作整体同相位振动。板此时是质量控制或者刚度控制，依赖于激励和支撑的种类。这在准静态区域很典型。

这两类结构声传播现象的过渡频段由第一个弯曲波本征频率 f_1 给出。

注：尽管空气声的辐射主要来源于传递的弯曲波，但结构中的纵波有时也很重要。在两块板的交界处(如地板和墙或者两面墙的交界处)，纵波可产生或转变成弯曲波。

6.3.4 利用隔振控制结构声传递

6.3.4.1 概述

降低结构声传递的一种方法是大幅度改变结构单元的机械参量使结构声被反射。这可以通过局部增加或产生阻抗失配或者导纳失配来实现,例如:

——在相对刚性较大的部件间采用软的部件或弹性部件;

——在结构声传播的路径上增加附加质量;

——使截面积突变或者采用路径偏转。

在结构部件间采用弹性部件时需要注意如下事项:

——弹性部件的刚性应该比结构部件小很多;

——在较高的频率,隔声隔振效果并不一直随频率升高;

——建议在弹性部件附近使用附加质量(例如,使用质量-弹簧系统对机器结构和其外表面解耦)。

在采用附加质量时,附加质量应大于原结构部件的局部质量。

采用突变截面的隔振效果和通过机器结构的波的类型有关。

需要注意,在结构声的局部阻抗变化处,即反射点的前端常常伴随着振动增大,因此,在反射点的前端应增加阻尼。

6.3.4.2 采用弹性零部件隔振

如果在一个有源单元和辐射结构间插入弹性零部件(图 21),振动隔离的效果可以用插入损失 D 来描述:

$$D = 10\lg\left|\frac{h_1 + h_2 + h_3}{h_1 + h_3}\right|^2 \qquad (44)$$

式中,h 是各部分的导纳。当弹性零部件的导纳 h_2 远远大于振源或者辐射结构的导纳 h_1 和 h_3 时,即 $h_2 \gg h_1, h_3$,隔振才有效果。

图 21 说明采用弹性零部件隔振的方块图

具体分以下两种情况:

a) 对振源解耦[图 22a)];

b) 对辐射结构解耦[图 22b)]。

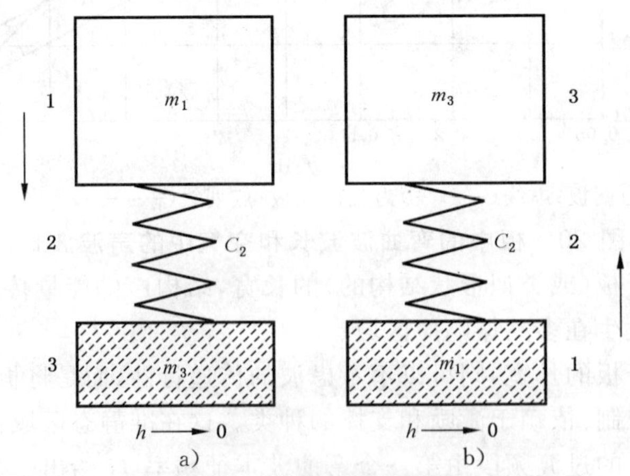

图 22 结构声源和辐射结构的解耦

当辐射结构的导纳 h_3 很小时，激励点阻抗 Z_3 很大，可以对振源解耦。此时插入损失 D 为：

$$D = 10\lg\left|1 + \frac{h_2}{h_1}\right|^2 \quad\cdots\cdots(45)$$

相关的示例有：发动机、齿轮箱、泵、风机等结构声源都采用弹性零部件安装。

对于弹性安装在刚性基础上的机器插入损失 D 为：

$$D = 10\lg\left|1 - \left(\frac{f}{f_0}\right)^2\right|^2 \quad\cdots\cdots(46)$$

式中：

$$f_0 = \frac{1}{2\pi}\sqrt{\frac{C_2}{m_1}} \quad\cdots\cdots(47)$$

弹簧弹性系数 C_2 的单位为牛顿每米，即 N/m；振源质量 m_1 的单位为千克(kg)。

对橡胶弹簧，不要使用静态弹性系数 C_{stat}，要使用动态弹性系数 C_{dyn}。一般有 $C_{dyn} = kC_{stat}$，式中$1 \leqslant k \leqslant 3$。

当辐射结构的导纳 h_3 大于振源导纳 h_1 时，可以对辐射结构解耦。此时插入损失 D 为：

$$D = 10\lg\left|1 + \frac{h_2}{h_3}\right|^2 \quad\cdots\cdots(48)$$

或

$$D = 10\lg\left|1 - \left(\frac{f}{f_0}\right)^2\right|^2 \quad\cdots\cdots(49)$$

式中，f_0 由辐射结构的质量 m_3 计算。

相关的示例有：从机器里面对其外壳或隔声罩解耦，将车辆的振动主体和驾驶室解耦。

低频振动也应考虑以保证安全操作和隔振器的使用寿命。如果机器的激励频率是 f_{ex}，f_0 应该小于或等于 $f_{ex}/3$。一个有效的隔振频率范围是：

$$0.47 f_{ex} < f < 0.25\sqrt{\frac{C_{dyn}}{m_s}} \quad\cdots\cdots(50)$$

式中：

m_s——弹簧的质量。

橡胶弹簧的第一个本征频率和其长度有关。典型值为：

——对 100 mm 长的橡胶弹簧，在 250 Hz ～500 Hz 之间；

——对 15 mm 长的橡胶弹簧，在 1 300 Hz～1 600 Hz 之间；

——对钢弹簧，在 100 Hz～500 Hz 之间。

图 23 给出了在刚性基础上弹性安装质量块的插入损失的频率特性。

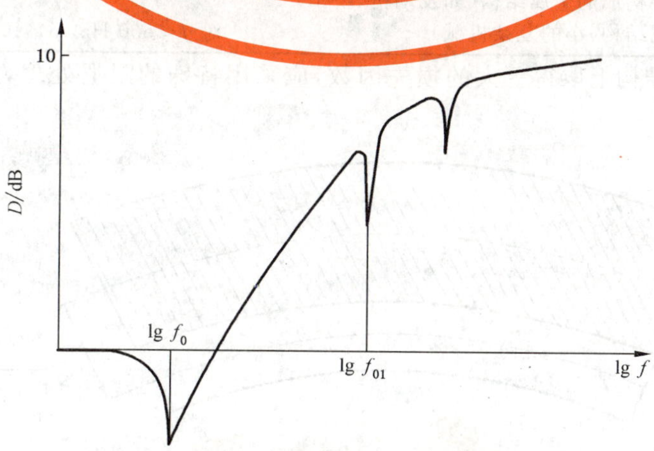

图 23　在刚性基础上弹性安装质量块的插入损失(f_{01}是弹簧的第一阶特征频率)

6.4 阻尼控制结构声传递

钢、灰铸铁、铝等金属在声学频段的内部阻尼很小，因此，它们制成的板状结构很容易被激励起弯曲振动。增加结构的阻尼因此是被广泛采用的减小速度传递函数 h_{Tv} 和辐射效率 σ 的一种方法。

阻尼用如下定义的损失因数来表述：

$$\eta=\frac{W_{\text{diss}}}{2\pi W_{\text{rev}}}=\frac{\text{每个振动周期耗散掉的能量}}{2\pi\times\text{振动的机械能量}} \quad \cdots\cdots (51)$$

对于金属和混凝土等材料其损失因数 η 不依赖于频率、温度和波传播的类型。但塑料等材料的损失因数显著依赖于温度，并和频率有一定关系。表 6 给出了不同材料的损失因数(中频范围，温度为 20 ℃)。

表 6 不同材料制成的平板在自由振动时的损失因数

材料	η
钢、铝、黄铜	10^{-4}
铸铁	10^{-2}
特殊锰铜合金	3×10^{-2}
塑料(建筑材料)	$10^{-2}\sim10^{-1}$
玻璃纤维增强的聚酯材料	10^{-2}
树脂玻璃	2×10^{-2}
混凝土	10^{-2}
玻璃	$10^{-3}\sim10^{-2}$

仅在共振频段，增大阻尼才有效。阻尼能减小冲击后的衰减时间和稳态振动的共振幅度。对大型复杂结构，不仅增大阻尼非常重要，而且阻尼处理的位置也非常重要。

根据经验，阻尼处理位置最好选在靠近振动源附近的能有效降低振动传播的板结构和选在能有效降低声辐射到环境的板结构。

原则上，有两种方法增加阻尼：

——采用有高内部阻尼的材料；

——在结构上进行特殊的阻尼处理。

尽管铸铁和聚合体的材料比钢和铝等金属的损失因数大很多，但采用它们并不一定总能降低结构的声辐射。这是由于连接处的摩擦和增加的零部件造成的损耗等使复杂结构的损失因数要比制造它们的材料的损失因数大很多(见表 7)。

表 7 结构的典型损失因数

结构类型	η
由少量厚板部件构成的金属结构(如船外壳)	对 $f<500$ Hz，3×10^{-3}；对 $f>1\ 000$ Hz，10^{-3}
由很多厚板和少量薄板部件构成的金属结构(如发动机、轿车)	10^{-2}
由很多薄板部件构成的金属结构(小的复杂机械)	对 $f<500$ Hz，5×10^{-2}；对 $f>1\ 000$ Hz，10^{-2}

为了在未加阻尼的结构上取得更大的损失因数，应采用特殊的阻尼处理方法。对于板(如图 24)，这类方法有：

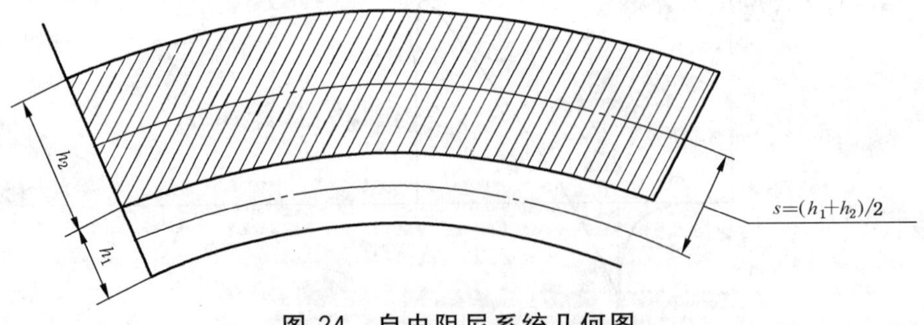

图 24 自由阻尼系统几何图

——采用自由阻尼；

——采用约束层阻尼；

——采用板-板系统阻尼。

a) 自由阻尼系统

自由阻尼系统由一块载板和其上一面附着的一层粘弹性材料构成。粘弹性材料的损失因数远大于(高达1 000倍)载板的损失因数。阻尼产生的机理是载板的一部分振动能量要耗散到粘弹性层的弯曲上。这些能量中的一大部分在每个振动周期转化成热能。因此，有效的粘弹性层应该具有很大的刚度来增加被弯曲时需要的能量，同时具有较大的损失因数增大转化成热的能力。

自由阻尼系统的总损失因数不仅依赖于粘弹性层的损失因数，而且依赖于粘弹性层和载板的厚度之比 h_2/h_1(图24)以及粘弹性层和载板的杨氏模量之比 E_2/E_1。设 E_2 和 E_1 分别为粘弹性层和载板的杨氏模量，则自由阻尼系统的总损失因数为：

$$\eta_t \approx \eta_2 \frac{E_2 h_2 s^2}{B'_t} \qquad (52)$$

式中：

$$s = \frac{h_1 + h_2}{2} \qquad (53)$$

总的弯曲刚度为：

$$B'_t \approx \frac{E_1 h_1^3}{12} + E_2 h_2 s^2 \qquad (54)$$

总结上述公式和图25中的基本规律，结论如下：

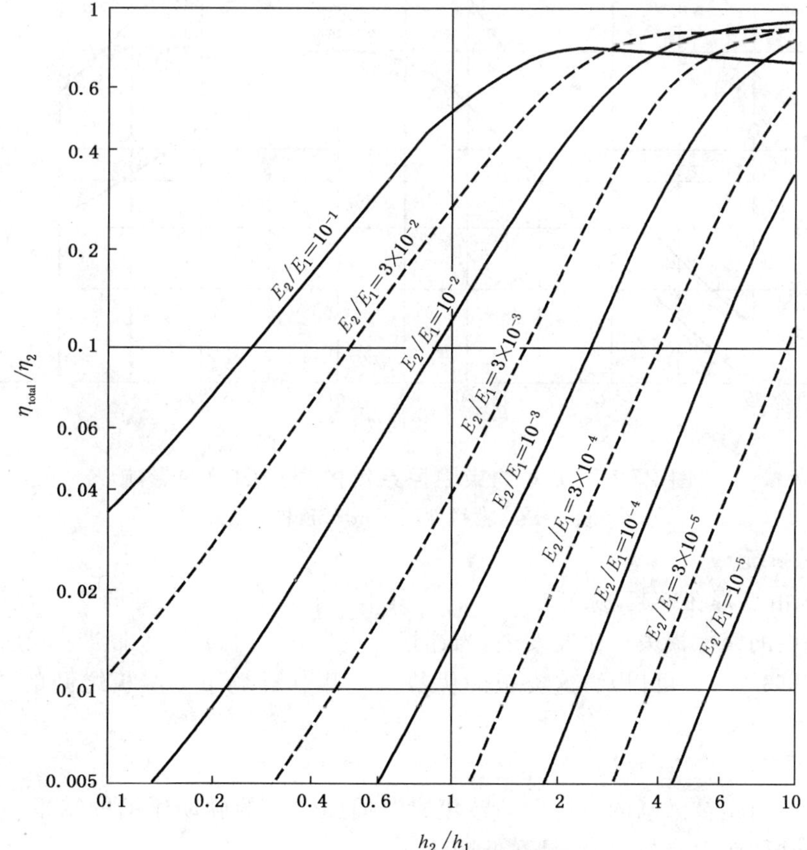

图25 带有自由阻尼系统的各向同性平板的损失因数

——总的阻尼效果随粘弹性层和载板的厚度比 h_2/h_1 的平方增加；

——粘弹性层的杨氏模量 E_2 和损失因数 η_2 应较大；

——粘弹性层的厚度应是金属板厚度的 2 或 3 倍。

b) 约束阻尼系统

当将粘弹性层放在载板和一块顶板之间时，构成约束阻尼系统，见图 26。主要分为对称和非对称设计，后者在实际应用中更重要。

这种阻尼系统的原理是将大部分的振动能量转化成粘弹性层剪切变形所需的热能。和自由阻尼系统明显不同，约束阻尼系统的总损失因数随温度和频率变化剧烈(图 27)。其计算也相当复杂。

约束阻尼系统的主要好处是它比自由阻尼系统轻，对原系统附加的质量小。

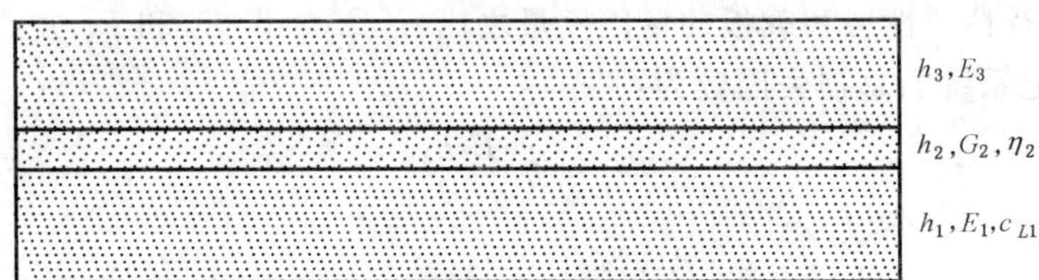

图 26 约束阻尼系统的几何尺寸

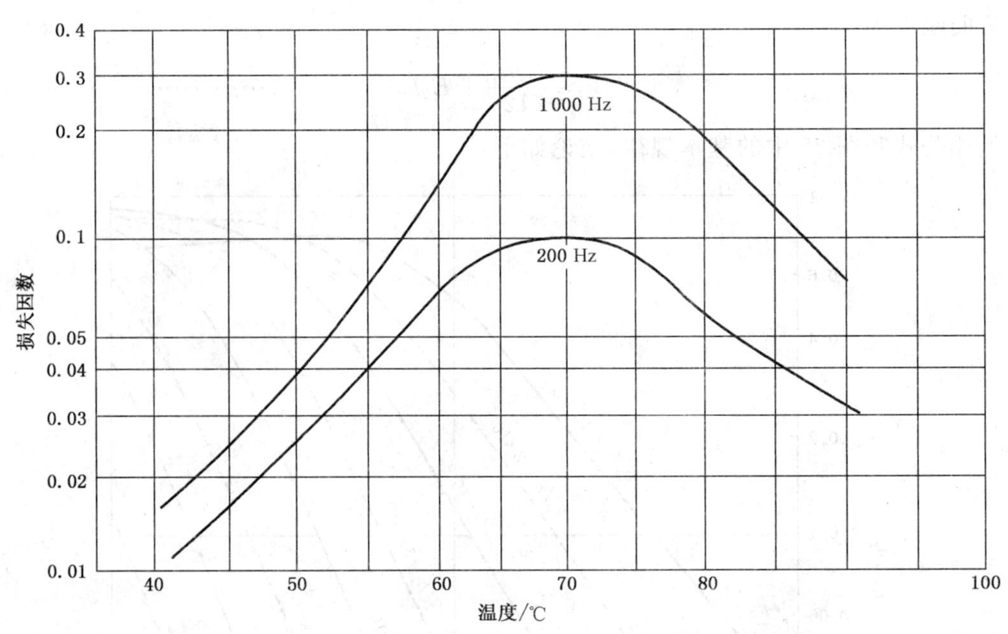

图 27 温度对约束阻尼系统的损失因数的影响

载板 4 mm，粘弹性层 1 mm，顶板 1 mm。

c) 板-板阻尼系统

板-板阻尼系统由点焊在一起、螺钉拧在一起或其他点状连接在一起的两块平板构成。阻尼来源于两板之间残留空气层的摩擦损失。研究发现，当连接点的距离大于半个弯曲波波长时，当采用不同厚度的板时，可增大阻尼(3∶1 就可以)。这类板的优势是可用在高温下。两板之间的侵蚀可能是潜在的问题。

6.5 辐射

结构表面的声辐射是被激励的结构振动转化成对周围空气的脉动压缩的结果。因此，小的紧致的振动体没有大的振动体辐射有效，特别是在低频。

辐射效率 σ 是描述被结构声激励的结构辐射噪声能力的主要参量。

$$\sigma=\frac{W}{\rho c\cdot S\cdot \overline{v^2}} \quad \cdots\cdots (55)$$

取决于辐射体的类型和控制的频率范围，辐射效率 σ 的变化范围可从 0(例如，穿孔板 $\sigma=10^{-5}$)到 1(例如，类似于液压泵在高频段振动的紧致刚性体)，若用级来表示，对应于从 $-\infty$ dB 到 0 dB。

图 28 给出了对几类不同结构测得的辐射效率。显然，这些曲线存在很大不同。这是因为结构表面振动幅度和相位的分布不同。一般来说，辐射效率 σ 在低频越来越小，在高频达到最大。从辐射效率 $\sigma<1$ 到 $\sigma=1$的转换通常用临界频率 f_c表示。对一些基本结构，临界频率 f_c和辐射效率 σ 可从理论推得。

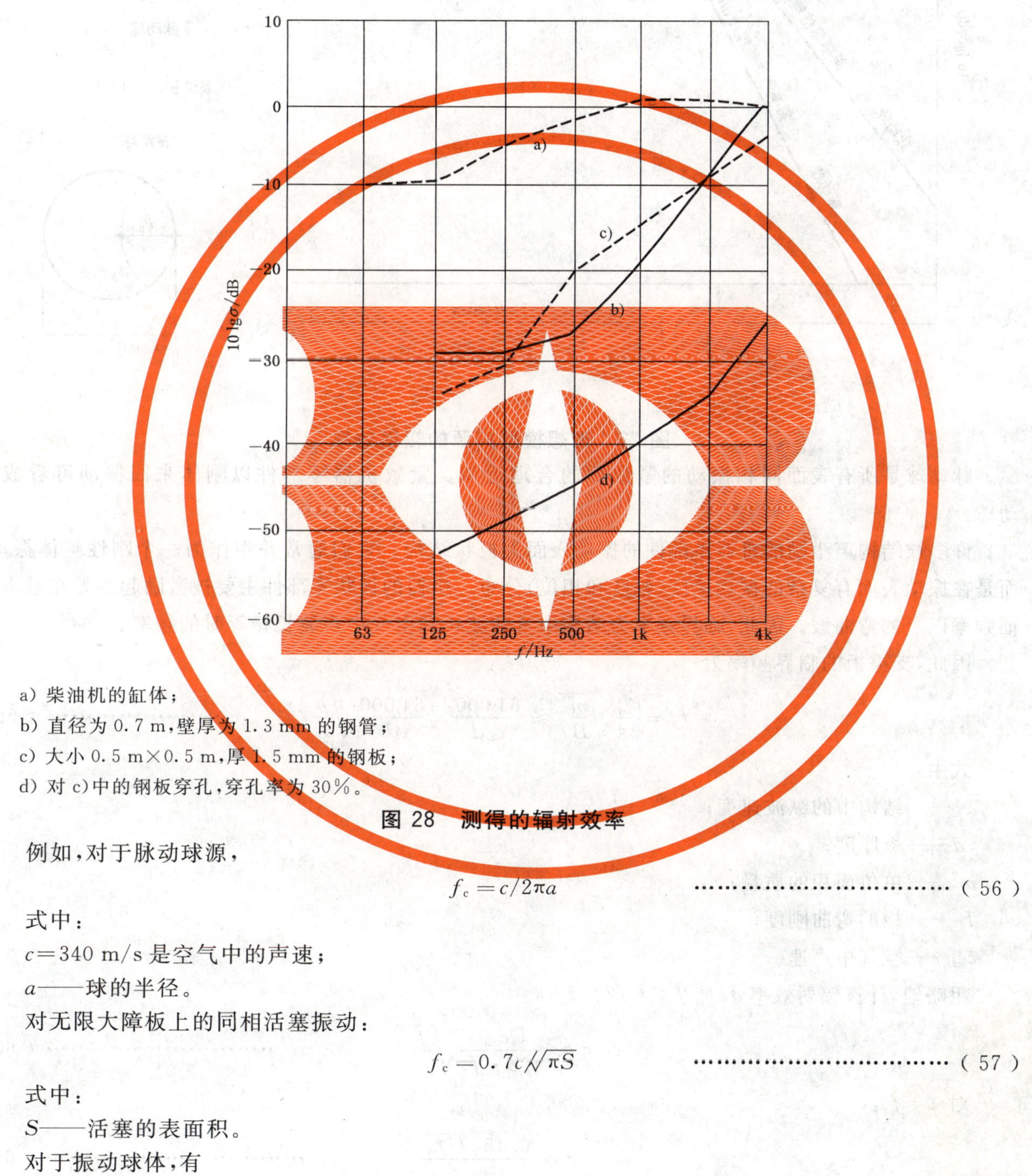

a) 柴油机的缸体；

b) 直径为 0.7 m，壁厚为 1.3 mm 的钢管；

c) 大小 0.5 m×0.5 m，厚 1.5 mm 的钢板；

d) 对 c)中的钢板穿孔，穿孔率为 30%。

图 28 测得的辐射效率

例如，对于脉动球源，

$$f_c=c/2\pi a \quad \cdots\cdots (56)$$

式中：

c=340 m/s 是空气中的声速；

a——球的半径。

对无限大障板上的同相活塞振动：

$$f_c=0.7c/\sqrt{\pi S} \quad \cdots\cdots (57)$$

式中：

S——活塞的表面积。

对于振动球体，有

$$f_c=1.41c/2\pi a \quad \cdots\cdots (58)$$

图 29 给出了 2 类基本源的辐射效率相对于以各自的临界频率 f_c为基准的归一化频率的函数。

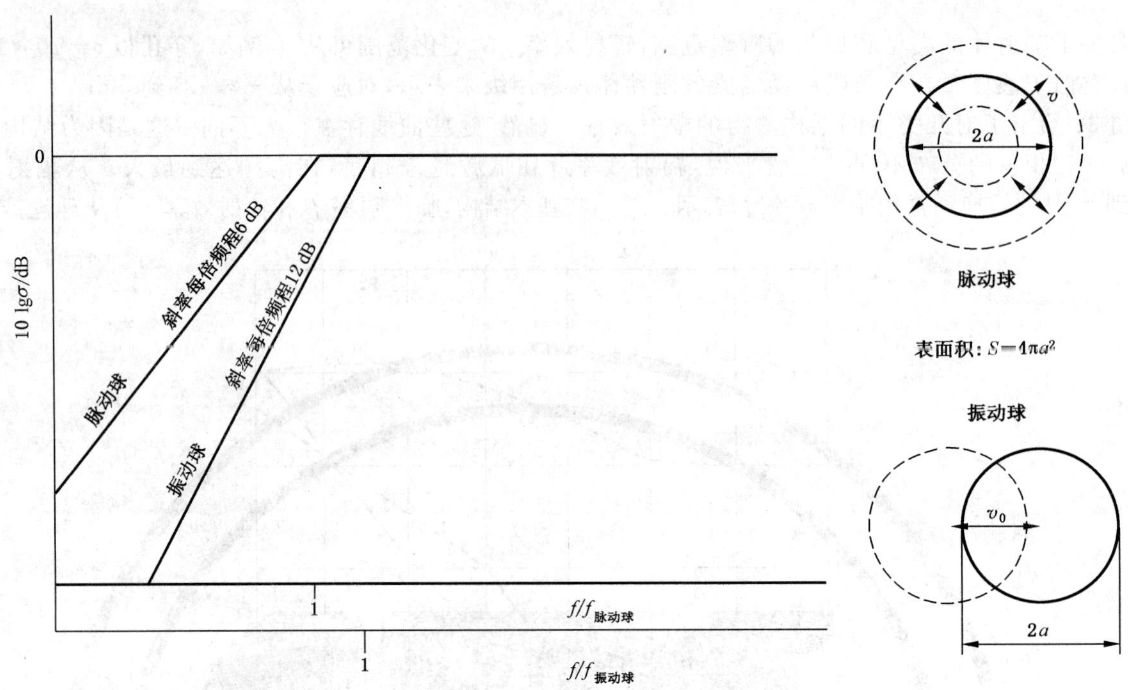

图 29　理想模型声源的辐射效率

脉动球是所有表面同相振动的紧致源的合理近似。紧致机器零部件以刚体来回振动可看成振动球。

许多被结构声激励的机器零部件的振动表面为板状结构。它们通常并不作为一个刚性整体振动，而是在振动表面有复杂的振动速度(幅度和相位)分布。机器的板状零部件主要被激励起的是在基本本征频率以上的弯曲波。因此，临界频率为结构中弯曲波长和空气中声波长相等时的频率。

因此，支撑板的临界频率为：

$$f_c = \frac{c_{air}^2}{2\pi}\sqrt{\frac{m''}{B'}} \approx \frac{64\ 000}{c_L d} = \frac{64\ 000}{d}\sqrt{\frac{\rho}{E}} \qquad \cdots\cdots (59)$$

式中：

c_L——结构中的纵波速度；

d——板厚度；

m''——单位面积的质量；

B'——板的弯曲刚度；

c_{air}——空气中声速。

粗略地，计算辐射效率 σ，对 $f < f_c/2$：

$$\sigma \approx \frac{U c_{air}}{\pi^2 S \cdot f_c}\sqrt{\frac{f}{f_c}} \qquad \cdots\cdots (60)$$

对 $f = f_c$：

$$\sigma \approx \frac{0.45\sqrt{U f_c}}{c_{air}} \qquad \cdots\cdots (61)$$

对 $f > 2f_c$：

$$\sigma \approx 1 \qquad \cdots\cdots (62)$$

式中：

U——周长；

S——板的表面积。

尽管周长和面积的比率 U/S 对板的刚性影响不大，但加肋会增加边界的周长，从而增加周长和面积的比率 U/S。其中周长 U 是原板的周长加上肋长的两倍。除了当激励力通过肋激励板时，增加刚度，增加辐射效率 σ。在激励力通过肋激励板这种情况下，板的激励点阻抗由于刚性的增加而增加。

图 30 给出了板厚度对辐射效率的影响。

总之，结构声辐射的降低取决于 $S\bar{v}^2$ 和辐射效率 σ 的乘积的降低。

主要措施有：

——紧致设计；

——采用穿孔板；

——如果需要降低高频声，采用柔性板（重量尽可能大）来提高临界频率 f_c。

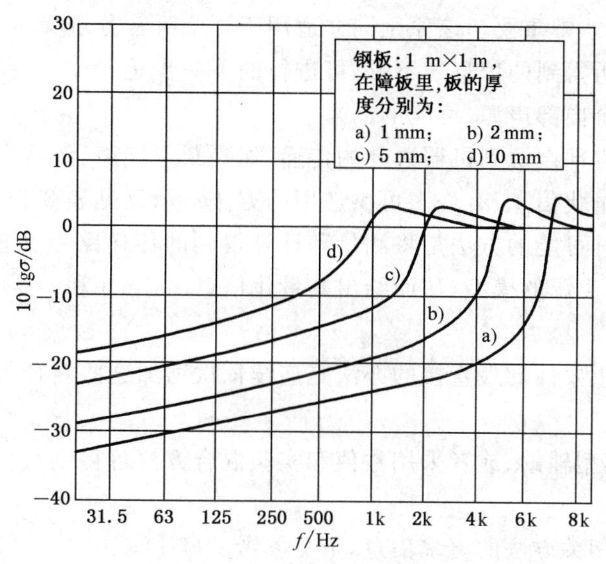

图 30 板厚度对辐射效率的影响

7 测量方法分析

7.1 分析的目的

对现有机器的分析在设计的各个阶段很重要：

第一阶段：明确任务：通过对竞争对手的产品或者自己早期产品的测量有助于确定一个实际的设计任务。

第二阶段：概念设计：在现有机器上测试可能有助于比较不同的原则。

第三阶段：设计和细节：在现有机器上的测试有助于选择材料、尺寸和零部件。

第四阶段：样机：对原型样机的分析是各个设计过程中的基本要素。分析的结果可用于改进设计的细节（回到第三阶段）。

分析应该集中于第 1 章所介绍的基本零部件，即：

——内部源；

——机器里的传递路径；

——边界的辐射。

只有在获得以上 3 个方面的一定量的信息后才有可能提出一个经济有效的噪声降低策略。至少以下信息需要得到：

——最重要的内部声源；

——这些声源的最重要的传递通道；

——机器的最重要的声辐射部分。

由于不同频段的情况不一样，对以上问题的回答可能要分频段讨论。

对于仅由一个内部声源，少量的传递途径和辐射部分构成的简单情况，定性的信息可能就足够确定所需要采用的措施了。然而在很多情况下，也需要得到定量的信息，即内部声源的强度、传输路径的传递函数的值，不同机器部分辐射到相连的接收系统中（空气或结构）的幅度。

7.2 内部声源

首先可在测得的机器辐射噪声的频谱（1/3 倍频程或窄带）基础上，结合机器结构（如可能的内部声源、转速、叶片个数、极性、齿轮齿数等）的知识，来分析内部声源。频谱中的重要尖峰的源常常可以通过这种方法确认。更多的信息可通过对辐射声压的时间历程进行分析得到。这两种方法中，运行参量（如速度）的变化对信号的解释非常重要。该原则同样适用于耳朵听音分辨噪声源。

如果从频谱和时间分析得到的信息还不够，可进行的下一步是：

——连续依次关掉各个内部声源（可能的话）；

——连续依次阻断从内部声源到机器边界的传递（如隔断空气声、液体声和结构声的传递）。

若还需要更多的详细量化信息，有许多可供选用的方法。示例见表 8 和参考书目[8]和[9]。

分析内部源的最后一种可能的方法是将测量和计算得到的传递路径和辐射数据结合起来，利用测得的声压级，建立一个内部声源的模型，从而给出其量化信息（见 7.3 和 7.4）。

7.3 传递路径

获得传递路径的相对重要性的最直接的办法是连续依次增加这些路径的隔离量。如引入更有效的隔声罩、隔振器或消声器。

通过实验测量、理论模型辅助、或者采用数值和实验混合方法可得到量化的传递路径信息。这些方法的说明见表 9。

有关这些方法和其他相关方法的更多信息，请见参考文献 [8]、[10]、[11]和[12]。

7.4 辐射

分析可能涉及到向空气、管中的气体、管中的液体、结构及其组合的辐射。对于向机器周围的空气的辐射，可采用表 10 的方法。

对于向充满气体和液体的管路系统（或结构、或这些对象的组合系统）的辐射分析，表 10 中的部分方法也适用。

更多信息，请见参考文献[8]到[14]。

7.5 采用测量方法分析现有机器的方法汇总

相关信息总结在表 8～表 10 中。

表 8 内部源分析方法

序号	名 称	说 明	备 注
1	频谱分析	在机器远场的任一点确定噪声频谱。允许任意环境	如果机器的机械结构和工作原理已知，则频谱分析可能得到哪个内部源重要
2	辐射声压的时域分析	在机器远场的任一点测量声压随时间的函数。允许任意环境	除了使用频谱分析，时域分析还可能对激励机理给出更深入的了解

表8（续）

序号	名　称	说　明	备　注
3	关闭部分声源	有时在关闭机器部分声源的情况下，机器仍能工作。如果得到此时远场声压随时间的变化或频谱，则该部分机器的贡献可以确定	
4	连续依次隔离或阻断部分内部声源	有时可以减少从某一内部声源到机器边界的声的传递。在任意环境下测量改变对辐射声压的效果(时域或频域)	部分空气声源可以放入临时的隔声罩。部分结构声源可以采用临时的弹性零部件和机器结构隔离
5	改变运行参数	改变速度或负载。在任意环境下测量辐射声压的时域或频域特性	
6	特征分析	测量机器边界上某点的加速度和转轴信号同步。采用专用软件分析	对于旋转机器，这种方法很适于从机器结构的响应确定内部源
7	直接替换方法	将部分声源用已知特性的人工声源代替，测量辐射声压	用于得到内部源(空气声源或结构声源)的等价源强的方法
8	互易替换方法	类似于方法7，将扬声器放在接收点，将传声器或加速度计放在内部源位置	当内部源无法被人工源替代时的一个方便的方法。需要线性假设
9	相关/相干方法	确定辐射声压和来自内部源某点参考信号的相关性	由于在实际较难得到合适的参考信号，这种方法的应用可能受到限制
10	声强测量	确定可能内部源的部分声功率	适用于确定机器各组件对辐射的空气声的直接贡献

表9　机器内部声传递分析方法

序号	名　称	说　明	备　注
1	直接测量传递函数	在内部源位置放置人工源，测量机器边界的加速度和远场声压	
2	互易测量传递函数	方法1的互易测量。即将测试源和观察点互换	当无法在机器内部放置人工源时有用
3	依次隔断机器内的传递路径	在不同的声传递路径采用隔振或者隔声	该方法有助于判别重要的传递路径
4	功率流测量	采用专门技术测定某一路径的空气声、液体声和结构声的功率流	复杂的方法；需要专门的知识
5	模态分析(实验)	测量结构的确定性的振动特性	不适合多共振响应频率范围

表10　结构声辐射分析方法

序号	名　称	说　明	备　注
1	有选择地遮挡某些可辐射声的部件	依次遮挡机器辐射声的相关部件，测量辐射声压	适合于确定机器各部分辐射声的直接贡献
2	声强测量	用声强探头在机器表面采样	

表 10(续)

序号	名　称	说　明	备　注
3	近场声压测量	靠近辐射表面测量声压	容易实现,但精度不如方法 2
4	指向性声测量	用强指向性传声器或传声器阵列测量机器的自由场声压	直截了当的方法,但较少采用
5	在辐射空气声的机器部分的振动测量	测量振动表面的振动 $W=\rho c S\,\overline{v}^2\sigma$ 式中: ρc——空气的特性声阻抗; S——辐射表面积; $\overline{v}^2$——速度平方的平均值; σ——辐射效率	适用于当辐射效率 σ 能准确估计时
6	模态分析	分析结构外边界的确定性振动性能	适用于低频,且当辐射效率 σ 能准确估计时

8 计算方法分析

8.1 分析的目的

第 4、5、6 章列出了许多简单的分析模型,它们用来描述某类源、源的辐射、声通过相应路径的传递的基本特性。这些模型在设计的各个阶段都是相关的。然而,还有许多其他的计算方法,可按如下方式分类:

a) 计算激励的方法;

b) 计算声传递和辐射的方法。

计算激励的方法一般针对某一类特殊的激励(流体、电磁、冲击等),因此,在本部分中不再考虑。

计算声传递和辐射的方法可分为如下两类:

a) 确定性(数值)方法;

b) 统计方法。

常用的确定性方法有:有限元法(FEM)和边界元法(BEM)。常用的统计方法有统计能量分析法(SEA)。也存在基于一般测量结果的统计方法(经验方法)。另外,还有简化的 SEA。

8.2 确定性方法

确定性方法用来计算某一特定激励下特定结构的细节响应。因此,该方法对详细设计阶段(阶段 3)的中低频计算有用。有时,对在原型样机阶段(阶段 4)的有些中低频分析有用。对多共振频段或设计阶段 1 和 2,不推荐使用。

一般说来,确定性方法需要很多经验、强大的硬件计算资源和巨大的建模工作量。

8.3 统计方法

统计方法适用于确定某一特定系统在某个频段的平均传递和响应量,和确定一组类似系统的平均量。因此,它们对中高频特别有效。大多数方法容易使用,在设计的各阶段都有用,特别是在第 2 阶段(概念设计阶段)。

8.4 计算方法的适用性

表 11 给出了一些计算方法适用性的提示。

表 11 确定性和统计计算方法概览

方法	特征	适用性	频率范围
有限元法(FEM)	能够提供详细的响应、输入导纳和传递函数信息。对专业人员是很成熟的方法	结构、充满气体或液体的闭空间	低到中模态密度
边界元法(BEM)	适合计算振动表面的辐射。需要专门知识	辐射表面	低到中模态密度
排气和进气系统的传递矩阵法	计算充满气体管道的声传递特性。适合设计消声器	排气和进气口	低到中模态密度
统计能量分析(SEA)	给出声功率传递的粗略信息。需要专门知识。需要和实验的交互。在工程界还没有完全成熟	结构、气体、液体或它们的组合	高和中模态重叠
简化 SEA	类似于 SEA 但应用范围更有限。容易使用		
经验模型	基于类似系统的测量数据建模。有时和分析模型(如辐射部分)结合。适合于声能量传递的确定。应用简单		

附 录 A
(资料性附录)
某一部件的结构声和空气声导致的机器的空气声发射估算的示例

A.1 已知数据

图1给出给定机器的基本设计;总体尺寸(如,0.5 m×0.5 m×0.5 m);零部件(如,电机)。

A.2 计算步骤

采用图2的模型,利用输入数据、第5、6章的方程和声学技术的基础知识进行计算。

A.2.1 路径1——空气声,W_1,L_{W_1}

$$L_{W_1} = L_W - \Delta L$$

所需要的数据:

a) 按照国际、国家标准在各频段测得的该零部件的声功率级 L_W。

b) 机器周围的机架等在各频段的插入损失 ΔL。

上述数据的来源:

a) 声功率级 L_W 通过该零部件的制造商或用户自己测量得到。

b) 估计插入损失 ΔL 的方法:

——如果零部件在机壳外(不同于图2),则 $\Delta L = 0$ dB。

——如果零部件在机壳内(如图2),则:

1) 机壳没有开口,大多数情况下,本路径1的插入损失和下面路径2相比可忽略。

2) 机壳有开口,则

$$\Delta L = 10\lg \frac{A}{S_0}$$

式中:

S_0——开口面积,单位为平方米(m^2);

A——机壳内的等效吸声面积,单位为平方米(m^2),具体见技术参考书目;

ΔL——插入损失,单位为分贝(dB)。

A.2.2 路径2——结构声,W_2,L_{W_2}

$$L_{W_2} = L_F + L_{WF}$$

上述对力激励有效。对速度激励,按照参考文献[5]可得到一个类似的方程。

所需要的数据:

a) 该零部件结构声的发射值 L_F,目前还没有标准的测量方法。

b) 机器结构振动的传递量 L_{WF}。

上述数据的来源:

a) 通过该零部件的制造商(同意必要的测量条件)或用户自己测量得到。

b) 机器制造商对原型样机或类似机器的测量,或对简单结构(如板)的近似计算结果。

测量条件的一些说明:

a) 安装零部件的测试结构和所设计机器类似;在安装点附近测量各频段的加速度(a)和导纳(Y_F),加速度和导纳与激励力 F 的关系如下:

$$F = \frac{a}{2\pi f Y_F}$$

b) 利用激振器在各频段以激励力 F 激励结构，测量声功率 L_W：

$$L_{WF}=L_W-L_F$$

A.3 计算所得声发射结果

$W_{tot}=W_1+W_2$

$L_{W_{tot}}=10\lg(10^{L_{W_1}/10}+10^{L_{W_2}/10})$

$L_{W_{tot}}$，L_{W_1}，L_{W_2} 的单位为分贝(dB)。

A.4 已知值的示例

A.4.1 路径 1：

$L_W=80$ dB

$S_0=0.01$ m²

$A=0.1$ m²

$\Delta L=10$ dB

$L_{W_1}=70$ dB

A.4.2 路径 2：

情况 a)	情况 b)
$F=0.5$ N	$F=2$ N
$L_F=-6$ dB	$L_F=6$ dB
$L_{WF}=68$ dB	$L_{WF}=68$ dB
$L_{W_2}=62$ dB	$L_{W_2}=74$ dB
空气声为主	结构声为主
总的空气声发射为：	总的空气声发射为：
$L_{W'_{tot}}=71$ dB	$L_{W'_{tot}}=76$ dB

噪声控制的措施：

路径 1	路径 2
在机壳内部的增加吸声材料	电机解耦，令方程(49)中的 $f_0=1/2f$
$A=0.1$ m² 增加到 0.8 m²	$D=10$ dB
$\Delta L''=19$ dB	$L_{W'_2}=L_{W_2}-D$
$L_{W'_1}=61$ dB	$L_{W'_2}=64$ dB
$L_{W'_{tot}}=65$ dB	$L_{W'_{tot}}=71$ dB

附 录 B
(资料性附录)
术 语 表

B.1 A计权 A-weighting

在声级计上采用的电子滤波器,其标准化了的频响考虑了人耳灵敏度对频率的依赖性。用于测量A计权声压级。

B.2 空气特性声阻抗 characteristic airborne sound impedance

在传播的平面波的某一点,声压和质点速度的比值。

B.3 临界频率 critical frequency

f_c

在临界频率,板的弯曲波波长等于空气中的声波波长。

B.4 本征频率 eigenfrequency

机械系统自由振动时的仅源于系统弹性和惯性力的可能频率。

B.5 第一本征频率 first eigenfrequency

本征频率中最小的那个频率。

B.6 质量/劲度控制系统 mass/stiffness controlled system

当力作用时,不形变/形变的同相运动的机械系统。

B.7 板导纳 plate admittance

h_μ

和频率无关的无限大均匀板的点导纳。当板比在所激励频段的弯曲波长大的条件下,可用于有限大小的实际板。

B.8 点导纳 point admittance

h

在机械系统的某点,某一频率激励下结构振动速度响应和激励力的比值。

B.9 辐射效率 radiation efficiency

σ

某一结构的具有给定均方根大小振动速度的某一特定振动区域辐射的声功率和等大小平板以同样速度同相振动辐射的声功率的比值。

B.10 弹簧本征频率 spring eigenfrequency

f_{01}

弹簧单元本身的最低本征频率(特性波长等于 $\lambda_B/2$)。

B. 11　传递函数　transfer function

计算或测量得到的系统输出(响应)和输入(激励)的关系,表达成频率的函数。

B. 12　传递导纳　transmission admittance

h_T

在结构辐射声区域某点,以某频率激励,得到的均方根振动速度和应用的激励力的比值。

B. 13　速度传递　velocity transmission

T_1

在结构辐射声区域某点,以某频率激励,得到的均方根振动速度和应用的振动激励速度的比值。

参 考 文 献

[1] Lienard,P. and Francois,P. ,Acoustique Industrielle et Environnement—1)Acoustique Physique et Perceptive. Collection de la direction des Etudes et Recherches d'EDF No. 46,Editions Eyrolles,Paris,1983.

[2] Lesueur,C. ,Rayonnement Acoustique des Structures. Eyrolles Paris,1988.

[3] Heckl, M. and Müller, H. A. , Taschenbuch der Technischen Akustik. Springer-Verlag, Berlin,1975.

[4] Fasold, W. , Kraak, W. and Schirmer, W. , Taschenbuch Akustik. Verlag Technik, Berlin,1984.

[5] Cremer,L. and Heckl,M. ,Korperschall,Springer-Verlag,Berlin,1967.

[6] Schirmer,W. ,Lärmbekämpfung. Verlag Tribüne,Berlin,1989.

[7] Kurze,U. J. and Dietz,P. ,Lärmarm Konstruieren XlII-Schalltechnische Regein der Konstruktionsmethodlk. Wirschaftsverlag NW,Bremerhaven,1985.

[8] Lyon,R. H. ,Machinery Noise and Diagnostics. Butterworths,Boston,1987.

[9] Ten Wolde,T. ,Reciprocity experiments on the transmission of sound in ships. Thesis,Delft University,1973.

[10] White, R. G. and Walker, J. G. , Noise and Vibration. Ellis Horwood Publishers, Chichester,England,1982.

[11] Ewins,D. J. ,Modal Testing:Theory and practice. Research Studies Press,Letchworth, England,1984.

[12] Verheij,J. W. ,Multi-path sound transfer from resiliently mounted shipboard machinery. Thesis,Delft University,1982.

[13] Fahy,F. J. ,Sound intensity. Elsevier Applied Science,London,New York,1989.

[14] Broch, M. T. , Mechanical Vibration and Shock Measurements, Brüel & Kjaer, Denmark,1980.

[15] Fahy,F. ,Sound and structural vibration,Academic Press.

[16] Noise control—A guide for workers and employers. U. S. Govemment printing office, Washington D. C. ,1980.

[17] Goldstein,M. E. ,Aeroacoustics,New York,1976.

[18] Stüber,B. ,Heckl,M. ,Geräusche von Strömungsmaschinen und Geräten,in Heckl,M. , Müller,H. A. ,Taschenbuch der Technischen Akustik,Berlin,1975.

[19] 马大猷.噪声与振动控制工程手册.北京:机械工业出版社,2002.

[20] Bies D. and Hansen C. H. , Engineering noise control, 3rd Edition, E & FN SPON, London,2003.

[21] Fahy F. J. , Foundations of engineering acoustics,Academic Press,London,2000.

[22] Vér I. L. and Beranek L. L. . Noise and vibration control engineering:principles and applications,Wiley;2nd edition,2005.

ICS 17.140
A 59

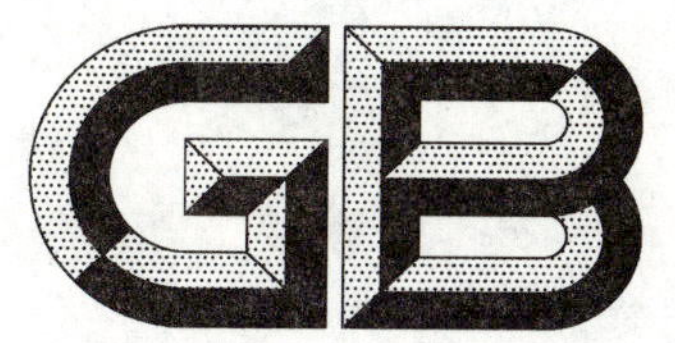

中华人民共和国国家标准

GB/T 25079—2010/ISO 18233:2006

声学　建筑声学和室内声学中新测量方法的应用　MLS和SS方法

Acoustics—Application of new measurement methods in building and room acoustics—MLS and SS methods

(ISO 18233:2006,IDT)

2010-09-02 发布　　2011-04-01 实施

中华人民共和国国家质量监督检验检疫总局
中国国家标准化管理委员会　发布

前　言

本标准等同采用ISO 18233:2006《声学　建筑声学和室内声学中新测量方法的应用　MLS和SS方法》(英文版)。

本标准对等同采用的国际标准进行了编辑性修改。

本标准的附录A和附录B为规范性附录。

本标准由中国科学院提出。

本标准由全国声学标准化技术委员会(SAC/TC 17)归口。

本标准起草单位:中国科学院声学研究所、中国建筑科学研究院。

本标准主要起草人:吕亚东、仇波、苗振伟、谭华、程明昆、尹铫、徐欣。

引　言

用来测量声音传播现象的随机信号分析方法从1960年开始发展，但是由于当初缺乏有效的计算能力，这些方法只能适用于设备良好的实验室。

随着数字电路、功能强大的通用计算机的发展，以及数字信号处理元件在现场声学测量中的应用，使得基于扩展的数字信号处理的测量仪器的应用日趋成熟。目前，专用仪器和能够在通用计算机上运行的专业软件已经采用了这些测量方法，并且获得了广泛应用。

与传统方法相比，新方法具有很多优点，例如：抑制背景噪声和扩展测量范围。但如果不遵守某些导则，也可能得不到可靠的结果。同时，与传统方法相比，新方法可能对时间变化和环境条件变化更加敏感。

本标准旨在为建筑声学和室内声学新测量方法给出相关要求和导则，同时这些要求和导则也能够适用于应用这些方法的测量设备。

即使是对传统方法及其测量设备富有经验的人，可能也意识不到新方法某些应用的困难和局限性，因此应鼓励每个使用者对新方法的理论基础有一个更加深入的理解，同时应鼓励仪器设备生产商给出设备应用更多的指南，并将测量结果不可靠时能够及时给出警示作为仪器设备的设计目标。

本标准给出了在建筑和建筑构件隔声测量、混响时间及相关物理量测量中新方法应用的要求和导则，参考文献给出了有关测量内容、测量点数目和位置选择以及测量条件的传统方法的相关标准。

声学 建筑声学和室内声学中新测量方法的应用 MLS和SS方法

1 范围

本标准规定了测量建筑物和建筑构件声学特性新方法的应用导则和要求，同时也给出了激励信号的选择、信号处理和环境控制的导则和要求，以及对被测系统线性和时不变性方面的要求。

本标准适用于以下测量，如房间之间和外墙的空气声隔声量、房间混响时间和其他室内声学参量的测量、混响室声吸收、振级差和损耗因子的测量。

本标准所定义的方法可以代替如GB/T 19889(所有部分)，ISO 3382(所有部分)和GB/T 21228.1所定义的传统方法。

2 规范性引用文件

下列文件中的条款通过本标准的引用而成为本标准的条款。凡是注日期的引用文件，其随后所有的修改单(不包括勘误的内容)或修订版均不适用于本标准，然而，鼓励根据本标准达成协议的各方研究是否可使用这些文件的最新版本。凡是不注日期的引用文件，其最新版本适用于本标准。

GB/T 3241 倍频程和分数倍频程滤波器(eqv IEC 61260:1995,GB/T 3241—1998)

GB/T 3785 声级计的电、声性能及测试方法(IEC 61672-1,NEQ)

3 术语、定义及缩略语

3.1 术语和定义

下列术语和定义适用于本标准。

3.1.1

传统方法 classical method

直接通过记录的无规噪声或脉冲信号的响应来测定声压级或衰变率的传统测量方法。

3.1.2

新方法 new method

利用各种确定性信号首先获得被测系统脉冲响应，从而得到所需的声压级和衰变率的测量方法。

注：新方法具有传统方法所不具备的一些其他固有特点，如新方法能够避免其他声源的噪声干扰。

3.1.3

有效信噪比 effective signal-to-noise ratio

信噪比 signal-to-noise ratio

由激励源产生和新方法得到的信号部分的方均值与由同样方法和非激励源产生的信号中不需要部分的方均值之比，取以10为底的对数再乘以10。

注1：有效信噪比用分贝表示。

注2：在基于传统方法建立的新方法测试步骤中，用有效信噪比代替通常的信噪比。

3.1.4

峰噪比 peak-to-noise ratio

由激励源产生和新方法得到的信号部分峰值的平方与由同样方法和非激励源产生的信号中不需要部分的方均值之比，取以10为底的对数再乘以10。

注：有效峰噪比用分贝表示。

3.1.5

分数倍频程　fractional-octave band

GB/T 3241 规定的分数倍频程滤波器从下限到上限的频率范围，单位为 Hz。

注：倍频程和分数倍频程滤波器均为特定的分数倍频程滤波器。

3.2　缩略语

MLS　　最大长度序列法

SS　　正弦扫频法

4　特指

4.1　最大长度序列法(MLS)

符合本标准的 MLS 方法被定义为“GB/T 25079-MLS”。

4.2　正弦扫频法(SS)

符合本标准的 SS 方法被定义为“GB/T 25079-SS”。

5　理论

5.1　概述

室内和房间之间的声传播通常可视为近似线性时不变系统。因此，适用于该系统的一般理论都可用来建立激励和响应之间的声传播关系。

脉冲响应是所有测量的基础。结构振动速度测量及室内声压级测量均可采用该方法。

5.2　室内声

GB/T 19889 的第 3 部分至第 5 部分、第 10 部分和第 14 部分规定了建筑构件以及房间之间空气声隔声的测量方法。ISO 3382(所有部分)规定了混响时间的测试方法。为了测试这些物理量，应使用噪声激励，对室内声压级和混响时间进行测量。

对于混响时间的测量，噪声源应当开启一段时间以获得稳态声压，然后关闭噪声源，观察房间中的声衰变。在本标准中，将噪声源关闭时刻设为时间零点，$t=0$。

声压级随时间变化的记录一般包含房间稳态声压级和混响时间的信息。图 1 是典型的声压级与时间关系图。噪声源关闭前的稳态声压级为 $t<0$ 时记录的信息，$t\geqslant 0$ 包含的是衰变信息。衰变信息经过进一步处理可以获得混响时间。

GB/T 19889 及 ISO 3382 系列标准定义的房间空气声测量的传统方法规定采用随机信号作为激励源。尽管通常情况下房间可以被描述成一个确定性系统，但由于随机激励信号的统计分布，使得最终结果有一定的随机变化，并用标准偏差来表征这种随机性。因此，通常需要取多次测量结果的平均值来逼近统计意义上的期望值。传统方法是通过空间测点的测量结果取平均来获得房间的平均值。

本标准所述方法旨在获得分数倍频程的测量值。需要选择相应的要求和导则。

如参考文献[6]所示，通过直接处理激励信号源(扬声器)和观测点(传声器)之间的脉冲响应可以获得某特定观测点的期望衰变，无需平均。只要系统是线性和时不变系统，则应用该理论来测量衰变曲线和稳态声压级就能够成立。该理论可以扩展并应用到声源室和接收室的声场测量以及从声源室到接收室的传声测量中。

理论上传统方法测得的基于噪声激励的响应可以描述为激励信号和房间脉冲响应的卷积。但是，在基于噪声激励的传统方法中，可以直接记录的是响应，而一般情况下脉冲响应则是未知的。

按照本标准所介绍的新方法，可以通过处理脉冲响应本身来得到测量结果。

注：脉冲响应通常为包括放大器、传感器、所用滤波器以及发射点与接收点之间的封闭空间组成的系统的综合脉冲响应。

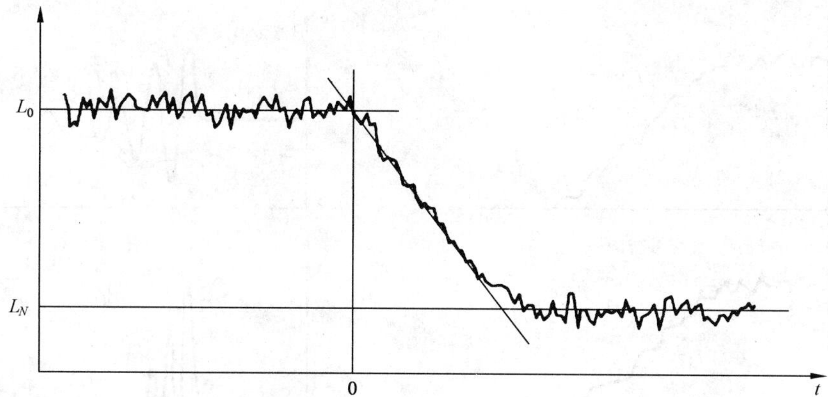

L_0——激励信号关闭前的稳态噪声级；

L_N——背景噪声级；

t——时间。

注：$t=0$ 时，激励信号关闭。

图 1　声压级随时间变化的典型曲线

可以采用多种方法来获得脉冲响应和对脉冲响应进行傅里叶变换得到的频率响应函数。如果在正常测试条件下这些方法表明能够获得可靠的结果，就可以采取所有这些方法。

用稳态白噪声信号激励房间系统，并且持续足够长的时间以获得稳定的声场，在 $t=0$ 时关闭声源，在 $t\geqslant 0$ 的任意时刻预期声压级 $L(t)$（单位：dB）可表示为：

$$L(t)=10\lg\left[\frac{W_0}{C_{\mathrm{ref}}}\int_t^{\infty}h^2(t)\,\mathrm{d}t\right] \qquad (1)$$

式中：

W_0——常数，指激励信号单位带宽功率；

$h(t)$——脉冲响应；

C_{ref}——计算声压级而任意选取的参考值。

与基于传统方法的预期衰变相对应的衰变曲线通常可近似为直线。

注：由于时间 t 是积分的下限起始点，因此式(1)可以看成一个反向积分，经公式等价变换，从 $+\infty$ 开始反向积分到实际时间。过去曾使用录音倒带模拟技术实现反向积分。

式(1)不包含测量过程通常伴随的外部噪声。

若测量系统运用分数倍频程滤波器，则式(1)描述的是按照传统方法获得的滤波频带的预期衰变。

式(1)可用于计算关闭声源后任意时刻的预期声压级。运用此公式也可以计算出关闭声源之前的平均声压级 L_0（单位：dB）。设式(1)中的 $t=0$，则：

$$L_0=10\lg\left[\frac{W_0}{C_{\mathrm{ref}}}\int_0^{\infty}h^2(t)\,\mathrm{d}t\right] \qquad (2)$$

图 2 举例说明如何用传统方法和新方法获得声压级与时间之间的函数关系。

5.3　两室之间声传播

若噪声源放置在声源室中，声压级的测点为 S，则可按照式(2)由激励点和测点 S 点之间的脉冲响应 $h_1(t)$ 获得预期声压级 L_1（单位：dB）：

$$L_1=10\lg\left[\frac{W_0}{C_{\mathrm{ref}}}\int_0^{\infty}h_1^2(t)\,\mathrm{d}t\right] \qquad (3)$$

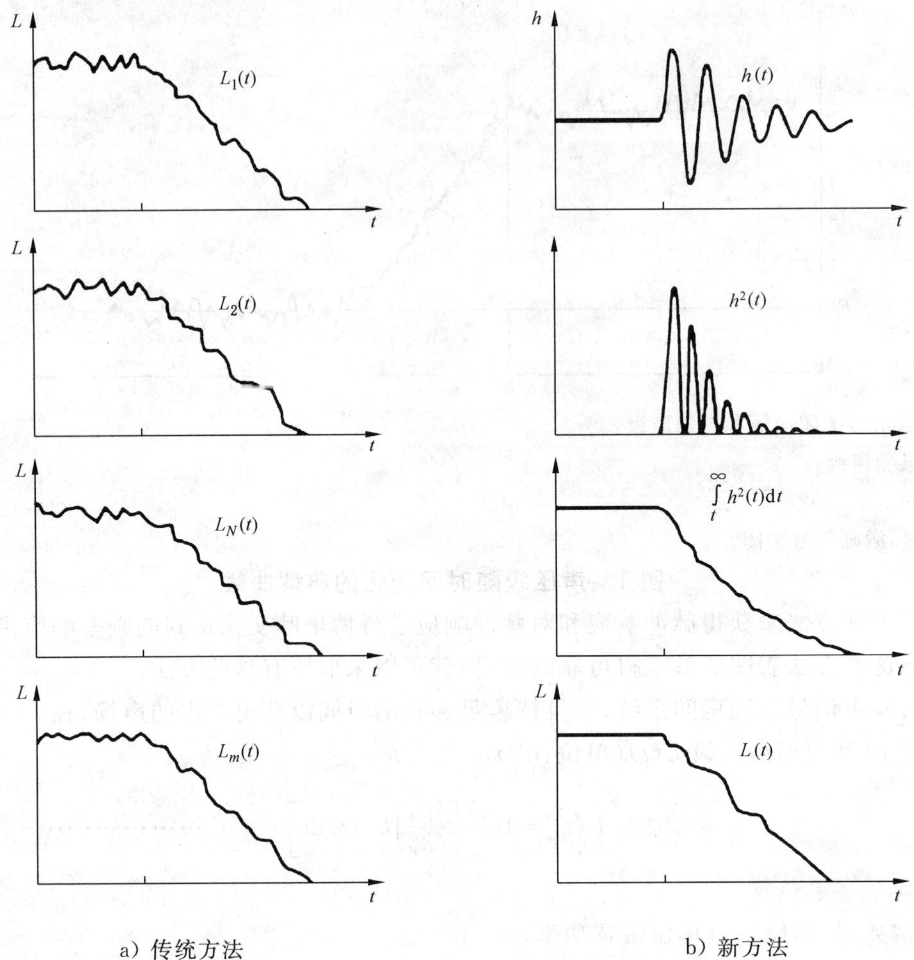

a）传统方法　　　　b）新方法

L——声压级；

h——脉冲响应；

t——时间。

注：在传统方法中，预期衰变曲线的近似值 $L_m(t)$ 为多个基于噪声激励法测得的衰变曲线 $L_1(t)$，$L_2(t)$，…，$L_N(t)$ 的平均值。而在新方法中，预期衰变曲线 $L(t)$ 是通过处理脉冲响应 $h(t)$ 获得。

图 2　传统方法和新方法之间差异的图解

同样，若在相邻接收室中的 R 点测量声压级，则可由激励点和测点 R 点之间的脉冲响应 $h_2(t)$ 获得预期声压级 L_2（单位：dB）：

$$L_2 = 10\lg\left[\frac{W_0}{C_{\text{ref}}}\int_0^{\infty} h_2^2(t)\,\mathrm{d}t\right] \qquad \cdots\cdots(4)$$

声源室和接收室之间的预期声压级差 D（单位：dB）由式(5)计算：

$$D = L_1 - L_2 = 10\lg\left[\frac{\int_0^{\infty} h_1^2(t)\,\mathrm{d}t}{\int_0^{\infty} h_2^2(t)\,\mathrm{d}t}\right] \qquad \cdots\cdots(5)$$

由式(5)可见，预期声压级差与激励信号功率 W_0 及参考值 C_{ref} 无关。

注：本标准的新方法也可以应用到建筑物外墙的隔声测量。测量中一个测点应位于建筑物的户外位置。

5.4　频率响应函数的应用

在信号与线性时不变系统理论中，正弦信号具有独特的作用。如果忽略信号开启和关闭时产生的瞬态现象，线性时不变系统对正弦信号的响应仍为相同频率下的正弦信号，但幅值（增益）和相位会发生变化。将输入和输出信号之间的幅值和相位的变化信息作为频率的函数表示出来，称为系统的频率响应函数。与脉冲响应一样，频率响应函数可给出任意输入信号的全部响应信息。对脉冲响应进行傅里叶变换可以得到频率响应函数。

应用帕塞瓦尔(Parseval)定理，式(2)可改为：

$$W_0\int_0^{\infty}h^2(t)\,\mathrm{d}t=\frac{W_0}{2\pi}\int_{-\infty}^{\infty}|H(\omega)|^2\mathrm{d}\omega \quad\cdots\cdots(6)$$

式中：

ω——角频率；

$H(\omega)$——对系统脉冲响应 $h(t)$ 进行傅里叶变换得到的频率响应函数：

$$H(\omega)=F\{h(t)\}=\int_{-\infty}^{\infty}h(t)\mathrm{e}^{-\mathrm{j}\omega t}\mathrm{d}t \quad\cdots\cdots(7)$$

式中：$\mathrm{j}=\sqrt{-1}$

注：式(6)中，假设 $t<0$ 时 $h(t)=0$，这与物理可实现的因果系统相一致。

从式(6)中可以看出，声压级计算只与频率响应函数的模量有关。而混响时间的测量则与频率响应函数的相位和模量有关。

将式(5)、式(6)联立，即可通过房间的频率响应得到声源室和接收室之间的预期声压级差 D。分数倍频程$\left(\text{下限频率为 } f_1=\frac{\omega_1}{2\pi}\text{，上限频率为 } f_2=\frac{\omega_2}{2\pi}\right)$的预期声压级差 D(单位：dB)可表示为：

$$D=L_1-L_2=10\lg\left[\frac{\int_{\omega_1}^{\omega_2}|H_1(\omega)|^2\mathrm{d}\omega}{\int_{\omega_1}^{\omega_2}|H_2(\omega)|^2\mathrm{d}\omega}\right] \quad\cdots\cdots(8)$$

6 脉冲响应测量

6.1 概述

典型的房间脉冲响应为具有许多周期的振荡信号。信号的包络是非规则的，但是通常有一个很短的脉冲时间，然后以指数的形式衰变。

可以将房间对很短的声音脉冲的响应作为房间的脉冲响应。但是，在大多数情况下所用的声源不是扬声器，因此很难控制激励信号的频谱及指向性。

为了获得对激励信号的必要控制，在许多实际情况中通过数字信号处理获得脉冲响应。用已知信号激励房间一段时间，从房间对激励信号的响应中计算出房间的脉冲响应。激励信号分布在一个很长时间周期内以便增加总辐射能量。这种处理方法可增加所获得的动态范围，减少外部噪声的影响。

参考文献介绍了脉冲响应的几种测量方法，见参考文献[6]～[8]和[13]～[15]。

测量脉冲响应时，不允许改变声源及传声器位置，因为这会违背被测系统所需的时不变性要求。房间的脉冲响应由房间的地板、天花板和墙壁反射的声波相互作用形成。在多次反射之间，室内空气影响声传播。空气的流动或声速的变化(由气温引起)也可能违背被测系统的时不变性要求。

6.2 激励信号

6.2.1 概述

在传统方法中，激励信号为随机信号或带宽至少与测量通道的带宽相等的脉冲信号。噪声信号的随机性使得测得的声级随机分布，并且也限制了测量的重复性。新方法采用确定的激励信号，这些信号可以被准确地再现，从而增强了测量的重复性。

6.2.2 频谱要求

6.2.2.1 概述

激励信号的有效频率响应范围应至少覆盖实际被测分数倍频程。如果进行覆盖整个音频范围的宽带测量,目的是使得接收点接收到的激励信号谱形与周围背景噪声的谱形接近,这样就可以获得与频率无关的信噪比。典型的背景噪声源(由空调系统、交通等)具有随频率的降低而增加的频谱。因此,当测量房间的脉冲响应时,要加强激励信号的低频成分。

在大多数类似情况下,适合采用粉红噪声激励信号(每个分数倍频程上具有相同的能量),以获得足够的信噪比。

在隔声测量中,隔声量通常会随频率的增加而增加,因此有必要增加激励信号的高频成分能量。

最完善的调整方法是既能补偿测量扬声器的声功率响应,又能适应背景噪声的谱分布。能够完成这两项功能比较理想的方法是:在预先指定的测量频率范围内,将光滑后的背景噪声的谱分布与扬声器的反向响应相乘,作为合适的激励信号谱的发声模式。

6.2.2.2 重复激励信号

如果应用重复激励信号,激励信号的频谱将包含窄带谱线,相邻谱线的距离 Δf 为信号的重复周期 T_{REP} 的倒数:

$$\Delta f = \frac{1}{T_{\text{REP}}} \qquad \cdots\cdots(9)$$

为了保证房间所有简正振动模式均被激励起来,信号的重复周期不应比被测房间的混响时间短。这一要求均适用于混响时间和声压级差测量:

$$T_{\text{REP}} \geqslant T \qquad \cdots\cdots(10)$$

注:房间的每一个简正振动模式均可通过一个具有特定品质因数(Q 因数)的二阶带通函数逼近。品质因数越大意味着频率响应带宽越窄和激励信号停止后衰变时间越长。对于一个带宽为(衰变 −3 dB)B(单位 Hz)的二阶方程,实际混响时间大约是($2.2/B$)。要求重复时间应保证任意房间简正振动模式的带宽中至少有两条激励信号的频谱线落于其内。

6.2.2.3 非重复性激励

非重复性激励信号可以是任意合适的长度。但是,在激励信号之后需要保持一定时段的安静,以保证准确记录衰变响应。应在至少等于 1/2 混响时间的时段内记录衰变。对于一个从低频向高频扫描的扫频信号(见附录 B),所要求的静默时段长度由上限频率的混响时间决定。

6.2.3 声压级及线性度

激励信号的声功率应足够高,以获得能够满足所适用传统方法的标准所要求的有效信噪比。

通常,运用确定性激励信号的方法比传统方法能够更好地抑制外部噪声。与传统方法相比,信噪比能够提高 20 dB 到 30 dB 甚至更高。

使用扬声器通常会将非线性失真引入系统。非线性失真不符合新方法的线性度要求。扬声器的非线性失真会随声压级的增加而增大。使用者应意识到这个问题,并试验不同的激励信号声压级以获得最佳信噪比。有时通过降低激励信号的声压级,信噪比反而会升高。在附录 A 介绍的 MLS 方法的应用中,需要特别考虑这个问题(见附录 A)。如果建立得当,附录 B 介绍的 MLS 正弦扫频法能够有效地消除谐波失真对测量结果带来的影响。

脉冲响应衰变到噪声本底的区域通常最容易受到非线性失真的影响。这使得混响时间测量比声压级差测量更容易受到失真效应的影响。

6.2.4 指向性

声源的指向性应符合所适用的传统方法的规定要求。

6.2.5 声源位置数目

声源位置数目应符合所适用的传统方法的规定要求。

6.3 响应测量

6.3.1 测量传感器

测量传感器(通常指测量传声器)应符合所适用的传统方法的规定要求。

6.3.2 频率计权

附录A和附录B中介绍的方法描述了宽带脉冲响应的测量。对宽带脉冲响应做进一步处理可以得到所要求频带范围的分数倍频程计权脉冲响应。

尽管式(1)至式(5)为一般性的,这些公式中的脉冲响应应为分数倍频程计权,以使得最终结果对各个分数倍频带都有效。

分数倍频程计权脉冲响应原则上可以作为对宽带脉冲响应信号的分数倍频程滤波器(GB/T 3241规定的分数倍频程滤波器)输出而得到。

当选择方法进行要求的频率计权时,对于传统方法所规定的适当类型滤波器,应采取措施保证频率计权的允差符合GB/T 3241的要求。应选择合适的采样频率,并采取措施防止频率混叠带来的不利影响。

对于重复信号的激励,应按照对激励信号要求所设定的时间和频率分辨率记录响应,并且应记录一个或多个周期的激励信号响应。

对于非重复信号和声压级的测量,脉冲响应的记录部分应当涵盖从激励信号的开始直到每一分数倍频程响应衰变30 dB以上的时间。对于运用非重复激励信号测量混响时间,至少应记录所适用的传统方法要求的衰变部分。

6.3.3 声压级线性度和动态范围

信号处理要有足够的分辨率和动态范围,以满足GB/T 3785中对声压级线性度的要求。

不能像检测普通的声学测量仪器那样,来检测旨在应用新方法来获得结果的测量仪器。一般说来,对传声器信号进行数字化处理,运用数字处理系统对传声器信号进行采样来得到结果。通常,可通过普通测试检验传声器和数字线路的正常工作,但不能检验全部计算过程。只要设备能够获得有效结果,数字处埋的准确度系由设备的设计决定,而不受设备老化或操作环境条件变化影响。

推荐通过进行可以同传统方法测量结果比较的实验,来检测系统的设计和操作的有效性。用来进行验证测试的房间要有良好可控的声学特性,并且选固定点作为测量点。如果运用具有电子输入和输出信号的时不变系统来验证会更加方便。该系统可以采用没有时间调制的数字混响器。检测的范围需要覆盖整个可能的混响时间范围。可以通过向模拟输入或输出信号中增加宽带无规噪声的方法来研究测试设备在较低信噪比情况下的性能。

建议定期(若合适的话,周期性)检验传声器、数字线路及激励信号源。

6.3.4 串扰

反卷积测量技术的应用使得测量可以具有较大的动态范围,常常可扩展到信号声压级低于外部噪声声压级的情况。甚至当信号声压级低于传声器及测量系统的固有噪声的声压级时还能被测量出来。因此,应仔细消除来自不需要信号通道的影响,如电信号串扰。连接激励声源,如扬声器的电缆需远离连接传声器的电缆,并且将它们屏蔽开来。有时甚至设备内部串扰,通常隐含在自噪声中,也会表现出来。

用对被测信号灵敏度很低的哑元仿真设备取代正常换能器(传声器)能够足以免除串扰的影响。

如果可以的话,将脉冲响应显示出来,这样可以说明可能存在的串扰问题。由于声传播速度有限,并且发射点和接收点有一定的距离,因此接收到的声信号,甚至直达声通常会有一定的延时。串扰信号是电信号,因此通常不会有延时。为排除残余的串扰信号的影响,可以通过给起始脉冲响应信号加窗的方法,来减小任何非声学分量。

6.3.5 时间积分限

6.3.5.1 声压级测量

式(2)给出了无线长积分时间是无限的。这既是不可能的也是不需要的。所记录到的脉冲响应的长度决定了积分上限的最大值。

测得的脉冲响应总是伴随着来自外部噪声源和设备自噪声的不需要的噪声信号。系统的非线性和时变性会增加噪声。随积分时间的增加，积分中这些不需要的噪声所带来的影响也增加。如果从 0 到 t_1 积分，声压级可以表示成：

$$L = 10\lg\left\{\frac{1}{C_{\text{ref}}}\left[W_0\int_0^{t_1} h^2(t)\,\mathrm{d}t + \int_0^{t_1} \varepsilon^2(t)\,\mathrm{d}t\right]\right\} \quad \cdots\cdots\cdots\cdots\cdots\cdots\cdots\cdots (11)$$

式中：

$\varepsilon(t)$——背景噪声信号。

在式(11)中，假定 $h(t)$ 和 $\varepsilon(t)$ 不相关，因此忽略交叉项。

如果积分上限很小，积分的结果就会很小。图 3 给出了 t_1 对声压级计算结果的影响。

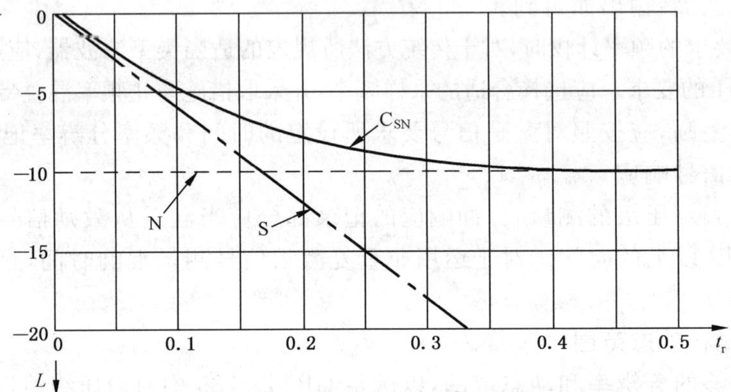

a) 脉冲响应、背景噪声及两者合成信号的包络图

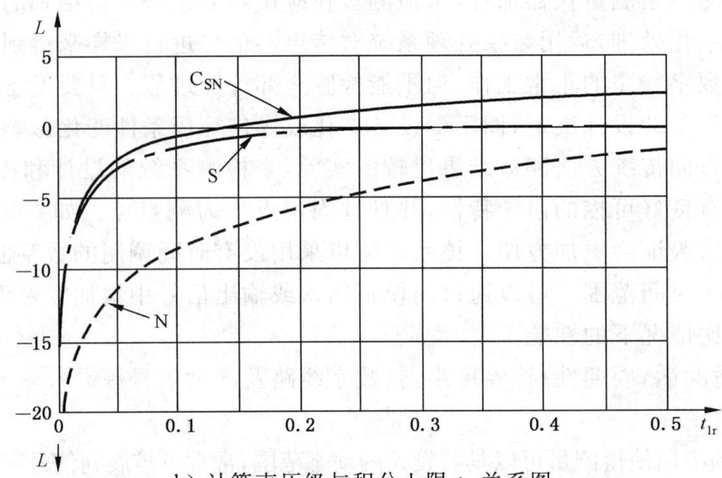

b) 计算声压级与积分上限 t_1 关系图

L——声压级(dB)；

t_r——时间与混响时间的比值；

t_{1r}——积分限时间与混响时间的比值；

S——脉冲响应信号；

N——背景噪声信号；

C_{SN}——脉冲响应和背景噪声合成的信号。

注 1：为研究背景噪声对测量结果的影响，本示例的有效信噪比只有 10 dB。时间为真实时间与混响时间的比值。

注 2：时间为相对混响时间的比值。声压级通过式(11)计算得到。图中给出的积分的第 1 部分 S、第 2 部分 N，以及积分的全部 C_{SN}。0 dB 是指在没有任何噪声影响，积分限无限长的情况下正确的声压级。注意在本示例中，噪声和脉冲响应的最大包络之差仅 10 dB。

图 3 积分限

尽管混响时间是未知的,由粗略估计适当分数倍频程的混响时间为 T,并且按式(12)选择式(11)中的积分上限 t_1:

$$t_1 \geqslant \frac{T}{3} \qquad \cdots\cdots (12)$$

这意味着积分应至少积到平方脉冲响应曲线上衰变 −20 dB 的时刻。t_1 最佳值取决于信噪比。如果背景噪声较低,增大积分限可以提高准确度。目标是得到超过或至少与传统方法要求的信噪比相等的有效信噪比。

本标准引述的传统方法标准介绍了低信噪比情况下修正测量声压级的方法。新方法可用于测量有效信噪比,然后自动补偿由噪声带来的影响。如果测试方法已包含噪声补偿,就不需要再进行噪声补偿,即使是传统方法中规定了补偿,也不需要。

对每一个分数倍频程或基于 T 的最大值的一般积分限,分别选择积分限。

式(11)可用于计算式(5)定义的声压级差。对于两个房间,式(12)的积分上限 t_1 可以独立选取或者采用一个最大值。

6.3.5.2 混响时间测量

为了测量声压级,抑制其他噪声的影响,应限制式(1)的时间积分上限。

$$L(t) = 10\lg\left\{\frac{1}{C_{\mathrm{ref}}}\left[W_0\int_t^{t_2} h^2(t)\,\mathrm{d}t + \int_t^{t_2} \varepsilon^2(t)\,\mathrm{d}t\right]\right\} \qquad \cdots\cdots (13)$$

建议 t_2 应选取脉冲响应 $h^2(t)$ 的指数衰变包络与由外部本底噪声确定的测量相应尾段相交的时刻。参考文献中介绍过不同的补偿噪声和积分截断的方法(见参考文献[10])。

6.3.6 响应平均

在对最后脉冲响应进一步处理之前,对多个脉冲响应进行平均可以提高有效信噪比。通过确定的处理过程,可以测定房间的脉冲响应,可以给出重复性信号。但是,典型外部噪声一般是与脉冲响应无关的随机信号。如果平均处理的响应信号的数目增加一倍,信噪比将提高 3 dB。

系统的时变性和非线性将会影响有效信噪比的提高,使其只能达到一个有限值。

6.3.7 测量点的数目和空间平均

测量点的数目(包含声源和传声器的位置)应当满足所适用的传统方法的测量要求。

声级和声级差的组合也应当与所适用的传统方法一致。如果要求先对每个测量房间的声级做平均来获得空间平均声级差,那么也需要遵循类似的程序。

6.3.8 稳定性和时不变性

从激励信号到接收信号的一系列信号全部都应当具有时不变性。采用附录 A 介绍的 MLS 法时,这点特别重要。而附录 B 介绍的正弦扫频法在这方面具有较好的鲁棒性。系统的时不变性能改善增益(幅度),尤其能增加相位的稳定性。正常情况下,模拟和数字信号处理过程中所采用的电子元器件具有足够好的稳定性,很少需要考虑其带来的影响。而扬声器的灵敏度则会随音圈的不断加热而变化,因此当信号具有较大功率时,测量结果就会受到扬声器先前使用的影响。因此,应当保持测量环境的稳定性和可重复性。

测量期间,不应当改变声源和测量传声器的位置。如果扬声器用于外墙测量,应当固定其位置,并且不能摆动或者转动。

注:根据 GB/T 21228.1,无规入射的散射系数的测量不在此要求范围内。

高频比低频更容易受系统时变性的影响。

一般情况下,基于获得脉冲响应的测量方法与传统测量方法相比,新方法测量结果更易受到测量房间内人员的走动影响。

脉冲响应的结尾部分比起始部分更容易受系统时变性的影响。因此,测量混响时间比测量声级差更容易受此影响。系统的时变性会明显增加信号衰变结尾部分的衰变速率,从而使测得的混响时间变短。

6.3.9 环境条件

新测量方法可在传统方法所要求的环境条件下采用。但是,由于新方法对于测量过程中环境条件的改变更敏感,因此,需要特别注意保持测量环境的稳定性,而且需要在附录中所描述的不同的测试方法所要求的限制条件下进行。

空气中声传播对于环境条件的改变具有很高的灵敏度。测量空气声传播时,空气中声传播过程也被视为测试系统的一部分。

环境条件的改变会引起系统的时变性,这些环境条件的变化主要是温度变化和风速变化。正常条件下,所需较长时间的测量要比所需较短时间的测量更容易受温度变化的影响。如果对各个时段的响应信号作同步平均的话,那么整个测量周期内都需要保持环境条件稳定。

本标准也给出了附录A和附录B所述方法的灵敏度信息。但是,如果对采用附录B的方法得到的许多脉冲响应做平均的话,那么附录A中所描述的严格限制的环境条件也应遵循。

6.3.10 校准和准确度检验

6.3.10.1 概述

正常情况下,所适用的传统方法要求在一系列的测量前后均用声校准器对测量仪器进行校检。当测量基于无指向性工作标准传声器或类似传声器时,如果设备不能通过正常使用声校准器来校准测量仪器,应采用6.3.10.2到6.3.10.3的程序进行操作来保障设备正常的工作。

注1:指向性传声器,如8字形指向性的传声器,不能用声校准器进行校检。

注2:正常情况下,新方法所获得的测试结果不受通道绝对灵敏度的影响,因为测量的对象不是级差就是级的改变率(混响时间)。

6.3.10.2 单测量通道仪器校准

进行声级测量时应当使传声器靠近激励信号源。有效信噪比至少应为30 dB。应在相同条件下重复测量,对于所有相关的分数倍频程,测量得到的声级差都应保持在所需的测量精度范围内。

6.3.10.3 两个或多个测量通道仪器校准

选择某个通道作为参考通道。其他每一通道,其响应都应与参考通道的响应进行比较。待对比通道的传声器应与参考通道的传声器面对面放置。两传声器之间的距离应保持在相关的最高分数倍频程的中心频率相应波长的1/10范围内。

声级差为这些传声器靠近激励源放置时的测量结果。其有效信噪比至少应为30 dB。每对传声器得到的声级差应满足所有相关分数倍频程的测量准确度要求。

建议选用类似设计的传声器(尺寸大小、频率响应、指向性响应等)。有些传声器可能具有保护格栅,如果传声器彼此靠得太近,容易阻挡声入口。

7 频率响应函数测量

对脉冲响应进行傅里叶变换可以得到频率响应函数。频率响应函数也可作为所需频率范围内的正弦激励信号的响应进行测量,并以幅值和相位的形式记录下来。

根据式(6),声级测量无需相位信息。如果采用合适的检测方法,那么其对于系统时不变性的要求要比直接测量脉冲响应小得多。

正常情况下,激励信号的频率会连续变化,即从低于被测最低分数倍频带的下限频率逐渐增加到大于被测最高分数倍频带的上限频率。激励信号的频率随时间呈指数增加的扫频类似于传统方法中的粉红噪声源。

测量通道中窄带示踪滤波器可用于降低噪声和剔除测量系统非线性引起的谐波分量。滤波器带宽应足够宽以避免混响引起衰变率的变化。

8 精密度

新方法可以通过单次测量就可得到利用无规噪声作为激励信号的传统方法所获得的期望值。当进行重复测量时，所得结果不可能在观测值中出现随机分布，就像采用无规噪声作为激励信号的典型测量情况。而且在正常情况下，新方法正常情况下会改善有效信噪比。

测量位置的改变会使采用新方法得到的结果和传统方法具有相同的分布。

若环境条件能够适当控制在附录 A 或附录 B 所要求的范围内，那么与传统方法相比，本标准规定的新方法会有相似的或更好的精密度。

本标准测量方法所得结果的不确定度应加以估计，最好能够符合测量不确定度表述指南(GUM)的要求。如果出具测试报告的话，应当给出扩展不确定度的详细说明以及 GUM 中所规定的标称覆盖概率对应的包含因子。

9 测试报告

测试报告结果表示和相关内容应与所适用的传统方法要求相一致。另外，测试报告至少应包含以下内容：

a) 依据本标准，即 GB/T 25079—2010；

b) 采用方法简述：信号类型，信号持续时间，平均次数等；

c) 适用的传统方法的标准号和标准名称。

附　录　A
（规范性附录）
最大长度序列法

A.1　概述

本附录仅简单介绍基于最大长度序列的测量方法和 Hadamard 变换。该方法和其在建筑声学领域应用的详细介绍见参考文献[10]～[12]和[15]；

最大长度序列是一组二进制序列。此序列作为激励信号时，二进制数值以固定的频率 f_c 输出，其中 f_c 为已记录的响应信号的采样频率。最大长度序列是确定性序列，但是其音频特性与白噪声相似，而且每个二进制数值输出均呈现类随机性。

MLS 可以由其阶数（整数 N）来定义。序列的长度为 $l_1=2^N-1$。当序列周期性重放时，其自相关函数与周期性的 δ 脉冲相似。因此该信号可近似为以重复频率 f_{REP} 重放的一种白噪声记录信号，其中：

$$f_{REP}=\frac{1}{T_{REP}}=\frac{f_c}{2^N-1} \qquad \text{(A.1)}$$

对于上述描述，假定该序列周期性重放。由此测得的脉冲响应也呈现出周期性，因而，未被记录到的脉冲响应的末尾部分会被叠加到已记录信号的起始部分[16]。

当使用白噪声激励信号时，任何线性系统的脉冲响应一般可以从输入信号和输出响应的互相关函数得到。当输入信号是周期性最大长度序列时，利用 Hadamard 变换可加速互相关函数的计算过程，其计算过程如图 A.1 所示。

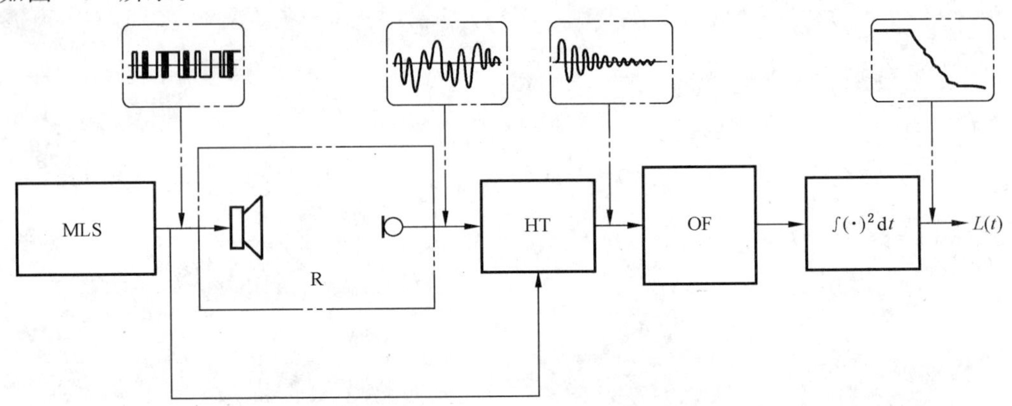

MLS——最大长度序列信号发声器；

R——被测房间；

HT——Hadamard 变换；

OF——分数倍频程滤波器。

图 A.1　MLS 处理示意图

进行 Hadamard 变换可以像快速 Hadamard 变换（FHT）一样有效，通过加减运算在已记录响应信号中合成不同的采样。本方法中还包含了对一个额外采样的加法运算，所以输出序列的长度 l_2 满足 2 的幂方：

$$l_2=l_1+1=2^N \qquad \text{(A.2)}$$

Hadamard 变换的输出即为被测系统的脉冲响应。测量系统的输入信号是电激励信号，输出信号则是记录设备的输入信号。因此，除了房间响应，功率放大器、扬声器甚至滤波器网络也是整个系统中的一部分。本标准描述的大多数建筑声学测量，房间特性决定了响应信号的主要特性。进一步处理脉冲响应,可以获得分数倍频程滤波响应。

由于激励信号的周期特性,测得的脉冲响应同样具有周期特性。如果脉冲响应长度超过一个序列周期,脉冲响应的末尾部分会被叠加到起始部分(时间混叠-循环卷积)。

A.2 序列长度

序列长度应大于或等于式(10)所需的混响时间。所需频率的上限决定时钟频率 f_c 的下限,其中时钟频率 f_c 等于已记录的脉冲响应的采样频率。序列的长度和时钟频率确定 MLS 的阶数的下限。

注:所需阶数可以通过示例计算:估计混响时间 T 为 1.5 s,测量频率上限 3.55 kHz(3.15 kHz 滤波频带的上限频率),时钟和采样频率为 12 kHz。阶数的最小值可以如下得出:

$$T_{\text{REP}}=\frac{2^N-1}{f_c}\geqslant T \qquad \text{(A.3)}$$

等价于

$$N\geqslant\frac{\lg(Tf_c+1)}{\lg 2}=\frac{\lg(1.5\times 12\,000+1)}{\lg 2}\approx 14.2 \qquad \text{(A.4)}$$

满足要求的最小整数为 $N=15$。如果采样频率降低到接近临界 2×3.55 kHz 或 7.1 kHz,而阶数则可降至 14。

A.3 信噪比

A.3.1 概述

如果已记录的响应或脉冲响应多个周期进行同步平均,那么可以通过 6.3.6 所示的方法提高有效信噪比。另外,如果脉冲响应的重要部分短于已测量响应的长度,那么用来计算数值的序列会被截断。相应的,余下记录信号中的噪声将会被剔除。这是因为经过 Hadamard 变换之后,不相关的正交噪声在时间轴上的分布维持不变。即使是外部脉冲信号,经过 Hadamard 变换之后,其在时间轴上的分布仍然不变。

以下与信噪比相关的公式是在假定环境条件稳定而且呈线性的情况下得出的,所以被测系统可以近似为线性时不变系统。

A.3.2 级测量

如 6.3.5.1 所述,脉冲响应大部分能量集中在起始部分。如果积分限 t_1 如式(11)所定义,那么与传统的方法比较,可由式(A.5)给出有效信噪比的增量 Δ(单位:dB)的近似值(见参考文献[10]):

$$\Delta\approx 10\lg\left(\frac{nT_{\text{REP}}}{t_1}\right) \qquad \text{(A.5)}$$

式中:

n——平均次数。

传统方法信噪比即为用 MLS 信号作为传统激励信号得到的信噪比。

A.3.3 混响时间的测量

MLS 序列可以看作传统的噪声激励信号,混响时间可以由传统的中断噪声法计算得出。如果把这种测量方法的信噪比作为参考,那么 MLS/Hadamard 方法中有效信噪比的增量 Δ(单位:dB)可以由式(A.6)近似给出(见参考文献[10]):

$$\Delta\approx 10\lg\left(\frac{13.8\times nT_{\text{REP}}}{T}\right) \qquad \text{(A.6)}$$

式中:

T——混响时间。

新方法计算混响时间的声级范围与参考的传统方法一致。

A.4 时间不变性

A.4.1 概述

被测系统的时变性可能会影响得到的有效信噪比,并导致不可靠的结果。除线性要求外,时不变性在 MLS 法的应用中也是一个关键的参数,应时刻关注。6.3.8 介绍了环境条件引起的系统缓慢时变。

A.4.2 移动

所有的激励信号源、反射物、传感器、其他设备以及房间边界都应保持不变，不能在测量期间改变它们的位置。

注：根据 GB/T 21228.1，无规入射散射系数的测量不在此要求范围内。

A.4.3 环境条件

A.4.3.1 温度

由文献得到的如下限制条件可作为环境温度条件限制准则(见参考文献[10]~[12])。

声级差期测量间最大温度变化 $\Delta\vartheta$(单位：℃)应满足：

$$\Delta\vartheta \leqslant \frac{1\,300}{fT} \qquad \text{(A.7)}$$

式中：

f——分数倍频程滤波器中心频率；

T——混响时间。

对于稳态声级以下 0 至 30 dB 的范围内混响时间的测量，温度变化 $\Delta\vartheta$(单位：℃)满足如下限制：

$$\Delta\vartheta \leqslant \frac{200}{fT} \qquad \text{(A.8)}$$

A.4.3.2 最大风速(室外测量)

测量需在平均风速小于 4 m/s，阵风风速小于 10 m/s 的情况下进行。有风情况下，需要对扬声器附近的风速进行监测，以确保上述测量条件得到满足。风速测量仪的测量准确度至少应为 10%，时间常数不能超过 2 s[11]。

A.4.4 失真

激励信号通道的失真通常会以增加的噪声本底包括峰值的形式出现，因此，激励信号通道应在线性响应为主的范围内工作。当使用 MLS 法时，通过减小激励信号幅值，可以获得更高的有效信噪比。参考文献[12]给出了详细指南。

一些非线性的激励信号源可产生非谐波失真或次级谐波失真(如：短促而持续的敲击声)，应将其声/电(输出)级控制在较低的水平。

附　录　B
（规范性附录）
正弦扫频法

B.1　概述

一般来说，任何激励信号，只要其每个测试频率有足够的能量，都可以用来测定任何线性时不变系统的脉冲响应和各自频率响应函数。通过反卷积，可以从对激励信号的响应获得系统的脉冲响应，而利用被测系统的输出信号频谱除以输入信号的频谱则可获得系统的频率响应函数。为了实现频域相除从而得到频率响应函数，这就意味着要对输入信号和输出信号进行傅里叶变换。

与附录A中所描述的方法相比，利用正弦扫频信号作为激励信号有几个优势。例如，可以减少对系统时变性的灵敏程度（温度变化和空气流动），也可以避免因谐波失真而减小有效信噪比。因为所有的谐波失真都可以从结果中滤除掉，所以正弦扫频激励信号的馈给功率实际上比MLS信号要大。在安静环境下，扫频测量可以提供大于100 dB的信噪比。

利用扫频信号进行测量不易受系统时变性的影响。在进行室外测量时，空气流动经常会引起系统特性随时间变化。在有风的条件下测量长距离的脉冲响应，扫频信号有时是唯一可行的选择。

扫频激励可以从低频到高频只进行一次，也可以采用周期重复方式扫频。本附录对于扫频信号的分析仅限于单个周期之内。如果合适的话，整个频率范围可以分成若干个包含部分频率范围的频段，即：每个分数倍频带可分别进行扫频测量。

对于利用周期性或重复性扫频信号进行测量的效果，请参看B.8。

当一次仅发射一个扫频时，所有的能量都被用来估计频率响应函数。尽管每次扫描之间会有留有间隙以便采集所有延迟的成分，然而这种非周期的激励信号节省了测量时间。

注：各种文献中用很多不同的名词来描述正弦扫频法。其中包括“线性调频脉冲”，“正弦扫频”和“时间展宽脉冲”。

B.2　扫频时间

相比利用周期性激励信号进行测量，从混响时间上考虑，对扫频信号的扫频时间没有特别的要求。从短的线性调频脉冲到超过混响时间数倍的扫频信号都可以用作激励信号。但是，记录扫频响应的时间应当比扫频激励信号本身的持续时间长，从而获得更多的混响信号，直到响应信号衰变到噪声本底以下。

在房间和建筑声学中，通常低频的混响时间最长。当利用持续时间较长（数秒）的扫频信号作激励信号时，信号结束后的间隔时间只需要满足最高频率的混响时间即可，这是因为当扫频激励信号还在向高频扫描时，所有低频成分已经开始衰变。

增加扫频信号的持续时间可以使被测房间的能量增强，从而增加有效信噪比。一般说来，应该优先选择持续时间较长的扫频信号进行平均，因为它一方面可以减少系统时变性所带来的影响，同时容易分离出失真成分。

B.3　扫频信号的产生

B.3.1　概述

根据6.2.2中对频谱的要求，对于大多数的测量来说，非白噪声的激励频谱是较好的选择。频谱成分可以随幅度和瞬时扫频速度的改变而变化。在大多数情况下，更倾向于保持幅度不变，而使扫频速度随频率的改变而改变。扫频信号的频率从被测分数倍频程的最低频段的下限一直增加到被测分数倍频程的最高频段的上限。通常扫频需要包含一段无信号的安静时段，该时段也属于激励信号的一部分。

在具有适度的背景噪声情况下，通常一个稳妥的做法是，扫频信号持续时间为最大混响时间的2～4倍，同时激励信号结束后，记录响应信号的安静测量时间应等于期望的最大混响时间。

B.3.2 白色和粉红色频谱的扫频信号

幅度不变的线性扫频信号每赫兹频率都具有相等的能量，具有白噪声特性的频谱。如果扫频频率随时间指数增加，那么每个倍频程的扫频时间都相等。这样的话，每个分数倍频程的能量相等，频谱呈粉红噪声特性。指数扫频信号作为一种正常激励信号，对应于可适用的传统方法中的粉红噪声。

B.3.3 任意幅度谱的扫频信号的生成

如6.2.2所述，可以通过改变扫频速率来改变激励信号的频谱以满足需要。一般来说，调整扫频速率比改变包络(幅度)更可取，因为它允许用固定长度来保持功率放大器的削波等级。

如果降低某个特定频段的扫频速率，那么该频段将会集中更多的能量。通过合理控制扫频速率，可以合成幅度谱任意但是时间包络幅度恒定的扫频信号。参考文献[13]给出了如何获得特定频谱扫频信号的详细介绍，同时也描述了如何减少扫频信号起始和结束的瞬变性。

B.4 响应信号的记录

记录扫频激励信号产生的响应的时间应当从扫频信号产生时开始，到因混响而导致声音衰变到一定程度时结束。持续时间长度取决于扫频速率、信号覆盖的频率范围以及房间的混响。对于声级差的测量，记录的信号应当衰变30 dB或者说至少持续到混响时间的一半。

对于混响时间的测量，衰变覆盖的范围与参考的传统方法一致。通常要求动态范围比声级测量的范围大，因而记录时间更长。

图B.1所示为一指数扫频激励信号及其响应的时频图。请注意，因为混响，接收的频率成分有一定的延迟。

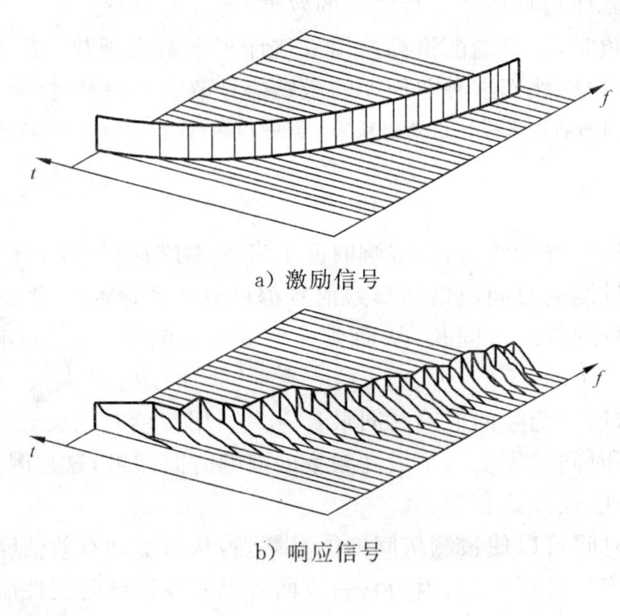

t——时间；

f——频率。

图B.1 指数扫频信号的时频图

B.5 反卷积

图B.2和图B.3给出了利用反卷积处理获得房间脉冲响应的两种步骤。通过直接反卷积或者响应信号和激励信号频谱的相除可以获得复频域响应函数。

如图B.2所示，反卷积过程是通过接收信号与激励信号的反卷信号之间的卷积来实现的。该反卷信号具有这样的特性，卷积该信号与激励信号可以获得理想的脉冲信号。进一步处理宽带脉冲响应可以获得式(1)中所定义的每个分数倍频程的 $L(t)$ 函数。图 B.2 只阐述了信号处理过程。例如:只要 6.3.2中的要求得到满足,那么获得分数倍频程响应滤波可以在频域进行。

图 B.3 中,通过快速傅里叶变换(FFT)实现时域和频域的变换。通过反变换(快速傅里叶逆变换,即 IFFT)回到时域可以获得宽带脉冲响应。通过进一步处理宽带脉冲响应可以获得式(1)中所定义的每个分数倍频带的 $L(t)$ 函数。图 B.3 只阐述了信号处理过程。例如:只要 6.3.2 中的要求得到满足,那么获得分数倍频程响应滤波可以在频域进行。

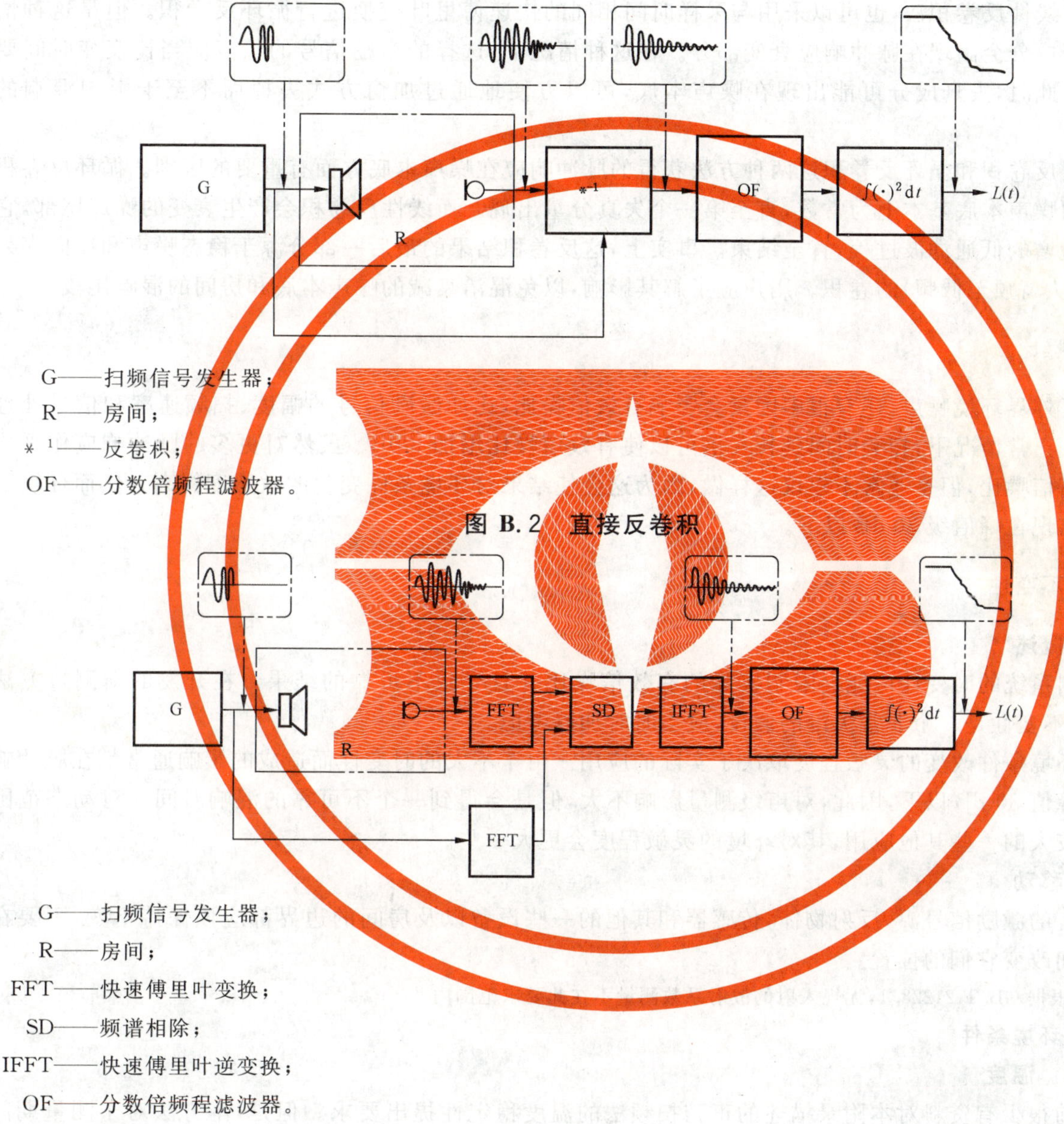

G——扫频信号发生器;

R——房间;

*¹——反卷积;

OF——分数倍频程滤波器。

图 B.2 直接反卷积

G——扫频信号发生器;

R——房间;

FFT——快速傅里叶变换;

SD——频谱相除;

IFFT——快速傅里叶逆变换;

OF——分数倍频程滤波器。

图 B.3 频谱相除

在反卷积过程中需要注意若干事项。如果采用快速傅里叶变换,那么需要预防循环卷积。而且,频谱相除时,分母中可能包含能量非常小的频率,这时需要注意防止在这些频率下伴随被测响应的外部噪声的增强。这种情况时常出现在靠近扫频范围的边界处。

由于此处仅讨论非周期的激励信号,因此获得脉冲响应的最合适方法是线性(非循环)反卷积。线性反卷积过程可以简单地通过直接反卷积来完成,如果利用频谱相除的话,则需要对激励信号和已记录的响应信号补零,使信号长度延长为原来的两倍(补零)。

如果激励是从低频到高频的扫频信号时,谐波成分的响应可能比相应频率的激励信号出现得更早。

线性反卷积之后,激励信号中谐波成分的响应将出现在时间轴负半部,而且可以很容易消除(详见参考文献[14])。

如果利用频谱相除法,激励信号和响应信号都要做相应的快速傅里叶变换,然后利用响应信号的频谱除以激励信号的频谱。对处理的频域结果做快速傅里叶逆变换可以获得所需的脉冲响应,由此而出现在时间轴负半部的响应可以忽略不计。如文献[8]所述,这种方法也可用来消除激励信号通道所产生的谐波失真。

除了线性反卷积法,也可以采用与采样时间相同的快速傅里叶变换进行循环反卷积。但是这种情况下失真成分会出现在脉冲响应衰变部分。在这种情况下,选择的激励信号的长度应当比衰变时间要足够长。此时,失真成分可能出现在噪声本底,可以方便地通过加窗方式去掉而不至于影响混响的尾段。

线性反卷积和循环反卷积这两种方法获得的脉冲响应在噪声本底方面有重要的区别。循环反卷积所引起的噪声本底基本上为常数,直至第一个失真分量出现。而线性反卷积会产生衰变的噪声尾部,它是一个渐增的低通滤波过程,直至结束。事实上,这反卷积结果的最后一部分源于稳态噪声和反向序列扫频(即从高频至低频)的卷积。用户应了解其影响,以免混淆衰减的噪声本底和房间的混响尾段。

B.6 信噪比

除了外界环境噪声,还有很多因素会影响有效信噪比,比如激励信号的幅度、扫频速率和信号处理算法等。正常情况下,扫频时间延长一倍可以使有效信噪比增加 3 dB。虽然对更多的脉冲响应作平均可以提高信噪比,但是通常不建议这样做,因为这会使结果对环境条件变化的敏感度提高。然而环境影响大多出现在峰值级 30 dB 以下。

B.7 时不变性

B.7.1 概述

被测系统的时变性可能会限制实际的有效信噪比并且导致不可靠的结果。在开发的新测量方法中,时间不变性是一个非常关键的假设,应当时时加以考虑。

对环境条件改变的灵敏程度取决于实际的应用。由于不大的时变性而造成的影响通常都在脉冲响应信号峰值 30 dB 以下,因此,对声级测量影响不大,但是会得到一个不可靠的混响时间。对动态范围要求比较大的一些其他应用,其对环境的灵敏程度会更大一些。

B.7.2 移动

所有的激励信号源,反射物体,传感器和其他的一些设备以及房间的边界都应该保持不变,不要在测量期间改变它们的位置。

注:根据 GB/T 21228.1,无规入射的散射系数测量不在此要求范围内。

B.7.3 环境条件

B.7.3.1 温度

目前很少有资料对本附录描述的正弦扫频法的温度稳定性提出要求。但是,本方法对于测量期间环境温度改变的灵敏度显然比附录 A 所述方法要小得多。为保险起见,测量时应尽量保持环境条件的稳定。

B.7.3.2 最大风速(室外测量)

目前很少有资料对本附录描述的正弦扫频法的风速影响提出要求。但是,本方法对于测量期间风速的灵敏程度要显然比附录 A 中描述的方法小得多。出于保险考虑,进行测量时应尽量保持环境条件的稳定。

B.7.4 失真

激励信号通道的失真的影响主要取决于所采用的信号处理算法。B.5 中所描述的方法可以明显地减少谐波失真的影响。因此,强烈建议采用这些方法。这些方法通常会提高有效信噪比,并允许所用声源在接近其最大声级状态下工作。

一些非线性的声源可能产生非谐波失真或次级谐波失真(如:短促而持续的敲击声),应将其声级控制在较低的水平。

B.8 周期性和重复性扫频信号

原则上,周期性扫频信号可以作为激励信号。这种情况下,信号的周期应当等于或大于式(10)中所需的混响时间。但是,采用周期性扫频信号会使系统对外界环境的灵敏程度增大。因此,建议采用持续时间更长的单个扫频信号而不是周期性扫频信号来提高信噪比。如果采用这种信号的话,应当满足附录A中所要求的环境条件。

参 考 文 献

[1] GB/T 19889(所有部分) 声学 建筑和建筑构件隔声测量.

[2] ISO 3382 (all parts),Acoustics—Measurement of the reverberation time of rooms with reference to other acoustical parameters.

[3] ISO 10848 (all parts),Acoustics—Laboratory measurements of the flanking transmission of airborne and impact noise between adjoining rooms.

[4] GB/T 21228.1 声学 表面声散射特性 第1部分:混响室中无规入射声散射系数测量.

[5] Guide to the expression of uncertainty in measurement (GUM),BIPM/IEC/CC/ISO/IUPAC/IUPAP/OIML.

[6] SCHROEDER,M. R. ,New Method of Measuring Reverberation Time. J. Acoust. Soc. Am. , 37 (1965):409-412.

[7] SCHROEDER,M. R. ,Integrated-Impulse Method Measuring Sound Decay without Using Impulses. J. Acoust. Soc. Am. ,66 (1979) :497-500.

[8] BORISH,J. , and ANGELL,J. B. ,An Efficient Algorithm for Measuring the Impulse Response Using Pseudorandom Noise. J. Audio Eng. Soc. ,31 (1983) :478-488.

[9] LUNDEBY, A. T. , VIGRAN, E. , BIETZ, H. , and VORLÄNDER, M. , Uncertainty of Measurements in Room Acoustics. Acoustica,81 (1995):344-355.

[10] VORLÄNDER,M. ,and KOB,M. ,Practical Aspects of MLS Measurements in Building Acoustics. Applied Acoustics,52 (1997):239-258.

[11] HORVEI,B. ,OLSEN,H. ,and USTAD,A. ,Nordtest project on MLS based on method for sound insulation measurements. SINTEF Report STF40 A98008,Trondheim 1998.

[12] BRADLEY,J. S. ,Optimizing the Decay range in Room Acoustics Measurements using Maximum-Length-Sequence Techniques. J. Audio Engineering Soc. ,44 (1996):266-273.

[13] MÜLLER,S. ,and MASSARANI,P. ,Transfer-Function Measurement with Sweeps. J. Audio Eng. Soc. ,49(2001):443-471.

[14] FARINA,A. ,Simultaneous measurement of impulse response and distortion with a swept-sine technique. AES 108th Convention,Paris,2000 February 19-22,Preprint 5093.

[15] VORLÄNDER,M. ,Categorization of modern measurement techniques in building acoustics. Proceedings Inter-Noise 2001,The Hague,(2001),:2145-2154.

[16] RIFE,D. D. ,and Vanderkooy,J. Transfer-Function Measurement with Maximum-Length Sequences. J. Audio Eng. Soc. ,37 (1989):419-443.

[17] AOSHIMA,N. ,Computer-generated pulse signal applied for sound measurement. J. Acoust. Soc. Am. ,69,(1981):1484-1488.

ICS 77.120.50
H 64

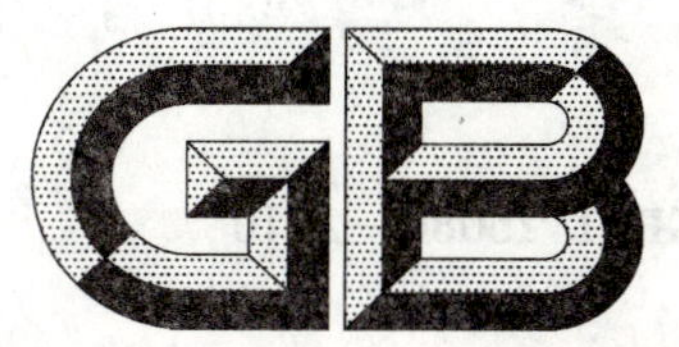

中华人民共和国国家标准

GB/T 25080—2010

超导用 Nb-Ti 合金棒坯、粗棒和细棒

Niobium-Titannium alloy billet, bar and rod for superconducting applications

2010-09-02 发布 2011-04-01 实施

中华人民共和国国家质量监督检验检疫总局
中国国家标准化管理委员会 发布

前 言

本标准使用重新起草法修改采用美国材料与试验协会标准 ASTM B884—2005《超导用 Nb-Ti 合金棒坯、粗棒和细棒标准规范》。

本标准在采用 ASTM B884—2005 标准时进行了一些技术性修改，主要有以下变动：

——删除了原 ASTM B884—2005 中所有以英制单位表示的数值，对相应的以公制单位表示的数值做了适当调整。对表 A1.1 所列参考反射体的推荐技术条件中数值也做了相应的修改。

——根据我国 Nb-Ti 产品的实际生产情况对棒坯、粗棒和细棒的规格划分进行了重新规定。

——在八个引用标准，用相应的我国标准替代六个 ASTM 标准，删除一个 ASTM 标准及一个 ANSI 标准。五个引用的 ASTM 标准都有相应的国家标准，因此本标准采用国标替代；维氏硬度可按 ASTM E92 或 ASTM E384 给出的方法检测，本标准采用 GB/T 4340.1 替代 ASTM E92 作为维氏硬度检测的参考标准，故删除另外一个引用标准 ASTM E384；国内普遍采用标块对比法进行粗糙度检验，因此删除 ANSI B46-1—2002 表面纹理标准。

——本标准与 ASTM B884—2005 相比，有一些结构上的变化，详见附录 B。

本标准的附录 A 为规范性附录。

本标准的附录 B 为资料性附录。

本标准由全国超导标准化技术委员会(SAC/TC 265)提出并归口。

本标准负责起草单位：西部超导材料科技有限公司。

本标准参加起草单位：西北有色金属研究院。

本标准主要起草人：刘向宏、付宝全、李林、刘京州、史蒲英、卢亚锋、汪京荣、徐晓燕。

超导用 Nb-Ti 合金棒坯、粗棒和细棒

1 范围

本标准规定了超导用 Nb-Ti 合金棒坯、粗棒和细棒的技术要求、试验方法、验收规则及标记和包装等。

本标准适用于制造超导用含钛 46%～48%的铌钛合金棒坯、粗棒和细棒。

2 规范性引用文件

下列文件中的条款通过本标准的引用而成为本标准的条款。凡是注日期的引用文件，其随后所有的修改单(不包括勘误的内容)或修订版均不适用于本标准，然而，鼓励根据本标准达成协议的各方研究是否可使用这些文件的最新版本。凡是不注日期的引用文件，其最新版本适用于本标准。

GB/T 4340.1 金属材料 维氏硬度试验 第1部分：试验方法(GB/T 4340.1—2009，ISO 6507-1:2005，MOD)

GB/T 6394 金属平均晶粒度测定方法(GB/T 6394—2002，ASTM E112:1996，MOD)

GB/T 8170 数值修约规则与极限数值的表示和判定

GB/T 9445 无损检测 人员资格鉴定与认证(GB/T 9445—2008，ISO 9712:2005，IDT)

GB/T 18851.1 无损检测 渗透检测 第1部分：总则(GB/T 18851.1—2005，ISO 3452:1984，IDT)

JB/T 10061 A型脉冲反射式超声探伤仪通用技术条件

3 术语和定义

下列术语和定义适用于本标准。

3.1

细棒 rod

直径大于 10 mm 并小于 60 mm 的材料。

3.2

粗棒 bar

直径大于或等于 60 mm 并小于 150 mm 的材料。

3.3

棒坯 billet

直径大于或等于 150 mm 的材料。

3.4

批 lot

由同一铸锭生产的具有相同横截面积和相同标称冶金参数的所有产品。

4 订货信息

按本标准订货的订单应包括下列内容：

a) 标准代号和发布年份；

b) 重量、件数和尺寸；

c) 晶粒尺寸(直径大于 200 mm 的材料，见 7.2 和表 2)；

d) 表面粗糙度(见 10.3)；

e) 热处理状态；

f) 直径和长度允许偏差(见 9.1 和 9.2)；

g) 取样和分析方法(见 11.3)；

h) 验收要求(见 15 章)；

i) 质量证明书和报告要求(见 17 章)；

j) 标准的补充和附加要求。

5 材料和制造

5.1 本标准所涉及的材料应采用真空电弧或等离子体电弧熔炼、电子束炉熔炼或这些熔炼方法的组合方法生产的铸锭制造，所有熔炼应在适用于活性金属的熔炉中进行。

5.2 本标准所涉及的产品成形，采用一般金属加工厂常规的锻造、旋锻、轧制、挤压和拉伸等设备来完成。

6 化学成分

6.1 本标准所涵盖的 Nb-Ti 合金铸锭、棒坯和棒的化学成分应符合表 1 中的规定。

表 1 化学成分要求

元　素	铸锭中最大含量/$\times10^{-6}$	质量分数/%
Al	100	—
C	200	—
Cr	100	—
Cu	100	—
H	45	—
Fe	200	—
Ni	100	—
N	150	—
O	1 000	—
Si	100	—
Ta	2 500	—
Ti	—	46～48

6.2 除间隙元素 C、O、N 和 H 外，应认为生产厂对铸锭的成分分析等同于对按本标准供应的产品的化学成分分析。当采购订单有规定时，这些间隙元素的分析应在成品上进行。

7 物理性能

7.1 除非在采购订单上另行规定，材料应以退火状态供应。

7.2 最终棒坯或棒的晶粒尺寸，应符合表 2 规定(见 14.3)。

7.3 产品上应没有尺寸大于表 A.1 中规定的相应当量平底孔直径的裂纹、折叠、夹杂、孔洞和其他开裂。这些缺陷应通过超声波检测来确定(见 14.5)。

表 2 晶粒尺寸要求

细棒、粗棒和棒坯的直径/mm	晶粒度号(加权平均)
10～50	4.5 或更细
>50～115	2.5 或更细
>115～150	1.5 或更细
>150～200	1.0 或更细
>200	在采购订单中规定

8 力学性能

硬度应在每批最终产品上测试,并且三个读数的平均值应小于 170 HV5(见 14.2)。

9 尺寸允许偏差

9.1 除非厂家和买方另行协商,否则,最终产品直径的允许偏差应符合表 3 的规定。

9.2 最终产品的长度允许偏差应在采购订单中规定。

表 3 直径允许偏差

单位为毫米

直　径	直径允许偏差
10～25	±0.25
>25～100	±0.40
>100	±0.50

10 工件质量、粗糙度和外观

10.1 表面状态

最终成品材料应无肉眼可见的裂纹、折叠、疤痕、毛刺、气孔、擦伤和其他有害缺陷。

10.2 体渗透检查

坯料和棒材的表面,应采用液体渗透检查方法进行检查(见 14.4),存在下述显示是不可接受的:

a) 裂纹;

b) 线状显示;

c) 尺寸超过 0.8 mm 的圆状显示;

d) 边缘到边缘之间间隔小于 0.8 mm 的圆状显示(仅对于圆周表面)。

10.3 表面粗糙度

表面粗糙度的 Ra 值应不大于 1.6 μm(见 14.6)。

10.4 表面处理

最终表面应酸洗并在水中漂洗;酸洗后又经液体渗透检测的材料,应通过漂洗或再酸洗清除。

10.5 清洁度

材料应清洗到这种程度:在至少 100 烛光(1 100 lx)照明下,用矫正到 1.2 的视力肉眼检测表面,见不到任何污染。

11 取样

11.1 铸锭

铸锭的化学分析试样应在沿锭纵向的圆周面上至少三个位置取。取样位置分别为锭的中部和距离两端面不大于 125 mm 处。

11.2 产品

为确保与本标准的一致性，应在经过所有冶金加工之后的最终材料上取化学和力学测试样品。也可以在最终检查之前和通过打磨和酸洗去除表面的小缺陷之前取样，并且样品应能够代表最终产品。

11.3 操作

应小心操作，确保所选试样能够代表材料且未被取样过程污染。如果对此处的取样工艺或者分析存在任何异议，那么，取样和分析方法应由买卖双方协商确定。

12 检测和复检次数

12.1 最初检测

每一产品样品，应按各项产品试验要求逐一检测。

12.2 无效检测

一旦发现样品被污染或检测操作不规范，其检测结果无效，应重新检测。

12.3 重测

一旦检测结果不满足标准要求或有异议，可按原先检测的双倍样品重新检测。两个重测值都应满足标准要求，在证书上应报告这三个检测结果，重测值作“R”标记。或者，对该批次的每件产品进行检测，剔除或重新加工不合格的产品。

12.4 重新加工

不满足标准的产品，可以重新进行加工以达到本标准要求。

13 数字修约规则

为了确定与本标准所列的规定性能限制的一致性，测量值或计算值都应按 GB/T 8170 中规定的修约方法进行修约。

14 试验方法

14.1 化学成分应参照行业或厂家标准规定的方法分析。

14.2 产品硬度应按 GB/T 4340.1 规定的方法测试。

14.3 晶粒尺寸按 GB 6394 规定的方法测量。

14.4 液体渗透按 GB/T 18851.1 规定的方法检测。

14.5 超声检测按附录 A 要求进行。

14.6 如果买方在购买订单中有表面粗糙度要求时，表面粗糙度的检验用标块对比法进行。

15 验收

15.1 除了上述规定的检测，厂家还应检验最终产品的尺寸和标记。其他检测应由买卖双方协商一致，并在采购订单中注明。

15.2 一旦采购订单有所规定，买方或其代表可在生产地参与材料的试验和检测。在此情况下，买方应在采购订单中注明需要参与的检测项目。厂家应提前通知买方指定项目的检测时间和地点，如果买方或其代表没有在指定时间到达检测现场，也未曾约定新的日期，厂家应认为买方放弃了生产地检测的要求。当代表买方的检测人员在约定时间和地点出现在检测现场，那么厂家应提供所有合理的设备以向买方代表展示所提供的材料正按本技术标准完成。该检查的实施应不对生产操作产生不必要的干扰。

16 拒收和再审

16.1 对于不符合本标准或采购订单要求的材料，可以拒收。厂家可以选择修复材料，或请求顾客不坚持原来的要求。

16.2 如果买卖双方就材料是否符合采购订单要求产生异议，则应对存在异议的项目进行检测。检测应由买卖双方都可接受的仲裁实验室进行，并且以仲裁结果作为判定材料符合性的最终依据。

17 证书

如果在购买订单中规定，生产厂家应提供材料的质量证明书，证明产品已经按照标准或者购买订单中的要求进行了检测，并且符合本技术标准和订单要求。

18 产品标记

每根棒坯、棒，每捆和每箱产品，都应清晰和显著地标记或贴上包含下列内容的标签：注明本标准代码、种类、状态、批号、厂家标识、名义尺寸，以及毛重、皮重和净重。如果采用书写液，书写液应具有易于用清洗液去除的特性。这种标记或其清除应不对材料及材料性能产生有害影响。字符应足够牢固，能经受常规的搬运操作。

19 包装和包装标识

19.1 所有材料的包装应确保能安全地到达目的地交货。

19.2 包装箱上的标识应包括：

a) 本标准编号和牌号(Nb-Ti)；

b) 订单号；

c) 批号；

d) 件数；

e) 厂家名称；

f) 毛重、皮重和净重；

g) 尺寸。

附 录 A
（规范性附录）
超导用 Nb-Ti 合金棒坯、粗棒和细棒的超声波检测

A.1 范围

A.1.1 应用

本附录规定了超导用 Nb-Ti 合金棒坯、粗棒和细棒超声波检测的最低要求。

对中等尺寸的材料仅采用纵波方式进行检测；而对于较小直径（不大于 40 mm）材料，应同时采用横波和纵波两种方式。

A.1.2 方法

检测时超声波入射到材料内，从表面和内部不连接处反射出现的波形，以 A-扫描形式显示在示波屏上，将反射波形在有效区域内的幅度记录在条状图形记录仪或等效装置上。在示波屏或记录仪上对检测信号进行评价，并与校验反射体的幅度比较，按照相应的接受/拒收标准判定材料是否合格。在每件产品上标明超标区域，每件产品的检测结果填入检测报告的表格中。

A.2 要求

A.2.1 设备

A.2.1.1 检测仪器

超声波探伤仪应符合 JB/T 10061 的规定。

A.2.1.2 液浸探测部件

横波和纵波检测时应使用液浸聚焦探头。常规探头频率应为 2.25 MHz～10 MHz，如果有要求也可用更低的频率。

A.2.1.3 机械装置

被检材料与装配的探头应能互相自动旋转和平移，以便完成材料的螺旋扫查。应用水作为耦合剂，通过加入防锈剂、软化剂和润湿剂，或加热到足够温度，或两种方法相结合对水进行处理，以减少气泡的形成。

A.2.2 人员

检验操作人员应达到 GB/T 9445 或与此相当的Ⅰ级及以上无损检测人员水平；签发及解释检验报告的人员，应达到 GB/T 9445 或与此相当的Ⅱ级及以上无损检测人员水平。

A.3 标准化

A.3.1 测试材料的表面条件

检测时，声束入射的材料表面应无锈斑、灰尘或其他外来物，这些物质会妨碍材料在要求的灵敏度下检测。材料表面粗糙度的 Ra 值应不大于 3.2 μm。

A.3.2 对比试块

A.3.2.1 制作

包含参考反射体的对比试块要用与被检材料具有相同标称直径、表面粗糙度、热处理和合金（或声学特性相近）的材料制作。也可用不同直径的对比试块，但材料厚度要满足本技术标准。对比试块的底面反射衰减要在被检材料的 25% 以内，或者利用适当的衰减校准（这种校准可以包括分区测试或在连续扫查检测范围内、连续深度区域的分步测试）。作为超声对比试块的材料，不能有干扰或混淆参考反射体的内部缺陷。

A.3.2.2 对比反射体

A.3.2.2.1 纵波检测

对于直径不大于 40 mm 的材料，对比试块要包括四个径向平底孔，深度在表 A.1 中给出；对于直径大于 40 mm 的材料，对比试块应包含有表 A.1 给出的两平底孔中的最小量。平底孔的尺寸在表 A.1 中给出。

A.3.2.2.2 周向横波

对于标准化周向横波检测，对比试块应包含一个平行于棒材纵轴的槽伤，槽伤尺寸在表 A.1 中给出。

A.3.2.2.3 轴向横波

对标准化的轴向横波检测，对比试块应包含一个垂直于棒材纵轴的槽伤。作为替代方法，标准化轴向横波检测可用端孔，该孔位于距离棒材中心 25% 直径 ±0.13 mm 处。孔和槽伤尺寸在表 A.1 给出。

A.3.2.2.4 其他类型

根据个别合同要求可采用其他类型的对比试块。所有对比试块应有永久性识别和一张附图。

A.3.3 装置的标准化

A.3.3.1 对比幅度

用适当的对比试块对设备进行标准化。对于纵波、轴向横波和周向横波检测，应分别有各自单独的探头和仪器通道。应设置系统灵敏度，对于每个参考反射体，应在探伤仪显示屏上显示一定脉冲高度，以及高于满幅度 50% 的图形记录。

A.3.3.2 声束覆盖

检测时应保证足够的声束覆盖，以确保材料 100% 检测。

表 A.1 推荐的参考反射体技术条件

单位为毫米

材料直径 D	平底孔最大直径	平底孔深度	端孔深度和直径	槽伤尺寸
10≤D≤16	0.4	0.15D(±0.3) 0.30D(±0.3) 0.50D(±0.3) 0.60D(±0.3)	13 ϕ0.4	深 0.3 宽 0.3 长 3.0
16<D≤40	0.8	0.15D(±0.3) 0.30D(±0.3) 0.50D(±0.3) 0.60D(±0.3)	13 ϕ0.8	深 0.5 宽 0.5 长 3.0
40<D≤100	1.2	0.90D 和<0.50D 或 >0.50D 和 0.10D (±0.3)	不要求	不要求
100<D≤200	2.4	0.90D 和<0.50D 或 >0.50D 和 0.10D (±0.3)	不要求	不要求
D>200	3.2	0.90D 和<0.50D 或 >0.50D 和 0.10D (±0.3)	不要求	不要求

A.3.3.3 标准化

A.3.3.3.1 纵波探头应垂直于对比试块表面并适当调节声束方向使平底孔反射信号幅度最大。缺陷报警波门应设置在界面波和底波之间，使每个平底孔的反射信号均在波门内。

A.3.3.3.2 调节周向横波探头使纵向槽伤或端孔反射信号幅度最大。缺陷报警波门应设置在该反射信号处。

A.3.3.3.3 调节轴向横波探头使横向槽伤反射信号幅度最大。缺陷报警波门应设置在该反射信号处。

A.3.3.3.4 应设置系统灵敏度，对于每个参考反射体，应在探伤仪显示屏上显示一定脉冲高度，以及高于满幅度50%的图形记录。

A.3.3.3.5 应扫查对比试块，在每批产品开始和结束检验时，应校验参考反射体（时间间隔不超过1 h），并检查每个独立通道的头尾记录（当采用1个以上的图形记录来记录一批产品时）。如果对试块进行复验时，人工标准伤信号不在原始波辐80%范围内，则从最近一次对试块校验以后检测的所有产品应重新检验。

A.4 产品检测

A.4.1 总则

对于直径为10 mm至小于或等于40 mm的材料，应同时采用纵波和横波两种方式检测，直径大于40 mm的材料只需要采用纵波方式。所有产品检测应在与校准所用的相同条件下进行（进料速度，系统旋转速度，增益调整等）。水距检测时，水距变化应在标准化水距的±10%以内。

A.4.2 扫查和导引

产品应连续并全覆盖扫查检测，导引方向为平行于工件纵轴方向，扫查速度和导引方向应与标准化调整时一致。

A.4.3 系统调整

当产品材料与校验对比试块直径不同时，允许对波门长度和探头垂直位置进行调整。在校验顺序、产品材料检测及随后的对比试块重新运行中，不得有影响检测灵敏度或分辨率的调整。

A.4.4 高衰减材料的多次扫查

对大直径高衰减材料，在一定增益的情况下，检测长声程处的参考反射体引起短声程处的参考反射体信号饱和时，应进行多步或分区检测，材料应在那些相应能够获得接收信号的深度区域扫查，这就要求在对比试块上增加平底孔以确保足够的深度覆盖。这些区域应连续，以达到整体覆盖要求，在结合区域的参考反射体在两次扫查中均被显示，这些区域的使用和说明应在检测报告中注明。

A.5 结果的整理

A.5.1 验收

按照本测试规程检测的材料，如果不存在超过下述的显示，则是合格的：

a) 横波模式：在横波模式下，缺陷显示超出标准规定幅度80%的受检材料属不合格。

b) 纵波模式：在纵波模式下有超过校验时建立的最小幅度缺陷显示的受检材料属不合格。

A.5.2 表面显示

对上述不合格材料，如果缺陷显示能清楚地判定是表面缺陷，则经过修复及按照本检验规程中能判断其合格的标准要求重新检验后可合格。

A.5.3 检测后的缺陷消除

对上述不合格材料，如果缺陷区域能够清晰、永久地标识在材料上，并在后序的加工中去除，则可认为合格。

A.6 检测报告

在检测报告中至少记录下列数据，并与合同要求保持一致：

a） 材料标识（炉号、尺寸、批号、节号等）；

b） 检测程序；

c） 检测方法类型，即纵波、周向横波等；

d） 对比试块标识；

e） 合格和不合格的件数。

附 录 B
（资料性附录）
本标准与 ASTM B884—2005 相比的结构变化

本标准与 ASTM B884—2005 相比在结构上有一些调整，具体章条编号对照情况见表 B.1。

表 B.1 本标准与 ASTM B884—2005 的章条编号对照情况

本标准章条编号	ASTM B884—2005 章条编号
A.3.2.2.1 纵波检测	A1.3.2.3 纵波检测
A.3.2.2.2 周向横波	A1.3.2.4 周向横波
A.3.2.2.3 轴向横波	A1.3.2.5 轴向横波
A.3.2.2.4 其他类型	A1.3.2.6 其他类型
A.3.3.3.1 纵波探头应垂直于……	A1.3.3.4 纵波探头应垂直于……
A.3.3.3.2 调节周向横波探头……	A1.3.3.5 调节周向横波探头……
A.3.3.3.3 调节轴向横波探头……	A1.3.3.6 调节轴向横波探头……
A.3.3.3.4 应设置灵敏度……	A1.3.3.7 应设置灵敏度……
A.3.3.3.5 校验	A1.3.3.8 校验

ICS 29.120
K 43

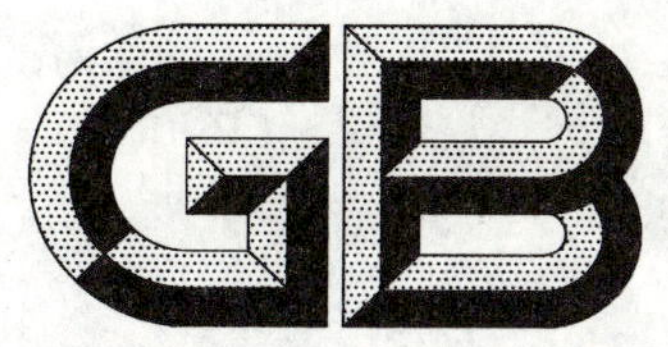

中华人民共和国国家标准

GB 25081—2010

高压带电显示装置(VPIS)

High-voltage presence indicating systems

(IEC 61958:2000,High-voltage prefabricated switchgear and controlgear assemblies—Voltage presence indicating systems,MOD)

2010-09-02 发布　　　　2011-08-01 实施

中华人民共和国国家质量监督检验检疫总局
中国国家标准化管理委员会　发布

前　言

本标准的全部技术内容为强制性。

本标准修改采用IEC 61958:2000(第一版)《高压预装式成套开关设备和控制设备　带电显示装置(VPIS)》。

本标准与IEC 61958:2000的主要差异为:

——标准的名称改为《高压带电显示装置》;

——第1章:概述

- 增加了1.1范围的第一自然段:"本标准规定了高压电气设备用高压带电显示装置的适用范围、适用条件、术语、额定值、设计与结构、型式试验、出厂试验和选用导则及安全等方面的要求";
- 将1.1原第一自然段顺延改为第二自然段:"本标准适用于标称电压3 kV及以上,频率50 Hz的电力系统中运行的户内和户外高压电气设备所使用的带电显示装置"。

——第3章　术语和定义中增补了"联锁信号输出单元"的术语和定义;

——第4章　增加"辅助和控制回路的额定电源电压(U_a)"额定值;

——第5章　设计和结构中根据我国电力系统的实际运行要求及带电显示装置产品的结构作了如下变动:

- 将5.1.3和5.1.4两条合并为5.1.3条,原5.1.5顺延为5.1.4;
- 增补了5.2中"带电显示装置的阈值"表的编号和标题"表1　带电显示装置的阈值"且"表1　带电显示装置(VPIS)和相位识别器(PC)的型式试验项目及试验顺序"顺延为表2;
- 提高了带电显示装置的阈值,并对三相系统的中性点接地和中性点不接地两种情况给予分别表述;
- 增补了对显示单元的工作寿命的要求;
- 将5.4.5连接点能够引出的最大电流的两个规定值:不超过2 mA和0.5 mA,统一为不超过0.5 mA;
- 增补了对显示单元安全条件的要求;
- 增补了对感应式带电显示装置的相关技术要求;
- 增补了对联锁信号输出单元的相关技术要求;
- 增补了对作为支柱绝缘子(瓷质绝缘子和复合绝缘子)使用的带电显示装置传感器的相关技术要求;
- 增补了带电显示装置抗干扰性能的要求;
- 增补了对联锁信号输出单元的要求。

——第6章　型式试验中增补了下列试验

- 显示单元和联锁信号输出单元寿命试验;
- 抗干扰性能试验;
- 防护等级检验,并将其与6.9抗机械撞击试验合并为6.9防护等级检验,且增补了6.9.1 IP代码的验证,而原6.9抗机械撞击试验改为6.9.2 IK代码的验证(抗机械撞击试验)。

——第7章　出厂试验

- 将7.1概述内容修改,并将其中的绝缘试验编辑性调整为7.3绝缘试验;

● 增补了 7.2 外观检查，并将 7.2 清晰显示试验编辑性调整为 7.4 清晰显示试验。

——第 7 章和第 8 章的带电显示装置的类型进一步明确了有电容式、感应式、光学式、接触式、非接触式等类型。

本标准由中国电器工业协会提出。

本标准由全国高压开关设备标准化技术委员会(SAC/TC 65)归口。

本标准负责起草单位：中国电力科学研究院高压开关研究所、西安高压电器研究所。

本标准参加起草单位：西安光远电气有限责任公司、福州星源电器有限公司、西安西开高压电气股份有限公司、新东北电气(沈阳)高压开关有限公司、北京市电力公司、北方芝普集团(北京)有限公司、广州白云电器设备股份有限公司、北京科锐配电自动化股份有限公司、深圳市光辉电器实业有限公司、宁夏力成电气集团有限公司、浙江纪元电气集团有限公司、金华电力开关有限公司。

本标准主要起草人：袁大陆、严玉林、崔景春、王亭、徐井强。

本标准参加起草人：孔祥军、张志强、高天宝、冯建华、马曾锐、韩仲菊、陈波、何红、陆建挺、郑玮、杨成懋、袁钦成、王富敏、乔清博、杨光华、倪红华、张和生。

高压带电显示装置(VPIS)

1 概述

1.1 范围

本标准规定了高压电气设备用高压带电显示装置的适用范围、适用条件、术语、额定值、设计与结构、型式试验、出厂试验和选用导则及安全等方面的要求。

本标准适用于标称电压 3 kV 及以上,频率 50 Hz 的电力系统中运行的户内和户外高压电气设备所使用的带电显示装置。

带电显示装置用于向运行人员提供高压电气设备安装处主回路电压状态的信息。

单独依靠带电显示装置的显示还不足以证明系统处于不带电状态,如操作程序强制要求不带电,尚应使用符合 IEC 61243 的相关的电压探测器。

本标准也适用于和带电显示装置配合使用所专门设计的“相位识别器”和“联锁信号输出单元”。

1.2 规范性引用文件

下列文件中的条款通过本标准的引用而成为本标准的条款。凡是注日期的引用文件,其随后所有的修改单(不包括勘误的内容)或修订版均不适用于本标准,然而,鼓励根据本标准达成协议的各方研究是否可使用这些文件的最新版本。凡是不注日期的引用文件,其最新版本适用于本标准。

GB/T 2423.22 电工电子产品环境试验 第2部分:试验方法 试验N:温度变化(GB/T 2423.22—2002,IEC 60068-2-14:1984,IDT)

GB/T 2423.55 电工电子产品环境试验 第2部分:试验方法 试验Eh:锤击试验(GB/T 2423.55—2006,IEC 60068-2-75:1999,IDT)

GB/T 2900.19—1994 电工术语 高电压试验技术和绝缘配合(neq IEC 60071-1:1993)

GB/T 4208 外壳防护等级(IP代码)(GB/T 4208—2008,IEC 60529:2001,IDT)

GB/T 8287.1 标称电压高于1 000 V系统用户内和户外支柱瓷绝缘子 第1部分:瓷或玻璃绝缘子的试验(GB/T 8287.1—2008,IEC 60168:2001,MOD)

GB/T 11022—1999 高压开关设备和控制设备标准的共用技术要求(eqv IEC 60694:1996)

GB/T 16927.1 高电压试验技术 第一部分:一般试验要求(GB/T 16927.1—1997,eqv IEC 60060-1:1989)

GB/T 20138 电器设备外壳对外界机械碰撞的防护等级(IK代码)(GB/T 20138—2006,IEC 62262:2002,IDT)

GB/T 20142 标称电压高于1 000 V的交流架空线路用线路柱式复合绝缘子——定义、试验方法及接收准则(GB/T 20142—2006,IEC 61952:2002,MOD)

IEC 61243-1 带电工作 电压探测器 第1部分:用于交流1 kV以上电压等级的电容式电压探测器

IEC 61243-2 带电工作 电压探测器 第2部分:交流1 kV~36 kV的电阻式电压探测器

IEC 61243-5 带电工作 电压探测器 第5部分:电压探测装置(VDS)

2 正常和特殊使用条件

带电显示装置的使用条件与使用它的高压电气设备的使用条件相同,GB/T 11022—1999 的第2章适用。

3 术语和定义

下列术语和定义适用于本标准。

3.1

带电显示装置　voltage presence indicating system

VPIS

用以显示设备上带有运行电压的装置。

注 1：带电显示装置也可以与相位识别器一起使用。

注 2：带电显示装置的设计目的不在于可靠地探明是否存在电压。为此，应该使用电压探测器或电压探测装置（电压探测装置符合 IEC 61243-5）。

3.2

传感单元　coupling element

带电显示装置的一个部件，通过它将与主回路的电压状态相关的信号传送到带电显示装置的显示单元。

3.3

显示单元　indicating element

带电显示装置的一个部件，根据来自传感单元的输入信号给出可见的指示。

3.4

连接点　connecting point

显示单元上的一个接点，该处可接入一个适当的相位识别器。

3.5

相位识别器　phase comparator

一种装置，它能指示出两个带电显示装置的连接点之间的相位关系。

3.6

标称电压　nominal voltage

U_n

用来识别装置或系统的适当的电压近似值[GB/T 2900.19—1994 的 2.4，修改过]。

注 1：带电显示装置的标称电压是与其清楚指示相关的参数。带电显示装置可以有一个标称电压值，也可以是一个标称电压范围。标称电压范围的限值分别为 U_{nmin}（标称电压范围中的最小值）和 U_{nmax}（标称电压范围中的最大值）。

注 2：在本标准中，三相系统的标称电压是指标称的线电压。单相系统的标称电压是指线间的电压。

3.7

限压装置　voltage limiting device

出现绝缘破坏时能限制传感单元输出端上电压的保护装置。

3.8

联锁信号输出单元　interlocking signal output element

带电显示装置的一个部件，它能根据传感单元传送来的信号对开关设备的联锁装置发出联锁信号。

4 额定值

下列有关高压电气设备的额定值同样适用于与这些设备组合在一起的带电显示装置（VPIS）。

——额定电压；

——额定绝缘水平；

——额定频率（或几个额定频率）；

——辅助和控制回路的额定电源电压(U_a)。

此外，应确定带电显示装置能够使用的系统的标称电压或标称电压范围。

4.1 额定电压

GB/T 11022—1999 的 4.1 适用。

4.2 额定绝缘水平

GB/T 11022—1999 的 4.2 适用。

4.3 额定频率

GB/T 11022—1999 的 4.3 适用。

4.4 辅助和控制回路的额定电源电压(U_a)

GB/T 11022—1999 的 4.8 适用。

5 设计和结构

5.1 概述

5.1.1 带电显示装置的部件

带电显示装置(见图 1)包括：

——传感单元；

——显示单元；

——连接点(可选的)；

——联锁信号输出单元(可选的)。

传感单元和显示单元安装并包含在高压电气设备内，也可安装于高压电气设备外(如户外感应式)。

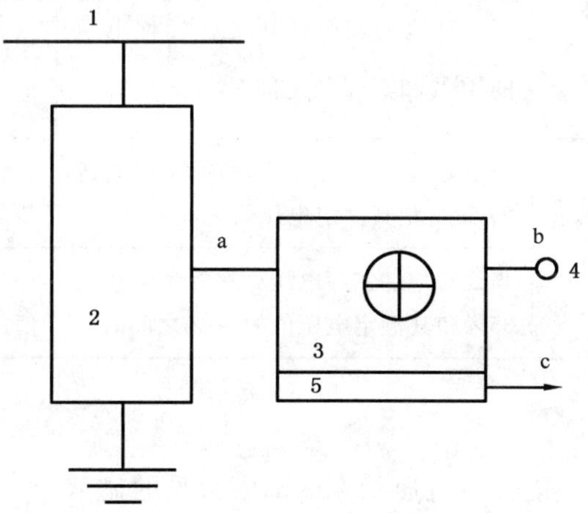

图中：

1——主回路；

2——传感单元；

3——显示单元；

4——连接点(可选的)；

5——联锁信号输出单元(可选的)；

a——来自传感单元的信号；

b——连接点的信号；

c——与联锁装置相连。

注 1：和地的连接物理上可以位于显示单元或联锁信号输出单元上。

注 2：感应式带电显示装置的 1 与 2 不直接相连。

图 1 带电显示装置示意图

5.1.2 相位识别

带电显示装置应允许用合适的相位识别器来检查相位关系。带电显示装置的制造单位应规定相位识别器的特性。

5.1.3 防护等级

成为高压电气设备外壳一部分的带电显示装置的部件应满足高压电气设备确定的防护等级。配装在高压电气设备外的带电显示装置外壳的防护等级应满足 GB/T 11022—1999 的 5.13 的规定。

如果带电显示装置在运行中包含有危险部件，根据 GB/T 4208，应提供的防护等级至少应为 IPXXB，即使在可更换部件已被移开。

带电显示装置的可接近部件应具有足够的机械强度以防止其受到机械撞击而影响正常使用。推荐的机械撞击的防护水平(IK 代码)为 GB/T 20138 中的 IK 07(2 J)。

5.1.4 试验元件

带有内置电源的带电显示装置应装备有试验元件，以检查其电池的状态。带有联锁信号输出单元的带电显示装置也应配装试验单元，以检查其状态。

5.2 带电显示装置的阈值

带电显示装置的阈值见表 1。

表 1 带电显示装置的阈值

阈值 / 显示状态 / 所处系统类		相应于“带电”的显示	
		有显示	无显示
在三相系统中	中性点不接地	当线对地的实际电压处在标称电压的 40%和其额定电压值之间时	当线对地的实际电压小于标称电压值的 15%时
	中性点接地	当线对地的实际电压处在标称电压的 40%和其$\frac{U_r}{\sqrt{3}}$值之间时	当线对地的实际电压小于标称电压值的 15%时
在单极接地的单相系统中		当线对地的实际电压处在标称电压的 69%和其额定电压值之间时	当线对地的实际电压小于标称电压值的 26%时
在中点接地的单相系统中		当线对地的实际电压处在标称电压的 35%和其额定电压值的 50%之间时	当线对地的实际电压小于标称电压值的 13%时

5.3 显示和可视性

5.3.1 概述

带电显示装置的显示单元应能提供电压状态的清晰可见的显示。

在给定的运行位置上和实际的光照条件下的显示应使使用者能清晰可见。

某些带电显示装置仅限于户内或户外使用，而有些则适合户内和户外通用。

5.3.2 重现频度

对于重复性的可见显示，重现频率至少为 1 Hz。如果实际的线对地电压等于或大于标称电压值的 40%，应满足这一要求。如果线对地电压低于标称电压值的 15%，带电显示装置应表现出相应于“不带电”的显示，对于没有内置电源的带电显示装置，允许没有刺激性的信号。

对于单相系统，应采用 5.2 规定的适用的阈值。

5.3.3 响应时间

带电显示装置的显示单元应在电压状态改变后的 1 s 内显示。

5.3.4 电源耗尽时的显示

具有内置电源的带电显示装置在其电源耗尽之前应能给出清晰的“有电”显示，除非内部电源的使用受自动断开或未准备好指示的限制。

5.3.5 显示单元的工作寿命

显示单元中的显示元件的工作为长期工作制，其连续工作寿命应不少于 50 000 h，还应能耐受 10 000 次连续接通和断开并显示正常。

5.4 传感单元和限压装置

5.4.1 传感单元的绝缘

在传感单元的输出端与高压电气设备主回路之间应提供足够的绝缘。配装传感单元的支柱绝缘子采用瓷质绝缘子时应符合 GB/T 8287.1 的规定，采用复合绝缘子时应符合 GB/T 20142 的规定。

5.4.2 限压装置（可选的）

应对运行人员提供保护以防止连接点出现的运行电压，还应采取必要的措施，使得当传感单元发生任何绝缘故障时能转换为永久性接地故障。这可以通过将传感单元的输出端经限压装置接地来实现。

限压装置可以是一个特别元件（例如，火花间隙），也可以是与传感器永久连接的元件之一（例如，显示单元的元件）。

确定设施的保护原则时，应考虑到限压装置的响应引起的效应。

5.4.3 限压装置的阈值电压

限压装置的阈值电压应满足下列要求：

——应低于电力系统标称电压的 30%；

——应低于带电显示装置中其他元件介电强度的最低限值。

5.4.4 接地故障条件

对于中性点绝缘或中性点谐振接地系统，单相接地故障电流被限制较低的值，且在此条件下带电显示装置应能保持在相当长时间内运行。

在这种情况下，应采取附加的措施保证接地故障易于被运行人员发现，或在单相接地故障期间连接点上不会出现危险的电压。

5.4.5 连接点能够引出的最大电流值

在额定频率和主回路导体对地电压为额定电压时且在连接点对地短路的条件下，由连接点给出的电流值不应超过 0.5 mA。

5.4.6 显示单元安全条件

显示单元应具有可靠的保护措施。在此条件下，显示单元不会出现危险的电压。

5.5 标记

标记应清晰、耐久。它可以在带电显示装置的外壳上或高压电气设备的前面板上靠近显示单元及连接点处印制、刻版或铸模。

在显示单元和连接点处应以清晰可见的方式（字符高度至少 3 mm）至少作出如下标记：

——制造单位名称和/或商标；

——适用的标准代号；

——产品型号及名称；

——带电显示装置的标称电压（一个或几个，或标称电压范围）；

——闭锁电源电压性质（DC 或 AC）及数值；

——传感器（感应式）与主回路最小空气距离（mm）；

——相序号（L_1，L_2，L_3 或以色标表示）。

作为替代方案，也可将前 6 项标在高压电气设备的铭牌上。

5.6 相位识别器和连接点

5.6.1 概述

带电显示装置的制造单位应明确适合于和带电显示装置一起使用的相位识别器的种类。

5.6.2 相位识别器的清楚显示

当相对地电压的相位偏移量超过30°时，相位识别器应显示出“相位关系错误”；如果相位偏移不大于10°，则应显示出“相位关系正确”。

当相对地运行电压处在$\frac{U_n}{\sqrt{3}}(1\pm8\%)$范围内时，带电显示装置上的相位识别器应满足这些要求。

相位识别器的清楚显示不应受到各连接点发出的信号之间差异的影响，这些差异可能来自：

——运行电压间的差异达到了5%；

——带电显示装置制造结构上的允差。

注：按照使用要求，经制造单位和用户双方协商也可采用其他的相位角阈值，例如：

——如果相位识别的目的在于关合线路前检查不要出现各相导线交叉错位，则此相位阈值上限可从30°增大（例如增加到60°），因为此时的相位偏移可达120°；

——在某些特殊情况下，两个不同的系统间可能出现正好30°的相位差异的失步；在此种情况下，应将相位阈值上限从30°减小（例如减到25°）。

5.6.3 显示的感知

相位识别器应通过刺激性的信号显示“相位关系错误”。

具有内置电源的相位识别器应通过刺激性的信号显示“相位关系正确”和“相位关系错误”。为了可感知，这两种信号不能仅依靠光的颜色来区别，还应采用附加的特征，如光源发自不同位置、不同形式的光信号、闪烁的光信号或者具有高强声级的音频信号。

5.6.4 一侧失压情况下的显示

对于只能提供一个强烈性信号的相位识别器，当一侧的电压低于U_n的15%，而另一侧的电压大于U_n的40%时，应给出“相位关系错误”的显示。对于能给出两个或更多的强烈性信号的相位识别器，只要有一侧失压就应无显示或给出特定的强烈性信号。

5.6.5 两侧失压情况下的显示

当两侧的电压均低于U_n的15%时，相位识别器应无显示。

5.7 电磁兼容性(EMC)

带电显示装置是高压电气设备的二次系统的一部分，因此，GB/T 11022—1999的5.18和6.9的要求均适用于带电显示装置。

高压带电显示装置应具备实际运行工况下的抗干扰性能，三相回路中一相或两相失电时，带电相应能正确显示“有电”，失电相应无显示。安装在开关设备断口两侧的带电显示装置，当开关设备处于断开位置时应能正确显示每侧的实际带电状况。安装在相邻回路（如同杆架设的不同线路）的带电显示装置应能分别正确显示各自回路的带电状况。

5.8 联锁信号输出单元

联锁信号输出单元应在传感单元发出“有电”或“无电”信号的同时对高压电气设备的联锁装置发出“闭锁”或“解锁”指令，当三相设备共用一套联锁装置时，任意一相“有电”时联锁信号输出单元应保持“闭锁”指令。联锁信号输出单元的电气回路发生故障时不得影响显示单元的正确显示，联锁信号单元仍应保持在“闭锁”状态。

联锁信号输出单元的接点容量应满足联锁装置的运行要求。

联锁信号输出单元应具有连续且正确发出“闭锁”和“解锁”指令10 000次的能力。

6 型式试验

6.1 概述

6.1.1 试验项目及顺序

带电显示装置和相位识别器的型式试验项目列于表2中。试验应按表2给出的顺序进行。除了

6.7.3 的试验外(可以单独进行),全部试验应在一台样品上完成。

在下述试验要求不允许对单个部件进行试验的场合,相关试验均应在完整的装置上进行。

单相试验通常就足够了。需要时规定了三相试验。

表 2 带电显示装置(VPIS)和相位识别器(PC)的型式试验项目及试验顺序

试验顺序	标准条号	试验项目	受试部件	试验要求
1	6.2	布置、组装、标记和使用说明的核验	带电显示装置	5.1.1,5.1.2,5.1.3,5.1.4,5.3.1,5.4.2,5.5,10.2
			相位识别器	5.6.4　5.6.5　10.3
2	6.5	绝缘试验	带电显示装置	5.4.1
3	6.6	连接点引出的最大电流值测量	带电显示装置	5.4.5
4	6.7	限压装置试验	带电显示装置	5.4.2　5.4.3　5.4.4
5	6.9	防护等级检验	带电显示装置	5.1.3
6	6.11	电磁兼容性试验(EMC)	带电显示装置	5.7
7	6.14	抗干扰性能试验	带电显示装置	5.7　5.8
8	6.3	清晰显示试验	带电显示装置	5.2　5.3.2
9	6.4	带电显示装置的响应时间测量	带电显示装置	5.3.3
10	6.8	目测显示的清晰可见度试验	带电显示装置	5.3.1
11	6.12	电能耗尽时的显示试验	带电显示装置	5.3.4
12	6.10	相位识别器的清晰显示试验	相位识别器	5.6.2　5.6.3　5.6.4　5.6.5
13	6.13	显示单元和联锁信号输出单元寿命试验	带电显示装置	5.3.5　5.8

6.1.2 试品

型式试验应在三台试品和/或三台完整的装置上进行。如果有一台试品没有通过型式试验项目中的某一项试验,则应在另外的三台试品上重复整个型式试验程序。如果一台试品再次未通过某一项型式试验,则认为该装置试验失败。

注:当产品结构细节发生改变,如果制造单位能证明这种改变不会影响到该单项型式试验的试验结果,则无需重复进行此项型式试验。

6.1.3 环境条件调节程序

型式试验之前,作为环境条件调节程序,所有试品应按照 GB/T 2423.22 规定的温度变化试验 Nb 和下述参数进行两个循环的试验:

——低温 T_A 应等于使用条件中所规定的最低周围空气温度;

——高温 T_B 应超过使用条件中所规定的最高周围空气温度 15 K;

——温度的变化速度应为 0.5 ℃/min;

——处在该温度下的时间 t_1 应为 3 h。

6.1.4 试验电压

除另有规定外,试验电压应采用频率为额定频率且符合 GB/T 16927.1 规定的交流电压。

6.1.5 试验条件

除个别试验的条款中另有规定外,电气试验应在下述的标准大气条件下进行:

——周围空气温度：15 ℃～35 ℃；

——相对湿度：45%～75%；

——大气压力：86 kPa～106 kPa。

对于绝缘试验，适用时应采用符合 GB/T 16927.1 的大气修正系数。

6.1.6 电流值和电压值

所有的交流电压值和电流值均定义为有效值并以有效值表示。

6.1.7 允差

除个别试验的条款中另有规定外，对要求的所有数值的允差为±5%。对于绝缘试验，GB/T 16927.1 规定的试验电压的允差适用。

6.2 布置、组装、标记和使用说明

适用时，应采用目力检查、测量或者其他检查方法来验证是否满足下述要求：

——布置符合 5.1.1；

——相位识别器的特性符合 5.1.2；

——外壳防护等级符合 5.1.3；

——试验元件符合 5.1.4；

——带电显示装置的类型符合 5.3.1；

——保护原则符合 5.4.2；

——标记符合 5.5；

——相位识别器的显示符合 5.6.2 和 5.6.5；

——使用说明符合第 10 章。

6.3 清晰显示试验

如果带电显示装置用于三相电力系统中，下述试验应在三相条件下进行。

三相电压源应连接到高压电气设备的主回路，该高压电气设备包含传感单元且其中性线连接到高压电气设备的接地连接。应没有其他设备(例如，相位识别器或其他测量装置)接到连接点上。

逐步升高试验电压直到出现“有电”的显示，并应记录施加的线对地试验电压 U_{VP} 值，然后将线对地试验电压升高到其额定值(U_r)。

当电压 U_{VP} 在三相电力系统的 $0.15U_{nmax}$ 和 $0.40U_{nmin}$ 之间，且电压对于中性点不接地的系统为 U_{VP} 和 U_r 之间，对于中性点接地系统为 U_{VP} 和 $\frac{U_r}{\sqrt{3}}$ 之间时能给出清晰的“有电”显示，则认为通过了试验。如果带电显示具有联锁功能，当显示装置出现“有电”显示时，联锁信号输出单元应发出“闭锁”指令。对于三相带电显示装置，当一相或两相失电后，应能继续保持闭锁信号。

此外，在重复显示的情况下，应验证在电压处于标称电压的 40%到 U_r 的范围内重复显示的频度等于或大于 1 Hz。

注：如果不是三相系统，则应采用相对相或相对地电压来确定 U_{VP} 的上限，例如，对于单极接地的单相系统为标称电压的 69%；对中点接地的单相系统为标称电压的 35%。

6.4 带电显示装置的响应时间测量

按 6.3 的要求，将带电显示装置连接到线对地电压等于 $40\%U_n$ 的电源上。

试验电压应接通和断开 5 次。接通和断开的持续时间应有所变化且至少应达到 3 s。电压源的电压状态(接通/断开)及其显示情况应按时间的函数予以记录(见图 2)。

应根据显示的型式按图 2 测定并记录响应时间 t_r。

如果测量到的响应时间中没有一次超过 1 s，则认为试验通过。

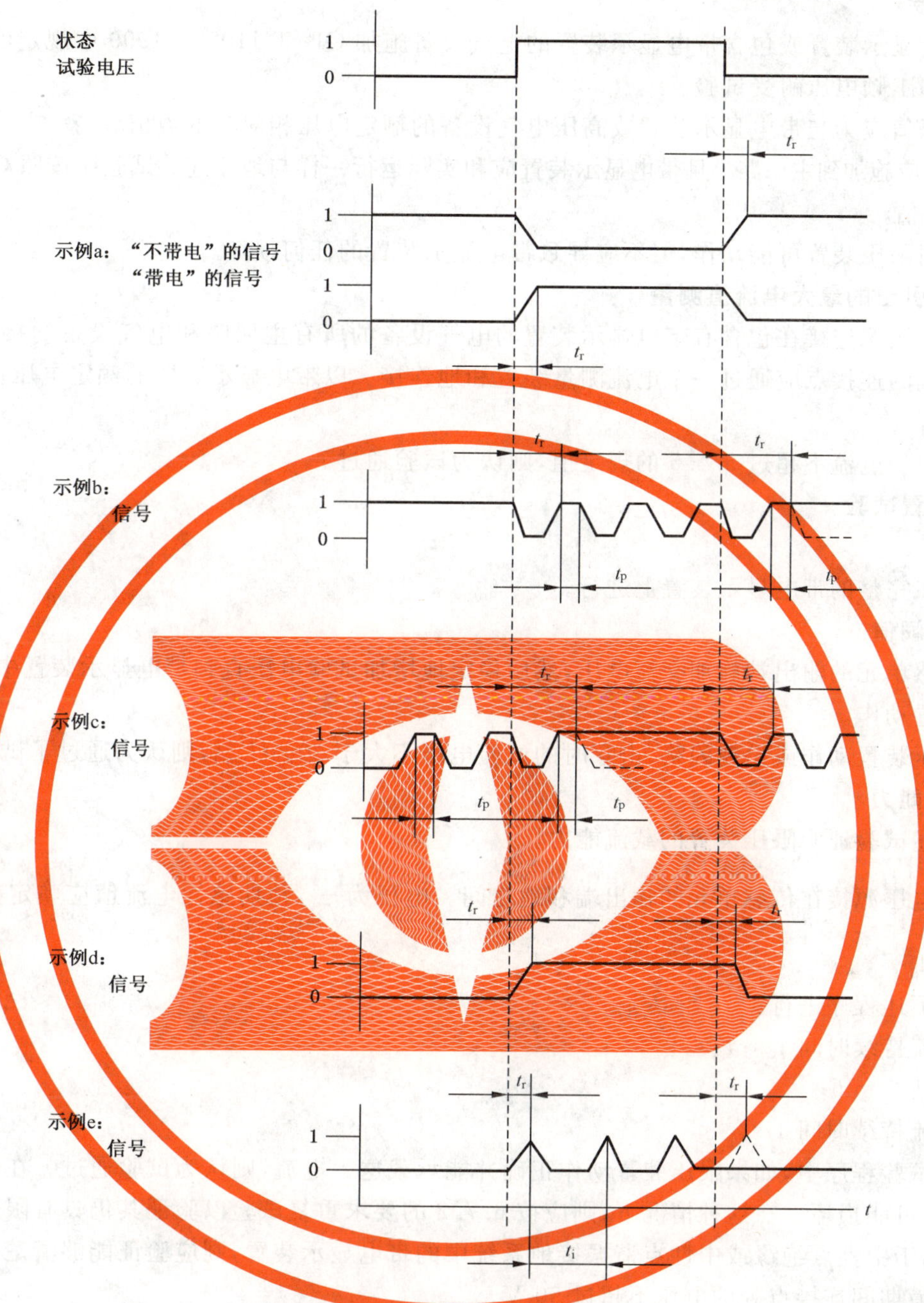

t——时间；t_i——间隔时间；t_p——中断时间；t_r——响应时间

示例	不同信号的个数	显示的信号	
		“不带电”	“带电”
a	2	稳态	稳态
b	1	稳态	间断的
c	1	间断的	稳态
d	1	没有	稳态
e	1	没有	间断的

图 2　测量响应时间的示例

6.5 绝缘试验

应对带电显示装置或包含带电显示装置的电气设备施加 GB/T 11022—1999 中规定的雷电冲击电压耐受试验和工频电压耐受试验。

试验电压值应为与带电显示装置或高压电气设备的额定电压相对应的数值。

试验电压应施加到主回路上且带电显示装置应和实际运行一样与地相连。试验应按照 GB/T 11022—1999 进行和评估。

试验期间限压装置可能动作,但不应导致带电显示装置的任何损坏。

6.6 连接点引出的最大电流值测量

将单相电压源连接在包含有带电显示装置的电气设备的所有主回路和电气设备的接地连接之间。带电显示装置的连接点应通过一个电流测量装置和地连接。以带电显示装置的额定电压作为试验电压施加。

如果测出的电流不超过 5.4.5 的规定值,则认为试验通过。

6.7 限压装置试验

6.7.1 概述

试验应在完整的带电显示装置上进行。

6.7.2 电压阈值

应对传感单元的输出端施加交流电压,然后稳定地增加试验电压直到带电显示装置中出现闪络、击穿或限压装置动作。

如果限压装置动作或出现闪络、击穿时的试验电压不大于 $30\%U_{nmin}$,则认为通过了试验。

6.7.3 载流能力

通过下述试验证明限压装置的载流能力。

将交流电压源接在传感单元的输出端和地之间。电压为$\frac{U_n}{\sqrt{3}}$,预期感性电流值应整定为 50 A,功率因数小于 0.15。

试验按下述程序进行:

——电流持续时间 1 s;

——中断 2 min;

——电流持续时间 1 s。

在上述试验程序中,如果限压装置动作正确并能承载这一电流,则认为试验通过。在试验中和试验后,限压装置可能损坏。在这种情况下,则应按 6.7.2 的要求重复试验以验证其仍具有限压能力。

此外,用于中性点绝缘或中性点谐振接地系统中的带电显示装置,则应验证能够清楚指示接地故障状态或在故障期间连接点处的电压不超过 50 V。

注:其他的试验条件,如更高的电流或不同的试验程序,可由用户和制造单位协商。

6.8 目测显示的清晰可见度试验

6.8.1 试验电压

按 6.3 的要求,将带电显示装置连接到线对地电压为 $0.4U_{nmin}$ 的电源上。

具有内置电源的带电显示装置在显示期间,电压源应整定在电压高于带电显示装置断开或显示“未准备好”时的电压 5%±1%。这一电压可由其他电源提供。

6.8.2 试验布置

如图 3 所示,在一个直径至少 1 000 mm、反射系数为 18%的未经抛光的灰色屏板的中心的前面安置显示单元,或者和实际状况一样将它安装在开关设备的前面板上。并在距显示单元 750 mm 处安置一张前孔板,用两个光源以漫射的白光照在显示单元上,这两个光源距显示器的距离至少为 1 000 mm,使试品上的光照为:

——用于户内的带电显示装置:1 000(1±10%)lx;

——用于户外的带电显示装置:25 000(1±10%)lx。

尺寸单位为毫米

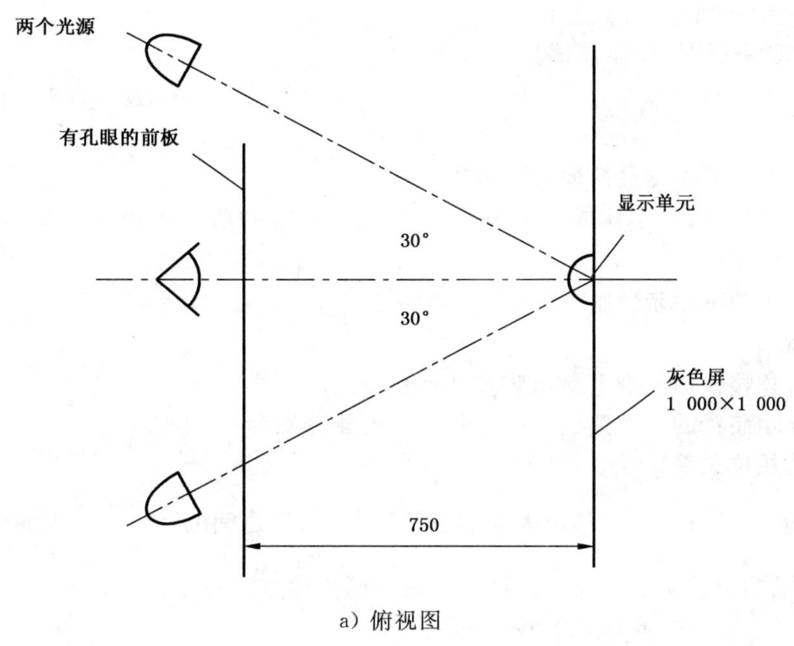

a)俯视图

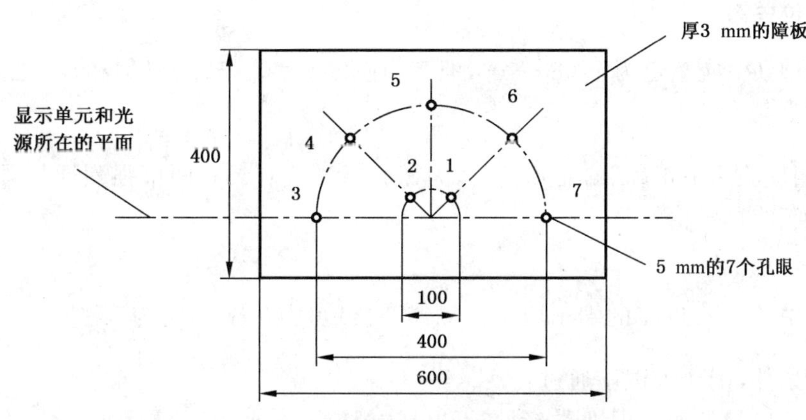

b)前板的正视图

图 3 目测显示的清晰可见度的试验布置

6.8.3 试验程序

由三个都具有平均视力的观察者通过前孔板上的孔观察显示单元。应以观察者不知道的、不规律的时间间隔接通或断开试验电压数次。

6.8.4 试验结果的评估

如果三个观察者中每个人通过每个孔均能正确无误地、毫不怀疑地看清楚所有的显示,则认为试验通过。

6.8.5 在最高外施电压下显示的可见度

对于显示特性取决于外施电压的显示单元,应按 6.8.1~6.8.6 的要求,以最高外施电压[中性点不接地的系统为额定电压(U_r),中性点接地系统为额定相电压($\frac{U_r}{\sqrt{3}}$)]再次进行试验。

6.8.6 在低光照度下显示的可见度

对于只发射出非强烈性光信号的显示单元,试验应按 6.8.1、6.8.3、6.8.4 和 6.8.5 的要求在符合

6.8.2 的试验布置中重复试验,此时试品上的光照度为 10 lx。

6.9 防护等级检验

6.9.1 IP 代码的验证

GB/T 11022—1999 的 6.7.1 适用。

6.9.2 IK 代码的验证(抗机械撞击试验)

带电显示装置的可触及部件应按 GB/T 2423.55 承受机械撞击试验。机械冲击能量的规定值应符合 5.1.3。

应对带电显示装置上可能最薄弱的点敲击三次。

试验后试品不得破裂,且不影响正常功能或 5.1.3 规定的防护等级任何的变形。但表面损伤可忽略。

6.10 相位识别器的清晰显示试验

6.10.1 试验布置

相位识别器应连接在两个带电显示装置的连接点之间。

每一个带电显示装置的一次侧施加的“线对地”电压分别为 U_1 和 U_2。

6.10.2 不正确的相位关系

在第一轮试验中,U_1 和 U_2 应整定为 $0.92\frac{U_{\mathrm{nmin}}}{\sqrt{3}}$。$U_1$、$U_2$ 之间的相位差应调整为 30°。

如果此时出现“相位关系不正确”的显示,则认为试验通过。

注:也可以考虑 5.6.2 中的注所规定的不同的相位。

6.10.3 正确的相位关系

在第二轮试验中,U_1 应整定为 $1.08\frac{U_{\mathrm{nmax}}}{\sqrt{3}}$,但 U_2 应整定为 $0.95U_1$。U_1 和 U_2 之间的相位差应调整为 10°。

如果不出现“相位关系不正确”的显示,则认为试验通过。对具有两个强烈性信号的相位识别器,应出现“相位关系正确”的显示信号。

6.10.4 一侧失压

在第三轮试验中,连接到 U_1 的端子应予以隔离并接地且 U_2 应整定为 $\frac{U_{\mathrm{nmax}}}{\sqrt{3}}$。

如果满足下述条件,则认为试验通过:

——对只有一个信号的相位识别器,允许不出现“相位关系正确”的显示;

——对具有两个强烈性信号的相位识别器,允许没有显示;

——对具有特定的强烈性信号的相位识别器,电压低于 U_n 的 10%时应显示。

6.10.5 两侧均失压

在第四轮试验中,U_1 和 U_2 应整定为 $0.07\,U_{\mathrm{nmax}}$。U_1 和 U_2 间的相位差应调整到 120°。

如果没有显示,则认为试验通过。

6.11 电磁兼容性试验(EMC)

如果带电显示装置中包含电子设备或元件,应按 GB/T 11022—1999 的 6.9 进行 EMC 试验。

试验电压应施加在带电显示装置传感元件的输出端子上。

应采用 GB/T 11022—1999 的 6.9.7 规定的判据 2 并按 GB/T 11022—1999 的 6.9.5 和 6.9.6 对试验进行评估。

6.12 电源耗尽时的显示试验

本试验仅对具有内置电源的带电显示装置实施。

6.12.1 试验布置

用一个不间断的可控电压源串接一个电阻(其电阻值应近似等于带电显示装置内置电源在其预定

使用寿命末时的内电阻)来代替带电显示装置的内置电源。该可控电压源的电压初始值应整定为带电显示装置内置电源的标称电压。

6.12.2 试验电压的确定

下述试验中的试验电压应整定到 1.1 倍 U_{VP}，U_{VP} 为按 6.3 确定的阈值电压。

6.12.3 试验程序

应接通试验电压，接通电压的持续时间至少应为 10 s。可控电压源的电压应整定为 95%的初始值并予以测量，然后断开试验电压。应重复这一试验步骤，以 5%的初始电压为步长降低可控电压源的电压，直到带电显示装置关闭或发出“未准备好”的指示。

试验中应验证观察到的显示情况，不应有模糊不清的情况。

6.12.4 试验的重复性

应按 6.12.1 的规定将可控电压源的电压调整到其初始值，且 6.12.3 的整个试验应重复进行两次。

6.12.5 多个电源

如果带电显示装置具有多个彼此互不相关的电源，则应按 6.12.1～6.12.4 的规定对每一个电源单独进行试验；还应将所有电源都同时接通再作上述试验。

6.12.6 试验评估

如果试验中的所有显示均无“模糊不清”，则认为试验通过。

6.13 显示单元和联锁信号输出单元寿命试验

带电显示装置的显示单元和联锁信号输出单元(如果有)应进行寿命试验，三相显示单元应进行三相试验，分相显示单元可进行单相试验。

首先将与高压电气设备三相或单相电源等效的低压模拟电源连接到带电显示装置的显示和联锁信号输出单元的输入端，连接点上不应有其他设备；试验顺序按表 3，且试验中显示单元应正确显示，联锁接点应正确动作，试验后不应导致带电显示装置的任何损坏。

表 3 显示单元和联锁信号输出单元寿命试验顺序

试验顺序	模拟电源电压	试验电压下接通和断开	
		次数/次	持续时间/s
1	对应高压电气设备的 85%额定电压	1 000	≥3
2	对应高压电气设备的 110%额定电压	1 000	≥3
3	对应高压电气设备的额定电压	8 000	≥3

6.14 抗干扰性能试验

6.14.1 相间抗干扰试验

三相带电显示装置的安装应与实际运行条件等效，试验母线按产品技术条件规定的最小相间距离装设(或将带电显示装置装于所配的高压电气设备上)，试验时一次对每相和每两相施加系统最高运行电压[中性点不接地系统为 U_r(即高压电气设备的额定电压)；中性点接地系统为 $\frac{U_r}{\sqrt{3}}$(即高压电气设备的极对地电压)]3 min，带电相应正确显示“有电”，不带电相不得显示“有电”。闭锁接点不应发出解锁信号。

6.14.2 同相断口间抗干扰试验

带电显示装置的安装应与实际运行条件等效，试验母线按产品技术条件规定的最小断口距离装设(或将带电显示装置装于所配的电气设备上)，试验时一次对每相和每两相施加系统最高运行电压[中性点不接地系统为 U_r(即高压电气设备的额定电压)；中性点接地系统为 $\frac{U_r}{\sqrt{3}}$(即高压电气设备的极对地电压)]3 min，带电侧装有带电显示装置时应正确显示“有电”，不带电侧装有带电显示装置时不得显示“有电”。

7 出厂试验

7.1 概述

应在制造单位对每台(套)高压带电显示装置进行出厂试验,以确保出厂产品与已通过型式试验的产品的一致性。出厂试验报告应随出厂产品一同交付。

推荐将带电显示装置装于所配高压电气设备上进行出厂试验。

出厂试验项目如下:

——外观检查,按7.2;

——绝缘试验,按7.3;

——清晰显示试验,按7.4。

7.2 外观检查

带电显示装置应对外观进行检查,以保证符合订货方的技术要求。

7.3 绝缘试验

带电显示装置的传感单元、显示单元、联锁信号输出单元及其所包含的相关附件均应按GB/T 11022—1999的7.1和7.2进行绝缘试验。

注:感应式带电显示装置的“主回路绝缘试验”除外。

7.4 清晰显示试验

试验按6.3的规定进行,显示应清晰。如在型式试验中已验证带电显示装置的显示不会受到相邻相电压状态的影响,则可以在单相上进行试验。

如带电显示装置具有联锁功能,则应在本项试验中同时验证。

8 带电显示装置的选用导则

高压电气设备制造单位应保证带电显示装置适合于GB/T 11022—1999和高压电气设备产品标准的第8章为高压电气设备所确定的额定值和使用条件。此外,应考虑到:

——系统的标称电压;

——系统中性点接地的类型;

——带电显示装置的类型(户内或户外用的电容式、电阻式、感应式、光学式、接触式、非接触式等)。

9 询问单、标书和订单提供的资料

有关带电显示装置的资料应包括在按GB/T 11022—1999和高压电气设备产品标准的第9章规定的高压电气设备应提供的一般资料中。

应特别关注带电显示装置的下述资料:

——使用该高压电气设备的电力系统的特性(标称电压和最高电压,频率,系统中性点接地类型);

——额定值;

——使用条件;

——带电显示装置的类型(户内或户外用的电容式、电阻式、感应式、光学式、接触式、非接触式等)。

10 使用说明

10.1 概述

带电显示装置和相位识别器或联锁输出单元应根据制造单位的说明使用。这些说明也可以包括在带电显示装置所要安装的高压电气设备的使用说明中。

10.2 带电显示装置的使用说明

带电显示装置的使用说明中至少应包含下列说明和细则:

——有关标记和符号的说明；
——显示的说明；
——在本标准规定的电压范围内能保证清晰地显示“带电”的说明；
——应带有下列警示：“仅凭带电显示装置的显示不足以证明系统已经不带电，如果运行程序要求将其作为强制性要求，还应使用符合 IEC 61243-1、IEC 61243-2、IEC 61243-5 的电压探测器”；
——关于连接点用途的说明；
——适合于和带电显示装置配合使用的相位识别器的类型的说明；
——适用时，允许用户自行更换的显示器的部件的说明以及这些部件的技术要求(例如，内置电源的带电显示单元所使用的电池类型)；
——对需要加强照明以增进视觉感知能力的情况所采用的附加措施的说明，例如，对显示单元进行遮蔽。

10.3 相位识别器的使用说明

相位识别器的使用说明中至少应包含下列说明和细节：
——使用说明；
——显示的说明，包括内置电源耗尽时的显示的说明(适用时)；
——额定频率的说明；
——相位识别器可适用的特定带电显示装置的说明；
——根据本标准的要求对其相位关系正确与否的显示范围的说明；对相位角将作出错误显示之前允许的电压差或额定频率的偏差的说明(如果适用)；
——说明环境条件对显示可能的影响(如正确、不正确的相位关系，失压)；
——干扰电压(谐波)可能的影响的说明；
——具有内置电源元件：所使用的电池类型的说明；
——储存和维护的说明，如温度范围；
——如何检验相位识别器功能正确的描述。

11 安全

GB/T 11022—1999 的第 11 章中的一般要求也适用于带电显示装置。
本标准中，安全性方面的要求包含在 5.4 中。

ICS 29.180
K 41

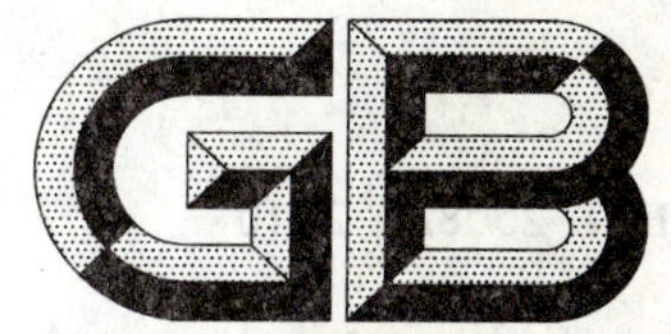

中华人民共和国国家标准

GB/T 25082—2010

800 kV 直流输电用油浸式换流变压器技术参数和要求

Specification and technical requirements of oil-immersed-convertor transformers for 800 kV DC applications

2010-09-02 发布　　2011-02-01 实施

中华人民共和国国家质量监督检验检疫总局
中国国家标准化管理委员会　发布

前　言

本标准需与 GB/T 18494.2—2007 配套使用。

本标准的附录 C 为规范性附录，附录 A 和附录 B 为资料性附录。

本标准由中国电器工业协会提出。

本标准由全国变压器标准化技术委员会(SAC/TC 44)归口。

本标准起草单位：沈阳变压器研究院、南方电网技术研究中心、特变电工沈阳变压器集团有限公司、机械工业北京电工技术经济研究所、北京网联直流工程技术有限公司、西安西电变压器有限责任公司、保定天威保变电气股份有限公司、国网电力科学研究院、中国电力科学研究院。

本标准主要起草人：王健、郭振岩、饶宏、方晓燕、章忠国、马为民、李文平、宓传龙、黎小林、伍志荣、李光范、汪德华、吕金壮。

800 kV 直流输电用油浸式换流变压器技术参数和要求

1 范围

本标准规定了±800 kV 级直流输电系统用高端(600 kV 和 800 kV)油浸式换流变压器的性能参数、绝缘水平、技术要求、测试项目、标志、包装、运输和贮存等,并在附录 A 中给出了一些具体产品的有关性能参数实例。

本标准适用于采用双 12 脉波变流器串联的±800 kV 级直流输电系统用高端单相油浸式换流变压器(以下简称换流变压器)。

2 规范性引用文件

下列文件中的条款通过本标准的引用而成为本标准的条款。凡是注日期的引用文件,其随后所有的修改单(不包括勘误的内容)或修订版均不适用于本标准,然而,鼓励根据本标准达成协议的各方研究是否可使用这些文件的最新版本。凡是不注日期的引用文件,其最新版本适用于本标准。

GB 1094.1 电力变压器 第 1 部分:总则(GB 1094.1—1996,eqv IEC 60076-1:1993)

GB 1094.2 电力变压器 第 2 部分:温升(GB 1094.2—1996,eqv IEC 60076-2:1993)

GB 1094.3 电力变压器 第 3 部分:绝缘水平、绝缘试验和外绝缘空气间隙(GB 1094.3—2003,IEC 60076-3:2000,MOD)

GB 1094.5 电力变压器 第 5 部分:承受短路的能力(GB 1094.5—2008,IEC 60076-5:2006,MOD)

GB/T 18494.2—2007 变流变压器 第 2 部分:高压直流输电用换流变压器(IEC 61378-2:2001,MOD)

IEC 60296:2003 电工流体 变压器和开关用的未使用过的矿物绝缘油

3 双 12 脉波变流器串联系统用换流变压器接线原理示意图

采用双 12 脉波变流器串联的±800 kV 级直流输电系统用换流变压器的接线原理示意图如图 1 所示。

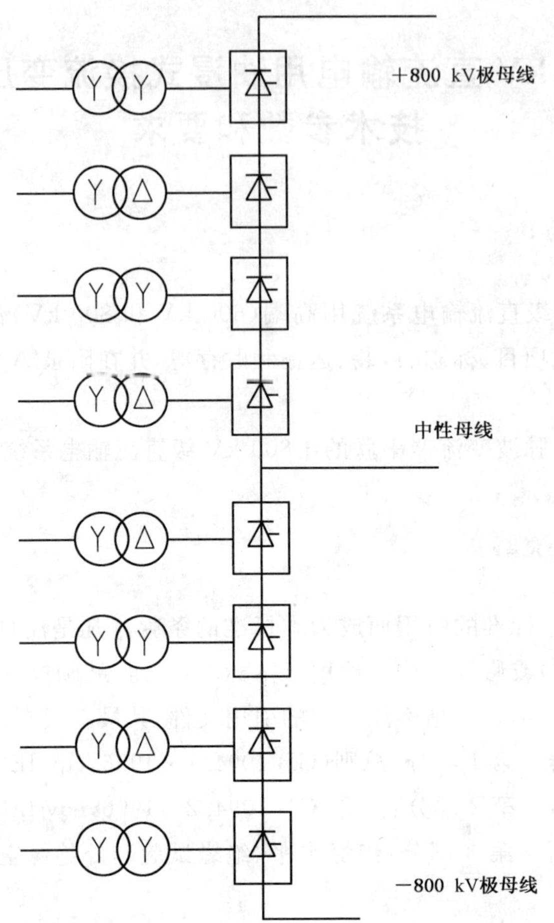

图 1 双 12 脉波变流器串联系统用换流变压器接线原理示意图

4 性能参数

在换流变压器询价和订货时，供、需双方应就下列性能参数进行协商，并在订货合同中予以明确。

a) 额定容量；

b) 网侧绕组额定电压；

c) 网侧绕组额定电压分接范围；

d) 阀侧绕组额定电压；

e) 绕组联结组标号；

f) 空载损耗；

g) 负载损耗；

h) 空载电流；

i) 短路阻抗；

j) 声级水平；

k) 阀侧绕组最大相电压；

l) 直流偏磁电流（每相网侧绕组中性点允许连续通过的直流电流）。

5 绝缘水平

换流变压器的绝缘水平按 GB/T 18494.2—2007 的规定来确定或计算。附录 B 中给出了一台 800 kV换流变压器阀侧绕组的外施直流电压、极性反转电压和外施交流电压的计算实例。

6 技术要求

6.1 基本要求

按本标准制造的换流变压器应符合 GB 1094.1、GB 1094.2、GB 1094.3、GB 1094.5 及 GB/T 18494.2—2007 的规定。

6.2 安全保护装置

6.2.1 换流变压器应装有气体继电器，其接点容量应不小于 66 VA(交流 220 V 或 110 V)，直流有感负载时，应不小于 15 W。

积聚在气体继电器内的气体数量达到 250 mL～300 mL 或油速在整定范围内时，应分别接通相应的接点。气体继电器的安装位置及其结构应能观察到分解气体的数量和颜色，且应便于在地面取气体。

换流变压器油箱和联管的设计应采取措施，使气体易于汇集在气体继电器内。

6.2.2 应至少在换流变压器油箱长轴两端各设置一个导流式压力释放装置。当内部压力达到所安装的压力释放装置的启动压力时，压力释放装置应能可靠释放压力。

6.2.3 带有套管式电流互感器的换流变压器应供给信号测量和保护装置辅助回路用的接线盒。

6.2.4 阀侧采用 SF_6 气体绝缘的套管应配有气体压力在线检测装置，当气体压力小于套管要求的整定值(通常为 0.24 MPa)时发出报警信号，此时应充 SF_6 气体到整定值以上(当温度在 50 ℃时压力应在 0.4 MPa)。

6.3 强油冷却系统及控制箱

6.3.1 根据冷却方式供给全套风冷却装置或水冷却装置，但不供给水路装置(如水泵、水箱、管路和阀门等)。

6.3.2 对于强油风冷或强油水冷的换流变压器，须供给冷却系统控制箱。强油循环装置的控制线路应满足下列要求：

——换流变压器在运行中，其冷却系统应按负载和温度情况自动逐台投入或切除相应数量的冷却器或风扇；

——当切除故障冷却器时，备用冷却器应自动投入运行；

——当冷却系统电源发生故障或电压降低时，应自动投入备用电源；

——当投入备用电源、备用冷却器、切除冷却器或电动机损坏时，均应发出信号。

6.3.3 强油风冷或强油水冷的油泵电动机及风扇电动机应当分别有过载、短路和断相保护。

6.3.4 强油风冷或强油水冷却器的动力电源电压应为三相交流 380 V，控制电源电压为交流 220 V。

6.3.5 强油风冷及强油水冷换流变压器，当冷却系统发生故障切除全部冷却器时，在额定负载下允许运行 20 min。当油面温度尚未达到 75 ℃时，允许上升到 75 ℃，但切除冷却器后的最长运行时间不得超过 1 h。

6.4 油保护装置

6.4.1 换流变压器均应装有储油柜，其结构应便于清理内部。储油柜的一端应装有油位计，其位置应易于观察。储油柜的容积应保证在最高环境温度及允许过载状态下油不溢出，在最低环境温度未投入运行时，观察油位计应有油位指示。

6.4.2 储油柜应有注油、放油、放气和排污装置。

6.4.3 换流变压器应采取防油老化措施，以确保换流变压器油不与大气相接触，如：在储油柜内部加装胶囊或隔膜等。

6.5 油温测量装置

6.5.1 换流变压器应装有供温度计用的管座。所有设置在油箱顶盖的管座应伸入油内不少于 110 mm。

6.5.2 换流变压器须装设户外式信号温度计，对于强油循环的换流变压器应设两个。信号接点容量在交流电压 220 V 时应不低于 50 VA,直流有感负载时应不低于 15 W。温度计的引线应用支架固定。信号温度计的安装位置应便于观察。

6.5.3　换流变压器应装有远距离测温用的测温元件,对于强油循环的换流变压器应装有两个远距离测温元件,且应放于油箱长轴的两端。

6.5.4　当换流变压器采用集中冷却结构时,应在靠油箱进出油口总管路处装测油温用的温度计管座。

6.6　换流变压器油箱及其附件的技术要求

6.6.1　换流变压器一般不供给小车,其箱底应留有与基础安装的固定孔,若用户特殊要求,其箱底支架焊装位置应符合轨距的要求。轨距:纵向为 1 435 mm,横向为 1 435 mm、2 000 mm(2×2 000 mm、3×2 000 mm)。若换流站要求备用换流变压器需要转体后替换故障换流变压器,则需考虑提供换流变压器转体用的小车(如果需要制造方提供,则需在合同中明确)。

6.6.2　应在油箱的上部、中部和下部分别装有统一口径的油样活门。换流变压器油箱底部应装有排油装置。

6.6.3　换流变压器油箱应承受真空度为 13.3 Pa 和正压力为 98 kPa 的机械强度试验,不得有损伤和不允许的永久变形。

6.6.4　换流变压器在油箱下部应有供千斤顶顶起换流变压器的装置。

6.6.5　为便于观察气体继电器,应在油箱壁上设置适当高度的梯子。

6.6.6　换流变压器油箱结构型式可采用钟罩式或桶式。

6.6.7　套管的安装位置应便于接线,且其网侧带电部分的空气间隙,应满足 GB 1094.3 的要求,阀侧带电部分的空气间隙应在满足绝缘要求的同时兼顾阀厅的设计。

6.6.8　换流变压器油箱上部应装有滤油用阀门,下部应装有放油阀。

6.6.9　换流变压器整体应具有承受真空度 13.3 Pa 的能力。

6.6.10　换流变压器所有组件应符合相应的标准要求。

6.7　其他要求

6.7.1　换流变压器结构应便于拆卸和更换套管,并应便于连同冷却器一起将套管推入阀厅。

6.7.2　换流变压器铁心和夹件应分别引出并可靠接地,接地处应有明显的接地符号“⏚”或“接地”字样。其他较大金属结构零件均应可靠接地。

6.7.3　套管式电流互感器至少应满足:网、阀侧线端,每相装一只测量级和两只保护级;中性点装一只保护级。

6.7.4　所使用的变压器油应符合 IEC 60296:2003 的要求。应严格控制变压器油中硫的含量。在注入换流变压器前,变压器油的耐压值应大于 70 kV。各制造单位应按各自的技术规范对油中颗粒度进行控制。

7　测试项目

7.1　换流变压器除应符合 GB 1094.1 和 GB/T 18494.2—2007 所规定的试验项目外,还应符合 7.2～7.9 的规定。

7.2　带油室的有载分接开关试验合格后,应将其装入换流变压器中,对分接开关油室进行密封试验,不能有渗漏。

7.3　换流变压器本体及储油柜应能承受在最高油面上施加 30 kPa 静压力的油密封试验,试验时间持续 24 h,不得有渗漏及损伤。

7.4　温升试验前、后,应取油样进行气相色谱分析试验,油中应不含乙炔,其他烃类气体应无明显变化。

7.5　换流变压器全部试验完成后,如有必要,应对充油套管取油样进行试验,油中应无乙炔。

7.6 应提供换流变压器吸收比(R_{60}/R_{15})和极化指数($R_{10\ min}/R_{1\ min}$)的实测值,测试通常应在 10 ℃～40 ℃温度下进行。

7.7 换流变压器介质损耗因数(tanδ),在 20 ℃～25 ℃时一般应不大于 0.005。

7.8 经使用部门与制造单位协商可进行下列试验(详见附录 C)。

a) 长时间空载试验;

b) 油流静电试验;

c) 转动油泵时的局部放电测量。

7.9 换流变压器需进行空载噪声和负载噪声的测量,如试验条件允许,宜进行谐波噪声、偏磁噪声的测量。

8 标志、包装、运输和贮存

8.1 换流变压器须具有承受其总质量的起吊装置。换流变压器器身、油箱、储油柜或冷却器应有起吊装置。

8.2 换流变压器的结构应在经过正常的铁路、公路及水路运输后,内部结构相互位置不变,紧固件不松动。换流变压器的组件、部件(如套管、冷却器、事故放油阀和储油柜等)结构布置位置应不妨碍吊装、运输及运输中紧固定位。

8.3 换流变压器通常为不带油运输,但须充干燥的氮气或干燥的空气(露点低于－40 ℃)。运输前应进行密封试验,以确保在充以 20 kPa～30 kPa 压力时密封良好。换流变压器主体到达现场后,油箱内的气体压力应保持正压,并有压力表进行监视。换流变压器在运输和贮存期间应保持正压,并有压力表进行监视(为保持油箱内的气体压力为正压,应配备补气装置)。

8.4 换流变压器在运输中应装三维冲撞记录仪。

8.5 换流变压器应能承受运输冲撞加速度 30 m/s^2(水平)。

8.6 换流变压器组件、部件(如套管、储油柜、闸阀及冷却器等)在运输中,不应损坏和受潮。

8.7 成套拆卸的组件和零件(如气体继电器、套管、温度计及紧固件等)的包装,应保证经过运输、贮存直至安装前不损坏和不受潮。

8.8 成套拆卸的大组件(如储油柜等)运输时可不装箱,但应保证不受损伤,在整个运输与贮存过程中不得进水和受潮。

附 录 A
（资料性附录）
换流变压器的有关性能参数实例

单相双绕组换流变压器的有关性能参数实例见表 A.1。

表 A.1 单相双绕组换流变压器的有关性能参数

额定容量 MVA	电压组合			联结组标号	阀侧绕组最大相电压 kV	直流偏磁电流 A	空载损耗 kW	负载损耗 kW	空载电流 %	短路阻抗 %	声压级 dB(A)
	网侧绕组 kV	分接范围 %	阀侧绕组 kV								
250	$525/\sqrt{3}$	+18×1.25 −6×1.25	169.85	Ii0	174.5	5.8	122	648	0.20	18.0	≤75
250	$525/\sqrt{3}$		$169.85/\sqrt{3}$	Ii0	$174.5/\sqrt{3}$	5.8	170	577	0.20	18.0	≤75
244.1	$525/\sqrt{3}$	+16×1.25 −8×1.25	165.59	Ii0	171.7	5.8	113	624	0.15	18.5	≤75
244.1	$525/\sqrt{3}$		$165.59/\sqrt{3}$	Ii0	$171.7/\sqrt{3}$	5.8	162	565	0.20	18.5	≤75
321.1	$530/\sqrt{3}$	+23×1.25 −5×1.25	170.3	Ii0	177.2	10	178	620	0.16	18.0	≤75
321.1	$530/\sqrt{3}$		$170.3/\sqrt{3}$	Ii0	$177.2/\sqrt{3}$	10	250	616	0.22	18.0	≤75
297.1	$515/\sqrt{3}$	+22×1.25 −6×1.25	157.6	Ii0	164.9	10	188	683	0.25	16.7	≤75
297.1	$515/\sqrt{3}$		$157.6/\sqrt{3}$	Ii0	$164.9/\sqrt{3}$	10	188	671	0.25	16.7	≤75

注 1：短路阻抗是以额定容量为基准值的基波短路阻抗。

注 2：空载损耗未考虑直流偏磁的影响。

注 3：负载损耗为基波损耗，未考虑谐波电流的影响。如果考虑谐波电流的影响，则谐波损耗按 GB/T 18494.2—2007 的规定计算。

注 4：负载损耗和短路阻抗的参考温度均为 80 ℃。

注 5：声压级以正弦空载励磁或正弦负载电流励磁为基准。

附 录 B
（资料性附录）
阀侧绕组的外施直流电压、极性反转电压和外施交流电压的计算实例

B.1 换流变压器基本参数

额定容量：250 MVA（单相双绕组、联结成 Yy 三相组）

网侧绕组额定电压：$525/\sqrt{3}\,{}^{+22.5\%}_{-7.5\%}$ kV

阀侧绕组额定电压：$169.85/\sqrt{3}$ kV

阀侧绕组的最大相间交流工作电压：$U_{vm}=174.5$ kV

从直流线路的中性点至与换流变压器相连的整流桥间所串接的 6 脉波桥的数量：$N=4$

每个阀桥的最高直流电压：$U_{dm}=204$ kV

B.2 外施直流电压

$$\begin{aligned}U_{dc}&=1.5\times[(N-0.5)\times U_{dm}+0.7\times U_{vm}]\\&=1.5\times[(4-0.5)\times U_{dm}+0.7\times U_{vm})=1\ 254\ \text{kV}\end{aligned}$$

B.3 极性反转电压

$$\begin{aligned}U_{pr}&=1.25\times[(N-0.5)\times U_{dm}+0.35\times U_{vm}]\\&=1.25\times[(4-0.5)\times 204+0.35\times 174.5)=969\ \text{kV}\end{aligned}$$

B.4 外施交流电压

$$\begin{aligned}U_{ac}&=\frac{1.5\times[(N-0.5)\times U_{dm}+\sqrt{2}\times U_{vm}/\sqrt{3}]}{\sqrt{2}}\\&=\frac{1.5\times[(4-0.5)\times 204+\sqrt{2}\times 174.5/\sqrt{3}]}{\sqrt{2}}=909\ \text{kV}\end{aligned}$$

附 录 C
（规范性附录）
使用部门与制造单位协商的试验

C.1 长时间空载试验

施加1.1倍额定电压，开启正常运行时的全部油泵，运行12 h。试验前、后油中应无乙炔，总烃含量应无明显变化，并且应无明显的局部放电的声、电信号。

C.2 油流带电试验

断开电源，开启所有油泵历时4 h后，测量各绕组端子及铁心对地的泄漏电流，直到电流达到稳定值。试验中应无放电信号。

C.3 转动油泵时的局部放电测量

启动全部运行的油泵运行4 h，期间连续测量中性点、铁心对地的泄漏电流，并监视有无放电信号。然后在不停油泵的情况下做局部放电试验（施加试验电压，使网侧绕组线端电压为$1.5U_m/\sqrt{3}$，并维持30 min，期间连续观察测量局部放电量）与油泵不转动时的试验相比，内部放电量应无明显变化，同时油中应无乙炔。

ICS 29.080.99
K 49

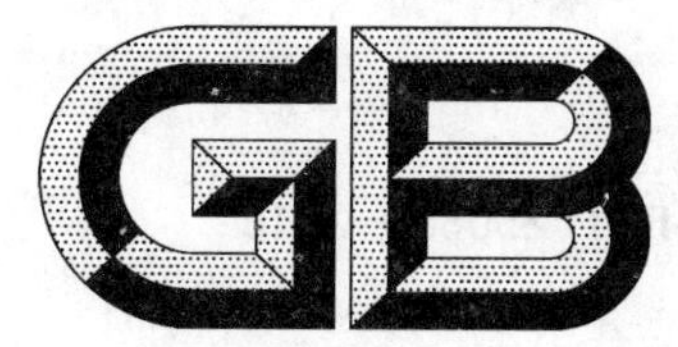

中华人民共和国国家标准

GB/T 25083—2010

±800 kV 直流系统用金属氧化物避雷器

Metal-oxide surge arresters without gaps for ±800 kV UHVDC systems

2010-09-02 发布　　2011-02-01 实施

中华人民共和国国家质量监督检验检疫总局
中国国家标准化管理委员会　发布

前　言

本标准在主要技术内容上参照国际大电网会议技术报告 Cigre 33/14.05《高压直流换流站无间隙金属氧化物避雷器使用导则》(CIGRE PUBLICATION NO 34,1989)、GB/T 22389—2008《高压直流换流站无间隙金属氧化物避雷器导则》及 GB 11032—2000《交流无间隙金属氧化物避雷器》(eqv IEC 60099-4:1991)进行制定。

本标准的附录 A、附录 B 为资料性附录。

本标准由中国电器工业协会提出。

本标准由全国避雷器标准化技术委员会(SAC/TC 81)归口。

本标准主要起草单位:西安高压电器研究院有限责任公司、南方电网技术研究中心、机械工业北京电工技术经济研究所。

本标准参加起草单位:国网电力科学研究院、中国电力科学研究院、北京网联直流输电工程咨询有限公司、西安交通大学、西南电力设计院、国家绝缘子避雷器质量监督检验中心、西安西电避雷器有限责任公司、抚顺电瓷制造有限公司。

本标准主要起草人:朱斌、黎小林、方晓燕、王保山、蔡汉生、张翠霞、郭洁、聂定珍、郭丽平、何计谋、周晓琴、李凡、周德才、张一鸣、王新霞、叶立茂、吕金壮、黄莹。

本标准为首次制定。

±800 kV 直流系统用金属氧化物避雷器

1 范围

本标准规定了±800 kV 直流输电用瓷外套和复合外套无间隙金属氧化物避雷器(以下简称避雷器)的技术参数、试验方法和检验规则等内容。

本标准适用于瓷外套和复合外套无间隙金属氧化物避雷器。本标准不适用于气体绝缘金属封闭金属氧化物避雷器。

2 规范性引用文件

下列文件中的条款通过本标准的引用而成为本标准的条款。凡是注日期的引用文件,其随后所有的修改单(不包括勘误的内容)或修订版均不适用于本标准,然而,鼓励根据本标准达成协议的各方研究是否可使用这些文件的最新版本。凡是不注日期的引用文件,其最新版本适用于本标准。

GB/T 191—2008 包装储运图示标志(ISO 780:1997,MOD)

GB/T 772—2005 高压绝缘子瓷件 技术条件

GB/T 775.1—2006 绝缘子试验方法 第1部分:一般试验方法

GB/T 775.3—2006 绝缘子试验方法 第3部分:机械试验方法

GB/T 2900.12—2008 电工术语 避雷器、低压电涌保护器及元件

GB/T 2900.19—1994 电工术语 高电压试验技术和绝缘配合(neq IEC 60071-1:1993)

GB/T 6553—2003 评定在严酷环境下使用的电气绝缘材料耐电痕化和蚀损的试验方法(IEC 60587:1984,IDT)

GB 11032—2000 交流无间隙金属氧化物避雷器(eqv IEC 60099-4:1999)

GB/T 13498—2007 高压直流输电术语(IEC 60633:1998,IDT)

GB/T 16434—1996 高压架空线路和发电厂、变电所环境污区分级及外绝缘选择标准

GB/T 16927.1—1997 高电压试验技术 第1部分:一般试验要求(eqv IEC 60060-1:1989)

GB/T 16927.2—1997 高电压试验技术 第2部分:测量系统(eqv IEC 60060-2:1994)

GB/T 22389—2008 高压直流换流站无间隙金属氧化物避雷器导则

JB/T 8952—2005 交流系统用复合外套无间隙金属氧化物避雷器

3 术语和定义

GB/T 2900.12—2008、GB/T 2900.19—1994、GB 11032—2000 及 GB/T 13498—2007 确立的以及下列术语和定义适用于本标准。

3.1

持续运行电压 continuous operating voltage

高压直流换流站直流侧避雷器的持续运行电压是由直流电压迭加谐波电压组成的,而交流侧和阀避雷器的持续运行电压是由交流电压全波或半波叠加谐波电压组成。其持续运行电压分为三个不同的值:

a) **最大峰值持续运行电压 peak continuous operating voltage**

PCOV

包括换相过冲的最高持续运行电压峰值。

b） **峰值持续运行电压 crest value of continuous operating voltage**

CCOV

不包括换相过冲的最高持续运行电压峰值。

c） **等效持续运行电压 equivalent continuous operating voltage**

ECOV

等同于在实际运行电压下产生相同功耗的电压值。

注1：既可选用工频电压，也可选用直流电压，或两者的组合。

注2：电压值和功耗可采用计算方法或通过特殊试验回路的试验确定。

3.2

额定电压 rated voltage

施加到避雷器端子间的最大允许工作电压，它是表征避雷器运行特性的一个重要参数，其值应小于避雷器参考电压，依据避雷器工作电压的不同可用有效值或峰值表示。

3.3

持续电流 continuous current

施加持续运行电压时流过避雷器的电流。它可由阻性分量和容性分量组成，包括由谐波产生的分量。

3.4

配合电流 co-ordinating current

用于系统绝缘配合，确定避雷器最大残压的电流称为配合电流。配合电流分为以下四种：

a） **陡波冲击电流 steep current impulse**

视在波前时间为1 μs的一种冲击电流。因设备调整的限制，视在波前时间的实测值为0.9 μs～1.1 μs，视在波尾半峰值时间不应大于20 μs。

b） **雷电冲击电流 lightning current impulse**

一种8/20波形冲击电流。因设备调整的限制，视在波前时间的实测值为7 μs～9 μs，视在波尾半峰值时间为18 μs～22 μs。

c） **操作冲击电流 switching current impulse**

视在波前时间大于30 μs但小于100 μs，视在波尾半峰值时间约为视在波前时间2倍的放电电流峰值。

d） **缓波前操作冲击电流 slow front switching current impulse**

视在波前时间为1 000 μs±100 μs，半峰值时间约为波前时间2倍的冲击电流峰值。

4 符号和缩略语

仅涵盖了最频繁使用的符号和缩写，本标准采用的其他的符号，详见引用标准。

4.1 下标脚注

o 空载

d 直流电流或电压

i 理想

max 最大值

4.2 字母符号

U_r 避雷器额定电压

U_{CCOV} 持续运行电压峰值

U_{ECOV} 等效持续运行电压值

U_{PCOV} 持续运行电压最大峰值

U_{diomax} 最大理想空载直流电压

U_{ref} 避雷器参考电压

U_{dio} 理想空载直流电压

T 周期

α 延迟角(触发角)

μ 换相角(重叠角)

U_{SCCOV} 避雷器比例单元的持续运行电压峰值

U_{SECOV} 避雷器比例单元的等效持续运行电压值

4.3 缩略语

PCOV 最大峰值持续运行电压

CCOV 峰值持续运行电压

ECOV 等效持续运行电压

4.4 直流换流站布置图中避雷器的符号

高压直流换流站的布置原理图见图1、图2、图3和图4。

A 交流母线避雷器

A_2 换流变阀侧避雷器

CB_1 换流器直流母线避雷器

CB_2 直流母线中点避雷器

DB_1 直流母线避雷器

DL 直流线路避雷器

E_1/E_2 中性母线避雷器

EL 地极引线避雷器

EM 金属回线避雷器

M_2/M_1 12脉波换流器中点母线避雷器

C_2/C_1 12脉波换流器避雷器

DR_2/DR_1 中性母线平波电抗器避雷器

V_1、V_2、V_3 阀避雷器

FA_1、FA_2 交流滤波器避雷器

FD_1、FD_2 直流滤波器避雷器

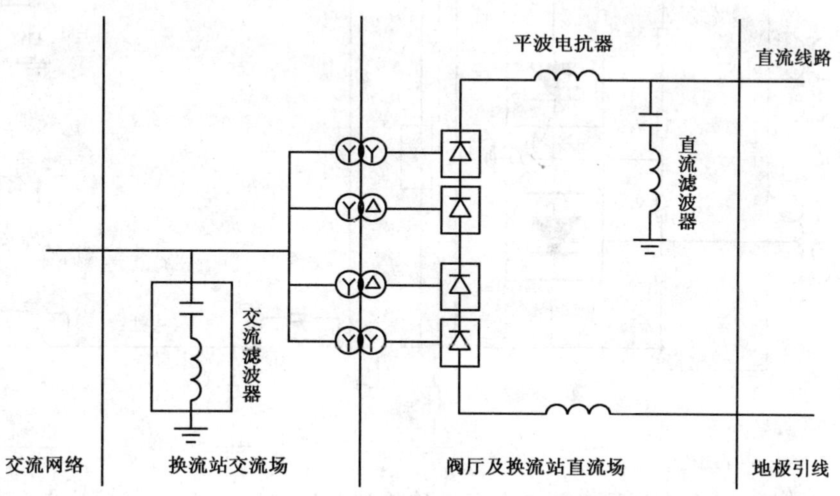

图1 连接于交、直流线路的高压直流换流站的一极原理图

5 避雷器运行条件

5.1 正常运行条件

符合本标准的避雷器在下述正常运行条件下应能正常运行。

a) 环境温度不高于+40 ℃,不低于-40 ℃;

b) 太阳光的辐射;

注:太阳最大照射(1.1 kW/m²)的影响已通过在型式试验中把试品预热的方法予以考虑。如果在避雷器附近有其他热源,避雷器的使用需经供需双方协商。

c) 海拔不超过 1 000 m;

d) 长期施加在避雷器端子间的电压应不超过避雷器的持续运行电压;

e) 地震烈度 7 度及以下地区;

f) 最大风速不超过 35 m/s。

5.2 异常运行条件

异常运行条件按 GB 11032—2000 附录 A 的规定。

在异常运行条件下,本标准的使用需经供需双方协商。

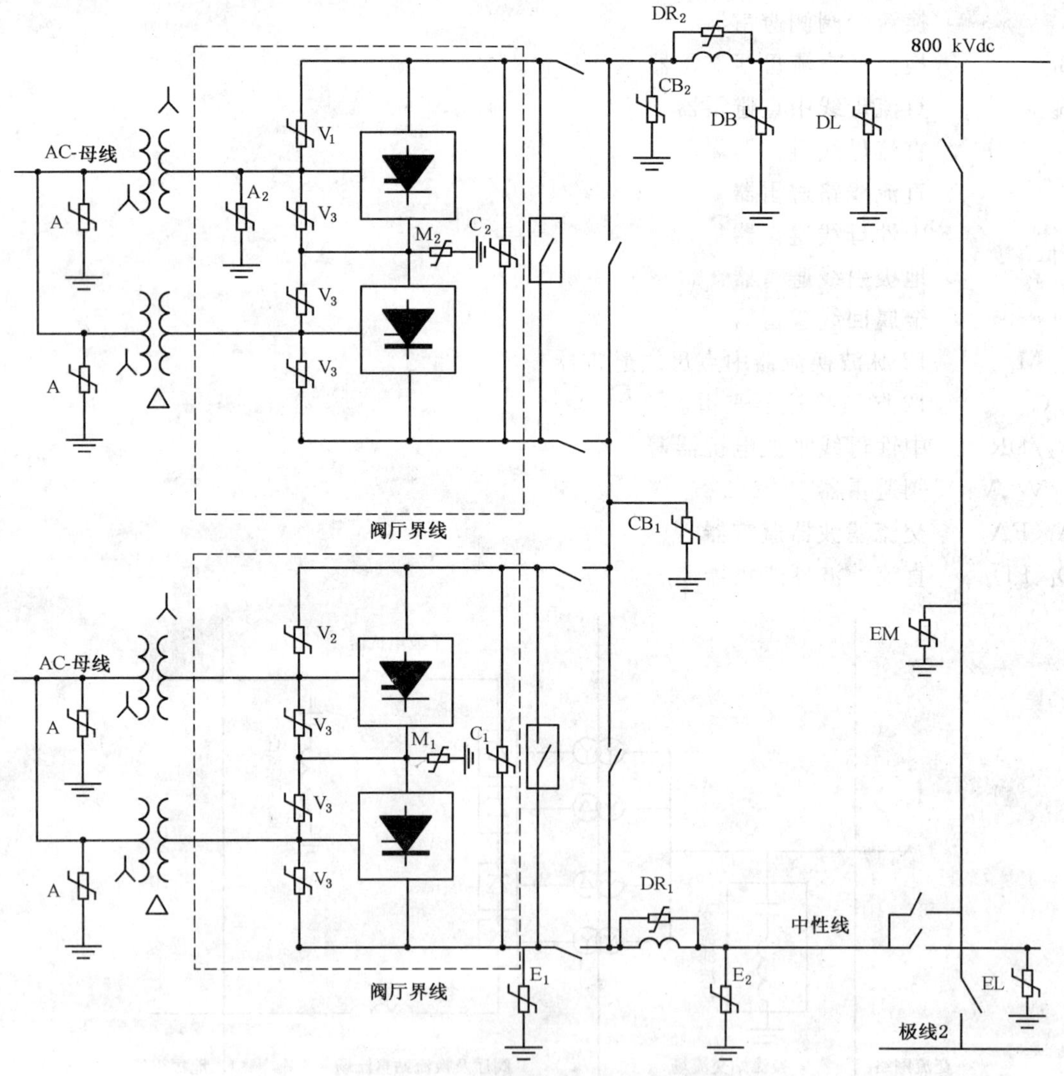

图 2 特高压直流换流站直流侧

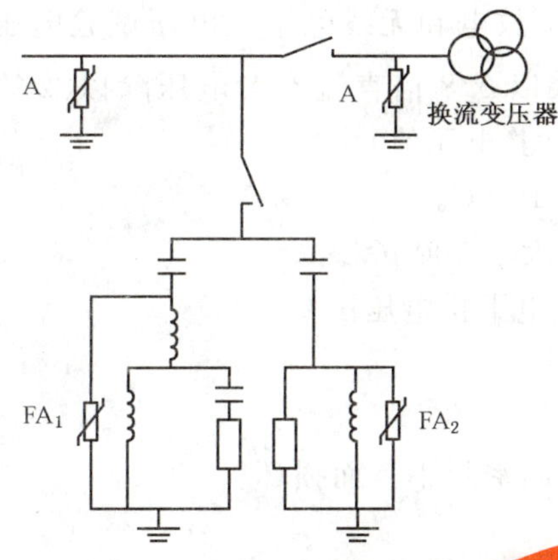

图 3　高压直流换流站交流滤波器

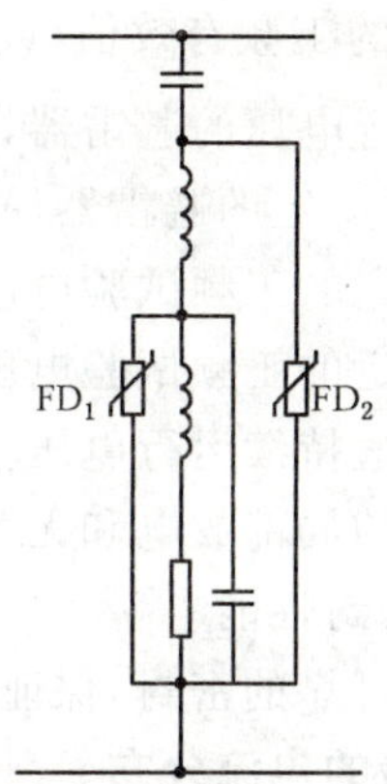

图 4　高压直流换流站直流滤波器

6　技术要求

在 5.1 中规定的正常运行条件下，避雷器应适于户外运行，而阀避雷器 V、12 脉波换流器中点母线避雷器 M、12 脉波换流器避雷器 C 以及换流变阀侧避雷器 A_2 应适于户内运行。

6.1　电气技术要求

避雷器应满足±800 kV 直流输电工程对各种避雷器的电气参数要求，附录 A 给出了典型的±800 kV 直流输电用避雷器相关技术参数。

6.2　避雷器外套的绝缘耐受性能

避雷器外套应进行绝缘耐受电压试验，其绝缘耐受电压应符合±800 kV 直流输电工程对各种避雷器外绝缘水平的规定。

6.3　避雷器的参考电压

6.3.1　避雷器的工频参考电压

每只避雷器的工频参考电压应在制造厂选定的工频参考电流下由制造厂测量。在例行试验中，应规定选用的工频参考电流下的避雷器最小工频参考电压值，并应在制造厂的资料中公布。

6.3.2　避雷器的直流参考电压

每只避雷器的直流参考电压应在制造厂选定的直流参考电流下由制造厂测量。在例行试验中，应规定选用的直流参考电流下的避雷器最小直流参考电压值，并应在制造厂的资料中公布。

6.4　避雷器的持续电流

在制造厂规定的试验电压下测量通过避雷器电流的持续电流，其值应不大于规定值，该值由制造厂规定和提供。

6.5　避雷器的 0.75 倍直流参考电压下泄漏电流

0.75 倍直流参考电压下泄漏电流应不超过 50 μA/每柱。

6.6　避雷器的残压

测量残压的目的是为了获得各种规定的配合电流和波形下某种给定设计的最大残压。这些残压可从型式试验数据中得到，也可从制造厂规定的和公布的例行试验用的雷电冲击电流下的最大残压中得到。

对于任何电流和波形，某种给定的避雷器设计的最大残压可从型式试验时被试的比例单元的残压乘以比例系数算出。比例系数等于公布的最大残压(例行试验时已被检验)与在同样电流和波形下比例单元所测残压之比。避雷器在陡波、雷电、操作及缓波前冲击电流下残压值应不大于相应±800 kV 直流输电工程对各种避雷器的规定。

6.7　避雷器的局部放电和无线电干扰电压

试验在工频电压下进行。对于有显著持续运行电压的避雷器，试品的试验电压为 1.05 倍峰值持续运行电压除以$\sqrt{2}$的工频有效值(或为工程中规定的避雷器局部放电和无线电干扰电压试验电压值);对于无显著持续运行电压的避雷器,试品的试验电压为1.05乘以0.8倍直流参考电压除以$\sqrt{2}$的工频有效值(或为工程中规定的避雷器局部放电和无线电干扰电压试验电压值)。

避雷器在规定的工频试验电压下的局部放电量应不大于10 pC。

避雷器在规定的工频试验电压下的无线电干扰电压应不大于500 μV。

避雷器的峰值持续运行电压小于100 kV时,不进行无线电干扰电压试验。

直流电压下的局部放电和无线电干扰试验正在考虑中。

6.8 避雷器的密封性能

避雷器应有可靠的密封,保证在避雷器运行寿命期中,不因密封不良而损坏。

6.9 多柱避雷器的电流分布

制造厂应规定一个适当的冲击电流,并保证通过每柱的电流值在100 A～1 000 A范围内。在规定的冲击电流下测量通过每柱的电流值,多柱并联避雷器各柱间的电流分布不均匀系数应不大于1.10。

6.10 避雷器的热稳定性

经供需双方协商,可按8.11.7进行热稳定试验。

6.11 能量耐受

避雷器应依据规定的能量要求进行能量耐受试验。

能量耐受试验后观察试品,电阻片应无击穿、闪络、破碎或其他明显损伤的痕迹,且试验前后残压变化应不大于5%。

6.12 大电流冲击耐受

大电流冲击耐受用于抽样试验和动作负载试验。

要求避雷器每柱的4/10大电流冲击耐受能力为100 kA,2次。

6.13 动作负载

避雷器应能耐受规定的动作负载试验。这些负载不应引起避雷器的损坏或热崩溃。

交流母线避雷器的动作负载试验应按GB 11032—2000的试验程序进行验证考核。

运行中,承受显著持续运行电压的避雷器的动作负载应按8.11.4的试验程序进行验证考核。

直流母线和直流线路避雷器的动作负载应按8.11.5的试验程序进行验证考核。

运行中,无显著持续运行电压的避雷器的动作负载应按8.11.6试验程序进行验证考核。

试验中,若试品达到热稳定,且电阻片无击穿、闪络或破损的痕迹,试验前后残压变化应不大于5%,则避雷器通过试验。

6.14 避雷器的暂时过电压耐受时间特性

交流母线避雷器的工频电压耐受时间特性试验应按GB 11032—2000的试验程序进行验证考核。

应对运行中承受显著持续运行电压的避雷器及直流母线和直流线路避雷器进行该项试验。

制造厂应提供避雷器在预热到60 ℃并经受能量耐受试验后,施加的暂时过电压(由制造厂与需方协商确定,可为工频电压或直流电压)与耐受时间的曲线,且在曲线上应标明施加电压前注入的冲击能量。暂时电压耐受曲线的时间范围应包括0.1 s～20 min。

6.15 压力释放

避雷器应设置压力释放装置并进行压力释放试验,保证在避雷器故障时不引起外套粉碎性爆破。压力释放电流值见表1。

试验时,压力释放装置应可靠动作。试验后,如果外套保持完整或者外套发生非爆破性破裂并且试品的全部零部件落在规定的围栏范围内,则认为试品通过试验。允许下列碎片落在围栏外:

a) 陶瓷材料碎片如电阻片或外套的硬质碎片,每片质量小于10 g;

b) 压力释放装置排气口的盖板或薄膜;

c) 复合外套的柔软部分;

d) 如果产生明火，试品及碎片必须在试验结束后 2 min 内自行熄灭。

表 1 压力释放试验的电流值

避雷器的 CCOV	大电流压力释放电流值(有效值) kA	小电流压力释放电流值(有效值) A
≥200 kV	63	800
<200 kV	40	800

6.16 避雷器的机械性能

6.16.1 避雷器抗弯负荷

6.16.1.1 瓷套避雷器应耐受工程要求的抗弯负荷 10 s 而不损坏。

6.16.1.2 复合外套避雷器应耐受工程要求的抗弯负荷 10 s 而不损坏，试验前后局部放电量不大于 10 pC，直流参考电压变化不大于 5%。

6.16.2 避雷器拉伸负荷

当避雷器悬挂使用时，应进行拉伸负荷试验。

避雷器的额定拉伸负荷为避雷器自重的 15 倍；其他要求供需双方协商。

型式试验时，避雷器应耐受额定拉伸负荷 1 min 试验而不损坏。试验后局部放电量不大于 10 pC，直流参考电压变化不大于 5%。

例行试验时，避雷器应能耐受 50%的额定拉伸负荷 10 s 试验而不损坏。试验后考核项目为直流参考电压及局部放电量，应符合本标准规定值。

注：对于阀避雷器如果是多个避雷器的悬挂式串联安装，其额定拉伸负荷还应考虑其下部悬挂的避雷器的自重。

6.17 承受地震力

避雷器应承受 7 度地震烈度的考核。

地震加速度：水平加速度　0.20 g

　　　　　　垂直加速度　0.10 g

制造厂应通过计算或试验，提供避雷器可承受的地震加速度能力。

6.18 避雷器的耐污秽性能

避雷器外套的爬电距离应符合±800 kV 直流换流站对避雷器的要求。

对 CCOV>300 kV 户外使用的避雷器应进行污秽试验。试验方法供需双方协商。

避雷器的人工污秽试验方法正在考虑中。

6.19 避雷器外套的外观要求

6.19.1 瓷套避雷器外套的外观应符合 GB/T 772—2005 中 2.3 的规定。

6.19.2 复合外套避雷器的复合外套表面单个缺陷面积(如缺胶，杂质，凸起等)不应超过 25 mm^2，深度不大于 1 mm，凸起表面与合缝应清理平整，凸起高度不得超过 0.8 mm，粘接缝凸起高度不应超过 1.2 mm，总缺陷面积不应超过复合外套总表面 0.2%。

6.20 外露件的防腐性能

避雷器的外露件应进行耐腐处理，保证在避雷器运行寿命期内不应因外露件腐蚀和劣化影响其性能。

6.21 复合外套避雷器的热机试验和沸水煮试验要求

a) 热机试验

避雷器应按 GB 11032—2000 的规定耐受冷热循环试验。试验时施加的负荷为额定负荷的 50%；

b) 42 h 沸水煮试验

避雷器应耐受含有 0.1%NaCl 的沸水煮 42 h。

a)、b)两项试验后,复合外套部分不应有开裂和脱落现象,且试验前后直流参考电压变化应不大于5%,0.75 倍直流参考电压下的泄漏电流变化不大于 20 μA,局部放电量不大于 10 pC。

6.22 复合外套避雷器的起痕和耐电蚀损要求

对于户外运行的复合外套避雷器应耐受 1 000 h 起痕和耐电蚀损试验。

其复合外套材料应按下列要求进行耐漏电起痕和耐电蚀损试验:

a) 当避雷器的持续运行电压为工频电压时,对于避雷器复合外套材料,应按 GB/T 6553—2003 的要求进行耐漏电起痕和耐电蚀损试验,并达到 TMA4.5 级,最大电蚀深度不超过 2.5 mm;

b) 当避雷器的持续运行电压为直流电压时,对避雷器复合外套材料应进行直流电压下的斜面法耐漏电起痕和耐电蚀损试验,并达到 TMA4.5 级,最大电蚀深度不超过 2.5 mm。

6.23 绝缘底座绝缘电阻

当避雷器带有绝缘底座时,采用 2 500 V 及以上兆欧表测量绝缘电阻,其值应不小于 2 000 MΩ。

6.24 避雷器的监测装置

避雷器的监测装置应能准确记录避雷器的动作次数或(和)监测避雷器的全电流。其耐受能力应与避雷器相配合。

7 测量设备及试品

7.1 测量设备

测量设备应满足 GB/T 16927.2—1997 的要求,其精确度应符合有关试验条款要求。工频电压试验的交流电压频率在 48 Hz 和 62 Hz 之间,且近似于正弦波。直流电压试验的电压的脉动系数应不大于±1.5%,高压直流换流站其他试验电压(非正弦波)的波形应尽可能模拟实际运行状况。

7.2 试品

除下列规定外,瓷外套避雷器的其他各项试验所用试品应符合 GB 11032—2000 的相应规定。复合外套避雷器其他各项试验所用试品应符合 JB/T 8952—2005 的规定。

除另有规定,全部试验应在相同避雷器、避雷器比例单元或避雷器元件上进行。试品应是新的、干净的、装配完整的(如有均压环或屏蔽环应装配上),并且尽可能模拟运行条件安装。当试验在比例单元上进行时,比例单元对于规定的试验必须能代表制造厂公差范围内所有可能的避雷器性能。

7.2.1 能量耐受试验和动作负载试验试品

试品参考电压值应选取制造厂宣布的变化范围的最低值。此外,对多柱避雷器应考虑电流分布不均匀的最大值。为了满足这些要求,需按下述规定执行:

a) 整只避雷器的额定电压与比例单元的额定电压之比定义为 n。试品中所用电阻片的最小体积应不大于整只避雷器所用的电阻片中最小体积除以 n。

b) 被试比例单元的参考电压等于 kU_r/n,其中 k 是避雷器的最小参考电压与其额定电压之比。当所选用的试品的 $U_{ref}>kU_r/n$ 时,系数 n 必须相应减小($U_{ref}<kU_r/n$ 时,避雷器可能吸收过多的能量,这种比例单元只有在制造厂同意后方能采用)。

c) 对于多柱并联避雷器,各柱间的电流分布应按 6.9 所规定的电流分布试验时使用的冲击电流测量,最大的电流值应不大于制造厂规定的上限。

7.2.2 热等价比例元件

一个完整的、组装好的避雷器部件,该部件的热耗散特性必须代表整只避雷器的特性。

7.2.3 多柱电流分布试验试品

指一个并联电阻片组,即各柱间没有中间电气连接的装配的一部分。

8 试验方法

8.1 避雷器外套的外观检查

对于复合外套避雷器，检查复合绝缘外套表面的缺陷(如缺胶、杂质、凸起等)，缺陷面积应符合6.19.2的规定。

对于瓷外套避雷器，其试验方法应符合GB/T 775.1—2006中4.1的规定。

8.2 避雷器外套的爬电距离检查

避雷器外绝缘爬电距离的测量应符合GB/T 775.1—2006中4.2的规定。

8.3 持续电流试验

型式试验应在整只避雷器上进行。

对于有显著持续运行电压的避雷器，对试品施加工频试验电压有效值为CCOV除以$\sqrt{2}$；对于无显著持续运行电压的避雷器，对试品施加工频电压有效值为0.8倍直流参考电压除以$\sqrt{2}$。测量通过试品的泄漏电流的阻性电流分量。

经供需双方协商，可在避雷器的元件上进行，施加的工频试验电压按整只避雷器的额定电压与元件额定电压的比例计算。

例行试验可在整只避雷器或避雷器元件上进行。

试验环境温度为25 ℃±10 ℃。

8.4 工频参考电压试验

试验方法应符合GB 11032—2000中8.13的规定。

8.5 直流参考电压试验

试验方法应符合GB 11032—2000中8.14的规定。

8.6 0.75倍直流参考电压下的泄漏电流试验

试验方法应符合GB 11032—2000中8.15的规定。

8.7 局部放电和无线电干扰电压试验

型式试验应在整只避雷器上进行，并应按实际运行情况安装。

试验时，对于有显著持续运行电压的避雷器，对试品施加工频试验电压有效值为1.05倍的CCOV除以$\sqrt{2}$(或在工程中规定的无线电干扰和避雷器局部放电测量电压)；对于无显著持续运行电压的避雷器，对试品施加工频试验电压有效值为1.05乘以0.8倍直流参考电压除以$\sqrt{2}$(或在工程中规定的无线电干扰和避雷器局部放电测量电压)，试验方法符合GB 11032—2000中8.16的规定。

制造厂在做例行试验时，也可采用其他灵敏的方法检验每只避雷器或避雷器元件的局部放电。

避雷器的CCOV小于100 kV时，不进行无线电干扰电压试验。

8.8 残压试验

8.8.1 总则

型式试验的残压试验的目的是为了获得6.6所需的最大残压，包括规定的各种冲击电流下残压与在例行试验中所检验的电压水平的比值。后者可用参考电压或者在0.01倍～2倍配合电流范围内任一适当的雷电冲击电流下的残压，该电流值可依据制造厂例行试验程序来选定。

在制造厂资料中必须规定并公布例行试验用雷电冲击电流下残压，在各种规定的电流和波形下所测试验比例单元残压乘以公布的例行试验电流下的残压与在相同电流下所测比例单元残压之比便得到避雷器在该规定电流和波形下的残压。

雷电冲击残压允许用单个电阻片雷电冲击残压算术和代替。

全部残压试验应在相同的3只避雷器比例单元试品上进行。两次放电的间隔时间应足以使试品恢复到接近环境温度。对多柱避雷器，试验可以仅对取自1个柱的比例单元进行，此时试验电流值为规定电流幅值除以柱数。

8.8.2 陡波冲击电流残压试验

应对3只试品的每1只试品施加4次陡波电流冲击,其幅值为避雷器陡波配合电流的0.1倍、0.5倍、1倍和2倍。所用电压测量系统的响应时间T和T_1应不超过20 ns,电流测量回路响应时间应不超过150 ns,测量系统应符合GB/T 16927.2—1997的规定。残压按6.6确定。已确定的残压最大(或最小)值应画成残压与电流的曲线。在曲线上相应于配合电流读取的残压最大值,定义为避雷器陡波冲击保护水平。

8.8.3 雷电冲击电流残压试验

应对3只试品的每1只试品施加4次雷电电流冲击,其幅值分别约为避雷器雷电配合电流的0.1倍、0.5倍、1倍和2倍。视在波前时间应在7 μs～9 μs之间,而半峰值时间(无严格要求)可有任意偏差。残压按6.6确定。已确定的残压最大值应画成残压与电流的曲线。在曲线上相应于配合电流读取的残压,定义为避雷器雷电冲击保护水平。

8.8.4 操作冲击电流残压试验

应对3只试品的每1只试品施加3次操作电流冲击,其幅值分别约为避雷器操作配合电流的0.5倍、1倍和2倍。操作冲击电流试验使用两种不同的配合电流波形,一个试验的电流波形为:视在波前时间30 μs,视在半峰值时间约为波前时间的两倍;另一个试验波形为:视在波前时间1 ms,视在半峰值时间约为波前时间的两倍。残压按6.6确定。已确定的残压最大值应画成残压与电流的曲线。在曲线上相应于配合电流读取的残压,定义为避雷器操作冲击保护水平。

注:缓波前操作冲击电流的最大值为2 kA。

8.9 能量耐受试验

能量耐受试验可采用等效方波电流冲击耐受试验进行。型式试验应在3只新的以前未经过任何试验(除上述规定的评价目的外)的避雷器比例单元或电阻片上进行。

方波电流冲击试验由18次放电动作组成,共分为6组,每组3次,2次动作间隔时间为50 s～60 s,组与组之间的间隔时间应使试品冷却到接近环境温度。

在方波电流冲击试验后且试品冷却到接近环境温度时,要重复进行试验前的残压试验,并与试验前残压值比较,该值变化应不超过5%。

若生产商宣称电阻片可以从试品中拿出来,试验后对试品进行检查,电阻片应无击穿、闪络、裂缝或其他明显的损坏痕迹。

若在生产商宣称电阻片不可以从试品中拿出来,先检查其外部元件的完整性,应无击穿、闪络、裂缝或其他明显的损坏痕迹。为检测内部元件的完整性,在试品冷却至室温后进行附加一次的方波电流冲击试验,以验证无损坏发生。如果试品已耐受这第19次方波电流冲击试验且无损坏发生(由示波器记录检查),那就算试品通过了该试验。

本试验所用发生器产生的冲击电流应满足下列要求:

a) 峰值视在持续时间应为规定值的100%～120%;

b) 视在总持续时间应不超过峰值视在持续时间的150%;

c) 振荡或起始过冲应不超过电流峰值的10%,若出现振荡,应画一条平均曲线以确定峰值;

d) 第1次冲击的电流峰值应为规定值的90%～110%,对其余各次冲击应为规定值的100%～110%。

抽样试验在电阻片上进行,应从同批被试电阻片中抽取工频参考电压(或直流参考电压)最高的5片进行试验。

抽样试验中,若仅有1只试品电流冲击试验次数不足18次时,可加倍数量抽取参考电压最高的电阻片重复试验。如试验合格,则认为试品合格。若其中仍有电流冲击试验次数不足18次的电阻片出现时,则认为试验没有通过。对于抽样试验允许降低参考电压(由制造厂自行规定)重新进行试验。试验合格后，则高于此参考电压的电阻片认为不合格。

若试验条件限制，不能在多柱并联的避雷器比例单元上进行，可以按照柱数将能量折算到每一柱的比例单元或电阻片上进行试验，但要考虑最大的电流分布不均匀系数和保证试品的热等价性。

附录B给出了避雷器能量耐受试验的能量和持续时间的转换方法。

8.10 大电流冲击耐受试验

试验方法应符合GB 11032—2000中8.5的规定。

注：当系统研究得出的电流幅值超过100 kA时，则试验时要使用实际可能产生的幅值。对这类情况，由于试验条件的限制，试验可以在单柱上进行，施加电流的幅值按比例减小。

8.11 动作负载试验

8.11.1 总则

交流母线避雷器的动作负载试验应按GB 11032—2000的规定进行。

承受显著持续运行电压避雷器的动作负载试验按8.11.4的试验程序进行。

直流母线和直流线路避雷器的动作负载试验按8.11.5的试验程序进行。

无显著持续运行电压的避雷器的动作负载试验按8.11.6试验程序进行。

注：制造厂应对避雷器是否承受显著的持续运行电压进行判定。判定方法如下：

首先，确定避雷器在不发生热崩溃情况下的最大持续运行电压U。U是被试验证明的避雷器在经受一次不小于设计能量作用后，接着还能承受的不会使避雷器发生热崩溃的最大持续工作电压(有效值)；其次，通过计算或试验求取ECOV(有效值)；最后判断是否满足：1.20 ECOV$\leqslant U$。若满足则认为避雷器承受无显著持续运行电压，否则避雷器承受显著持续运行电压。

本试验是对避雷器施加一定次数的规定冲击电流，并同时施加规定波形的电压以模拟运行条件。电压测量的精度应为±1%，并且从空载到满载电压峰值的变化不允许大于1%。在动作负载试验期间，电压与规定值的偏差应不大于±1%。

若施加的电压为工频电压，其峰值与有效值之比与$\sqrt{2}$的偏差不大于2%；若施加的电压为非正弦波的电压时，需要根据避雷器在换流站中所布置的不同位置来确定施加电压的性质。所施加的电压波形应尽可能符合避雷器在换流站中实际运行的工况。

通过该项试验的判据是：避雷器在施加持续运行电压时能够逐渐冷却，即不出现热崩溃。因此要求被试避雷器比例单元的暂态及稳态热耗散能力等于或小于整只避雷器的热耗散能力，见8.11.3。

试验程序包括：

——初始测量；

——预备性试验；

——施加冲击；

——测量和检查。

该程序见图5、图6和图7。

试品应符合7.2的规定。在试验环境温度为25 ℃±10 ℃下对3只完整避雷器或避雷器比例单元试品进行。若被试避雷器的额定电压不小于3 kV，则试品的额定电压应不小于3 kV，但不必超过12 kV。

对于额定电压12 kV以上的避雷器，因现有试验设备的限制，通常需要在避雷器比例单元上进行。重要的是施加在试品上的电压和通过试品的电流应尽可能代表整只避雷器的条件。

避雷器通过动作负载试验的评价参数是电阻片的功率损耗。因此应在升高了的试验电压U^{*}_{CCOV}或U^{*}_{ECOV}下对电阻片进行动作负载试验。以使新电阻片在升高的U^{*}_{CCOV}或U^{*}_{ECOV}试验电压下给出的功率损耗相同于已老化的电阻片在持续运行电压的功率损耗。升高的试验电压应按8.11.2中规定的加速老化程序确定。

施加于避雷器比例单元的试验电压应为整只避雷器的持续运行电压除以相同的避雷器比例单元的

节数 n，见 7.2。

该电压 U_{SCCOV} 或 U_{SECOV} 等于 U_{CCOV}/n 或 U_{ECOV}/n 应按 8.11.2 修正，以确定升高的试验电压 U^{*}_{CCOV}、U^{*}_{ECOV}。

注：图 5、图 6 和图 7 规定的预热温度 60 ℃±3 ℃是加权平均温度，它包括环境温度、太阳辐射以及避雷器外套上污秽的影响。

8.11.2 加速老化试验

交流母线避雷器的加速老化试验程序应符合 GB 11032—2000 的规定。

如果施加的是非正弦波的电压，用于本试验程序中的电压应符合 8.11.1 总则中的规定。加速老化试验在直流背靠背试验回路上进行，以便施加的电压波形符合避雷器在换流站中实际运行的工况。

对于无显著持续运行电压的避雷器，可以不进行此项试验。

8.11.3 试品的热耗散特性

在动作负载试验中，试品的性能在很大程度上取决于试品散热能力，即泄放能量后冷却下来的能力。因此为能从试验中获得准确的数据，则试品应具有等价于整只避雷器的瞬态和稳态的散热能力以及热容量。在同样的环境条件下，试品和整只避雷器中的电阻片当承受相同电压时，原则上应达到相同温度。

试验方法应按 GB 11032—2000 附录 B 的规定进行。

8.11.4 有显著持续运行电压避雷器的动作负载试验程序

8.11.4.1 总则

完整的试验程序见图 5。

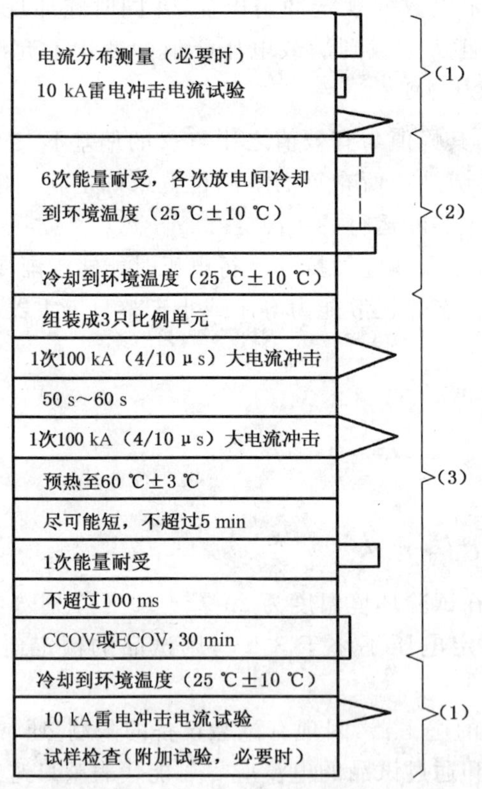

(1) 试品置于敞开空气中；(2) 试品封装或置于敞开空气中；(3) 试品组装为比例单元

图 5 有显著持续运行电压避雷器的动作负载试验试验程序

在预备性试验以前，作为动作负载试验的第一部分，应先分别测定 3 只试品（电阻片）在环境温度下的 10 kA 放电电流下的雷电冲击残压和参考电压，见 8.8.3 和 8.5。对于多柱并联避雷器还应进行电流分布测量，见 8.15。

8.11.4.2 **预备性试验**

预备性试验中，试品应经受6次高能放电，其值不小于规定的能量耐受值。2次之间间隔时间应能使电阻片冷却到环境温度25 ℃±10 ℃。对于多柱并联的避雷器，可以在避雷器比例单元或电阻片上进行试验，确定所使用的能量时，要考虑电流分布不均匀系数而进行修正。试验可以在静止空气温度为25 ℃±10 ℃的敞开空气中对电阻片进行。能量耐受采用2 ms方波冲击电流波形，波形应符合8.9的规定。能量耐受试验完成后，试品冷却到环境温度25 ℃±10 ℃，组装3只比例单元。

8.11.4.3 **施加冲击**

在动作负载试验开始时，比例单元的温度应在25 ℃±10 ℃范围内。

比例单元应耐受100 kA的规定波形大电流冲击2次，两次冲击的时间间隔为50 s～60 s。试验应在环境温度为25 ℃±10 ℃下进行。

大电流冲击试验完成后，该比例单元应在烘箱内预热，使试品的温度为60 ℃±3 ℃。

注：如果由于严重污秽或非正常运行条件认为必须用更高的温度时，经供需双方协商试验可使用更高的温度。

预备性试验和随后的冲击电流应施加相同的极性。

比例单元从烘箱中取出，并应尽可能短而不超过5 min时间内，施加1次规定幅值的能量耐受。然后应尽可能快且在不超过100 ms内向试品施加30 min U'_{ccov}或U'_{Ecov}试验电压，以证明热稳定或热击穿。

每次冲击应记录电流波形。同一试品的电流波形不应出现显示试品击穿或闪络的差异。

在施加持续运行电压U'_{ccov}或U'_{Ecov}期间，应连续记录试品电流值。

在施加电压期间，应监测电阻片温度或电流阻性分量或功率损耗，以证明热稳定或热崩溃(见8.11.7)。

在完成整个试验程序且在试品冷却到接近环境温度(25 ℃±10 ℃)后，重复试验程序开始时的残压试验。

若生产商宣称电阻片可以从试品中拿出来，如果达到热稳定，试验前后测得的残压变化不大于5%，试验后对试品进行外观检查，电阻片无击穿、闪络、或损坏，则认为避雷器通过了本试验。

若生产商宣称电阻片不能从试品中拿出来，如果达到热稳定，试验前后测得的残压变化不大于5%，且通过了如下的附加试验，则认为避雷器通过了本试验。

附加试验为：试验后，对试品施加两次冲击电流I_{n}。第一次冲击电流在试品完全冷却至室温时施加。第二次冲击电流在第一次之后50 s～60 s之间施加。在施加两次冲击时，电压和电流的示波图应该没有任何显示击穿的情况。

8.11.5 **直流母线和直流线路避雷器的动作负载试验程序**

8.11.5.1 **总则**

完整的试验程序见图6。

在预备性试验以前，作为动作负载试验的第一部分，应先分别测定3只试品(电阻片)在环境温度下的10 kA放电电流下的雷电冲击残压和参考电压，见8.8.3和8.5。对于多柱并联的避雷器还应进行电流分布测量，见8.15。

8.11.5.2 **预备性试验**

预备性试验中，试品应经受6组能量耐受，每组3次，2次动作间隔时间为50 s～60 s，2组之间的间隔时间应使试品冷却到接近环境温度25 ℃±10 ℃，其值不小于规定的能量耐受值。对于多柱并联的避雷器，可以在避雷器比例单元或电阻片上进行试验，确定所使用的能量时，要考虑电流分布不均匀系数而进行修正。试验可以在静止空气温度为25 ℃±10 ℃的敞开空气中对电阻片进行。能量耐受采用2 ms方波冲击电流波形，波形符合8.9的规定。能量耐受试验完成后，试品冷却到环境温度25 ℃±10 ℃，组装3只比例单元。

8.11.5.3 施加冲击

在动作负载试验开始时，比例单元的温度应在 25 ℃±10 ℃范围内。

比例单元应耐受 100 kA 的规定波形大电流冲击 2 次，两次冲击的时间间隔为 50 s～60 s。试验应在环境温度为 25 ℃±10 ℃下进行。

大电流冲击试验完成后，该比例单元应在烘箱内预热，使试品的温度为 60 ℃±3 ℃。

注：如果由于严重污秽或非正常运行条件认为必须用更高的温度时，经供需双方协商试验可使用更高的温度。

预备性试验和随后的冲击电流应施加相同的极性。

比例单元从烘箱中取出，并应尽可能短而不超过 5 min 时间内，施加 2 次规定幅值的能量耐受，两次冲击的间隔时间应为 50 s～60 s。在第二次能量耐受后，比例单元应与线路脱离，然后应尽可能快且在不超过 100 ms 内向试品施加 30 min U'_{ccov} 或 U'_{Ecov} 试验电压，以证明热稳定或热击穿。

每次冲击应记录电流波形。同一试品的电流波形不应出现显示试品击穿或闪络的差异。

在施加持续运行电压 U'_{ccov} 或 U'_{Ecov} 期间，应连续记录试品电流值。

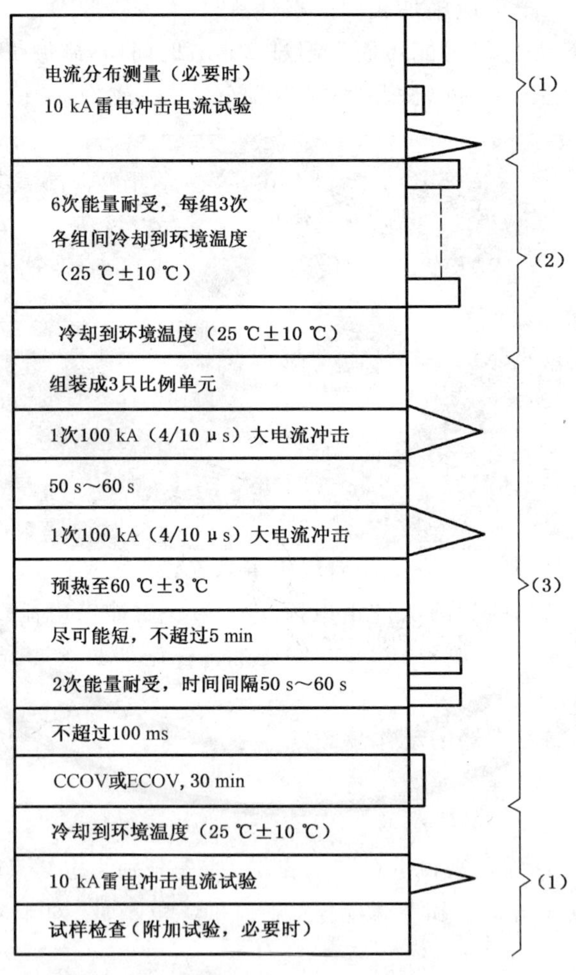

(1) 试品置于敞开空气中；(2) 试品封装或置于敞开空气中；(3) 试品组装为比例单元

图 6　直流母线和直流线路避雷器动作负载试验

在施加电压期间，应监测电阻片温度或电流阻性分量或功率损耗，以证明热稳定或热崩溃（见 8.11.7）。在完成整个试验程序且在试品冷却到接近环境温度（25 ℃±10 ℃）后，重复试验程序开始时的残压试验。

若生产商宣称电阻片可以从试品中拿出来，如果达到热稳定，试验前后测得的残压变化不大于 5%，试验后对试品进行外观检查，电阻片无击穿、闪络、或损坏，则认为避雷器通过了本试验。

若生产商宣称电阻片不能从试品中拿出来，如果达到热稳定，试验前后测得的残压变化不大于5%，且通过了如下的附加试验，则认为避雷器通过了本试验。

附加试验为：试验后，对试品施加两次冲击电流 I_n。第一次冲击电流在试品完全冷却至室温时施加。第二次冲击电流在第一次之后 50 s～60 s 之间施加。在施加两次冲击时，电压和电流的示波图应该没有任何显示击穿的情况。

8.11.6 无显著持续运行电压避雷器的动作负载试验程序

8.11.6.1 总则

完整的试验程序见图 7。

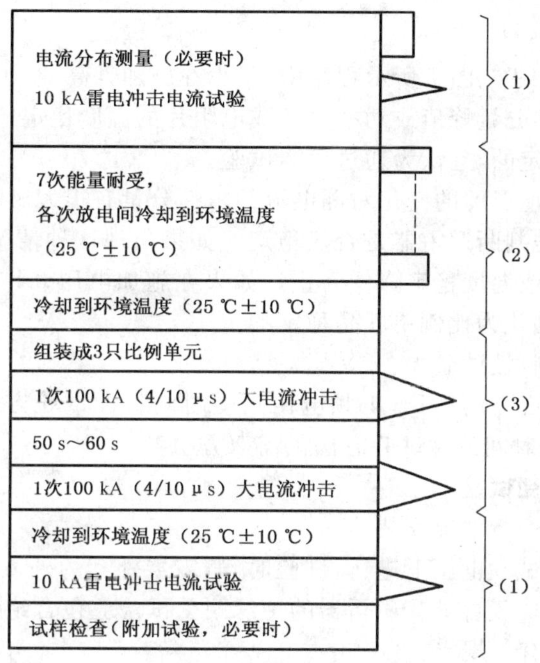

(1) 试品置于敞开空气中；(2) 试品封装或置于敞开空气中；(3) 试品组装为比例单元

图 7 无显著持续运行电压避雷器的动作负载试验程序

在预备性试验以前，作为动作负载试验的第一部分，应先分别测定 3 只试品(电阻片)在环境温度下的 10 kA 放电电流下的雷电冲击残压和参考电压，见 8.8.3 和 8.5。对于多柱并联避雷器还应进行电流分布测量，见 8.15。

8.11.6.2 预备性试验

预备性试验中，试品应经受 7 次能量耐受，其值不小于规定的能量耐受值。2 次之间间隔时间应能使电阻片冷却到环境温度 25 ℃±10 ℃。对于多柱并联的避雷器，可以在避雷器比例单元或电阻片上进行试验，确定所使用的能量时，要考虑电流分布不均匀系数而进行修正。试验可以在静止空气温度为 25 ℃±10 ℃的敞开空气中对电阻片进行。能量耐受采用 2 ms 方波冲击电流波形，波形应符合 8.9 的规定。能量耐受试验完成后，试品冷却到环境温度 25 ℃±10 ℃，组装 3 只比例单元。

8.11.6.3 施加冲击

在动作负载试验开始时，比例单元的温度应在 25 ℃±10 ℃范围内。

比例单元应耐受 100 kA 的规定波形大电流冲击 2 次，两次冲击的时间间隔为 50 s～60 s。试验应在环境温度为 25 ℃±10 ℃下进行。

预备性试验和随后的冲击电流应施加相同的极性。

对于无显著持续运行电压的避雷器，热稳定的验证可以省略。

每次冲击应记录电流波形。同一试品的电流波形不应出现显示试品击穿或闪络的差异。

在完成整个试验程序且在试品冷却到接近环境温度(25 ℃±10 ℃)后,重复试验程序开始时的残压试验。

若生产商宣称电阻片可以从试品中拿出来,试验前后测得的残压变化不大于5%,试验后对试品进行外观检查,电阻片无击穿、闪络、或损坏。则认为避雷器通过了本试验。

若生产商宣称电阻片不能从试品中拿出来,试验前后测得的残压变化不大于5%,且通过了如下的附加试验,则认为避雷器通过了本试验。

附加试验为:试验后,对试品施加两次冲击电流 I_n。第一次冲击电流在试品完全冷却至室温时施加。第二次冲击电流在第一次之后50 s~60 s之间施加。在施加两次冲击时,电压和电流的示波图应该没有任何显示击穿的情况。

8.11.7 热稳定验证

对于各类避雷器在图5、图6、图7所示程序中,至少在施加孔高的CCOV或ECOV的最后15 min期间内,如果泄漏电流的阻性分量峰值或功率损耗或电阻片的温度稳定地降低,则认为经受动作负载试验的避雷器比例单元是热稳定的,且认为通过了本试验。

施加电压的稳定性和环境温度的变化对漏电流的阻性分量有很大影响。因此,在某些情况下,在施加电压结束时,仍不能明确地判断避雷器是否热稳定。如果出现这种情况,施加电压的时间应延长,直到能够确认电流或功率损耗或温度稳定降低为止。如果在施加电压3 h以后,电流或功率损耗或温度尚未观察到明显增加趋势,则认为比例单元是稳定的。

8.12 暂时过电压耐受时间特性试验

本试验不是型式试验所必需的项目,工频电压耐受时间特性试验方法应符合GB 11032—2000附录D的规定。直流电压耐受时间特性试验方法供需双方协商。

8.13 避雷器外套的绝缘耐受试验

避雷器应尽可能按实际运行情况安装。

试验应在规定的条件和试验电压下进行,试验时,避雷器外套的外表面应清洁干燥,且须除去避雷器内部的电阻片及其他元件。复合外套避雷器的绝缘耐受试验应包含绝缘筒和绝缘棒。试验方法应符合GB/T 16927.1—1997的有关规定。

8.14 压力释放试验

试验应在新试品上进行。一只试品进行大电流压力释放试验,一只试品进行小电流压力释放试验。试验方法应符合GB 11032—2000的规定。

8.15 多柱避雷器的电流分布试验

本试验应对所有并联的电阻片组或避雷器元件进行,一个并联电阻片组指的是各柱间没有中间电连接的装配好的一部分。制造厂应规定一个适当的冲击电流值,其值为通过每柱的电流100 A~1 000 A范围。在该电流下测量通过每柱的电流,并且计算出的各柱之间的电流分布不均匀系数β应不大于6.9的规定。

注:如果在设计中所用并联电阻片组的额定电压比试验设备能提供的电压高时,在本试验中可在并联柱的中间部分增加电气连接线以降低并联电阻片组的额定电压,这样可确定几个人为的并联电阻片组。每一个人为的并联电阻片组应通过电流分布试验。

避雷器电流分布不均匀系数 β 的定义为:

$$\beta=n\times I_{max}/I_{arr}$$

式中:

I_{arr}——避雷器总电流的峰值;

I_{max}——通过各柱电阻片组或避雷器元件中的最大电流峰值;

n——并联柱数。

对并联的避雷器元件进行试验时,冲击电流视在波前时间应不小于7 μs,半峰值时间不作规定;对并联的电阻片组进行试验时,冲击电流视在波前时间应不小于30 μs,半峰值时间不作规定。

8.16 机械性能试验

试验时，试品应按实际运行情况安装。

8.16.1 拉伸负荷试验

避雷器拉伸负荷试验方法应符合 GB/T 775.3—2006 的规定。

8.16.2 抗弯负荷试验

避雷器抗弯负荷试验方法应符合 GB 11032—2000 的规定。

8.17 人工污秽试验

依据 GB/T 16434—1996 的污秽等级划分，对使用在Ⅲ级及以上污秽地区的避雷器须进行人工污秽试验。

交流母线避雷器的人工污秽试验方法按 GB 11032—2000 的规定进行试验，直流避雷器的人工污秽试验方法正在考虑中。

8.18 密封试验

8.18.1 瓷外套避雷器的密封试验

试验方法应符合 GB 11032—2000 的规定。瓷外套避雷器漏气率应不大于 6.65×10^{-5} Pa·L/s。

8.18.2 复合外套避雷器的密封试验

a) 型式试验时，按 8.19 的进行(42 h 沸水煮试验)。试验后，在环境温度下重测直流参考电压后、0.75 倍直流参考电压下的泄漏电流和局部放电量，试验前后，直流参考电压变化应小于 5%，0.75 倍直流参考电压下漏电流变化应小于 20 μA/柱，局部放电量应不大于 10 pC。

b) 例行试验时，可采用抽气浸泡法或其他有效的方法。采用抽气浸泡法时，应采用清洁的自来水，试品应装配完整，试验环境温度不低于 5 ℃，压差应用压力表测量，压力表应能读出 0.001 MPa。试验时，将避雷器放入盛有环境温度水的密封容器中，水面应高出试品最高点 10 cm～20 cm，将容器中水面上气压抽至压差为(0.015＋0.003)MPa，浸泡时间为 10 min。浸泡结束后，将试品从水中取出，进行电气性能验证试验。试验在环境温度下进行，测量直流参考电压、0.75 倍直流参考电压下的泄漏电流和局部放电量，其值应符合规定要求。

注：抽气浸泡法的浸泡时间从试品浸入水中时算起，用计时器记录。

8.19 热机试验和沸水煮试验

复合外套避雷器应进行此项试验。试验方法应符合 JB/T 8952—2005 的规定。

8.20 复合外套避雷器的耐电痕化和蚀损试验

8.20.1 总则

对于有显著持续运行电压且在户外使用的复合外套避雷器，应进行此项试验，试验电压由供需双方决定。

8.20.2 避雷器外套的耐电痕化和蚀损试验

试验方法应符合 JB/T 8952—2005 的规定。

8.20.3 避雷器外套材料耐电痕化和蚀损试验

外套材料试品应与产品外套为同一种材料。

a) 当避雷器的持续运行电压为工频电压时，对于避雷器复合外套材料耐电痕化和蚀损的试验方法及判定应符合 GB/T 6553—2003 的规定。

b) 当避雷器的持续运行电压为直流电压时，对于避雷器复合外套材料耐电痕化和蚀损的试验方法及判定应按下列要求进行：

   1) 试品的准备。试品以 5 个为一组，同时进行试验。每个试品的尺寸为 120 mm×50 mm×6 mm。试品的配方及硫化成型工艺应与伞套的配方及硫化成型工艺相同。

   2) 试验装置。试验参照 GB/T 6553—2003，采用斜面法进行试验。试验装置应能够提供＋4.5 kV的直流电压，且在进行试验时，当高压侧流过持续 0.5 s 的 60 mA 电流时，试验装置的输出电压降应不大于5%。流过试品表面的污液流量为(0.2±0.05) mL/min。

3) 试验程序。按照GB/T 6553—2003规定的方法安装试品及向试品提供污液,对试品施加+4.5 kV的直流电压,并同时开始记时。全部试验持续6 h。试验前后应测量流过每只试品的污液流量,且应记录每只试品的试验时间,记录所用污液总量。流过试品的污液不得循环使用。

4) 试验的判定。试验后,仅当五个试品出现漏电痕迹且电蚀损深度均不大于2.5 mm时,则认为该组试品达4.5级,且本项试验通过。

9 检验规则

9.1 总则

避雷器的检验分为例行试验、型式试验、验收试验和抽样试验四种。其试验依据及试验方法应符合本标准的规定,试品应是新的、清洁、干燥的及装配完整的,并尽可能按实际运行情况安装布置。

9.2 例行试验

出厂的每只避雷器(或元件、电阻片)按表2进行检查。如有一项不满足表2中所规定的要求时,则此避雷器(或元件、电阻片)为不合格。

表2 例行试验项目

序号	试验名称	试验依据	试验方法	试品
1	外观检查	本标准6.19	本标准8.1	避雷器
2	持续电流试验	本标准6.4	本标准8.3	避雷器
3	残压试验	本标准6.6	本标准8.8	所有电阻片
4	工频参考电压试验	本标准6.3	本标准8.4	避雷器
5	直流参考电压试验	本标准6.3	本标准8.5	避雷器
6	0.75倍直流参考电压下泄漏电流试验	本标准6.5	本标准8.6	避雷器
7	密封试验	本标准6.8	本标准8.18	避雷器
8	局部放电试验	本标准6.7	本标准8.7	避雷器
9	多柱避雷器的电流分布试验	本标准6.9	本标准8.15	并联的元件组
10	拉伸负荷试验	本标准6.16.2	本标准8.16.1	避雷器

9.3 型式试验

新产品试制定型时,必须进行全部型式试验。在设计或工艺有所变更对产品性能有影响时,必须对相关试验项目进行试验。对同一设计产品,只对认为最严格的进行型式试验。型式试验通过后,同一设计其他产品型式试验无须重做。试验项目及试品数量见表3。如有一项不满足表3中所规定的要求时,则此避雷器为不合格。

表3 型式试验项目

序号	试验名称	试验依据	试验方法	试品
1	外观检查	本标准6.19	本标准8.1	1只避雷器
2	爬电比距检查	本标准6.18	本标准8.2	1只避雷器
3	持续电流试验	本标准6.4	本标准8.3	1只避雷器
4	残压试验 a) 陡波冲击残压试验 b) 雷电冲击残压试验 c) 操作冲击残压试验	本标准6.6	本标准8.8	3只比例单元

表 3（续）

序号	试验名称	试验依据	试验方法	试品
5	工频参考电压试验	本标准 6.3	本标准 8.4	1 只避雷器
6	直流参考电压试验	本标准 6.3	本标准 8.5	1 只避雷器
7	0.75 倍直流参考电压下泄漏电流试验	本标准 6.5	本标准 8.6	1 只避雷器
8	动作负载试验	本标准 6.13	本标准 8.11	3 只比例单元
9	密封试验	本标准 6.8	本标准 8.18	1 只避雷器元件
10	外绝缘耐受试验	本标准 6.2	本标准 8.13	1 只避雷器外套
11	压力释放试验	本标准 6.15	本标准 8.14	2 只避雷器元件
12	局部放电和无线电干扰电压试验	本标准 6.7	本标准 8.7	1 只避雷器
13	多柱避雷器的电流分布试验	本标准 6.9	本标准 8.15	1 只避雷器
14	复合外套避雷器热机和沸水煮试验	本标准 6.21	本标准 8.19	1 只避雷器元件
15	机械性能试验	本标准 6.16	本标准 8.16	1 只避雷器
16	复合外套避雷器外套的耐电痕化和蚀损试验	本标准 6.22	本标准 8.20	1 只避雷器元件
17	人工污秽试验	本标准 6.18	本标准 8.17	1 只避雷器

9.4 验收试验

当订货者在订货协议中有现场验收试验时，则应抽取大于供货数量立方根的最小整数进行试验，其试验项目见表 4。

表 4　验收试验项目

序号	试验名称	试验依据	试验方法	试品
1	外观检查	本标准 6.19	本标准 8.1	避雷器
2	持续电流试验	本标准 6.4	本标准 8.3	避雷器
3	工频参考电压试验	本标准 6.3	本标准 8.4	避雷器
4	直流参考电压试验	本标准 6.3	本标准 8.5	避雷器
5	0.75 倍直流参考电压下泄漏电流试验	本标准 6.5	本标准 8.6	避雷器
6	例行密封试验	本标准 6.8	本标准 8.18	避雷器元件
7	局部放电试验	本标准 6.7	本标准 8.7	避雷器
8	避雷器底座绝缘电阻试验	本标准 6.23	本标准 6.23	底座

9.5 抽样试验

抽样试验主要对电阻片进行，应按批次以一定比例抽取试品。试验项目及试品数量见表 5。抽样试验用的试品不得装入避雷器。

表 5　抽样试验项目

序号	试验名称	试验依据	试验方法	抽取试品数量
1	能量耐受试验	本标准 6.11	本标准 8.9	1.0%(不少于 5 片)
2	大电流冲击耐受试验	本标准 6.12	本标准 8.10	5 片
3	加速老化试验	本标准 6.13	本标准 8.11.2	3 只比例单元

对于抽样试验项目应遵循以下原则：

a) 制造厂至少半年对电阻片进行一次加速老化试验和大电流冲击耐受试验；

b) 加速老化试验中 K_{ct} 值应不大于型式试验中加速老化试验所得的 K_{ct} 值。若大于时,应重做动作负载试验;

c) 多柱避雷器做能量耐受试验时其每片电阻片的方波电流值应考虑电流分布不均匀程度。

10 标志、包装、运输保管及保修期

10.1 标志

在避雷器铭牌上应清晰标明:

a) 避雷器名称及型号;

b) 避雷器额定电压、持续运行电压和残压;

c) 避雷器直流参考电压;

d) 制造厂及商标;

e) 制造年份及生产编号。

10.2 包装

避雷器的包装必须保证在运输中,不因包装不良而使产品损坏。在包装箱上应标明:

a) 制造厂名、产品名称及型号;

b) 发货单位、收货单位及详细地址;

c) 产品净重、毛重、体积等;

d) "小心轻放"、"向上"、"防潮"等字样和标记,字样和标记应符合 GB/T 191—2008 的要求。

10.3 随产品提供的技术文件

a) 包装清单;

b) 产品出厂合格证明书;

c) 安装、使用说明书(每组避雷器附 1 份)。

10.4 运输和保管

整只产品或分别运输的部件和包装,都要适用运输、装卸的要求。如果产品对运输、装卸和保管有其他特殊要求时,制造厂应在包装箱上明确标志。

10.5 保修期

在用户遵守运输、保管及使用规则条件下,从制造厂发货日期起,在两年内质量不良而发生损坏或不正常运行时,制造厂应无偿为用户修理或更换。

附 录 A
（资料性附录）
典型的特高压直流避雷器技术参数

A.1 云—广±800 kV 工程用特高压直流金属氧化物避雷器技术参数见表 A.1。

表 A.1 云—广±800 kV 工程用特高压直流金属氧化物避雷器技术参数

避雷器类型	持续运行电压（CCOV）kV	参考电压 kV	最大吸收能量 MJ	残压/配合电流		外绝缘冲击耐受电压	
				操作波 kV/kA	雷电波 kV/kA	操作波 kV	雷电波 kV
V_1	245	286	10	396/4 423/12	396/2.4 500/80	470	470
DB	824	975	9	1 330/1	1 580/10	1 600	1 900
E_1	143	202	3.6	272/4	320/20	325	450

A.2 向—上±800 kV 工程用特高压直流金属氧化物避雷器技术参数见表 A.2。

表 A.2 向—上±800 kV 工程用特高压直流金属氧化物避雷器技术参数

避雷器类型	持续运行电压（CCOV）kV	参考电压 kV	最大吸收能量 MJ	残压/配合电流		外绝缘冲击耐受电压	
				操作波 kV/kA	雷电波 kV/kA	操作波 kV	雷电波 kV
V_1	248.8	288	10.3	397/8 409/4	369/1 387/1	—	—
DB	824	969	13.5	1 391/1	1 625/20	1 739	2 113
E_1	137.3	333	8.5	437/4	419/1	547	545

附　录　B
（资料性附录）
避雷器能量应力

从系统研究得到的电流幅值、能量、冲击电流的波前时间及持续时间等都必须转换为避雷器试验值。

因此，在几个基波周波内重复发生的多个电流冲击被看成一次单个放电，它所具有的等值能量和持续时间应等于考虑了合成冲击的电流幅值和持续时间后的实际能量脉冲的累积值。在确定等值能量时必须考虑到 MOA 的能量耐受能力会由于脉冲时间缩短而降低。

如果没有特定厂家的资料，可以假定能量耐受能力遵从公式(B.1)：

$$W = W_{o} \times (T/T_{o})^{\gamma} \qquad \cdots\cdots\cdots\cdots (B.1)$$

式中：

W_{o}——持续时间为 T_{o} 的方波电流能量吸收能力；

W——持续时间为 T 的方波电流能量吸收能力；

γ——如无其他规定，可取为 0.25。

公式(B.1)是根据方波电流建立的。然而，其他波形可以转化成与原冲击幅值相同的近似等值的方波。例如，波形为 4/10 μs 的 65 kA 脉冲电流可转化为如图 B.1 的方波。

如公式(B.1)中的指数和常数已知，则任何冲击电流都可转化为持续时间已知具有等值应力的等值方波电流。如前所述，一次事故事件可导致在几个周波的时间内产生一次或多次的避雷器能量冲击。图 B.2 显示的是一个 4 ms 内产生 3 次能量冲击的情况，其累积持续时间为 $T_1 + T_2 + T_3$。

显然，如果试图用 3 个连续的高能放电来准确模拟这种工况会产生很多实际问题，而且也没有必要，因为利用公式(B.1)可以计算出一个方波试验电流脉冲使受到与相应能量耐受能力相同或更重的应力。

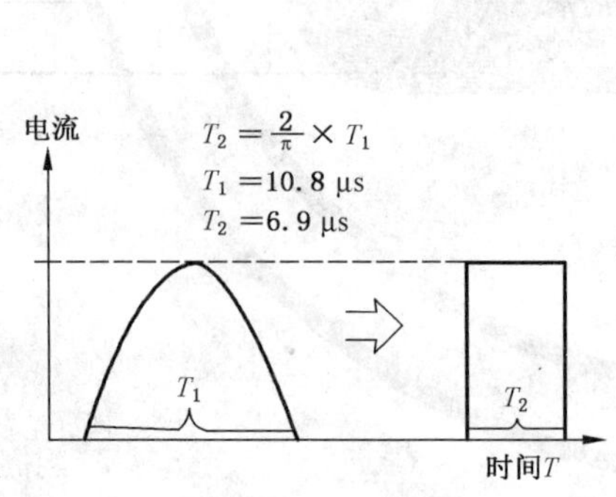

图 B.1　4/10 μs 的冲击电流波转化为等值方波

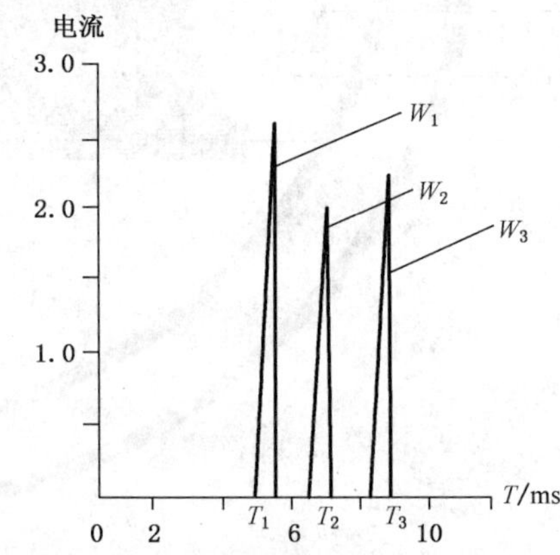

图 B.2　一个假定的近似三角电流波的决定性工况

如果避雷器的能量应力要求是以持续时间 4 ms 的方波电流定义的，且 γ 值为 0.25 的话，则为满足图 B.2 的应力，其试验要求值可用公式(B.2)计算：

$$W' = W_1 \times (4\,000/0.5T_1)^{0.25} + W_2 \times (4\,000/0.5T_2)^{0.25} + W_3 \times (4\,000/0.5T_3)^{0.25} \qquad \cdots\cdots\cdots\cdots (B.2)$$

如果决定性工况的脉冲的幅值大致相同，公式(B.2)计算每个脉冲将能量累加总是使结果偏于保守，因而偏于安全。

公式(B.2)中得到的 W' 值就是用于试验的 4 ms 方波电流的等值能量。因为电压是近似恒定的，而 W 又直接与电流幅值等效，所以这个关系是保守的。然而，上面计算得到的等值能量绝不允许低于系统研究中实际计算得到的能量。

但是，如果决定性工况产生高度不均衡的冲击放电流，如图B.3，则必须特别考虑高幅值放电电流的影响。

如果第一个电流的峰值低于避雷器保证的大电流冲击耐受能力的30%，则无需做特殊考虑，可以直接使用公式(B.2)。这是指，如果制造厂担保的大电流是每个阀片柱100 kA(4/10 μs)，则决定性电流为每柱30 kA。如果第一个电流峰值的幅值更高，则有两种可能。第一种是按图B.4做试验，第二种是制造厂可以用一个特殊的试验来验证，在能量耐受试验中要求每柱通过的最大电流幅值不会造成其特性的显著变化，如功率损耗增加等。

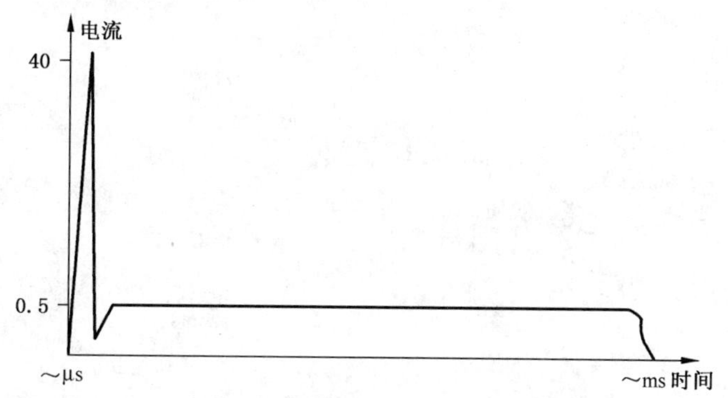

图 B.3 由两个幅值和持续时间不相同的放电电流组成的一个假定的决定性工况

由于输入数据的偏差，在系统研究中计算得到的能量数值应留有合理的安全裕度。它可用公式(B.3)表示：

$$W = S_2 \times W_1 \quad \cdots\cdots (B.3)$$

式中：

W——确定避雷器参数和试验值使用的能量；

W_1——系统研究确定的能量；

S_2——能量安全系数，S_2 的范围是1.0～1.2，它取决于输入数据的允许误差和可能产生高于被研究工况的应力的决定性故障过程的概率。

公式(B.3)中的能量 W_1 应是故障过程中各特定暂态产生的能量的总和。要假定避雷器没有足够的时间在故障过程中得到热恢复，即使在该过程中可能暂时恢复正常运行。

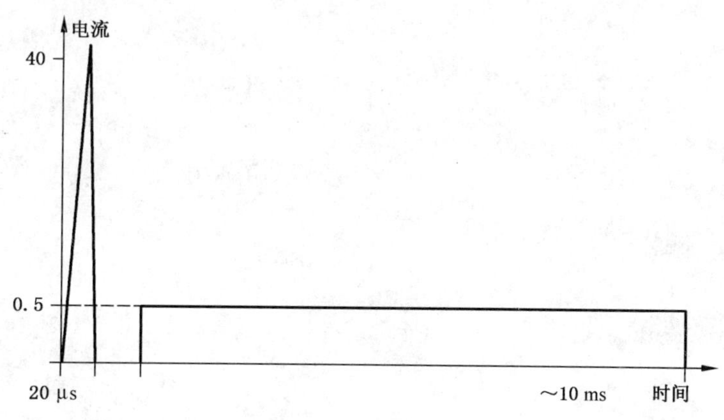

图 B.4 可能的试验循环

ICS 29.080.10
K 48

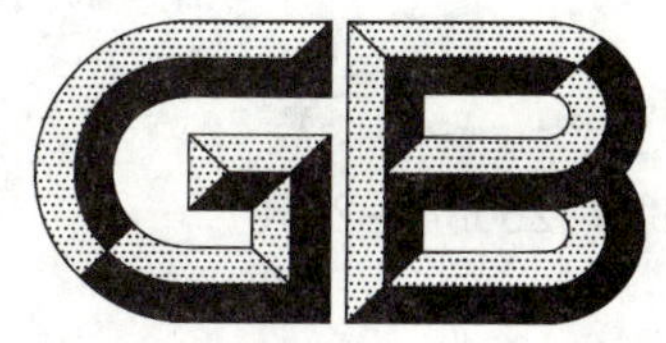

中华人民共和国国家标准

GB/T 25084—2010

标称电压高于1 000 V的架空线路用绝缘子串和绝缘子串组交流工频电弧试验

Insulator strings and sets for overhead lines with a nominal voltage greater than 1 000 V—AC power arc tests

(IEC 61467:2008, Insulators for overhead lines—Insulator strings and sets for lines with a nominal voltage greater than 1 000 V—AC power arc tests, MOD)

2010-09-02 发布　　　　2011-02-01 实施

中华人民共和国国家质量监督检验检疫总局
中国国家标准化管理委员会　发布

前　言

本标准修改采用 IEC 61467:2008《架空线路用绝缘子　标称电压高于 1 000 V 的架空线路用绝缘子串和绝缘子串组　交流工频电弧试验》(英文版)。

本标准和 IEC 61467:2008 相比,做了一些技术性修改,修改之处用垂直单线(|)在它们所涉及的章条的页边空白处标识,并在附录 G 中说明了这些修改及其原因。

本标准引用了采用国际标准的国家标准。

为便于使用,本标准做了下列编辑性修改:

a) 用小数点"."代替作为小数点的逗号",";

b) 删除 IEC 61467:2008 的前言;

c) "本国际标准"一词改为"本标准"。

考虑到文本的适用性,本标准删除了 IEC 61467:2008 的附录 G 和附录 H。本标准章条编号和 IEC 61467:2008 一致。

本标准的附录 A 和附录 B 为规范性附录,附录 C、附录 D、附录 E、附录 F 和附录 G 均为资料性附录。

本标准由中国电器工业协会提出。

本标准由全国绝缘子标准化技术委员会(SAC/TC 80)归口。

本标准起草单位:中国电力科学研究院、西安高压电器研究院有限责任公司西安电瓷研究所、国网武汉高压研究院、国家绝缘子避雷器质量监督检验中心、大连电瓷有限公司、广州市迈克林电力有限公司、襄樊国网合成绝缘子股份有限公司、东莞市高能电气股份有限公司、新疆新能天宁电工绝缘材料有限公司、河北新华高压电器有限公司、山东泰光电气有限公司、江苏祥源电气设备有限公司。

本标准主要起草人:王来、姚君瑞、吴光亚、危鹏、范建斌、张锐、任贵清、欧阳旭丹、杨红军、张德进、綦东葆、及荣军、滕国利、张宏祥。

标称电压高于 1 000 V 的架空线路用绝缘子串和绝缘子串组交流工频电弧试验

1 范围

本标准规定了绝缘子串组的工频电弧试验标准试验程序，也提出短串的工频电弧试验标准试验程序。

本标准适用于标称电压高于 1 000 V、频率 15 Hz～100 Hz 的交流架空线路和牵引线路用瓷、玻璃或复合材料绝缘子串元件构成的绝缘子串和绝缘子串组。

本标准也适用于类似结构的变电站用绝缘子串和绝缘子串组。

本标准不适用于安装在非金属电杆或杆塔上的绝缘子串组。

本标准不能直接用于线路柱式绝缘子及其绝缘子组，也不能用于斜撑型线路柱式绝缘子，这是由于本标准描述的安装布置不能重现其安装状况。然而，本标准的基本原理可以用于这些绝缘子的试验及其安装布置。

本标准的目的是：

——定义所使用的术语；

——规定标准试验程序；

——规定评价试验结果的准则。

电弧试验不是线路绝缘子规范中的必试项目。本标准规定的标准试验程序和评价准则是为了在有必要进行电弧试验时对其提供指导，不是要把电弧试验列为必做的通用试验项目。

2 规范性引用文件

下列文件中的条款通过本标准的引用而成为本标准的条款。凡是注日期的引用文件，其随后所有的修改单（不包括勘误的内容）或修订版均不适用于本标准，然而，鼓励根据本标准达成协议的各方研究是否可使用这些文件的最新版本。凡是不注日期的引用文件，其最新版本适用于本标准。

GB/T 22709—2008 架空线路用瓷或玻璃绝缘子串元件绝缘体机械损坏后的残余强度(IEC 60797:1984,MOD)

IEC 60862 架空传输线路设计规范

3 术语和定义

下列术语和定义适用于本标准。

注：本标准中使用的其他术语和定义可以在 GB/T 2900.8、GB/T 1001.1—2003 和 IEC 60383-2:1993 中查到。

3.1

试验 test

对绝缘子串或串组施加一次规定持续时间的规定试验电流。

3.2

试验序列 test sequence

对同一绝缘子串或串组的 3 次连续试验。

3.3

试验组 test series

用来表征绝缘子串或串组工频电弧特性试验序列的组。

3.4

电流初始不对称百分率 percent initial asymmetry of current

工频电弧第一周波中由不对称波引起的电流偏差。

注：其值为电弧第一周波电流峰值绝对值除以该电流的方均根值，用函数式表示如下：

$$\left[\frac{|I_m|}{I\times\sqrt{2}}-1\right]\times 100$$

3.5

供电电路 supply circuit

使电弧电流从电源流向试品线路侧的电气连接。

3.6

返回电路 return circuit

使电弧电流从试品接地侧流向电源的电气连接。

3.7

平衡电路 balanced circuit

电流在两个完全相反方向流动的供电电路或返回电路。

3.8

非平衡电路 unbalanced circuit

电流主要在一个方向流动的供电电路或返回电路。

3.9

盘形悬式元件短串 short string (cap and pin units)

最小电弧距离 400 mm 的 3 至 6 片绝缘子元件串。

3.10

长棒形和复合元件短串 short string (long rod and composite units)

电弧距离 400 mm～1 000 mm 的一个或多个绝缘子元件串。

4 符号和缩写

下列符号和缩写主要用于本标准的表和图中。

除非另有说明，电流和电压均表示为方均根值。

I 电弧电流

I_n 规定电弧电流

t 电弧持续时间

t_n 规定电弧持续时间

I_m 峰值电流

$I_{R1,2}$ 返回电路电流

$I_{S1,2}$ 供电电路电流

I_{sys} 系统额定短路电流

L_A 绝缘子串长度

L_B 绝缘子串组长度

L_R 返回电路的模拟长度

L_s 供电电路的模拟长度

D 被试绝缘子串组中心点到周围构架的距离

M_L 被试绝缘子串组上的机械负荷

α 耐张绝缘子串组偏离水平面的角度

SFL 最小规定机械(电)破坏负荷

SML 规定机械负荷

5 试验电流特性

本试验应施加单相交流电流,初始不对称(直流分量)百分率应不超过30%。

注:事实上运行中污秽绝缘子串组上的闪络通常出现在电压峰值附近区域,这时的直流分量最小。

对于频率为50 Hz或60 Hz系统,试验电路的频率应为45 Hz~65 Hz。对于其他频率系统,试验电源的频率偏差原则上不应超过规定值的10%。经用户同意,试验可以在比预期运行频率高或低的频率下进行。每次试验中,频率可以在上述限度内变化。

试验电路应足以提供规定的电弧电流(方均根值)和持续时间。附录C给出了为获得规定电流值空载电压的推荐信息。除非另有协议,规定电弧电流方均根值的允许偏差为±10%。

试验中实际电弧电流应近似为正弦波,其方均根值从试验持续时间内各峰值的算术平均值求得(见附录B)。若测量设备允许,该方均根值可以用电流函数计算。

试验电流在燃弧期内应基本保持恒定,并允许与规定值有如下偏差:

——电弧电流峰值偏离规定值($I_n\sqrt{2}$)应不超过±20%。

——对于燃弧时间大于0.2 s的情况,若总燃弧时间不超过20%,可以超出上述允许偏差。

任何情况下实际电弧电流和和其持续时间的乘积($I \cdot t$)均应在规定电弧电流和其持续时间乘积($I_n \cdot t_n$)的±10%范围内。

在弧根向杆塔或沿线路导线移动的情况下,可能会超出这些允许偏差。

6 供电电路和返回电路条件

供电电路和返回电路取决于运行条件,特别是绝缘子串组沿线路的位置和杆塔的几何结构。试验中的模拟特性列于表1,完整绝缘子串组示于图1,短串示于图3。

表1 供电电路和返回电路条件

电　　路	平衡供电电路	非平衡供电电路
平衡返回电路	A电路 $I_{R1}=I_n/2$ $I_{R2}=I_n/2$ $I_{s1}=I_n/2$ $I_{s2}=I_n/2$ 例如线路中段杆塔中相窗中的绝缘子串组。	B电路 $I_{R1}=I_n/2$ $I_{R2}=I_n/2$ $I_{s1}=I_n$ $I_{s2}=0$ 例如线路末端杆塔中相窗中的绝缘子串组。
非平衡返回电路	C电路 $I_{R1}=I_n$ $I_{R2}=0$ $I_{s1}-I_n/2$ $I_{s2}=I_n/2$ 例如线路中段杆塔外伸边相上的绝缘子串组。	D电路 $I_{R1}=I_n$ $I_{R2}=0$ $I_{s1}=I_n$ $I_{s2}=0$ 例如线路末端杆塔外伸边相上的绝缘子串组。

电流I_{R1}、I_{R2}、I_{s1}和I_{s2}与各自规定值的允许偏差应不超过20%,并可以用电路校准试验来校验。

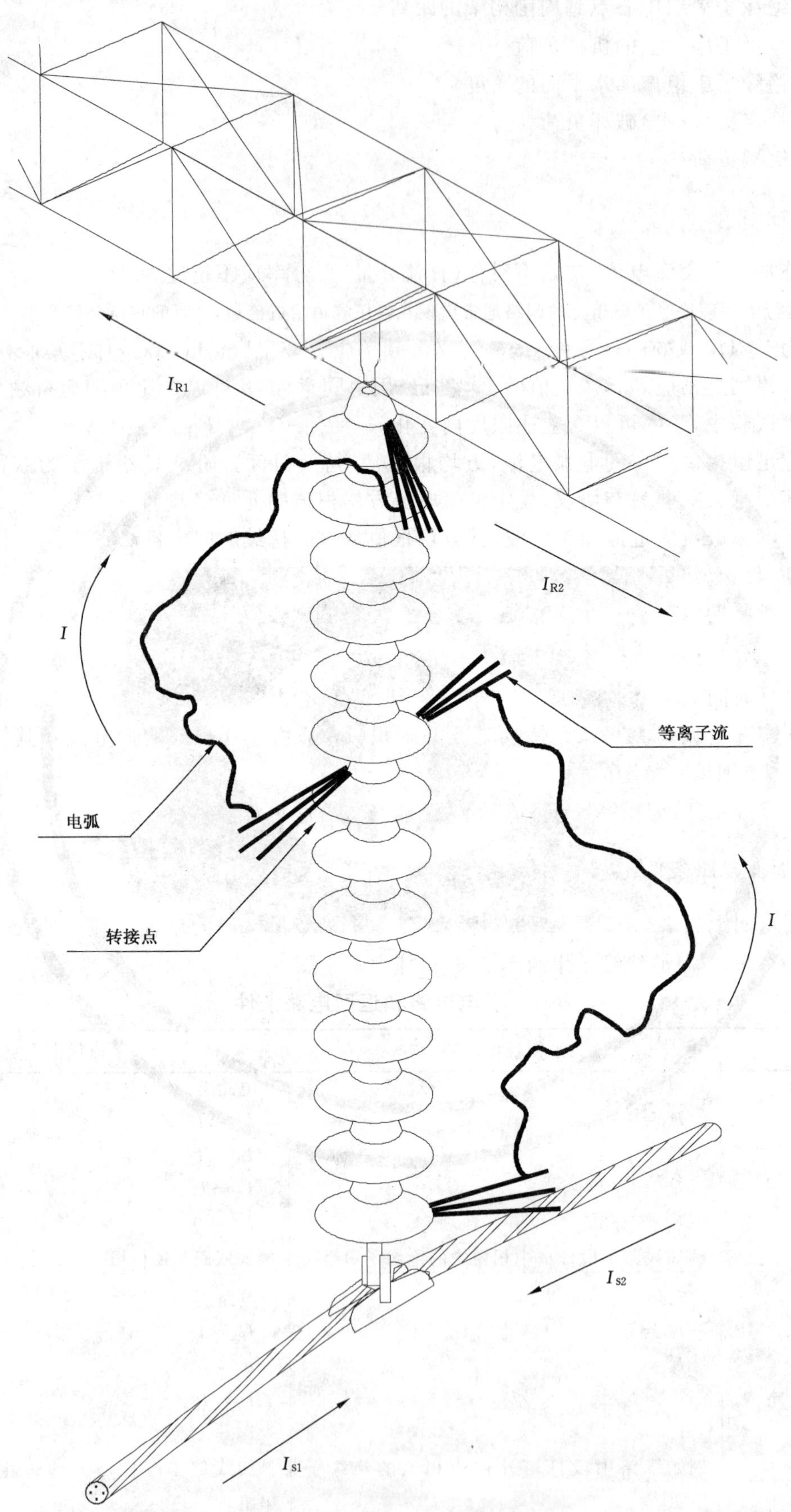

图 1 供电电流和返回电流图示

7 绝缘子串组的试验

7.1 导言

本标准所述对绝缘子串组的试验程序由2组试验构成，每组试验中施加3次不同电流和不同持续时间的工频电弧(一个试验序列)。预期本试验程序能够涵盖沿线路典型点出现的故障电流情况，同时也预期能够重现污秽工频闪络，这种状况最为严酷。

由于预期本标准所述对绝缘子串组的试验程序能够模拟实际运行状况，应注意事实上不可能把给定长度绝缘子的性状外延用于不同长度的绝缘子串组，或安装不同结构或材料附件的绝缘子串组。

7.2 试验布置

试验布置应能再现完整绝缘子串组的实际状况，并尽可能再现导体和最接近于绝缘子串组的杆塔部件的实际状况。试验应使用实际使用的防护附件，应重现这些附件和绝缘子元件、线夹及导体的相对位置。真实模拟实际状况的目的是再现真实的电磁场，因为电磁场会影响电弧运动。

绝缘子串组和模拟杆塔接地构件之间的距离应与运行状态时相同。对于某些绝缘子串组(例如超高压、特殊结构)，模拟实际杆塔可能受到试验室设备的限制。在这种长绝缘子串组($L_B>6$ m)情况下，杆塔和导体之间的距离 D 有6 m就行了。

导体离接地平面的距离应至少为 $L_B/2$，或 $L_B>6$ m时不少于3 m。

试验布置应包括与运行中特性相同的导体或导线束。为产生实际影响电弧移动的电动力，绝缘子串组两侧导体的长度应至少等于绝缘子串组的长度，但最短应为2.5 m。对于长绝缘子串组($L_B>6$ m)，导体长度有6 m就行了(见附录A)。

几种试验布置和模拟杆塔(返回电路)示于附录A。

为了避免电气接触不良并确保绝缘子串组准确定位，应对绝缘子串组施加一定机械负荷。对于悬垂绝缘子串组，该负荷可以用在线夹或导体上悬挂适当与导体绝缘的重物施加，对完整绝缘子串组，负荷值应至少为5 kN。对于耐张绝缘子串组，有必要施加较大的负荷，以便再现绝缘子串组运行中与水平面的夹角。如果按照绝缘子的实际运行状况考虑，施加于绝缘子串组的负荷可增大至绝缘子规定机电(械)破坏负荷的40%。

7.3 试验电流

试验电流特性应符合第5章的要求。

7.4 供电电路和返回电路条件

为了再现所要模拟的运行条件，应选择供电电路和返回电路(见第6章)。

7.5 起弧

电弧应用一根总截面最大为1 mm^2 的低电阻材料(如银、铝、铜)熔丝引燃。如果使用多根熔丝，应将其并联绞连在一起。

注：如果起弧存在问题，可以使用较大直径的熔丝。但应注意，由于这样会降低初始电弧的可移动性，以及金属在绝缘子表面沉积，会对试验结果产生不利影响。

规定起弧的目的是要创造和污秽绝缘子串组出现闪络时相同的条件。这种闪络能使电弧弧根处于绝缘子串中间部位。燃弧现象描述及熔丝细节解释示于附录D。

熔丝以下列方式单点接触连接到金属部件上，如图2所示。

a) 盘形悬式绝缘子串组

将第一根熔丝连接到接地侧绝缘子串元件的铁帽上，并隔3片～5片绝缘子串元件连接到某一中间元件的钢脚上。随后以相同方式布置第二根熔丝，但其在绝缘子串上的位置与第一根熔丝相对。反复以这种方式布置熔丝，直到绝缘子串的末端。图2a)给出了确定熔丝位置示意及熔丝和铁帽、伞、钢脚连接的示意。若把熔丝连接到钢脚上确有困难时(例如因绝缘子的形状)，允许将熔丝连接到下一只绝缘子的铁帽上。

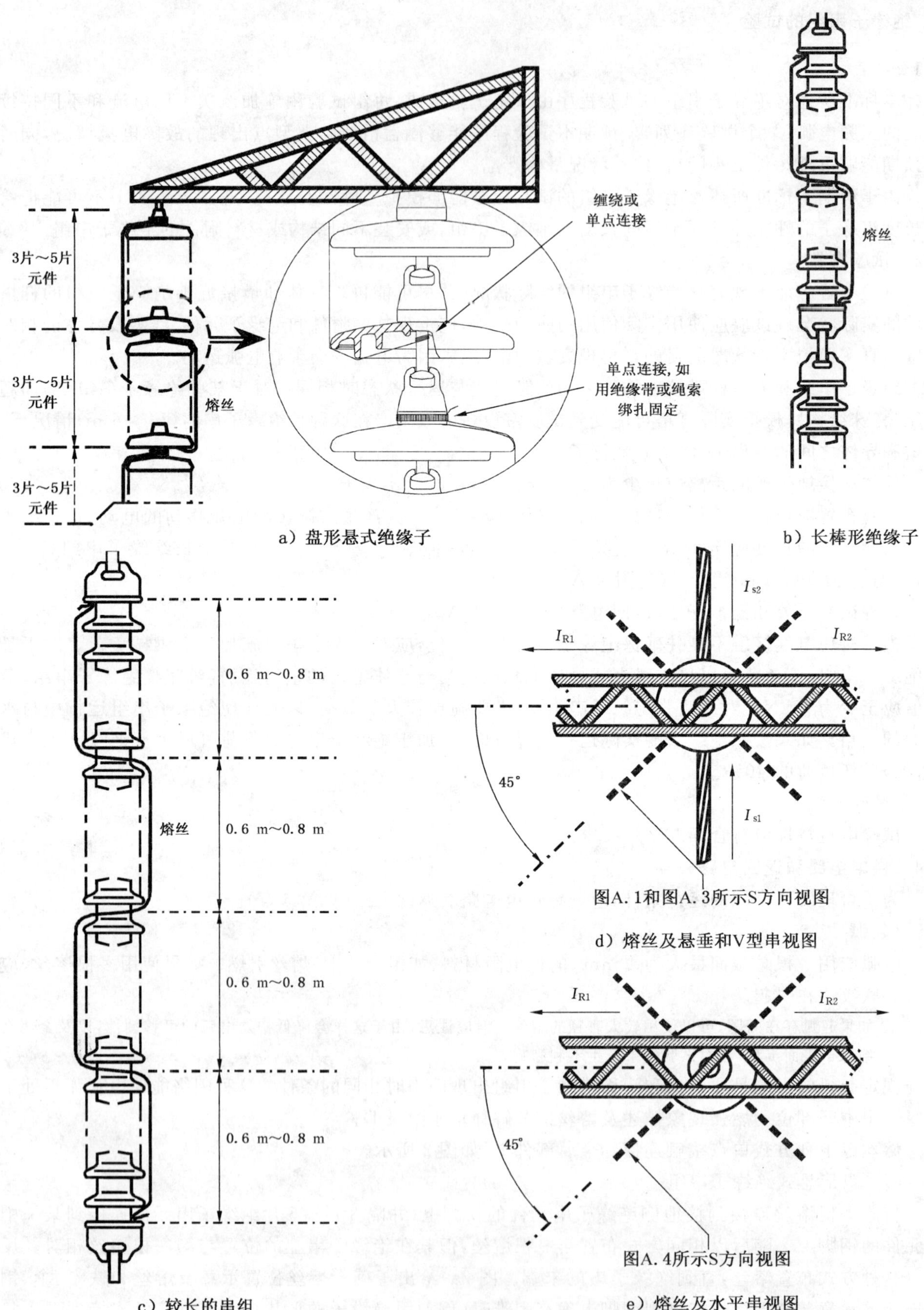

a）盘形悬式绝缘子

b）长棒形绝缘子

c）较长的串组

d）熔丝及悬垂和V型串视图

e）熔丝及水平串视图

图 2　起弧

对于少于 6 片元件组成的短绝缘子串组，应在绝缘子串的大致中间位置设置一个转接点。

b) 长棒形和复合绝缘子串组

熔丝应于绝缘子的一侧连接在金属部件之间，并于中部绕绝缘子主体缠绕后在绝缘子的另一侧延伸。不同元件应分别使用熔丝(见图 2b))。

对于较长的绝缘子串组(长度大于 1.5 m 的绝缘子元件)，应每隔 0.6 m～0.8 m 绕绝缘子主体缠绕一次，每次缠绕后熔丝均沿和前一次相对的侧面延伸(见图 2c))。

任何情况下(盘形悬式、长棒形、复合绝缘子串组，以及悬垂、V 型、水平绝缘子串组)，熔丝所在平面都应与导体呈 45°角(见图 2d)和图 2e))。

每一次连续试验都应将熔丝连接点转动 90°。

对于多串绝缘子串组(V 型、双串等)，一个试验序列中电弧应总是在同一绝缘子串上引燃。为此，应选择绝缘子串，使电动力引起的电弧移动朝向该绝缘子串组中的其它绝缘子串。

7.6 环境条件

任何情况下均应记录风速及所有其他环境条件(大气压力、降雨、湿度和温度)。

由于风对电弧移动有影响，试验可以在试验室内进行。若在室外，应尽量选择晴朗气候试验。为了保证较小电流工频电弧试验(<10 kA)的可比性，最大允许风速为 5 m/s。

附录 E 给出了有关风对电弧试验重要性的解释。

认为其他大气条件对工频电弧试验结果没有显著影响。

7.7 试验组和工频电弧的特性

按照表 1 和图 1，应根据杆塔型式从表 2 选择 X 组试验或 Y 组试验。仅当返回电路总是非平衡电路时，才选择 Y 组试验，例如当杆塔没有中相相窗时。实际上，因杆塔几何结构不同要求 X 组和 Y 组两组试验时，优先选择 X 组试验，因为 X 组试验更为严格。在任何情况下，如果进行了 X 组试验，则不必再进行 Y 组试验。

两次连续试验之间的时间间隔最小应为 20 min。在电流相同的每 3 次试验后，允许更换损坏的绝缘子元件或整个绝缘子串组。

选取的试验次数及其持续时间应能代表出现在大部分系统上的情况，若要求用不同的数值代表特殊的网络特性，应经事先协商。

附录 F 给出了上述规定数值的解释。

表 2 绝缘子串组的试验组

试验组	试验电路(见表 1)	短路电流	试验次数及持续时间(试验序列)
X	A	$I_n=0.2\ I_{sys}$	$t_n=0.2$ s 二次，$t_n=1$ s 一次
	A	$I_n=0.5\ I_{sys}$	$t_n=0.2$ s 二次，$t_n=1$ s 一次
	B	$I_n=I_{sys}$	$t_n=0.2$ s 二次，$t_n=0.5$ s 一次
Y	C	$I_n=0.2\ I_{sys}$	$t_n=0.2$ s 二次，$t_n=1$ s 一次
	C	$I_n=0.5\ I_{sys}$	$t_n=0.2$ s 二次，$t_n=1$ s 一次
	D	$I_n=I_{sys}$	$t_n=0.2$ s 二次，$t_n=0.5$ s 一次

8 短串试验

8.1 导言

本标准包含了短串试验程序，其目的是评价在工频电弧热应力作用下绝缘子的材料、设计、结构的性状，不能用本试验来确定或预测整个绝缘子串组的性状。

8.2 试验布置

短串试验布置示于图 3。短串应用绝缘导体(线、管、棒)垂直悬挂于一块绝缘板下，以避免引导电弧迁移到周围设备。在绝缘子短串下部经另一绝缘导体加挂重物或施加机械负荷。供电电路和返回电路均应垂直于这些导体，离绝缘子串的距离为该串电弧距离的 1～2 倍。

绝缘子串和接地构件之间的距离应足以避免电弧迁移到这些构件上。导体到地面的距离应至少为 1 m。

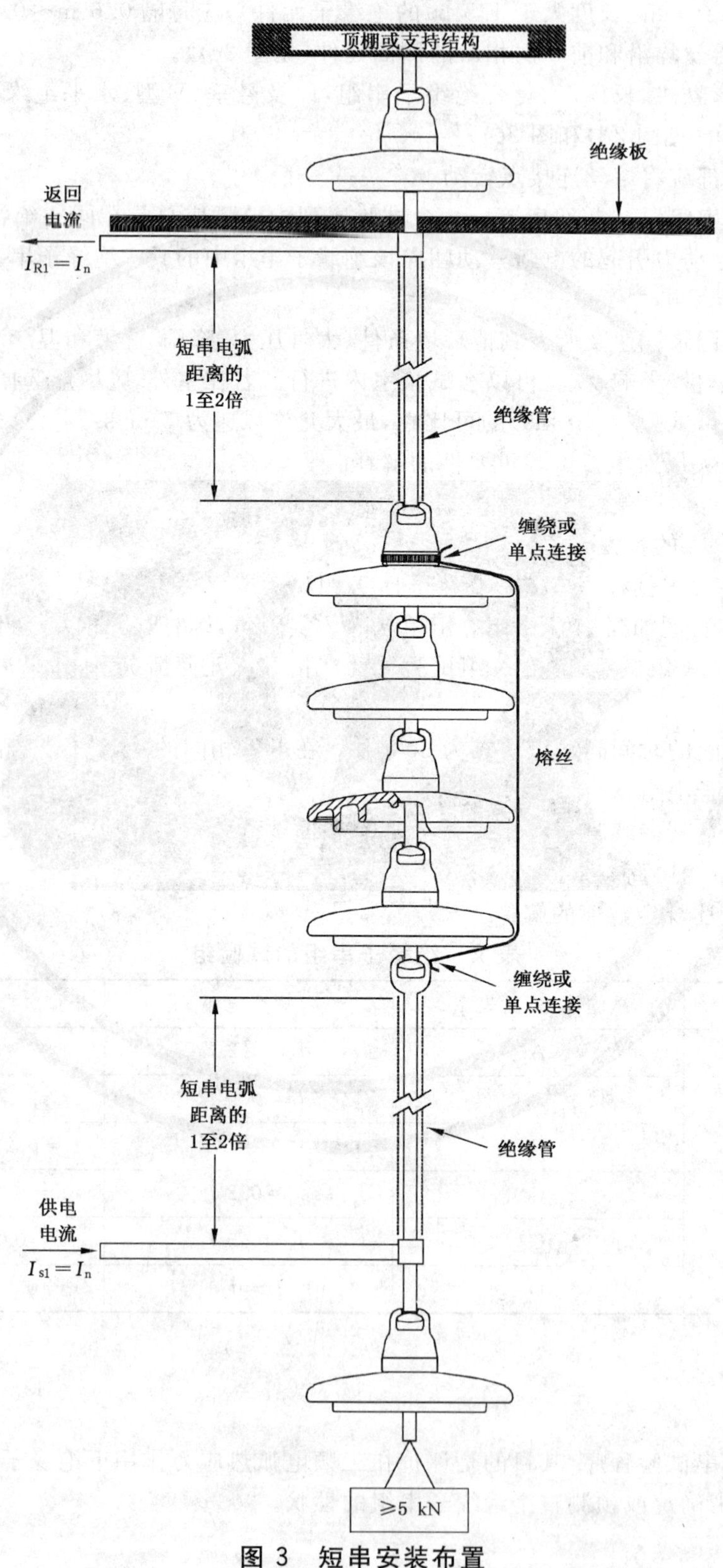

图 3　短串安装布置

施加于短串的负荷应至少为 5 kN。如果按照绝缘子的实际运行状况考虑，施加于短串的负荷可增大至绝缘子规定机电(械)破坏负荷的 40%。

用于连接导体和短串的附件的尺寸和形状应适宜，并与试验中短串端部附件相匹配。

8.3 试验电流

试验电流特性应符合第 5 章。

8.4 供电电路和返回电路条件

供电电路和返回电路应为非平衡电路(见第 6 章和图 3)。

8.5 起弧

电弧应用一根总截面最大为 1 mm^2 的低电阻材料(如银、铝、铜)熔丝引燃。如果使用多根熔丝，应将其并联绞接在一起。

注：如果起弧存在问题，可以使用较大直径的熔丝。但应注意，由于这样会降低初始电弧的可移动性，以及金属在绝缘子表面沉积，会对试验结果产生不利影响。

熔丝应单点接触或缠绕连接到绝缘子串的上部和下部金属附件上，沿短串的燃弧路径布置，如图 3 所示。如果短串没有金属质端部附件，熔丝应连接到试验布置中相配附件的最近点上。

可能时(盘形悬式、长棒形、复合绝缘子串)，熔丝所在平面应与供电电路和返回电路导体呈 45°角。

每一次连续试验都应将熔丝连接点转动 90°。

8.6 环境条件

如果试验在户外进行，应记录风速和所有其他环境条件(大气压力、降雨、湿度和温度)。对于户内试验，应记录大气压力、湿度和温度。

由于风对电弧移动有影响，试验可以在试验室内进行。若在室外，应尽量选择晴朗气候试验。为了保证较小电流工频电弧试验(<10 kA)的可比性，最大允许风速为 5 m/s。

附录 E 给出了有关风对电弧试验重要性的解释。

认为其他大气条件对工频电弧试验结果没有显著影响。

8.7 试验组和工频电弧特性

短串试验组由 3 次连续试验组成，每串仅施加一次短路电弧。每次施加电弧后应更换整个短串。表 3 给出了该组中试验的电流及持续时间。

施加电弧后，短串上的机械负荷应保持 5 min。

表 3 绝缘子短串的试验组

试验电路(见表 1)	短路电流[a]	试验次数和持续时间(试验序列)
D	I_n=20 kA	t_n=0.12 s 一次
D	I_n=20 kA	t_n=0.12 s 一次
D	I_n=20 kA	t_n=0.12 s 一次

[a] 经当事各方协议，试验可以分别用 I_n=10 kA、t_n=0.24 s 替代。

9 试验报告

为了统一试验报告格式，试验文件包括的信息应按下列顺序列出：

a) 适当的首页；

b) 试验委托方给出的有关额定值的完整细节；

c) 试验情况列表，试验人员列表，以及试验文件的发放范围。

试验文件留存按照试验室惯例。

10 结果评价

10.1 导言

本章提出的准则仅用做评价绝缘子串组或绝缘子串使用可靠性的导则。

结果评价由两部分组成。首先是外观检查，随后开展一系列分析试验，以确定绝缘子是否能继续使用。

对于绝缘子串组试验，外观检查也包括所有机械部件和绝缘子串组的附件，记录的检查信息必要时可用于其他相关产品标准。附件和连接件的评价准则超出了本标准的范围。

10.2 外观检查

详细外观检查包括拍照，应记录绝缘子元件、附件、保护附件和导体的所有显著损坏：

——检查绝缘子的金属部件和所有承载附件，对影响其机械强度的电弧损坏拍照，包括局部熔化、弧疤和金属蒸发。

——检查电镀金属部件上可能导致进一步腐蚀的镀层损坏。

——检查表面电场集中的金属部件是否存在可能导致电晕和无线电干扰的局部外形变化。

10.3 瓷或玻璃绝缘子

除绝缘子金属部件外观损坏检查外，还应检查瓷或玻璃绝缘子绝缘件的损坏。绝缘件损坏包括：

——伞裙部分或全部破裂；

——绝缘件表面釉层灼伤或剥落。

作为一种初步手段，辨析敲击盘形悬式绝缘子伞盘发出的响声有助于检测瓷绝缘子内部电介质损坏。然而，这种方法易受主观影响，仅能用于在进行表 4 所列分析前的初步估价。

10.4 复合绝缘子

除绝缘子金属部件损坏外观检查外，还应检查复合绝缘子绝缘件的损坏。绝缘件损坏包括：

——表面变化，如变色、蚀损或电弧等离子体沉积；

——伞裙开裂或击穿；

——护套损坏使玻璃纤维芯体裸露、端部附件或连接处密封失效，或密封脂渗出（如使用）。

10.5 判定准则

判定的总原则是在一组试验结束后，绝缘子串或绝缘子串组应能安全运行。应按照表 4 定义的准则从机械和电气性能两方面对能否安全运行进行验证。

试验结果判定应特别小心。

表 4 试验评价准则

准则或试验项目	评价准则	
	绝缘子串组	绝缘子短串
试验中绝缘子脱落	不允许	不允许
伞裙或棱灼伤、开裂，脱釉，镀锌表面熔化	允许[a]	允许
玻璃纤维芯体裸露和端部密封失效（仅对复合绝缘子）	不允许	不允许
干工频闪络试验（检查是否击穿，仅对 B 型绝缘子）	对所有绝缘子元件试验，并应出现外闪	对所有绝缘子元件试验，并应出现外闪，闪络电压不应低于绝缘子元件的湿耐受电压

表 4（续）

准则或试验项目	评价准则	
	绝缘子串组	绝缘子短串
机械破坏负荷试验	所有元件的机械破坏负荷不小于70%最小规定机械（电）破坏负荷(SFL)或规定机械负荷(SML)[b,c]	所有元件的机械破坏负荷不小于70%最小规定机械（电）破坏负荷(SFL)或规定机械负荷(SML)[c]
附件和导体试验	根据相关要求，或经协商	不适用

[a] 如果绝缘子串组中有三分之一的元件或三分之一的长度出现可能影响其电气性能的严重损坏（伞裙破裂、严重灼伤、导电体沉积等），有必要进行附加电气试验，以验证该绝缘子串组的耐受特性。

[b] 对于盘形悬式绝缘子串组，被试元件应包括分别与线路侧和接地侧相邻的3个元件，以及从起弧部分和其他损坏严重的元件中选择的3个元件。对于长棒形和复合绝缘子串组，所有绝缘子元件均应进行试验。

[c] 取值70%是为了和IEC 60826对绝缘子的要求相适应。另外，经供需双方协议，也可以采用GB/T 22709—2008的判定准则。

附 录 A
（规范性附录）
试验布置和杆塔模拟适用方法示例(返回电路)

返回电路可以通过模拟杆塔的金属构件或放置在构件中的导线形成回路。在后一种情况下，导线沿钢铁构件固定，不必与其绝缘，但经协议，导线也可沿钢铁构件固定，并与其绝缘(见图 A.2)。

两种情况下邻近绝缘子串组的杆塔部件的构造都应适宜，构架尺寸不小于绝缘子串组长度，但最小为 2.5 m(见图 A.1、图 A.2 和图 A.3 中的 L_R)。

对长绝缘子串组，L_R 最长 6 m(见图 A.1、图 A.2 和图 A.3)即可。

对用于 U_m 为 90 kV 及以下网络的绝缘子串组试验，导体长度 L_S 可以降低到 1.25 m。

若杆塔构架未知，模拟杆塔的实际尺寸应经协商同意。靠近绝缘子串组接地端的杆塔模拟是为了能使弧根转移到构架上。

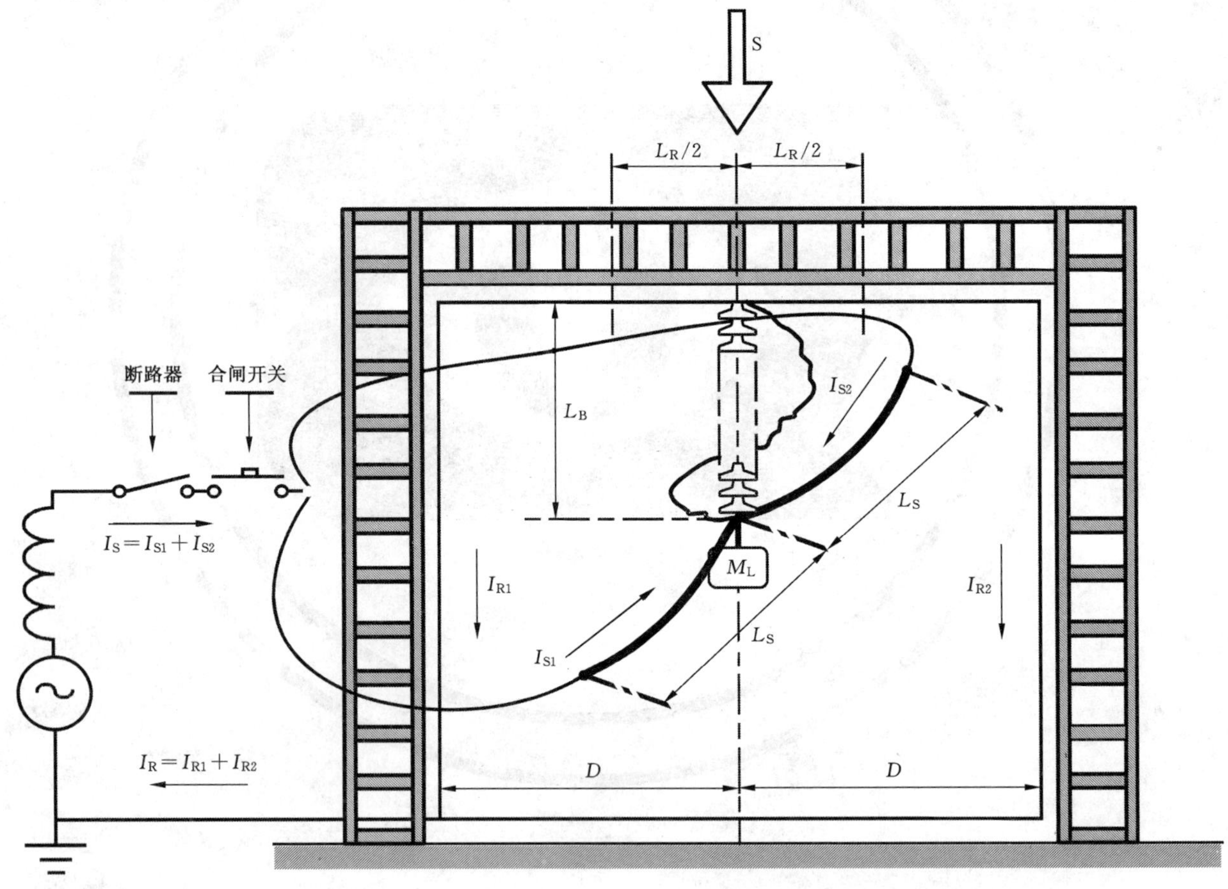

特别注意：

——$L_R \geqslant L_B$，且 $L_R \geqslant 2.5$ m

$L_S \geqslant L_B$，且 $L_S \geqslant 2.5$ m

——对于长绝缘子串组($L_B \geqslant 6$ m)

D、L_R 和 $L_S \geqslant 6$ m

图 A.1 悬垂绝缘子串组试验安装布置

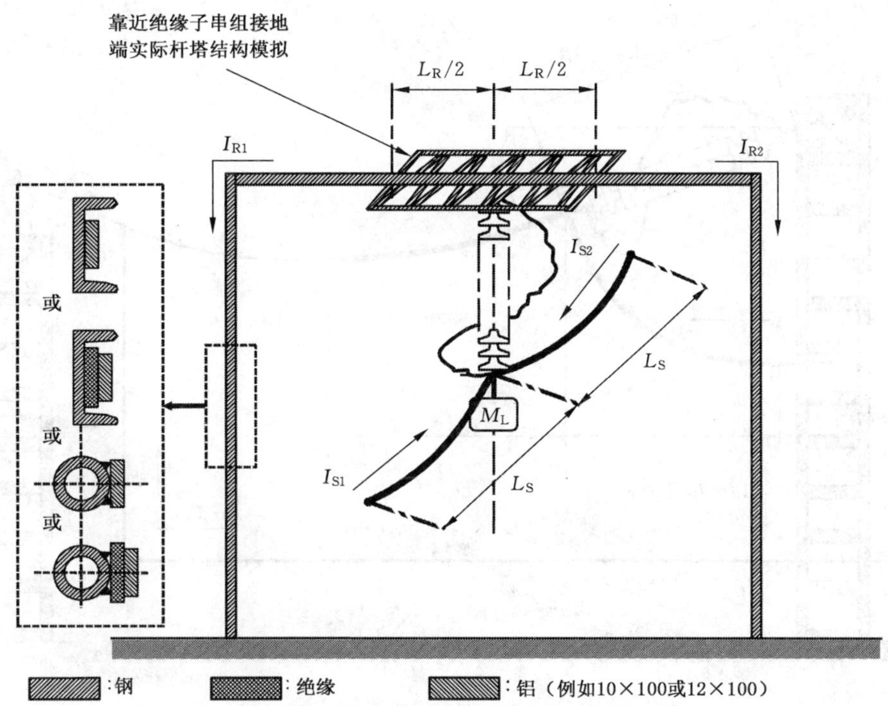

图 A.2 使用简化钢结构杆塔绝缘子串组的试验布置

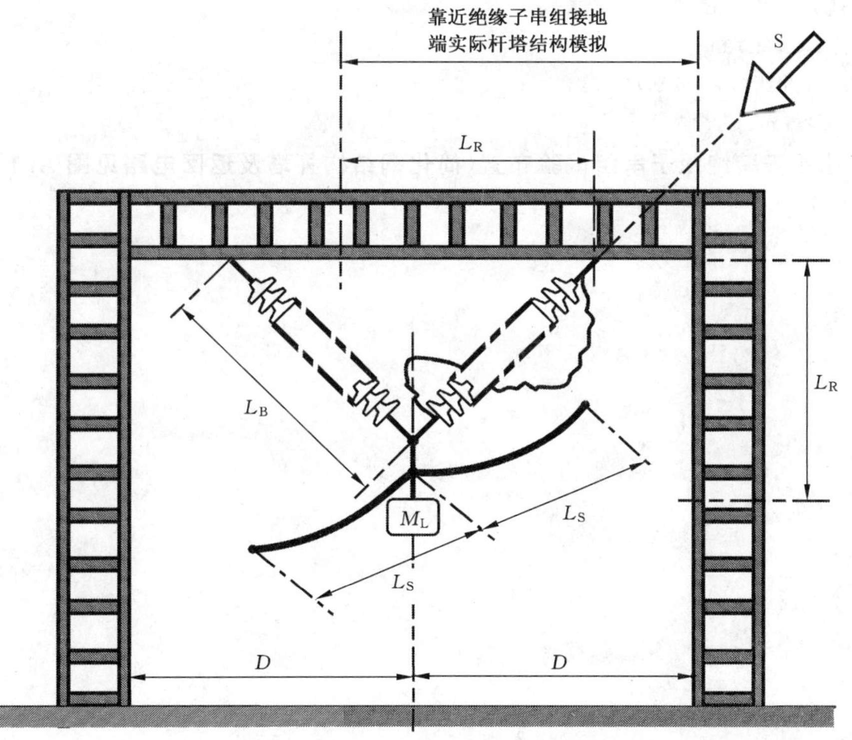

特别注意：

——$L_R \geqslant L_B$，且 $L_R \geqslant 2.5$ m

$L_S \geqslant L_B$，且 $L_S \geqslant 2.5$ m

——对于长绝缘子串组（$L_B \geqslant 6$ m）

D、L_R 和 $L_S \geqslant 6$ m

图 A.3 杆塔中相 V 型绝缘子串组试验布置（简化钢结构杆塔及返回电路见图 A.1 和图 A.2）

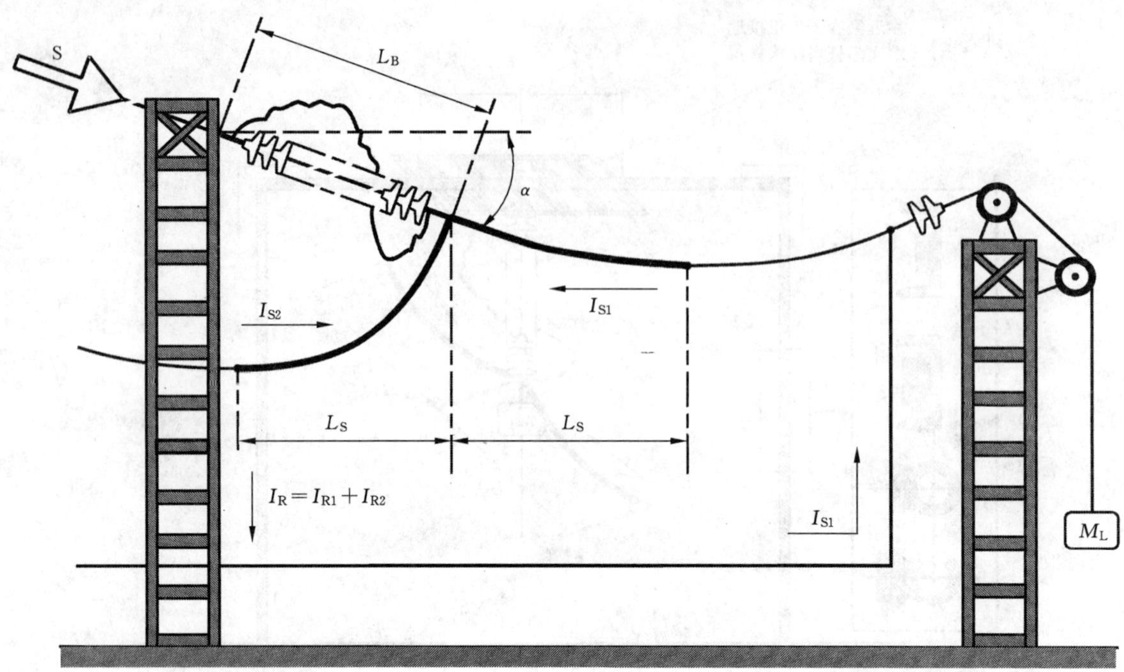

特别注意：

——$10° \leqslant \alpha \leqslant 20°$

——$L_R \geqslant L_B$，且 $L_R \geqslant 2.5$ m

$L_S \geqslant L_B$，且 $L_S \geqslant 2.5$ m

——对于长绝缘子串组（$L_B \geqslant 6$ m）

D、L_R 和 $L_S \geqslant 6$ m

图 A.4　水平安装绝缘子串组试验布置（简化钢结构杆塔及返回电路见图 A.1 和图 A.2）

附　录　B
（规范性附录）
电流方均根值的确定

B.1　试验电流实际持续期内交流分量方均根值的确定

为了避免电流和(或)频率波动可能造成的影响，该电流方均根值由各方均根值的非加权平均(三峰法)得到。每一方均根值均由一个峰向前一个峰滑移的方法取得。为了消除边界效应，第一个波和最后一个波(若可能)应予以省略，最后一个波会因保护用主断路器而衰减。

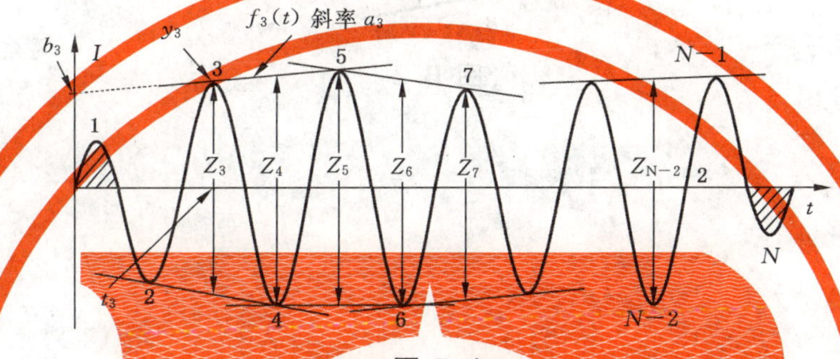

图 B.1

具有 $N(1,\cdots,N)$ 个峰值信号的方均根值用下式表示：

$$I=\frac{1}{N-4}\times\sum_{i=3}^{N-2}(X_i)\text{ 或 }I=\frac{1}{N-4}\times\frac{1}{\sqrt{8}}\times\sum_{i=3}^{N-2}(Z_i)\quad\cdots\cdots(\text{B.1})$$

式中：

X_i——波峰序号为 i 的电弧电流的方均根值；

Z_i——波峰序号为 i 的电弧电流的峰-峰值。

具有 $N(1,\cdots,N)$ 个峰值信号的方均根值用以下解析式表示：

$$I=\frac{1}{N-4}\times\frac{1}{\sqrt{8}}\times\sum_{i=3}^{N-2}(a_i\times t_i+b_i-y_i)\quad\cdots\cdots(\text{B.2})$$

式中(见 B.2 的三峰法，以及图 B.1 中 $i=3$ 的示例点)：

t_i——i 波峰时时间坐标上的瞬态时间；

y_i——i 波峰时的电流峰值；

a_i——直线 $f_i(t)$ 的斜率；

b_i——$t=0$ 时 $f_i(t)$ 的值。

B.2　三峰法

这种方法用来从三个连续峰波 $A(t_{i-1},y_{i-1})$，$B(t_i,y_i)$ 和 $C(t_{i+1},y_{i+1})$ 求算信号交流分量的方均根值，如图 B.2 所示。

该方均根值估算为：

$$\frac{|DD'|}{\sqrt{8}}\quad\cdots\cdots(\text{B.3})$$

——$f_i(t)$ 是连接 A 和 C 两点确定的一条直线：

$$f_i(t)=a_i t+b_i\quad\cdots\cdots(\text{B.4})$$

式中：

$a_i = (y_{i+1} - y_{i-1}) / (t_{i+1} - t_{i-1})$

$b_i = y_{i+1} - a_i t_{i+1}$ 或 $b_i = y_{i-1} - a_i t_{i-1}$

$g_i(t)$是平行于 $f_i(t)$的直线。

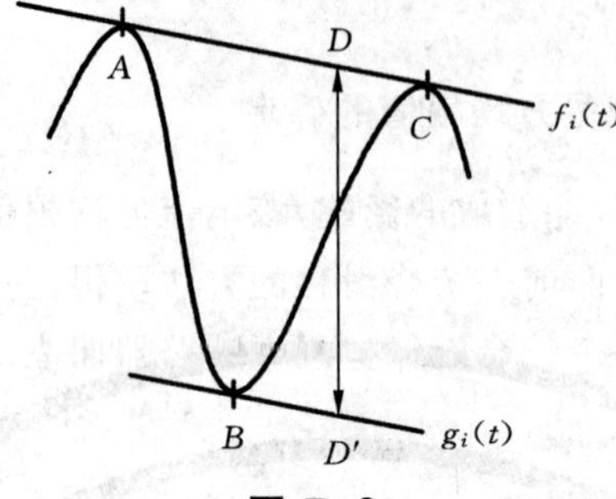

图 B.2

附 录 C
（资料性附录）
工频电源的空载电压

工频电源的空载电压应足够高，以使电弧电流保持在规定允许偏差内，并在电流过零时重燃。这一要求的限制性条件是电弧不能移动得离起初的弧根太远，特别是不能远到到达导体。任何情况下工频电源的空载电压都不应超过绝缘子串组的耐受电压。

作为指导，给出了以下工频电源空载电压（L_B 的单位为 m）：

——对于系统电压 $U<72.5$ kV 用绝缘子串组，7 kV～10 kV；

——对于系统电压 72.5 kV$\leqslant U<$245 kV 用绝缘子串组，$L_B\times 7$ kV；

——对于系统电压 $U\geqslant 245$ kV 用绝缘子串组，$L_B\times(5\sim6)$kV。

附 录 D
（资料性附录）
绝缘子串组上的工频电弧及其真实模拟（适当布置熔丝）

污秽绝缘子串在额定电压或操作过电压下的闪络沿绝缘子表面出现。闪络发生瞬间，电弧由不同的区段组成。这些弧段或部分电弧从绝缘子的某些金属附件向其他金属附件延伸（对盘形悬式绝缘子串，则为从铁帽到钢脚），而且其相互位置随机地处于不同平面。若相邻的部分电弧处在相隔较远的平面内（约180°），则中间的弧根存在时间较长。电弧试验可以用污秽闪络模拟，因为污秽闪络能产生中间弧根并比单独的放电桥接在绝缘子串上产生的场强更大。这种现象以最初几毫秒的部分电弧和中间弧根（形成转接点）为例示于图 D.1。电弧试验时，转接点必须用适当布置熔丝的方式强制设置。

高压绝缘子串上显现的工频电弧运动以及由其在绝缘子上引起的场强受三个因素影响。

a) 首先是和弧根紧邻的电弧不移动。强烈的等离子体流从弧根喷出，由于弧根不移动，电弧被固定在弧根处。紧邻弧根的弧段朝向高导电性的等离子体流的流动方向。等离子体流实际上不受电动力、风和热上浮效应的影响。

b) 其次是电弧段离弧根的距离（指位于a)因素作用范围以外的部分）受电动力、风和热上浮效应的影响，这些因素使弧段频繁运动。

c) 第三，在b)因素作用下，运动弧段上的各点会相互接近或向某些金属部件靠近，从而因各点之间存在电位差击穿形成新的弧道，这通常又会使原来的电弧熄灭。这样，原有的弧根消失或转移到其他位置，新的弧根发展，电弧位置出现急剧变化。强电流情况下电离更为强烈，击穿概率更高。

图 D.1 所示为 5 kA 工频电弧试验的高速摄影照片，试品为七片盘形悬式绝缘子元件组成的 145 kV 染污绝缘子串。可以看到在最初几毫秒内随机出现的部分电弧，以及长时间存在的中间弧根（转接点）。对于长棒形和复合绝缘子元件，闪络瞬间同一元件上的部分电弧通常并不处于一条线上，转接点仅存在于该元件的端头。

总结大量污秽闪络和试验室用熔丝起弧进行工频电弧试验的经验，提出了熔丝布置建议，如图 2 所示。强制设置转接点模拟沿绝缘子串组的场强分布是一种适宜的起弧方式。

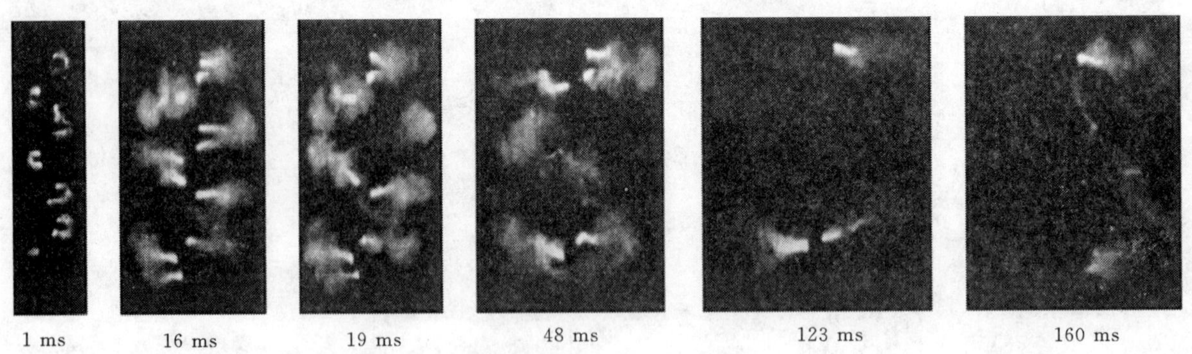

图 D.1 7 片盘形悬式元件组成的 145 kV 绝缘子串的 5 kA 工频电弧试验

附 录 E
（资料性附录）
电弧试验中的风速

本标准模拟导致最高场强污秽绝缘子串的闪络，并用于电弧试验。

故障电流较小且平衡电路条件下（见第7章及附录F），不存在使电弧运动的电动力，因此，离弧根一定距离的弧段主要受风的影响，实际上弧段随风而动。

污秽闪络通常发生在有雾气候下，此时空气运动一般忽略不计（<5 m/s），工频电弧试验时也应保持这一条件。为能使小电流（<10 kA）工频电弧试验具有可比性，允许最大风速为5 m/s。

附 录 F
（资料性附录）
故障电流大小及规定试验参数的选择

故障电流大小随故障在传输线路上的位置而变化。在大功率母线附近(线路末端)，短路电流大且供电电路不平衡。在线路中部，故障电流较小且供电电路几乎是平衡电路。

平衡电路中保持较小电弧电流靠近绝缘子串对绝缘子的危害比非平衡电路中强电动力使较大电弧电流移动更为严重。因此，试验必须在不同电流下用适当的试验电路进行。

图 F.1 给出了沿 100 km 145 kV 线路电弧电流和供电电路组成的分布，线路与短路电流 28 kA 的母线相连。可以看出，线路特性是电弧电流较小且供电电路平衡。

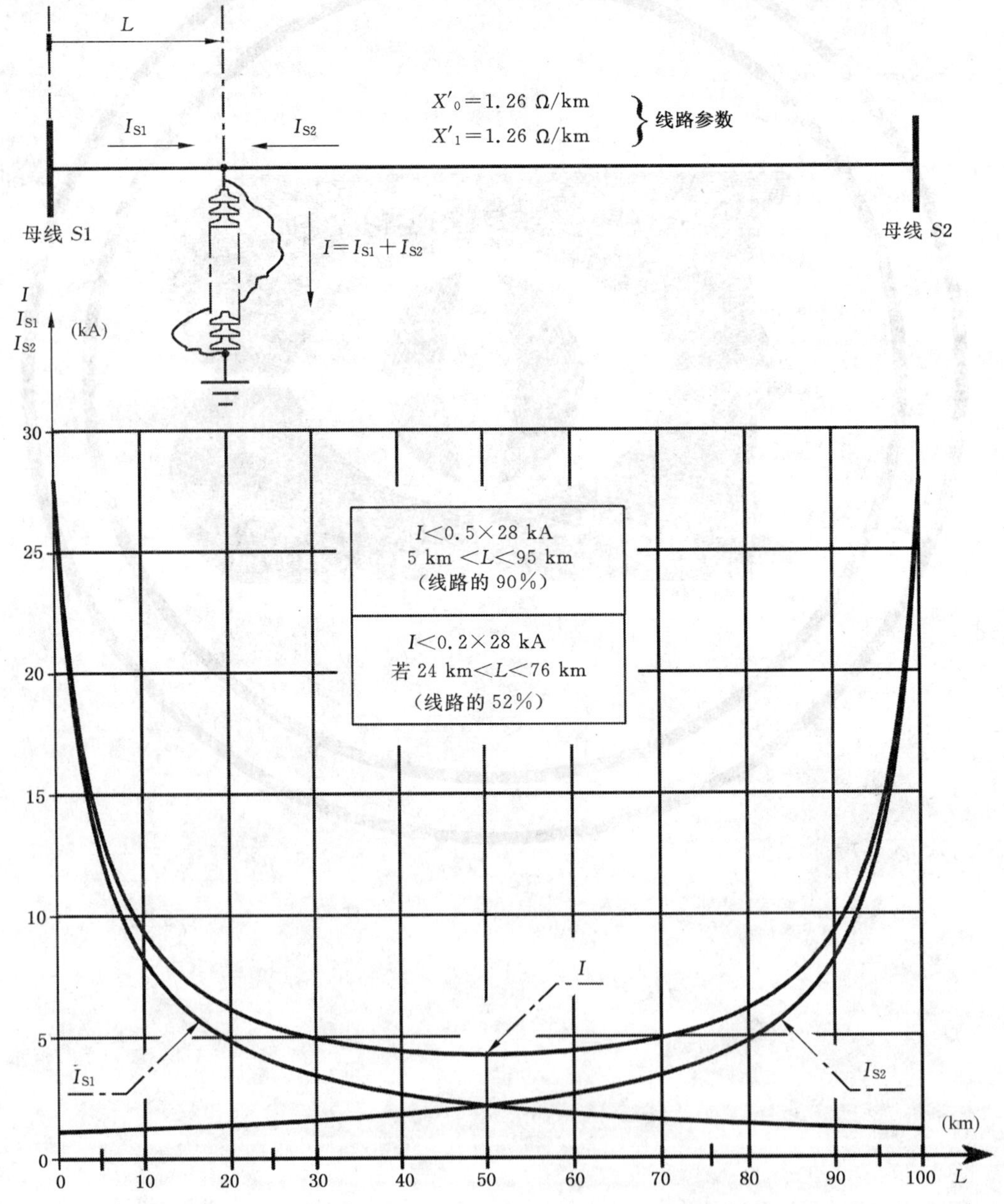

图 F.1 电弧电流和供电电路电流分布(100 **km** 和短路电流 28 **kA** 母线相连的 145 **kV** 线路)

试验序列规定的短路电流为 0.2 I_{sys}，0.5 I_{sys}和 I_{sys},符合沿传输线路典型故障电流水平。一个试验序列中的 3 次试验均符合线路断路器的设定操作顺序。电弧持续时间和断路器正常动作时间设定匹配。第 3 次试验持续时间较长,对应于后备保护的时间设定。

附　录　G
（资料性附录）
本标准与IEC 61467:2008的技术差异及其原因

本标准与IEC 61467:2008的技术差异及其原因见表G.1。

表G.1　本标准与IEC 61467:2008的技术差异及其原因

本标准章条编号	技术性差异	原因简述
7.2,8.2	增加了“如果按照绝缘子的实际运行状况考虑,施加于绝缘子串组的负荷可增大至绝缘子规定机电(械)破坏负荷的40%。”。	在IEC 61467中,工频电弧试验时施加力的目的仅限于使绝缘子串组或短串与水平面保持一定的相对位置,并保证电气接触良好。本标准考虑了运行燃弧时绝缘子的实际承受负荷状况。
表3	把试验参数等级修改为:短路电流20 kA,持续时间0.12 s。	总结采纳了近年来国内盘形悬式瓷或玻璃绝缘子的交流工频电弧试验经验,以及对棒形悬式复合绝缘子进行的电弧验证试验结果。
表4	试验评价准则中增加了不允许复合绝缘子端部密封失效的要求。	根据我国的运行经验,复合绝缘子的端部密封良好对其运行的安全性至关重要。因而增加了这一要求。
表4	试验评价准则中对短串的元件试验增加了要求:“闪络电压不应低于绝缘子元件的湿耐受电压”。	主要考虑电弧冲击后若绝缘子元件的伞盘或伞破损严重,则不能耐受运行电压。
附录G	增加。	便于对照本标准和IEC 61467:2008的技术性差异。
原附录G	删除。	我国试验室不适用。
附录H	删除。	我国试验室不适用。

参考文献

[1] GB/T 1001.1—2003 标称电压高于1 000 V的架空线路绝缘子 第1部分:交流系统用瓷或玻璃绝缘子元件——定义、试验方法和接收准则

[2] IEC 60383-2:1993 标称电压高于1 000 V的架空线路绝缘子 第2部分:交流系统用绝缘子串及绝缘子串组 定义、试验方法和接收准则

[3] GB/T 2900.8 电工术语 绝缘子

ICS 43.040.10
T 36

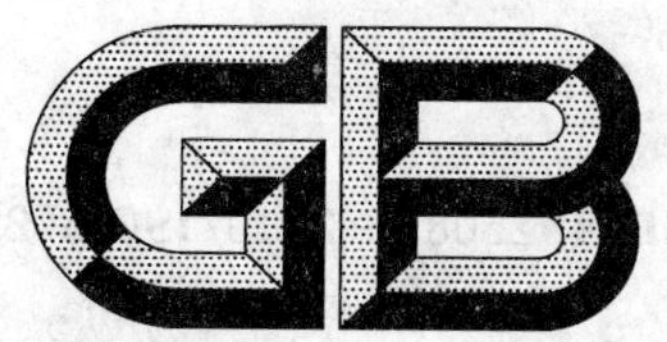

中华人民共和国国家标准

GB/T 25085—2010/ISO 6722:2006

道路车辆　60 V 和 600 V 单芯电线

Road vehicles—60 V and 600 V single-core cables

(ISO 6722:2006,IDT)

2010-09-02 发布　　2011-02-01 实施

中华人民共和国国家质量监督检验检疫总局
中国国家标准化管理委员会　发布

前　言

本标准等同采用ISO 6722:2006《道路车辆　60 V和600 V单芯电线　尺寸、试验方法和要求》进行制定。进行了下列编辑性修改：

a)　“本国际标准”改为“本标准”；

b)　用小数点“.”代替原作为小数点的逗号“,”；

c)　删除了国际标准的前言；

d)　规范性引用文件对照表代替国际标准附录D的内容；

e)　删除了国际标准最后的参考文献。

本标准的附录A、附录B、附录C和附录D是资料性附录。

本标准由国家发展和改革委员会提出。

本标准由全国汽车标准化技术委员会归口。

本标准起草单位：北京福斯汽车电线有限公司。

本标准主要起草人：霍焰、王亚东、李国玉、董喜刚。

道路车辆 60 V 和 600 V 单芯电线

1 范围

本标准规定了道路车辆用单芯 60 V 和 600 V 电线的尺寸、试验方法和要求及 600 V 电线附加的试验方法和要求。

本标准适用于道路车辆单芯电线，也适用于多芯电缆中的单个线芯。

规定了八个温度等级，见表 1。

表 1 温度等级范围

等级	温度
A	−40 ℃～85 ℃
B	−40 ℃～100 ℃
C	−40 ℃～125 ℃
D	−40 ℃～150 ℃
E	−40 ℃～175 ℃
F	−40 ℃～200 ℃
G	−40 ℃～225 ℃
H	−40 ℃～250 ℃

2 规范性引用文件

下列文件中的条款通过本标准的引用而成为本标准的条款。凡是注日期的引用文件，其随后所有的修改单(不包括勘误的内容)或修订版均不适用于本标准，然而，鼓励根据本标准达成协议的各方研究是否可使用这些文件的最新版本。凡是不注日期的引用文件，其最新版本适用于本标准。

GB/T 2951.21 电缆和光缆绝缘和护套材料通用试验方法 第 21 部分：弹性体混合料专用试验方法 耐臭氧试验——热延伸试验——浸矿物油试验(GB/T 2951.21—2008，IEC 60811-2-1:2001，IDT)

ISO 1817 硫化橡胶 耐液体性确定

ISO 6931-1 弹簧用不锈钢 第 1 部分：钢丝

IEC 60757 颜色标识代码

ASTM B1 硬拉铜线标准规范

ASTM B3 软或退火铜线标准规范

ASTM B33 导电用镀锡软或退火铜丝标准规范

ASTM B298 镀银软或退火铜线标准规范

ASTM B355 镀镍软或退火铜线标准规范

3 术语和定义

下列术语和定义适用于本标准。

3.1

60 V 电线 60 V cable

用于系统标称电压不大于 DC 60 V(或 AC 25 V)的车辆电线。

3.2

600 V 电线 600 V cable

用于系统标称电压大于 DC 60 V(或 AC 25 V)且小于 DC 600 V(或 AC 600 V)的车辆电线。

注：交流试验在 50 Hz 或 60 Hz 下进行，应用更高频率可能需要额外的试验。

3.3

电线族　cable family

由多个规格具有相同绞合导体镀层、绝缘形式和壁厚类型的电线构成的组合。

3.4

标称值　nominal (value)

用于标明或识别元件的适当近似值。

4　一般要求

4.1　注意事项

应特别注意保护电压超过 DC 60 V(或 AC 25 V)的电线免受机械冲击，避免被电击的危险。无论何种壁厚的 600 V 电线，均应符合厚壁电线的“耐磨”要求。

4.2　导体

导体应由表 2 所示裸铜或带镀层的铜丝绞合而成。规格不小于 0.5 mm^2 的导体应由软退火铜丝或退火压缩/压紧铜丝组成。规格小于 0.5 mm^2 的导体应由软退火铜丝、软退火压缩/压紧铜丝、不退火硬铜丝或某种铜合金丝组成。导体具体要求应符合所用材料的规定。伸长率由供需双方协商确定。除合金之外的所有导体其成品电线应满足 6.1 的电阻要求。当使用某种合金时，电阻要求应由供需双方协商确定。

注：绞线示例参见附录 A。

表 2　导体说明

ASTM B1	硬拉铜丝
ASTM B3	软或退火铜丝
ASTM B33	镀锡软或退火铜丝
ASTM B298	镀银软或退火铜线[a]
ASTM B355	镀镍软或退火铜线[a]
[a] 镀银或镀镍铜丝用在高的“温度等级”。	

4.3　试验

电线应按表 3 的规定进行试验。

4.4　通用试验条件

除了第 5 章和 6.1、6.3 之外，所有试验的试样均应在(23±5)℃的室温下放置时间不少于16 h。除非另有规定，除“流程性”试验外的所有试验均应在该温度下进行。所有未规定公差的值均视为近似值。

4.5　烘箱

当需要烘箱时，所使用的烘箱应是热空气烘箱，另有规定除外。在规定温度下烘箱内的空气每小时完全换气次数为 8～20 次。

4.6　试验用代表性导体规格

当某个试验必需进行时，导体规格、壁厚、绝缘形式的所有组合均应符合相应要求。允许从电线族仅抽取较大和较小规格的导体试样作为代表性导体规格进行试验。从电线族选择用作试验的“代表性导体规格”应由供需双方协商确认。

表 3 试验

章条号	试验项目	流程性试验[a]	鉴定性试验		必要时试验[c]	
			首次	周期[b]	首次	周期[b]
5	尺寸					
5.1	电线外径	—	×	×	—	—
5.2	绝缘厚度	—	×	×	—	—
5.3	导体直径	—	—	—	×	×
6	电性能					
6.1	导体电阻	—	×	×	—	—
6.2	耐电压	—	[d]	[d]	—	—
6.3	绝缘缺陷	[d]	—	—	—	—
6.4	绝缘体积电阻率	—	—	—	×	×
7	机械性能					
7.1	高温压力	—	×	×	—	—
7.2	剥离力	—	—	—	×	×
8	低温性能					
8.1	卷绕	—	×	×	—	—
8.2	冲击	—	—	—	×	×
9	耐磨	—	[e]	[e]	—	—
9.2	拖磨	—	—	—	—	—
9.3	刮磨	—	—	—	—	—
10	热老化					
10.1	3 000 h 长期老化	—	×	—	—	—
10.2	240 h 短期老化	—	×	×	—	—
10.3	热过载	—	—	—	×	×
10.4	热收缩	—	×	×	—	—
11	耐环境及化学品					
11.2	耐液体	—	[f,g]	—	[f,g]	—
11.3	电线标志耐久性	—	—	—	[g]	[g]
11.4	耐臭氧	—	—	—	[g]	—
11.5	耐热水	—	—	—	[g]	—
11.6	温度和湿度交变	—	—	—	[g]	—
12	抗延燃	—	×	×	—	—

注 1:“×”为 采用。

注 2:“—”为不采用。

[a] 试验对象为制造期间或之后的所有电线。

[b] 周期试验的频率应由供需双方协商确定。

[c] 采用“必要时试验”应由供需双方协商确定。

[d] 60 V 和 600 V 电线要求不同。详细资料见 6.2 和 6.3。

[e] 见第 9 章。

[f] 部分液体是作为“鉴定性试验”,其余液体是“必要时试验”进行的,详细资料见 11.2。

[g] 可以从电线族中仅抽取较大和较小规格的导体试样试验,详见 4.6。

4.7 推荐颜色

推荐颜色参见附录 B。

5 尺寸

5.1 电线外径

5.1.1 试样

准备 3 m 长试样。

5.1.2 装置

使用精度为±0.01 mm 的测量装置，测量装置不应使电线产生变形。

5.1.3 程序

以 1 m 间隔取三个测量位置进行测量，记录每点最大和最小外径。

5.1.4 要求

所有测量结果应在相应规格电线最大和最小外径范围之内。电线外径详见表 4 并参见表 C.1。

5.2 绝缘厚度

5.2.1 试样

从 3 m 长电线上每隔 1 m 取一绝缘横断面薄片，准备三个试样。从电线上剥去绝缘。在准备过程小心试样不要变形。如果电线标志引起绝缘凹痕，试样要首先穿过这个凹痕取得。

5.2.2 装置

使用精度为±0.01 mm 的测量装置，测量装置不应使电线产生变形。

5.2.3 程序

在测量仪器下平放试样，切面和光轴垂直，测量绝缘的最小厚度。

5.2.4 要求

所有点应不小于表 4 中规定的相应规格的最小绝缘厚度。

表 4 尺寸

ISO 导体		厚壁			薄壁			超薄壁		
规格 mm^2	直径 mm	绝缘厚度 mm		电线外径 mm	绝缘厚度 mm		电线外径 mm	绝缘厚度 mm		电线外径 mm
	最大	标称	最小	最大	标称	最小	最大	标称	最小	最大
0.13	0.55	—	—	—	0.25	0.20	1.05	0.20	0.16	0.95
0.22	0.70	—	—	—	0.25	0.20	1.20	0.20	0.16	1.05
0.35	0.90	—	—	—	0.25	0.20	1.40[a]	0.20	0.16	1.20
0.50	1.10	0.60	0.48	2.30	0.28	0.22	1.70	0.20	0.16	1.40
0.75	1.30	0.60	0.48	2.50	0.30	0.24	1.90	0.20	0.16	1.60
1	1.50	0.60	0.48	2.70	0.30	0.24	2.10	0.20	0.16	1.75
1.5	1.80	0.60	0.48	3.00	0.30	0.24	2.40	0.20	0.16	2.10
2	2.00	0.60	0.48	3.30	0.35	0.28	2.80	0.25	0.20	2.40
2.5	2.20	0.70	0.56	3.60	0.35	0.28	3.00	0.25	0.20	2.70
3	2.40	0.70	0.56	4.10	0.40	0.32	3.40	—	—	—
4	2.80	0.80	0.64	4.40	0.40	0.32	3.80	—	—	—
5	3.10	0.80	0.64	4.90	0.40	0.32	4.20	—	—	—
6	3.40	0.80	0.64	5.00	0.40	0.32	4.30	—	—	—
10	4.50	1.00	0.80	6.50	0.60	0.48	6.00	—	—	—
16	6.30	1.00	0.80	8.30	0.65	0.52	7.90	—	—	—
25	7.80	1.30	1.04	10.40	0.65	0.52	9.40	—	—	—
35	9.00	1.30	1.04	11.60	—	—	—	—	—	—
50	10.50	1.50	1.20	13.50	—	—	—	—	—	—
70	12.50	1.50	1.20	15.50	—	—	—	—	—	—
95	14.80	1.60	1.28	18.00	—	—	—	—	—	—
120	16.50	1.60	1.28	19.70	—	—	—	—	—	—

注：高容量电线的外径最小值参见表 C.1，是否采用这些值要经供需双方协商。

[a] 对于采用 7 根绞合的 0.35 mm^2 规格的导体，其最大电线外径应为 1.30 mm。

5.3 导体直径

5.3.1 试样

取样数量和方法由供需双方协商确定，如果结果有争议，采用仲裁方法。

仲裁试样：如果有争议，从 3 m 长电线上间隔 1 m 取样，准备三个试样，每个长 20 mm。小心不要使试样变形。将试样浸渍在铸造树脂中，凝固后，垂直试样轴线取截面。

5.3.2 装置

在通常情况下使用和绝缘厚度测量同样的装置(见 5.2)完成本试验。

仲裁装置：如果有争议，测量装置应不低于 10 倍线性放大。

5.3.3 程序

按 5.2 测量试样内径作为导体直径，记录每个试样最大内径。

仲裁程序：如果有争议，使用仲裁试样和仲裁装置测量导体直径。记录每个试样最大导体直径。

5.3.4 要求

测量值应不超过表 4 规定的最大值。

6 电性能

6.1 导体电阻

6.1.1 试样

准备 1 m 长试样外加连接所必需的长度。电阻读数如按 6.1.3 的方法经过折算，试样也可以使用其他长度。试样末端可以焊接。

6.1.2 装置

使用精度在±0.5%测量值范围之内的电阻测量仪和精度为±0.5 ℃的温度计。

6.1.3 程序

测量试样的温度和无焊接部分的长度，注意确保连接可靠。测量试样电阻，使用下列公式计算折算值：

$$R_{20}=\frac{R_t}{L[1+0.003\,93(t-20)]}$$

式中：

R_{20}——在 20 ℃参考温度下折算的导体电阻，mΩ/m；

R_t——导体温度下测量的导体电阻，mΩ；

L——无焊接部分的导体长度，m；

t——测量时导体温度，℃。

注：0.003 93 是在 20 ℃时，100%导电率下铜的温度系数。对于镀层线或合金，修正系数由供需双方协商确定。

6.1.4 要求

折算值应不超过表 5 规定的最大值。

镀银绞线导体电阻应不超过裸铜导体的单位长度最大导体电阻。

表 5 导体电阻

ISO 导体规格 mm^2	20 ℃单位长度最大电阻 mΩ/m		
	裸铜	镀锡铜	镀镍铜
0.13	136	140	142
0.22	84.4	86.5	87.9
0.35	54.4	55.5	56.8

表 5（续）

ISO 导体规格 mm²	20 ℃单位长度最大电阻 mΩ/m		
	裸铜	镀锡铜	镀镍铜
0.50	37.1	38.2	38.6
0.75	24.7	25.4	25.7
1	18.5	19.1	19.3
1.5	12.7	13.0	13.2
2	9.42	9.69	9.82
2.5	7.60	7.82	7.92
3	6.15	6.36	641
4	4.71	4.85	4.91
5	3.94	4.02	4.11
6	3.14	3.23	3.27
10	1.82	1.85	1.90
16	1.16	1.18	1.21
25	0.743	0.757	0.774
35	0.527	0.538	0.549
50	0.368	0.375	0.383
70	0.259	0.264	0.270
95	0.196	0.200	0.204
120	0.153	0.156	0.159
注：高容量电线的单位长度电阻最小值参见表 C.2，是否采用这些值要经供需双方协商。			

6.2 耐电压

6.2.1 试样

准备最小 350 mm 长试样，从每端剥去 25 mm 绝缘，把导体两端扭在一起形成环。

6.2.2 装置

如图 1 所示，在非导电容器中装上盐水（质量比为 3%的 NaCl 水溶液），试样端头露在液面上面。使用频率为 50 Hz 或 60 Hz 的交流电压源。

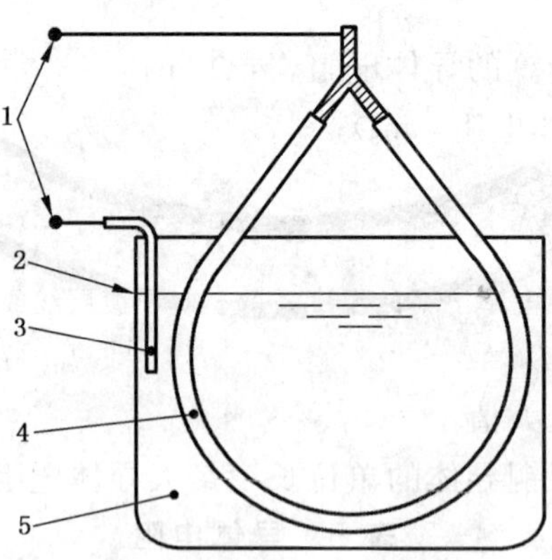

图中：

1——试验电压；

2——非导电容器；

3——电极；

4——试样；

5——盐水浴。

图 1 耐电压试验装置

6.2.3 程序

6.2.3.1 60 V 电线

如图1所示把试样浸渍在水浴中,4 h后在导体和水浴之间施加1 kV(均方根)测试电压30 min。然后以500 V/s速率增加电压到以下电压值:

——导体规格小于0.5 mm^2 的电线为3 kV;

——导体规格不小于0.5 mm^2 的电线为5 kV。

6.2.3.2 600 V 电线

完成和60 V电线同样的程序之后,保持3 kV或5 kV的电压5 min。

6.2.4 要求

不发生击穿。

6.3 绝缘缺陷

6.3.1 试样

所有电线产品。

6.3.2 装置

用正弦波电压源,设定电压见表6。试验电极可以是金属珠链、金属刷或其他类型的适当电极。选择电极长度和频率应考虑电线线速度,使穿过电极区间的电线每点最少加载9个正弦波。

表6 绝缘缺陷试验电压

ISO 导体规格 mm^2	电压等级 kV(均方根)	
	60 V 电线	600 V 电线
<0.5	3	6
≥0.5	5	8

6.3.3 程序

该试验在生产条件下进行,所有电线都要经受该试验。如果确定同样能检测出绝缘缺陷的其他试验方法也可采用。

6.3.4 要求

当接地的电线穿过测试电极时应不发生击穿。

6.4 绝缘体积电阻率

6.4.1 试验采用

是否采用本试验应由供需双方协商确定。

6.4.2 试样

准备5 m长试样,并从每端去除25 mm绝缘。

6.4.3 装置

在非导电容器中半盛满(70±2)℃的自来水。用电压DC500V的电阻测量仪。电压允许在100 V和500 V之间。如果发生争议,作为仲裁装置的电阻测量仪电压应为DC500V。

6.4.4 程序

每端露出水浴250 mm,浸渍试样2 h。在导体和水浴之间施加直流电压。施加电压1 min后测量电阻值。用下列公式折算绝缘体积电阻率:

$$\rho_0 = 2.725 \times \frac{L \times R}{\lg \frac{D}{d}}$$

式中:

ρ_0——绝缘体积电阻率,Ω·mm;

L——浸渍试样长度,mm;

R——测量的绝缘电阻,Ω;

D——5.1 规定的电线外径,mm;

d——5.3 规定的导体直径,mm;

lg——以 10 为底的对数。

6.4.5 要求

绝缘体积电阻率应不低于 10^9 Ω·mm。

7 机械性能

7.1 高温压力

7.1.1 试样

准备三个 600 mm 长试样。

7.1.2 装置

试验装置如图 2 所示,装置应能自由摆动。按表 7 设定烘箱的温度。由刀刃给试样施加按以下公式求得的力 F:

$$F = 0.8\sqrt{i(2D-i)}$$

式中:

F——施加在试样上的垂直合力,N;

0.8——尺寸转换系数,N/mm;

D——表 4 给出的相应规格电线最大外径,mm;

i——表 4 给出的绝缘厚度标称值,mm。

计算力时可以圆整末尾的小数,但误差不应超过 3%。

单位为毫米

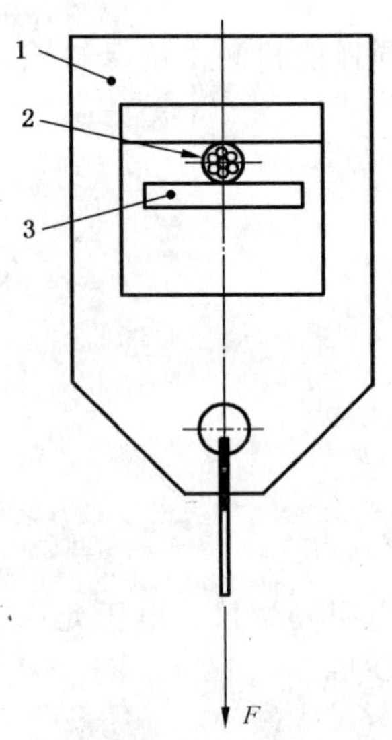

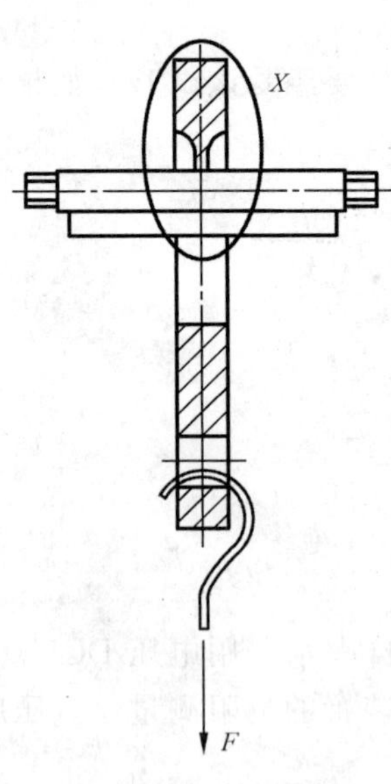

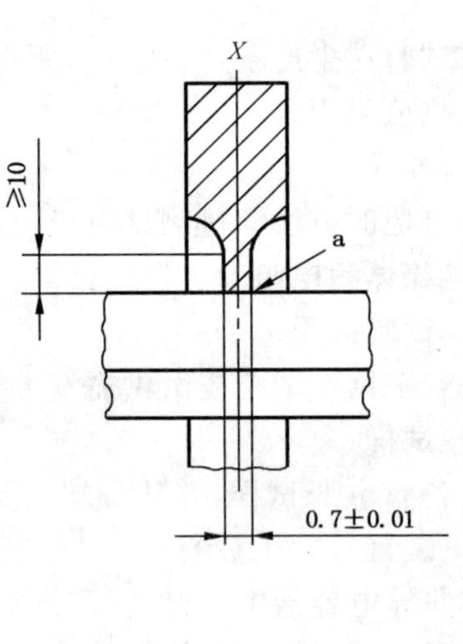

图中:

1——测试架;

2——试样;

3——支架;

F——施加力。

[a] 倒角最大半径为 0.005 mm。

图 2 高温压力试验装置

表 7 高温压力试验温度

等级	试验温度 ℃
A	85±2
B	100±2
C	125±3
D	150±3
E	175±3
F	200±3
G	225±4
H	250±4
注：以上为耐温等级值(见表 1)。	

7.1.3 程序

如图 2 放置试样。在支架上固定试样避免使其在刀刃压力下弯曲。装置的负荷和刀刃应和试样的轴线垂直并且施加在试样的中部。放置试样在负荷，不预热下，放入烘箱 4 h。然后在 10 s 内浸渍冷水中冷却。对其他试样重复这个步骤。冷却后对试样按 6.2 进行耐电压试验，但对 6.2 的程序作以下改动：

——在施加电压前试样浸在盐水液中最少 10 min；

——施加 1 kV（均方根）电压 1 min；

——在施加 1 kV（均方根）电压后不再提升电压。

7.1.4 要求

在耐电压试验期间不应发生击穿。

7.2 剥离力

7.2.1 试验采用

是否采用本试验由供需双方协商确定。该项试验适用于导体规格不大于 6 mm^2 的电线。

7.2.2 试样

从 3 m 长电线上间隔 1 m 取三个 100 mm 长试样。小心地从导体一端干净地剥去 25 mm 长绝缘(图 3 中 AB 长度)。然后将试样剩余完好部分剪成 50 mm 长(BC)。

7.2.3 装置

采用类似图 3 的试验夹具，带有和对应导体直径相等圆孔的金属板。使用速度为 250 mm/min 的拉力机。装置应有能力保证在导体和装置之间没有摩擦地拔动试样。

单位为毫米

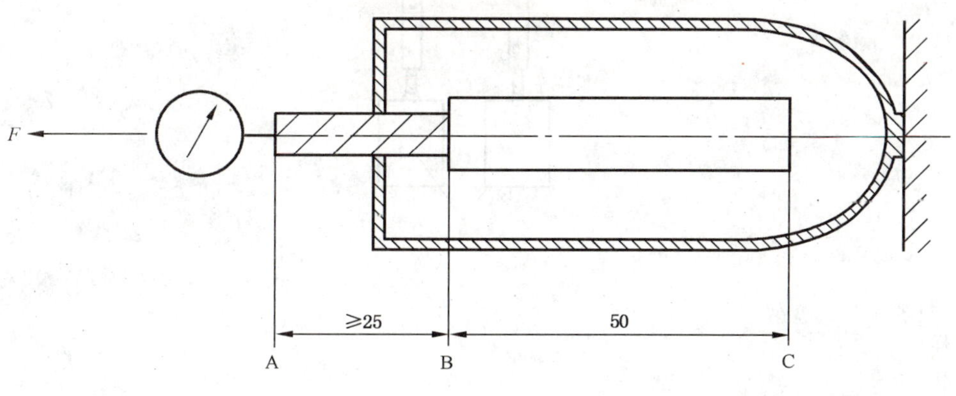

图 3 剥离力试验装置

7.2.4 程序

试样放置在如图 3 的测试夹具上。以 250 mm/min 的速度在导体和装置之间无摩擦地拔动试样。记录力(F)。对其他的试样重复这个步骤。如果 50 mm 绝缘部分(BC)滑动时变弯曲,重新准备绝缘长度为 25 mm 的试样重复该程序。

7.2.5 要求

测量力应在经供需双方协商确定的范围值之内。

8 低温性能

8.1 卷绕

8.1.1 试样

准备两个 600 mm 试样,从每端去除 25 mm 绝缘。

8.1.2 装置

使用(−40±2)℃的冷冻室(对于厚壁电线经供需双方协商可以使用(−25±2)℃)。可使用固定或旋转的芯轴,芯轴直径见表 8。

旋转芯轴见图 4,重物应符合表 8。固定芯轴不使用重物。

表 8 卷绕试验要求

ISO 导体规格 α mm^2	芯轴直径 mm		重物 kg	卷绕速度 s^{-1}	最少圈数
$\alpha \leqslant 0.75$	≤5 倍最大电线外径	≤1.5 倍最大电线外径	0.5	1	3
$0.75 < \alpha \leqslant 1.5$			2.5	1	3
$1.5 < \alpha \leqslant 6$			5	1	2
$6 < \alpha \leqslant 10$			8	0.5	0.5
$10 < \alpha \leqslant 25$			10	0.5	0.5
$25 < \alpha \leqslant 35$			20	0.5	0.5
$35 < \alpha \leqslant 120$			30	0.2	0.5

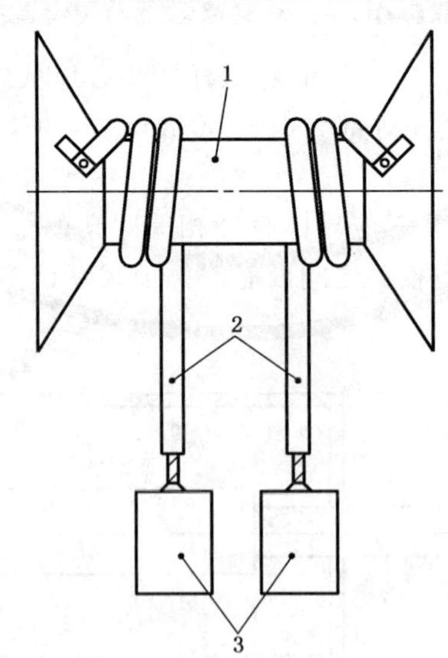

图中:

1——芯轴;

2——试样;

3——重物。

图 4 卷绕试验装置

8.1.3 程序

试样和芯轴应在冷冻箱内放置最少 4 h。

使用旋转芯轴时试样应如图 4 所示固定在芯轴上,自由端加载重物。使芯轴与悬挂的试样垂直。使用固定芯轴时将试样人工绕芯轴卷绕。

在冷冻箱内,以表 8 规定的卷绕速度绕芯轴卷绕不低于表 8 规定的最少圈数。应保证在试样和芯轴之间连续接触卷绕。

低温卷绕后,允许将试样返回到室温,进行目视检查。如果目视检查不露导体,按 6.2 进行耐电压试验,但对 6.2 作以下改动:

——施加电压前试样浸渍在盐水浴中最少 10 min;

——施加 1 kV(均方根)电压 1 min;

——施加 1 kV(均方根)电压后不再提升电压。

8.1.4 要求

卷绕后,目视不应露导体,在耐电压试验期间不应发生击穿。

8.2 冲击

8.2.1 试验采用

是否采用本试验应由供需双方协商确定。

8.2.2 试样

准备三个 1.2 m 长试样,从试样每端去除 25 mm 绝缘。

8.2.3 装置

装置如图 5 所示,放 40 mm 厚泡沫橡皮垫。重锤质量应符合表 9 规定。冷冻室温度为(−15±2)℃。

单位为毫米

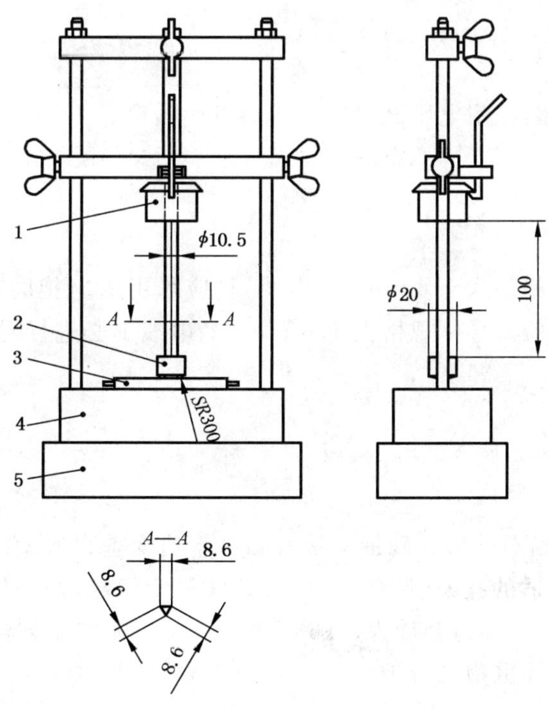

图中:

1——重锤;

2——钢中间块 100 g;

3——试样;

4——钢底座,质量 10 kg;

5——泡沫橡皮垫。

图 5 冲击试验装置

表 9 冲击

ISO 导体规格 α mm^2	重锤质量 g		
	厚壁电线	薄壁电线	超薄壁电线
$\alpha\leqslant0.5$	—	N/A	N/A
$0.5<\alpha\leqslant2.5$	100	100	N/A
$2.5<\alpha\leqslant4$	100	100	—
$4<\alpha\leqslant10$	200	200	—
$10<\alpha\leqslant25$	300	300	—
$25<\alpha\leqslant50$	300		—
$50<\alpha\leqslant120$	400	—	—
注 1：“N/A” 不适用。 注 2：“—” 不存在的电线类型。			

8.2.4 程序

在试样中部进行冲击试验。将装置放置在泡沫橡皮垫上，和试样一起在冷冻箱中存放至少 16 h 。如果装置经过预冷，试样已经达到规定温度，冷冻时间为 4 h 即可。在这个期间最后时刻，试样平行放置于钢底座上。让重锤从 100 mm 高下落。对剩余试样重复这个步骤。冲击后，允许将试样返回到室温进行绝缘的目视检查。如果目视不露导体，按 6.2 进行耐电压试验，但对 6.2 的程序作以下改动：

——施加电压前试样浸渍在盐水浴中至少 10 min；

——施加 1 kV（均方根）电压 1 min；

——施加 1 kV（均方根）电压后不再提升电压。

8.2.5 要求

冲击后，目视不应露导体，在耐电压试验期间不应发生击穿。

9 耐磨

9.1 试验应用

本试验仅适用于导体规格不大于 6 mm^2 的电线，且应采用 9.2(拖磨)或 9.3(刮磨) 中的一种试验。供需双方应明确采用何种试验。导体规格大于 6 mm^2 的电线不必进行耐磨试验。

9.2 拖磨

9.2.1 试样

准备 1 m 长试样，从每端去除 25 mm 绝缘。

9.2.2 装置

使用标号为 150 J 的石榴石砂带。砂带上带有和砂带边缘垂直的 10 mm 长导电条，导电条间距最大 75 mm。通过轴臂利用合适的托架(见图 6) 保持试样位置稳定，始终处在砂带未使用的区域。由托架、支撑杆和轴臂施加在试样上的力合计为(0.63±0.05)N 。施加在试样上的垂直力为托架、轴臂、支撑杆和附加重物的合力。附加重物见表 10。

9.2.3 程序

拉紧试样(但不要拉伸)，在水平位置使用砂带以前未使用的区域。加上附加重物，托架压在试样上。以(1 500±75)mm/min 速度在试样下拉动砂带。记录使导体暴露所需要的砂带长度。移动试样 50 mm 并顺时针翻转试样 90°。重复这个程序取得四个读数。读数平均既为耐拖磨值。

9.2.4 要求

耐砂带拖磨长度的最小值应与表 10 一致。

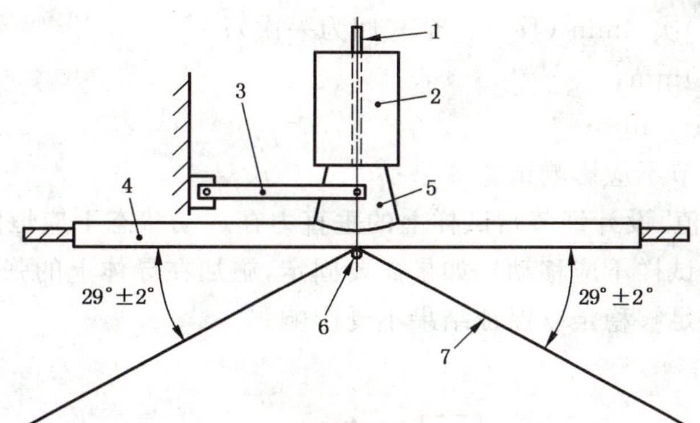

图中：

1——支撑杆；

2——附加重物；

3——轴臂；

4——试样；

5——托架；

6——带子支持销，直径=6.9 mm；

7——150 J 石榴石砂带。

图 6 拖磨试验装置

表 10 拖磨试验要求

ISO 导体规格 mm²	60 V 厚壁电线		60 V 薄壁电线		60 V 超薄壁电线		600 V 电线	
	附加重物 kg	砂带最小长度 mm	附加重物 kg	砂带最小长度 mm	附加重物 kg	砂带最小长度 mm	附加重物 kg	砂带最小长度 mm
0.13				200	0.05	150		400
0.22	—	—	0.1	225	0.05	175	0.5	400
0.35				250	0.05	200		400
0.5		400		300		175		400
0.75		410		350		200		410
1	0.5	420	0.2	400	0.1	225	0.5	420
1.5		430		450		250		430
2		450		500		275		450
2.5	1.5	280		250	0.2	125	1.5	280
3		330		300	—	—		330
4		400	0.5	350	—	—		400
5	1.5	450		430	—	—	1.5	450
6		500		500	—	—		500

9.3 刮磨

9.3.1 试样

准备 1 m 长试样，从一端去除 25 mm 绝缘。

9.3.2 装置

使用如图 7 所示耐刮磨试验装置。由专门设计的沿试样轴向往复刮磨绝缘表面装置和可以记录往复次数的记数器组成。当刮针磨透绝缘接触导体时，应控制装置停止动作。装置应满足如下规定：

——刮针直径：(0.25±0.01) mm 或(0.45±0.01)mm，由供需双方协商确定；

——刮针类型：弹簧线(不锈钢)材料按 ISO 6931-1 规定；

——频率:往复(55±5)次 /min(移动一个来回为一次);

——刮针位移:(20±1)mm;

——刮磨长度:(15.5±1)mm;

——运动形式:设计细节不应影响试验效果;

——重物(位置,重力值,设计细节):试样上的垂直力在运动状态下应恒定;

——安放力:试验过程试样不应移动。如果需要固定,施加在导体上的张力不应超过100 N/mm²;

——装置固定:装置应足够稳定以保证结果不受影响。

单位为毫米

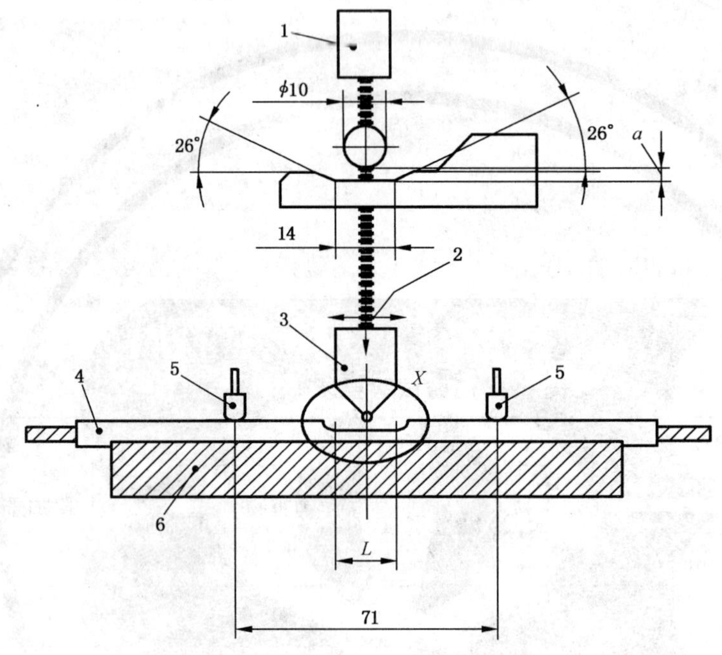

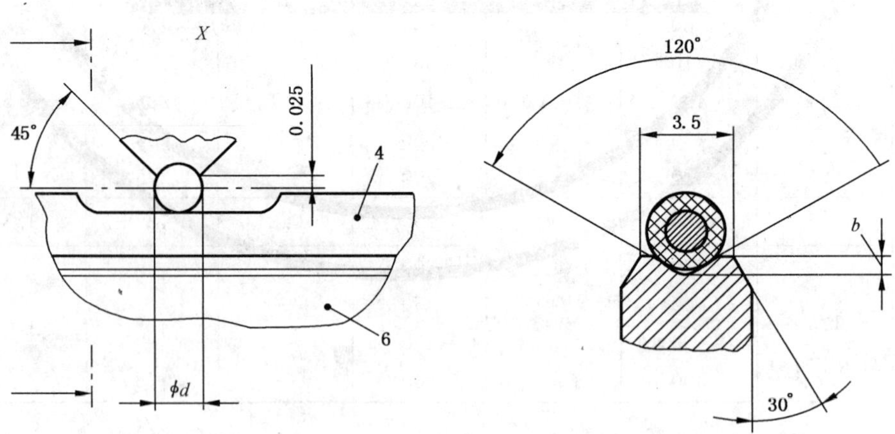

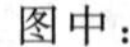

图中:

1——重物;

2——行程;

3——针座;

4——试样;

5——夹具;

6——试样台。

L——刮磨长度=(15.5±1)mm;

d——挂针直径:

(0.25±0.01) mm

或(0.45±0.01)mm;

a——刮磨区间的间隙;

b——凹槽深度:

导体规格不大于 0.35 mm² 为 0.4 mm,

导体规格大于 0.35 mm² 为 0.8 mm。

图 7 刮磨试验装置

9.3.3 程序

在试样上施加(7±0.05)N的垂直合力。在(23±1)℃的温度下取得4个往复次数测量结果。每次读数后,试样移动100 mm并顺时针翻转90°。每次读数后更换刮针。

9.3.4 要求

循环次数由供需双方协商确定。

10 热老化

10.1 3 000 h长期老化

10.1.1 目的

该试验用来确定电线按表1分类的耐热温度等级。

10.1.2 试样

准备两个至少350 mm长试样,从每端去除25 mm绝缘。

10.1.3 装置

使用表11规定温度下的烘箱。重物和芯轴按表8规定。

表11 长期老化和温湿度交变温度

级　别	温度[a] ℃
A	85±2
B	100±2
C	125±3
D	150±3
E	175±3
F	200±3
G	225±4
H	250±4
[a] 为耐热等级值(见表1)。	

10.1.4 程序

放置试样在烘箱内3 000 h。用导体固定试样避免绝缘和支架之间有任何接触。试样彼此之间及试样和烘箱内表面分开至少20 mm。不同绝缘材料的电线不应在一起测试。老化后,从烘箱取出试样使其在(23±5)℃下存放至少16 h。经过室温调整后,按8.1在室温下进行卷绕试验。卷绕后,进行绝缘目视检查。如果目视不露导体,则按6.2进行耐电压试验,但对6.2作以下改动:

——施加电压之前试样预先浸渍盐水浴至少10 min;

——施加1 kV(均方根)电压1 min;

——施加1 kV(均方根)电压之后不再提升电压。

10.1.5 要求

卷绕后,目视不应露导体,在耐电压试验期间不应发生击穿。

10.2 240 h短期老化

10.2.1 目的

该试验用来模拟热漂移。

10.2.2 试样

准备两个最小350 mm长试样,从每端去除25 mm绝缘。

10.2.3 装置

使用表 12 规定温度的烘箱和(−25±2)℃冷冻室,重物和芯轴按表 8 的规定。

表 12 短期老化温度

级　别	试验温度[a] ℃
A	110±2
B	125±3
C	150±3
D	175±3
E	200±3
F	225±4
G	250±4
H	275±4

[a] 为耐热等级值(见表 1)+25 ℃。

10.2.4 程序

按 10.1.4 规定的程序;但作以下改变:

——用 240 h 的老化时间;

——按 8.1 在(−25±2)℃冷冻箱中进行卷绕试验;

——允许目视检查前,试样返回到室温。

10.2.5 要求

卷绕后,目视不应露导体,在耐电压试验期间不应发生击穿。

10.3 热过载

10.3.1 目的

该试验用来模拟电线的热过载条件。

10.3.2 试样

准备两个最小 350 mm 长试样,从每端去除 25 mm 绝缘。

10.3.3 装置

使用烘箱在表 13 规定温度进行热过载试验。重物和芯轴按表 8 规定。

表 13 热过载试验温度

级　别	试验温度[a] ℃
A	135±3
B	150±3
C	175±3
D	200±3
E	225±4
F	250±4
G	275±4
H	300±4

[a] 为耐温等级温度(见表 1)+50 ℃。

10.3.4 程序

按 10.1.4 规定的程序,老化时间为 6 h。

10.3.5 要求

卷绕后,目视不应露导体,在耐电压试验期间不应发生击穿。

10.4 热收缩

10.4.1 试样

准备三个 100 mm 长试样。

10.4.2 装置

用 (150±3)℃烘箱进行试验。

10.4.3 程序

试验前在 (23±5)℃下测量试样绝缘长度。在空气可以自由流通的烘箱内水平放置试样 15 min。之后冷却到(23±5)℃,再一次测量绝缘长度。

10.4.4 要求

在任意端绝缘最大收缩应不超过 2 mm。

11 耐环境和化学品

11.1 代表性规格

当需要某项耐化学品试验时,可以按 4.6 选取代表性规格进行试验。

11.2 耐液体

11.2.1 概述

该试验要求使用汽油、柴油和机油。该试验用来验证电线有限度接触的液体。验证电线持续浸渍性应有额外的试验。

11.2.2 浸渍

11.2.2.1 试样

为每种试验液体各准备 600 mm 长试样,从每端去除 25 mm 绝缘。

11.2.2.2 装置

使用 5.1 规定的装置测量电线外径。用表 14 所示温度的液体填满容器。重物、芯轴见表 8。固定或活动芯轴均可使用。

表 14 耐液体试验用液体及要求

液体	说 明	试验温度 ℃	试验周期 h	最大电线外径变化率 %	要求
汽油	ISO 1817 液体 C	23±5	20	15	鉴定性
柴油	90% ISO 1817 的 3 号油+10%对二甲苯	23±5	20	15	鉴定性
机油	ISO 1817 2 号油	50±3	20	15	鉴定性
酒精	85%乙醇+15% ISO 1817 液体 C	23±5	20	15	必要时
动力转向液	ISO 1817 的 3 号油	50±3	20	30	必要时
自动变速箱液	Dexron Ⅲ	50±3	20	25	必要时
发动机冷却液	50%乙烯基乙二醇+50%蒸馏水	50±3	20	15	必要时

注 1:溶液为体积百分比。

注 2:材料来源由供需双方协商确定,只要能确认产生同样的结果,可以使用等效的产品。

11.2.2.3 程序

在试样中部绕电线圆周120°取三点测量电线外径，计算平均值。使试样末端露在液面之上，将每个试样需要作卷绕试验的区域浸渍在表13规定的液体中20 h。从液体中取出试样擦干表面残留的液体。允许在室温干燥30 min。在干燥后5 min之内，在浸渍前同一点测量电线外径，再进行卷绕试验，但对8.1.3的程序作以下改变：

——在室温下进行卷绕试验；

——计算电线外径的变化率。

11.2.2.4 要求

最大电线外径变化率如表14所示。卷绕后，目视不应露导体，在耐电压试验期间不应发生击穿。

11.2.3 电池酸

11.2.3.1 试验采用

是否采用本试验应由供需双方协商确定。

11.2.3.2 试样

按11.2.2.1准备试样。

11.2.3.3 装置

电池酸(H_2SO_4 密度为(1.260±0.005)g/cm^3 和烘箱(90±2)℃。重物和芯轴见表8。旋转和固定芯轴均可。

11.2.3.4 程序

在电线上滴上电池酸，两端不要沾上酸液。放置在烘箱中8 h，不同绝缘材料的电线不能同时试验。从烘箱中取出试样继续滴加电池酸。继续放烘箱中16 h(总计24h)。从烘箱中取出试样。这是一个周期。重复这个程序两次。保持试样在室温(23±5)℃下30 min。然后在室温下按8.1进行卷绕试验。再进行目视检查，如果目视不露导体，按6.2进行耐电压试验，但对6.2作如下改动：

——施加电压之前试样预先浸渍盐水浴至少10 min；

——施加1 kV (均方根) 电压1 min；

——施加1 kV (均方根)电压之后不再提升电压。

11.2.3.5 要求

卷绕后，目视不应露导体，在耐电压试验期间不应发生击穿。

11.3 标志耐久性

11.3.1 试样

准备三个600 mm长试样。

11.3.2 装置

使用由两片含羊毛最小75%和填充密度为(0.171～0.191)g/cm^3(尺寸50 mm×50 mm×3 mm)的毛毡组成的装置以及装有(50±3)℃ 2号油(ISO 1817)的容器。

11.3.3 程序

浸渍试样20 h，试样末端露在液面之上50 mm。从油中拿出试样，允许在室温下干燥30 min。使用毛毡未用过的区域在两片毛毡之间放置试样。在毛毡之间施加(10±1)N力然后在毛毡之间抽出试样。其他试样重复这个程序。试验后目视检查试样。

11.3.4 要求

所有电线标志应保持清晰。

11.4 耐臭氧

11.4.1 试验采用

是否采用本试验应由供需双方协商确定。

11.4.2 试样

准备三个300 mm长试样。

11.4.3 装置

使用符合 GB/T 2951.21 的臭氧箱，在(65±3)℃空气内臭氧质量比为(1±0.05)×10^{-6}。芯轴见表 8。首选铝质芯轴(因为其他的芯轴材料可能影响臭氧浓度)。

11.4.4 程序

卷绕不低于表 8 规定的最小圈数，固定好端头。试样在臭氧箱中放置 192 h 后将试样在芯轴上原封不动的从臭氧箱中取出，允许晾到室温，目视检查绝缘。可忽略任何因固定端头造成的破坏。

11.4.5 要求

目视检查绝缘应无开裂迹象。

11.5 耐热水

11.5.1 试验采用

是否采用本试验应由供需双方协商确定。

11.5.2 试样

准备两个(2.5±0.1)m 长试样，从每端去除 25 mm 绝缘。

11.5.3 装置

包括非导电容器(装有质量浓度为 10 g/L、未使用过的盐水，温度为 85 ℃)，48 V 直流电源，五倍电线外径的芯轴和符合 6.4.3 规定的电阻测量仪。芯轴见表 8。

11.5.4 程序

试样在芯轴上紧密缠绕至少三圈，并如图 8 所示可靠捆扎，移去芯轴后，将试样浸渍水浴中，末端伸出水浴之上 250 mm。为避免材料之间相互作用，在同一个水浴中不得用不同绝缘材料的试样。试样一端和电源正极相连。七天后，取消供电，测量绝缘体积电阻率。但对 6.4 规定程序作如下改动：

——在 11.5.3 规定的温度下，在盐水浴中测量绝缘体积电阻率。

重复这个程序共五个周期即 35 天。之后从溶液中取出试样，允许其晾到室温再进行绝缘的目视检查。可忽略任何因保持卷绕捆绑造成的损坏。如果目视不露导体，按 6.2 进行耐电压试验，但对 6.2 的程序作如下改动：

——施加电压前浸渍试样在盐溶液中最少 10 min；

——施加 1 kV(均方根)电压 1 min；

——施加 1 kV(均方根)电压后不再提升电压；

使用第二个试样重复整个试验程序，但用 48 V 直流电源颠倒电极供电。

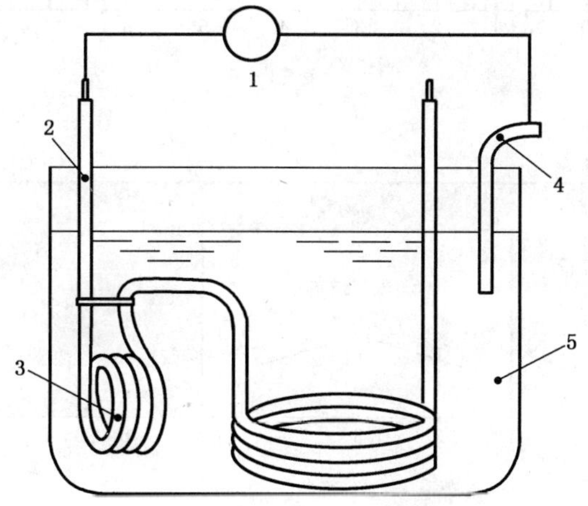

图中：

1——48 V 直流电源；

2——试样；

3——紧密缠绕成圈的试样；

4——电极；

5——非导电容器。

图 8 耐热水试验装置

11.5.5 要求

绝缘体积电阻率应不小于 10^9 Ω·mm。目视检查绝缘应未发现破裂迹象。耐电压试验期间不应发生击穿。

11.6 温度和湿度交变

11.6.1 试验采用

是否采用本试验应由供需双方协商确定。

11.6.2 试样

准备两个大约 600 mm 长试样，从每端去除 25 mm 绝缘。

11.6.3 装置

在高低温交变试验箱中进行试验。试验箱应有能力在(−40±2)℃和表 11 规定的试验温度之间交替变换，能在 80%和 100%之间控制相对湿度。芯轴见表 8。

11.6.4 程序

沿芯轴卷绕至少达到表 7 规定的最小圈数，末端固定。按图 9 所示温度和相对湿度条件处理试样。试验箱循环的开始和结束温度在(−40±2)℃和任意相对湿度。只要维持温度的恒定时间足够长，温度的过渡时间可以延长。这为一次交变，重复这个交变共 40 次。在芯轴上原封不动将试样从试验箱中拿出，允许在室温晾大约 30 min，再从芯轴展开进行目视检查绝缘。可忽略因夹具固定末端造成的损伤。如果目视不露导体，按 6.2 进行耐电压试验，但对 6.2 的程序作如下改动：

——施加电压前试样浸渍盐水浴至少 10 min；

——施加 1 kV(均方根)电压 1 min；

——施加 1 kV(均方根)电压，不再提升电压。

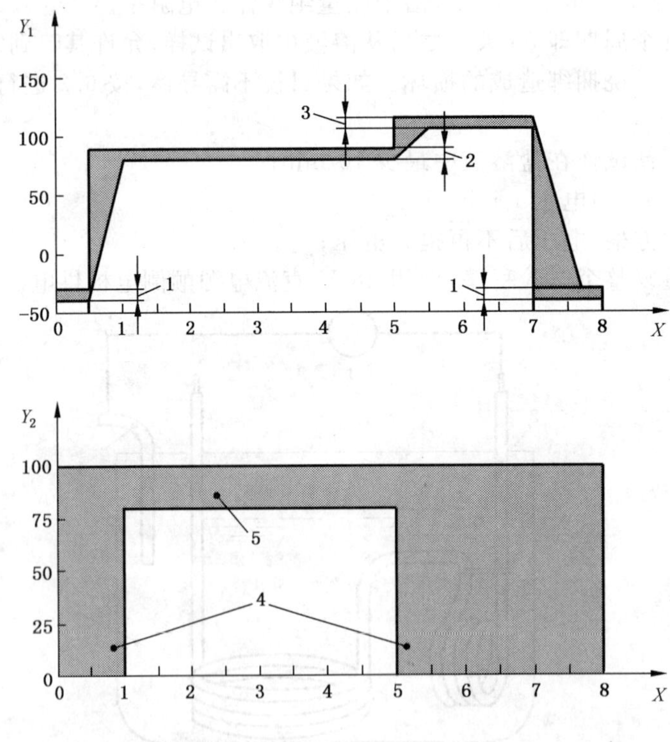

图中：

1——(−40±2)℃；

2——80 ℃～90 ℃；

3——试验温度，见表 11；

4——不受控的相对湿度；

5——80%～100%的相对湿度；

X——时间，h；

Y_1——测试温度，℃；

Y_2——相对湿度，%。

图 9 温度和湿度交变试验

11.6.5 要求

松开后,目视不应露导体,在耐电压试验期间不应发生击穿。

12 抗延燃

12.1 试样

准备最少带600 mm绝缘的试样。

单位为毫米

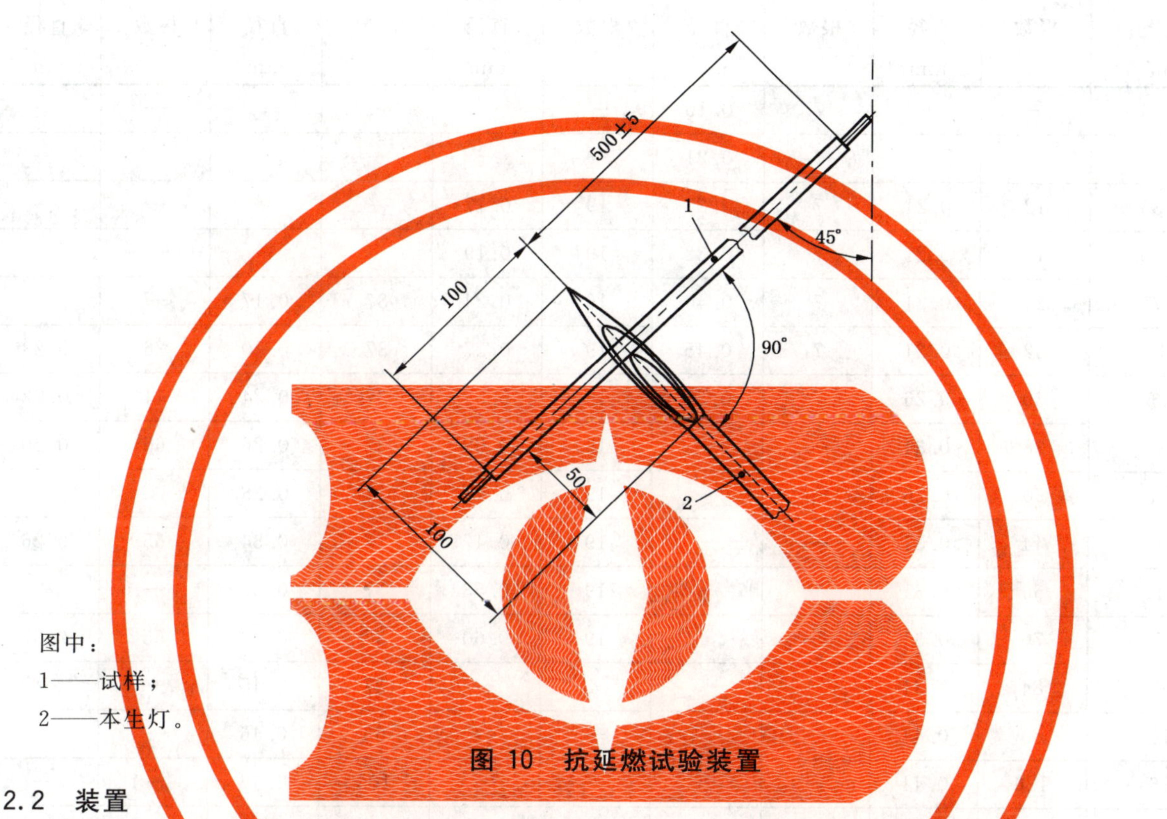

图中:

1——试样;

2——本生灯。

图10 抗延燃试验装置

12.2 装置

使用装有适当气体的本生灯,燃烧管内径9 mm,火焰高100 mm,内部蓝色火焰锥长度应为50 mm。

12.3 程序

将试样倾斜悬挂在防风室内,火焰锥顶端对准试样,如图10所示。在距绝缘上端(500±5)mm处施加火焰。如果看见导体即可以撤除火焰,对规格不大于2.5 mm^2的电线15 s后可以撤除火焰;对规格大于2.5 mm^2的电线30 s后可以撤除火焰。

12.4 要求

绝缘材料上所有燃烧火焰应在70 s内熄灭,在试样末端最少50 mm绝缘应保留未燃。

附 录 A
（资料性附录）
导 体

表 A.1 导体

ISO 导体规格 mm²	根数	最大单丝直径 mm	根数	最大单丝直径 mm	根数	最大单丝直径 mm	根数	最大单丝直径 mm	根数	最大单丝直径 mm
0.13	—	—	7	0.16	—	—	—	—	—	—
0.22	—	—	7	0.21	—	—	—	—	—	—
0.35	12	0.21	7	0.27	19	0.17	—	—	—	—
0.50	16	0.21	7	0.32	19	0.19	—	—	—	—
0.75	24	0.21	7	0.40	19	0.24	37	0.17	—	—
1	32	0.21	7	0.45	19	0.27	37	0.20	26	0.23
1.5	30	0.26	7	0.54	19	0.33	37	0.24	41	0.22
2	28	0.31	—	—	19	0.38	37	0.26	65	0.20
2.5	50	0.26	—	—	19	0.41	37	0.28		
3	44	0.31	—	—	19	0.47	37	0.34	65	0.26
4	56	0.31	—	—	19	0.53	37	0.38	—	—
5	70	0.31	—	—	19	0.60	37	0.43	65	0.32
6	84	0.31	—	—	—	—	37	0.45	—	—
10	80	0.41	—	—	—	—	63	0.46	—	—
16	126	0.41	—	—	—	—	105	0.46	—	—
25	196	0.41	—	—	—	—	154	0.46	361	0.30
35	276	0.41	—	—	—	—	551	0.30	—	—
50	396	0.41	—	—	—	—	798	0.30	—	—
70	360	0.51	—	—	—	—	1 140	0.30	—	—
95	475	0.51	—	—	—	—	836	0.40	—	—
120	608	0.51	—	—	—	—	1 064	0.40	—	—

注：以上导体根数是典型的绞合导体结构，并非作为首选。如能满足 4.2 要求和经供需双方协商可以使用其他绞合结构。

附 录 B
（资料性附录）
推 荐 颜 色

表 B.1 推荐颜色

颜　　色	代　　码
黑	BK
蓝	BU
棕	BN
绿	GN
橙	OG
红	RD
紫	VT
白	WH
黄	YE
注：根据供需双方协商其他颜色也可使用(见 IEC 60757)。	

附　录　C
（资料性附录）
高容量(600 V)电线结构

表 C.1　电线最小外径

ISO 导体规格 mm^2	电线最小外径 mm		
	厚壁	薄壁	超薄壁
0.13	—	0.95	0.85
0.22	—	1.10	0.95
0.35	—	1.20	1.10
0.50	2.00	1.40	1.30
0.75	2.20	1.70	1.45
1	2.40	1.90	1.55
1.5	2.70	2.20	1.90
2	3.00	2.50	2.20
2.5	3.30	2.70	2.50
3	3.80	3.10	—
4	4.00	3.40	—
5	4.50	3.90	—
6	4.60	4.00	—
10	5.90	5.50	—
16	7.70	7.00	—
25	9.40	8.50	—
35	9.60	—	—
50	11.50	—	—
70	13.50	—	—
95	16.00	—	—
120	17.70	—	—
注 1：本表中的最小电线外径值可以作为要求去验证，是否采用这些值应由供需双方协商确定。 注 2：最大电线外径值见表 4。			

表 C.2　最小导体电阻

ISO 导体规格 mm^2	20 ℃导体电阻 mΩ/m 最小		
	裸铜	镀锡铜	镀镍铜
0.13	125	129	130
0.22	77.9	79.5	80.8
0.35	50.0	51.0	52.2
0.5	34.1	35.1	35.5
0.75	22.7	23.3	23.6

表 C.2（续）

ISO 导体规格 mm^2	20 ℃导体电阻 mΩ/m 最小		
	裸铜	镀锡铜	镀镍铜
1	17.0	17.6	17.7
1.5	11.7	11.9	12.1
2	8.66	8.91	9.03
2.5	6.99	7.19	7.28
3	5.66	5.85	5.89
4	4.33	4.46	4.52
5	3.62	3.70	3.78
6	2.89	2.97	3.01
10	1.68	1.70	1.75
16	1.07	1.09	1.12
25	0.688	0.701	0.716
35	0.489	0.500	0.510
50	0.343	0.350	0.357
70	0.243	0.248	0.254
95	0.185	0.189	0.193
120	0.146	0.149	0.152

注 1：本表中的最小导体电阻值可能在鉴定性试验中作为要求，如何使用由供需双方协商确定。

注 2：最大导体电阻值见表 5。

附 录 D
（资料性附录）
规范性引用文件对照表

表 D.1 规范性引用文件对照表

国际标准代号	国际标准名称	国内标准代号	国内标准名称	采用国际标准状况
ISO 1817	硫化橡胶　耐液体性确定	GB/T 1690—2006	硫化橡胶或热塑性橡胶耐液体试验方法	MOD ISO 1817:2005
ISO 6931-1	弹簧用不锈钢　第1部分:钢丝	YB(T)11-83	弹簧用不锈钢丝	—
IEC 60757	颜色标识代号	—	—	—
ASTM B1	硬拉铜线标准规范	GB/T 3953	电工圆铜线	NEQ ASTM B1:1970
ASTM B3	软或退火铜线标准规范	GB/T 3953	电工圆铜线	—
ASTM B33	导电用镀锡软或退火铜丝标准规范	GB/T 4910—1985	镀锡圆铜线	NEQ ANSI/ASTM B33:1981
ASTM B298	镀银软或退火铜线标准规范	JB/T 3135	镀银软圆铜线	—
ASTM B355	镀镍软或退火铜线标准规范	GB/T 11019—1989	镀镍圆铜线	EQV ASTM B355:1980

ICS 43.040.10
T 37

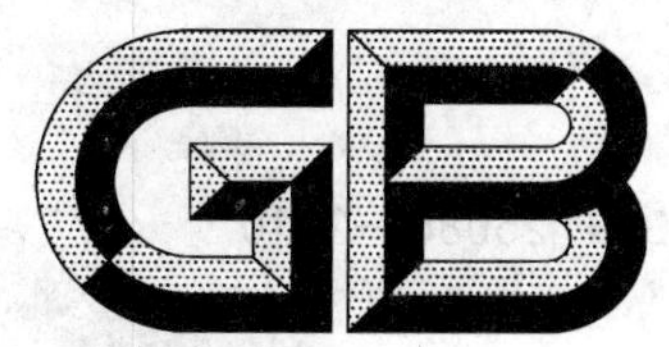

中华人民共和国国家标准

GB/T 25086—2010

道路车辆　牵引车和挂车之间的电连接器 12V 7芯辅助型(12S)

Road vehicles—Connectors for the electrical connection of towing and towed vehicles—7-pole connector type 12S (supplementary) for vehicles with 12 V nominal supply voltage

(ISO 3732:2003,MOD)

2010-09-02 发布　　2011-02-01 实施

中华人民共和国国家质量监督检验检疫总局
中国国家标准化管理委员会　发布

前　言

本标准修改采用 ISO 3732:2003《道路车辆　牵引车和被牵引车之间的电连接器　12 V 标称电压的 7 芯 12S(辅助)型连接器》。

本标准根据 ISO 3732:2003 重新起草。

本标准与 ISO 3732:2003 技术内容的差异及原因如下:

——为与 13 芯连接器标准中的接线柱要求保持一致,本标准的 5.5 增加了“如接线柱连接其他横截面积的电缆,应由制造商和用户商定”;

——原文对 6.1 部分每组样品数量未给出,在本标准中增加了“每组试验样品宜为 3 个”便于实际操作;

——按国家标准编写规定,适用范围增加了“本标准适用于牵引车及挂车之间 7 芯 12S 型电连接器”。

本标准相对 ISO 3732:2003 编辑性修改如下:

——原文图 2 中 Y^j 标错,改为 Y^i;

——原文中的“本国际标准”改为“本标准”。

本标准由国家发展与改革委员会提出。

本标准由全国汽车标准化技术委员会归口。

本标准由中国汽车技术研究中心、积架宝威汽车配件深圳有限公司、苏州科保光电科技有限公司、长沙汽车电器研究所、河南天海电器有限公司负责起草。

本标准主要起草人:许秀香、谢秋华、詹宝根、李伟阳、王文玲。

道路车辆　牵引车和挂车之间的电连接器 12V 7芯辅助型(12S)

1　范围

本标准规定了标称电压为12 V的牵引车(轿车或轻型商用车)及挂车之间7芯12S型电连接器的尺寸、特性要求、接点分布等。12S连接器在准备用于超过7芯要求情况下和GB/T 5053.2的12 N连接器一起使用。

本标准适用于牵引车及挂车之间7芯12S型电连接器。

注：准备用于超过7芯要求情况下，可以选择使用13芯电连接器替代本标准与GB/T 5053.2规定的7芯电连接器的组合。

2　规范性引用文件

下列文件中的条款通过本标准的引用而成为本标准的条款。凡是注日期的引用文件，其随后所有的修改单(不包括勘误的内容)或修订版均不适用于本标准，然而，鼓励根据本标准达成协议的各方研究是否可使用这些文件的最新版本。凡是不注日期的引用文件，其最新版本适用于本标准。

GB/T 5053.2　道路车辆　牵引与挂车之间电连接器　7芯12V标准型(12 N)(GB/T 5053.2—2006,ISO 1724:2003,IDT)

GB/T 5053.3　道路车辆　牵引车与挂车之间电连接器　定义、试验方法和要求(GB/T 5053.3—2006,ISO 4091:2003,IDT)

GB/T 5054(所有部分)　道路车辆　多芯连接电缆(ISO 4141(所有部分),IDT)

ISO 1103　道路车辆　旅居车和轻型挂车的球铰接　尺寸

3　术语和定义

GB/T 5053.3确立的术语和定义适用于本标准。

4　尺寸

4.1　总则

本标准中未注细节由制造商自行确定。

插座和插头中的插柱应开槽，最小长度为8.5 mm，以保证插头和插座弹性配合。

4.2　插头

插头的尺寸见图1。插头应有5个弹性插柱(1,3,4,6和7号)和2个插孔(2和5号)。

单位为毫米

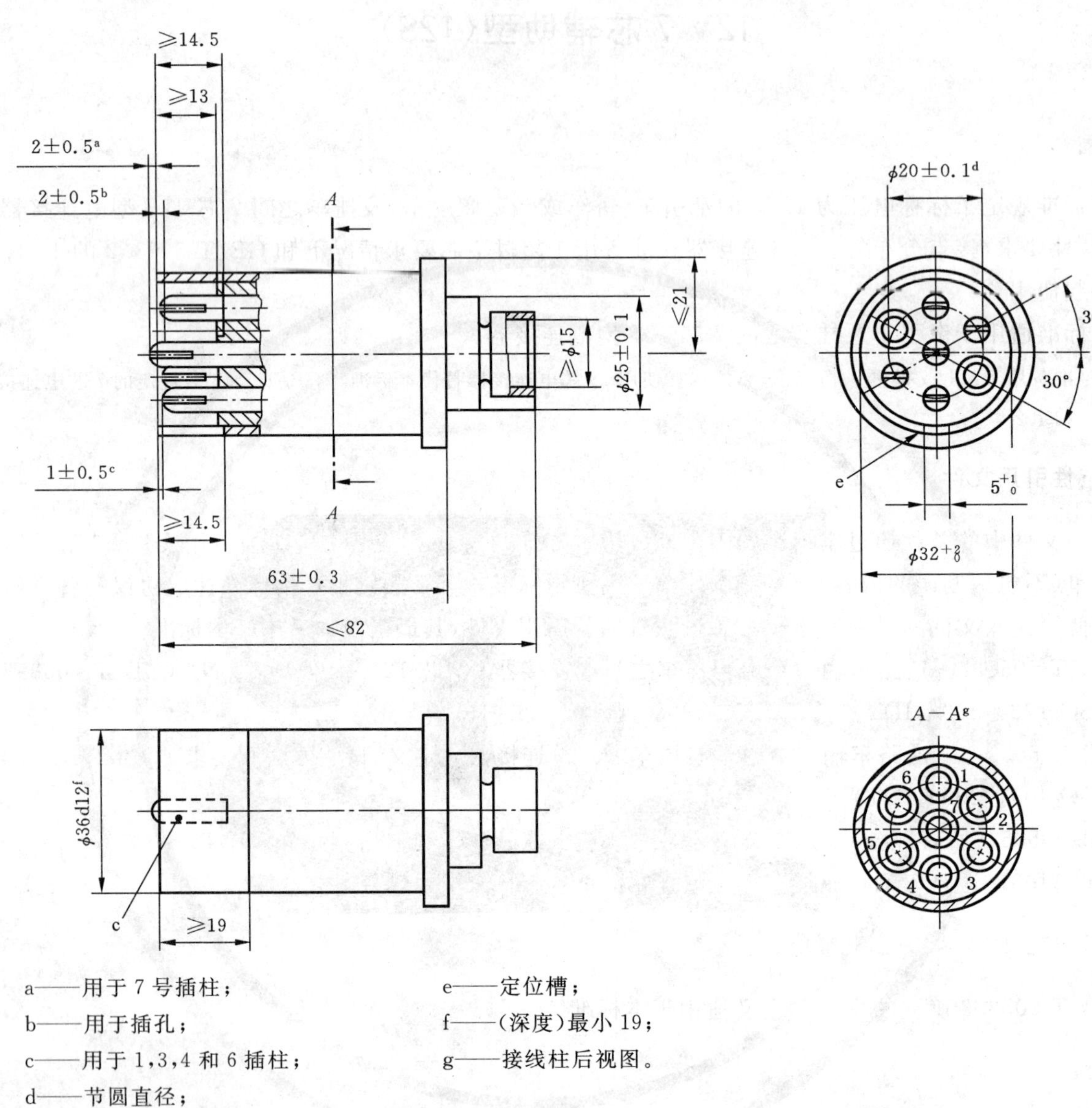

a——用于 7 号插柱；
b——用于插孔；
c——用于 1,3,4 和 6 插柱；
d——节圆直径；
e——定位槽；
f——(深度)最小 19；
g——接线柱后视图。

图 1　插头

4.3　插座

插座的尺寸见图 2。插座应有 5 个插孔(1,3,4,6 和 7 号)和 2 个弹性插柱(2 和 5 号)。图中所示为插座盖打开状态,拔掉插头后应自动闭合。

单位为毫米

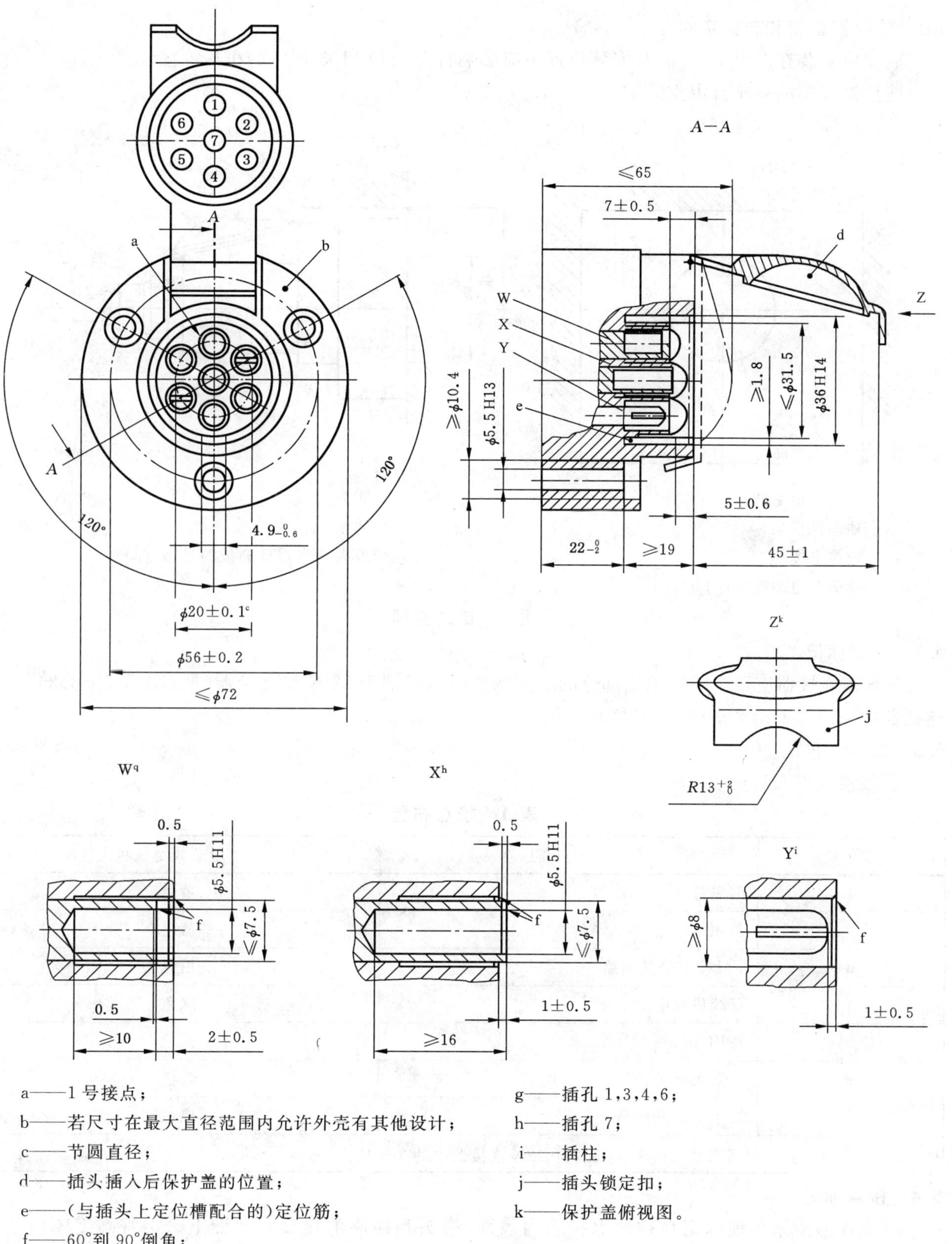

a——1 号接点；

b——若尺寸在最大直径范围内允许外壳有其他设计；

c——节圆直径；

d——插头插入后保护盖的位置；

e——(与插头上定位槽配合的)定位筋；

f——60°到 90°倒角；

g——插孔 1,3,4,6；

h——插孔 7；

i——插柱；

j——插头锁定扣；

k——保护盖俯视图。

图 2 插座

5 连接器的应用

5.1 连接器位置和自由空间

插座应安装在牵引车后部，其安装位置不应影响符合 ISO 1103 规定的机械连接装置。

连接器周围的最小自由空间如图 3 所示。

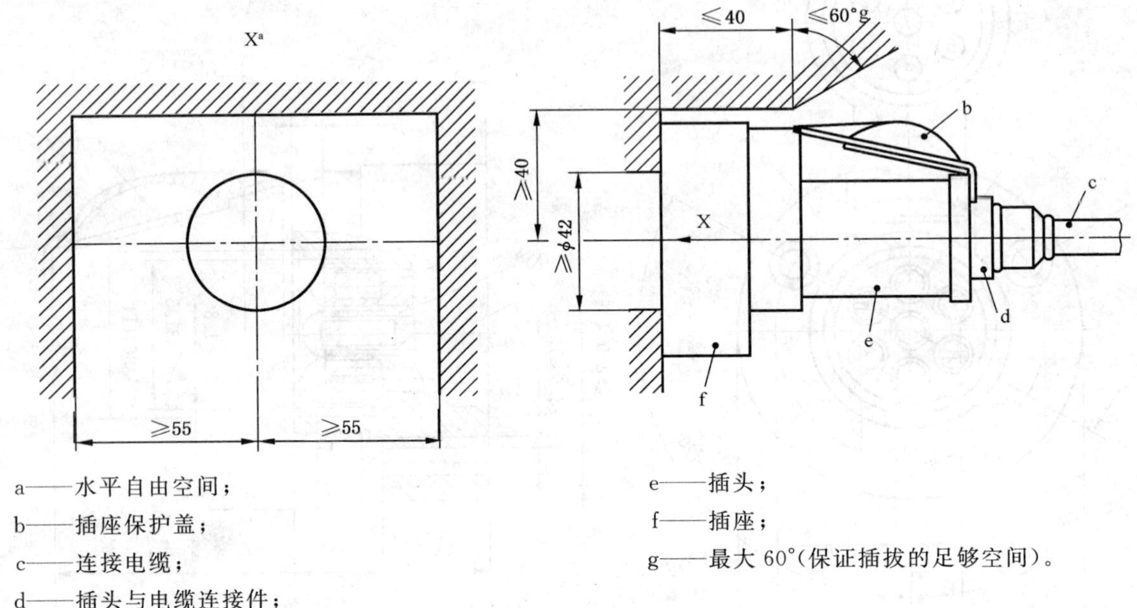

a——水平自由空间；

b——插座保护盖；

c——连接电缆；

d——插头与电缆连接件；

e——插头；

f——插座；

g——最大 60°(保证插拔的足够空间)。

图 3 自由空间

5.2 识别标记

12S 型连接器应至少通过绝缘部分的不同颜色明显区别于 12 N 型连接器(见 GB/T 5053.2)。12S 连接器应采用浅而耐久的颜色(最好是白色)。

5.3 接点的布置

连接器接点布置见表 1。

表 1 接点布置

接点号	功　　能	电缆芯线绝缘色
1	倒车灯[a]	黄色
2	备用	蓝色
3	4 号接点公共回路	白色
4	持续供电电源	绿色
5	备用	棕色
6	由点火开关控制的供电电源	红色
7	接点 6 公共回路	黑色

[a] 该接点公共回路通常是 GB/T 5053.2 中 12N 连接器中的 3 号接点。

5.4 接点标记

接点序号应永久地标记在插座保护盖内表面、插头和插座的接线柱座面上。字符高度不应小于 2 mm。如果空间有限，在接线柱座面上可采用较小的尺寸。

5.5 接线柱

插柱和插孔后面的接线柱应能连接以下标称截面的电缆：

接点 1 和 5:1.5 mm^2;

接点 3、4、6 和 7:2.5 mm^2。

如接线柱连接其他横截面积的电缆,应由制造商和用户商定。

5.6 连接电缆

连接电缆应符合 GB/T 5054 相关部分的要求。

5.7 拔下插头的保护

当插头被拔下后为防止水或其他物体侵入插头及避免意外损坏,应在车辆上提供存放插头的装置。

6 试验和特别要求

6.1 一般要求

连接器应按表 2 给出的顺序进行试验(每组试验样品宜为 3 个),除了下述特别规定之外,连接器应按 GB/T 5053.3 进行试验并满足其规定。

表 2 试验顺序

试验	试样组				
	A	B	C	D	E
外观检查	1,8	1,11	1,8	1,10	1,11
尺寸测量	2				
插入	3	2	2	2	2
拔出	7	10	7	9	9
锁止装置和电缆固定强度	4	3,9		3,8	3,8
低温剪切强度	6				
载流能力			4		
连接阻抗		4,7	3,6	4,7	4,7
电流循环			5		
耐电压		5,8		6	5,10
静载荷	5				
耐久性					6
温度/湿度循环		6			
盐雾				5	

6.2 锁止装置和电缆抗拉强度

按照 GB/T 5053.3 进行锁止装置和电缆固定强度试验。对未连接插座的插头电缆施加(250±5)N 的力,进行电缆抗拉强度试验。

6.3 插入和拔出

按照 GB/T 5053.3 进行插入和拔出试验,插入力应不超过 200 N,拔出力应为(150±50)N。

6.4 盐雾

除 GB/T 5053.3 本条中序号 b)和 c)外应按 GB/T 5053.3 进行盐雾试验。

6.5 温度/湿度循环

按 GB/T 5053.3 进行温度/湿度循环试验,但对 GB/T 5053.3 中的 d)~g)步骤作如下更改:

d) 在 2.5 h 内 t_c 降低到(－25±2)℃；

e) t_c 在(－25±2)℃保持 2 h；

f) 在 1.5 h 内 t_c 升高到(75±2)℃；

g) t_c 在(75±2)℃保持 2 h。

6.6 耐久性

按 GB/T 5053.3 进行耐久性试验，其循环次数为 1 000 次。

ICS 43.040.10
T 36

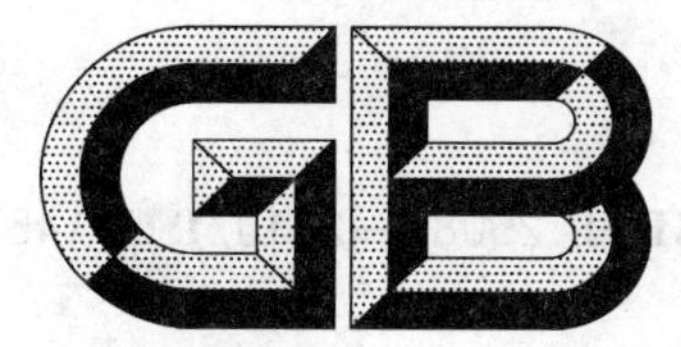

中华人民共和国国家标准

GB/T 25087—2010/ISO 14572:2006

道路车辆 圆形、屏蔽和非屏蔽的 60 V和600 V多芯护套电缆

Road vehicles—Round, screened and unscreened 60 V and 600 V multi-core sheathed cables

(ISO 14572:2006, IDT)

2010-09-02 发布 2011-02-01 实施

中华人民共和国国家质量监督检验检疫总局
中国国家标准化管理委员会 发布

前 言

本标准等同采用国际标准 ISO 14572:2006《道路车辆 圆形、屏蔽和非屏蔽的 60 V 和 600 V 多芯护套电缆 基本性能和高性能的电缆试验方法和要求》。进行了如下编辑性修改：

a) “本国际标准”改为“本标准”；

b) 用小数点“.”代替原作为小数点的逗号“,”；

c) 删除国际标准的前言；

d) 删除了国际标准的附录 A；

e) 删除了国际标准最后的参考文献。

本标准由国家发展和改革委员会提出。

本标准由全国汽车标准化技术委员会归口。

本标准起草单位:北京福斯汽车电线有限公司。

本标准主要起草人:霍焰、王亚东、李庆森、李国玉。

道路车辆 圆形、屏蔽和非屏蔽的 60 V和600 V多芯护套电缆

1 范围

本标准规定了道路车辆用圆形、屏蔽和非屏蔽的多芯护套电缆在基本性能和高性能方面的试验方法和要求。

非屏蔽电缆的单个线芯应符合GB/T 25085—2010的要求。也可使用其他种类的线芯,但要确保这些线芯功能所需的结构和试验,应经供需双方协商确定。温度等级见GB/T 25085—2010。

2 规范性引用文件

下列文件中的条款通过本标准的引用而成为本标准的条款。凡是注日期的引用文件,其随后所有的修改单(不包括勘误的内容)或修订版均不适用于本标准,然而,鼓励根据本标准达成协议的各方研究是否可使用这些文件的最新版本。凡是不注日期的引用文件,其最新版本适用于本标准。

GB/T 25085—2010 道路车辆 60 V和600 V单芯电线(ISO 6722:2006,IDT)

GB/T 2951.11 电缆和光缆绝缘和护套材料通用试验方法 第11部分:通用试验方法——厚度和外形尺寸测量——机械性能试验(GB/T 2951.11—2008,IEC 60811-1-1:2001,IDT)

GB/T 16422.2 塑料实验室光源暴露试验方法 第2部分:氙弧灯(GB/T 16422.2—1999,idt ISO 4892-2:1994)

GB/T 17737.1 射频电缆 第1部分:总规范 总则、定义、要求和试验方法(GB/T 17737.1—2000,IDT IEC 61196-1:1995)

3 术语和定义

下列术语和定义适用于本标准。

3.1

基本性能(电缆) basic performance (cable)

(电缆)符合汽车应用的基本要求。

3.2

线芯 core

本身带有绝缘,也可能带有屏蔽的导体组件。

3.3

高性能(电缆) high performance (cable)

(电缆)符合所有基本要求和提高的(由需方决定的)机械和/或环境性能。

3.4

屏蔽 screen

导电材料用于减少变化的电磁场穿透和/或辐射进入指定区域。

3.5

非屏蔽 unscreened

缺少屏蔽。

4 一般要求

4.1 电缆额定值

4.1.1 额定电压

额定电压以绝缘线芯的额定电压值确定。60 V 和 600 V 线芯不应混合用在同一个多芯电缆里。

4.1.2 额定温度等级

额定温度等级是以线芯和护套的温度等级来确定。

4.2 600 V 电缆

应特别注意保护电压超过 DC 60 V 以上的电缆免受机械冲击，避免被电击的危险。

600 V 电缆护套应使用能保持持久的橙色来识别。

4.3 试验

电缆应按表 1 的规定进行试验。

4.4 通用试验条件

按 GB/T 25085—2010 的 4.4。

4.5 烘箱

按 GB/T 25085—2010 的 4.5。

4.6 目视外观

目视检查，护套应光滑，平整，不应有块状物、孔洞、夹杂或者其他类似缺陷。

5 尺寸

5.1 概述

电缆的结构多种多样，尺寸均由供需双方协商确定(见 5.2.4，5.3.5 和 5.4.4)。

5.2 电缆外径

5.2.1 试样

按 GB/T 25085—2010 的 5.1.1。

5.2.2 装置

按 GB/T 25085—2010 的 5.1.2。

5.2.3 程序

按 GB/T 25085—2010 的 5.1.3。

5.2.4 要求

电缆的外径应在供需双方协商确定的范围之内。

5.3 护套椭圆度

5.3.1 试验采用

是否采用本试验应由供需双方协商确定。

5.3.2 试样

按 GB/T 25085—2010 的 5.1.1。

5.3.3 装置

按 GB/T 25085—2010 的 5.1.2。

5.3.4 程序

按 GB/T 25085—2010 的 5.1.3。测定最大(d_{max})和最小(d_{min})两个电缆外径，然后计算椭圆度：

$$O=\frac{d_{max}-d_{min}}{0.5\times(d_{max}+d_{min})}\times 100$$

式中：

O——椭圆度，%；

d_{max}——电缆最大外径，mm；

d_{min}——电缆最小外径，mm。

5.3.5 要求

椭圆度应在供需双方协商确定的范围之内。

表 1 试验

章条号	试验项目	流程性试验[a]	鉴定性试验		必要时试验[c]	
			首次	周期[b]	首次	周期[b]
4	一般要求					
4.6	目视外观	—	×	×	—	—
5	尺寸					
5.2	电缆外径	—	×	×	—	—
5.3	护套椭圆度	—	—	—	×	×
5.4	护套厚度	—	×	×	—	—
6	电性能					
6.1	连续性	×	×	×	—	—
6.2	耐电压	×	×	×	—	—
6.3	屏蔽效率	—	—	—	×	×
7	机械性能					
7.1	高温压力	—	×	×	—	—
7.2	护套附着力	—	—	—	×	×
7.3	循环弯曲	—	—	—	×	—
8	低温性能					
8.1	卷绕	—	×	×	—	—
8.2	冲击	—	—	—	×	×
9	耐磨	—	—	—	×	×
10	热老化					
10.1	3 000 h 长期老化	—	×	—	—	—
10.2	240 h 短期老化	—	×	×	—	—
10.3	热过载	—	—	—	×	×
10.4	护套热收缩	—	×	×	—	—
11	耐环境和化学品					
11.1	护套耐液体	—	d	—	d	×
11.2	护套标志耐久性	—	—	—	×	—
11.3	耐臭氧	—	—	—	×	—
11.4	温度和湿度交变	—	—	—	×	—
12	抗延燃	—	×	×	—	—
13	人工大气老化	—	—	—	×	—

注 1：×为采用。

注 2：—为不采用。

[a] 所有电缆在制造过程中或制造之后的试验。

[b] 周期试验的频率应由供需双方协商确定。

[c] 采用“必要时试验”应由供需双方协商确定。

[d] 部分液体是作为“鉴定性试验”，其余的液体是“必要时试验”进行的，详细规定见 11.1。

5.4 护套厚度

5.4.1 试样

按 GB/T 25085—2010 的 5.2.1。

5.4.2 装置

按 GB/T 25085—2010 的 5.2.2。

5.4.3 程序

按 GB/T 25085—2010 的 5.2.3。

5.4.4 要求

护套厚度的范围应由供需双方协商确定。

6 电性能

6.1 连续性

6.1.1 试样

从整根电缆的每端剥去 100 mm 护套，从线芯的每端剥去 25 mm 绝缘。

6.1.2 装置

使用合适的电源，串联一个指示器，例如电阻表，指示灯或蜂鸣器等。

6.1.3 程序

将每一个线芯连接到这个装置上。重复这个步骤直到所有的线芯测试完。如果有屏蔽，也当作一个线芯使用相同的程序来测试其连续性。也可选择所有线芯串联起来一次测试完。注意选择不会损伤个别导体的适当电流。

6.1.4 要求

指示器显示连续。

6.2 耐电压

6.2.1 试样

从整根电缆一端剥去 100 mm 护套并从每个线芯剥去 25 mm 绝缘。为了试验，将正被测试线芯外的所有线芯的导体连接在一起，如有屏蔽，应当作线芯以相同的方式连接。

6.2.2 装置

使用一个 50 Hz 或 60 Hz 能施加 2 kV，并至少持续 3 s 的交流电压源。

6.2.3 程序

在被测线芯和其他所有线芯之间施加 2 kV 交流电压，持续至少 3 s。对所有线芯重复这个程序进行测试。如果有屏蔽，应使用与测试线芯相同的方法测试屏蔽。

6.2.4 要求

线芯之间不发生击穿。如果有屏蔽，在线芯和屏蔽之间不发生击穿。

6.3 屏蔽效率

6.3.1 试验采用

本试验仅用于带屏蔽电缆。是否采用本试验应由供需双方协商确定。

6.3.2 屏蔽直流电阻

本试验用于工作频率不大于 1 MHz 的电缆。

6.3.2.1 试样

按 GB/T 25085—2010 的 6.1.1。试样每端剥去 100 mm 护套。

6.3.2.2 装置

按 GB/T 25085—2010 的 6.1.2。

6.3.2.3 程序

按 GB/T 25085—2010 的 6.1.3。

6.3.2.4 要求

屏蔽直流电阻的要求由供需双方协商确定。

6.3.3 表面转移阻抗(线注入法)

允许频率范围按 GB/T 17737.1 中的“表面转移阻抗,线注入法”。

6.3.3.1 试样

按 GB/T 17737.1 中的“表面转移阻抗,线注入法”。

6.3.3.2 装置

按 GB/T 17737.1 中的“表面转移阻抗,线注入法”。

6.3.3.3 程序

按 GB/T 17737.1 中的“表面转移阻抗,线注入法”。

6.3.3.4 要求

表面转移阻抗的要求由供需双方协商确定。

6.3.4 表面转移阻抗(三同轴法)

允许频率范围按 GB/T 17737.1 中的“表面转移阻抗,三同轴法”。

6.3.4.1 试样

按 GB/T 17737.1 中的“表面转移阻抗,三同轴法”。

6.3.4.2 装置

按 GB/T 17737.1 中的“表面转移阻抗,三同轴法”。

6.3.4.3 程序

按 GB/T 17737.1 中的“表面转移阻抗,三同轴法”。

6.3.4.4 要求

表面转移阻抗的要求由供需双方协商确定。

6.3.5 辐射衰减

允许频率范围按 GB/T 17737.1 中的“辐射衰减,吸收钳法”。

6.3.5.1 试样

按 GB/T 17737.1 中的“辐射衰减,吸收钳法”。

6.3.5.2 装置

按 GB/T 17737.1 中的“辐射衰减,吸收钳法”。

6.3.5.3 程序

按 GB/T 17737.1 中的“辐射衰减,吸收钳法”。

6.3.5.4 要求

辐射衰减的要求应由供需双方协商确定。

7 机械性能

7.1 高温压力

7.1.1 试样

按 GB/T 25085—2010 的 7.1.1。

7.1.2 装置

按 GB/T 25085—2010 的 7.1.2,刀刃作用在试样上的力 F,由下列公式求得:

$$F=0.8\times\sqrt{i(2\times D-i)}$$

式中：

F——作用于试样上的垂直合力，N；

0.8——系数，N/mm；

D——相应的最大电缆外径，mm；

i——相应的护套厚度的标称值，mm。

计算力时可以圆整末尾的小数，但误差不应超过3%。

7.1.3 程序

按GB/T 25085—2010的7.1.3，在压痕点和压痕两侧10 mm，用不引起试样变形的测量装置快速地测量护套的厚度。省略耐电压测试。

7.1.4 要求

对于基本性能电缆，压痕区的厚度不应超过其他两点厚度平均值的40%。

对于高性能电缆，压痕区的厚度不应超过其他两点厚度平均值的60%。

7.2 护套附着力

7.2.1 试验采用

是否采用本试验应由供需双方协商确定。

7.2.2 试样

按GB/T 25085—2010的7.2.2，从3 m长的电缆上，取三个150 mm长的样品。每个样品之间相隔1 m，保留的完好护套长度为100 mm。

7.2.3 装置

按GB/T 25085—2010的7.2.3，金属板带有近似等于护套内径的圆形孔。

7.2.4 程序

按GB/T 25085—2010的7.2.4。如果100 mm护套在滑动时出现断面卡住时，可以重新准备试样，保留的完好护套长度改为50 mm，重复这个程序。

7.2.5 要求

护套保留完好部分应能够剥离且不损伤线芯，剥离力应在供需双方协商确定的范围之内。

7.3 循环弯曲

7.3.1 试验采用

是否采用本试验应由供需双方来协商确定。

7.3.2 试样

从相距至少1 m的点，取600 mm长的试样2个。

7.3.3 装置

装置如图1所示。符合下列要求的装置都可以接受：

——弯曲半径R=2.5倍电缆外径；

——载荷F在铜导体上产生5 N/mm^{2}的张力；

——以15个循环/min的速率±90°弯曲试样的固定装置；

——如果使用重锤，应使用导向块来停止重锤的摆动。

7.3.4 程序

安放试样，一端固定在弯曲机构上，另一端施加力F。以15个循环每分钟的速率弯曲试样到供需双方协商规定的循环次数。对其他的试样重复这个程序。

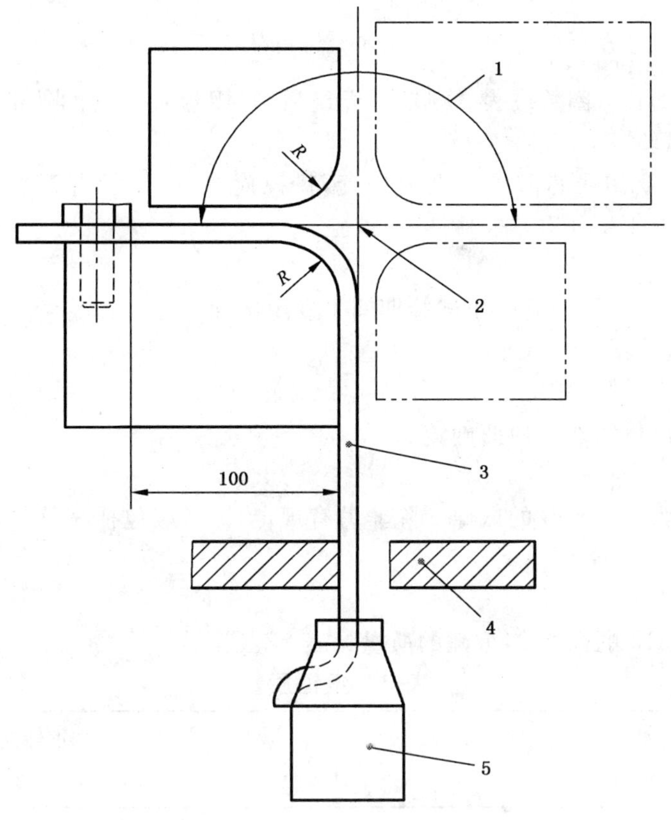

图中：

1——1个循环(每侧90°)；

2——支点；

3——电缆；

4——固定导向块(可选)；

5——载荷 F。

图1 循环弯曲试验装置

7.3.5 要求

循环弯曲要求由供需双方协商确定。

8 低温性能

8.1 卷绕

8.1.1 试样

按GB/T 25085—2010的8.1.1。从电缆一端去除100 mm护套并从每个线芯去除25 mm绝缘。

8.1.2 装置

按GB/T 25085—2010的8.1.2。用－40 ℃±2 ℃的冷冻室(根据供需双方协议可以使用－25 ℃±2 ℃)。芯轴和重物的要求见表2。

表2 电缆外径、芯轴直径、重物和卷绕圈数

电缆外径 D mm	芯轴直径 mm	重物(如果使用旋转芯轴) kg	最小圈数
$D \leqslant 2.5$	≤5倍电缆外径	0.5	3
$2.5 < D \leqslant 5$		2.5	3
$5 < D \leqslant 10$		5	2
$10 < D \leqslant 15$		10	0.5
$15 < D \leqslant 25$		20	0.5
$25 < D$		30	0.5

8.1.3 程序

按 GB/T 25085—2010 的 8.1.3。

其中卷绕速度为 0.2 r/s,圈数按表 2 规定。卷绕后,目视检查护套的外部。如果护套没有开裂迹象,按 6.2 进行耐电压试验。

如果需方需要,在不损伤线芯前提下剥去护套,目视检查,如果没有开裂现象,按 GB/T 25085—2010 对线芯分别进行 AC 1 kV(均方根)耐电压试验。

8.1.4 要求

试样没有开裂迹象,在不同的耐电压试验期间不发生击穿。

8.2 冲击

8.2.1 试验采用

是否采用本试验应由供需双方协商确定。

8.2.2 试样

准备三个长度至少为 150 mm 的试样。除非另有规定,试样应包括完整的护套,包括任何已有的多层护套。

8.2.3 装置

按 GB/T 25085—2010 的 8.2.3,重锤的质量见表 3。

表 3 重锤质量

电缆外径 D mm	重锤质量 g
$D \leqslant 15$	300
$15 < D \leqslant 25$	400
$25 < D \leqslant 35$	500
$35 < D$	600

8.2.4 程序

按 GB/T 25085—2010 的 8.2.4。冲击后,允许试样恢复到室温,目视检查护套。

如果有屏蔽,在屏蔽和盐水浴之间进行耐电压测试;但对 GB/T 25085—2010 的 6.2.3 程序,作以下改变:

——在施加电压之前,试样应浸渍在盐水浴中 10 min;

——施加 AC 1 kV 电压,持续时间 1 min;

——施加 AC 1 kV 电压后不再提升电压。

8.2.5 要求

试样没有开裂迹象。如果带屏蔽,耐电压试验期间不应发生击穿。

9 耐磨

9.1 试验采用

是否采用本试验应由供需双方协商确定。

9.2 试样

准备一个 1 m 长试样。从电缆每端剥去 100 mm 长护套,并从每根线芯每端剥去 25 mm 长绝缘,把线芯两端分别扭在一起。如果有屏蔽,应该把屏蔽与线芯扭在一起。

9.3 装置

使用 80 J 石榴石砂带,垂直砂带边沿每间隔 75 mm 带有 10 mm 长导电条。在轴臂上装一个合适的托架(见图 2)保持试样位置稳定,始终处在砂带未使用的区域。由托架、支撑杆和轴臂施加在试样上的力合计为(0.63±0.05)N。施加在试样上的垂直力为托架、轴臂、支撑杆和附加重物的合力。如有必要,可以用 2 kg 重物代替 4 kg 重物。

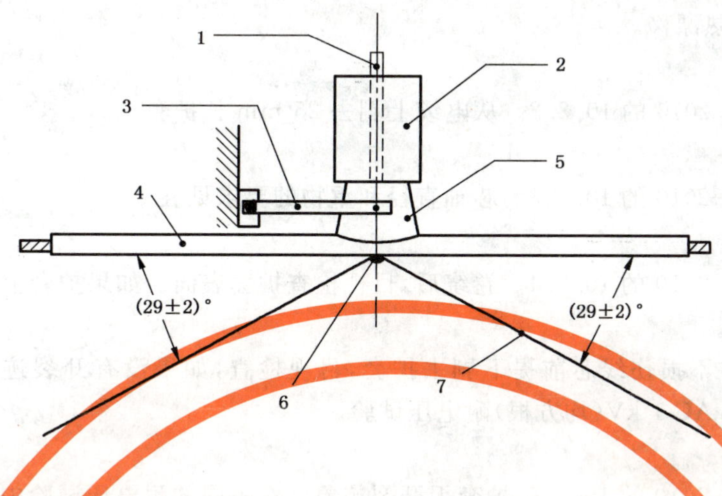

图中:

1——支撑杆;

2——4 kg 附加重物;

3——轴臂;

4——试样;

5——托架;

6——带子支撑销,Φ=6.9 mm;

7——80 J 砂带。

图 2 耐磨试验装置

9.4 程序

如图 2 所示将电缆安放在一个水平位置。使用摩擦带未使用过的区域。加上附加重物,托架压在试样上。以(1 500±75)mm/min 速度在试样下拉动砂带。记录使导体暴露所需要的砂带长度。移动试样 20 mm 并顺时针旋转 90°。重复这个试验取得四个读数。读数平均即为耐磨值。

9.5 要求

耐磨性能应符合供需双方确定的限值。

10 热老化

10.1 3 000 h 长期老化

10.1.1 目的

本试验用来验证额定温度等级。

10.1.2 试样

按 GB/T 25085—2010 的 10.1.2。从电缆每端剥去 25 mm 护套。

10.1.3 装置

按 GB/T 25085—2010 的 10.1.3。芯轴直径和重物见表 2。

10.1.4 程序

按 GB/T 25085—2010 的 10.1.4。卷绕后,目视检查护套外部。如果护套上没有开裂迹象,按 6.2 规定进行耐电压试验。

如果用户需要,在不损伤线芯前提下剥去护套,目视检查,如果没有开裂现象,按 GB/T 25085—2010 对线芯分别进行 AC 1 kV(均方根)耐电压试验。

10.1.5 要求

按 GB/T 25085—2010 的 10.1.5。护套应无开裂迹象。在不同的耐电压试验期间不发生击穿。

10.2 240 h 短期老化

10.2.1 目的

本试验用于模拟热漂移。

10.2.2 试样

按 GB/T 25085—2010 的 10.2.2。从电缆上剥去 25 mm 长护套。

10.2.3 装置

按 GB/T 25085—2010 的 10.2.3。芯轴直径和重物的要求见表 2。

10.2.4 程序

按 GB/T 25085—2010 的 10.2.4。卷绕后，目视检查护套表面。如果护套上没有开裂迹象，按 6.2 规定进行耐电压试验。

如果用户需要，在不损伤线芯前提下剥去护套，目视检查，如果没有开裂迹象，按 GB/T 25085—2010 对线芯分别进行 AC 1 kV(均方根)耐电压试验。

10.2.5 要求

按 GB/T 25085—2010 的 10.2.5，护套无开裂迹象。在不同的耐电压试验中应不发生击穿。

10.3 热过载

10.3.1 目的

此试验是用于模拟电缆的热过载条件。

10.3.2 试样

按 GB/T 25085—2010 的 10.3.2，从电缆每端剥去 25 mm 长护套。

10.3.3 装置

按 GB/T 25085—2010 的 10.3.3，芯轴直径和重物的要求见表 2。

10.3.4 程序

按 GB/T 25085—2010 的 10.3.4，卷绕后，目视检查护套外部。如果护套上没有开裂迹象，按 6.2 规定进行耐电压试验。

如果需方需要，在不损伤线芯前提下剥去护套，目视检查，如果没有开裂迹象，按 GB/T 25085—2010 对线芯分别进行 AC 1 kV(均方根)耐电压试验。

10.3.5 要求

按 GB/T 25085—2010 的 10.3.5，在护套上应无开裂迹象。在不同的耐电压试验中不发生击穿。

10.4 护套热收缩

10.4.1 试样

准备三个 200 mm 长试样。

10.4.2 装置

按 GB/T 25085—2010 的 10.4.2。

10.4.3 程序

按 GB/T 25085—2010 的 10.4.3。测量护套的收缩。

10.4.4 要求

按供需双方协商确定。

11 耐环境和化学品

11.1 护套耐液体

11.1.1 试样

按 GB/T 25085—2010 的 11.2.2.1。

11.1.2 装置

按 GB/T 25085—2010 的 11.2.2.2。浸渍电缆期间,弯曲直径至少应为电缆外径的十倍。芯轴直径和重物的要求见表 2。

注:材料来源由供需双方协商确定,只要能确认产生同样的结果,可以使用等效的产品。

11.1.3 程序

按 GB/T 25085—2010 的 11.2.2.3,但省略耐电压试验。

11.1.4 要求

缠绕后,试样应显示无破裂。其他要求由供需双方协商确定。

11.2 护套标志耐久性

采用该试验按 GB/T 25085—2010 11.3,由供需双方协商确定。

11.3 护套耐臭氧

11.3.1 试验采用

是否采用本试验应由供需双方协商确定。

11.3.2 试样

按 GB/T 25085—2010 的 11.4.2。

11.3.3 装置

按 GB/T 25085—2010 的 11.4.3,芯轴和重量的要求见表 2。

11.3.4 程序

按 GB/T 25085—2010 的 11.4.4。将试样绕在芯轴上,直径不大于 10 mm 的试样,缠绕三圈,直径大于 10 mm 的试样,缠绕一圈半。

11.3.5 要求

按 GB/T 25085—2010 的 11.4.5。仅检查护套外部。

11.4 温度和湿度交变

11.4.1 试验采用

是否采用本试验应由供需双方协商确定。

11.4.2 试样

准备两个 600 mm 长试样。

11.4.3 装置

试验箱按 GB/T 25085—2010 的 11.6.3。芯轴直径见表 2。

11.4.4 程序

将试样绕在芯轴上,直径不大于 10 mm 的试样缠绕三圈,直径大于 10 mm 的试样,缠绕一圈半,并固定其末端。试样预处理程序见 GB/T 25085—2010。进行护套目视检查,可忽略末端因夹具固定造成的损伤。

11.4.5 要求

试样应无开裂迹象。

12 抗延燃

12.1 试样

按 GB/T 25085—2010 的 12.1。

12.2 装置

按 GB/T 25085—2010 的 12.2。

12.3 程序

按 GB/T 25085—2010 的 12.3。所有电缆施加火焰 30 s。

12.4 要求

按 GB/T 25085—2010 的 12.4。

13 人工大气老化

是否采用本试验应由供需双方协商确定。

13.1 试样

按 GB/T 2951.11 从待测电缆护套上，取 10 个可拉伸试样。

13.2 装置

按 GB/T 16422.2，使用紫外线辐射箱，带一个(55±3)℃氙弧灯，循环喷水(5 min 喷水和 25 min 干燥间隔，或分别为 12 min 和 180 min)，干燥间隔时的相对湿度为(50±5)%。

13.3 程序

取五个试样，放置在试验箱中，预处理 750 h。然后把试样从试验箱中取出，允许恢复到室温，接着按 GB/T 2951.11 和其他五个试样一起进行拉伸试验。

13.4 要求

在人工大气老化后，伸长率应不低于原伸长率的 50%。

ICS 43.040.10
T 37

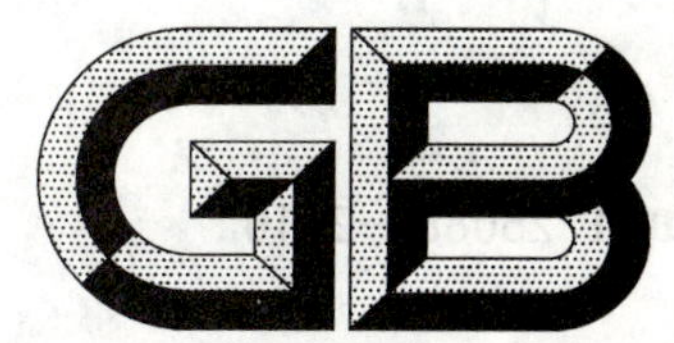

中华人民共和国国家标准

GB/T 25088—2010

道路车辆 牵引车和挂车之间的电连接器 24 V 7 芯辅助型(24S)

Road vehicles—Connectors for the electrical connection of towing and towed vehicles—7-pole connector type 24S (supplementary) for vehicles with 24 V nominal supply voltage

(ISO 3731:2003,MOD)

2010-09-02 发布　　2011-02-01 实施

中华人民共和国国家质量监督检验检疫总局
中国国家标准化管理委员会　发布

前　言

本标准修改采用ISO 3731:2003《道路车辆　牵引车和被牵引车之间的电连接器　24 V标称电压的7芯24S(辅助)型连接器》。

本标准根据ISO 3731:2003重新起草。

本标准与ISO 3731:2003技术内容的差异及原因如下:

——为与12S连接器标准的4.3保持一致,本标准的4.3增加了"图中所示为插座盖打开状态,拔掉插头后应自动闭合";

——为与15芯连接器标准中的接线柱要求保持一致,本标准的5.6增加了"如接线柱连接其他横截面积的电缆,应由制造商和用户商定";

——为与12S连接器标准的第6章标题保持一致,将本标准的第6章标题改为"试验和特别要求";

——原文对6.1部分每组样品数量未给出,在本标准中增加了"每组试验样品宜为3个"便于实际操作;

——按国家标准编写规定,适用范围增加了"本标准适用于牵引车及挂车之间7芯24S型电连接器"。

本标准相对ISO 3731:2003编辑性修改如下:

——将原文中的"本国际标准"改为"本标准"。

本标准由国家发展与改革委员会提出。

本标准由全国汽车标准化技术委员会归口。

本标准由中国汽车技术研究中心、积架宝威汽车配件深圳有限公司、苏州科宝光电科技有限公司、长沙汽车电器研究所、河南天海电器有限公司负责起草。

本标准主要起草人:许秀香、谢秋华、詹宝根、李伟阳、王文玲。

道路车辆 牵引车和挂车之间的电连接器 24 V 7 芯辅助型(24S)

1 范围

本标准规定了标称电压为 24 V 的牵引车及挂车之间 7 芯 24S 型电连接器的尺寸、特性要求、接点分布等。24S 连接器在准备用于超过 7 芯要求情况下和 GB/T 5053.1 的 24N 连接器一起使用。

本标准适用于牵引车及挂车之间 7 芯 24S 型电连接器。

注:准备用于超过 7 芯要求情况下,可以选择使用 15 芯电连接器替代本标准与 5053.1 规定的 7 芯电连接器的组合。

2 规范性引用文件

下列文件中的条款通过本标准的引用而成为本标准的条款。凡是注日期的引用文件,其随后所有的修改单(不包括勘误的内容)或修订版均不适用于本标准,然而,鼓励根据本标准达成协议的各方研究是否可使用这些文件的最新版本。凡是不注日期的引用文件,其最新版本适用于本标准。

GB/T 5053.1 道路车辆 牵引车与挂车之间电连接器 7 芯 24 V 标准型(24N)(GB/T 5053.1—2006,ISO 1185:2003,IDT)

GB/T 5053.3 道路车辆 牵引车与挂车之间电连接器 定义、试验方法和要求(GB/T 5053.3—2006,ISO 4091:2003,IDT)

GB/T 5054(所有部分) 道路车辆 多芯连接电缆(ISO 4141(所有部分),IDT)

ISO 4009 牵引车和挂车之间电连接和气连接的位置

3 术语和定义

GB/T 5053.3 确立的术语和定义适用于本标准。

4 尺寸

4.1 总则

本标准中未注细节由制造商自行确定。

4.2 插头

插头的尺寸见图 1。插头应有 6 个弹性插孔(2 到 7 号)和 1 个插柱(1 号)。

单位为毫米

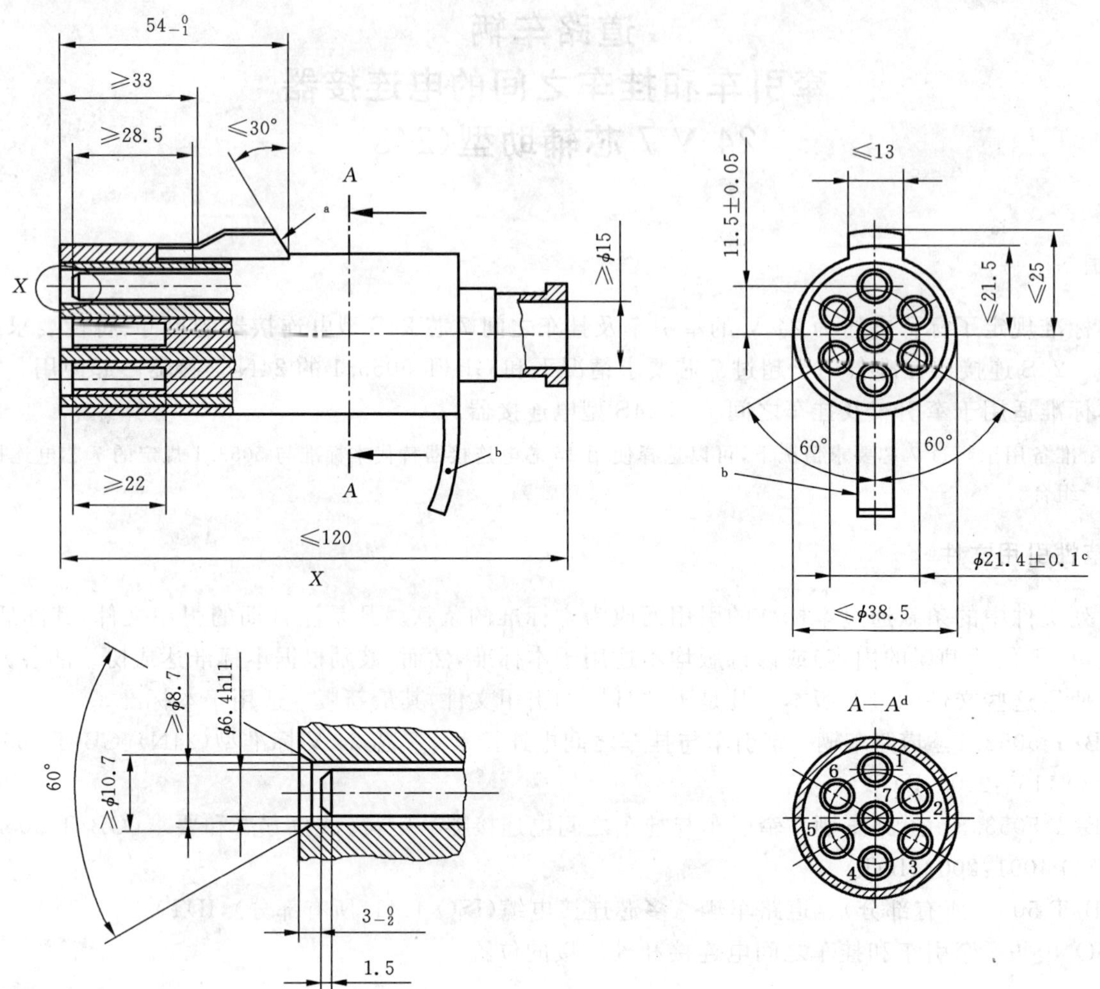

a 锁扣；

b 制造商自行决定向下或向左、向右的手柄；

c 节圆直径；

d 接线柱后视图。

图 1 插头

4.3 插座

插座的尺寸见图 2。插座应有 6 个插柱(2 号到 7 号)和 1 个弹性插孔(1 号)。

图中所示为插座盖打开状态，拔掉插头后应自动闭合。

单位为毫米

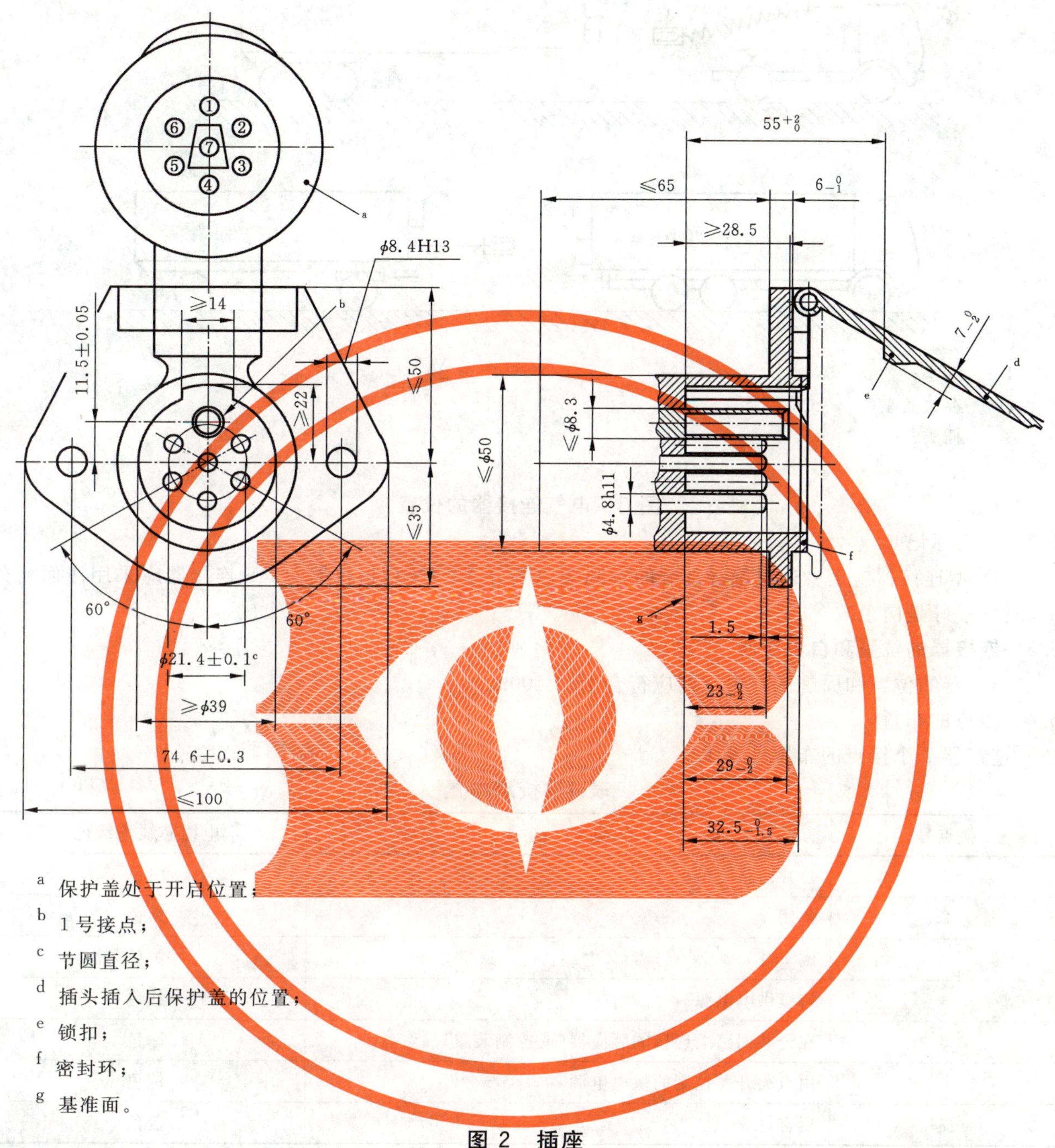

a 保护盖处于开启位置；

b 1号接点；

c 节圆直径；

d 插头插入后保护盖的位置；

e 锁扣；

f 密封环；

g 基准面。

图 2 插座

5 连接器的应用

5.1 总则

螺旋式电缆组件用于半挂牵引车(鞍式牵引车)上，无论牵引车是否与半挂车相连，电缆组件都可与牵引车的电路相连接(见图 3)。

非螺旋式电缆组件用于牵引杆挂车，其插座安装于全挂牵引车的后部(见图 3)。

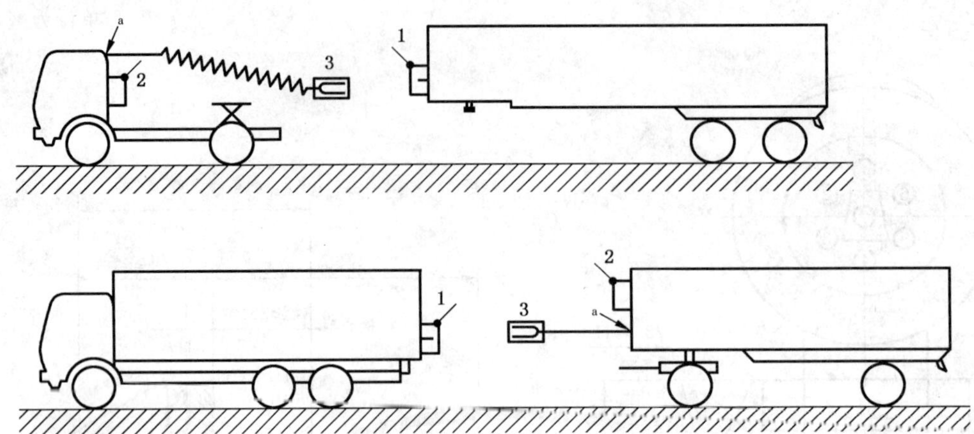

1——插座；

2——存放插座；

3——插头；

[a] 见5.1。

图3 电气连接器的位置

5.2 识别标记

24S型连接器应至少通过绝缘部分的不同颜色区分于24N型连接器。24S连接器应采用浅而耐久的颜色(最好是白色)。

5.3 连接器的位置和自由空间

连接器的位置和周围的自由空间应符合ISO 4009。

5.4 接点的布置

连接器7个接点的布置见表1。

表1 接点布置

接点号	功　能	电缆芯线绝缘色
1	公共回路	白色
2	备用	黑色
3	倒车灯	黄色
4	持续供电电源	红色
5	在公共回路上连接的感应器(或控制装置)	绿色
6	由点火开关控制的供电电源	棕色
7	后雾灯	蓝色

5.5 接点标记

接点序号应永久地标记在插座保护盖内表面、插头和插座的接线柱座面上。字符高度不应小于2 mm。如果空间有限，在接线柱座面上可采用较小的尺寸。

5.6 接线柱

插柱和插孔后面的接线柱应能连接以下标称截面的电缆：

接点　1、4和6：2.5 mm^2；

接点　2、3、5和7：1.5 mm^2。

如接线柱连接其他横截面积的电缆，应由制造商和用户商定。

5.7 连接电缆

连接电缆应符合GB/T 5054相关部分的要求。

5.8 拔下插头的保护

当插头被拔下后为防止水或其他物体侵入插头及避免意外损坏，应在车辆上提供存放插头的装置。

6 试验和特别要求

6.1 一般要求

连接器应按表2给出的顺序进行试验(每组试验样品宜为3个)，除了下述特别规定之外，连接器应按GB/T 5053.3进行试验并满足其规定。

表2 试验顺序

试　　验	试样组				
	A	B	C	D	E
外观	1,9	1,11	1,8	1,10	1,11
尺寸	2				
防止错配	3				
插入	4	2	2	2	2
拔出	8	10	7	9	9
锁止装置和电缆固定强度	5	3,9		3,8	3,8
低温剪切强度	7				
载流能力			4		
连接电阻		4,7	3,6	4,7	4,7
电流循环			5		
耐电压		5,8		6	5,10
静载荷	6				
耐久性					6
温度/湿度循环		6			
盐雾				5	

6.2 防止错配

6.2.1 试验

检查本标准插座的接点1能否连接本标准插头的2至7接点，或GB/T 5053.1插头的任一接点。

6.2.2 要求

不应有接点能连接。

6.3 锁止装置和电缆抗拉强度

按照GB/T 5053.3进行锁止装置和电缆抗拉强度试验。对未连接插座的插头电缆施加(500±5)N的力，进行电缆抗拉强度试验。

6.4 插入和拔出

按照GB/T 5053.3进行插入和拔出试验，插入力和拔出力应为(150±50)N。

6.5 盐雾

除序号b)和c)外应按GB/T 5053.3进行盐雾试验。

6.6 温度/湿度循环

按GB/T 5053.3进行温度/湿度循环试验，但对GB/T 5053.3中的d)到g)步骤作如下更改：

d） 在2.5 h内t_c降低到(－25±2)℃；

e） t_c在(－25±2)℃保持2 h；

f） 在1.5 h内t_c升高到(75±2)℃；

g） t_c在(75±2)℃保持2 h。

6.7 耐久性

按GB/T 5053.3进行耐久性试验，其循环次数为1 000次。

ICS 43.040.10
T 36

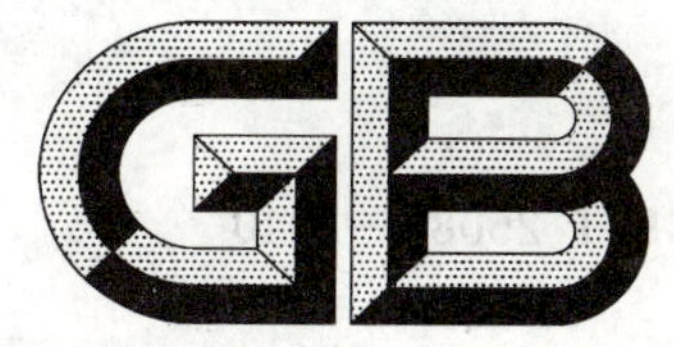

中华人民共和国国家标准

GB/T 25089—2010

道路车辆 数据电缆

Road vehicles—Data cables

(ISO/TS 16553:2006,Road vehicles—Data cables—Test methods and requirements,MOD)

2010-09-02 发布 2011-02-01 实施

中华人民共和国国家质量监督检验检疫总局
中国国家标准化管理委员会 发布

前　言

本标准修改采用 ISO/TS 16553:2006《道路车辆　数据电缆　试验方法和要求》。

本标准根据 ISO/TS 16553:2006 重新起草。

本标准与 ISO/TS 16553:2006 技术内容的差异及原因如下：

——原文 3.3 的屏蔽和 3.4 的线芯两个定义，与 GB/T 25087—2010《道路车辆　圆形、屏蔽和非屏蔽的 60 V 和 600 V 多芯护套电缆》术语重复，本标准直接引用该标准，删除了重复的定义。

——根据国家标准编写规定，适用范围增加了：本标准适用于 M、N、O、L 类车辆用数据电缆。

本标准相对 ISO/TS 16553:2006 编辑性修改如下：

——原文中的“本国际标准”改为“本标准”；

——删除了国际标准最后的参考文献。

本标准由国家发展和改革委员会提出。

本标准由全国汽车标准化技术委员会归口。

本标准起草单位：北京福斯汽车电线有限公司。

本标准主要起草人：王亚东、霍焰、董喜刚、李庆森。

道路车辆　数据电缆

1　范围

本标准规定了道路车辆用屏蔽和非屏蔽、护套和非护套对绞数据电缆和同轴电缆的试验方法和要求。护套电缆见 GB/T 25087—2010《道路车辆　圆形、屏蔽和非屏蔽的 60 V 和 600 V 多芯护套电缆》。额定温度等级见 GB/T 25085—2010《道路车辆 60 V 和 600 V 单芯电线》。

本标准适用于 M、N、O、L 类车辆用数据电缆。

2　规范性引用文件

下列文件中的条款通过本标准的引用而成为本标准的条款。凡是注日期的引用文件，其随后所有的修改单(不包括勘误的内容)或修订版均不适用于本标准，然而，鼓励根据本标准达成协议的各方研究是否可使用这些文件的最新版本。凡是不注日期的引用文件，其最新版本适用于本标准。

GB/T 25085—2010　道路车辆 60 V 和 600 V 单芯电线(ISO 6722:2006,IDT)

GB/T 25087—2010　道路车辆　圆形、屏蔽和非屏蔽的 60 V 和 600 V 多芯护套电缆(ISO 14572:2006,IDT)

ASTM D 4566　通信线缆绝缘及护套性能的电性能试验方法

3　术语和定义

GB/T 25087—2010 确立的以及下列术语和定义适用于本标准。

3.1

电容　capacitance

导体和电介质系统在导体间存在电势差时表现出来的存储电荷的性能。

3.2

特性阻抗　characteristic impedance

线路中对存在交变电流的整体阻碍力，具体是电压除以电流的复数值。

3.3

同轴(电缆)　coaxial pair (cable)

由同心的两个圆柱形导体组成的用来传送信号的线对。

4　一般要求

4.1　试验

电缆应按表 1 的规定进行试验。

4.2　通用试验条件

应按 GB/T 25085—2010 的 4.4。

4.3　烘箱

应按 GB/T 25085—2010 的 4.5。

4.4　目视外观

应按 GB/T 25087—2010 的 4.6。

表 1 试验

条款	试验项目	带护套的双绞线		不带护套的双绞线		同轴电缆
		屏蔽线	非屏蔽	屏蔽	非屏蔽	
4	一般要求	—	—	—	—	—
4.4	目视外观	AB	AB	—	—	AB
5	尺寸	—	—	—	—	—
5.1	电缆外径	AB	AB	—	—	AB
5.2	椭圆度	CD	CD	—	—	—
5.3	护套厚度	AB	AB	—	—	AB
5.4	双绞线节距	—	CD	—	CD	—
6	电气性能	—	—	—	—	—
6.1	连续性	ABE	ABE	ABE	ABE	ABE
6.2	耐电压	ABE	ABE	ABE	ABE	ABE
6.3	特性阻抗	CD	CD	CD	CD	CD
6.4	电容	AB	AB	AB	AB	AB
6.5	线延迟	CD	CD	CD	CD	CD
6.6	屏蔽效率	CD	—	CD	—	CD
7	机械特性	—	—	—	—	—
7.1	高温压力	CD	CD	—	—	CD
7.2	护套附着力	CD	CD	—	—	CD
7.3	介质剥离力	—	—	—	—	AB
7.4	循环弯曲	C	C	—	—	C
8	低温性能	—	—	—	—	—
8.1	卷绕	AB	AB	—	—	AB
8.2	冲击	CD	CD	—	—	CD
9	耐磨	CD	CD	—	—	CD
10	热老化	—	—	—	—	—
10.1	3 000 h 长期老化	A	A	—	—	A
10.2	240 h 短期老化	AB	AB	—	—	AB
10.3	护套的热收缩	CD	CD	—	—	CD
11	耐环境及化学品	—	—	—	—	—
11.1	护套耐液体	AC	AC	—	—	AC
11.2	护套标志耐久性	CD	CD	—	—	CD
11.3	护套耐臭氧	C	C	—	—	C
11.4	温度和湿度交变	C	C	—	—	C
12	抗延燃	AB	AB	—	—	AB
13	人工大气老化	C	C	—	—	C

注 1：A 为首次检验。

注 2：B 为周期试验，频率由供需双方协商确定。

注 3：C 为"必要时试验"的首次试验，是否采用此种试验由供需双方协商确定。

注 4：D 为"必要时试验"的周期试验，频率和是否采用此种试验由供需双方协商确定。

注 5：E 为流程试验，在电缆的制造过程中或制造完成后对整根电缆的检验。

注 6：护套耐液体，一部分液体用于"鉴定性试验"，其余液体在"必要时试验"使用，详见 11.1。

5 尺寸

5.1 电缆外径

按 GB/T 25087—2010 的 5.2。

5.2 护套的椭圆度

按 GB/T 25087—2010 的 5.3，是否采用本试验应由供需双方协商确定。

5.3 护套厚度

按 GB/T 25087—2010 的 5.4。

5.4 双绞线节距

5.4.1 概述

本试验仅适用于无屏蔽的双绞线。是否采用本试验应由供需双方协商确定。

5.4.2 试样

将 1 m 长电缆剥去护套，要保证绞合线对端头不散开。根据电缆结构也可使用其他长度。

5.4.3 装置

应使用精度为±1.0 mm 的测量装置。

5.4.4 程序

夹紧试样防止松散。测量 5 个节距的长度，单个节距为双绞线中沿轴向单线旋转前进一周所前进的长度，所测量长度除以 5 就是单个节距的平均值。

5.4.5 要求

平均节距长度应在供需双方协商确定的范围之内。

6 电气性能

6.1 连续性

按 GB/T 25087—2010 的 6.1。

6.2 耐电压

按 GB/T 25087—2010 的 6.2。

6.3 特性阻抗

6.3.1 试验采用

是否采用本试验应由供需双方协商确定。

6.3.2 试样

将 3 m 长试样两端各剥去 50 mm 护套，线芯两端各剥去 12 mm 绝缘。

6.3.3 装置

带有将 50 Ω 不对称输入转换成 Z_N 对称输出的对称/不对称转换器，阻抗匹配的阻抗分析仪和一个电阻器 Z_N。

其中：

注 1：Z_N 为电缆要求的标称阻抗(Ω)。

注 2：如果使用不对称的试验方法评价对称电缆，应使用不对称转换器。

6.3.4 程序

校准(参照仪器制造商推荐的校准方法/过程)：

将不对称转换器的不对称输入端连接到阻抗分析仪上。将阻抗分析仪的频率设置到 1 MHz。测量校准电阻 R_R 的电阻值(约等于 Z_N 的值)。将校准电阻连接到不对称转换器的对称端上并记录阻抗读数 Z_R(约等于 50 Ω)。

测量：

将试样连接到不对称转换器的对称端(如果需要，将屏蔽连接到分析仪的接地端)。在信号线芯开路的情况下，测量阻抗值并记录为 Z_0。将信号线芯短路并记录此时的阻抗值为 Z_S。用下面的公式计算特性阻抗值：

$$Z=\frac{R_R}{Z_R}\sqrt{Z_0\times Z_S}$$

式中：

Z——电缆的特性阻抗计算值，Ω；

R_R——校准电阻的测量值，Ω；

Z_R——校准阻抗的测量值，Ω；

Z_0——线芯开路时试样的阻抗测量值，Ω。

6.3.5 要求

电缆的特性阻抗应由供需双方协商确定。

6.4 电容

6.4.1 试样

从 3 m 长的试样一端去除 50 mm 长的护套和屏蔽(如果需要)和 25 mm 长外导体(对同轴电缆)。将每根线芯的绝缘剥去 12 mm。

6.4.2 装置

试验装置为阻抗分析仪或与其等效的装置(在 1 kHz 条件下)。

6.4.3 程序

试验过程要消除杂散电容的影响。测量试样的长度(L_1)。

对双绞线，在两个线芯间测量电容(C_1)。

对屏蔽双绞线，在两个线芯之间测量电容(C_1)，一个线芯与屏蔽之间的电容(C_{A1})，另外一个线芯与屏蔽之间的电容(C_{B1})。

对同轴电缆，在内外导体之间测量电容(C_1)。

将试样整理成 1 m 长，重复上述程序。测量试样长度(L_2)，线芯间电容(C_2)，线芯与屏蔽间电容(C_{A2})和(C_{B2})。并用下面的公式计算电缆的单位电容：

$$C=\frac{C_1-C_2}{L_1-L_2};C_A=\frac{C_{A1}-C_{A2}}{L_1-L_2};C_B=\frac{C_{B1}-C_{B2}}{L_1-L_2}$$

式中：

C——单位电容，pF/m；

C_A——线芯 A 与屏蔽之间的单位电容，pF/m；

C_B——线芯 B 与屏蔽之间的单位电容，pF/m；

C_1——试样长度为 L_1 时线芯或导体之间的电容，pF；

C_2——试样长度为 L_2 时线芯或导体之间的电容，pF；

C_{A1}——试样长度为 L_1 时线芯 A 与屏蔽之间的电容，pF；

C_{A2}——试样长度为 L_2 时线芯 A 与导体之间的电容，pF；

C_{B1}——试样长度为 L_1 时线芯 B 与屏蔽之间的电容，pF；

C_{B2}——试样长度为 L_2 时线芯 B 与屏蔽之间的电容，pF；

L_1——首次试样长度，m；

L_2——第二次试样长度，m。

6.4.4 要求

C、C_A、C_B 的值由供需双方协商确定。

6.5 线延迟

6.5.1 试验采用

是否采用本试验由供需双方协商确定。

6.5.2 试样

在 3 m 长完整试样一端剥去护套 50 mm,并将线芯两端的绝缘各剥去 12 mm。

6.5.3 装置

使用的测量装置为网络分析仪。

6.5.4 程序

应按 ASTM D 4566。在 1MHz 条件下用网络分析仪测量相位常量。使用下面的公式计算线延迟:

$$t_p = (10^9 \times \beta)/(\omega \times L)$$

其中:

ω——角频率,rad/s;

β——相位常数,rad;

t_p——线延迟,ns/m;

L——试样长度,m。

6.5.5 要求

计算值应在供需双方协商确定的数值范围内。

6.6 屏蔽效率

按 GB/T 25087—2010,是否采用本试验应由供需双方协商确定。

7 机械性能

7.1 高温压力

按 GB/T 25087—2010,是否采用本试验应由供需双方协商确定。

7.2 护套附着力

按 GB/T 25087—2010,是否采用本试验应由供需双方协商确定。

7.3 介质剥离力(仅适于同轴电缆)

按 GB/T 25087—2010,是否采用本试验应由供需双方协商确定。去除护套和外导体时应不损伤介质。

7.4 循环弯曲试验

按 GB/T 25087—2010,是否采用本试验应由供需双方协商确定。

8 低温性能

8.1 卷绕

应按 GB/T 25087—2010 的 8.1 进行。

8.2 冲击

应按 GB/T 25087—2010,是否采用本试验应由供需双方协商确定。

9 耐磨

应按 GB/T 25087—2010 的第 9 章进行。

10 热老化

10.1 3 000 h 长期老化

本试验用来确定“额定温度等级”。应按 GB/T 25087—2010 的 10.1。

10.2 240 h 短期老化

本试验用来模拟热漂移。应按 GB/T 25087—2010 的 10.2。

10.3 护套热收缩

应按 GB/T 25087—2010 的 10.4,是否采用本试验应由供需双方协商确定。

11 耐环境和化学品

11.1 护套耐液体

应按 GB/T 25087—2010 的 11.1,是否采用本试验应由供需双方协商确定。

11.2 护套标志耐久性

应按 GB/T 25087—2010 的 11.2,是否采用本试验应由供需双方协商确定。

11.3 护套耐臭氧

应按 GB/T 25087—2010 的 11.3,是否采用本试验应由供需双方协商确定。

11.4 温度和湿度交变

应按 GB/T 25087—2010 的 11.4,是否采用本试验应由供需双方协商确定。

12 抗延燃

按 GB/T 25087—2010 的第 12 章。

13 人工大气老化

应按 GB/T 25087—2010 的第 13 章,是否采用本试验应由供需双方协商确定。

ICS 29.160.99
K 20

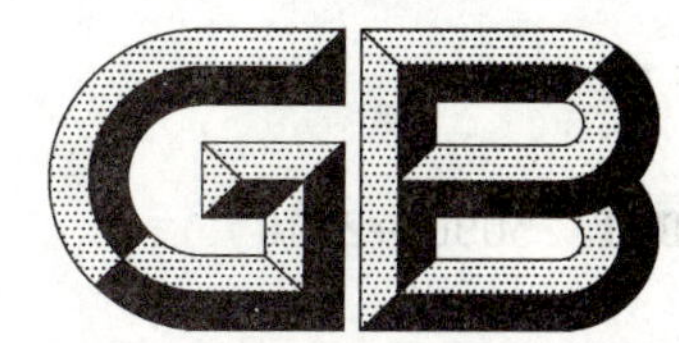

中华人民共和国国家标准

GB/T 25090—2010

电动机轻载调压节电装置

Step-down power saving device for asynchronous motor at light load

2010-09-02 发布　　　　2011-02-01 实施

中华人民共和国国家质量监督检验检疫总局
中国国家标准化管理委员会　发布

前　言

本标准由中国电力企业联合会提出并归口。

本标准负责起草单位:国网武汉高压研究院。

本标准参加起草单位:广东省产品质量监督检验中心、武汉市供电公司、北京华逸融晖科技有限公司、中国电力科学研究院、武汉紫光能控科技有限公司。

本标准起草人:莫青、郎维川、吴夕科、林志力、马桂芬、靖小平、李宝华、闫华光、祝伟宏。

电动机轻载调压节电装置

1 范围

本标准规定了电动机轻载调压节电装置(以下简称节电装置)的分类、要求和试验方法。

本标准适用于额定电压不超过 6 kV、额定频率 50/60 Hz、额定容量不超过 2 500 kW 的节电装置。

2 规范性引用文件

下列文件中的条款通过本标准的引用而成为本标准的条款。凡是注日期的引用文件,其随后所有的修改单(不包括勘误的内容)或修订版均不适用于本标准,然而,鼓励根据本标准达成协议的各方研究是否可使用这些文件的最新版本。凡是不注日期的引用文件,其最新版本适用于本标准。

GB/T 191 包装储运图示标志(GB/T 191—2008,ISO 780:1997,MOD)

GB/T 2423.1 电工电子产品环境试验 第 2 部分:试验方法 试验 A:低温(GB/T 2423.1—2008,IEC 60068-2-1:2007,IDT)

GB/T 2423.2 电工电子产品环境试验 第 2 部分:试验方法 试验 B:高温(GB/T 2423.2—2008,IEC 60068-2-2:2007,IDT)

GB/T 2423.3 电工电子产品环境试验 第 2 部分:试验方法 试验 Cab:恒定湿热试验(GB/T 2423.3—2006,IEC 60068-2-78:2001,IDT)

GB/T 3797—2005 电气控制设备

GB 3906—2006 3.6 kV~40.5 kV 交流金属封闭开关设备和控制设备(IEC 62271-200:2003,MOD)

GB 4208 外壳防护等级(IP 代码)(GB 4208—2008,IEC 60529:2001,IDT)

GB 7251.1—2005 低压成套开关设备和控制设备 第 1 部分:型式试验和部分型式试验 成套设备(IEC 60439-1:1999,IDT)

GB/T 11022—1999 高压开关设备和控制设备标准的共用技术要求(eqv IEC 60694:1996)

GB/T 14549—1993 电能质量 公用电网谐波

GB 17625.1—2003 电磁兼容 限值 谐波电流发射限值(设备每相输入电流≤16 A)(IEC 61000-3-2:2001,IDT)

GB/Z 17625.6—2003 电磁兼容 限值 对额定电流大于 16 A 的设备在低压供电系统中产生的谐波电流的限制(IEC TR 61000-3-4:1998,IDT)

3 术语与定义

下列术语和定义适用于本标准。

3.1

电动机轻载调压节电装置 step-down power saving device for asynchronous motor at light load

使用在轻载运行的单相和三相交流异步电动机上,通过电力电子电路调节电机电压,在不改变电机供电频率的前提下以得到最佳运行电压值来达到节电目的的装置。

3.2

节电率 rate of power saving

运行工况、运行时间周期相同的条件下,接入节电装置之后节省的电能量与接入节电装置之前的电能量之比的百分数。

3.3

负载跟随性 load respond time

节电装置在电动机某一负载点稳定运行状态下，随着电动机负载的变化，迅速调节电动机的负载率，从电动机负载变化开始，直到节电装置输出电压达到预期电压水平所需的时间，即节电装置的响应时间(ms)。

3.4

轻载 light load

当电动机负荷率不大于50%时，称为电动机轻载。

4 使用条件

4.1 环境温度

节电装置正常工作环境温度下限为－10 ℃，上限不应超过＋55 ℃，且在24 h内平均温度不应超过＋35 ℃。

4.2 相对湿度

在空气清洁，最高温度为＋40 ℃时，相对湿度不应超过50%。在较低温度时，允许有较大的相对湿度，在＋20 ℃时相对湿度不应超过90%。但应考虑到由于温度的变化有可能产生凝露。

4.3 污染等级

按GB 7251.1—2005中6.1.2.3的规定，节电装置一般情况下，只有非导电性污染，同时考虑到偶然由于凝露造成的暂时的导电性，污染等级为2级。空气中应无足以损坏绝缘和腐蚀金属的气体；无导电尘埃及易燃易爆的介质。

其他污染等级可根据特殊用途或微观环境考虑采用。

注：用于设备的微观环境污染等级可能受外壳内安装结构的影响。

4.4 海拔高度

节电装置安装场地的海拔高度不应超过2 000 m。

4.5 特殊使用条件

使用条件如果存在与4.1、4.2、4.3、4.4项目不符的情况，制造厂可根据用户的实际使用条件进行特殊设计、制造。

5 技术要求

5.1 机械性能

5.1.1 外形尺寸要求

节电装置的外形尺寸应符合制造厂文件规定的图纸和技术文件的要求。

5.1.2 外观要求

5.1.2.1 节电装置外壳及所有支承件表面(除铝合金、不锈钢外)应涂上无眩目反光的防腐层，其颜色应均匀一致，涂覆不应露出底层金属，表面无起泡、腐蚀、划痕、涂层脱落或沙孔等缺陷。

5.1.2.2 节电装置电镀件表面应光滑、色泽均匀，不应有剥落、针孔、锈蚀及其他机械损伤。

5.1.3 机械结构要求

5.1.3.1 节电装置柜体的框架、外壳应有足够的机械强度和刚度，应由能承受一定机械应力、电气应力及热应力的材料构成，材料还应能经受正常使用时可能遇到的潮湿的影响，并应不因吊装、运输等影响装置的性能。

5.1.3.2 各种构件应结构紧密，装置面板上除可安装指示灯、显示器、开关按钮外，其他任何影响功能的操作机构均应安装在箱体内。

5.1.3.3 装置面板指示灯应安装紧固无松动，且通电后指示正常。

5.1.3.4 装置的外部开关、引出线、接线端子等应无破损。

5.1.3.5 外接导线端子应符合 GB 7251.1—2005 中 7.1.3 的规定。

5.1.3.6 元器件的选择和安装

装置内安装的元器件应符合其自身的有关规定,元器件的额定电压(额定绝缘电压、额定冲击耐受电压等)、额定电流、使用寿命、接通和分断能力、短路耐受强度等应适合设备的设计要求。

元器件的短路耐受强度和分断能力不足以承受安装场合可能出现的应力时,应利用限流保护器件(如:熔断器或断路器)对元件进行保护。选择限流保护器时应考虑到元器件供应商规定的最大允许值。

元器件应按照制造商的说明书(使用条件)进行安装。

电气元件和外接导线端子的布置应使其在安装、接线、维修和更换时易于操作。

5.2 旁路功能

节电装置应装有旁路开关。

5.3 电气性能

5.3.1 节电率

节电器在电动机负载率 30% 和 50% 的节电率应符合表 1 的规定。

表 1 节电率

电动机负载率	30%	50%
节电率	≥5%	≥3%

5.3.2 负载跟随性要求

节电装置应有良好的负载跟随性,负载响应时间应不大于 50 ms。

5.4 安全性能

5.4.1 介电强度

额定工作电压不超过 1 000 V 的节电装置,按 GB 7251.1—2005 中 8.2.2.4 规定的试验电压值及施加部位对其施加电压时,应无击穿或闪络现象。

额定工作电压大于 1 000 V 且不超过 6 kV 的节电装置,按 GB 3906—2006 中 6.2.6 规定的试验电压值及施加部位对其施加电压时,应无击穿或闪络现象。

5.4.2 电气间隙和爬电距离

不同极性的裸导体之间及它们与外壳之间的电气间隙、爬电距离应符合下列规定:

a) 额定工作电压不超过 1 000 V 的节电装置,应符合 GB 7251.1—2005 中 7.1.2 的规定;

b) 额定工作电压大于 1 000 V 且不超过 6 kV 的节电装置,应符合 GB/T 11022—1999 中 5.14 的规定。

5.4.3 防护等级

节电装置的外壳防护等级应不低于 IP30。

5.4.4 保护电路有效性

具有保护接地的节电装置应符合 GB/T 3797—2005 中 5.2.6 的要求,保护连接导体电阻不应超过 0.1 Ω。

5.4.5 谐波电流限值

a) 额定工作电压不超过 1 000 V 的节电装置:

每相输入电流不大于 16 A 条件下的谐波电流应符合 GB 17625.1—2003 中表 1 的规定。

额定电流大于 16 A 条件下的谐波电流应符合 GB/Z 17625.6—2003 中表 1 的规定。

b) 额定工作电压大于 1 000 V 且不超过 6 kV 的节电装置,谐波电流应符合 GB/T 14549—1993 中表 2 的规定。

5.4.6 电磁兼容性(EMC)

额定工作电压不超过 1 000 V 的节电装置的电磁兼容性应符合 GB 7251.1—2005 中 7.10 的规定。

额定工作电压大于1 000 V且不超过6 kV的节电装置的电磁兼容性应符合GB/T 11022—1999中6.9的规定。

5.4.7 环境适应性

装置应能在4.1、4.2规定的环境条件下正常工作，无变形、无结构和机械损伤。特殊环境条件应由制造商与用户协调解决。

6 试验

6.1 试验条件

6.1.1 除气候环境适应性试验外，所有试验应在下列条件下进行：

环境温度：+15 ℃～+35 ℃；

供电电源：相应产品的额定工作电源。

6.1.2 电磁环境

试验场地的电磁环境不应影响试验结果。

6.2 试验分类

检验节电装置性能的试验包括：

——型式试验（见6.2.1）；

——出厂试验（见6.2.2）。

6.2.1 型式试验

型式试验用来验证给定型式的节电装置是否符合本标准的要求。在下列情况下应进行型式试验：

a） 新产品试制定型时；

b） 已定型的产品当工艺、设计或关键元器件材料更改有可能影响产品性能时；

c） 制造厂或用户认为有必要时。

型式试验应在一台（组）节电装置的样机上进行。

型式试验项目包括：

a） 外形尺寸、外观检查、外接导线端子检查和机械结构检查（见6.3.1）；

b） 介电强度试验（见6.3.3）；

c） 电气间隙和爬电距离试验（见6.3.4）；

d） 防护等级试验（见6.3.5）；

e） 保护电路有效性试验（见6.3.6）；

f） 环境试验（见6.3.7）；

g） 负载跟随性试验（见6.3.8）；

h） 谐波电流限值试验（见6.3.9）；

i） 电磁兼容性（EMC）试验（见6.3.10）；

j） 节电率试验（见6.3.11）。

试验顺序为先做环境试验后做其他试验。

6.2.2 出厂试验

出厂试验是用来检查产品性能是否合格的试验。

出厂试验在每一台装配好的新的节电装置上或在每一个运输单元上进行，在安装工地上不作另外的出厂试验。

节电装置采用标准化元件在元件制造厂外进行装配，而使用的部件和附件是制造厂为此用途而规定或提供的，则应由负责装配节电装置的单位进行出厂试验。

出厂试验包括：

a) 外形尺寸、外观检查、外接导线端子检查和机械结构检查(见 6.3.1)；

b) 介电强度试验(见 6.3.3)；

c) 电气间隙和爬电距离试验(见 6.3.4)；

d) 防护等级试验(见 6.3.5)；

e) 保护电路有效性试验(见 6.3.6)。

出厂试验项目可按任意次序进行。

注：在制造厂进行的出厂试验工作，不能免除安装单位在经过运输和安装后进行检查试验的责任。

6.3 试验方法

6.3.1 外形尺寸、外观检查和机械结构检查

用量尺等量具对照制造厂文件规定的图纸和技术文件检查节电装置的外形尺寸，目视检查外观，用手检验构件，应符合 5.1.2、5.1.3 的规定。

6.3.2 旁路开关试验

把节电装置接入供电系统，接通旁路开关，测量节电装置输出侧电源特性，应与节电装置输入侧电源一致。

6.3.3 介电强度试验

按 5.4.1 的规定进行。

6.3.4 电气间隙和爬电距离试验

测量节电装置相与相之间，不同电压的电路导体之间及带电部件与裸露导电部件之间的最小电气间隙、爬电距离，此距离应符合 5.4.2 的要求。测量方法按照 GB 7251.1—2005 中附录 F 的规定。

6.3.5 防护等级试验

按 GB 4208 的规定进行。

6.3.6 保护电路有效性试验

使用电阻测量仪器测量节电装置进线保护导体和相关的裸露导电部件之间的电阻，应符合 5.4.4 的要求。测量仪器应可以使至少 10 A 的交流或直流电流通过电阻测量点之间的阻抗。

6.3.7 环境试验

6.3.7.1 工作温度下限

按 GB/T 2423.1“试验 Ad”进行。受试样品先进行初始检查，将试验样品放入试验箱，受试样品在环境温度为－5 ℃(户内)条件下空载通电工作 4 h，试验中样品应工作正常。试验后恢复 2 h，受试样品应能满足 5.4.7 的要求。

6.3.7.2 工作温度上限

按 GB/T 2423.2“试验 Bd”进行。受试样品先进行初始检查，将试验样品放入试验箱，受试样品在环境温度为＋40 ℃(户内)条件下空载通电工作 4 h，试验中样品应工作正常。试验后恢复 2 h，受试样品应能满足 5.4.7 的要求。

6.3.7.3 恒定湿热试验

按 GB/T 2423.3 的要求进行。受试样品先进行初始检查，将试验样品放入试验箱，受试样品在相对湿度为 90%(25 ℃)条件下正常工作 48 h，试验期间和试验后受试样品应能满足 5.4.7 的要求。

6.3.8 负载跟随性试验

在装置平稳运行时，迅速向上或向下调节电动机负载，记录电流变化的时刻 T_1，同时记录电压发生变化的时刻 T_2，则 T_2-T_1 即为装置的动态跟踪响应时间 T，响应时间应满足 5.3.2 的要求。

6.3.9 谐波电流限值试验

a) 额定工作电压不超过 1 000 V 的节电装置：

每相输入电流≤16 A 条件下的谐波电流试验按 GB 17625.1—2003 中的规定进行。

额定电流大于 16 A 条件下的谐波电流试验按 GB/Z 17625.6—2003 中的规定进行。

b) 额定工作电压大于 1 000 V 且不超过 6 kV 的节电装置，谐波电流试验按 GB/T 14549 中的规定进行。

检测并记录投入节电装置运行之后的谐波电流值，应符合 5.4.5 的规定。

6.3.10 电磁兼容性(EMC)试验

额定工作电压不超过 1 000 V 的节电装置的电磁兼容性试验按 GB 7251.1—2005 中 8.2.8 的规定进行。

额定工作电压大于 1 000 V 且不超过 6 kV 的节电装置的电磁兼容性试验按 GB/T 11022—1999 中 6.9 的规定进行。

6.3.11 节电率试验

在符合 6.1 规定的工作条件下，配与试品额定电流相同的电动机负载。

节电率测试示意图如图 1 所示。

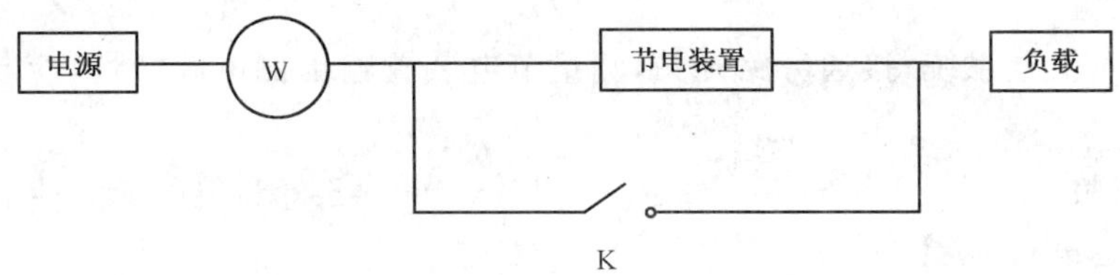

图 1 节电率测试示意图

测试方法：将单相或三相交流异步电机负载率调为 30％和 50％，不接节电装置(即闭合开关 K)运行，记录 1 h 后的电量值(W)，电能值应使用宽频的电能测量仪表进行测量。接入节电装置(即断开开关 K)，在节电装置进入节电状态后，记录 1 h 后的电量值(W')，由式(1)计算节电率，其所得数值应符合表 1 的规定。

$$节电率 = \frac{W - W'}{W} \times 100\% \qquad \cdots\cdots(1)$$

7 标志、包装、运输和贮存

7.1 标志

每台节电装置应有至少 1 个清晰、耐久的标志，包括铭牌和安全指示标志。铭牌应坚固、耐久，其位置应在节电装置安装好后易于看见的地方，且字迹清楚。其内容应包括：

a) 制造厂名称或商标；

注：制造厂是对完整的成套设备承担责任的机构。

b) 型号或标志号，或其他标记，据此可从制造厂得到有关资料；

c) 额定工作电压；

d) 额定频率；

e) 额定容量；

f) 额定电流；

g) 出厂编号和出厂日期。

7.2 包装

7.2.1 产品在外包装箱内应用防潮材料包装。包装箱上应有符合 GB/T 191 规定的标志名称、图形以及产品名称、型号、数量、出厂日期、净重、生产厂名等文字说明。

7.2.2 随同产品提供的文件应有产品说明书、合格证、保修卡等。

7.3 运输和贮存

7.3.1 包装好的产品应能承受汽车、火车、轮船和飞机等方式的运输。为避免运输过程中的振动和冲击对产品造成损伤,应给出必要的指导和/或提供特别的措施以保护元件(开关设备)的安全。

7.3.2 包装后的产品应贮存在环境温度为－10 ℃～＋40 ℃、相对湿度不大于80%、无腐蚀性气体、通风良好的室内或仓库内。

7.3.3 节电装置可在环境温度－25 ℃～＋55 ℃之间运输,在短时间内(不超过24 h),允许环境温度达到＋70 ℃。设备在未运行的情况下经受上述高温后,不应遭受任何不可恢复的损坏,在规定的条件下应能正常工作。

ICS 29.130.10
K 43

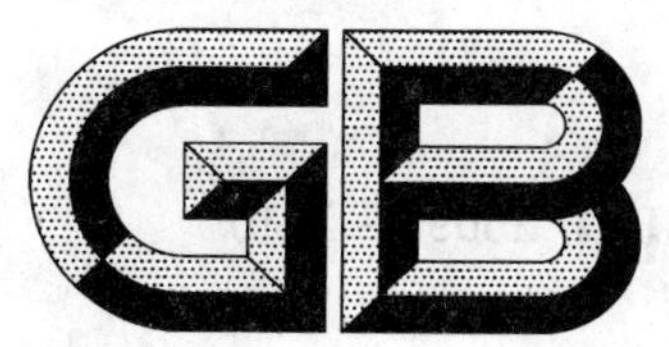

中华人民共和国国家标准

GB/T 25091—2010

高压直流隔离开关和接地开关

High-voltage direct-current disconnectors and earthing switches

2010-09-02 发布　　2011-02-01 实施

中华人民共和国国家质量监督检验检疫总局
中国国家标准化管理委员会　发布

前　言

本标准的附录A和附录B是资料性附录。

本标准由中国电器工业协会提出。

本标准由全国高压开关设备标准化技术委员会(SAC/TC 65)归口。

本标准负责单位:西安高压电器研究院有限责任公司西安高压电器研究所。

本标准参加单位:南方电网技术研究中心、机械工业北京电工技术经济研究所、西安西电高压开关有限责任公司、河南平高电气有限责任公司、新东北电气(沈阳)高压开关有限公司、国家电网公司特高压建运部、西南电力设计院。

本标准主要起草人:程晓绚、苟锐锋、饶宏、徐光辉、杨晓辉。

本标准参加起草人:黎小林、郭丽萍、游一民、高文、杜海燕、王天祥、王宇驰、阎关星、王学范、李福成、王琦、李岩、张化良、李宾宾、郭贤珊、王晶。

高压直流隔离开关和接地开关

1 概述

1.1 范围

本标准规定了高压直流隔离开关和接地开关的使用条件、额定值、设计与结构、试验、设备选用导则等方面的通用技术要求，以便统一设备的基本设计与试验要求，保证系统安全运行。

本标准适用于设计安装在户内和户外、运行于±800 kV及以下高压直流系统中的隔离开关和接地开关。本标准同时也适用于这些隔离开关和接地开关的操动机构和辅助装置。

1.2 规范性引用文件

下列文件中的条款通过本标准的引用而成为本标准的条款。凡是注日期的引用文件，其随后所有的修改单(不包括勘误的内容)或修订版均不适用于本标准，然而，鼓励根据本标准达成协议的各方研究是否可使用这些文件的最新版本。凡是不注日期的引用文件，其最新版本适用于本标准。

GB 1985—2004 高压交流隔离开关和接地开关(IEC 62271-102:2002,MOD)

GB/T 4585—2004 交流系统用高压绝缘子的人工污秽试验(IEC 60507:1991,IDT)

GB/T 11022—1999 高压开关设备和控制设备标准的共用技术要求(eqv IEC 60694:1996)

GB/T 13498—2007 高压直流输电术语(IEC 60633:1998,IDT)

GB 13540—2009 高压开关设备和控制设备的抗震要求(IEC 62271-2:2003,MOD)

GB/T 16927.1—1997 高电压试验技术 第一部分:一般试验要求(eqv IEC 60060-1:1989)

GB/T 20635—2006 特殊环境条件 高原用高压电器的技术要求

2 正常和特殊使用条件

GB/T 11022—1999的第2章适用，并作如下修改：

安装地海拔高于1 000 m处的直流隔离开关和接地开关，外绝缘在标准参考大气条件下的绝缘水平应按照GB/T 20635—2006的5.1进行修正。

3 术语和定义

GB/T 11022—1999的第3章和GB/T 13498—2007适用，并作如下补充：

3.1

直流隔离开关和接地开关 DC disconnector and earthing switch

用于高压直流换流站直流场的隔离开关和接地开关，系统正常运行时承载相应的直流应力。

注：直流隔离开关和接地开关可以采用组合式或独立式设计。

3.2

阀厅接地开关 valve hall earthing switch

安装于阀厅内的接地开关，为单柱接地式。根据阀厅设计其静触头可安装于阀厅内管母或均压罩上。

4 额定值

4.1 额定直流电压(U_r)

额定直流电压为直流隔离开关和接地开关所在系统的最高电压上限，额定直流电压的标准值见表1。

表 1 额定直流电压

直流隔离开关和接地开关安装位置	额定直流电压值/kV
换流阀组旁路高压端、极母线、直流滤波器高压端	515,680,816
12 脉动换流阀组中点	408
中性母线、直流滤波器低压端	10,25,50, 100
阀厅内接地开关	10,25,50, 100,408,515,816 200[a]
[a] 阀厅内换流变阀侧接地开关为交流接地开关,额定电压值为交流电压。	

4.2 额定绝缘水平

见表 2。

表 2 额定绝缘水平

额定直流电压/kV	60 min 直流耐受电压/kV	额定雷电冲击耐受电压/kV		额定操作冲击耐受电压/kV	
		对地	断口间	对地	断口间
10	15	145	145	—	—
25	38	250	250	—	—
50	75	450	450	—	—
100	150	450	450	—	—
		574	574		
408	600	1 175	1 175	950	950
		903	903	825	825
515	750	1 425	1 425	1 175	1 175
680	990	1 763	1 763	1 500	1 500
816	1 200	1 950	1 950	1 600	1 600
注:表中各值参考了现有高压直流输电工程中直流隔离开关和接地开关的绝缘水平给出。					

4.3 额定电流和温升

4.3.1 额定电流(I_r)

在规定的使用和性能条件下,直流隔离开关在合闸位置能够承载的电流值,数值如下:

3 150 A, 4 000 A,5000 A(4 500 A)。

4.3.2 温升

GB/T 11022—1999 的 4.4.2 适用。

4.4 额定短时耐受电流(I_k)

GB 1985—2004 的 4.5 适用。

4.5 额定峰值耐受电流(I_p)

GB 1985—2004 的 4.6 适用。

4.6 额定短时持续时间(t_k)

额定短时持续时间的标准值为 1 s。

4.7 直流滤波器高压端隔离开关开合直流滤波器能力的额定值

见表 3。

表 3 隔离开关开合直流滤波器能力的额定值

设备额定直流电压/kV	稳态电流/A (rms)	合闸电流/kA (peak)	开断电流/A (rms)	恢复电压/kV (dc)	典型频率/Hz
515	80	1.6	80	35	600
816	160	1.4	160	46	600

4.8 直流滤波器高压端隔离开关电气寿命

5 次。

4.9 额定接触区

GB 1985—2004 的 4.102 适用。

4.10 额定端子机械负荷

GB 1985—2004 的 4.103 适用。

4.11 机械寿命的额定值

高压直流隔离开关和接地开关的机械寿命额定值为 1 000 次、2 000 次。

4.12 辅助电源

a) 分、合闸线圈的控制电压:110 V /220 V DC;

b) 操作机构的电动机电源:380 V /220 V AC,50 Hz;

c) 防潮加热器电源:220 V AC,50 Hz。

4.13 无线电干扰电压水平(RIV)

在施加最高试验电压时,无线电干扰电压水平不超过 2 000 μV。

5 结构型式

5.1 总则

隔离开关可以是双柱水平开启单断口或者是三柱水平开启双断口;独立式接地开关宜采用单柱垂直断口型式。

隔离开关和接地开关应结构简单,性能可靠,易于安装和调整,便于维护和检修,金属件(包括联锁元件)均应防锈、防腐蚀,各螺纹连接部分应防止松动,接地开关应拆装方便。对户外外露铁件(铸件除外)应经防锈处理。

隔离开关带电部分及其传动部分的结构应能防止鸟类做巢。

隔离开关触头的触指结构应有防尘措施,对户外型应有自清洁能力。

隔离开关上需经常润滑的部位应设有专门的润滑孔或润滑装置,在寒冷地区应采用防冻润滑剂。

5.2 易燃性

隔离开关和接地开关及其部件、附件的材质应能防止因产品在过热或偶尔发生的火花作用下起火燃烧,材料自身应有阻燃性。

5.3 爬电距离

根据隔离开关用支柱绝缘子防污性能及承受机械力的要求,绝缘子可以分为瓷质、表面涂层及复合绝缘子。

目前,阀厅内设备的爬电比距为 14 mm/kV;户内直流开关场的爬电比距为 25 mm/kV;户外瓷质绝缘子,其爬电比距与相应的盐密见表 4。

表 4 爬电比距与相应盐密

盐密/(mg/cm^2)	瓷质绝缘子的最小爬电比距/(mm/kV)
0.03	50
0.06～0.07	54

5.4 接线端子

隔离开关应配用平板形接线端子，接触面应平整、光洁，满足回路额定电流要求。

5.5 分、合闸操作

直流隔离开关应能根据运行方式的要求顺利进行分、合闸操作而不受任何损伤。

5.6 操作机构

隔离开关应能电动操作和手动操作。

操作机构箱应装设供检修及调整用的人力分、合闸装置。

操作机构的终点位置应有坚固的定位和限位装置，且在分、合闸位置应能将操作柄锁住。

操作机构处于任何动作位置时，均能取下或打开机构箱门，以便检查、修理辅助开关和接线端子。

操作机构中采用的电动机及仪表等应符合相应标准的规定。

操作机构箱应有足够的端子板，以供设备内部配线及外部电缆端子连接用，每块端子板应有15%的备用端子。

操作机构箱应能防锈、防裂、防止变形，户外金属件应有防腐蚀措施。

5.7 外壳的防护等级

GB 1985—2004 的 5.13 适用。

5.8 联锁要求

直流隔离开关与其配用的接地开关(独立安装的直流隔离开关除外)之间应有可靠的机械联锁，并应具有实现电气联锁的条件，此条件应符合相应的运行要求。

在风压、重力、地震或操动机构与隔离开关(接地开关)本体之间的连杆被外力撞击时，隔离开关(接地开关)的结构应能防止从原有位置松脱(从合闸位置断开或从分闸位置转为合闸位置)。

5.9 机械强度

见 GB 1985—2004 的 5.103。

5.10 位置的可靠性

见 GB 1985—2004 的 5.104.1。

5.11 辅助触点

除通常作为控制或辅助用的触点外，还应有一定数量的常开和常闭备用触点。

5.12 接地

隔离开关和接地开关的底座上应有与规定的故障条件相适应的接地端子和接地导体。接地端子应有用于联接接地导体的螺栓，螺栓的直径不小于 12 mm。紧固螺栓应热镀锌或为不锈钢材料，附近应有明显的接地符号“⏚”或“地”字样。接地接触面应光洁、平整，连接截面应满足热稳定要求。

操作机构箱应带有可供接地用的专用接地端子。

5.13 抗震要求

GB 13540 适用。

5.14 电磁兼容性

GB/T 11022—1999 的 5.18 适用。

5.15 铭牌

GB 1985—2004 的 5.10 适用，并作如下补充：

对于直流滤波器高压端直流隔离开关增加：开断电流额定值。

6 型式试验

6.1 概述

6.1.1 试验的分组

强制的型式试验：

——绝缘试验(6.2);

——无线电干扰试验(6.3);

——主回路电阻测量(6.4);

——温升试验(6.5);

——短时耐受电流和峰值耐受电流试验(6.6);

——防护等级检验(6.7);

——电磁兼容性试验(6.8);

——操作和机械寿命试验(6.9)。

适用时,强制的型式试验:

——严重冰冻条件下的操作——仅适用于户外隔离开关和接地开关(6.10);

——极限温度下的操作(6.11);

——抗震试验(6.12);

——直流滤波器高压端隔离开关开合谐波电流能力试验(6.13)。

6.1.2 确认试品用的资料

GB 1985—2004 的 6.1.2 适用。

6.1.3 型式试验报告包含的资料

GB 1985—2004 的 6.1.3 适用。

6.2 绝缘试验

6.2.1 试验时周围的大气条件

GB 1985—2004 的 6.2.1 适用。

6.2.2 湿试验程序

GB 1985—2004 的 6.2.2 适用。

6.2.3 绝缘试验时隔离开关和接地开关的状态

GB 1985—2004 的 6.2.3 适用。

6.2.4 通过试验的判据

GB 1985—2004 的 6.2.4 适用。

6.2.5 试验电压的施加和试验状况

见图 1 所示的开关连接图。

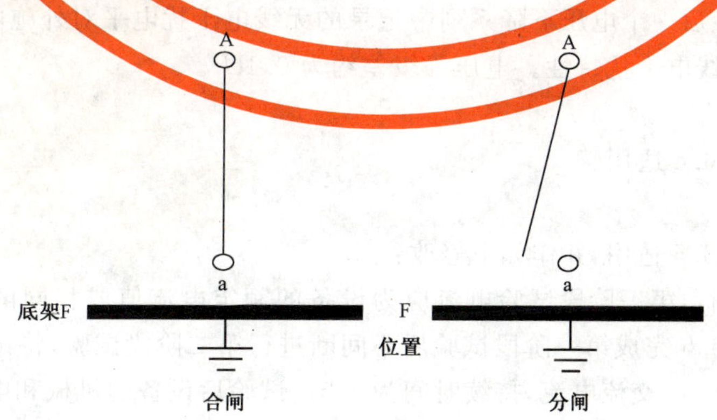

图 1 直流隔离开关的连接图

试验电压按表 5 的规定施加。

表 5 试验状况

试验状况	开关装置	加压部位	接地部位
1	合闸	A 和 a	F
2	分闸	A	aF
3	分闸	a	AF

6.2.6 直流耐压试验

隔离开关和接地开关应进行直流耐压试验。试验按 GB/T 16927.1—1997 的第 5 章规定进行，并做如下补充：

对于户外直流隔离开关和接地开关应按照湿试程序进行直流耐压湿试，对于户内直流隔离开关和接地开关应进行直流耐压干试。

试验电压 U_t 见表 2，持续时间 60 min。

6.2.7 雷电冲击电压试验

设备应在干燥状态下承受雷电冲击电压试验，试验按 GB/T 16927.1—1997 的第 7 章规定进行。

6.2.8 操作冲击电压试验

额定直流电压 408 kV 及以上的隔离开关和接地开关应进行操作冲击电压试验，试验按 GB/T 16927.1—1997 的第 8 章规定进行。

6.2.9 辅助回路和控制回路试验

隔离开关和接地开关的辅助和控制回路应承受短时工频耐受电压试验。试验按 GB/T 11022—1999 的 6.2.10 规定进行。

6.2.10 人工污秽试验

如果绝缘子的爬电距离满足 5.3 的要求，则不需要进行人工污秽试验，否则应按照 GB/T 4585—2004 进行试验。

6.3 无线电干扰试验

适用于额定直流电压 408 kV 及以上的隔离开关和接地开关。

试验按照 GB 1985—2004 的 6.3 规定进行，并作如下修改：

应该按照下述程序试验：

在试验设备上施加 U_r 的电压，至少维持 5 min，U_r 是试验设备的额定直流电压。随后应该把电压逐级下降至 $0.3U_r$，再逐级上升至初始值，最后逐级下降至 $0.3U_r$。在每级电压上，应该进行无线电干扰的测量，并应该画出最后一个电压下降系列中记录的无线电干扰电平对外施电压的曲线；这样得出的曲线就是试验设备的无线电干扰特性。电压等级差约为 $0.1U_r$。

6.4 主回路电阻测量

GB 1985—2004 的 6.4 适用。

6.5 温升试验

GB 1985—2004 的 6.5 适用，并作如下修改：

试验分两个阶段进行，第一阶段试验电流应为设备的额定电流值或相同的 50 Hz 交流电流，按照 GB/T 11022—1999 的 6.5 完成第一阶段试验后不间断进行第二阶段试验，将试验电流升高至 2 h 的过负荷电流值或相同的 50 Hz 交流电流，持续时间为 2 h。试验后设备的机械和电气性能不应受到损伤。

其中，直流系统过负荷电流值由系统设计决定，通常正常环温下 2 h 过负荷电流为系统额定电流的 1.1 p.u.～1.37 p.u.，在资料性附录 B 中示例了不同电压等级的直流系统过负荷电流的典型值。

6.6 短时耐受电流和峰值耐受电流试验

GB 1985—2004 的 6.6 适用。

6.7 防护等级检验

GB 1985—2004 的 6.7 适用。

6.8 电磁兼容性试验(EMC)

GB 1985—2004 的 6.9 适用。

6.9 操作和机械寿命试验

GB 1985—2004 的 6.102 适用,并作如下修改:

机械寿命试验应由 2 000 次操作循环组成。

6.10 严重冰冻条件下的操作

GB 1985—2004 的 6.103 适用。

6.11 极限温度下的操作

6.11.1 一般试验要求

试验仅适用于户外隔离开关和接地开关,并且仅在用户有特殊要求时才进行。

从发出“分闸”命令开始直到收到“到达分闸位置”信号为止,或到达实际分闸位置为止所需的时间(取两者中较长者),应记录在试验报告中。

同样地,应记录到达合闸位置的时间或收到合闸信号的时间。

6.11.2 最低周围空气温度下的操作

GB 1985—2004 的 6.104.1 适用。

6.11.3 最高周围空气温度下的操作

GB 1985—2004 的 6.104.2 适用。

6.12 抗震试验

试验按 GB 13540 的规定进行。

6.13 直流滤波器高压端隔离开关开合谐波电流能力试验

6.13.1 一般试验要求

试验应能验证直流滤波器高压端隔离开关具有开合谐波电流的能力,试验回路应能够产生具有直流侧特征谐波的电流,并能够反应运行时实际回路的基本电气特性,见 4.7。

6.13.2 试验回路

试验回路如图 2 所示。

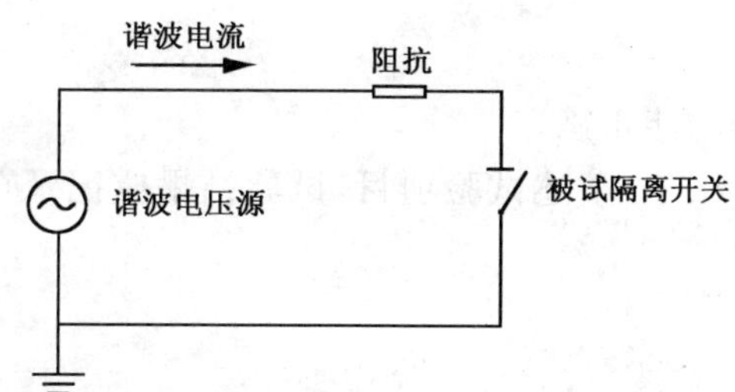

图 2 直流滤波器高压端隔离开关开合谐波电流能力试验回路

6.13.3 试验方式

应进行 5 次关合—开断操作循环。

在整个试验过程中,隔离开关不应进行调整。

6.13.4 试验过程中隔离开关的表现

隔离开关应在没有过度的机械或电气损伤下成功地完成试验。

6.13.5 试验后隔离开关的状况

隔离开关的机械功能和绝缘与试验前的状况基本相同。隔离开关应能够承载其额定电流且温升不超过规定值。

7 例行试验

GB 1985—2004 的第 7 章适用，例行试验项目包括：

——主回路的绝缘试验(7.1)；

——辅助回路和控制回路的试验(7.2)；

——主回路电阻测量(7.3)；

——机械操作试验(7.4)；

——设计检查和外观检查(7.5)。

7.1 主回路的绝缘试验

应进行直流耐压试验。试验按 6.2.6 在新的、清洁的和干燥的完整设备上进行，并作如下修改：

试验持续时间为 30 min。

7.2 辅助回路和控制回路的试验

GB 1985—2004 的 7.2 适用。

7.3 主回路电阻测量

GB 1985—2004 的 7.3 适用。

7.4 机械操作试验

GB 1985—2004 的 7.101 适用。

7.5 设计检查和外观检查

GB 1985—2004 的 7.5 适用。

8 现场交接试验

完成隔离开关和接地开关安装并完成所有的连接后应进行现场交接试验。这些试验的目的在于检查隔离开关和接地开关没有因运输和储存而损坏。此外，当安装和/或调整的大部分工作是在现场进行时，要求在现场试验中确认现场工作和由它决定的功能特征的满意性和与分装件的兼容性。

制造厂应给出现场进行交接检查和试验的程序。应避免完全重复进行工厂做过的例行试验程序。现场试验是为了确认：

——无损坏；

——各个单元的兼容性；

——正确的装配；

——装配完整的隔离开关的功能正确。

通常，现场试验应包括(但不限于)下述试验项目，试验结果应记录在试验报告中。

现场试验内容包括：

——安装后的检查(8.1)；

——绝缘电阻测量(8.2)；

——辅助及控制回路的绝缘试验(8.3)；

——主回路电阻测量(8.4)；

——校核动、静触头间的开距(8.5)；

——操动机构试验(8.6)；

——瓷件探伤试验(8.7)。

8.1 安装后的检查

8.1.1 一般检查

——装配符合制造厂的图纸和说明书；

——外绝缘未被损坏且干净；

——油漆和其他防腐保护完好；

——操动机构没有污损；

——足够和完整的接地连接以及和变电站连接系统连接的接口。

8.1.2 电路检查

——与接线图的一致性；

——信号装置(位置、报警、闭锁等)的正确动作；

——照明装置的正确动作。

8.2 绝缘电阻测量

采用 5 000 V 兆欧表，测得的绝缘电阻不应小于 5 000 MΩ。

8.3 辅助及控制回路的绝缘试验

辅助及控制回路应耐受工频电压 2 000 V，时间 1 min。在耐压试验前后均应进行绝缘电阻的测量，耐压试验后测量的绝缘电阻值不应小于试验前的测量值。

采用 500 V 兆欧表，绝缘电阻值应大于 2 MΩ。

8.4 主回路电阻测量

主回路电阻测量在现场安装后进行。

电阻测量采用直流压降法，输出电流不小于 100 A。

测得的电阻值不应超过型式试验测得的最小电阻值的 1.2 倍。

8.5 校核动、静触头间的开距

在额定、最低和最高操作电压下，各进行三次空载合-分试验，并测量分合闸时间，校核动、静触头间的开距。

试验时检查闭锁装置。

8.6 操动机构试验

电动操动机构的电动机端子的电压在其额定电压值的 85%～110% 范围内。保证隔离开关和接地开关可靠的合闸和分闸。

二次控制线圈和电磁闭锁装置：当其线圈接线端子的电压在其额定电压值的 80%～110% 范围内时保证隔离开关和接地开关可靠的合闸或分闸。

隔离开关的机械或电气闭锁装置应准确可靠。

8.7 瓷件探伤试验

不适用于涂刷 RTV 后的瓷绝缘。

探伤部位在瓷件法兰根部。

采用超声波进行探伤，超声波发生频率 2.5 MHz～10 MHz。

接受探头接受到回波信号时，瓷件存在内部缺陷。

9 直流隔离开关和接地开关的选用导则

9.1 概述

GB 1985—2004 的 8.101 适用。

9.2 正常运行条件下额定值的选择

如果适用，隔离开关或接地开关应采用第 4 章中给出的所有特性和等级，并和下列条款结合起来考虑。

9.2.1 额定电压和绝缘水平的选择

选择直流隔离开关和接地开关的额定电压至少应等于其安装地点的系统最高电压。

目前直流输电工程设备绝缘水平标准化有待完善，直流隔离开关和接地开关的绝缘水平可以参考第 4 章表 2 中的值进行选取，实际应用时可以不同于表 2 中的数值，但应在询问单中规定(见 10.1)。

表 2 中直流耐压试验的试验电压值以设备安装地点系统额定电压的 1.5 倍选取。

9.2.2 额定电流的选择

直流隔离开关的额定电流应从 4.3.1 中选取。

大部分直流隔离开关正常的运行状态为在电流接近设备额定电流下处于合闸位置很长时间工作而不进行操作，所以，直流隔离开关应具有承受过负荷电流能力(10 s，2 h 和连续)。在选择直流隔离开关的额定电流时，应使其额定电流适应于运行中可能出现的任何负载电流。

9.2.3 额定接触区的选择

GB 1985—2004 的 8.102.3 适用。

9.2.4 额定端子机械负荷的选择

GB 1985—2004 的 8.102.4 适用。

9.2.5 直流滤波器高压端隔离开关的选择

当系统运行中，直流滤波器因故障需要退出运行时，要求直流滤波器高压端隔离开关具有开断故障下谐波电流的能力。其额定值要求宜从第 4 章的表 3 中选取，表 3 中的值由直流滤波器设计确定。

除此之外，直流滤波器高压端隔离开关的设计、试验等要求与安装在换流站高压端的隔离开关相同。

9.2.6 当地的环境状况

GB 1985—2004 的 8.102.7 适用，并作如下修改：

对通常暴露在大气中的绝缘子，要求的爬电距离应在询问单 10.1 给出的值中选择。

9.2.7 地震条件

GB 1985—2004 的 8.102.8 适用。

9.2.8 使用于高海拔地区

对于安装在海拔高于 1 000 m 处的直流隔离开关和接地开关，外绝缘在标准参考大气条件下的绝缘水平应按照 GB/T 20635—2006 的 5.1 进行修正。

9.2.9 额定短时耐受电流和额定短路持续时间的选择

直流隔离开关的额定短时电流应为等效的直流系统最大短路电流，并随询问单 10.1 提供。

额定短路持续时间按 4.6 的规定选择。

10 随询问单、标书和订单提供的资料

下列资料是按 GB/T 11022 的要求规定的。这些资料有助于处理第 9 章给出的信息。

10.1 随询问单和订单提供的资料

当查询或订购直流隔离开关或接地开关时，查询者应提供下列详细资料：

a) 系统的详细资料，包括系统额定电压、系统在不同环境温度下的运行电流(包括短时过负荷电流及连续过负荷电流值)。

b) 运行条件，包括环境温度(最低、最高日温度)；超过 1 000 m 时的海拔、污秽等级、覆冰厚度、风速、相对湿度、耐受地震能力以及可能存在或出现的任何特殊条件，例如，异常地暴露在水蒸气、潮气、烟雾、爆炸性气体、过度的灰尘或含盐的空气中。

c) 直流隔离开关或接地开关的特性。应提供下列资料(如适用)：

——安装场所：户内或户外；

——安装地点的系统最高电压；

——额定绝缘水平；

——过负荷电流(10 s，2 h 和连续)；

——额定峰值耐受电流和额定短时耐受电流；

——额定端子机械负荷；

——与隔离开关或接地开关连接用的导线,或悬挂分离触头用的导线,是硬导线还是软导线;
——安装条件和高压接线(侧墙式安装的阀厅内接地开关静触头的位置);
——对隔离开关和接地开关所用绝缘子的要求;
- 污秽等级;
- 伞裙外形;
- 爬电比距。

——适用时,附加的要求:
- 人工污秽;
- 严重冰冻条件下的操作;
- 极限温度下的操作;
- 直流滤波器高压端隔离开关开合谐波电流能力;
- 抗震能力。

d) 操动机构和相关设备的特性,特别是:
——操作方法:人力的或动力的;
——对不依赖人力的操作:延时时间;
——操作高度高于正常的操作高度;
——动力操作采用的动力源类型;
——辅助触头的数量和型式;
——防护等级(若高于5.7的规定)。

e) 需要用户见证的例行试验和附加的检查
如果订单中有规定,下列检验可要求用户在场的情况下作为发运前的最后检验。这些检验对一个订货合同定购的单元数中的一个单元或其总数的1%进行抽样试验:
——防腐蚀的涂镀层(油漆、电镀层)厚度;
——电气控制布线检查;
——附件和文件(安装和使用说明书;储存和运输说明书)。

f) 上面未包括但可能影响投标和订货所涉及的特殊条件的任何其他资料。

10.2 随标书提供的资料

如适用,随标书提供的资料应包括10.1中规定的要求,并指明与询问单的细节一致和不一致之处。此外,如有要求,应提供所有说明性的材料和图样以及型式试验证书或报告。

10.2.1 额定值和特性

a) 安装场所:户内或户外;
b) 额定电压;
c) 额定绝缘水平;
d) 额定电流;
e) 额定峰值耐受电流和额定短时耐受电流;
f) 特殊要求时规定的型式试验;
g) 直流滤波器高压端隔离开关开合谐波电流能力;
h) 直流隔离开关的额定机械寿命。

10.2.2 结构特点

a) 隔离开关和接地开关的结构型式。
b) 空气中的最小间隙:
——对地;
——隔离断口(仅对隔离开关)。

c） 防腐蚀。

10.2.3 直流隔离开关和接地开关的操动机构及其辅助设备

a） 操动机构的类型；

b） 操动机构的额定电源电压；

c） 在额定操作电源电压下操作隔离开关或接地开关所需的电流；在操动机构端子上的最大电流和最高电压；

d） 辅助触头的数量和类型；

e） 指示和信号装置的设计。

10.2.4 外形尺寸和其他资料

GB 1985—2004 的 9.102.4 适用。

10.2.5 设备的状态

GB 1985—2004 的 9.102.5 适用。

11 运输、储运、安装、运行和维修规则

GB 1985—2004 的第 10 章适用。

11.1 运输、储存和安装时的条件

GB/T 11022—1999 的 10.1 适用。

11.2 安装

GB/T 11022—1999 的 10.2 适用。

11.3 运行

GB/T 11022—1999 的 10.3 适用。

11.4 维修

GB/T 11022—1999 的 10.4 适用。

12 安全

GB 1985—2004 的第 11 章适用。

12.1 电气方面

GB 1985—2004 的 11.1 适用。

12.2 机械方面

GB 1985—2004 的 11.2 适用。

12.3 热的方面

GB 1985—2004 的 11.3 适用。

12.4 操作方面

GB 1985—2004 的 11.4 适用。

附　录　A
（资料性附录）
直流隔离开关和接地开关典型布置

国内某个±800 kV 特高压直流工程直流隔离开关和接地开关的典型布置图见图 A.1。

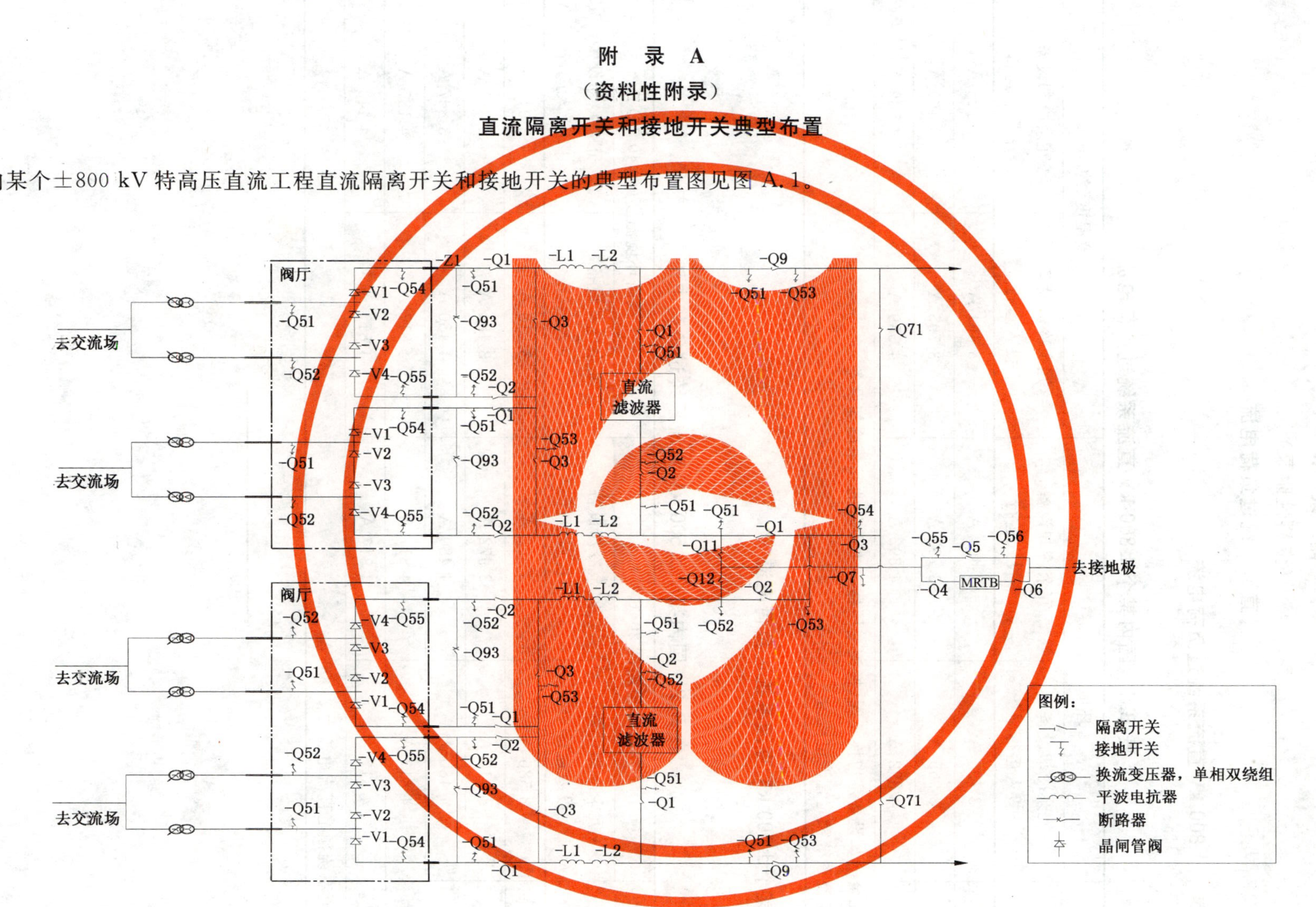

图 A.1　±800 kV 特高压直流工程直流隔离开关和接地开关典型布置图

附　录　B
（资料性附录）
直流系统过负荷电流

B.1　国内某个±800 kV直流系统过负荷电流

见表B.1。

表B.1　国内某个±800 kV直流系统过负荷电流

过负荷持续时间	环境温度25 ℃		最高环境温度(约40 ℃)	
	冗余冷却设备投入运行	冗余冷却设备不投入运行	冗余冷却设备投入运行	冗余冷却设备不投入运行
连续	3 795 A	3 461 A	3 461 A	3 125 A
2 h	3 965 A	3 795 A	3 795 A	3 461 A
3 s	4 892 A	4 892 A	4 539 A	4 539 A

注1：冗余冷却设备是指换流阀、换流变压器等主设备的冗余冷却设备。

注2：直流系统额定直流电流为3 125 A。

B.2　国内某个±500 kV直流系统过负荷电流

见表B.2。

表B.2　国内某个±500 kV直流系统过负荷电流

过负荷持续时间	环境温度20 ℃		最高环境温度(约40 ℃)	
	冗余冷却设备投入运行	冗余冷却设备不投入运行	冗余冷却设备投入运行	冗余冷却设备不投入运行
连续	3 586 A	3 552 A	3 213 A	3 045 A
2 h	4 115 A	3 972 A	3 484 A	3 381 A
10 s	4 480 A	4 480 A	4 480 A	3 867 A
5 s	4 817 A	4 817 A	4 817 A	4 187 A
3 s	4 817 A	4 817 A	4 817 A	4 443 A

注：直流系统额定直流电流为3 000 A。

ICS 29.180
K 41

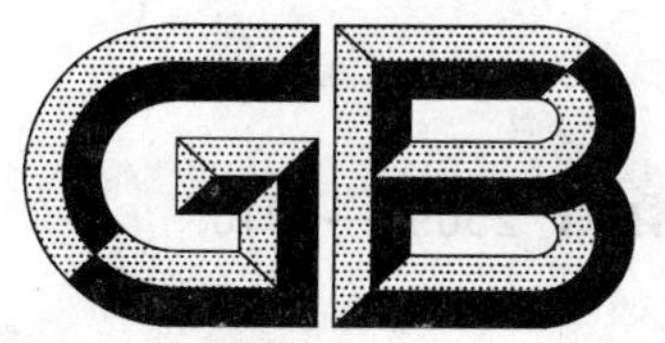

中华人民共和国国家标准

GB/T 25092—2010

高压直流输电用干式空心平波电抗器

Dry-type air-core smoothing reactors for HVDC applications

2010-09-02 发布 2011-02-01 实施

中华人民共和国国家质量监督检验检疫总局
中国国家标准化管理委员会 发布

前　言

本标准的附录A和附录B为资料性附录。

本标准由中国电器工业协会提出。

本标准由全国变压器标准化技术委员会(SAC/TC 44)归口。

本标准起草单位:南方电网技术研究中心、沈阳变压器研究院、北京电力设备总厂、机械工业北京电工技术经济研究所、特变电工沈阳变压器集团有限公司、北京网联直流工程技术有限公司、西安西电变压器有限责任公司、国网电力科学研究院、中国电力科学研究院、保定天威保变电气股份有限公司、西安中扬电气股份有限公司、上海MWB互感器有限公司。

本标准主要起草人:郭香福、郭振岩、饶宏、章忠国、郭丽平、王健、马为民、宓传龙、吕金壮、伍志荣、李光范、汪德华、黄莹、李大芬、李文平、唐春晖。

高压直流输电用干式空心平波电抗器

1 范围

本标准规定了±800 kV及以下直流输电系统用干式空心平波电抗器的术语和定义、符号及名称、使用条件、有关设计、试验、偏差和应用的一般要求、额定值、允许偏差、绝缘水平、电晕电压与无线电干扰电压、温升、声级、试验、铭牌、起吊、标志、包装、运输和储存等,并在附录A中给出了一些具体产品的相关性能参数实例。

本标准适用于±800 kV及以下直流输电系统用干式空心平波电抗器(以下简称平波电抗器)。

2 规范性引用文件

下列文件中的条款通过本标准的引用而成为本标准的条款。凡是注日期的引用文件,其随后所有的修改单(不包括勘误的内容)或修订版均不适用于本标准,然而,鼓励根据本标准达成协议的各方研究是否可使用这些文件的最新版本。凡是不注日期的引用文件,其最新版本适用于本标准。

GB/T 775.2 绝缘子试验方法 第2部分:电气试验方法

GB 1094.1 电力变压器 第1部分:总则(GB 1094.1—1996,eqv IEC 60076-1:1993)

GB 1094.2 电力变压器 第2部分:温升(GB 1094.2—1996,eqv IEC 60076-2:1993)

GB/T 1094.4 电力变压器 第4部分:电力变压器和电抗器雷电冲击和操作冲击试验导则(GB/T 1094.4—2005,IEC 60076-4:2002,MOD)

GB/T 1094.10 电力变压器 第10部分:声级测定(GB/T 1094.10—2003,IEC 60076-10:2001,MOD)

GB 1094.11 电力变压器 第11部分:干式变压器(GB 1094.11—2007,IEC 60076-11:2004,MOD)

GB/T 11604 高压电器设备无线电干扰测量方法(eqv CISPR 18-1:1982,CISPR-2:1986)

GB 50260 电力设施抗震设计规范

JB/T 5895 污秽地区绝缘子 使用导则(JB/T 5895—1991,neq IEC 60815:1986)

IEC 60076-6:2007 电力变压器 第6部分:电抗器

3 术语和定义

除下列术语和定义外,GB 1094.1和IEC 60076-6:2007中的术语和定义亦适用于本标准。

3.1

额定电感 rated inductance

电感的规定值。

注:因受各种条件限制而将系统所需要的大容量平波电抗器设计成多台串联或并联运行时,额定电感是指单台平波电抗器的电感规定值。

3.2

额定直流电压 rated d.c. voltage

U_{dr}

施加于平波电抗器线路侧端子与地之间的直流电压规定值。

3.3

最大工作电压　maximum operating voltage

U_{dm}

平波电抗器线路侧端子与地之间的最高连续直流电压规定值。

3.4

额定直流电流　rated d. c. current

I_{dr}

直流系统在额定直流电压下输送额定功率时，通过平波电抗器的直流电流。

注：额定直流电流不计入任何交流电流分量。

3.5

最大连续直流电流　maximum continuous d. c. current

I_{dm}

平波电抗器使用寿命和温升限值所允许的长时间直流工作电流，是指直流系统经常性出现或连续多日出现的过载电流。

3.6

暂态故障电流　transient fault current

规定的系统故障电流峰值和波形。

3.7

短时过载直流电流　short-time overload d. c. current

在短时过载电流持续时间或负载周期内平波电抗器所承受的短时直流电流规定值。

3.8

短时过载电流持续时间或负载周期　short-time overload current duration or duty-cycle

短时过载电流持续时间规定值。负载周期指短时过载电流每次的持续时间、两次之间的时间间隔和发生次数等规定值。

3.9

额定谐波电流频谱　rated harmonic current spectrum

用于确定谐波损耗的直流电流以外各频率电流方均根值的规定值。

3.10

最大谐波电流频谱　maximum harmonic current spectrum

用于确定温升的直流电流以外各频率电流方均根值的规定值。

3.11

直流损耗　d. c. power loss

P_{dc}

额定直流电流通过平波电抗器时产生的功率损耗。

3.12

谐波损耗　harmonic power loss

P_{h}

额定谐波电流通过平波电抗器时产生的功率损耗的总合，在直流电流以外对平波电抗器的温升产生附加影响。

3.13

交流等效电阻　a. c. equivalent resistance

R_{h}

平波电抗器在指定的频率下产生交流功率损耗的电阻。

3.14

并联避雷器 shunt surge arrestor

连接在平波电抗器两个端子之间，与平波电抗器线圈并联，用以限制平波电抗器线圈两端子之间冲击过电压的避雷器。

4 符号及名称

本标准中各种变量的符号及名称如下：

I_{dr}—额定直流电流；

I_{dm}—最大连续直流电流；

I_{2h}—持续时间为 2 h 的短时过载直流电流；

I_t—与平波电抗器最大连续直流电流对应的等效直流试验电流；

I_{t2}—与平波电抗器短时过载电流对应的等效直流试验电流；

I_h—第 h 次谐波的电流(方均根值)；

h—谐波次数；

P_{dc}—直流损耗；

P_h—谐波损耗；

R_{dc}—绕组直流电阻；

R_h—h 次谐波频率下的交流等效电阻；

U_{dc}—外施直流试验电压；

U_{dm}—最大工作电压；

U_{dr}—额定直流电压。

注：其他变量的符号及名称见本标准的各相应条款。

5 使用条件

5.1 概述

平波电抗器的正常使用条件和特殊使用条件按 GB 1094.11 的规定。

用户应在询价或订货时列出未被 GB 1094.11 规定的正常使用条件包括在内的任何使用条件。

注：例如下述这些条件：

——最高或最低环境温度超过 GB 1094.11 规定的限值；

——海拔超过 1 000 m；

——最大覆冰厚度；

——最大风速；

——最大日照强度；

——需要对平波电抗器外绝缘或平波电抗器自身的污秽等级(见 JB/T 5895)特别考虑的环境因素，例如：

- 有害的烟雾和蒸气；
- 过量的或有腐蚀性的灰尘；
- 工业污染；
- 盐雾；
- 湿热性气候。

这些因素与平波电抗器的设计和运行特别有关系。制造方应阐述其满足这些污染要求所采取的措施(特殊的涂层、棚罩等)以及对这些措施的维护要求等。

5.2 地震条件

在地震条件下运行的平波电抗器，经供需双方协商，应按 GB 50260 的规定，用计算的方法验证其抗震能力。

6 有关设计、试验、偏差和应用的一般要求

平波电抗器通常设计为自然空气冷却,无磁屏蔽,无金属外壳,具有理想的线性特征,电感量与电流的大小无关。平波电抗器主要由电抗线圈本体与由绝缘子构成的绝缘支架组成,可用于户内或户外安装方式。某些平波电抗器设计带有气候防护罩,防止极端气象条件如雨水、雪、冰雹等对平波电抗器性能的影响。对于谐波电流比较大的平波电抗器,一般配有具有气候防护和消声降噪功能的声罩。

平波电抗器试验的实施,一般遵从 GB 1094 对变压器及 GB 775.2 对绝缘子所作出的相应规则,但还有些特殊因素需要在本标准中列出,它们可能会使试验水平受到限制。任何对试验水平的限制应该由制造方向用户说明。

只要类似产品已进行了型式试验或特殊试验,用户可以要求用计算和(或)用与额定值相类似产品对比的方法来代替平波电抗器的这些试验。

平波电抗器通常不是置于封闭的钢箱或钢外壳内,故平波电抗器总装配体各个部件均应看成是带电体。因此,当平波电抗器在运行时应考虑如何避免人身与平波电抗器发生偶然的接触。像设置栅栏等一类的安全防护装置是十分必要的,且应看成是变电站设计的一部分。当用户规定了磁场强度的限值时,制造方应提供一张平波电抗器周围区域的磁场强度分布图。空心平波电抗器附近的磁场强度,可能达到很高的数值,以至于使位于该处的金属体明显发热或者受到一定的磁场作用力。制造方应提出一个关于离开平波电抗器的合适的磁空间距离的指导原则。

各额定值和保证值的偏差,见第 7 章和第 8 章的规定。

注:其他偏差,可在询价或订货时规定。

7 额定值

7.1 概述

平波电抗器的额定直流电流、最大工作电压、额定谐波电流频谱、最大谐波电流频谱和额定电感均应由用户规定。

7.2 额定直流电压

额定直流电压值由用户予以规定。

7.3 最大工作电压

最大工作电压值由用户予以规定,它不应低于运行中施加在平波电抗器绕组与地之间的最大直流电压。

7.4 额定直流电流

额定直流电流值由用户予以规定。

7.5 最大连续直流电流

最大连续直流电流值由用户予以规定。

7.6 暂态故障电流

暂态故障电流由用户予以规定。除峰值外,用户还应当准确说明对平波电抗器温升有影响的暂态故障电流波形。

7.7 额定谐波电流频谱

各交流电流频率值及相应频率下的额定谐波电流应由用户予以规定。确定此电流频谱的系统条件和工况应当与确定直流损耗的额定直流电流一致。

7.8 最大谐波电流频谱

各交流电流频率值及相应频率下的最大谐波电流应由用户予以规定。确定此电流频谱的系统条件和工况应当与确定温升的最大连续直流电流一致。

7.9 额定电感

额定电感的具体值由用户规定。

7.10 并联避雷器的额定电压

并联避雷器的额定电压和最大工作电压应由用户规定。该避雷器的额定电压应保证短时电流通过平波电抗器时所产生的电阻性压降以及电流变化所产生的感应电动势不会引起避雷器放电。

8 允许偏差

8.1 电感值允许偏差

如无其他特殊要求，平波电抗器在任何频率下的电感对额定值的偏差应不超出±5%的范围。

8.2 损耗允许偏差

直流损耗的偏差不应超过其规定值的＋2.5%，谐波损耗的偏差不应超过其规定值的＋15%。

9 绝缘水平

9.1 雷电冲击耐受电压

平波电抗器绕组端子对地的雷电冲击耐受电压由用户规定。

平波电抗器绕组两个端子之间的雷电冲击耐受电压应根据并联避雷器冲击保护水平来确定。如果没有其他特殊要求，两个端子之间的雷电全波冲击耐受电压应不小于并联避雷器雷电冲击保护水平的1.2倍，雷电截波冲击耐受电压应不小于雷电全波冲击耐受电压的1.1倍。

注：当单台平波电抗器由两节或多节线圈叠装组成时，两节或多节线圈应视为一个整台平波电抗器，可只规定叠装后整台平波电抗器的雷电冲击耐受电压。

当平波电抗器拆分成两台或多台串联，相互串联的各台平波电抗器分别配备并联避雷器时，单台平波电抗器绕组端子之间的雷电冲击耐受电压可按串联的台数分配总体的雷电冲击耐受电压值，并在此基础上适当考虑并联避雷器冲击保护水平的制造偏差而稍微提高一个不均匀系数，如1.1倍。

当平波电抗器拆分成独立安装的两台或多台但并不分别配备并联避雷器时，单台平波电抗器绕组首末端之间的冲击耐受电压应当由用户与制造方研究确定。

9.2 操作冲击耐受电压

平波电抗器绕组端子对地的操作冲击耐受电压由用户规定。对于户外用平波电抗器，绕组端子对地的操作冲击耐受电压是指绝缘支架的湿耐受电压。

平波电抗器绕组端子之间的操作冲击耐受电压应当根据并联避雷器操作冲击保护水平来确定。如果没有其他特殊要求，两个端子之间的操作冲击耐受电压应不小于并联避雷器操作冲击保护水平的1.15倍。

注：当单台平波电抗器由两节或多节线圈叠装组成时，两节或多节线圈应视为一个整台平波电抗器，可只规定叠装后整台平波电抗器的操作冲击耐受电压。

当平波电抗器拆分成两台或多台串联，相互串联的各台平波电抗器分别配备并联避雷器时，单台平波电抗器绕组端子之间的操作冲击耐受电压可按串联的台数分配总体的操作冲击耐受电压值，并在此基础上适当考虑并联避雷器冲击保护水平的制造偏差而稍微提高一个不均匀系数，如1.1倍。

当平波电抗器拆分成独立安装的两台或多台但并不分别配备并联避雷器时，单台平波电抗器绕组首末端之间的冲击耐受电压应当由用户与制造方研究确定。

平波电抗器阻抗往往较小，冲击电压发生器往往不能在两个端子之间对绕组纵绝缘施加标准波形的操作冲击电压。端子之间的操作冲击耐受电压可以理解为设计保证值。

9.3 外施直流耐受电压

如无其他规定，外施直流耐受电压(U_{dc})应为1.5U_{dr}。对于户外用平波电抗器，外施直流耐受电压是指绝缘支架的湿耐受电压。

10 电晕电压与无线电干扰电压

平波电抗器在 $1.3U_{dr}$ 下应无可见电晕，在该电压下无线电干扰电压应不超过 2 500 μV。

11 温升

11.1 正常温升限值

下列温升限值只适合于标准环境条件。

在最大连续直流电流与最大谐波电流共同作用下，绕组热点温升与绕组平均温升均应不超过表 1 规定的限值，端子温升应不超过表 2 规定的限值。

在短时过载电流作用下，绕组热点温升不宜超过表 3 所规定的限值。

表 1 绕组温升限值

绝缘系统温度及耐热等级代表字母 ℃	热点温升限值 K	平均温升限值 K
130(B)	80	60
155(F)	105	80

表 2 端子温升限值

端子板材质种类	温升限值 K
裸铜或裸铝	50
接触面镀锡	65
接触面镀银或镀镍	75

表 3 短时过载电流下的绕组热点温升限值

绝缘系统温度及耐热等级代表字母 ℃	热点温升限值 K
130(B)	90
155(F)	115

11.2 较高环境温度条件下的温升降低

当平波电抗器运行地点的空气温度超过 GB 1094.11 所规定的各最大值中的某一个时，表 1、表 2 和表 3 中所列的平波电抗器温升限值均应按超过部分的数值降低，并应修约到最接近的整数值(单位为 K)。

11.3 高海拔条件下的温升修正

当平波电抗器试验场所海拔低于 1 000 m 而运行地点海拔高于 1 000 m 时，按海拔超过 1 000 m 的部分，以 500 m 为一级，每增加一级，表 1、表 2 和表 3 中所列的平波电抗器温升限值均应降低 2.5%，并应修约到最接近的整数值(单位为 K)。如果情况相反，则应进行相应的逆修正。

11.4 太阳辐射的影响

对于不带声罩的平波电抗器，最外一层线圈的设计应充分考虑太阳辐射对温升的不利影响，在温升控制指标上应留出必要的裕度，在最大连续电流和用户规定的太阳辐射强度同时作用下，保证热点温升不超过技术要求规定值的上限。

12 声级

12.1 声压级

声压级应是 GB/T 1094.10 所规定的测量位置处的任意一点的 A 计权声压级。应注意，由于受试验设备和方法的限制，可能难以提供 1/3 倍频程或 1/8 倍频程的声压频谱和频谱中声压级很低的频谱成分。制造方可根据线谱法提供与基波频率和各次谐波频率相对应的单频声压级和合成总声压级。

12.2 声功率级

声功率级应以声压级为基础，按 GB/T 1094.10 规定的方法进行折算。

保证的声功率级应以订货时规定的额定直流电流以及规定的谐波电流频谱为基准。噪声计算用谐波电流频谱由用户根据系统条件来确定。

注：应注意，噪声计算用谐波电流频谱往往不同于确定温升和损耗的谐波电流频谱。

13 试验

13.1 试验项目

13.1.1 例行试验

下列试验应在所有的平波电抗器上进行，但不必依次遵循下述顺序：

——直流电阻与直流损耗测量(按 13.2)；

——电感测量(按 13.3)；

——交流等效电阻(R_h)与谐波损耗测量(按 13.4)；

——主要谐波频率下的电抗和品质因数测量(按 13.5)；

——端对端雷电全波冲击试验(按 13.6)；

——直流负载试验(按 13.7)。

13.1.2 型式试验

除 13.1.1 中的各项例行试验外，对于同一型式的同一台产品还应增加以下项目，但不必依次遵循下述顺序：

——端对端雷电截波冲击试验(按 13.8)；

——端对端中频振荡电容器放电试验(按 13.9)；

——端对地雷电全波冲击试验(按 13.10)；

——端对地操作冲击试验(按 13.11)；

——端对地外施直流电压耐受试验(按 13.12)；

——温升试验(按 13.13)；

——无线电干扰电压(RIV)试验(按 13.14)；

——高频阻抗与杂散电容测量(按 13.15)；

——声级测定(按 13.16)。

13.1.3 特殊试验

下列前两项试验可能难以进行，根据用户与制造方协议，可以通过理论计算或计算结合某些可行的试验来验证。

——暂态故障电流试验；

——抗震性能试验；

——热时间常数测量。

13.2 直流电阻与直流损耗测量

测量直流电阻前，应将试品在温度相对稳定并且是无风的室内环境下放置 15 h(或试品热时间常数的 5 倍)以上，以使试品温度与环境温度相同或接近。试验时，试品应免受日光照射的影响。

直流电阻宜使用基于伏安法的数字式微欧计测量。无论使用那种仪表，其精度均不能低于 0.2 级。测量时施加给试品的直流电流不宜小于 10 A。冷态下的测量结果应换算到 80 ℃参考温度，对于铝导线绕组，换算公式如下：

$$R_{80}=\frac{225+80}{225+T_{\text{room}}}\times R_{\text{room}}$$

式中：

R_{80}——换算到 80 ℃参考温度下的试品直流电阻；

T_{room}——测量电阻时试品绕组的温度(接近但不一定等于室温)；

R_{room}——在绕组温度为 T_{room} 时所测得的试品直流电阻。

测定参考温度下的直流电阻后，根据 $P_{\text{dc}}=I_{\text{dr}}{}^{2}\times R_{80}$ 和用户给定的额定直流电流计算出直流损耗。

13.3 电感测量

试验时，试品与地面之间的距离应不小于试品绕组的半径，支撑物应由绝缘材料制作。地面下应不存在钢筋网等金属回路以及尺寸可以和试品绕组直径相比拟的大型金属件。

对试品施加 50 Hz～2 500 Hz 范围内指定频率交流电流，用误差不超过 0.2%的仪表测量出电抗并换算出各频率下的电感。测量频率除了包括技术规范中明确的谐波电流的频率外，至少还应包括 50 Hz、600 Hz、1 200 Hz 和 2 500 Hz。判断电感量是否符合额定值及偏差范围要求，应以电流最大的特征谐波频率下的电感测量结果为准。其他频率下的电感允许超过偏差范围，但 50 Hz 与 2 500 Hz 两者间电感量的相对偏差应不超过 5%。

空间电磁场和地网电位的波动可能会对大电感空心线圈的电感测量产生不确定的干扰，使某些测量结果出现较大的测量偏差。当电感测量值超过预期偏差极限时，可重复测量三次，并取三次测量结果的平均值作为测量结果，以最大限度地排除偶然性电磁干扰的影响。

13.4 交流等效电阻(R_h)与谐波损耗测量

对环境温度的要求见 13.2，对地距离与地面的要求见 13.3。

测量交流等效电阻(R_h)前，应按 13.2 的规定完成直流电阻测量和试品温度的测量。如果测量交流等效电阻(R_h)期间或测量之前环境温度不能保持稳定，使试品温度难以达到环境温度或达到稳定，则可以用 13.2 所测量的直流电阻和当前环境下所测量的直流电阻值 R_{dctob} 以及铝绕组直流电阻与温度的关系来推算此时试品的温度 T_{ob}，公式如下：

$$T_{\text{ob}}=\frac{(225+20)\times R_{\text{dctob}}}{R_{20}}-225$$

对试品施加 50 Hz～2 500 Hz 范围内指定频率交流电流，用误差不超过 0.2%的高精度数字功率计测量出试验电流下的损耗并算出当前温度下的交流等效电阻。测量频率除了包括技术规范中明确的谐波电流的频率外，至少还应包括 50 Hz、600 Hz、1 200 Hz 和 2 500 Hz。

根据试品温度 T_{ob} 和该温度下的交流等效电阻 R_{htob} 以及直流电阻 R_{dctob} 来换算出在 80 ℃参考温度下的各频率交流等效电阻 R_{h80}，对于铝导线绕组，计算公式如下：

$$R_{\text{h80}}=\frac{(R_{\text{htob}}-R_{\text{dctob}})\times(225+T_{\text{ob}})}{225+80}+\frac{R_{\text{dctob}}\times(225+80)}{225+T_{\text{ob}}}$$

当空间电磁场干扰使测量结果出现较大的偏差时，可重复测量三次，并取三次测量结果的平均值作为测量结果，以最大限度地排除偶然性电磁干扰的影响。

测量各谐波频率在 80 ℃参考温度下的交流等效电阻 R_{h80} 后，根据公式 $P_h=I_h{}^{2}\times R_{\text{h80}}$ 和用户指定的谐波电流计算出各频率谐波损耗并求出各次谐波损耗的总和。

13.5 主要谐波频率下的电抗和品质因数测量

本试验应在所有绝缘试验和直流负载试验(或温升试验)之后进行。应注意，绝缘试验前后进行谐波频率下的交流等效电阻和电抗测量时应使用同一块仪表、同样的量程、同样的试验电流及同样长度的引线，甚至引线方向及仪表与试品的相对位置也应当保持不变。

按 13.3 和 13.4 规定的方法测量出 600 Hz 及 1 200 Hz 下的电感、交流等效电阻 R_{h80} 后，应用公式 $Q=\frac{\omega L}{R_{h80}}$ 计算出平波电抗器在 80 ℃下的品质因数 Q，并与绝缘试验前的 Q 值进行比较。

绝缘试验前后，600 Hz 和 1 200 Hz 下的 Q 值变化量应不超过±15%。当变化范围超过上述限值时，应重新测量或补充测量其他两个谐波频率的 Q 值，进行绝缘试验前后的进一步比较，以充分判定 Q 值的变化是由测试系统不确定度引起还是因绝缘试验造成了试品真正的损伤。

13.6　端对端雷电全波冲击试验

试验时，将平波电抗器安装在绝缘平台上。试验时可不装配平波电抗器上、下两端与线圈两端等电位的声罩或防雨帽，但线圈侧面的筒型声罩（如果有）以及对线圈电压分布有影响的均压环应当装配。

首先施加一次降低的雷电全波冲击耐受电压，然后施加三次额定雷电全波冲击耐受电压。电压的极性应为负极性。额定雷电全波冲击耐受电压应为用户规定的端对端雷电全波冲击耐受电压。降低的雷电全波冲击耐受电压应为额定雷电全波冲击耐受电压的 50%～75%。

应对平波电抗器绕组的每个端子进行试验，一端加压时，另一端经分流器接地。试验时应记录电压和电流波形图。每个端子的试验顺序如下：

——一次降低电压的负极性雷电全波冲击；

——三次负极性额定雷电全波冲击。

冲击电压波形应是标准雷电冲击波。如果平波电抗器电感较小，有时难以得到标准冲击波形，此时，经双方协商，可允许有较大的偏差（见 GB/T 1094.4）。但原则上，试品从冲击电压发生器所获取的能量应不小于 50 kJ。

将平波电抗器非被试端子通过波尾支撑电阻接地可能简化这一问题。此电阻值的选择，应保证在非被试端子上所出现的对地电压不超过额定雷电冲击耐受电压的 75%。

与降低的雷电全波冲击耐受电压相比，额定雷电全波冲击耐受电压下的电流、电压波形应稳定不变，试品内部应无烟雾、异常放电声响出现，试品绝缘表面应无沿面闪络现象发生。

对于需要进行雷电截波冲击试验的首台试品，全波冲击试验与截波冲击试验需结合起来进行，试验加压程序见 13.8。

13.7　直流负载试验

对于需要进行温升试验的产品，不必进行本试验。本试验作为例行试验只是用来检查平波电抗器绕组内部是否存在容易产生火花放电的虚焊或焊口开断现象。为便于观察和判断试品是否正常，进行本试验时不应装配妨碍观察的防雨帽、声罩等附件。

试验时，对试品施加不小于最大连续直流电流 1.2 倍的直流电流，持续 2 h。在这一试验电流作用下，试品应不出现烟雾、异常放电声响。

13.8　端对端雷电截波冲击试验

试验时，试品的安装要求与 13.6 的规定相同。

首先施加一次降低的负极性雷电全波和截波冲击耐受电压，然后施加两次 100%幅值的负极性截波冲击耐受电压。100%幅值的截波冲击耐受电压应为用户规定的端对端雷电全波冲击耐受电压的 1.1 倍。降低的雷电截波冲击试验电压应为 100%幅值的截波冲击耐受电压的 50%～75%。

应对平波电抗器绕组的每个端子进行试验，一端加压时，另一端应经分流器接地。试验时应记录电压和电流波形图。

雷电截波冲击试验可以与 13.6 规定的雷电全波冲击试验（例行试验）结合起来进行，试验顺序应调整为：

——一次降低电压的雷电全波冲击；

——一次额定雷电全波冲击；

——一次或多次降低电压的雷电截波冲击；

——两次100%幅值的雷电截波冲击;

——两次额定雷电全波冲击。

冲击电压应为负极性,冲击电压波形应是标准雷电冲击波。

与降低的雷电截波冲击耐受电压相比,100%幅值的截波冲击耐受电压下的电流、电压波形应稳定不变,试品内部应无烟雾、异常声响出现,试品绝缘表面应无沿面闪络现象发生。

13.9 端对端中频振荡电容器放电试验

试验时,试品的安装要求与13.6的规定相同。

用脉冲电容器通过球隙或断路器对平波电抗器放电,在平波电抗器上形成振荡频率数量级大约为300 Hz~900 Hz、持续时间不小于10 ms的中频振荡电压。中频振荡电压的第一个幅值应由用户规定。应注意,该幅值最大不能超过平波电抗器端对端操作冲击耐受电压。

电容器放电时的实际振荡频率和持续时间取决于脉冲电容器的容量、试品电感以及试品的中频特性。受脉冲电容器容量制约,试品电感较小或较大时,振荡频率可能难以符合上述数量级。这种情况下,制造方应与用户协商可接受的振荡频率。

杂散电容、引线电感引起的波前上升沿过冲电压峰值不应被认为是中频振荡的幅值。如果过冲峰值过高,可用高频阻波器等串联滤波装置对波前寄生振荡提供阻尼,抑制上升沿的过冲峰值。为抑制过冲峰值并保护脉冲电容器,允许采用适当阻值的波头电阻与脉冲电容器串联,但波头电阻的选择应确保振荡持续时间不小于10 ms。

脉冲电容器充电电压极性为负极性,半电压进行一次,全电压进行三次。每两次之间的间隔视冲击电容器的性能而定。本试验的目的在于检查平波电抗器绕组匝间绝缘,只对上部端子进行,另一端子通过分流器接地。

试验期间,各次放电的振荡频率和波形应稳定不变,线圈内部应无放电声响和烟雾出现。

13.10 端对地雷电全波冲击试验

本试验本质上是对平波电抗器的绝缘支架进行的试验。试验应遵循GB/T 775.2的规定。

试验时,按运行方式将平波电抗器安装在由支柱绝缘子构成的绝缘支架上。但如果受试验设备、场地和起重能力的限制而不能实施合同产品的安装,可用外型尺寸相同的模型(如带有平波电抗器金属端架的声罩等)代替平波电抗器,均压环以及其他金属附件应按运行方式装配。

在绝缘支架上端与地之间的雷电全波冲击试验顺序如下:

——一次正极性降低电压(50%~75%)的雷电全波冲击;

——三次正极性额定雷电全波冲击;

——三次负极性额定雷电全波冲击。

冲击电压波形应是标准雷电冲击波。

在上述七次冲击下,应不出现一次以上沿面闪络或其他异常现象。如果出现一次沿面闪络现象,则应另追加九次该极性的冲击,且不应再次出现闪络现象。

13.11 端对地操作冲击试验

本试验本质上是对平波电抗器的绝缘支架进行的试验。试验应遵循GB/T 775.2的规定。

试验时,试品的安装要求与13.10相同。对于户外运行的平波电抗器,试验应在湿态下进行。湿态试验时至少对绝缘支架中的一柱绝缘子实施人工淋雨。

冲击电压波形应是标准操作冲击波。

在七次正极性和八次负极性操作冲击下,应不出现两次以上的沿面闪络现象。

13.12 端对地外施直流电压耐受试验

本试验本质上是对平波电抗器的绝缘支架进行的试验。试验电压持续时间应不少于60 min。试验应遵循GB/T 775.2的规定。

试验时,试品的安装要求与13.10相同。对于户外运行的平波电抗器,试验应在湿态下进行。湿态试验时至少对绝缘支架中的一柱绝缘子实施人工淋雨。

试验过程中，绝缘应无击穿和闪络现象发生。

13.13 温升试验

13.13.1 概述

温升试验为型式试验。如果平波电抗器设计有声罩或防雨帽，温升试验时应按实际运行的方式装配声罩或防雨帽。

试验前，应先完成冷态直流电阻的测量。

试验时，为了不影响空气对流和绕组内冷风的补充，试品与地面之间的距离不宜小于平波电抗器绕组厚度的2.5倍，否则温升试验结果可能偏高。

试验时，试品应免受日光照射的影响，试品周围风速应不大于0.5 m/s。

13.13.2 试验电流的施加

作为型式试验的温升试验，应当与最大连续直流电流的温升试验和短时过载电流的温升试验结合起来进行。首先对试品施加与最大连续直流电流对应的等效温升试验电流 I_t，使热点温升达到稳定，以不大于0.5 h的时间间隔读取热点温升数值并绘制热点温升变化曲线，用以确定热点温升的热时间常数。热点温升稳定后，将试验电流迅速增加到与短时过载电流对应的等效试验电流 I_{t2}，保持用户规定的过载时间(一般为2 h)后，测取热点温升数值，然后将试验电流降低到与最大连续直流电流对应的等效试验电流 I_t，直到温升稳定，断开试验电流，按GB 1094.2规定的电阻法测取平均温升。

I_t 由80 ℃下的直流电阻 R_{dc80}、80 ℃下各次谐波频率的交流等效电阻 R_{h80}、最大连续直流电流 I_{dm} 以及对应条件下的各次谐波电流 I_h 确定：

$$I_t=\sqrt{\frac{I_{dm}^2\times R_{dc80}+\sum_{h=1}^{50}I_h^2\times R_{h80}}{R_{dc80}}}$$

I_{t2} 由80 ℃下的直流电阻 R_{dc80}、短时过载电流 I_{2h}、短时过载条件下的谐波电流 I_h 及80 ℃下各次谐波频率的交流等效电阻 R_{h80} 确定：

$$I_{t2}=\sqrt{\frac{I_{2h}^2\times R_{dc80}+\sum_{h=1}^{50}I_h^2\times R_{h80}}{R_{dc80}}}$$

如果 I_{t2} 小于最大连续直流电流的1.2倍，在读取短时过载电流下的热点温升后，应当将试验电流提高到最大连续直流电流的1.2倍，继续保持0.5 h，而后将试验电流降低到试验电流 I_t，直到温升稳定，测取平均温升和热点温升。

当温升值趋于稳定，即温升的变化率小于每小时1 K，并维持3 h时，则认为温升已经达到最终值。

在最大连续直流电流和1.2倍过载状态下，试品应不出现烟雾、局部温升异常偏高和异常放电声响。

13.13.3 热点温升测量

在平波电抗器每个绕组包上部至少布置两个测温点。所有绕组包的测温点应布置在风道内。

应采取可靠的方法将测温元件贴在绕组包表面，确保温升试验全过程中，测温元件与绕组包表面保持紧密接触。除了与试品表面直接接触的测温元件外，某些暴露的金属件(如接线端子)的温升也可用红外测温仪测量。

应将每个绕组包各个测温点中最高的读值计为该绕组包的热点温升。所有测温点中最高的读值计为平波电抗器整台线圈的热点温升。

13.13.4 冷却空气温度的测量

周围环境冷却空气的温度变化应尽量小，特别是在试验后期接近稳态时，更应注意冷却空气的变化。应采取适当的措施，防止由空气湍流而引起剧烈的温度变化(如：为温度传感器配备时间常数适当的吸热容器等)。试验中至少应有三个温度传感器监测空气温度,以它们的平均值对试验结果进行评估。每隔一段时间记录读数,或者采用自动连续记录。

温度传感器应沿平波电抗器周围均匀分布,距平波电抗器表面约 2 m,避免直接受试品热辐射的影响。温度传感器的高度应与试品中心高度相同。

13.13.5 平均温升测量

平波电抗器平均温升测量应按 GB 1094.2 的规定。切断试验电流后,在降温过程中至少测量四次以上的热态电阻值。对于需要测试热时间常数的产品,应测量更多次热态电阻值,总的测量时间应延长到 1 h 以上,以便从尽可能长的降温过程中准确推测平波电抗器整体的热时间常数。降温过程中第一次测量热态电阻值应在断电后的 4 min 以内进行。

根据 GB 1094.2 给出的曲线外推法,推算出断电瞬间试品的热态电阻值,并以该电阻值来计算试品在该试验电流下的平均温升,对于铝绕组,计算公式如下:

$$\theta_r = \frac{R_{hot} \times (225 + T_0)}{R_0} - 225 - T_r$$

式中:

θ_r——切断电源瞬间的绕组平均温升,K;

T_r——切断电源瞬间的环境温度,℃;

R_{hot}——切断电源瞬间的绕组热态直流电阻,Ω;

R_0——常温状态下的绕组直流电阻,Ω;

T_0——测量常温状态下绕组直流电阻时的绕组温度,℃。

如果温升试验时试验室的环境温度不等于 30 ℃,应利用下式将绕组平均温升和热点温升折算到 30 ℃下:

$$\theta_{30} = \frac{\theta_r \times (225 + 30)}{225 + T_r}$$

13.13.6 热时间常数测量

热时间常数测量为特殊试验,应在首台产品温升试验时进行。

线圈整体平均温升的热时间常数反映线圈整体的热惯性,而热点温升上升速度主要由单个绕组包的热时间常数决定。应在施加电流的升温过程中和断电的降温过程中分别测量热点温升的热时间常数和整体平均温升的热时间常数。在施加 I_t 时,以不大于 0.5 h 的时间间隔读取各包封层中最高的热点温升,并绘制热点温升变化曲线,如图 1 所示。以温升最高绕组包从开始通电到热点温升达到该电流下稳定温升 63.2%的时间作为热点升温过程中的热时间常数值。

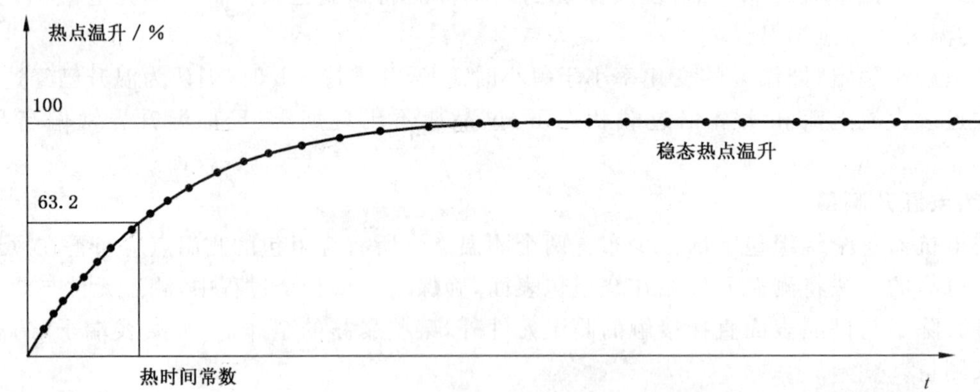

图 1 热点温升的热时间常数确定

在温升试验结束后的自然降温过程中,取 T_1、T_2、T_3 三个时刻的电阻并换算出三个时刻的温升,其中 T_1 应为断电后 4 min 以内,T_2 应为断电后 30 min 左右,T_3 应为断电后 60 min 左右。时间的记录必须精确到秒,并统一将秒换算为分。换算出三个时刻的平均温升后,按下式计算两个时间段的热时间常数 C_{h12} 和 C_{h23},最后取两个值的算术平均值作为整台平波电抗器平均温升的热时间常数 C_h。

$$C_{h12}=\frac{T_2-T_1}{\ln\left(\frac{\theta_1}{\theta_2}\right)}$$

$$C_{h23}=\frac{T_3-T_2}{\ln\left(\frac{\theta_2}{\theta_3}\right)}$$

$$C_h=\frac{C_{h12}+C_{h23}}{2}$$

式中：θ_1、θ_2、θ_3 分别为 T_1、T_2、T_3 三个时刻的平均温升。

温升试验报告应分别给出平波电抗器热点温升的热时间常数和平均温升变化过程的热时间常数。

13.14 无线电干扰电压(RIV)试验

本试验只适用于直流电压较大的平波电抗器。安装在换流站中性母线侧的平波电抗器，最高工作电压通常不超过 125 kV，当配备均压环等对尖端电场有屏蔽作用的装置时，不必进行本试验。如果最高工作电压不超过 60 kV，无论是否配备电场屏蔽装置，都不需要进行本试验。

试验时，试品的安装要求与 13.10 相同。如果平波电抗器的外围设计带有均压环、声罩等金属件，试验时可用声罩代替平波电抗器。此种情况下，平波电抗器线圈两端的星形金属端架、过渡支座等应模拟实际产品与声罩装配起来，声罩本体的连接件以及均压环等也应与真实产品一致。

试验期间，空气相对湿度应不超过 75%，试品温度与试验场所的环境温度应达到热平衡，以防止试品表面出现凝露。

试验时，应先后对试品施加正极性和负极性直流试验电压并测量无线电干扰电压(RIV)。试验电压的施加过程应按下列程序进行：

首先，对试品施加比试验电压规定值高 10%的电压，并维持 5 min，然后将电压缓慢下降到试验电压规定值的 30%，再缓慢上升到初始值，并停留 1 min。然后按每级约 10%的试验电压逐级下降到试验电压规定值的 30%。同时，按 GB/T 11604 规定的方法，在每级电压下对试品进行无线电干扰电压测量。所得到的无线电干扰电压电平对应于施加电压的曲线，即为无线电干扰电压特性。

在 $1.3U_{dr}$ 试验电压下，平波电抗器的无线电干扰电压应不超过 2 500 μV，且应无可见电晕。

13.15 高频阻抗与杂散电容测量

试验时，试品的安装要求与 13.10 相同。

可用高频阻抗测试仪直接测量试品绕组端对端高频阻抗。仪表引线分别连接试品绕组的上下端子。试验引线应尽可能短。测试频率的范围为 30 kHz～1 MHz。在频率扫描时，扫描步长应不大于 10 kHz。此外，在平波电抗器自谐振频率附近，应额外缩小测试步长，以准确找到试品的自谐振频率(阻抗达到其最大值的频率)。高频阻抗测试报告中应给出自谐振频率的数值以及自谐振阻抗。

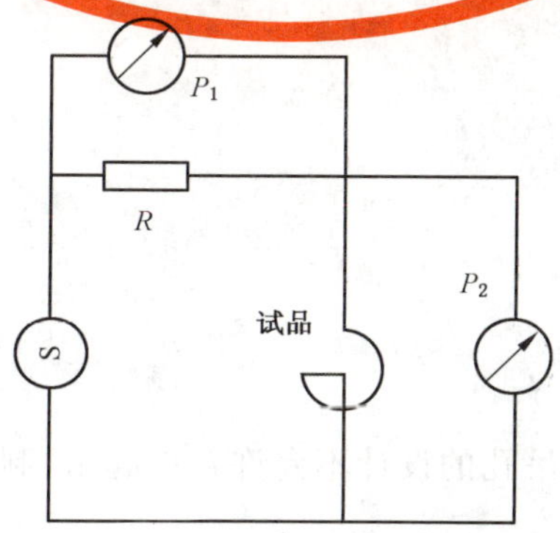

图 2 高频阻抗测量的电平比较法

如果空间电磁干扰过强，无法使用高频阻抗测试仪或其他弱小电流的网络分析仪直接测量，可用高频振荡器向试品逐一施加指定频率的高频电流，用窄带选频电平表测量试品的电压电平 P_2 以及与试

品串联的标准电阻 R 的电压电平 P_1，见图 2，并用下式换算出试品在该频率下的阻抗：

$$Z = R \cdot 10^{0.05(P_2 - P_1)}$$

式中：P_1、P_2 的单位为 dB。

用选频电平表测量时，应在事先测试出空间电磁干扰的主要频率。在选择阻抗测量频率时，注意规避那些干扰较强的频率。这种频率的选择和规避可能使测试无法实现固定的频率步长。

可用上述高频阻抗测试仪或电压电平比较法测量试品对地杂散电容。考虑到特高压平波电抗器与地面之间的测试引线较长，引线电感和所感应的无线电干扰信号在较高频率下会形成不容忽略的影响，测量杂散电容的频率应尽可能低些。

13.16 声级测定

准确的噪声应当以现场试验为主。在试验室只能对噪声预测报告进行验证性试验，对试品施加主要频率的电流，产生主要的声谱，然后将试验结果与噪声预测报告进行比较。当主要声谱试验结果与预测报告相比正偏差不超过 5 dB、负偏差不超过 6 dB 时，可以认为声级不会明显超过预测报告给出的计算值。

原则上，进行噪声试验时，应对试品同时施加规定的直流电流与谐波电流，但事实上这种方法往往难以实现。这种条件下，可以只对试品施加在电磁力上等效的单频交流电流。用增大交流试验电流的办法计入直流电流对电磁振动的放大作用，试验原理和方法参见附录 B。

14 铭牌

每台平波电抗器均应设有铭牌。铭牌的材料应不受气候影响，并应固定在明显可见的位置。铭牌上所标志的项目内容应清晰、牢固(可采用蚀刻、雕刻、打印或光化学处理等方式)。下述项目应标志在铭牌上。

——平波电抗器型号及名称；

——户内/户外用；

——标准代号；

——制造单位名称(包括国名)；

——出厂序号；

——制造日期；

——绝缘水平；

——最大工作电压；

——额定直流电流；

——最大连续直流电流；

——暂态故障电流；

——额定电感；

——绝缘耐热等级；

——线圈质量；

——总质量。

15 起吊、标志、包装、运输和储存

15.1 如果平波电抗器自身质量和吊孔的设计不允许直接起吊，制造方应提供专用的起吊装置，用于运输路途和现场安装过程。

15.2 如果平波电抗器因总体尺寸较大而难于运输，允许线圈以外的附件(如声罩、气候防护罩等)分开包装和运输。对于不具有互换性而需要与线圈本体一一对应的附件，附件的序号应当与线圈本体一致，并标注在包装标志与装箱单上。

15.3 包装标志至少应包含产品序号、型号、净质量和带包装时的质量等。当两种或两个及以上附件混装于一个附件箱时,装箱单应注明附件名称、代号(或型号)和数量。

15.4 装箱单最少应提供两份,一份寄交用户,一份贴在箱外。装箱单应当用塑料带密封,保证不能进入雨水、潮气。贴于箱外的装箱单应当用妥善、可靠的方法固定,不允许被钢钉损坏。

15.5 对于需要以试装方式来确定安装孔位置因而不具有互换性的组件,应有明显的装配标记,用以指导安装部门确定各组件的准确位置和角度。

15.6 对于吸水性较强、需要严防淋雨的附件(如含有吸声棉的声罩组件等),包装箱设计上不仅要有严格的防雨措施,而且包装箱内的产品也要覆盖雨布、塑料膜等,供现场安装期间随时遮盖、防雨之用。

15.7 同一包装内带有表面涂层的附件,应采取周到严密的固定措施,附件之间不允许相互移动和磨擦。

15.8 带有涂层的附件的包装,应保证经过运输、长期贮存而不损坏、不受潮。

15.9 运输尺寸较大的产品主体,可以采用简易包装而不装箱,但应保证在运输期间不进水。

15.10 对于需要长期贮存而又无法装箱运输的备件,应设法存放于厂房内或大棚下,防止日光、雨水等对产品的可靠性和使用寿命形成不利影响。

附 录 A
（资料性附录）
平波电抗器的有关性能参数实例

平波电抗器的有关性能参数实例见表 A.1。

表 A.1 干式平波电抗器的有关性能参数

参数名称和单位	工程 1	工程 2
额定直流电压/kV	±800	±800
最大工作电压/kV	±816	±816
额定电感/mH	75	75
电感值允许偏差/%	±3	0～+5
额定直流电流/A	3 125	4 000
最大连续直流电流/A	3 461	4 497
短时(2 h)过载直流电流/A	3 795	4 731
暂态故障电流(峰值)/kA	20	30
直流损耗/kW	220	225
谐波损耗/kW	10	10
匝间绝缘耐热等级	H	H
整体绝缘耐热等级	F	F
最大连续电流下的平均温升/K	70	80
最大连续电流下的热点温升/K	90	105
端对端雷电冲击耐受电压/kV	1 260	1 155
端对端操作冲击耐受电压/kV	950	838
端对地雷电冲击耐受电压/kV	1 950	1 950
端对地操作冲击耐受电压/kV	1 600	1 600
端对地湿态直流耐受电压/kV	1 200	1 200
额定直流电流下的声压级/dB(A)	80	70

附 录 B
（资料性附录）
声级测定的试验原理和方法

B.1 等效试验电流的计算原理

在平波电抗器运行时，工作电流由若干谐波电流和直流电流组成，它们产生多种频率的振动磁场力和稳定不变的静态磁场力。前者产生电磁噪声，后者对噪声没有贡献。由于受试验电源方面的限制，有时只能对试品逐一施加单一频率的交流电流而不能同时叠加直流电流。这种条件下交流试验电流产生的磁场力与平波电抗器运行时谐波电流和直流电流共同产生的磁场力应当等效（包括振动力的幅值和振动频率）。

B.1.1 单频电流产生的振动磁场力

当平波电抗器绕组通过电流时，流经绕组的电流会在平波电抗器内部、外部产生磁场，磁场反过来作用于载流的绕组，对绕组产生磁场力。当通过的电流随时间交变时，磁场的大小和方向随之变化，于是绕组导线所受的磁场力发生变化，引起绕组振动。对于筒式空心线圈，虽然由于磁场强度和磁感应强度在平波电抗器绕组上的分布不均匀，使得各个绕组层以及各线匝所受的磁场力不同，但各点受力大小总是与该点的电流以及该处的磁感应强度呈正比关系。而磁感应强度与产生该磁场的电流 i 成正比关系，于是对于任意的单一频率的电流 i，作用于各匝绕组的磁场力，可用下面时域函数式表示：

$$F = k_h \times i^2 \qquad \text{(B.1)}$$

式中的 k_h 表示由几何尺寸及导磁系数所确定的综合系数，与电流 i 的大小大小和频率无关。

利用半角公式对上式展开，可以得出，频率为 f 的单频正弦电流所形成的磁场力 F_t 为：

$$F_t = k_h \times A(I) \times [1 - \cos(2\pi \times 2f \times t)] \qquad \text{(B.2)}$$

其中振动分量为：

$$F_v = k_h \times A(I) \times \cos(2\pi \times V \times t) \qquad \text{(B.3)}$$

$$A(I) = -I_p^2/2 \quad V = 2f \qquad \text{(B.4)}$$

式中：

$A(I)$——电流幅值的函数；

I_p——电流的幅值，即方均根值的 1.414 倍；

V——振动磁场力的频率；

f——电流的频率。

公式表明，频率为 f 的单一电流 i 产生一个相当于预先施加的静态的磁场力（$V=0$）和一个主振频率 V 为 $2f$ 的振动力 F_v。决定磁场力 F_t 的函数 $A(I)$ 在单频电流时为 $-I_p^2/2$。

B.1.2 多频电流产生的磁场力

当平波电抗器中有两个以上频率的交流电流时，各频率电流分别产生由式（B.2）所决定的磁场力，同时，任意两个电流 i_1、i_2 通过所产生的磁场还相互作用，形成其他频率的磁场力。

i_1（或 i_2）产生的磁感应强度 B_1（或 B_2），不仅作用于导体中的电流 i_1（或 i_2），还同时作用于频率为 f_2（或 f_1）的电流 i_2（或 i_1），形成式（B.5）或（B.6）所确定的磁场力。

$$F_{12} = k_h \times i_1 \times i_2 \qquad \text{(B.5)}$$

$$F_{21} = k_h \times i_2 \times i_1 \qquad \text{(B.6)}$$

两个不同频率的电流之间相互作用所产生的磁场力可归纳为 F_m：

$$F_m = 2k_h \times i_1 \times i_2 \qquad \text{(B.7)}$$

i_1、i_2 为不同频率的正弦函数，展开后为：

$$F_m = k_h \times I_{1p} \times I_{2p} \times \{\cos[2\pi \times t \times (f_2 - f_1)] - \cos[2\pi \times t \times (f_1 + f_2)]\} \quad \cdots\cdots(B.8)$$

由此式可以看出，两个不同频率的电流相互作用的结果是产生两个不同频率的振动，其中一个振动磁场力为：

$$F_{2-1} = k_h \times A(I) \times \cos[2\pi \times t \times (f_2 - f_1)] \quad \cdots\cdots(B.9)$$

式中：

$$A(I) = I_{1p} \times I_{2p} \quad \cdots\cdots(B.10)$$

另一个振动磁场力为：

$$F_{2+1} = k_h \times A(I) \times \cos[2\pi \times t \times (f_1 + f_2)] \quad \cdots\cdots(B.11)$$

式中：

$$A(I) = -I_{1p} \times I_{2p} \quad \cdots\cdots(B.12)$$

两个振动磁场力的幅值相同，但频率不同。

B.1.3 单频交流电流与直流电流共同形成的磁场力

平波电抗器中所有谐波电流分别与直流电流交互作用，形成与谐波电流频率相同的振动磁场力，由式(B.7)可知，该磁场力为：

$$F_{acdc} = 2k_h \times I_{dr} \times I_p \sin(2\pi \times f \times t) \quad \cdots\cdots(B.13)$$

式中：

I_p——谐波电流的幅值，即方均根值的 1.414 倍；

I_{dr}——额定直流电流；

f——电流的频率。

平波电抗器各次谐波电流幅值一般不超过直流电流的 5%甚至 1%以下。因此任意两个谐波电流之间相互作用所产生的振动磁场力幅值远远小于谐波电流与直流电流相互作用所产生的磁场力，平波电抗器主要电磁噪声的频谱是由谐波电流与直流电流相互作用的结果，其余成分一般可以忽略。

B.2 试验电流的确定

根据平波电抗器技术规范所提出的主要谐波电流，逐一施加单频试验电流时，所产生的磁场力幅值及频率应当与该谐波电流与直流电流相互作用时相等。对比式(B.3)与(B.12)可以看出，试验电流的频率应取噪声计算用谐波电流频率的 1/2，而试验电流的方均根值 I_s 应按下式计算：

$$I_s = \sqrt{2\sqrt{2} \times I_{dr} \times I_n} \quad \cdots\cdots(B.14)$$

式中：

I_n——噪声计算用谐波电流方均根值；

I_{dr}——额定直流电流。

当实际试验电流小于上式确定的试验电流时，应按 B.6 中提出的方法对试验结果进行修正计算，换算到指定的电流下。

B.3 试验条件

试品用绝缘子和底架支撑，试品下侧距离地面为 1 m 左右。

对于设计带有声罩的平波电抗器，如果因噪声级较低而难以获得有效的测试数据，试验时可将平波电抗器本体的噪声级与声罩的声学衰减特性分开进行试验，然后从线圈本体的试验结果中减掉消声装置相应频率下的衰减值，将其差值作为平波电抗器整体的声级。

试验时，环境背景噪声的声压级应比试品产生的声压级与背景噪声声压级合成的声级小 5 dB(A)以上，并且应从测试结果中扣除背景噪声的干扰。当背景噪声比表计读数低 8 dB(A) 以上时，背景噪声的影响可以忽略。

当场地周围存在反射时，应设法测量反射系数，在测试结果中排除反射的影响。微音计应离开试品表面 3 m 远，以免受到磁场的干扰。附近反射墙面距离微音计至少应在 3 m 以上。

在有回响的室内进行试验时，应按 GB/T 1094.10 提出的方法考虑墙壁、屋顶的反射影响，并且在试品安装就位以前用标准声源测定可听噪声频段的环境反射系数 K（即标准声源的声级与试验场地的视在声级之间的差值）。该标准声源的功率级应事先在位于反射面上的自由场中进行校正。测定环境反射系数时，标准声源应布置在试品声源的中心位置（即对四面墙壁以及地面的距离应当与试品一致）。因试验场地四周反射面的不对称或堆积设备物品较多而造成各方向反射不同时，应在不同方向上测试环境反射系数 K_i，并取它们的平均值作为计算使用的修正系数 K。K 的最大值应不超过 7 dB(A)，否则应改造或更换试验场所。

B.4 线圈本体声级测定方法

B.4.1 试品充电和电流测量

用大功率变频电源对试品逐一施加指定的试验电流。当试品无功功率超过变频电源的负荷极限时，可用电容器组进行串联或并联补偿。电流测量用传感器的适用频率应覆盖所有试验电流的频率范围。

B.4.2 声级测量和平均声压级的计算

由于试验环境的背景噪声往往较高，致使测量结果无效，因此应采用线谱法进行声级测量，以便排除背景噪声的信号，减少背景的干扰。在试品施加单一频率交流电流时，平波电抗器噪声的音调特征是其频率为电流频率的 2 倍（即声波能量主要集中在 2 倍电流频率的声波上）。因此可以主要关注 2 倍于电流频率的声谱。

当各种不同频率的电流在线圈内部产生电磁振动时，磁场力不仅激励出振动频率与磁场力频率相同的主频率振动，同时还在这个特征频率附近带动出整数倍于主频率的其他多阶附加振动，但振动幅值较低。每一个频率的主振动都会产生这样的多阶附加振动，如果在调整交流试验电流频率时，重复测量各次试验中主频率以外的附加频率的电磁噪声并累加计入最终结果中，将导致最后的各频率声功率总合成值大于实际值（因为某一个频率的电流所产生的附加振动虽然与另一个试验电流下的附加振动频率相同，但他们的相位不一定相同，甚至有可能相位相差 180°而相互削弱。这样，如果将各种试验电流下的附加振动产生的声功率作算术叠加，势必失去最终结果的准确性）。为尽可能减小这种偏差，在各种频率的试验电流下进行测量时，一方面应当用线谱法获得各电流下的主频率声压值，同时测试主频率附近的其整数倍频率的声压值，最后对各频率试验电流激励下的磁场力频率以外的附加振动噪声（折算到规定电流下的数值）进行比较，取他们在不同试验当中的较大值作为几个主频率以外的声谱测试结果。

为了使测量结果尽可能准确，防止电磁场对微音计的干扰，声级测试点最少应离开线圈外表面 3 m 远，见图 B.1。对于线圈本体高度在 2.4 m 以上的试品，微音计应布置在线圈本体高度的 1/3 和 2/3 处，如图 B.1 中 a）所演示。对于线圈本体高度不超过 2.4 m 的试品，微音计应布置在线圈本体高度的 1/2 处，如图 B.1 中 b）所演示。在上述不同高度处，应围绕试品各布置 10 个均匀分布的测试点，测量出各场点的未经环境修正的 A 计权声压值 L_{pAi}。当试验场地比较开阔、声波反射物的影响可以忽略，以致于不同方向上的声压级相同或接近时，可以适当减小各高度处沿圆周分布的测试点数目。

按下式计算各测试点未经修正的平均 A 计权声压级：

$$\overline{L_{pA0}} = 10\lg\left(\frac{1}{N}\sum_{i=1}^{N}10^{0.1L_{pAi}}\right) \qquad \text{(B.15)}$$

式中：

N——测点总数。

注：当各 L_{pAi} 值间的差别不大于 5 dB(A)时，可用简单的算术平均值来计算，此平均值与按式(B.15)计算出的值之差应不大于 0.7 dB(A)。

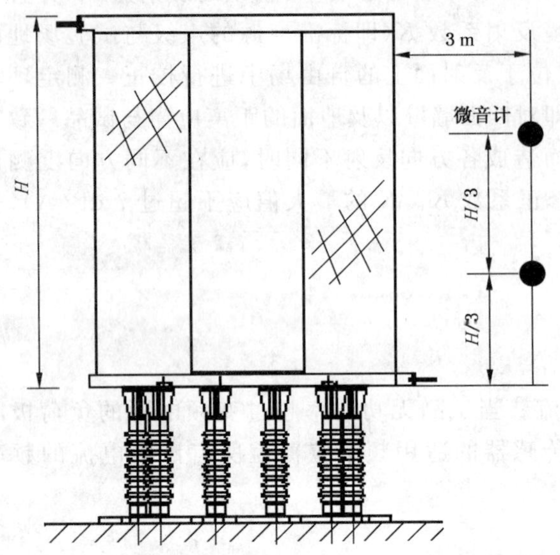

a) 线圈本体高度 $H>2.4$ m

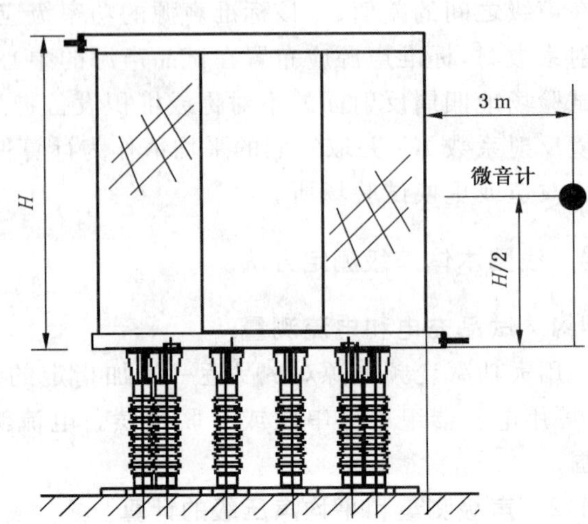

b) 线圈本体高度 $H\leqslant2.4$ m

图 B.1 线圈本体声级测试点的布置示意图

B.4.3 背景噪声的测量与计算

应按 B.4.2 规定的测量点布置方式测量环境背景噪声。如果背景噪声的声级明显低于试品和背景噪声的合成声级(差值大于 8 dB),则可以仅在一个测量点上进行背景噪声的测量。

当测量多点背景噪声时,按下式计算各测试点背景噪声平均 A 计权声压级:

$$\overline{L_{\mathrm{bgA}}}=10\lg\left(\frac{1}{M}\sum_{i=1}^{M}10^{0.1L_{\mathrm{bgA}i}}\right) \quad\cdots\cdots(\mathrm{B}.16)$$

式中:

M——测点总数。

如果背景噪声平均 A 计权声压级($\overline{L_{\mathrm{bgA}}}$)与试品未经修正的平均 A 计权声压级($\overline{L_{\mathrm{pA0}}}$)相差在 5 dB(A)以下,则测量无效;相差在 5 dB(A)～8 dB(A)时,可以按式(B.17)进行修正。当试品未经修正的平均 A 计权声压级($\overline{L_{\mathrm{pA0}}}$)比背景噪声($\overline{L_{\mathrm{bgA}}}$)大 8 dB(A)以上时,可以忽略背景噪声的叠加影响。

试品在每一个电流下的测量完毕后,应立即重复测量背景噪声。

B.4.4 背景噪声与环境反射的修正

某一主要频率的经过修正的平均 A 计权声压级$\overline{L_{\mathrm{pA}}}$应按下式计算:

$$\overline{L_{\mathrm{pA}}}=10\lg\left(10^{0.1\overline{L_{\mathrm{pA0}}}}-10^{0.1\overline{L_{\mathrm{bgA}}}}\right)-K \quad\cdots\cdots(\mathrm{B}.17)$$

式中:

$\overline{L_{\mathrm{pA0}}}$——该频率下含有背景噪声和环境反射影响的平均 A 计权声压级测量结果;

$\overline{L_{\mathrm{bgA}}}$——试品未通电时的背景噪声平均 A 计权声压级;

K——环境修正值,见 GB/T 1094.10。

为避免周围环境反射对测试结果产生影响,可以用声强计代替声压计进行测量。

B.4.5 试验记录

试验报告应以表格的形式记录各主要频率的进行各种修正的声压级,同时记录对应的电流值。表格还应注明试验条件(如相对应的试验电流等)。

B.5 声罩衰减特性测量

将标准声源设备安装在声罩内部中心位置，通过声罩向外辐射噪声。微音计距中心的距离应当与平波电抗器本体噪声测量时相等。

测量时，应当用线谱法测量 50 Hz～5 000 Hz 频段内 50 Hz 整数倍频率的 A 计权声压级，并将测量结果以表格的形式予以记录。记录的数据应是对背景噪声和环境反射进行修正后的数据。

将声罩摘除，标准声源位置以及测量点的位置保持不变，用线普法重复测量上述 50 Hz 整数倍频率的声压级。

在衰减特性测量报告中，将以上两个条件下的测量结果进行比较，求出声罩在 50 Hz～5 000 Hz 频段内的声学衰减特性。以表格的形式记录声罩衰减的频响特性。试验报告表格中的数据应是对背景噪声和环境反射进行修正后的数据。

B.6 电流折算与声罩衰减效果的处理

受试验设备的限制，某些频率的试验电流可能难以达到所要求的值。此外，对于幅值较低的谐波电流，按理论要求充电时可能难以形成能够准确测量的声压级。在这种情况下，试验时可根据设备的能力和环境背景噪声的大小来适当调整试验电流。无论哪方面的原因，当实际试验电流不符合所要求的值时，需要根据噪声与电流的关系将试验结果修正到理论计算指定的试验电流下。

根据噪声辐射功率与振动幅值、电流幅值的关系，当实际试验电流为 I_1 而理论计算指定的试验电流为 I_2 时，电流 I_2 下的声功率级 L_2 可按下式计算：

$$L_2 = L_1 + 40\lg\frac{I_2}{I_1} \qquad \text{(B.18)}$$

式中：

L_1——电流 I_1 下的声功率级。

声功率级测量结果按实际试验电流与要求的试验电流进行折算后，从中减去该频率下声罩的衰减值，得出平波电抗器带声罩条件下的声功率级。

B.7 声功率级的计算

在测量各频率声压级后，各主要频率下的 A 计权声功率级 L_{WAf} 按下式计算：

$$L_{WAf} = \overline{L_{pA}} + 10\lg\frac{S}{S_0} \qquad \text{(B.19)}$$

式中：

$\overline{L_{pA}}$——经过修正的平均 A 计权声压级；

S_0——基准参考面积($1\ m^2$)；

S——测量表面面积，m^2。干式空心平波电抗器可以看作半球体声源，测量表面面积按下式确定：

$$S = 2\pi \times R_m^{\ 2} \qquad \text{(B.20)}$$

式中：

R_m——测量轮廓面的半径，m。

B.8 总声功率级和总声压级的计算

通过逐一改变试验电流频率的方法测量各电流下的声压级和声功率级频谱特性后，按下式分别计算 A 计权总声功率级 L_{Wtot} 和平均 A 计权总声压级 $\overline{L_{ptot}}$。

$$L_{\mathrm{Wtot}}=10\lg\sum 10^{0.1L_{\mathrm{WAf}}} \qquad \cdots\cdots(\mathrm{B.21})$$

式中：

L_{WAf}——各相关频率下的A计权声功率级。

$$\overline{L_{\mathrm{ptot}}}=10\lg\sum 10^{0.1\overline{L_{\mathrm{pAf}}}} \qquad \cdots\cdots(\mathrm{B.22})$$

式中：

$\overline{L_{\mathrm{pAf}}}$——各相关频率下的经过修正的平均A计权声压级。

在试验报告中，应给出带声罩和不带声罩两种条件下的总声功率级和总声压级。

ICS 29.240.99
K 40

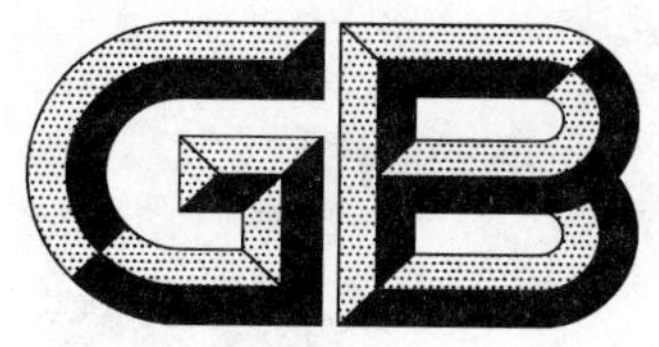

中华人民共和国国家标准

GB/T 25093—2010

高压直流系统交流滤波器

AC filters for HVDC systems

(IEC/PAS 62001:2004,Guide to the specification and design evaluation of a. c. filters for HVDC systems,NEQ)

2010-09-02 发布　　　　2011-02-01 实施

中华人民共和国国家质量监督检验检疫总局
中国国家标准化管理委员会　发布

前　言

本标准对应于 IEC/PAS 62001:2004《高压直流系统交流滤波器规范和设计评估导则》(第一版)。本标准与 IEC/PAS 62001:2004 的一致性程度为非等效,主要差异如下:

——按照 GB/T 1.1—2000,修改了 IEC/PAS 62001:2004 的编排格式和语言表述。本标准的章条号与 IEC/PAS 62001:2004 不一一对应;

——删除了国际标准的前言,增加了本标准的前言;

——删除了 IEC/PAS 62001:2004 第 4 章、第 5 章、第 8 章、第 12 章、第 19 章的内容;

——删除了 IEC/PAS 62001:2004 中与 60 Hz 相关的内容;

——本标准的引言对应于 IEC/PAS 62001:2004 第 1 章、第 2 章;

——本标准的 5.1 对应于 IEC/PAS 62001:2004 的 2.3,5.2 对应于 IEC/PAS 62001:2004 第 3 章,5.3 对应于 IEC/PAS 62001:2004 第 11 章,5.4 对应于 IEC/PAS 62001:2004 第 13 章,5.5 对应于 IEC/PAS 62001:2004 第 14 章,5.6 对应于 IEC/PAS 62001:2004 第 15 章;

——本标准第 6 章对应于 IEC/PAS 62001:2004 的 17.2.4、17.3.4、17.4.4、17.5.4、17.6.2.3 和 17.7.4;

——本标准第 7 章对应于 IEC/PAS 62001:2004 第 18 章;

——本标准的 8.1 对应于 IEC/PAS 62001:2004 的 17.1;

——本标准的 8.2 对应于 IEC/PAS 62001:2004 的 17.2.3、17.3.3、17.4.3、17.5.3、17.6.2.2 和 17.7.3;

——增加了本标准第 9 章;

——本标准附录 A 对应于 IEC/PAS 62001:2004 的 6.2 和 6.6;

——本标准附录 B 对应于 IEC/PAS 62001:2004 第 7 章;

——本标准附录 C 对应于 IEC/PAS 62001:2004 第 9 章、第 10 章;

——对采用的 IEC/PAS 62001:2004 内容进行了修改和删减;

——对采用的 IEC/PAS 62001:2004 图例和公式重新编排。

本标准的附录 A、附录 B 和附录 C 均为资料性附录。

本标准由中国电器工业协会提出。

本标准由全国电力电子学标准化技术委员会(SAC/TC 60)归口。

本标准负责起草单位:西安高压电器研究所。

本标准参加起草单位:南方电网技术研究中心、机械工业北京电工技术经济研究所、西安电力机械制造公司、浙江大学、南方电网超高压输电公司、西安西电电力电容器研究所、西安西电电力电容器有限责任公司、西南电力设计院电网分公司、新东北电气(沈阳)高压开关有限公司、西安西电电力整流器有限责任公司、新东北电气(锦州)电力电容器有限公司。

本标准主要起草人:张万荣、黄莹、任军辉、徐政、肖遥。

本标准参加起草人:郭丽平、蔺跃宏、田恩文、杨晓辉、周德才、郭天兴、苏开云、李岩、黄超、李福成、戈兴茹、行鹏、李璐、王蔚华。

引　言

高压直流换流站以什么方式影响其所在系统的供电质量通常是一个重大问题，电能质量中的一个主要问题就是谐波。

高压直流换流器交流侧电流波形是非正弦的，这种电流流入与其连接的交流系统，可能产生不可接受的电压畸变。为了将交流侧电流和电压的谐波畸变降低到可接受的水平，需要在交流侧安装滤波器。

高压直流换流器消耗相当大的无功功率。交流滤波器作为容性基波无功功率源，除了滤波之外，还用来补偿换流器消耗的大部分或所有的无功功率。可能也使用额外的并联电容器和电抗器来保证在规定的运行条件下能将无功功率平衡保持在规定范围内。

换流站交流滤波器(包括并联电容器，适用时)的基波无功功率额定值一般设计为直流系统额定输送容量的50％～60％。交流滤波器设备的制造、安装和调试成本很大，一般占整个换流站成本的10％左右。滤波器设计研究所涉及的范围很广，如果设计不当，将给运行和维护带来很大的不便。因此，必须对交流滤波器的设计进行优化，同时满足滤波性能和无功功率平衡要求。

制定本标准的目的在于：

——对高压直流换流站的交流滤波器设计及试验提供指导，确定需采购设备的技术特征；

——使换流站和交流系统的设计在一定程度上保持一致；

——确保高压直流系统各方面运行的兼容性；

——为制定工程招标规范和对竞标的设计方案进行评估提供指导。

本标准用于判断滤波器性能是否满足的基本准则是：

——使用规定的数据，通过性能参数计算来证实；

——在试运行后进行现场测量。

在使用本标准前，用户要进行与滤波器相关的一些研究：

——交流系统无功功率要求；

——交流系统阻抗测量或计算；

——交流系统背景谐波水平。

承包商要进行的研究包括：

——无功功率的提供和控制；

——与交流系统的低次谐波谐振；

——交流滤波器性能；

——交流滤波器稳态额定值；

——交流滤波器暂态额定值，过电压和绝缘配合；

——交流滤波器损耗；

——交流滤波器保护；

——交流滤波器断路器型式；

——交流滤波器放电要求；

——受交流滤波器影响的部分控制和动态性能研究，以及分析交流和高压直流系统的整体运行；

——受交流滤波器影响的部分可听噪声研究；

——受交流滤波器影响的部分(可靠性、可用性和可维护性)研究。

在工程设计和采购阶段，承包商一般完成关于滤波器设计方面(性能、额定值、回路结构、保护、绝缘配合、布局、可靠性和可用性)的技术研究报告和其他文件，以及滤波器各分设备的技术规范。

高压直流系统交流滤波器

1 范围

本标准规定了±800 kV及以下电压等级直流输电工程交流侧滤波器的设计、试验、现场测量和安装维护等方面的内容。

本标准仅考虑了交流侧谐波畸变和声频干扰频率范围内的滤波，不涉及用于滤除电力系统载波(PLC)频段和无线电干扰频段谐波的滤波器。

2 规范性引用文件

下列文件中的条款通过本标准的引用而成为本标准的条款。凡是注日期的引用文件，其随后所有的修改单(不包括勘误的内容)或修订版均不适用于本标准，然而，鼓励根据本标准达成协议的各方研究是否可使用这些文件的最新版本。凡是不注日期的引用文件，其最新版本适用于本标准。

GB 1207—2006 电磁式电压互感器(IEC 60044-2:2003,MOD)

GB 1208—2006 电流互感器(IEC 60044-1:2003,MOD)

GB 1984—2003 高压交流断路器(IEC 62271-100:2001,MOD)

GB 1985—2004 高压交流隔离开关和接地开关(IEC 62271-102:2002,MOD)

GB 10229—1988 电抗器(eqv IEC 60289:1987)

GB/T 11024.1—2001 标称电压1 kV以上交流电力系统用并联电容器 第1部分:总则 性能、试验和定额 安全要求 安装和运行导则(eqv IEC 60871-1:1997)

GB 11032—2000 交流无间隙金属氧化物避雷器(eqv IEC 60099-4:1991)

GB 16847—1997 保护用电流互感器暂态特性技术要求(idt IEC 60044-6:1992)

GB/T 20994—2007 高压直流输电系统用并联电容器及交流滤波电容器

CIGRE/CIRED WG CC02 电能质量补偿用通用电能质量调节系统

CIGRÉ JTF 36.05.02/14.03.03 交流滤波器设计用交流系统模型:阻抗模型概述

3 术语和定义

下列术语和定义适用于本标准。

3.1

交流滤波器 AC filter

由电容器、电抗器、避雷器、电阻器(如有)和测量装置组成，对一种或多种谐波电流提供低阻抗通道来吸收谐波电流的成套设备。

3.2

特征谐波 characteristic harmonic

由换流器本身的工作特性所决定的某些特定次数的谐波。对于脉动数为 p 的换流器来说，换流器在交流侧产生的特征谐波次数为:$kp\pm1$,k 为正整数。

3.3

非特征谐波 non-characteristic harmonic

不同于所属换流器的特征次的各次谐波。

3.4

调谐频率 tune frequency

使交流滤波器阻抗呈现只有纯电阻时的频率。

3.5

(电压的)单次谐波畸变率　individual harmonic(voltage)distortion

D_n

定义如下：

$$D_n=\frac{U_n}{U_1}\times 100\% \quad \cdots\cdots(1)$$

式中：

U_n——所考虑的母线 n 次谐波相对地电压方均根值；

U_1——系统基波相对地电压方均根值。

3.6

(电压的)总谐波畸变率　total harmonic(voltage)distortion

THD

D_{eff}

定义如下：

$$D_{\text{eff}}=\sqrt{\sum_{n=2}^{N}D_n^{\ 2}} \quad \cdots\cdots(2)$$

式中：

N——所考虑的最高谐波次数。

3.7

电话谐波波形因数　telephone harmonic form factor

THFF

定义如下：

$$\text{THFF}=\sqrt{\sum_{n=1}^{N}\left(\frac{U_n}{U}\times K_n\times P_n\right)^2}\times 100\% \quad \cdots\cdots(3)$$

式中：

U——线对地电压方均根值，$U=\sqrt{\sum_{n=1}^{N}U_n^{\ 2}}$；

K_n——$(n\times f_0)/800$（f_0 为基波频率）；

P_n——n 次谐波噪声加权因数。

3.8

用户　customer

购买包括交流滤波器在内的高压直流换流站的机构。“用户”涵盖了业主、客户、买主、用户、使用者、雇主和购买者，也包括代表用户的咨询顾问。

3.9

承包商　contractor

制造商或供货商。承包商对提交的高压直流换流站负全责，高压直流换流站作为一个系统，其中包括交流滤波器。承包商可与一个或多个分包商签订单个设备的合同。

注：在签订工程供货合同前的阶段，用“投标者”代替“承包商”，指预期的承包商或投标人。

3.10

调谐滤波器　tuned filter

指调谐到一个或多个指定频率的滤波器。

注：这种滤波器的品质因数 Q 相对较高，也就是说，它们具有低阻尼特性。滤波器的电阻器可能与电容器和电抗器(通常这仅仅是电抗器的损耗)串联，或与电抗器并联，这种情况下电阻器的值很大。调谐滤波器也被称为窄带滤波器，包括单调谐(例如 11 次)、双调谐(例如 11/13 次)和三调谐滤波器(例如 5/11/13 次)。

3.11

阻尼滤波器 damped filter

用来削弱多次谐波的滤波器，也称为宽带滤波器。通常包括一个与电抗器并联的电阻器，这将在高于调谐点的频率处产生阻尼特性。如果它们也被用来在比调谐频率高的频率处获得高阻尼特性，那么它们也可称为高通(HP)滤波器，包括单调谐高通阻尼滤波器(例如 HP12)和双调谐高通阻尼滤波器(例如 HP12/24)。

3.12

(滤波器的)阶 (filter)order

滤波器中传递函数微分方程的阶数。

1) 一阶：一个简单的 C 或 R-C 电路，即并联电容器；

2) 二阶：一个 L-C 电路，即调谐滤波器(附录 A 中图 A.1)或阻尼滤波器(附录 A 中图 A.4)；

3) 三阶：包括一个附加的电容器组，也就是双调谐滤波器(附录 A 中图 A.2)或阻尼滤波器(附录 A 中图 A.5)。

3.13

组 bank

组由一个或多个分组组成，可由断路器一起进行投切(接通或断开)。见图 1。

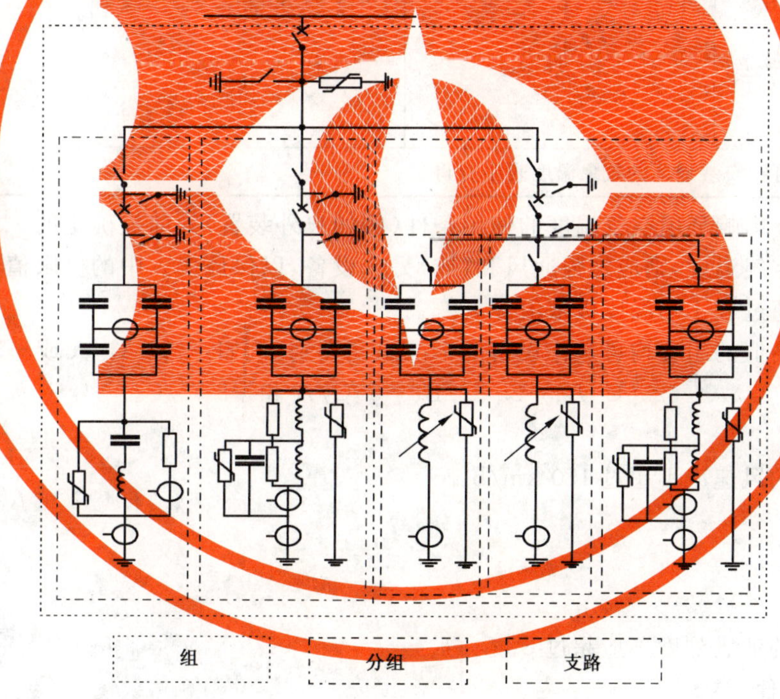

注：不同虚线包含的是不同的滤波器组成。

图 1 支路、分组和组的定义

3.14

分组 sub-bank

由一个或多个可投切(接通或断开)的负载组成，可进行无功功率控制的分支。见图 1。

3.15

支路 branch

臂 arm

由元件(电容器、电抗器、电阻器)组合连接组成，构成的一个最小滤波器单元。见图 1。

4 使用条件

4.1 正常使用条件

本标准给出的要求适用于在下列条件下使用的交流滤波器。

4.1.1 海拔

不超过1 000 m。

4.1.2 环境空气温度类别

设备按温度类别分类，每一类别用一个温度值后跟一个字母来表示，例如：－40 ℃/A。该温度值表示设备可运行的最低环境空气温度。字母代表温度变化范围的上限，在表1中规定了最高值。温度类别覆盖的温度范围为：50 ℃～＋55 ℃。

设备可投入运行的最低环境空气温度应从＋5 ℃、－5 ℃、－25 ℃、－40 ℃、－50 ℃这五个优先值中选取。

表1 温度范围上限用字母代号

环境温度/℃			
代　号	最　高	24 h平均最高	年平均最高
A	40	30	20
B	45	35	25
C	50	40	30
D	55	45	35
注：这些温度值可在安装地区的气象温度表中查得。			

表1是以设备不影响环境空气温度的使用条件（例如户外装置）为前提确定的。

如果设备影响空气温度，则应加强通风和（或）另选设备，以保证表1中的极限值。在这样的装置中冷却空气温度应不超过表1的温度极限值加5 ℃。

任何最低和最高值的组合均可选作设备的标准温度类别，例如：－40 ℃/A或－5 ℃/C。优先的标准温度类别为：－40 ℃/A、－25 ℃/A、－25 ℃/B、－5 ℃/A和－5 ℃/C。

4.1.3 风速

安装运行地区的风速应不超过150 km/h。

4.1.4 污秽等级

不高于Ⅲ级。

4.1.5 地震烈度

安装运行地区的地震烈度不应超过8度。

4.2 非正常使用条件

非正常使用条件由制造方和购买方商定。

5 设计

在高压直流系统中，交流滤波器的主要作用为：

——为换流器产生的谐波电流提供通道，使换流站交流母线电压畸变率及电话谐波波形因数等指标达到限制要求；

——提供换流阀所消耗的无功功率，把换流站与交流系统的无功功率交换限制在保证交直流系统稳定运行的条件下。

5.1 设计内容

高压直流系统交流滤波器设计主要包括以下几方面：

——依据系统研究所确定的无功补偿容量，确定交流滤波器分组(支路)数及分组容量。

——根据工程实际情况，确定交流滤波器配置方案。交流滤波器的类型及选用导则见附录A。

——计算交流滤波器性能，具体包括计算换流站交流母线各次谐波畸变率、总谐波畸变率及电话谐波波形因数，使其满足要求。见附录B。

——计算交流滤波器设备稳态定值，即：计算稳态条件下流过滤波器各设备的电流、设备两端间的电压及对地电压。见附录C的C.1。

——计算交流滤波器设备暂态定值，即：计算在故障或操作情况下流过滤波器各设备的暂态电流，确定滤波器避雷器参数，确定滤波器元件设备的保护及绝缘耐受水平。见附录C的C.2。

5.2 允许畸变率的限值

5.2.1 概述

交流滤波器设计的性能目标是限制高压直流换流站交流母线处及周围网络电压和电流中各次谐波畸变及总谐波畸变所造成的不利影响。

这些可能的不利影响包括：

——由于波形畸变引起用户设备及其他用户设备发热量、介质应力增大以及电子设备故障；

——在交流线路中流动的谐波电流，会通过感应对临近的通讯线路造成干扰。这种干扰应被限制在可接受范围之内；

——感应电压可能会危害到人员安全，并引起周围的通讯、信号及保护设备故障。

本条描述用于控制有害谐波影响的不同指标，讨论定义这些指标和确定限值时所要考虑的因素，提供现有直流工程所采用的限值范围和通用导则以及一些推荐的确定特殊限值的方法。

5.2.2 电压畸变

电压畸变是交流滤波器性能的主要指标。电压畸变是可在连接点上直接测量得到的值。通过限制电压畸变，将换流器注入交流系统的谐波电流以及由此产生的谐波电压限制到一个能保证向供电单位及连接到交流电网的客户提供合格供电服务的水平。

电压畸变的最常用指标包括电压的单次谐波畸变率和电压的总谐波畸变率。

研究中考虑到的最高谐波次数一般为50。

5.2.2.1 电压畸变限值的确定

确定电压畸变限值的一种方法是参照已有的工程。

D_n 范围：0.5%～1.5%。对于500 kV交流系统，奇次谐波 D_n 典型值取1%，偶次谐波 D_n 典型值取0.5%。

D_{eff}范围：1%～4%(无典型值)。

应注意，这些数值是指由于高压直流换流器而引起的畸变，不包括背景谐波产生的畸变。

当用户：

——希望缩短工程周期；或

——缺少适当的研究工具或交流系统数据；或

——认为谐波畸变不会造成严重后果。

用户可依据现有工程的经验数值确定畸变限值。根据这些限值设计的交流滤波器一般可满足要求。但是，由于没有深入研究，必须对工程进行审查，使限值适用于高压直流系统所连接的交流系统的特性。因此，对于一个具体的高压直流工程，依据已有工程的经验确定性能要求时，还要考虑以下几个方面的问题：

——当地对谐波限值的规定；

——电压等级(对于较高的电压等级，推荐使用更严的限值)；

——负荷区域的接近度；

——发电机的接近度；

——附近的其他谐波源；

——背景谐波水平；

——网络结构(长距离线路和电容器组会在远方放大谐波电压，大网络中传输到负荷区域的谐波较低等)。

5.2.2.2　**短期及偶发条件下电压畸变的宽松限值**

对于一些不常见的短时(小于1 h)情况，这些限值可放宽50%。具体情况可由用户和承包商协商确定。

5.2.3　**电话干扰**

电话干扰是与高压直流系统谐波畸变有关的一个普遍关心的问题。规定的电话干扰指标对交流滤波器的复杂性和造价有实质性的影响。因此，应对每个具体高压直流工程的要求和限值进行具体分析。

交流滤波器电话干扰性能通过由谐波电压和电流进行适当加权计算出的系数来规定。

高压直流工程要求的THFF典型限值为1%。

5.3　**损耗**

5.3.1　**交流滤波器设备损耗**

5.3.1.1　**滤波电容器/并联电容器的损耗**

对于额定功率较大的大型高压电容器组，损耗角越小，电容器组的损耗就越低。

表2详细描述了典型全薄膜型电容器单元内的损耗组成。

表2　全薄膜型电容器单元的典型损耗

损耗源	损耗/(W/kvar)	
	内熔丝型单元	外熔丝型单元
电介质	0.05	0.05
放电电阻器	0.05	0.05
其他(熔断器和接线)	0.05	0.01
合计	0.15	0.11

表2中的损耗是典型值，保证值应高于20%的量级。无熔丝电容器具有与上述相似的电介质、放电电阻器和接线损耗。

假设谐波频率和基波频率下的损耗角相同，单个电容器组的功率损耗可按式(4)确定：

$$P_c = \tan\delta \times \sum_{n=1}^{N} I_{cn}^2 \times X_{cn} \qquad \cdots\cdots(4)$$

式中：

P_c——滤波器电容器损耗；

$\tan\delta$——电容器介质损耗角的正切值；

N——最高谐波次数(典型值为50)；

n——谐波次数；

I_{cn}——流过电容器的n次谐波电流；

X_{cn}——电容器在n次谐波下的电抗。

除谐波滤波器之外，常使用并联电容器组来对换流站的无功进行补偿，其基波频率和谐波频率损耗可用与上述滤波器电容器相似的方法估算。

5.3.1.2　**滤波电抗器损耗**

通常，滤波电抗器和电阻器(如有)是滤波器总损耗的主要来源，尤其是单调谐滤波器组或阻尼滤波器组。

谐波频率下的电抗器品质因数Q一般定义在标称值左右的特定误差范围内。在损耗计算中，应优

先采用最小化的 Q 值(即最大电阻)而不是标称值。

电抗器的功率损耗可按式(5)确定:

$$P_l = \sum_{n=1}^{N} [(I_{ln})^2 \times X_{ln}/q_n] \quad \cdots\cdots(5)$$

式中:

P_l——滤波器电抗器损耗;

n——谐波次数;

N——最高谐波次数(典型值为50);

I_{ln}——流过电抗器的 n 次谐波电流;

X_{ln}——电抗器在 n 次谐波下的电抗;

q_n——电抗器在 n 次谐波下的品质因数。

5.3.1.3 滤波电阻器损耗

滤波电阻器的功率损耗可按式(6)确定:

$$P_r = \sum_{n=1}^{N} I_{rn}^2 \times R_n \quad \cdots\cdots(6)$$

式中:

P_r——滤波器电阻器损耗;

n——谐波次数;

N——最高谐波次数(典型值为50);

I_{rn}——流过电阻器的 n 次谐波电流;

R_n——电阻器 n 次谐波下的电阻。

滤波电阻器中的基波损耗一般较大,可通过降低电阻器基波损耗的方法降低滤波器的总损耗。

5.3.2 并联电抗器损耗

轻负荷情况下,并联电抗器损耗来源和常规输电系统中的相似。应注意的是,一般情况下,其在谐波频率下的损耗与基波频率下的损耗相比几乎是可忽略的。

5.4 保护

5.4.1 概述

交流滤波器保护应与交流开关场保护相配合。

5.4.2 滤波器组和滤波器分组的总体保护

这种保护不仅可保护滤波器内部设备,而且可保护滤波器外部设备,比如电流互感器和滤波器与接地线之间的导体。该保护也有利于检测接地故障和滤波器连接损坏。

5.4.2.1 短路保护

依据回路的总故障阻抗,短路保护只在进线电流互感器和第一个滤波器设备的线路侧之间有效。短路继电器通常是电流互感器和滤波器之间导体保护的标准要求。依据电容器的涌流,跳闸信号延迟5 ms~10 ms是允许的。对于短路保护,为了能在二次回路中重现包括总直流偏移的短路电流,应使用较为精确的电流互感器。

5.4.2.2 过电流保护

过电流保护可作为标准保护要求,其只对电抗器起到真正的保护作用。

5.4.2.3 过载保护

虽然总过载保护只能保护承载滤波器主电流并具有最短热时间常数的最薄弱滤波器设备,但这种保护也是最重要的保护之一。因此,每种工况下都必须确定是否安装总过载保护和/或是否分别安装电抗器和电阻器的单独保护。通常,总过载保护不能保护阻尼电阻器,因为通过阻尼电阻器的电流和滤波器主电流不成比例。阻尼电阻器只能通过测量单独的谐波来进行保护。在单调谐滤波器中,总过载保护可用于电抗器和电容器的保护。

5.4.2.4 差动保护

这种保护通常作为主保护。由于滤波器和变压器零序阻抗之间的涌流谐振，差动保护可能在投切变压器时动作。差动电流整定值应很低（为主电流的20%～30%）。

差动保护能检测到相对地和相间故障，但不能检测孤立故障，比如滤波器支路设备的电弧放电。

5.4.2.5 接地故障保护

接地故障保护功能只能应用于中性点接地系统中星形中性点接地的滤波器。接地故障保护采用过电流或反时限特性，并且使用三相星形连接的对地电流。该保护是差动保护可靠的后备保护，但动作较慢。它检测相间的每个不对称，也检测滤波器外部的不对称性。

为防止外部故障引起误动，需要提高跳闸门槛值，跳闸信号的时间延迟必须很长，或者必须对相电流之和进行基波频率带通滤波。

5.4.2.6 过电压和欠电压保护

过电压保护是电容器的重要保护之一。过电压保护的信号可取自母线电压互感器，也可取自馈线回路中的电压互感器。任何快速过电压保护通常都应有5 ms～20 ms的时延，然后启动滤波器跳闸程序。

应根据不同工况分别确定是否需要过电压保护。

欠电压保护主要是系统控制功能而不是保护功能。这种功能也可被用作联锁装置，以避免未完全放电的滤波器或并联电容器再带电。电容器如带有放电电压互感器，再带电可在5 s内完成。在不带放电电压互感器的情况下，不能保证快速放电时，滤波器或并联电容器保护和断路器的合闸信号必须联锁，以保证电容器的完全放电。

5.4.2.7 特殊保护功能和谐波测量

根据不同的参数，比如滤波器设计类型、交流系统条件和其他特殊要求，可能还需要附加其他保护功能。这些功能可包括谐波过电流或过电压保护。

为了加强这种保护，可安装快速傅立叶变换(FFT)分析仪。

5.4.2.8 母线和断路器故障保护

母线和断路器故障保护不是滤波器和并联电容器的专用保护，而是一般的变电站保护要求。滤波器保护应和站内所有保护相配合。

5.4.3 独立滤波器设备的保护

5.4.3.1 滤波电容器和并联电容器的不平衡保护

高压滤波电容器组或并联电容器组可布置为H形接线，通过检测H接线中的不平衡电流实现不平衡保护；高压滤波电容器组或并联电容器组还可布置为两个相同的支路，接成π形，通过测量两个支路中的电流，计算两个支路中的电流差实现不平衡保护。

除了上述两种不平衡保护之外，不平衡保护也可采用如下方法实现：

——中性点电压检测；

——电容器相间的电压差；

——电容器相间的电流差。

与桥电流测量方法相比，以上方法的不足之处在于它们不仅灵敏度较低，而且跳闸信号时间延迟长。

根据被保护设备的成本和重要性，不平衡保护应按如下要求提供：

——对不平衡电流进行基波频率带通滤波。这可在保护回路内消除横向桥臂内的暂态涌流振荡。

——按主滤波器电流的比例对不平衡电流进行补偿，以消除电压变化对不平衡电流的影响。

——对太阳辐射引起的不平衡电流的缓慢变化进行补偿。

——更换桥元件之后，重新调整残留不平衡电流的影响到零。

——滤波器退出后，最近的完全补偿不平衡电流值的存储以及其与投入后电流的比较。

——补偿的不平衡电流与报警和跳闸信号限制的比较。

——对由一个电容器元件熔丝动作以及熔丝动作的最大允许数量引起的不平衡电流偏差值进行计算，这样可测量故障电容器元件的数量。

——熔断的熔丝总数存储(也包含滤波器退出阶段)。如果计算的熔断的熔丝数量比预设值高，则应发出报警和/或跳闸信号。

——确定故障电容器元件所在的电容器桥支路。

——根据故障电容器单元的数量选择不同报警和跳闸信号整定值。

——按固定时间间隔，不平衡电流值在打印机或数字监测系统中进行记录。

在中性点不接地或通过高阻抗接地的滤波器中，有可能构建两个星形连接的并联电容器组。在两个中性点之间可使用电流互感器以比较两个电容器组的不平衡性。对于这种布置，通过电流方向测量也可检测故障相和桥臂。

5.4.3.2 低压调谐电容器保护

在一些滤波器结构中需要附加小的低压电容器配置，可将低压电容器组的电压设计得较高。在一些类型的滤波器中，可通过检测滤波器的其他“支路”(比如，通过电阻器)的电流来保护低压电容器。

5.4.3.3 过载保护和滤波器失谐检测

电抗器和电阻器通常位于滤波器的接地端，而电容器在高压端。也可反过来。在第一种情况下，可使用相对较便宜的电流互感器为过载保护测量电抗器和电阻器的电流。

在电阻器支路中有电流互感器的情况下，基波频率电流水平可用于确定滤波器的失谐程度。

5.4.3.4 基波分量测量

带有串联电抗器的低压电容器(比如C型滤波器)常用于减少并联电阻器中的基波频率损耗。通过滤波得到电阻器的基波频率电流，该基波电流可对电容器和电抗器进行灵敏的附加保护。对于C型滤波器，在额定基波频率下，阻尼电阻器支路中的基波频率电流应减小到零。如果与滤波电抗器串联的调谐电容器因为电容器元件的故障而改变，那么流过电阻器的基波频率电流会增加，大多数情况下比正常频率偏差时会有更高的总量。

另外，电容器/电抗器的配线损坏也可用这种方法检测。

5.4.3.5 电容器熔丝

电容器单元由大量的并联和串联电容器元件组成。电容器元件熔丝是一种限制单元损坏的保护形式，但不像过载或不平衡保护设备，它们不能防止其他单元由于错误的电压分布引起的损坏。电容器熔丝只隔离故障元件。

外部并联的电容器数量以及交流系统短路电流不应影响元件熔丝的限流能力。

外部电容器熔丝可排除电容器套管闪络故障。外部熔断的优点在于熔断的熔丝可通过目测快速、简单地检测。不足之处在于，当一个电容器元件出现故障时，整台电容器单元就会被断开；此外，外部熔丝暴露于周围环境中，易受外部环境的影响。外部熔丝主要用于有很多并联电容器单元和相对很少串联单元的中低压电容器组。

电容器单元中的每个电容器元件都有自己的熔丝，内部电容器熔丝可排除电容器元件故障，因而更加灵敏。

通常，元件熔丝不是为电容器元件的过载保护设计的。它们不得不耐受仅由回路阻抗限制的很高的涌流和放电电流。因此，元件熔丝的熔断电流必须高于允许的最大元件电流。

一个内部熔丝熔断的影响要小于外部熔丝。此外，内部熔丝免受周围环境的影响。内部熔丝主要用于有若干串联电容器单元的高压电容器组。要注意的是，内部熔丝不对可能导致外壳破裂的内部连接间的短路或可动部分和外壳之间的短路提供保护。

5.4.3.6 仪用互感器的保护和额定值

在有自动重合操作的辐射式电力系统中,可在重新带电前用感应式电压互感器(PT)确保电容器放电。PT 可直接布置在滤波器的馈线上或变电站的其他馈线上。这种放电 PT 的额定值必须仔细地确定。确定 PT 额定值的主要条件是每单位时间(1 h)所允许的放电次数所产生的总的热负载。允许放电次数的正常值大约是第 1 个小时内 5 次,以后每个小时内 1 次。

滤波器支路的电流互感器大部分具有低变比。为了保护,特别是短路电流保护,必须确定二次绕组真实再现了一次故障电流。

不平衡电流互感器的二次绕组应能耐受一次侧短路电流的影响。

5.4.4 人员保护

在带电前,每个电容器单元必须放电。完全放电和接地是在滤波器和并联电容器回路上进行任何工作和维护前的绝对要求。

在高压设备上进行任何工作之前,必须遵守国家和用户的相关安全工作标准。在接触前,应使用专用设备将电容器单元接地。

5.5 抗震要求

5.5.1 概述

由电容器、电抗器、电阻器等组成的交流滤波器构架可能要经受地震时地面震动施加的机械负载。地震要求通常考虑这些构架最苛刻的机械负载。

地震时随时间变化的地面运动导致滤波器构架振动,造成基础和滤波器设备产生机械应力,也引起构架相对于开关场中其他设备的移动。

设备抗震设计的目的是为了在可接受的成本内得到构架在地震时足够好的性能。在剧烈地震的情况下,整个滤波器设计都可能受到影响,因此,优先选择机械性能较强的构架。

足够的抗震性能是指在地震中或之后,至少能保持设备的功能正常。这就要求:

——构架安全地固定在地面上,要考虑现场土壤质量;

——构架能耐受自身各个设备产生的机械应力,特别是支柱绝缘子;

——考虑可能出现的相对移动,电气连接应适当且与相邻结构间的间距应足够大。

5.5.2 验证方法

5.5.2.1 概述

验证可能通过理论分析或试验得到。如果选择试验验证,那么以前对类似设计和地震要求的构架进行的地震验证试验结果是可接受的。

5.5.2.2 采用分析法验证

采用分析法进行地震验证要求用等效模型来再现滤波器构架。该模型必须足够详细,以精确地建立设备的静态和动态特性。因此,假设构架的质量集中于分散的几个点,这些质量点由代表构架机械特性的元件相连接。

动态或静态的分析法主要取决于设备的类型。固有机械频率在地震频率范围内(0.1 Hz～33 Hz)的复杂结构,通常需要进行动态分析,多数情况下采用频谱分析法。

通常使用下列分析法之一:

a) 响应频谱分析

由多个弹簧/质量构成的结构将会具有许多固有振动,称为振动方式。每种方式都在固有频率下以独特的方式(振型)振动。振型和模态频率的确定叫做模态分析。从响应频谱得到的每一独立模式的最大响应的叠加即为构架的响应,换算到规定的地面加速度最大值。

由独立模态响应确定的最大合成响应通常由平方和的平方根(RSS 法)得到。如果没有其他规定,假设每个振型有 2%的模态阻尼。如果使用增加的结构阻尼,通常要求测量,以查证模态频率和模态阻尼比。

b） 静态系数法

作用于构架上的地震负载可被假定为等效的静态负载，并且设备上每个元件的地震力都可由响应频谱中给出的最大加速度（2%的阻尼值）乘以每个元件的质量得到。考虑其他模式的效应时，通常采用的安全系数（静态系数）为1.5。

c） 静态分析

这种方法适用于可认为是刚性的设备，也就是其固有机械频率高于33 Hz。设备中每个元件的地震力都可通过最大地面加速度与元件质量的乘积而得到。

5.5.2.3 设计准则

设计准则定义了要求的最小安全系数和抗弯要求：

——最小安全系数

对于构架中的每一个组成元件，必须计算来自地震和附加负载共同作用产生的应力，并根据材料类型，保持最小断裂和形变安全系数。

- 易碎材料

  对于含有易碎材料的元件（如瓷绝缘子），用户应规定断裂强度的安全系数。易碎元件（绝缘子）的断裂强度定义为由相关元件制造商保证的最小强度值。如果没有规定安全系数，那么易碎材料制成的绝缘子和其他元件应使用的最小安全系数为2.0。

- 韧性材料

  对于由韧性材料制成的元件（如钢和铝元件），安全系数要求是根据变形点或极限强度定义的。应用的安全系数应符合通常的工程实践，比如国家建筑规范规定的数值。

  如果没有可用的安全系数信息，那么应使用以下的最小安全系数：

  ◆ 变形强度 1.2；

  ◆ 极限强度 2.0。

——抗弯要求

地震验证应确定构架安全地承受了地震产生的负载造成的弯曲力。抗弯要求通常在适用的建筑规范中规定。

5.6 可听噪声

5.6.1 概述

可听噪声可定义为在空气中可被人耳感知的频率的声波总和。噪声可能由单频率声音信号（声调）或具有分布频率的声波组成。

发声元件比如交流滤波电抗器和电容器应被设计和布置在一定区域内，使得向换流站周边噪声敏感区域辐射的噪声最小化。

5.6.2 交流滤波器的声源设备

交流滤波器是高压直流换流站的众多可听噪声源之一。

电容器发出的声音取决于电容器两端施加的电压。电容器元件（卷筒）中的电动力引发元件的振动，从而引起电容器单元的振动。

空心电抗器产生的声音主要来自于流过绕组的电流和它自身的磁场相互作用而产生的绕组振动力。对于铁心电抗器，作用在磁路中的力引起设备进一步振动。

对于电容器和电抗器，表面的振动产生可听噪声向周边辐射。

因为这些产生噪声的力与电气负载、电压或电流、力的频谱的平方成正比，因此声音的频谱和电气频谱不同。

通常，对于所有机械结构，具有分散质量和结构特性的电容器或电抗器都有若干主要的构架固有谐振频率。因此，如果作用力频谱的一个或若干频率和这些谐振频率一致，就可能出现设备振动放大，使噪声增大。

在分析滤波器设备的声音性能时，必然要包括电压和电流的基波和谐波两方面的内容。

根据滤波电容器和电抗器的物理尺寸和功率额定值，这些设备的声功率在 60 dB(A)～80 dB(A)之间。

5.6.3 噪声要求

对噪声提出要求的目的是使换流站附近住户和社区的环境噪声满足要求。因为交流滤波器只代表若干发声设备中的一种，所以应对开关场各个设备规定适当的噪声标准（通常用最大允许声功率水平表示）来满足换流站整体噪声要求。

在规定的运行条件下，换流站的噪声水平通常由用户规定，对换流站附近特定点或换流站周围一定范围的最大允许声压水平提出要求。

换流站周围栅栏线内噪声限值的典型值在 50 dB(A)～60 dB(A)之间。通常居民区的最大允许噪声水平在 40 dB(A)～50 dB(A)范围内，如果噪声包含一个或若干不同的纯音，那么最大允许噪声水平还应减少 5 dB(A)。

6 试验

6.1 概述

试验通常分为例行试验、型式试验以及必要时选用的型式试验。

滤波器的各设备（电容器、电抗器、电阻器、避雷器和滤波开关设备）应符合各自的技术要求，并按技术要求进行试验。

6.2 设备的试验

6.2.1 电容器

例行试验和型式试验应依照 GB/T 20994 进行。

6.2.2 电抗器

除非另外规定，例行试验和型式试验应依照 GB 10229—1988 相关章条进行。

选用的型式试验（根据制造商和用户之间的协议）：

——可听噪声的验证：应给出基波电流和谐波电流下的每一个电抗器的预期总声功率等级，单位为分贝(dB(A))；

——抗震验证。

6.2.3 电阻器

滤波电阻器应进行下列试验：

——例行试验

- 电阻测量

  在工频和额定谐波频率下测量电阻。校正到最高和最低工作温度的电阻测量值应在规定的公差限值内。

- 工频电压耐受试验

  试验是为了检查电阻器元件对箱体的绝缘。为此，箱体和电阻器元件之间的电气连接（如果存在）应予以拆除，并且电阻器元件和箱体之间的试验电压应施加 1 min。因为箱体内高的运行温度会影响绝缘性能，选择试验电压时应根据用户与承包商之间的协议，考虑温度的影响。

  在电阻器是由若干串联电阻器模块组成的情况下，考虑到制造公差，每个模块上施加的试验电压会根据串联模块数量的增加而减少。

  试验中绝不允许绝缘体闪络。

——型式试验

- 电感的测量

应在工频和额定谐波频率下测量电感，电阻器组的装配形式应与运行中一致。

- 温升试验

  试验在 50 Hz 的热等效电流下进行。如果电阻与规定谐波频率范围内的频率无关，那么试验电流为基波和谐波电流的平方和的平方根。

  如果电阻随着频率变化，那么试验电流应根据式(7)确定：

$$I_t^2 \times R_t = I_F^2 \times R_F + \sum_{n=2}^{N} I_{Hn}^2 \times R_{Hn} \qquad \cdots\cdots(7)$$

  式中：

  I_t——等效的试验电流；

  R_t——试验电流频率下的交流电阻，校正到最高工作温度；

  I_F——最大持续基波电流；

  R_F——基波频率交流电阻，校正到最高工作温度；

  N——规定的最高谐波次数；

  I_{Hn}——最大持续 n 次谐波电流；

  R_{Hn}——n 次谐波交流电阻，校正到最高工作温度。

  如果可用的试验设施不允许电阻器承受额定电流，那么可能需要改变电阻器的内部连接使其功率等于额定功率。

  试验可在符合电阻器使用条件的方便的环境温度下进行。给电阻器施加试验电流并在达到稳态条件后最少保持 30 min。试验最后阶段测量的温度应校正到最高环境温度，且不应超过设计预期温度。电阻器所有绝缘体的温度(内部的以及相关的外部的)也应进行测量且不应超过设计预期温度。

- 雷电冲击试验

  在高压端子上分别施加正极性和负极性雷电冲击电压，低压端子接地。电压波形应为标准的雷电冲击波 1.2 /50 μs。若因为电阻值较低无法实现时，较短波尾是可接受的。因为外壳箱体内空气的高温会影响绝缘性能，承包商在征得用户同意后可采用适宜的方法(通过试验或计算)验证高温下冲击电压试验的性能。

  在电阻器组由若干串联电阻器模块组成的情况下，冲击电压试验最好应在所有模块都串联的完整的电阻器组上进行。如果受实验室条件限制，冲击电压试验可在每个模块的基础上进行。供货方应证明每个模块的试验电压包括了足够的裕度以考虑电阻器组暂态电压分布的不均匀性。

  整个试验期间，绝缘体不能闪络。

- 短路性能验证

  供货方应通过计算和/或试验证明电阻器可耐受规定的暂态电流产生的机械应力和热应力。

- 抗震验证

  供货方应通过计算和/或试验证明抗震性能。

6.2.4 避雷器

除非另外规定，例行试验和型式试验应依照 GB 11032—2000 的相关章条进行。如果用户对特殊试验以及设备性能验证有附加的明确要求，应与供货方进行协商。

6.2.5 互感器

除非另外规定，例行试验和型式试验应依照 GB 1208—2006 和 GB 1207—2006 的相关章条进行。

选用的型式试验(根据制造商和用户之间的协议)：

——暂态电流能力验证

供货方应通过计算证明互感器能耐受规定的暂态电流所产生的机械应力和热应力；

——抗震验证

供货方应通过计算和/或试验证明抗震性能。

6.2.6 滤波器开关设备

除非另外规定，例行试验和型式试验应依照 GB 1984—2003 和/或 GB 1985—2004。试验时应考虑到实际运行条件下的开关设备上承受的应力，特别要考虑到：

——在现场条件下与机械负载和重击穿概率相关的投切操作数量要求；

——开合方式和顺序；

——特别是在故障和特殊状态下与暂时过电压(temporary overvoltage,TOV)有关的暂态恢复电压(transient recovery voltage,TRV)。

可根据 GB 1984—2003 和/或 GB 1985—2004 中确定的有关容性电流投切的要求选择试验回路、试验方式和试验电压。

如果采用同步开关，开关设备同步操作的准确度应通过实验室试验或实际运行条件下特定的交接(试运行)试验进行验证。试验条件应考虑到影响因素，比如老化、环境条件和以前投切操作的次数。

7 现场测量和验证

7.1 概述

现场试验可分为：

——在全电压带电前进行的设备和分系统试验；

——在全电压带电后的系统试验。

完整的系统试验也包括控制系统运到现场以前用模拟装置进行的非现场试验。

交流滤波器还应进行已存在的谐波水平的测量试验，目的是为了验证设计和性能。

7.2 设备和分系统试验

分系统试验在不带高电压情况下进行。

7.2.1 电容器试验

交流滤波器用电容器应进行下列各项试验。

7.2.1.1 电容量测量

应对每一台电容器、每一个电容器桥臂和整组电容器的电容量进行测量，实测电容量应符合设计要求。

7.2.1.2 端子间电阻测量

对装有内置放电电阻的电容器，进行端子间电阻的测量，测量结果与出厂值相比应无明显差别。

7.2.1.3 支柱绝缘子绝缘电阻测量

应用 2 500 V 兆欧表测量层间支柱绝缘子和底座对地支柱绝缘子的绝缘电阻，绝缘电阻值不应低于 500 MΩ。

7.2.2 电抗器试验

交流滤波器的电抗器应进行下列各项试验。

7.2.2.1 绕组直流电阻测量

实测直流电阻值与相同温度下出厂试验值相比，应无明显差别。

7.2.2.2 电感测量

实测电感值与出厂试验值相比，应无明显差别。

7.2.2.3 支柱绝缘子绝缘电阻测量

应用 2 500 V 兆欧表测量支柱绝缘子的绝缘电阻，绝缘电阻值不应低于 500 MΩ。

7.2.3 **电阻器试验**

交流滤波器的电阻器应进行下列各项试验。

7.2.3.1 **直流电阻测量**

实测直流电阻值与相同温度下出厂试验值相比,应无明显差别。

7.2.3.2 **绝缘电阻测量**

实测绝缘电阻值与出厂试验值相比,应无明显差别。

7.2.4 **电流互感器试验**

交流滤波器的电流互感器应进行下列试验:

a) 测量一次绕组对二次绕组及外壳、各二次绕组间及其对外壳的绝缘电阻实测绝缘电阻值与出厂试验值比较,应无明显差别。

b) 一次绕组工频耐压试验

试验电压为出厂试验电压值的 85%,持续时间 1 min。

c) 二次绕组之间及其对外壳的工频耐压试验

试验电压 2 kV,持续时间 1 min。

d) 测量一次绕组的介质损耗因数(tanδ)

实测值与出厂试验值比较,应无明显差别。

e) 变比测量

实测值应与铭牌值相符。

f) 极性检查

应与标志相符。

g) 局部放电量测量

在 5 min 内测得的局部放电量不应超过 10 pC。

7.2.5 **滤波器调谐试验**

对于品质因数等于或大于 10 的滤波器来说,安装完毕之后都需要进行滤波器的冷态调谐,换流站交流滤波器也不例外。通过调整滤波器设备参数,补偿设备制造公差及温度引起的设备值偏差,从而确保滤波器在整个运行温度范围之内都处于较理想的调谐状态,满足滤波性能要求。

一般情况下,通过改变电抗器分接头位置调整电感值,实现滤波器的调谐。个别情况下,通过调配电容器组中的各台电容器改变电容器组总的电容值,实现滤波器的调谐。

7.2.5.1 **调谐方法**

滤波器调谐的方法有:相角测量法、阻抗幅值测量法和电压比较法。相角测量法较为常用。

7.2.5.1.1 **相角测量法**

测量滤波器回路阻抗相角。当相角等于零时,滤波器处于最佳调谐状态。

7.2.5.1.2 **阻抗幅值法**

测量滤波器回路阻抗幅值。当阻抗幅值达到最小(串联回路)或达到最大(并联回路)时,滤波器处于最佳调谐状态。

电容器的电容值随温度的变化而变化。因此,在滤波器调试时,要补偿环境温度变化引起的电容值变化,这可借助于调谐图来实现。调谐图显示出了一个滤波器的调谐频率随环温变化而变化的关系。调谐图可在滤波器开始调试之前绘出来。

在更换滤波器电抗器或大部分电容器后,应重新对滤波器支路进行调谐。

测量滤波器的调谐频率,应符合设计要求。

7.2.5.1.3 **电压比较法**

对于单调谐滤波器,可通过比较电容器和电抗器两端的电压判断该滤波器是否处于最佳调谐状态。在单调谐滤波器的调谐频率下,电容器和电抗器两端的电压应完全相等。

7.3 系统试验

系统试验完善了高压直流工程的试运行，并且由全电压下的试验组成（也包括控制系统的非现场试验）。

7.3.1 测量设备

对系统试验来说，试验结果在时域和频域各有要求。时域测量结果通常是由暂态故障记录仪（TFR）和事件顺序记录仪（SER）提供的，而频域测量结果由谐波分析仪得到。

7.3.2 交流滤波器带电

试验是换流器试验的一部分。每次给一个交流滤波器分组带电并保持带电 2 h。使用 TFR 记录带电时的三相电流和电压波形，分析记录以评估暂态控制方法的有效性，平衡稳态滤波器电流。稳态电压变化可用来估计短路水平。

7.3.3 交流滤波器冲击合闸试验

应在额定电压下冲击合闸 3 次，各部件应无异常现象。

7.3.4 无功功率控制器的验证

应在所有运行模式下校验无功功率控制器。这将在试运行的不同阶段进行。

7.3.5 规定的无功功率交换的验证

应在技术规范中规定的运行条件下进行该验证，比如：传输功率水平、运行模式（整流或逆变）、交流和直流电压水平、最大触发角等。

7.3.6 谐波性能的验证

试验是稳态性能的一部分。目的是在各种不同的运行条件下建立不同的谐波水平，以验证在这些条件下性能指标没有超过规定的水平并且该水平在紧急模式下是可接受的。

7.3.6.1 要分析的信号

为了验证交流侧谐波性能，应将下列信号（见图 2）输入谐波分析仪进行谐波分析。必须使用能准确再现谐波的合适的传感器。电容式电压互感器不能用作谐波电压的传感器。

——3 个相对地母线电压；

——3 个交流系统电流；

——3 个换流器电流；

——3 个滤波器电流；

——换流器触发角；

——直流侧电压和电流信号。

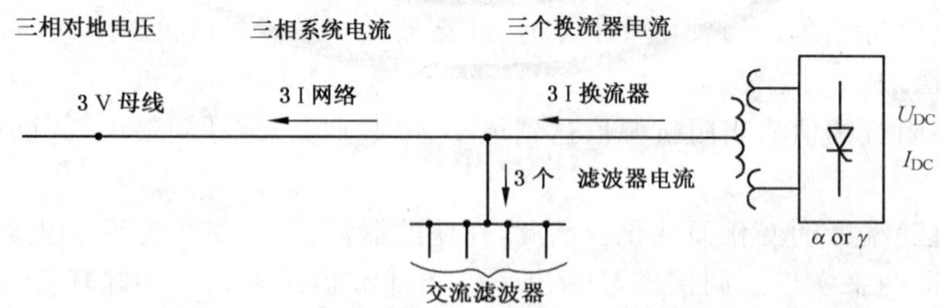

图 2 谐波性能试验的测量变量

7.3.6.2 试验条件

谐波性能受到很多因素的影响。试验应包括实际可能的尽量多的工况。这些工况通常是指：

——包括在降低的高压直流电压下和过负荷范围的换流器整个运行范围；

——同样可导致不同的短路水平和交流系统阻抗的交流系统各种负载；

——正常的交流滤波、减少滤波和在给定功率水平下可能连接的滤波器整体范围(或不同滤波器组的组合)的运行；

——所有直流侧的工况(因为直流侧谐振可能影响交流侧的畸变)。

其他参数(比如系统频率、交流电压水平、电压不平衡等)通常不易变化，因此，在它们发生时才考虑。

7.4 可听噪声验证

整个换流站产生的可听噪声(交流滤波器只是众多可听噪声源之一)应根据技术规范进行测量，规范应给出最大允许噪声水平以及测量程序。

7.5 在线测量

根据用户的要求，确定是否需要装设在线测量设备。

8 应随订货单、招投标书和询问单一起提供的资料

8.1 应随订货单和询问单一起提供的资料

a) 不同于本标准规定的使用条件

非正常环境条件，例如：严重的污秽(工业的或海运的)、严酷的地震要求、异常的高风速、严酷的可听噪声要求等。

b) 交流滤波器运行方面的特殊信息

比如：用于滤波器投切的频繁的开合操作、每年预期的投切操作次数、滤波器应予退出的所有暂态过电压条件、正常运行时无功功率交换的允许限值。

c) 设备及元件的特征

1) 户内设备或户外设备；
2) 额定谐波频率；
3) 电压(额定系统电压、额定交流电压和稳态电压范围)；
4) 电流额定值；
5) 滤波器设备的最小安全距离；
6) 滤波器设备的支柱绝缘子和电容器套管类型；
7) 绝缘水平；
8) 绝缘子最小爬电距离；
9) 设备最高高度；
10) 滤波器设备的耐受操作机械力。

d) 其他

1) 交流滤波器连接处交流母线的最大短路水平和最小短路水平；
2) 交流系统谐波阻抗特性；
3) 滤波器设备的质量体系最低要求；
4) 滤波器布置的总体描述；
5) 设备可靠运行时所必需的维护的总人力(d/每年)。

8.2 投标时应提供的资料

a) 承包商应提供交流滤波器技术规范以及滤波器设备的技术规范；

b) 制造商或者承包商应向用户提供以下设备的参数：

1) 电容器设计参数

见表 3。

表 3 电容器设计参数

电容器设计参数	单位
额定谐波频率	Hz
每相额定电容(+20 ℃)	μF
额定电容公差	±%
电容相对温度的最大变化值	%/℃
额定电压和额定温度下的最大总损耗	W/kvar
额定电压和额定温度下的最大介质损耗	W/kvar
tanδ 相对频率的变化[a]	
电容器组两端包括谐波的额定电压(U_N),方均根值	kV
谐波电压频谱[b],稳态,方均根值	n/kV
电容器组两端不包括谐波的最小电压,方均根值	kV
总电流(包括谐波),方均根值	A
谐波电流频谱[b],稳态,方均根值	n/A
电容器组两端地用于评估声功率水平的包括谐波的连续电压,方均根值	kV
评估声功率水平的谐波电压频谱,方均根值	n/kV
最大声功率水平	dB(A)
雷电冲击耐受水平(LIWL)	
高压端子对地	kV
低压端子对地	kV
高压端子对低压端子	kV
操作冲击耐受水平(SIWL)	
高压端子对地	kV
低压端子对地	kV
高压端子对低压端子	kV
施加的对地交流试验电压(50 Hz,1 min),方均根值	kV

[a] tanδ 随频率从基波频率到最高次谐波的频率变化应以图或表格的形式给出。

[b] 谐波电流或电压频谱用各次谐波电压或电流的次数和方均根值表述。

2) 电抗器设计参数

见表 4。

表 4 电抗器设计参数

电抗器设计参数	单位
额定谐波频率	Hz
额定电感	mH
额定电感公差(适用于没有分接头范围的电抗器)	±%
分接头范围	±%
每档调节量	%

表 4（续）

电抗器设计参数	单位
基波频率下电抗器的 Q 值	
额定谐波频率下电抗器的 Q 值	
基波频率下的 Q 值公差	±%
额定谐波频率下的 Q 值公差[a]	±%
电流额定值	
最大持续电流(包括谐波),方均根值	A
谐波电流频谱[b],稳态,方均根值	n/A
最大暂时电流(包括谐波),方均根值	A
暂时谐波电流频谱,方均根值	n/A
持续时间	h
评估声功率水平的电流,方均根值	n/A
最大声功率水平	dB(A)
暂态电流	
幅值,峰值	kA
峰值时间	μs
热稳定电流[c],方均根值	kA
动稳定电流[c],峰值	kA
持续时间[c]	s
额定交流电压(包括谐波),方均根值	kV
雷电冲击耐受水平(LIWL)	
高压端子对地	kV
低压端子对地	kV
高压端子对低压端子	kV
操作冲击耐受水平(SIWL)	
高压端子对地	kV
低压端子对地	kV
高压端子对低压端子	kV
施加的对地交流试验电压(50 Hz,1 min),方均根值	kV

[a] 额定谐波频率下的 Q 值公差可能很重要。

[b] 谐波电流频谱用各个谐波电流的次数和方均根值表示。

[c] 如果适用。

3） 电阻器设计参数

见表 5。

表 5 电阻器设计参数

电阻器设计参数	单位
额定谐波频率	Hz
额定电流和频率下的额定电阻(环境温度 20 ℃)	Ω
额定电阻公差[a]	±%
额定谐波频率时的最大电感	μH
电流额定值	
包括谐波的最大连续电流，方均根值	A
谐波电流频谱[b]，稳态，方均根值	n/A
包括谐波的最大持续电流下的运行温度	℃
包括谐波的最大暂时电流，方均根值	A
暂时谐波电流频谱，方均根值	n/A
持续时间	min
包括谐波的最大暂时电流下的运行温度	℃
暂态电流[c]	
幅值，峰值	kA
峰值时间	μs
能量	kJ
额定交流电压(包括谐波)，方均根值	kV
雷电冲击耐受水平(LIWL)	
高压端对地	kV
低压端对地	kV
高压端对低压端	kV
操作冲击耐受水平(SIWL)	
高压端对地	kV
低压端对地	kV
高压端对低压端	kV
施加的对地交流试验电压(50 Hz，1 min)，方均根值	kV

[a] 规定的公差应包括制造公差和随环境温度及工作温度的电阻变化。

[b] 谐波电流用各个谐波电流的次数和方均根值表示。

[c] 电阻器持久地耐受最大持续电流后必须耐受的暂态电流。

4） 避雷器设计参数

见表 6。

表 6　避雷器设计参数

避雷器设计参数	单位
持续运行电压[a]，方均根值	kV
谐波电压频谱[b]，稳态，方均根值	*n*/kV
额定电压 U_r，方均根值	kV
额定放电电流(8/20 μs)	kA
大电流冲击(4/10 μs)	kA
长持续时间电流冲击(2 ms)	A
线路放电种类	
最大能量吸收能力(热量)[c]	kJ
参考电压，峰值/$\sqrt{2}$	kV
参考电流，峰值	mA
多柱避雷器柱间或并联运行的避雷器间参考电流分配的公差	
额定放电电流下的残余电压	kV
0.5 kA 下的残余电压(30/60 μs)	kV
避雷器外套的雷电冲击耐受水平	kV
释压能力，方均根值	kA
雷电冲击耐受水平(LIWL)	
高压端子对地	kV
低压端子对地	kV
操作冲击耐受水平(SIWL)	
高压端子对地	kV
低压端子对地	kV
使用的对地交流试验电压(50 Hz，1 min)，方均根值	kV

[a] 持续运行电压 U_c 是允许的最高工频电压方均根值，包括可能持续施加于避雷器端子间的谐波。

[b] 谐波电压频谱用各个谐波电压的谐波次数和方均根值表示。

[c] 该值是指避雷器在两次长时间的电流冲击中吸收的总能量。

5)　电流互感器设计参数

见表 7。

表 7　电流互感器设计参数

电流互感器设计参数	单位
额定频率	Hz
设备的最高电压，方均根值	kV
电流额定值	
一次绕阻	
最大连续热电流，方均根值	A
谐波电流频谱[a]，方均根值	*n*/A

表 7（续）

电流互感器设计参数	单位
短时电流额定值，方均根值	A
谐波电流频谱[a]，方均根值	n/A
持续时间	ms
暂态电流额定值，峰值	kA
峰值时间	μs
二次绕阻	
最大持续热电流，方均根值	A
铁芯环节	
测量铁芯	
铁芯数量	
匝数比	
额定负载	VA
精度等级	
仪表安全系数(FS)	
保护铁芯	
铁芯数量	
匝数比	
额定负载	VA
保护等级[b]	
准确度极值系数	
对地绝缘要求	
工频耐受电压(1 min)	
一次绕组(湿试，如果适用)，方均根值	kV
二次绕组，方均根值	kV
一次绕组雷电冲击耐受水平	kV
一次绕组操作冲击耐受水平(如果电压等级适用)	kV

[a] 谐波电流频谱规定用各个谐波电流的次数和方均根值表示，一般对不平衡保护用互感器不适用。

[b] 见 GB 16847，根据规定的保护等级可能要求更多的数据。

6） 滤波器开关设备设计参数

见表 8。

表 8 滤波器开关设备设计参数

滤波器开关设备设计参数	单位
额定电压，方均根值	kV
额定频率	Hz
额定电流，方均根值	A

表 8（续）

滤波器开关设备设计参数	单位
对地绝缘水平和分闸状态下开关断口间的绝缘水平	
额定交流电压，方均根值	kV
雷电冲击耐受水平	kV
操作冲击耐受水平(额定电压>300 kV)	kV
额定短时耐受电流，方均根值	kA
额定峰值耐受电流	kA
额定短路持续时间	s
额定短路开断电流，方均根值	kA
端子故障的额定暂态恢复电压[a]	
额定短路关合电流，峰值	kA
额定操作顺序	
额定单电容器组开断电流，方均根值	A
额定背靠背电容器组开断电流，方均根值	A
投切电容器组时最高允许操作过电压	kV
分合闸装置和辅助回路的额定电源电压，直流值或方均根值	V
分合闸装置和辅助回路的额定电源频率	Hz
操作和开断用压缩气源的额定压力	MPa
合闸时间的最大偏离(如果使用了同步投切)	ms
[a] 由若干参数确定。见 GB 1984—2003。	

9 安装使用维护手册

9.1 概述

制造商应提供交流滤波器各设备的运输、储存、安装、运行和维修说明书。运输和储存说明书应在交货前的适当时间提供，而安装、运行和维修说明书最迟应在交货时提供。

应按照制造商给出的说明书对交流滤波器各设备进行运输、储存、安装、运行和维修。

本标准不可能详细地列出每种不同类型设备的安装、运行和维修的全部规则，但下面资料是十分重要的。

9.2 运输、储存和安装时的条件

如果在运输、储存和安装时不能保证订货单中规定的使用条件(温度和湿度)，制造商和用户应就此达成专门的协议。

为了在运输、储存和安装中保护好绝缘，以防由于雨、雪或凝露等原因而吸潮，应采取特殊的预防措施。运输中的振动也应予以考虑。说明书中对此应给予适当的说明。

9.3 安装

对于交流滤波器各设备，制造商提供的说明书至少应包括下列各项。

9.3.1 开箱和起吊

应给出安全开箱和起吊所需的说明资料，包括必须使用的专用起吊和定位器具的细节。

9.3.2 总装

如果交流滤波器各设备不是完全装成后发运的，所有的运输单元应清晰地加以标记。应随同开关

设备和控制设备一起提供将它们总装起来的图样。

9.3.3 **安装就位**

交流滤波器各设备安装就位用的说明书应包括定位件和基础的详细说明，以便完成现场的准备工作。

9.3.4 **安装竣工检验**

在交流滤波器各设备安装完毕，并且完成所有的连接后，应进行检查和试验，应提供检查和试验的说明。

这些说明包括：

——为了正确运行，建议进行的现场试验项目清单；

——为了正确运行，可能需要进行调整的程序；

——为了帮助作出将来维修的决定，建议进行并记录有关项目的测量；

——最终检查和投入使用的说明。

9.4 **运行**

制造商给出的说明书应包括以下资料：

——设备的一般说明，要特别注意特性和运行的技术说明，使用户充分了解所涉及的主要原理；

——设备安全性能以及联锁和联锁操作的说明；

——和运行有关的，为了对设备进行操作、隔离、接地、维修和试验所采取的行动的说明。

9.5 **维修**

维修的有效性主要取决于制造商编写的说明书的内容和用户贯彻执行说明书的程度。

9.5.1 **对制造商的建议**

a) 制造商应提供的维修资料包括：

1) 维修的范围和频度；

2) 维修工作的详细说明；

3) 对维修至关重要的各设备全套图样，图样上要有总装、分装和重要零件的清晰标志（零件号和说明）；

4) 限值和允许偏差，如果超出，要进行必要的校正；

5) 辅助维修材料的规格；

6) 专用工具、起吊和维修设备的清单；

7) 维修后的试验项目；

8) 推荐的备件（说明、代号、数量）和储存建议；

9) 有效计划维修时间的估计；

10) 在设备操作寿命终了时，涉及环境的要求，怎样对设备进行处理。

b) 制造商应告诉某特定型号开关设备和控制设备的用户，对可能出现的系统缺陷和失效需要进行的校正；

c) 备件的供应：

从交流滤波器各设备最后的制造日期算起，在不少于 10 年的期限内，制造商有责任确保维修用备件的不断供应。

9.5.2 **对用户的建议**

a) 如果用户希望自行维修，其工作人员应具有有效的资格证书，并对相应的设备有详尽了解；

b) 用户应记录下列资料：

——各设备的出厂编号和型号；

——各设备的投入使用的日期；

——所有测量和试验结果；

——进行维修工作的日期和范围；

——所有可参考的失效报告。

c) 如果出现失效和缺陷，用户应建立一份失效报告，并向制造商说明特别的细节和采取的措施，根据失效的性质，用户和制造商一起做出失效分析。

附 录 A
（资料性附录）
滤波器类型及选用导则

A.1 概述

高压直流换流站交流侧滤波器有多种可能的电路结构。本附录阐述的滤波器类型有：调谐滤波器、阻尼滤波器以及根据滤波器的“阶”来确定的不同的滤波器。此处只讨论并联滤波器。

滤波器结构图中省略了一些附加设备如避雷器、电流互感器和电压互感器。

A.2 调谐滤波器

A.2.1 单调谐滤波器

单调谐滤波器是最简单的滤波器拓扑结构，由一个电抗器和与之串联的电容器组成。图 A.1 是单调谐滤波器的电路结构和典型的 11 次谐波调谐滤波器的阻抗/频率响应曲线。

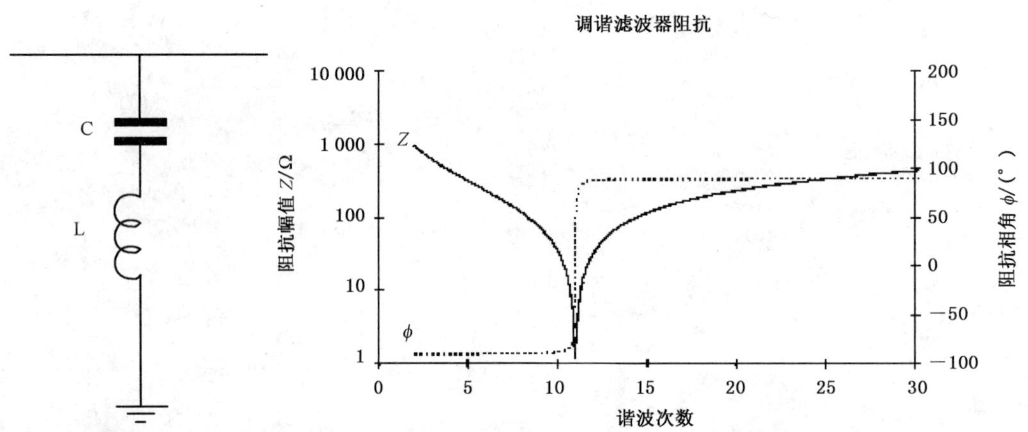

图 A.1 单调谐滤波器和频率响应

通过选择电容器 C 和电感器 L 使其在指定的谐波次数下发生串联谐振，为指定的谐波电流提供一个低阻抗通道。此时，指定的谐波电流只受电抗器电阻的限制，即：

$$2\pi \times f_0 \times n \times L = 1/(2\pi \times f_0 \times n \times C) \quad \cdots\cdots\cdots\cdots\cdots\cdots\cdots\cdots\cdots\cdots (A.1)$$

得出：

$$n = 1/(2\pi \times f_0 \times \sqrt{L \times C}) \quad \cdots\cdots\cdots\cdots\cdots\cdots\cdots\cdots\cdots\cdots (A.2)$$

式(A.1)和式(A.2)中：

n——谐波次数；

f_0——基波频率。

A.2.2 双调谐滤波器

双调谐滤波器相当于两个并联的单调谐滤波器，但它是通过一个单独的合成滤波器实现的。双调谐滤波器的无功功率定值是两个单调谐滤波器的和。图 A.2 是一种典型的双调谐滤波器电路结构和典型的 11/13 滤波器的阻抗/频率响应曲线。

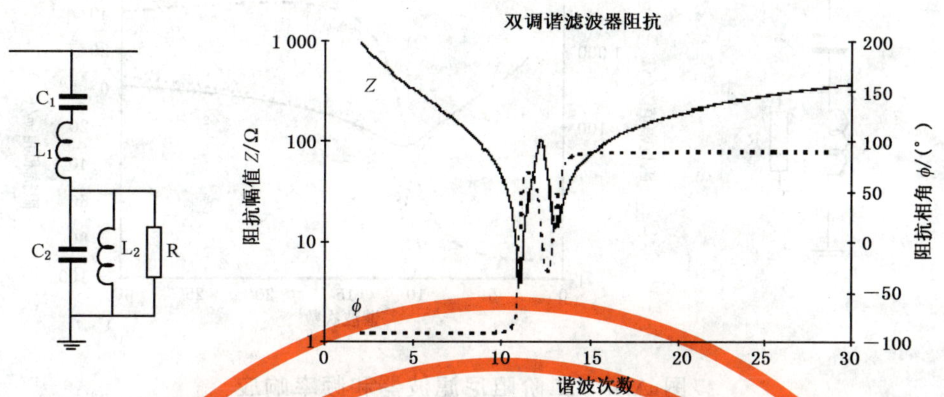

图 A.2 双调谐滤波器和频率响应

A.2.3 三调谐滤波器

三调谐滤波器等效于三个并联调谐滤波器，但它是通过一个单独的合成滤波器实现的。图 A.3 是一种典型的 12/24/36 滤波器的电路结构和阻抗/频率响应曲线。

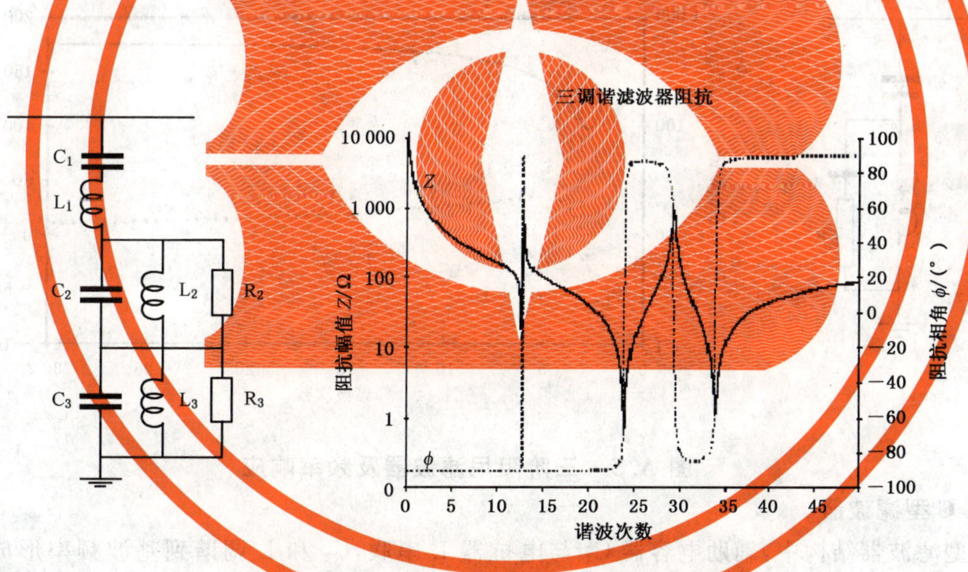

图 A.3 三调谐滤波器和频率响应

A.3 阻尼滤波器

A.3.1 单调谐阻尼滤波器

A.3.1.1 二阶阻尼滤波器(高通滤波器)

二阶阻尼滤波器结构图中，串联电抗器 L 并联了一个阻尼电阻器 R。图 A.4 给出了阻尼滤波器的电路结构图和阻抗/频率响应曲线。当 R 取较大值时，阻抗曲线如 Z_1 所示；当 R 取较小值时，阻抗曲线如 Z_2 所示。

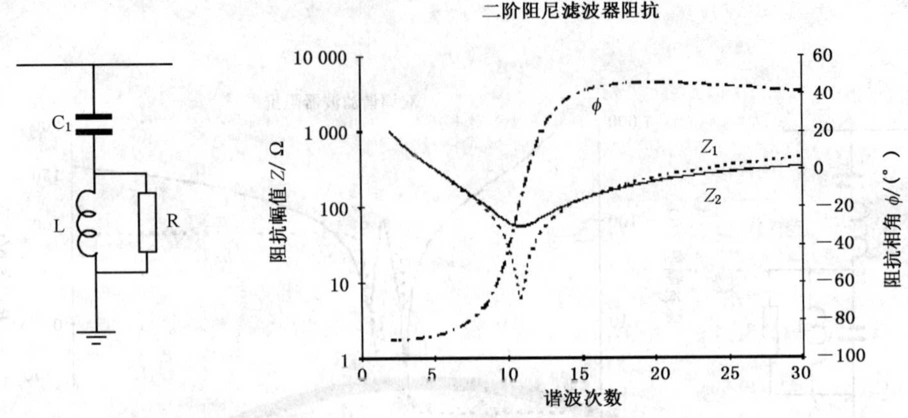

图 A.4 二阶阻尼滤波器和频率响应

A.3.1.2 三阶阻尼滤波器

三阶阻尼滤波器的结构见图 A.5，其中电阻器与一个辅助电容器 C_2 串联作为一个阻断阻抗。三阶阻尼滤波器主要应用于二阶滤波器电阻器的损耗不可接受的低次谐波。三阶阻尼 3 次谐波滤波器的阻抗/频率响应曲线见图 A.5。

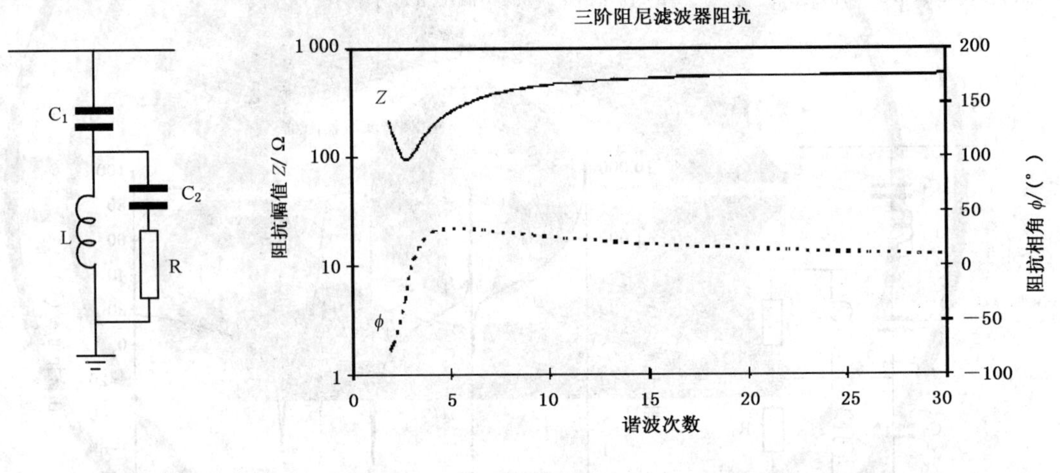

图 A.5 三阶阻尼滤波器及频率响应

A.3.1.3 C 型滤波器

在 C 型滤波器结构中，辅助电容器 C_2 与电抗器 L 串联，C_2 和 L 调谐到基波频率形成电阻器的基波频率旁路。图 A.6 给出了典型的 3 次谐波滤波器的电路结构和阻抗/频率响应曲线。

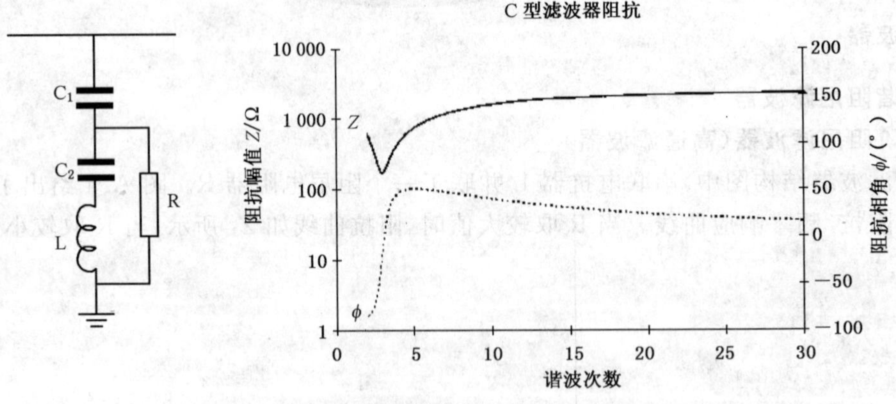

图 A.6 C 型滤波器及频率响应

A.3.2 双调谐阻尼滤波器

双调谐阻尼滤波器相当于两个并联的二阶阻尼滤波器，但它是通过一个单独的合成滤波器实现。图 A.7 给出了一种典型的 12/24 滤波器的电路结构和阻抗/频率响应曲线。

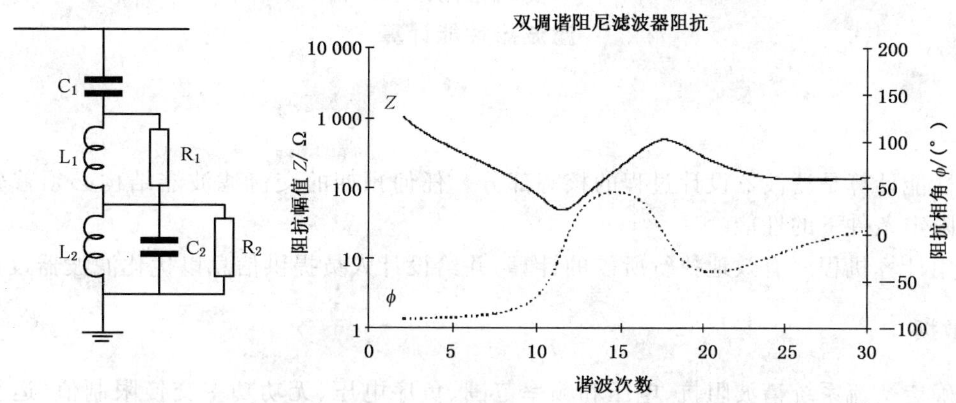

图 A.7 双调谐阻尼滤波器及频率响应

如果低压设备 C_2，L_2，R_2 的过负荷能力基于稳态额定值，在投切或故障扰动时产生的负荷将超过它们的过负荷能力。因此，特别是 C_2，其额定值应基于暂态工况而不是稳态工况研究确定。

A.4 滤波器选用导则

可根据下列情况选择滤波器：

——当系统频率变化范围大时用阻尼滤波器比用调谐滤波器好。

——当环境温度变化范围大时，调谐滤波器的滤波性能不易满足要求。必要时，电抗器可配备有载调节抽头，通过重新调谐来补偿由于夏季和冬季温度引起的电容变化。

——为了优化性能，当滤波器需要调谐到接近谐波次数时，电抗器可能要求配备有载抽头。

——在应用中，当只限制电压畸变和/或系统谐波阻抗范围呈良性时，通常二阶高通阻尼滤波器能对 11/13 次谐波和更高次特征谐波提供最佳方案。

——除非用于处理低次谐波（如 3 次或 5 次）问题，并且依赖于要求的阻尼水平，否则二阶高通阻尼滤波器的损耗水平通常是可接受的。

——对于要求带阻尼的低次谐波滤波器来说，C 型滤波器或低损耗的多调谐滤波器更适合。

——当对单次谐波电流注入有限制时，可能需要单调谐滤波器或多调谐滤波器进行滤波。

——当对电压畸变有限制时，调谐滤波器或阻尼滤波器都能提供满意的性能。

——当对 THFF 有限制时，一般需要设置阻尼滤波器。

——当同时限制无功功率交换和 THFF 时，双调谐滤波器或三调谐滤波器可能是最佳方案。

——高电压和/或低容量应用时，双调谐滤波器或三调谐滤波器可提供最佳方案。

——当系统现有的负序电压水平很高（即超过 1%）时，可要求三次谐波滤波器、调谐滤波器或 C 型滤波器。如果选用了 C 型滤波器，可通过选择合适的电阻值对 3 次或 5 次谐波进行衰减。在一些方案中，通过控制减小由于负序电压引起的 3 次谐波是可能的。

以上仅作为指导，因为只有进行详细的性能计算和额定值研究才能确定最佳滤波器设置方案。

附 录 B
（资料性附录）
滤波器性能计算

B.1 概述

滤波器性能计算是滤波器设计过程的核心部分。任何预期的交流滤波器结构必须首先进行计算，以显示其在限定条件下的性能。

需要专用计算机程序有效地执行所需的计算，并给设计人员提供信息以优化滤波器设计。

B.2 输入数据

用户应确定交流系统谐波阻抗、电压和频率范围、负序电压、无功功率交换限制值、运行条件、环境温度范围、已存在的谐波和容许的畸变限制。用户还应考虑系统未来可能出现的变化。

由承包商确定性能计算所需的其他数据，包括主回路参数、制造误差和元件偏差。

B.3 方法

下面所描述的方法是传统计算程序所采用的方法，不考虑换流器上交流-直流侧谐波的相互影响。输入数据用来建立计算机模型（见图 B.1），模型由一个表示高压直流换流器的恒定谐波电流源与滤波器和交流系统谐波阻抗并联组成。

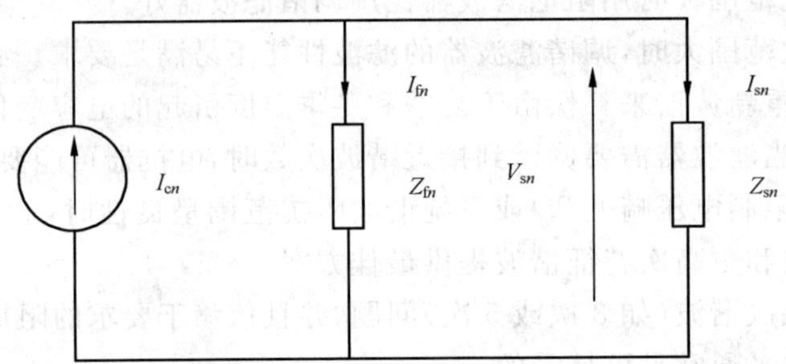

I_{cn}——来自于换流器的谐波电流；
Z_{fn}——滤波器谐波阻抗；
I_{fn}——滤波器谐波电流；
Z_{sn}——交流系统谐波阻抗；
I_{sn}——交流系统谐波电流；
V_{sn}——交流系统谐波电压。

图 B.1 滤波器计算回路模型

滤波器电流可由式（B.1）计算：

$$I_{fn} = Z_{sn} \times I_{cn} / (Z_{sn} + Z_{fn}) \qquad \text{(B.1)}$$

式中：

I_{fn}——滤波器谐波电流；
Z_{sn}——交流系统谐波阻抗；
I_{cn}——来自于换流器的谐波电流；
Z_{fn}——滤波器谐波阻抗。

谐波电压畸变由式（B.2）计算：

$$V_{sn}=Z_{sn}\times I_{cn}\times Z_{fn}/(Z_{sn}+Z_{fn})=I_{cn}/(Y_{sn}+Y_{fn}) \quad\cdots\cdots(B.2)$$

式中：

V_{sn}——交流系统谐波电压；

Y_{sn}——交流系统谐波导纳；

Y_{fn}——滤波器谐波导纳。

承包商必须计算高压直流换流站整流器或逆变器产生的所有谐波电流（I_{cn}）。系统谐波阻抗（Z_{sn}）通常在工程技术规范中规定。

B.4 换流器谐波电流计算

在一些谐波产生的极端或罕见条件下，滤波器性能可不满足规定的限制。这些条件包括：

——直流电流（或直流功率）短时过载运行；

——主要作为单向送电的高压直流工程的功率反送；

——极端的和短时应用情况下的直流降压运行；

——极端的和短时的交流电压变化；

——极端的和短时的交流负序分量水平；

——一个滤波器大组不可用时的运行；

——异常的运行条件或结构。

工程技术规范应明确规定计算谐波电流时需要考虑的交流电压范围。由于换流变压器抽头的作用（并假定换流器产生的谐波不变），网侧谐波电流幅值的变化与交流电压变化成反比。因此，交流电压最小时，换流器的谐波电流最大。

为了得到实际可能发生的最苛刻工况性能条件，计算时应考虑性能计算规定的交流电压范围。

B.5 滤波器配置方案的确定

高压直流工程交流滤波器设计过程中，需要研究不同的滤波器方案并计算相应的谐波性能。

滤波器设计总体方案确定后，仍然需要对滤波设备的值进行调节，以优化性能、额定值和损耗。这个过程一般会重复进行很多次性能计算。

B.6 性能计算

滤波器性能计算是滤波器设计过程中的中心环节。任何预设的交流滤波器配置都应在规定的情况下进行性能计算，以验证其是否满足性能要求。因为要考虑诸多因素，比如应力、损耗等，整个设计过程是一个反复进行调整和验证的过程。

进行交流滤波器性能计算时，与换流站交流母线相连的交流系统有如下两种处理方法：

1） 开路，即不考虑交流系统；

2） 考虑交流系统，交流系统谐波阻抗用阻抗圆或阻抗扇型平面表示。计算时，系统谐波阻抗在工程规范书中给定的阻抗圆或阻抗扇型平面中取值。

当考虑交流系统时，性能计算所用的线路模型如图 B.2 所示（这是性能计算的传统算法，没有考虑换流器交流侧谐波和直流侧谐波之间的相互作用。应注意：如果要考虑两侧谐波的相互作用，除非能充分模拟换流器的阻抗，否则，应用这种算法可能会得出错误的结果，尤其是对低次非特征谐波）。

交流系统用阻抗圆（或阻抗扇型平面）表示。交流系统阻抗 Z_N 与滤波器阻抗 Z_F 并联（见图 B.2）。由图 B.2 可知，对于每一次谐波，流入交流系统的谐波电流为 $I_N=I_{cn}\times Z_F/(Z_F+Z_N)$，滤波器谐波阻抗 Z_F 已知，在交流系统阻抗平面内选择 Z_N，当 Z_F 和 Z_N 的矢量相加后的幅值最小时，流入交流系统的该次谐波电流最大。同样，流入交流滤波器的电流可写作 $I_F=$

$I_{cn} \times Z_N/(Z_F+Z_N)=I_{cn} \times Y_F/(Y_F+Y_N)$，当 Y_F 和 Y_N 进行矢量相加后所得的幅值最小时，流入交流滤波器的该次谐波电流最大，从而电压的单次畸变率最大。进行交流滤波器性能计算时，将采用后一种方法，即，在系统阻抗圆（或扇形平面）找一个系统导纳 Y_N，使得 Y_F 和 Y_N 进行矢量相加后所得的合成导纳幅值最小，这样可求出在考虑交流系统情况下各次谐波的最大单次谐波畸变率。

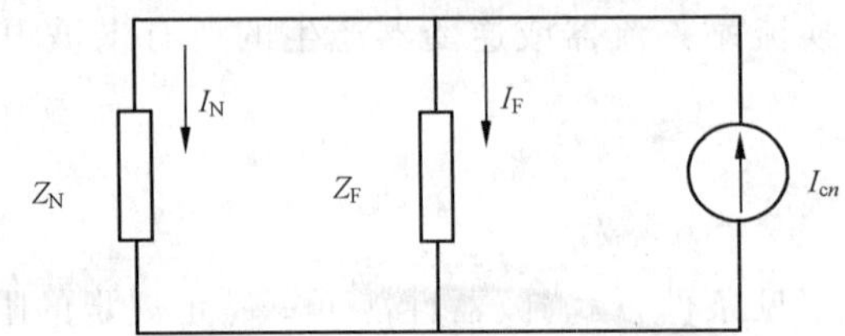

I_{cn}——换流器产生的谐波电流；

Z_F——交流滤波器谐波阻抗；

Z_N——交流系统谐波阻抗。

图 B.2 性能计算回路原理图

计算单次谐波畸变率时，在给定滤波器投入组合对应的直流输送功率范围内，选取换流器产生的各次谐波电流最大值。计算电压的总谐波畸变率 D_{eff} 和电话谐波波形因数 THFF 时，取整个传输功率范围内的各次谐波电流最大值。

计算性能时要考虑系统频率偏差及滤波器元件值偏差，但不考虑交流系统背景谐波。对于单次谐波畸变率 D_n，分别计算交流系统开路及滤波器与交流系统发生谐振（或接近谐振）时的最大 D_n。总谐波畸变率计算到 50 次，计算时两次最大的单次谐波畸变率取滤波器与交流系统发生谐振（或者说最有可能发生谐振）时计算出的值，而其他各次谐波畸变率取交流系统开路时计算出的单次谐波畸变率。电话谐波波形因数 THFF 的计算方法与此相似。

B.7 失谐和误差

B.7.1 概述

理想条件下，滤波器会在完全调谐的状态下运行。然而事实上，实际的交流滤波器通常在较大或较小的范围内的失谐条件下运行。性能计算时必须考虑下列影响失谐的因素：

——系统基波频率变化；

——温度变化引起的滤波器电容变化；

——电容器元件故障和老化引起的滤波器电容变化；

——制造误差和/或电抗器的离散抽头引起的滤波器初始失谐。

不同因素将不同程度地影响滤波性能，这取决于滤波器类型。Q 值大的锐调谐滤波器受上述参数变化的影响很大。Q 值小的阻尼滤波器受到的影响比较小。

B.7.2 失谐因素

影响失谐的各个因素的背景：

——基波频率变化

工程规范书中应给出必须满足的性能要求的频率范围。这个范围可与系统最高稳态频率变化相同或更低，不包括罕见的或短时极端情况。

——电容值变化

滤波器电容器的电容值在一定程度上随温度变化。技术规范应规定性能要求应满足的环境温度范围。如果极端环境温度值是罕见的和短期的，可对性能计算和额定值计算给出不同的温度范围。电容器制造商应提供电容值随温度的变化。也应考虑由电气应力和太阳辐射产生的热引起的电容值变化。

滤波器运行中，允许一定数量的电容器元件发生故障，直到给定的警戒水平。性能计算时，必须考虑允许的最大故障元件数目对应的电容值变化。

应注意到，如果假设每个滤波器电容器组同时在最大元件数目故障的情况下运行，且温度和基波频率在规定范围的边缘处，将会得到一个非常保守的性能值。所有失谐参数同时处于最苛刻情况的可能性不是很大。

滤波器设计者必须考虑温度变化、元件故障和老化引起的总电容值的变化。

——制造误差和初始失谐

滤波器的每一个设备都按照误差要求制造。制造误差越小，设备越贵。性能计算的失谐因素必须包括这些误差。但为了减小失谐因素和放宽误差要求，常提供滤波器调谐装置，最常见的是电抗器抽头。

使用带抽头的电抗器会放宽对电容器的误差要求。承包商必须评估提供电抗器抽头弥补电抗器本身的制造误差加上隐含的电容器误差范围的成本，并选择使总成本最低的误差值和抽头值。

可能的最大失谐相当于一个电抗器抽头级差的一半加上调谐程序和测量设备准确度的公差。

当要求重新调谐的时间间隔较长时，为了考虑运行期间故障和老化引起的电容值变化，滤波器一开始可能要轻微失谐。

——季节性调谐

在夏季和冬季温差大的地区，对锐调谐支路滤波器应考虑季节性调谐。目前的大多数技术规范拒绝进行季节性调谐，但季节性调谐确实有下列优点：

- 滤波器造价便宜；
- 损耗低。

季节性调谐有下列缺点：

- 每半年需要重新调谐一次；
- 重新调谐成本(可能的停运成本和劳动力成本)。

B.7.3 电阻值变化

设计者必须评估电阻器元件温度变化引起的电阻器电阻值变化。电阻器元件的电阻温度系数应很低。除此以外，必须考虑电抗器的 Q 因数的偏差，特别是对于锐调谐滤波器。Q 因数和公差取决于规定的特性和电抗器的特殊设计。

B.7.4 建模

为了准确模拟引起失谐的各种因素，应按照现实情况在模型中单独体现。模型的谐波频率应与基波频率范围极限值对应，并使用各元件的最大偏差，结合成为滤波器总体的最大失谐。

建议计算时分别考虑频率偏差和单个元件偏差引起的滤波器失谐。

B.8 性能计算中的交流系统阻抗

由于滤波器和交流系统间可能发生谐振，所以交流系统阻抗是影响传统交流滤波器设计的最重要参数之一。

由于不同的运行结构，负载和发电机的连接方式以及主要设备的停运会引起交流系统阻抗的延时变化，因此，研究中所用的阻抗必须能覆盖可能的整个阻抗范围。通常，这通过定义一些包括所有可能的阻抗值的阻抗包络面实现。

建议用户在高压直流工程开始时规定交流系统阻抗。交流系统阻抗会因系统结构和负载条件的不同而变化。

可用多种方法获得交流系统阻抗。CIGRE/CIRED WG CC02 对不同方法及它们的优点进行了评估,交流系统阻抗建模技术的研究由 CIGRÉ JTF 36.05.02/14.03.03 承担。

B.8.1 用阻抗包络进行交流系统建模

不同系统结构下的阻抗可用表格形式或不同类型的图表示。最常用的是包络图,如扇形图或圆形图,这个复杂的阻抗图中定义了一个特定频率范围的 X/R 区域。不同系统条件和不同谐波频率下交流系统阻抗限定在这些区域的包络线之内。

当没有关于交流系统的其他信息时,边界常与系统短路阻抗的最大值和最小值有关。确定最大和最小阻抗时经常使用的简化方法如下,见式(B.3)和式(B.4):

$$Z_{\max}=Z_{\max\ \mathrm{s.c.}}\times n \tag{B.3}$$

$$Z_{\min}=Z_{\min\ \mathrm{s.c.}}\times\sqrt{n} \tag{B.4}$$

相角:

0°～80°　$n<5$

±75°　$5\leqslant n<11$

±70°　$11\leqslant n\leqslant 50$

式中:

$Z_{\max\ \mathrm{s.c.}}$——交流系统基波频率最大短路阻抗;

$Z_{\min\ \mathrm{s.c.}}$——交流系统基波频率最小短路阻抗。

在确定最小阻抗值时应特别注意准确性,因为对于与这个阻抗值对应的系统结构来说,谐波问题更加关键。网络电阻值即阻尼也很关键。

在规定低次谐波特别是 2 次、3 次和 5 次谐波的阻抗时应小心。如果规定的这些频率的角度过大(即低阻尼),计算会显示需要调谐到这些频率的滤波器。在特定情况下,推荐分别规定这些频率的阻抗图。

B.8.2 阻抗包络图

B.8.2.1 概述

下列优点和缺点适用于所有阻抗包络图。

阻抗包络图的优点:

——用户的准备工作相对容易,且也易于承包商系统地寻找最苛刻工况阻抗的搜索技术;

——由于可对将来系统的变化进行测量,所以可对包络进行扩展,并且可针对性能和额定值条件给出不同的包络。

阻抗包络图的缺点:尽管考虑的是限定的频率范围,并且对不同频率范围提供不同幅值的扇形,但阻抗搜索区域使用简单包络面仍然包含不适用的范围。提出的不同类型的包络面有不同的倾向。

图 B.3、图 B.4 和图 B.5 展示了一些包络图的示例,并阐述了它们的优缺点。除已示的各图外,其他变化也是有可能的。

B.8.2.2 扇形图

对于扇形图,应给出最大阻抗角、最小阻抗角和最大阻抗。对于阻抗的下限,可给出最小阻抗值或最小电阻值。

扇形图的优点:如果缺乏网络信息,易于进行定义。

扇形图的缺点:

——当某一谐波范围内的 $R_{\max}$ 是由系统并联谐振确定的,这会限定 $Z_{\max}$,而使 $X_{\max}$、$X_{\min}$ 的值超出实际值;

——最大和最小角度也可能与低电抗值相关,但在大电抗值下的角度要小些。

给出最小阻抗的扇形图的缺点:$Z_{\min}$ 和 $R_{\min}$ 的关系不可能与实际相符,不是 $R_{\min}$ 太大就是 $Z_{\min}$ 太小。这些值会对滤波器设计产生决定性的影响。

图 B.3 中给出了交流系统阻抗扇形图最小阻抗,图 B.4 中给出了交流系统阻抗扇形图最小电阻。

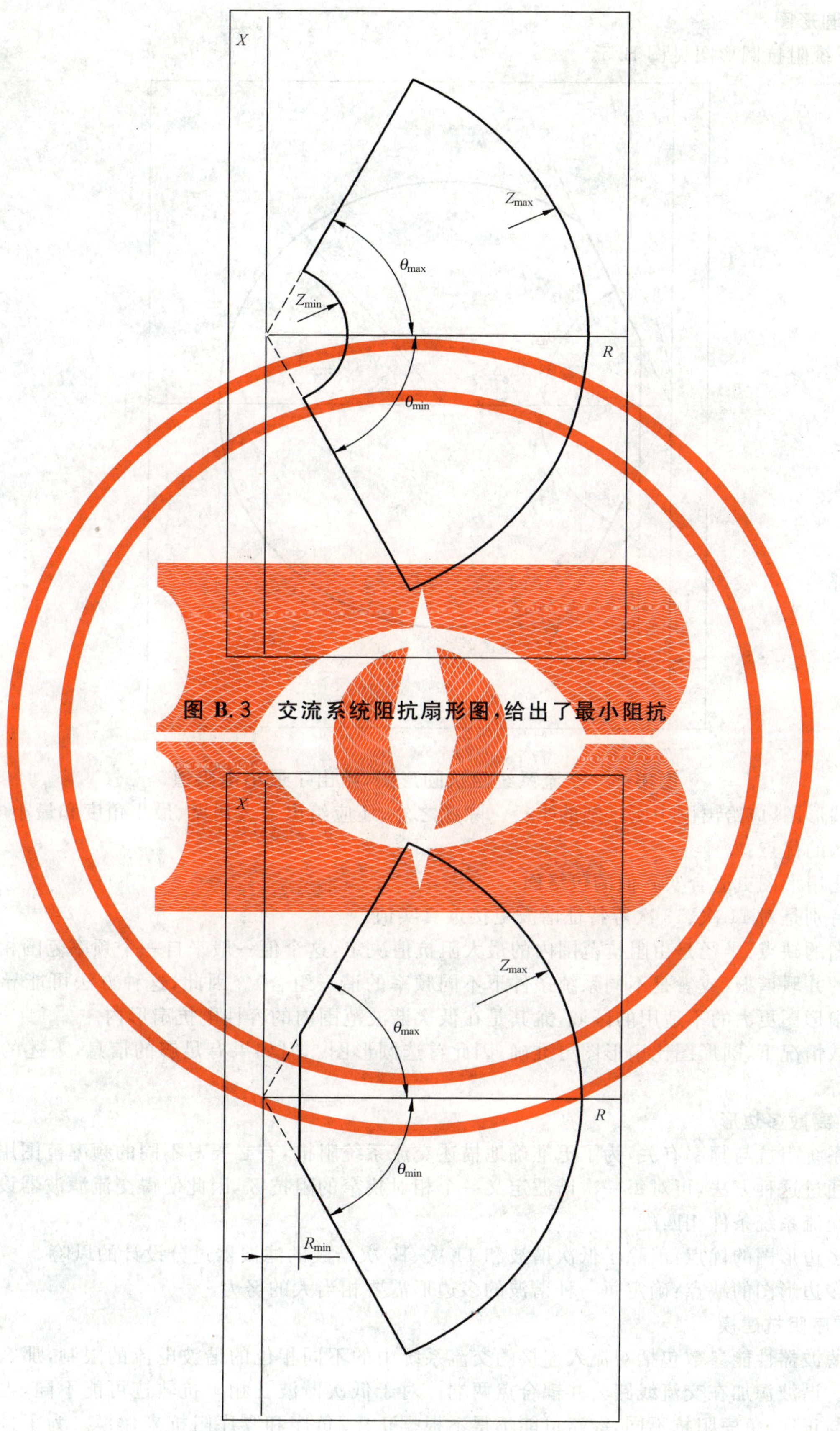

图 B.3　交流系统阻抗扇形图，给出了最小阻抗

图 B.4　交流系统阻抗扇形图，给出了最小电阻

B.8.2.3 圆形图

交流系统阻抗圆形图见图B.5。

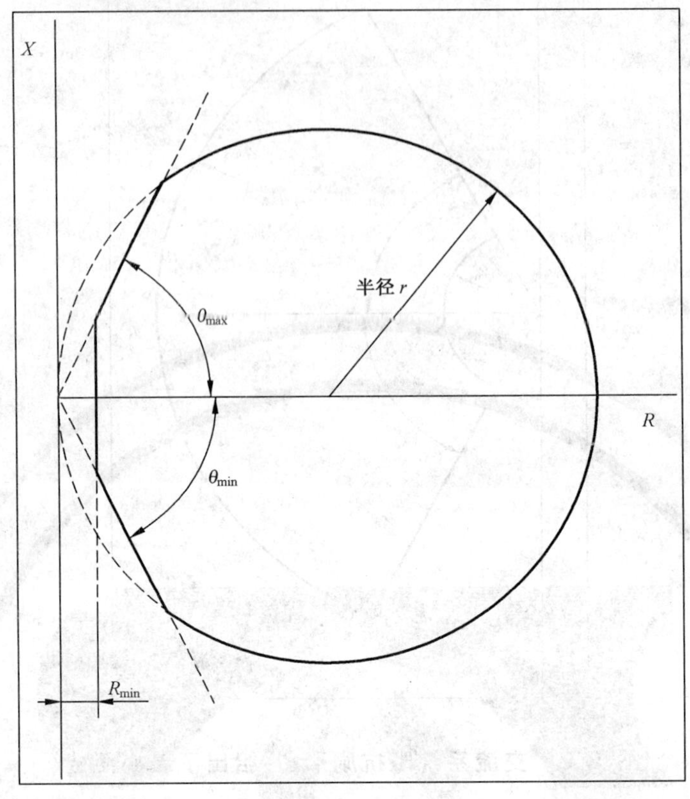

图B.5 交流系统阻抗圆形图,给出了最小电阻值

对于圆形图,应给出图中所示圆的半径。除此之外,还应给出最大角度、最小角度和最小电阻。

圆形图的优点:

——比扇形图更适合实际值的包络面;

——特别是对11次、13次等特征谐波更接近真实值。

圆形图的缺点:半径是由阻抗范围内的最大阻抗值决定,这个值一般来自一个频率范围相对整个图非常狭窄的并联谐振(或者是不同系统条件下不同频率的谐振组合)。因此,这种方法可能导致包含一个甚至比扇形图更大的不适用的区域,尤其是在低次谐波范围内的容性电抗扇形内。

大多数情况下,圆形图比扇形图更准确,因此首选圆形图。但如果有足够的信息,下述的离散多边形方法更好。

B.8.2.4 离散多边形

因为系统阻抗与频率有关,为了更准确地描述交流系统阻抗,有必要对不同的频率范围用不同的图来描述。通过这种方法,可对每一次谐波定义一个相对狭窄的阻抗区,因此使得交流滤波器设计更准确地与实际交流系统条件相匹配。

离散多边形图的优点:消除了低次谐波和11次、13次谐波的滤波器过分设计的风险。

离散多边形图的缺点:确定每一种谐波的多边形需要相当大的努力。

B.8.3 零序阻抗建模

如果滤波器性能参数包括对流入连接的交流系统中的不同相位的谐波电流的限制,那么建模方法将会不同。谐波源加在交流线路公共耦合点两端。对于低次谐波三相阻抗轨迹可能不同,也就是零序阻抗可能与正序/负序阻抗不同,线路可能不得不根据正序/负序和零序阻抗来建模。为了进行准确的计算,承包商需要零序阻抗数据。

然而,高压直流换流器产生的零序谐波可忽略,因此零序阻抗的建模通常不是关键的。

B.8.3.1 用于性能计算的交流系统网络的具体建模

在一些特殊的高压直流工程中，建立一个接于换流站的交流系统的详细模型代替更为普遍的阻抗包络用于性能计算是可行的，也是令人满意的。以前很少用这种方法，因为：

——承包商通常没法得到详细的交流系统数据；

——每一次性能计算的计算时间大大增加；

——对每一种性能工况都需要研究大量的交流系统网络结构。

但如果交流系统数据已知并相对不变，并且可得到给定的计算能力，那么使用详细模型是合理的。与阻抗包络相比，它的主要优点是，给出的仅是现实可行的交流系统阻抗，与谐波完全一致，而不包括阻抗包络中包含的许多不可用的值。详细模型在研究低次谐波时很重要，在这种研究中用阻抗包络可能会错误地表明需要低次滤波器。

如果高压直流换流站由一条单独的长交流线路供电，在这种工况下，交流侧阻抗由交流线路决定，线路远端的网络变化的影响相对较小。此时，采用详细的模型更为有利。

此外，输电线路不对称性导致的相间不平衡和沿输电线路的相间耦合会对谐波域产生重要影响。CIGRÉ WG CC02 中建议，这些影响只能用一个适当的三相模型来模拟。

如果要使用一个详细模型，那么建议采用三相表示法，准确模拟交流线路、变压器、发电机和负载在谐波频率下的特性。网络应与换流器有足够的电气距离，以使得线路增长或负载增加不会对结果产生重大影响。应对假定的负载模型和阻尼的影响进行灵敏性研究。

谐波次数约大于 20 次的谐波详细模型不可能足够准确。对这些频率，应使用普通的阻抗包络。

B.8.4 滤波器组/分组停运

根据容量和工程规范书允许的滤波器投切时最大电压阶跃要求决定的无功功率，滤波器将被分解成很多滤波器组和分组。对于一些小的工程，一个或两个滤波器组就足够了。对于其他工程，由于系统要求，有必要分解成很多小滤波器组/分组。

冗余要求意味着一组滤波器退出运行时仍然能满足性能要求，目的是为运行提供一个更灵活、安全的系统。但全冗余意味着额外的成本和额外的空间要求。冗余可通过 2×100％、3×50％或 4×33.3％等滤波器方案来获得。冗余要求会影响滤波器组数、每组容量和滤波器组类型的选择。

工程技术规范应规定用户对滤波器冗余的要求。此外，总的可靠性和可用性要求对交流滤波器设置有很大的影响。为了满足可靠性、可用性和可维护性要求，在很多情况下，承包商不得不考虑滤波器冗余。

为了限制交流滤波器的成本和复杂性，用户应考虑应用的高压直流方案的性质，需考虑下列例外条件满足性能要求：

——在直流电流（或功率）水平大于 100％额定负载时，性能计算应允许投入所有滤波器（即没有滤波器停运要求）；

——在极少使用的降压运行模式下，不应规定有滤波器停运，或者，如果要求，应放宽这种运行模式下的性能参数限制；

——在滤波器组/分组紧急和/或短时停运时，无论性能限制或放宽的性能判据均不适用（特别是对于高次谐波）；

——如果提供有非特征谐波滤波器，在停运期间，相应谐波畸变不作限制。然而，在低次谐波严重，并且如果不阻尼这些谐波会损坏换流站设备或连接的交流系统设备时，可能需要这些滤波器有冗余。

一些情况下，由于滤波器冗余的要求，滤波器设备的额定值可减小。例如，如果需要两个相同的滤波器满足性能要求，那么安装第 3 个滤波器作为性能冗余。因此，最大额定值将基于一直处于运行状态的两组滤波器而定。然而，如果不要求性能冗余，仍应有额定值冗余要求，即如果两组滤波器中的一组不可用，余下的滤波器应能在给定的条件下继续运行。因此，安装两组滤波器时要求的设备谐波额定值大约是安装三组滤波器时的两倍。这个因素将部分地抵消性能冗余要求的费用。

附 录 C
（资料性附录）
稳态定值和暂态定值

C.1 稳态定值

C.1.1 概述

本附录阐述了设备定值计算方法以及必须考虑的因素。

C.1.2 计算方法

滤波设备的稳态定值计算基于图 C.1 所示的回路，该回路表示了直流换流器、滤波器组和交流系统。

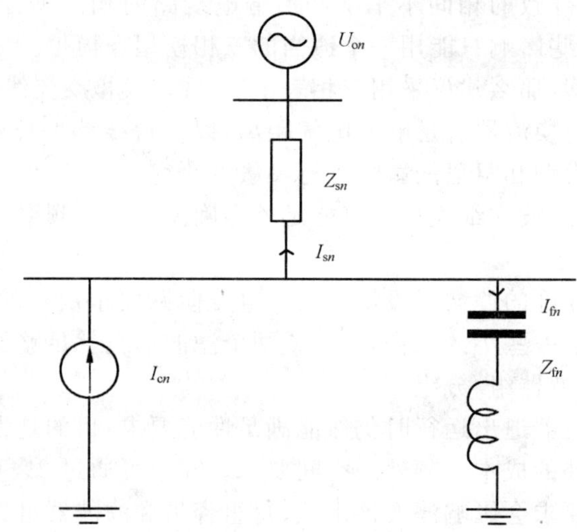

图 C.1 定值计算回路

流入滤波器的谐波电流是来自高压直流换流器的谐波电流分量和交流电网的谐波电流分量的和。下列所有计算基于单相而不是三相。

利用叠加原理，a)和 b)中的等式可用来评估两个谐波源的滤波器 n 次谐波电流分量。

a) 高压直流换流器

$$I_{fn}^{i}=Z_{sn}\times I_{cn}/(Z_{sn}+Z_{fn}) \quad \cdots\cdots(C.1)$$

式中：

I_{fn}^{i}——来自换流器的滤波器谐波电流；

Z_{sn}——交流系统谐波阻抗；

I_{cn}——换流器谐波电流；

Z_{fn}——滤波器谐波阻抗。

b) 交流系统

$$I_{fn}^{ii}=U_{on}/(Z_{sn}+Z_{fn}) \quad \cdots\cdots(C.2)$$

式中：

I_{fn}^{ii}——来自系统的滤波器谐波电流；

U_{on}——系统背景谐波电压。

C.1.3 交流系统背景谐波

将背景谐波畸变对交流系统的影响包括在滤波器定值计算中是很重要的。通常是给换流器谐波电流(I_{cn})中增加一个任意10%～20%裕度。但这种方法可能不会充分反映很多电力系统中存在的低次谐波畸变(典型的3次、5次和7次)。由于目前换流站仅产生很少量的这种低次谐波，量值的简单增加可能不足以反映它们对滤波器定值的潜在影响。

对于滤波器设计来说，模拟具体交流系统中谐波电流源的多重性是不切实际的。因此，建议在交流系统阻抗后建立一个戴维南等效电压源模型产生滤波器母线处的一个开路电压畸变，即滤波器接入之前的畸变水平(图C.1)。各次谐波电压的幅值基于测量或性能范围，但受总谐波畸变值的限制。

C.1.4　换流器谐波和背景谐波的合成

换流器谐波电流在滤波器设备上产生的谐波电压、电流与交流系统背景谐波电压在滤波器设备上产生的谐波电压、电流通常按式(C.3)和式(C.4)进行合成：

$$I_n = \sqrt{I_{fn}^{i\,2} + I_{fn}^{ii\,2} + kI_{fn}^{i}I_{fn}^{ii}} \qquad \text{(C.3)}$$

$$U_n = \sqrt{U_{fn}^{i\,2} + U_{fn}^{ii\,2} + kU_{fn}^{i}U_{fn}^{ii}} \qquad \text{(C.4)}$$

式中：

I_{fn}^{i}——来自于换流器的滤波器谐波电流；

I_{fn}^{ii}——来自于交流系统的滤波器谐波电流；

U_{fn}^{i}——来自于换流器的滤波器谐波电压；

U_{fn}^{ii}——来自于交流系统的滤波器谐波电压。

k值是一个经验数值。国内已建高压直流工程普遍选用的k值见表C.1。

表C.1　系数k

谐波次数	3	5	7	9	>9和所有偶次谐波
k值	1.62	1.28	0.72	0	0

C.1.5　设备定值计算

用上述方法计算出包含2次～50次谐波的总滤波器谐波电流和总谐波电压。这个范围确保考虑到了滤波器和交流系统间以及不同滤波器间的所有谐振条件。

计算每一个滤波器支路的谐波电流频谱。根据此谐波电流频谱即可计算独立设备的定值。

a)　电容器

根据电容器组的电流频谱(I_{fcn})，可通过式(C.5)计算出总电流：

$$I_c = \sqrt{\sum_{n=1}^{50}(I_{fcn})^2} \qquad \text{(C.5)}$$

这个电流用于电容器熔丝设计，并要求最大值和最小值。

应确定最重要的谐波电流频谱的幅值。

由于高压电容器的电压定值是决定交流滤波器总成本的最重要因素，应仔细考虑用哪个公式来计算其定值。

在最保守的方法中，最高电压(U_{max})是作为各次谐波和基波电压的算术和计算的，即

$$U_{max} = \sum_{n=1}^{50} U_n \qquad \text{(C.6)}$$

式中：

U_n——基波或第n次谐波电压分量。

按照一定国际标准制造的电容器可在1.1倍额定电压下长期运行，因此，允许电容器组的额定电压(U_N)比U_{max}低10%，即

$$U_N = U_{max}/(1.0 \sim 1.1) \qquad \text{(C.7)}$$

但根据式(C.7)计算的U_N的值至少应等于电容器组的最高基波电压。否则，指定的U_N应是最高基波电压。

注：以上定义中，U_n用来表示基波或谐波分量(n=1～50)，U_N用来表示电容器组额定电压(GB/T 11024.1—2001)。

当滤波器装有低压电容器组时(例如,装在双调谐或三调谐滤波器中),用上述方法计算出的额定电压不合适。对于这样的电容器组,必须增加额定电压保证电容器组能承受暂态定值。

依据谐波电流的频谱,电容器(单相)的等效“热”无功功率定值可由式(C.8)计算:

$$Q_c = \sum_{n=1}^{50} I_{fcn}^2 \times X_{fcn} \quad \cdots\cdots(C.8)$$

电容器(单相)的无功功率额定值基于额定电压(U_N)和基波阻抗(X_{fc1}),即:

$$Q_c' = U_N^2 / X_{fc1} \quad \cdots\cdots(C.9)$$

Q_c'通常大于 Q_c。但在谐波电流大于基波电流的情况下,Q_c 大于 Q_c'。在这种情况下,需要规定一个更高的额定电压使 $Q_c' = Q_c$。实际中,这可通过确定最主要的各次谐波电流的幅值实现。

b) 电抗器

为了确保达到满意的热性能设计和对热性能型式试验依据正确评估,需要给制造商规定谐波电流(I_{fln})频谱和总谐波电流的平方和的平方根(RSS 值)。电抗器的定值基于

$$I_l = \sqrt{\sum_{n=1}^{50} I_{fln}^2} \quad \cdots\cdots(C.10)$$

$$Q_l = \sum_{n=1}^{n=50} I_{fln}^2 \times X_{fln} \quad \cdots\cdots(C.11)$$

式(C.10)、式(C.11)中:

X_{fln}——电抗器的 n 次谐波阻抗。

为了保证电抗器的定值不超过设计容量,电抗器的额定电压应规定为

$$U_l = \sum_{n=1}^{50} I_{fln} \times X_{fln} \quad \cdots\cdots(C.12)$$

在滤波器常规投切期间和受到陡波冲击时,电抗器上会产生很高的暂态定值,这在电抗器设计中应是允许的,因此,设备技术规范中应包括这些要求。

c) 电阻器

热电流负载可由谐波电流(I_{frn})频谱按式(C.13)求得

$$I_r = \sqrt{\sum_{n=1}^{50} I_{frn}^2} \quad \cdots\cdots(C.13)$$

因此,电阻器的功率定值为

$$P_r = \sum_{n=1}^{50} I_{frn}^2 \times R_n \quad \cdots\cdots(C.14)$$

为了保证电阻器元件和电阻器组的绝缘在施加电压下不发生闪络,电阻器的额定电压应规定为

$$U_r = \sum_{n=1}^{50} I_{frn} \times R_n \quad \cdots\cdots(C.15)$$

在阻尼滤波器常规投切期间和承受陡波冲击条件下,电阻器上会产生很高的应力。

C.1.5.1 电压定值的应用

上述规定的设备电压定值可用来确定避雷器最高持续运行电压(maximum continuous operating voltage,MCOV)的最低水平。

计算各项设备基波电压和谐波电压的算术和或准算术和,目的在于保证短期内可能发生的负载情况时的安全。

用于计算总爬电距离的电压应为稳态基波电压和谐波电压的平方和的平方根(RSS 值)。因此,对于分级绝缘的滤波器,应在滤波器不同的位置计算其不同的外绝缘距离。

C.1.6 交流网络条件

滤波器设备的额定电压应在交流系统稳态电压范围内,超高压、高压系统中标称电压的典型值为

0.95 p.u.～1.05 p.u.。对于超过这个值的电压偏移,应规定过电压的持续时间。

C.1.7 失谐的影响

为了保证滤波器设备定值足以承受使用期限内的运行,需要考虑下列因素:

——设备公差:公差的允许极限范围应用于定值研究。

——频率变化:计算定值时必须考虑频率的极限变化值,而性能计算应采用预计的正常频率变化值。这些极限条件可能被规定为连续的或特定时段内的极限条件。连续极限条件用于确定连续定值,特定时段内的极限条件用于确定短时过负荷定值。

——温度变化:设备定值计算应考虑最高和最低温度,而性能研究时应考虑最高和最低平均温度。温度会影响电容值,因而使滤波器失谐。此外,低温条件对于电容器组是很重要的,特别是对电容器组的充电条件。

——电抗器抽头位置:通常给调谐滤波器的电抗器装设可调抽头,以抵消电容器公差的影响。必须考虑抽头位置对滤波器调谐和其自身随后的定值的影响。

——电容器单元故障检测方案一般分三个等级:

第一级:报警;

第二级:报警加延时跳闸;

第三级:瞬时跳闸。

定值计算只需考虑第一级报警阶段。

——当安装多个同类型的调谐电容器组时,应考虑由调谐差异引起的电容器组间的循环电流。

C.1.8 用于定值计算的交流系统阻抗

用于设备定值计算的交流系统谐波阻抗(Z_{sn})的表示法应与用于预测性能的表示法不同。可用许多不同的独特的几何形状确定用于性能研究的谐波阻抗。此数据应覆盖设备整个使用期限内预计的正常的和不确定的网络运行条件和负载条件。对于定值研究,可用一个更广的网络条件范围保证设备定值满足预期寿命。

C.1.9 停运

滤波器设备的额定值必须能承受当确定数量的滤波器退出运行时增加的谐波负载。不同工程的停运要求不同,这取决于可用的滤波器数量和所需的功率输送水平。一个滤波器分组的退出不应引起其余滤波器的过载,或降低直流系统输送功率。一个滤波器组由于维护而退出运行,建议用户降低直流功率,防止滤波器过载和因此产生的滤波器级联跳闸。工程规范应明确规定承包商在设计期间应遵守的用户特定停运要求。

C.2 暂态应力和功率

C.2.1 概述

除了叠加有谐波负载的稳态基波外,还有多种干扰会使滤波器设备承受暂态应力。

这项研究需要用计算机暂态分析程序如 EMTP、ATP 或 EMTDC 等模拟系统参数,包括非线性参数如变压器的饱和特性以及避雷器特性。计算结果可确定设备所需承受的暂态应力。加装避雷器可限制设备所承受的暂态应力。

对于双频滤波器,暂态研究结果通常表明基于稳态负载采用的低压滤波器设备的额定值是不够的,需要增加设备额定值以满足暂态应力。

应进行的研究主要有以下两类:

——第一类:包括由常规的滤波器投切、自动重合闸、系统故障和涉及到甩直流负荷的故障引起的操作冲击;

——第二类:快波前(例如会导致电容器组快速放电的雷电冲击和母线闪络)研究。

C.2.2 操作冲击研究

C.2.2.1 带电和操作

对于高压直流输电工程中的各种类型的滤波器，都要进行初始带电研究，以确定过电流、过电压和能量的最大值。开关选相合闸研究将确定基于实际最高系统电压下带电时的最苛刻条件。但是，对于更加复杂的滤波器结构，同样的研究方法可能无法确定个别设备的最苛刻条件。这些分析也可确定断路器是否需要限制操作过电压的装置(如合闸电阻、同步合闸装置等)，还可确定断路器的开合能力。

在其他滤波器组已经运行的情况下，滤波器的正常投切操作是该滤波器分组最常见的暂态工作方式。每年的开合操作投切次数可能在不同方案之间有很大差异。滤波器的频繁投切对滤波电容器组的影响非常大，因为暂态过程中施加在其上的高水平的介电应力会影响电容器设备寿命。GB/T 11024.1 给出了关于电容器暂态电压、电流和年投切次数可接受的水平。

与初始带电研究的方式类似，需要对常规投切进行选相合闸研究，以确定最苛刻工况。该分析应考虑到每种滤波器依次被最后投切的工况，应考虑最后一个滤波器分组投入之前，其他所有滤波器都在最高实际系统电压下运行。若安装了并联电容器组作为无功功率控制策略的一部分，需要对并联投切这一特殊工况进行分析。在这种情况下，带电电容器组放电使正在投入的电容器涌流增大，从而可能导致电容器设备损坏。该研究可确定是否需要安装电容器组的限流电抗器。

该研究应考虑滤波器连接点处的交流系统短路水平(SCL)范围。

常规滤波器投切中出现的暂态波形的典型示例如图 C.2 和图 C.3。

C.2.2.2 滤波器外部故障

交流供电系统的故障包括绝缘故障，如相间和三相故障以及接地故障。接地故障包括单相、两相或三相接地故障。这种故障可能引起甩直流负荷，如换流器闭锁，这将导致出现很高的预期恢复电压。由于滤波器的存在而增高的恢复电压将被系统中的线对地避雷器限制，通常这是确定这些避雷器能量额定值的基础。研究这些故障工况时，需要结合高压直流系统的控制策略，通常，滤波器在动态过电压(DOV)下不进行投切。然而，如果在这种情况下滤波器确实退出，会显著加大断路器及任何放电电压互感器(DVT)(如果安装)的负荷。

如果馈电线路中的断路器使用单相自动重合闸方案，则需要研究应对重合闸失败的策略。在这种情况下，滤波器连续的再次带电可能会在设备上引起较高的过电压和过电流，尤其是可能对滤波器避雷器的能量水平起决定作用。如果使用会导致换流站隔离的三相自动重合闸方案，也要对该方案进行研究，以确定对避雷器额定值的影响。安装在滤波器组上的放电电压互感器可快速将电容器组上的直流电压降低，从而使滤波器可重复带电。

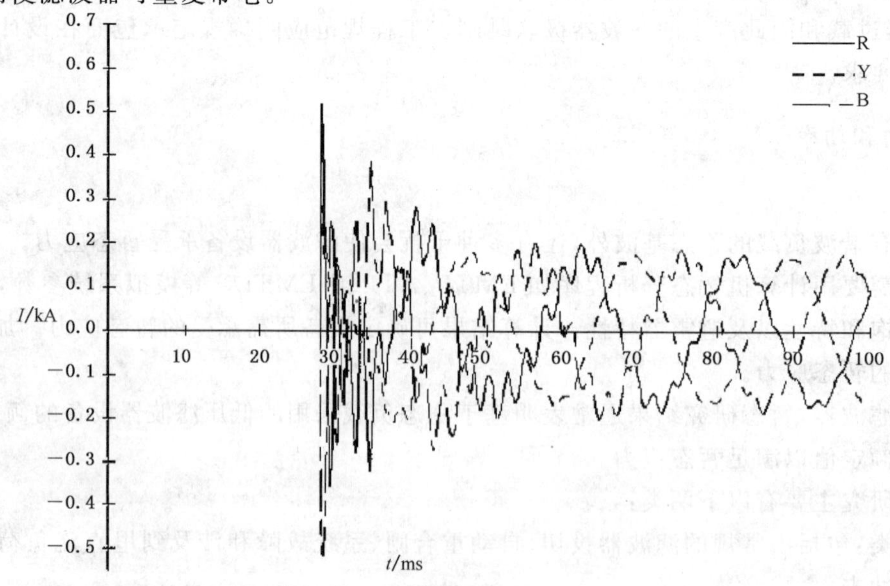

图 C.2 12/24 次双调谐滤波器的涌流

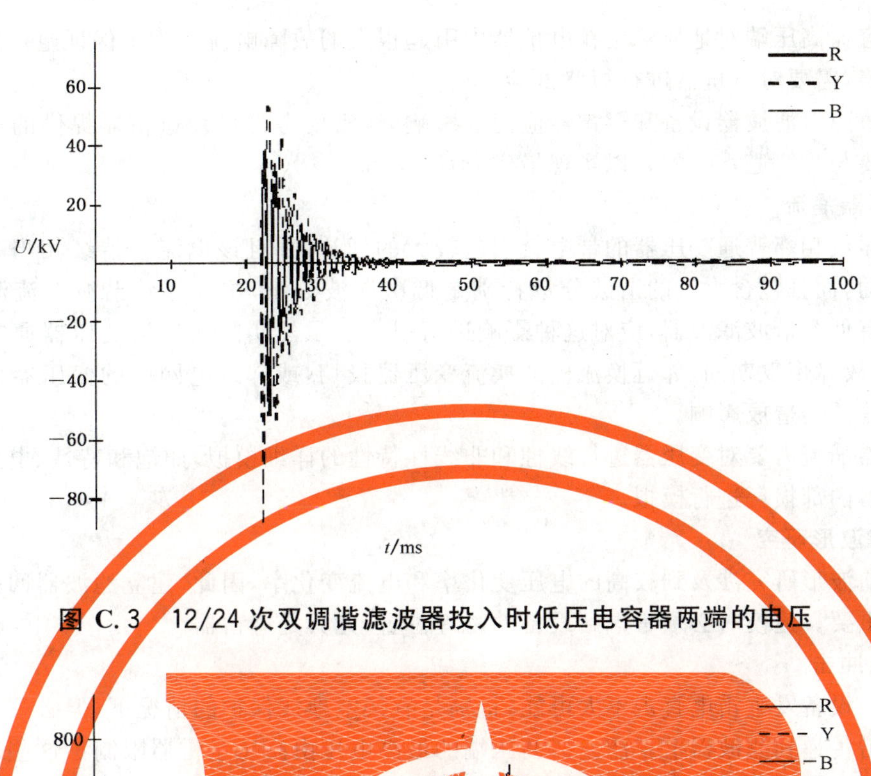

图 C.3 12/24 次双调谐滤波器投入时低压电容器两端的电压

图 C.4 故障条件下 12/24 次双调谐滤波器高压电容器组两端电压

选择的这种暂态分析持续时间必须能包括断路器整个操作过程，并确保达到最苛刻的过负荷条件和避雷器能量吸收条件。考虑到断路器的长清除时间（如几分钟）在数字模拟研究中较难实现，可用缩短的时间段模拟断路器卡住时的清除时间。

图 C.4 所示的是一个组合故障工况：在 25 ms 时，高压直流换流器闭锁导致滤波器高压电容器组上产生严重的过电压，在 70 ms 时模拟发生三相母线故障，100 ms 时该故障排除，导致滤波电容器组上产生严重的暂态过电压。缩短故障排除时间是为了减少计算时间。

C.2.2.3 滤波器内部故障

滤波器内部故障的影响取决于滤波器的类型以及滤波器的电气布置。以滤波电容器处于高压侧的单调谐滤波器为例，滤波电容器组高压端对地故障时，电容器上的瞬时直流电压会直接加在低压电抗器和避雷器上。电容器低压端对地故障仅将电抗器旁路，只会对流过电容器组的电流造成微小影响。

如果将滤波器结构倒置，例如：电抗器接在高压端，电容器接在中性线上，电抗器高压端对地故障会在电抗器上引起与上述工况类似的暂态负荷。但是，与电容器相比，电抗器的阻抗较低，电抗器低压端对地故障即电容器高压端对地故障会在电抗器中引起很大的故障电流。为了保证电抗器能承受这样的滤波器内部故障,需要对电抗器进行短路试验。

研究此类故障对滤波器设备和避雷器应力的影响时,需要考虑母线避雷器提供的保护水平,同时,滤波器避雷器要与母线避雷器配合以实现最优设计。

C.2.2.4 变压器涌流

换流变压器或相邻普通变压器的带电会引起较大的涌流,并且该电流会持续相当一段时间。因为涌流是不对称的,而且包含大量的谐波分量特别是低次谐波分量,这会导致谐波电流流入相邻的滤波器。如果安装有低次谐波滤波器,应对这种影响进行研究。虽然实际上换流变压器通常在滤波器投切前带电,但是在故障恢复期间,邻近换流极的换流变压器投切,或邻近电网中的变压器投切产生的涌流会对已投运的滤波器造成影响。

研究变压器涌流需要对变压器进行线性和非线性特性的详细模拟,如饱和特性、电感等。应对能衰减涌流的变压器内部损耗进行模拟。

C.2.3 快波前波形研究

由于快波前波形研究涉及到较高的电压变化率和电流变化率,因此,建立滤波器回路和设备的适当的高频模型很重要。建模时必须考虑到设备的物理位置,尤其是避雷器。

C.2.3.1 雷电冲击

虽然滤波器设备发生雷电直击不太可能,特别是有架空地线保护的情况下,但必须考虑远方交流系统上的雷电冲击传递到滤波器上。滤波器高压端的最高电压由高压避雷器限制。这些冲击会传递到双调谐滤波器的低压设备上,并且可能对它们的绝缘水平造成很大影响。在适当的情况下,对雷击的模拟应在高压变电站内的不同点以及交流输电线沿线不同距离处进行。

C.2.3.2 母线闪络研究

滤波器高压母线对地闪络会引起滤波器电容器组通过滤波器设备快速放电,这种情况可能在系统电压较高时发生。而电容器熔断器需通过短路电流耐受试验,因而不会在这种条件下动作。由于这种放电的时间很短(几 μs),和雷电冲击属同一范畴,通常不是确定滤波器设备额定值的决定性工况。

C.2.4 绝缘配合

通过 C.2.2 和 C.2.3 的研究结果可得到整个滤波器的绝缘配合。可确定滤波器内部需要的避雷器配置。在很多情况下,避雷器的保护电压水平和能量吸收能力以及被保护设备的电压耐受能力之间的选择将基于投资成本。

计算避雷器保护水平时应考虑避雷器特性的最大公差,而计算避雷器能量吸收能力时应考虑最小公差。

在滤波器内部,避雷器有多种可能的连接布置方式。双调谐滤波器的典型示例如图 C.5。

根据用户技术规范确定的设备耐受水平和相应的避雷器保护水平之间需要的裕度将通过雷电和操作冲击的研究结果验证。

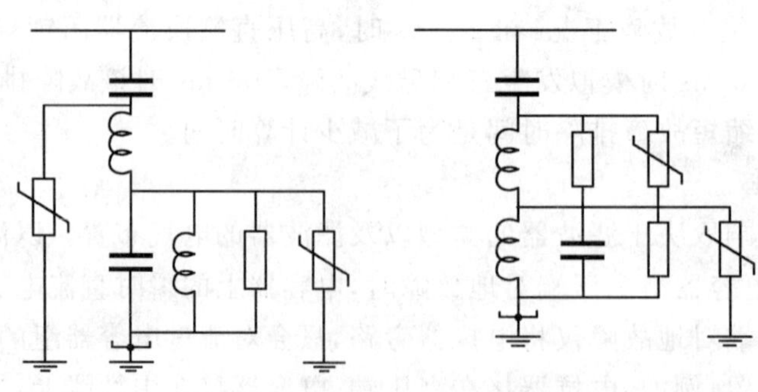

图 C.5 避雷器的典型布置

为了确定滤波器的绝缘配合方案,可为滤波器设备定义下列参数:

——雷电冲击耐受水平(LIWL);

——操作冲击耐受水平(SIWL)(如果合适);

——工频电压;

——净距(线-线);

——净距(线-地);

——爬电距离;

——流过避雷器和滤波器设备的暂态电流;

——滤波器避雷器的保护水平;

——滤波器避雷器的位置和要求。

这些参数可在设备端点以及可能连接支柱绝缘子、电流互感器或电压互感器的连接点上确定。星形连接的滤波器每一相的中性点通常都是通过较低但一致的绝缘水平独立绝缘的,然后连接在一起形成星形点接地。

确定滤波器中性点的绝缘水平对于避免暂态干扰时的伪对地故障很重要。

ICS 29.240.20
K 47

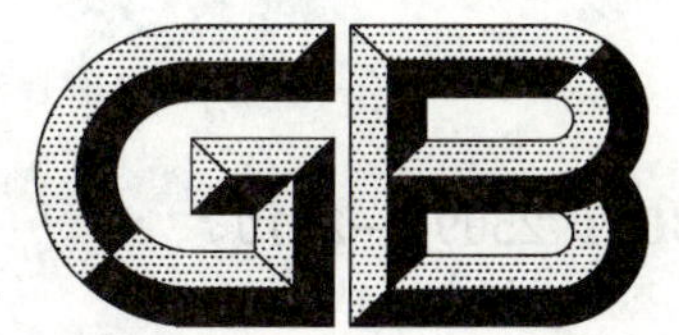

中华人民共和国国家标准

GB/T 25094—2010

架空输电线路抢修杆塔通用技术条件

General technical specification of corrective maintenance tower for overhead transmission line

2010-09-02 发布 2011-02-01 实施

中华人民共和国国家质量监督检验检疫总局
中国国家标准化管理委员会 发布

前　言

本标准的附录B、附录C为规范性附录，附录A、附录D为资料性附录。

本标准由中国电力企业联合会提出。

本标准由全国电力架空线路标准化技术委员会线路运行分技术委员会(SAC/TC 202/SC 1)归口并负责解释。

本标准负责起草单位：宁波天弘电力器具有限公司。

本标准参加起草单位：国网电力科学研究院、浙江省电力设计院、东北电网有限公司。

本标准主要起草人：易辉、包建强、吕伟宏、劳建明、胡毅、周建强、何慧雯、叶尹、王成纲、吕卫国、张丽华、熊启新。

架空输电线路抢修杆塔通用技术条件

1 范围

本标准规定了架空输电线路抢修杆塔的分类、技术要求、试验方法、检验规则和标志、包装、运输、贮存等。

本标准适用于交流 110(66)kV～500 kV 架空输电线路,其他电压等级的架空输电线路可以参照采用。

2 规范性引用文件

下列文件中的条款通过本标准的引用而成为本标准的条款。凡是注日期的引用文件,其随后所有的修改单(不包括勘误的内容)或修订版均不适用于本标准,然而,鼓励根据本标准达成协议的各方研究是否可使用这些文件的最新版本。凡是不注日期的引用文件,其最新版本适用于本标准。

GB/T 191 包装储运图示标志(GB/T 191—2008,ISO 780:1997,MOD)

GB/T 700 碳素结构钢(GB/T 700—2006,ISO 630:1995,NEQ)

GB/T 1591 低合金高强度结构钢

GB/T 2900.51 电工术语 架空线路(GB/T 2900.51—1998,idt IEC 60050(466):1990)

GB/T 3098.1 紧固件机械性能 螺栓、螺钉和螺柱(GB/T 3098.1—2000,idt ISO 898-1:1999)

GB/T 3098.2 紧固件机械性能 螺母 粗牙螺纹(GB/T 3098.2—2000,idt ISO 898-2:1992)

GB/T 3195 铝及铝合金拉制圆线材

GB/T 5117 碳钢焊条

GB/T 6892 一般工业用铝及铝合金挤压型材

GB/T 12467(所有部分) 焊接质量要求 金属材料的熔化焊(ISO 3834-1～3834-4:1994,IDT)

GB 13398 带电作业用空心绝缘管、泡沫填充绝缘管和实心绝缘棒(GB 13398—2008,IEC 60855:1985;IEC 61235:1993,MOD)

GB/T 16927.1 高电压试验技术 第一部分:一般试验要求(GB/T 16927.1—1997,eqv IEC 60060-1:1989)

GB/T 19519 标称电压高于 1 000 V 的交流架空线路用复合绝缘子——定义、试验方法及验收准则(GB/T 19519—2004,IEC 61109:1992,MOD)

DL 409 电业安全工作规程(电力线路部分)

DL/T 5092—1999 (110～500)kV 架空送电线路设计技术规程

3 术语和定义

由 GB/T 2900.51 确定的以及下列术语和定义适用于本标准。

3.1

抢修杆塔 corrective maintenance tower

用于输电线路发生倒塔事故后,临时恢复供电的特殊杆塔。投入运行时间一般不宜超过 3 个月。

3.2

杆塔段 sect of tower

按照一定长度将杆塔分段的组合构件。

3.3

杆塔脚底座　footing

杆塔身与基础相连接部位的承力支座。

3.4

铝合金结构杆塔　aluminium alloy tower

采用高强度硬质铝合金热挤压型材，以铆接方式组装而成的杆塔段和用碳素结构钢材料制作的法兰组合成的杆塔。

3.5

绝缘材料结构杆塔　insulating tower

采用玻璃钢绝缘等边角型材、泡沫填充绝缘管以及实心绝缘棒等，以铆接和螺栓连接方式组装而成的杆塔段和用相同绝缘材料制作的法兰组合成的杆塔。

3.6

混合材料结构杆塔　composite material tower

塔身采用高强度硬质铝合金热挤压型材，横担采用泡沫填充绝缘管以及实心绝缘棒，外覆以硅橡胶伞裙，以铆接和螺栓连接方式组装而成的杆塔段和用相同绝缘材料或碳素结构钢材料制作的法兰组合成的杆塔。

4　分类

4.1　按杆塔使用的材料分类

按使用的材料可分为铝合金结构杆塔、绝缘材料结构杆塔和混合材料结构杆塔三类。

4.2　按杆塔型式分类

按杆塔型式可分为拉门型（Ⅰ型）、单柱上字型（Ⅱ型）、分相独立型（Ⅲ型）和柔索型（Ⅳ型）四类。

5　技术要求

5.1　设计条件

5.1.1　气象条件

5.1.1.1　设计气象条件，应根据沿线气象资料的数理统计结果，参考风压图以及附近已有线路的运行经验确定，基本风速、设计冰厚，重现期按10年一遇或参照原设计条件适当取值。

5.1.1.2　确定基本风速时，应按当地气象台、站离地面10 m高、10 min时距平均的年最大风速为样本，一般采用极值Ⅰ型分布作为概率模型，经统计、分析后确定。沿海地区基本风速一般取30 m/s，内陆地区取25 m/s。风速超过30 m/s的地区，应适当缩短使用档距。

5.1.1.3　一般地区设计覆冰厚度按5 mm取值，特殊地区设计覆冰厚度可增减。

5.1.1.4　带电作业工况按照DL 409执行。

5.1.2　导线和地线荷载

导线和地线荷载宜按表1取值。

表1　各电压等级线路导线和地线荷载的最大值

电压等级 kV	导线截面 mm^2	地线截面 mm	水平档距 m	垂直档距 m
110	240	80	300	400
220	2×300	80	400	550
330	2×400	95	450	600
500	4×400	150	500	750

当实际使用条件超过时,可采取增加杆塔数量来满足。

5.1.3 **绝缘子和金具**

5.1.3.1 铝合金结构杆塔悬挂导线的绝缘子串推荐采用V型串,宜采用复合绝缘子;绝缘材料结构杆塔和混合材料结构杆塔所使用的绝缘横担,应采用硅橡胶材料并附有硅橡胶伞裙包覆的玻璃纤维引拔棒或泡沫填充管,并符合GB 13398及GB/T 19519要求。

5.1.3.2 复合绝缘子的机械强度安全系数在最大荷载工况下应大于3.0。

5.1.3.3 金具强度安全系数在最大荷载工况下应大于2.5。

5.1.3.4 拉线型号规格及拉线上部最小绝缘长度应在抢修杆塔说明书中列表明确。

5.1.4 **绝缘配合、防雷和接地**

5.1.4.1 绝缘配置应尽量与原线路保持一致,应使线路能在工频电压、操作过电压、雷电过电压等各种条件下安全可靠地运行。其中绝缘子串的耐污水平比原线路设计水平可以适当降低,一般以不低于b级污秽度来选择绝缘子串(绝缘横担)总的爬电距离。

5.1.4.2 根据DL/T 5092—1999设计技术规程9.0.6,带电部分与杆塔构件的最小间隙,在相应风偏条件下,不应小于表2所列数值。

表2 110 kV~500 kV带电部分与杆塔构件的最小间隙

单位为米

标称电压 kV	110	220	330	500	
工频电压	0.25	0.55	0.90	1.20	1.30
操作过电压	0.70	1.45	1.95	2.50	2.70
雷电过电压	1.00	1.9	2.30	3.30	3.30

注:500 kV空气间隙栏,左侧数据适用于海拔高度不超过500 m地区;右侧适用于超过500 m但不超过1 000 m的地区。

5.1.4.3 海拔高度不超过1 000 m的地区,在塔头结构布置时,相间操作过电压相间最小间隙和档距中考虑导线风偏工频电压和操作过电压相间最小间隙,不宜小于表3所列数值。

表3 工频电压、操作过电压相间最小间隙

单位为米

标称电压 kV		110	220	330	500
工频电压		0.50	0.90	1.60	2.20
操作过电压	塔头	1.20	2.40	3.40	5.20
	档距中	1.10	2.10	3.00	4.60

5.1.4.4 海拔高度超过1 000 m的地区,表3中带电部分与杆塔构件的最小间隙以及表3中工频电压、操作过电压相间最小间隙应进行海拔修正。

5.1.4.5 杆塔按架设一根地线时其对边导线的保护角不大于30°;架设两根地线时,其杆塔上地线对边导线的保护角不大于25°。

杆塔上两根地线之间的距离,不应超过地线与导线间垂直距离的5倍。

塔头布置还应满足在档距L中央,导线与地线间的距离$S \geqslant 0.012L+1$(计算条件为:气温+15 ℃,无风、无冰)。

5.1.4.6 杆塔接地宜利用原有接地装置,在条件允许情况下抢修杆塔也可另外设置接地装置。

5.1.5 **杆塔型式、荷载及材料**

5.1.5.1 **杆塔型式**

拉门型(Ⅰ型)、单柱上字型(Ⅱ型)、分相独立型(Ⅲ型)和柔索型(Ⅳ型)四类塔型均可用于直线塔,并可以组装成多种塔型(具体参见附录A);分相独立型(Ⅲ型)可用于220 kV及以下耐张及转角塔,转角度数不宜大于30°,330 kV及以上不考虑用作耐张型塔。

5.1.5.2 **杆塔荷载**

抢修杆塔应计算线路正常运行情况和安装情况下的荷载组合,不考虑断线情况。

a) 正常运行情况,应计算下列荷载组合:
   1) 最大风速、无冰、未断线;
   2) 最大覆冰、相应风速及气温、未断线;
   3) 5 mm冰区还应考虑不均匀覆冰情况,按−5 ℃、有不均匀冰、10 m/s风速的气象条件计算,垂直荷载按不小于75%设计覆冰荷载计算。所有导、地线同时同向有不均匀张力,使杆塔承受最大的弯矩和最大扭矩。
b) 安装情况,应按10 m/s风速、无冰、相应气温的气象条件下考虑下列荷载组合:
   1) 提升导线、地线及其附件时的作用荷载。包括提升导、地线、绝缘子和金具等重量(安全系数一般按2.0倍计算)和安装工人和工具的附加荷载,提升时应考虑动力系数1.1,附加荷载可按表4选用。

表4 附加荷载标准值

单位为千牛

电压 kV	导线	地线
110	1.5	1.0
220～330	3.5	2.0
500	4.0	2.0

   2) 导线及地线锚线作业时的作用荷载。锚线对地夹角应根据地形情况确定,一般在30°～60°,正在锚线相的张力应考虑动力系数1.1。挂线点垂直荷载取锚线张力的垂直分量和导、地线重力和附加荷载之和,纵向不平衡张力分别取导、地线张力与锚线张力纵向分量之差。
c) 风荷载计算标准:

   导线及地线、杆塔以及绝缘子串的风荷载计算标准按DL/T 5092有关规定执行。

5.1.5.3 **杆塔材料**

杆塔材料应符合下列要求:

a) 铝合金杆塔段主、斜材采用高强度硬质铝合金热挤压型材。
b) 铆钉采用高强度硬质铝合金线材。
c) 绝缘杆塔段主、斜材采用等边角玻璃钢型材或泡沫填充绝缘管,斜拉杆采用泡沫填充绝缘管以及实心绝缘棒。
d) 法兰、塔脚底座、斜拉杆、导线地线挂点和拉线连接点采用碳素结构钢。钢材的质量应分别符合GB/T 700和GB/T 1591的规定,不低于B级钢的质量要求。当采用40 mm及以上厚度的钢板焊接时,应采取防止钢材层状撕裂的措施。结构连接一般采用4.8、5.8、6.8、8.8级热浸镀锌螺栓和螺母,有条件时也可使用10.9级螺栓,其材质和机械特性应分别符合GB/T 3098.1和GB/T 3098.2的规定。
e) 拉线宜采用镀锌钢绞线,其配套金具的强度设计值,应取国家标准金具的强度标准值或特殊设计金具的最小试验破坏强度值除以1.8的抗力分项系数确定。

5.1.6 **杆塔结构**

5.1.6.1 抢修杆塔计算挠度和弯曲度不应超过拉线点以下塔身高度的2‰。

5.1.6.2 抢修杆塔主柱允许最大长细比≤100,主柱拉线应为一层,在特殊条件下不应多于两层。

5.1.6.3　杆塔段末端应为铰链联结方式，以便于与塔脚底座配合。

5.1.6.4　拉门型抢修杆塔内横担应设有可打开装置，便于提升中相导线。

5.1.6.5　山区使用的门型塔应考虑高低腿配置。

5.1.6.6　抢修杆塔铁构件应采用热浸镀锌或喷锌防腐，铝合金构件应采用阳极氧化防腐。

5.1.6.7　连接螺栓应采取防松措施。

5.1.6.8　抢修杆塔主柱推荐采用正方形截面，根据使用条件选用400 mm、500 mm、600 mm、700 mm、800 mm等。

5.1.7　杆塔脚底座

5.1.7.1　杆塔脚底座应采用铰链万向结结构。

5.1.7.2　底塔脚座及拉线地锚可以根据不同的地质条件进行拼装组合满足设计要求，并在设计图纸和使用说明书中明确。

5.1.7.3　杆塔脚底座应设有根开固定环和制动环。

5.1.7.4　杆塔脚底座及拉线地锚采用碳素结构钢制造，表面采用热浸镀锌或喷锌防腐。

5.1.8　对地距离及交叉跨越

对地及交叉跨越距离应满足DL/T 5092—1999第16章的有关规定，当抢修塔的塔高、位置、数量等发生变化而引起导线弧垂发生变化时，应进行重新校核。

5.2　材料特性要求

5.2.1　铝合金材料

铝合金材料应符合下列要求：

a)　型材应符合GB/T 6892的规定，机械性能要求不低于2A12，型材规格见附录B。

b)　铆钉应符合GB/T 3196的规定，机械性能要求不低于2B12或2A10。

5.2.2　绝缘材料

用作抢修杆塔的绝缘材料应采用较高的抗张强度，良好的机械加工性能和接续性能，在连接方式确定后，材料应具有相应的抗剪、抗挤压及抗冲击强度。绝缘承力部件应选用纵向有纤维骨架(玻璃纤维或其他高强度不导电纤维)的层压、模压及引拔工艺生产的环氧树脂复合材料。机械性能指标应符合GB 13398的规定。

5.2.3　碳素结构钢材料

法兰、杆塔脚底座、斜拉杆、导线地线挂点和拉线连接点采用的碳素结构钢，其钢材的质量应分别符合GB/T 700和GB/T 1591的规定，不低于B级钢的质量要求。

5.3　加工工艺要求

铝合金杆塔段、绝缘材料杆塔段以及绝缘横担应按设计图纸加工，尺寸应满足要求，加工误差不应大于3.0%，连接法兰孔的误差不得超过1.0%。

5.3.1　铝合金杆塔段

5.3.1.1　铝合金杆塔段之间的连接宜采用法兰连接，法兰与铝合金材料的连接宜采用铆钉连接。

5.3.1.2　铝合金杆塔段的主斜材料连接应采用铆接，连接强度应满足设计要求。

5.3.1.3　铆接工艺要求

a)　钉孔采用钻孔或冲孔；

b)　主斜材连接面上铆钉数不得多于6个，用一结构上的铆钉直径尽量统一，最多不超过两种；

c)　铆钉排列形式采用交错式；

d)　铆钉钉杆长度l计算式：

$$l=\sum\delta+1.4d$$

式中：

$\sum\delta$——被联接件的总厚度；

d——铆钉直径。

钉孔直径 d_1 按表 5 规定。

表 5 钉孔直径 单位为毫米

铆钉直径 d	4	5	6	8	10	12	14	16
钉孔直径 d_1	4.1	5.2	6.2	8.2	10.3	12.4	14.5	16.5

5.3.2 绝缘杆塔段

5.3.2.1 绝缘杆塔段之间的连接应采用结构钢法兰连接，法兰与绝缘材料的连接应采用螺栓连接。

5.3.2.2 绝缘杆塔段的主辅材料连接应采用粘接并用螺栓连接作后备保护，连接强度应满足设计要求。

5.3.3 钢配件

法兰、塔脚底座、斜拉杆、导线地线挂点和拉线连接点采用金属融化焊接，焊接工艺遵照 GB/T 5117、GB/T 12467 的规定。

6 试验方法

6.1 电气性能试验

铝合金结构杆塔，由于采用各电压等级通用的复合绝缘子，无须进行相关电气性能试验；而绝缘材料结构杆塔和混合材料结构杆塔的绝缘横担部分，应进行电气性能试验。试品和试验步骤按照 GB/T 16927.1 的规定进行。

6.1.1 工频耐受电压试验

工频电压试验采用 15 min 湿耐受电压试验，各电压等级所施加电压按表 6 进行。

6.1.2 雷冲击耐受电压试验

雷冲击电压试验采用 15 次耐受电压试验，无一次闪络为合格。各电压等级所施加电压按表 6 进行。

6.1.3 操作冲击耐受电压试验

操作冲击电压试验采用 15 次耐受电压试验，无一次闪络为合格。各电压等级所施加电压按表 6 进行。

表 6 各电压等级抢修杆塔绝缘横担的电气性能

电压等级 kV	雷冲击耐受电压 kV	操作冲击耐受电压 kV	工频湿耐受电压(15 min) kV
110	550	/	230
220	1 000	/	395
330	1 425	950	570
500	2 050	1 240	740

6.2 机械性能试验

6.2.1 杆段力学特性试验

6.2.1.1 抢修杆塔的杆段无论铝合金材料或绝缘材料的桁架组合构件，试验时应采用与设计一致材料及结构的真型杆段，或生产线上加工的杆段。

6.2.1.2 抢修杆塔的杆段试验采取的荷载应为设计计算中对该构件起控制的工况允许荷载(见附录 B)。

6.2.1.3 杆段试验的加载应分为出厂试验加载和型式试验加载二种类型进行，并采用分级加载的方法。出厂试验加载宜按试验荷载的 25%，50%，0 选取，在每一加载点维持 10 min；型式试验加载宜按试验荷载的 25%,50%,80%,100%选取,在每一加载点维持 10 min。

6.2.1.4 杆段应在其端部和中部设置适量的位移测量点,用以监测杆段在试验过程中的变形。当荷载为 100%时,其挠度值不大于 1‰为合格。

6.2.1.5 杆段经过试验后,应进行全面外观检查,发现试品发生永久变形、铆钉脱落、焊缝(或粘接缝)裂纹等损伤有一处时,应加倍数量进行试验。如仍出现上述损伤点,则判断为不合格。

6.2.1.6 杆段试验后,经外观检查无 6.2.1.5 所述损伤时,判定该批产品试件为合格品。

6.2.2 杆塔整体力学特性试验

6.2.2.1 抢修杆塔定型产品包括有正方形截面为 400 mm、500 mm、600 mm、700 mm、800 mm 等。每一定型系列产品在定型前均应进行型式试验。

6.2.2.2 型式试验均采用真型抢修杆塔,并按竖立布置方式施加荷载。杆塔整体力学试验布置示意图见附录 C。

6.2.2.3 杆塔整体力学试验加荷值应按设计各种工况中的最大荷载选择。加荷时应采用分级加荷方式。

6.2.2.4 抢修杆塔的非 6.2.2.1 所述定型产品也必须进行型式试验。

6.2.2.5 非定型产品的抢修杆塔在进行验收试验时,可以采用抢修杆塔竖立布置或平卧布置。如采用平卧布置,塔型的横担应同时组装,且垂直荷载,水平荷载均应按设计荷载模拟加荷。

6.2.2.6 抢修杆塔的试验在分级加荷达到预定值后应停留 10 min,待荷载稳定后进行测量读数,并作记录。

6.2.2.7 抢修杆塔试验一般应进行主材应力和整体结构的变形测量,实测主材应力应与计算值基本吻合,且应满足设计要求。

6.2.2.8 抢修杆塔试验中的拉线应串接拉力传感器,每次加荷后应测量并记录拉线拉力值,实测拉线拉力应与计算值基本吻合,且应满足设计要求。

6.2.2.9 抢修杆塔试验的最大加荷限值为设计最大荷载的 100%。

7 检验规则

抢修杆塔产品的检验分为型式试验、出厂试验和验收试验等,其试验项目见表 7 的规定。

7.1 型式试验

有下列情形之一的抢修杆塔产品应进行型式试验。用于型式试验的试品应从生产线中一个批量的产品中随机抽样,但不得少于 2 基。

a) 新产品投产或老产品转厂生产的试制定型;

b) 正式生产后,产品结构有较大改动时;

c) 产品停产一年以上恢复生产时,绝缘部分应进行型式试验;

d) 产品型式试验已满五年;

e) 型式检验项目见表 7,不满足表 7 中任一项检验项目时,检验为不合格。

7.2 出厂试验

凡抢修杆塔产品出厂应进行逐只产品的外观检查和尺寸检查,并进行表 7 所列项目的出厂检验。每一基抢修杆塔的主柱均应选择不少于 2 个杆段,横担应选择不少于 1 个杆段,进行抗压试验。试品应选择为抢修杆塔主柱中间段或最长的杆段。

抢修杆塔生产厂家所有出厂产品应符合本标准规定的技术要求。经检验合格的抢修杆塔应有合格证和使用说明书。

表 7 试验项目

序号	依据	检验项目	型式试验	出厂试验	验收试验
1	5.3	外观及尺寸检查	√	√	√
2	6.2.1	杆段力学试验	√	√	√
3	6.2.2	杆塔整体力学试验	√	—	—
4	6.1.1	工频耐受电压试验	√	—	√
5	6.1.2	雷冲击耐受电压试验	√	—	—
6	6.1.3	操作冲击耐受电压试验	√	—	—
注 1:“√”表示必须进行的项目,“—”表示不执行。 注 2:采用绝缘横担的杆塔型,型式试验必须进行 4、5、6 三项电气特性试验。					

抢修杆塔进行型式试验、出厂试验时,其机械试验的方法和试品布置见附录 C。

7.3 验收试验

根据用户或购买方的要求可进行产品的验收试验。验收试验项目见表 7,也可以抽样进行部分或全部型式试验项目。验收检验可在双方指定的有试验条件的单位进行。

8 包装、标记、运输和贮存

8.1 包装

8.1.1 整体包装

考虑抢修杆塔便于运输、贮存,宜采用集装箱整体包装。

8.1.2 分体包装

8.1.2.1 绝缘塔段应采用防潮材料包装。段与段之间应用方木垫枕,并用镀锌铁线捆扎牢固。保证产品防碰撞、防雨淋。

8.1.2.2 螺栓、螺母等小配件用木箱包装。

8.1.2.3 供方随产品应提供以下资料:

a) 产品出厂合格证;

b) 产品检验报告;

c) 抢修杆塔配置清单;

d) 抢修杆塔使用说明书。

8.2 标记

8.2.1 在包装的明显位置应有以下标记:

a) 制造厂名、产品名称及型号;

b) 发货单位、收货单位及详细地址;

c) 产品净重、毛重、体积等;

d) “小心轻放”、“向上”、“易碎”字样和标记,字样和标记还应符合 GB/T 191 的要求。

e) 应在各塔段上注明安装编号,与说明书各塔段的标识一一对应。

8.2.2 在杆塔上应有以下标志:

a) 适用线路电压等级;

b) 水平档距;

c) 垂直档距;

d) 导线型号;

e) 地线型号;

f) 最大风速；

g) 最大覆冰；

h) 呼称高度。

8.3 运输和贮存

8.3.1 运输

8.3.1.1 运输的部件和包装，都要适用运输、装卸的要求。如产品对运输、装卸和保管有其他特殊要求时，制造厂应在包装箱上明确标志。

8.3.1.2 装卸抢修杆塔时要轻拿轻放，严禁砸、摔，包装应牢固。

8.3.1.3 在装车时应按材料不同进行分开放置，避免在运输中相互磨擦、碰撞损坏产品。

8.3.2 贮存

8.3.2.1 仓库要保持整洁，通风透气，并做好防震、防锈、防盗等工作。绝缘塔段应做好防潮、防高温等工作，保证抢修杆塔的各项配置经常处于完好可用状态。

8.3.2.2 为了保证抢修杆塔在使用时能迅速清点出库及方便定期维护，必须按配置清单分类存放，并做到帐、卡、物相符。

8.3.2.3 抢修杆塔如长期不用，每年需作一次全面检查，并用干净的布料清除灰尘。如发现材料有严重腐烂或钢配件有严重锈蚀的，应通知生产厂方判定后，作维修或更换配件处理。

8.3.2.4 抢修塔的组立参见附录D。使用后的抢修杆塔在入库储存前必须作一次全面清理。用刷子、干抹布清除杆段和钢配件上的污垢。

附 录 A
（资料性附录）
典型抢修杆塔单线图

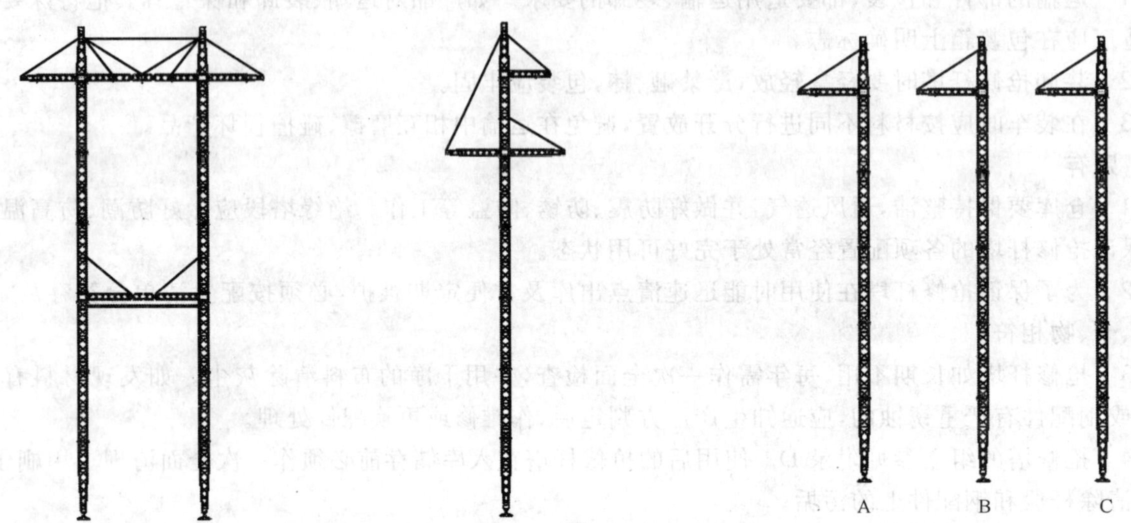

图 A.1 Ⅰ型：拉门杆塔 图 A.2 Ⅱ型：单柱上字型杆塔 图 A.3 Ⅲ-1型：单柱分相独立型杆塔

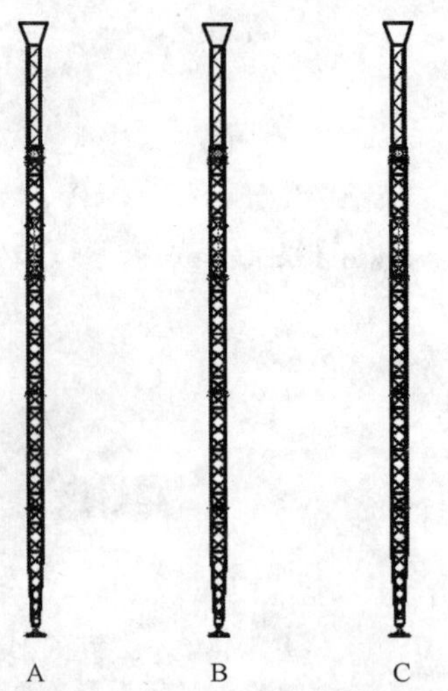

图 A.4 Ⅲ-2型：混合单柱分相独立型杆塔

图 A.5 Ⅳ型：柔索型杆塔

附　录　B
（规范性附录）
杆塔材料主要规格

表 B.1　铝合金结构塔立柱高度与压力关系

主材	辅材	主柱截面 mm				
		400×400	500×500	600×600	700×700	800×800
L50×50×5	L30×30×3	18.6 m / 48.7 kN	23.6 m / 48.7 kN		—	—
L60×60×5	L40×40×3	—	23.4 m / 58.6 kN	28.4 m / 58.6 kN	—	—
L75×75×6	L40×40×3	—	—	—	33 m / 89.3 kN	—
L80×80×6	L50×50×5	—	—	—	32.9 m / 95.4 kN	37.8 m / 95.4 kN
L90×90×8	L50×50×5	—	—	—	—	37.4 m / 141 kN
注：换算长细比不大于100时，主柱的允许高度及允许中心压力的安全系数可以等于2.0。						

附 录 C
（规范性附录）
抢修杆塔整体力学试验布置

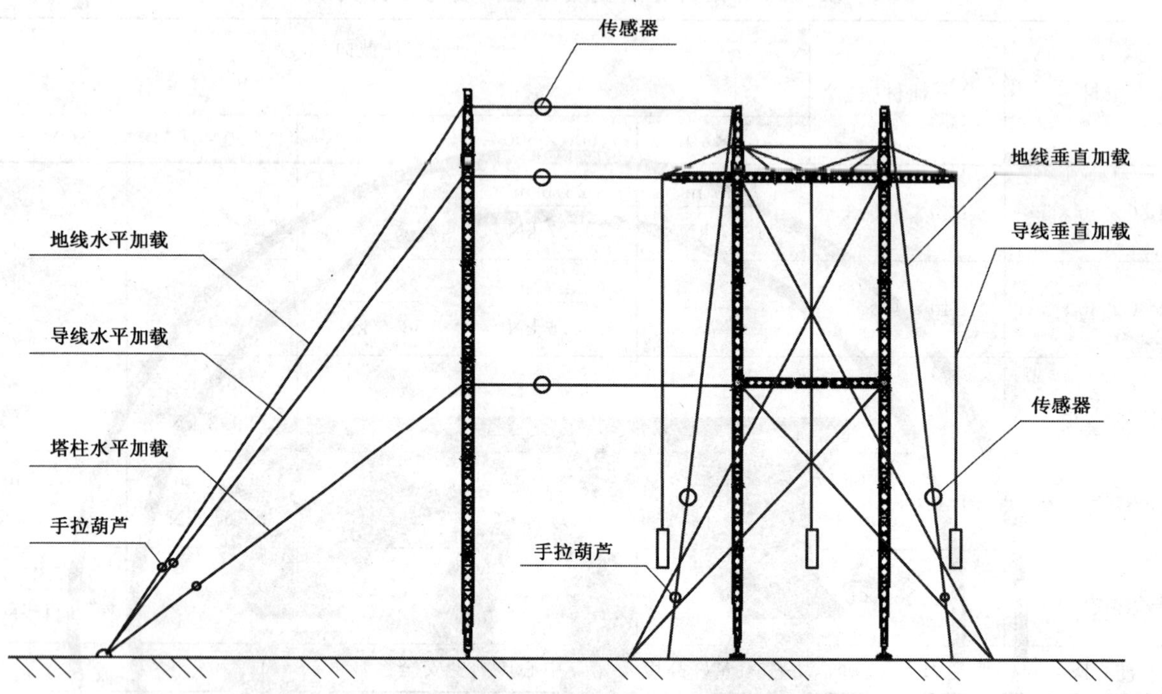

图 C.1 抢修杆塔整体力学试验示意图

附 录 D
（资料性附录）
抢修杆塔组立导则

本附录规定了抢修杆塔在使用过程中的组立方法。仅适用于抢修杆塔的组立。

D.1 前期准备

D.1.1 熟悉抢修杆塔装配图及配置清单。根据事故现场的地形选择塔型、杆段及底、拉盘的规格。

D.1.2 抢修杆塔出库时应按抢修杆塔装配图进行清点核对，构件数量与装配图材料清单应相符。特殊地形应事先进行杆段配置。

D.1.3 确定采用吊车或倒落式抱杆起立抢修杆塔施工方案，选择施工工器具配置。

D.2 抢修杆塔现场布置、地面组装、检验工作及注意事项

D.2.1 事故现场布置及现场准备

D.2.1.1 事故现场进行抢修杆塔定位及平整场地。

D.2.1.2 确定永久拉线、临时拉线地锚位置，并进行挖埋地锚。

D.2.1.3 清点抢修杆塔的组装配置。

D.2.1.4 清点采用吊车或倒落式抱杆起立抢修塔所需的工器具配置。

D.2.2 地面组装抢修杆塔

D.2.2.1 根据抢修杆塔说明书及抢修杆塔总装图组装

D.2.2.2 为了减少高空作业，在抢修杆塔起立前应尽可能将绝缘子串和所需的连接金具连接在相应的位置上，并临时固定在塔身上，以免在起立时碰撞塔身。

D.2.2.3 全部组装完毕后。由检验人员对布置现场进行全面检查。检验内容如下：

a） 检验抢修杆塔的各安装点和连接点是否符合图纸要求和现场布置图要求。

b） 检验起立用的绳索和滑车的连接位置、临时拉线及永久拉线连接位置、绝缘子串和所需的连接金具的位置、各挂点连接件的位置是否符合要求。

c） 检验各连接点是否坚固牢靠。

D.2.3 组立杆塔中的注意事项

D.2.3.1 翻动塔身时，必须统一指挥，尽量使塔身保持受力均匀。

D.2.3.2 组装有困难时，不得强行安装，应依图纸与实物尺寸核对查明原因后再继续组装。

D.2.3.3 所有构件组装完毕，应将各部位螺栓复紧一遍。

D.2.3.4 采用倒落式抱杆组立，根据不同的呼称高在抢修塔说明书中明确起吊方式及吊点位置。

D.2.3.5 抢修杆塔说明书中应明确拉线的角度范围。

D.2.3.6 门型抢修杆塔应先吊装中相导线，再分别吊装边相导线。

D.3 施工安全措施及注意事项

D.3.1 施工作业必须有安全技术措施，并在施工前进行交底。已交底的措施未经技术负责人同意，不得擅自变更。

D.3.2 施工作业应设安全监护人。

D.3.3 施工人员严禁违章作业；不得影响他人安全作业；有权制止他人违章作业。

D.3.4 现场除必要的施工人员外，其他人员应离开杆塔高度的 1.2 倍距离以外。施工人员必须正确佩戴安全帽和正确配用个人劳动防护用品。

D.3.5 高处作业人员必须有高空作业资格证。

D.3.6 高处作业人员必须系好安全带(绳)。安全带(绳)必须拴在牢固的构件上，并不得低挂高用。施工过程中，应随时检查安全带(绳)是否拴牢。

D.3.7 高处作业人员在转移作业位置时不得失去保护，手扶的构件必须牢固。

D.3.8 在霜冻、雨雪后进行高处作业，应采取防滑措施。

D.3.9 施工工器具应符合技术检验标准，并附有许用荷载标志；使用前必须进行外观检查，不合格者严禁使用，并不得以小代大。

D.3.10 高处作业所用的工具和材料应放在工具袋内或用绳索绑牢；上下传递物件应用绳索吊送，严禁抛掷。

D.3.11 在带电体附近进行高处作业时，与带电体的最小安全距离必须满足 DL 409 规定。遇特殊情况达不到该要求时，必须采取可靠的安全技术措施，经总工程师批准后方可施工。

D.3.12 起重作业应由起重工担任指挥，指挥信号必须清晰、准确。

D.3.13 起重机严禁越过电力线进行作业。在临近带电体处吊装时，起重臂及吊件的任何部位与带电体(在最大偏斜时)的最小安全距离不得小于 DL 409 规定。

D.3.14 材料、设备露天堆放场地应平整，并应符合装卸、搬运、消防及防洪的要求。

D.3.15 物件堆放应整齐稳固；长大件器材的堆放应有防止倾倒的措施，距铁路中心线距离不得小于3 m。

D.3.16 绝缘材料应放置在防潮苫布上，且应采取防雨措施；同时避免阳光直射，远离高温热源。

ICS 29.240.20
F 23

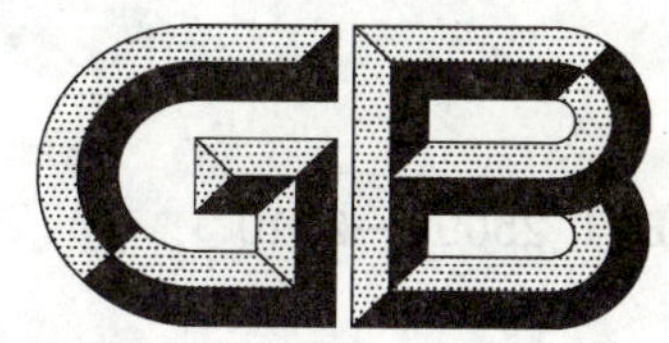

中华人民共和国国家标准

GB/T 25095—2010

架空输电线路运行状态监测系统

Monitoring system of operating status for overhead transmission lines

2010-09-02 发布　　2011-02-01 实施

中华人民共和国国家质量监督检验检疫总局
中国国家标准化管理委员会　发布

前　言

本标准的附录A为规范性附录，附录B、附录C为资料性附录。

本标准由中国电力企业联合会提出。

本标准由全国电力架空线路标准化技术委员会(SAC/TC 202)归口。

本标准主要起草单位：国网电力科学研究院、国家电网公司、湖北超高压输变电公司、湖北输变电工程公司、山东淄博供电公司、西安同步电气有限责任公司。

本标准主要起草人：易辉、张爱军、祁利、胡毅、覃绍先、吴向东、梅朝进、孙学峰、伊仁图太、赵鹏、何慧雯、张丽华、邵瑰玮、郑永平、陈继东。

架空输电线路运行状态监测系统

1 范围

本标准规定了架空输电线路运行状态监测系统的技术要求、试验方法、检验规则，以及产品的标志、包装、运输、贮存。

本标准适用于交、直流架空输电线路运行状态监测。

2 规范性引用文件

下列文件中的条款通过本标准的引用而成为本标准的条款。凡是注日期的引用文件，其随后所有的修改单（不包括勘误的内容）或修订版均不适用于本标准，然而，鼓励根据本标准达成协议的各方研究是否可使用这些文件的最新版本。凡是不注日期的引用文件，其最新版本适用于本标准。

GB 4208 外壳防护等级（IP 代码）（GB 4208—2008，IEC 60529:2001，IDT）

GB/T 2317.1 电力金具试验方法 第1部分：机械试验（GB/T 2317.1—2008，IEC 61284:1997，MOD）

GB/T 2423.1 电工电子产品环境试验 第2部分：试验方法 试验A：低温（GB/T 2423.1—2008，IEC 60068-2-1:2007，IDT）

GB/T 2423.2 电工电子产品环境试验 第2部分：试验方法 试验B：高温（GB/T 2423.2—2008，IEC 60068-2-2:2007，IDT）

GB/T 2423.6 电工电子产品环境试验 第2部分：试验方法 试验Eb和导则：碰撞（GB/T 2423.6—1995，idt IEC 60068-2-29:1987）

GB/T 2423.10 电工电子产品环境试验 第2部分：试验方法 试验Fc：振动（正弦）（GB/T 2423.10—2008，IEC 60068-2-6:1995，IDT）

GB/T 2900.51 电工术语 架空线路（GB/T 2900.51—1998，idt IEC 60050(466):1990）

GB 17625.1 电磁兼容 限值 谐波电流发射限值（设备每相输入电流≤16 A）（GB 17625.1—2003，IEC 61000-3-2:2001，IDT）

GB/T 17626.2 电磁兼容 试验和测量技术 静电放电抗扰度试验（GB/T 17626.2—2006，IEC 61000-4-2:2001，IDT）

GB/T 17626.3 电磁兼容 试验和测量技术 射频电磁场辐射抗扰度试验（GB/T 17626.3—2006，IEC 61000-4-3:2002，IDT）

GB/T 17626.4 电磁兼容 试验和测量技术 电快速瞬变脉冲群抗扰度试验（GB/T 17626.4—2008，IEC 61000-4-4:2004，IDT）

GB/T 17626.5 电磁兼容 试验和测量技术 浪涌（冲击）抗扰度试验（GB/T 17626.5—2008，IEC 61000-4-5:2005，IDT）

GB/T 17626.6 电磁兼容 试验和测量技术 射频场感应的传导骚扰抗扰度（GB/T 17626.6—2008，IEC 61000-4-6:2006，IDT）

GB/T 17626.8 电磁兼容 试验和测量技术 工频磁场抗扰度试验（GB/T 17626.8—2006，IEC 61000-4-8:2001，IDT）

GB/T 17626.9 电磁兼容 试验和测量技术 脉冲磁场抗扰度试验（GB/T 17626.9—1998，IEC 61000-4-9:1993，IDT）

GB/T 17626.10 电磁兼容 试验和测量技术 阻尼振荡磁场抗扰度试验（GB/T 17626.10—

1998,IEC 61000-4-10:1993,IDT)

GB/T 17626.12 电磁兼容 试验和测量技术 振荡波抗扰度试验(GB/T 17626.12—1998,IEC 61000-4-12:1995,IDT)

DL/T 5092 110 kV~500 kV 架空送电线路设计技术规程

JB/T 4730.3 承压设备无损检测 第3部分:超声检测

JB/T 4730.5 承压设备无损检测 第5部分:渗透检测

JB/T 9451 大气压力传感器 试验导则

YD/T 799 通信用阀控式密封铅酸电池

QJ 603 电缆组装件制作通用技术条件

JJG 414 光学经纬仪检定规程

JJG 455 工作测力仪检定规程

JJG 949 经纬仪检定装置

3 术语和定义

GB/T 2900.51 确立的以及下列术语和定义适用于本标准。

3.1

输电线路运行状态 transmission lines running

输电线路运行中设备本体工况与周边环境相结合的全工况运行状态。

3.2

状态监测系统 status monitoring system

由若干安装在架空输电线路的数据采集设备和监测主站分析系统组成,可提供连续状态监测的系统。

3.3

监测主站 monitoring the main points

集成了通信控制、数据库平台和信息发布等内容,用于接收、管理、存储、分析、告警、决策和转发动态数据的计算机系统。包括计算机、数据通信模块及应用软件系统。

3.4

监测子站 monitoring sub-stations

由传感器、中央监控单元、通信单元和电源系统构成的装置。是对输电线路各种信息进行实时监测,处理存储,实现信息交换的系统。

3.4.1

数据采集单元 data acquisition unit

安装在输电线路上的各种数据采集装置。

3.4.2

中央控制单元 central control unit

监测子站的监控单元,按照设定的逻辑或接收到的指令进行数据的采集、交换、存储、传输。

3.4.3

电源单元 power

监测子站的供电单元。

3.4.4

通信网络 communication network

监测子站与监测主站间数据的交换网络。

3.4.5

荷载传感器 pulling force sensor

测量导地线综合荷载的装置。一般安装在绝缘子串的接地端。

3.4.6

气象传感器 meteorological sensors

安装在铁塔上用来测量现场的温度、湿度、风速、风向、雨量、大气压、日照等气象信息的装置。

3.4.7

倾斜角传感器 tilt sensors

测量倾斜角度的装置,包括测量导地线倾斜角度、绝缘子串倾斜角度的传感器。

3.4.8

导线温度传感器 power cable temperature sensors

安装在导线上,测量导线接续点温度的装置。

4 分类

4.1 组成分类

架空输电线路运行状态监测系统按其组成部分分为:监测主站、监测子站。

4.2 功能分类

架空输电线路运行状态监测系统按其功能用途分为:覆冰雪监测、杆塔倾斜监测、导地线舞动振动监测、导线温度监测、气象监测、视频监测等。

5 要求

5.1 监测主站总体要求

a) 监测主站基本硬件资源配置:工业计算机、数据通信基站、应用分析软件、数据库系统、电源系统以及打印机等附件;

b) 网络结构:系统应采用多层分布式网络结构,可同时支持 B/S、C/S,可以在 Windows 或 UNIX 等操作系统中正常运行;

c) 数据库:SQL Server、Oracle 以及 Access 数据库任一种,可相互无缝连接。

5.2 监测子站总体要求

a) 监测子站能及时将监测的数据通过无线通信网络传输给监测主站;

b) 将有效数值存于不易丢失的足够容量闪存中;

c) 监测子站可以响应监测主站的控制信号、采样时间的修改、系统时间的标定等操作,并可响应监测主站对历史数据、实时采集数据的召唤;

d) 具有失电数据保护功能;

e) 具有低电压保护,自动休眠,唤醒功能;

f) 监测子站电池电压监测功能;

g) 定时数据上报功能;

h) 报警阀值设定功能;

i) 低功耗设计。

监测子站安装和维护要求参见附录 B、附录 C。

5.3 监测主站功能要求

a) 具有与监测子站进行数据交换的功能(监测子站与主站的通信规约见附录 A);

b) 校时功能;

c) 系统设置功能;

d） 自动报警功能；

e） 数据分析、存储功能；

f） 统计报表功能；

g） 运行日志、故障日志记录功能；

h） 自检功能；

i） 容错功能；

j） 查询功能；

k） 开放式的标准接口。

5.4 各类监测子站功能要求

5.4.1 覆冰雪监测功能

a） 导地线综合荷载或导、地线轴向及径向倾斜角测量功能；

b） 绝缘子串偏斜角的测量功能；

c） 气象参数采集功能；

d） 导线综合荷载计算功能；

e） 线路覆冰发展趋势分析功能。

5.4.2 杆塔的倾斜监测功能

a） 测量杆塔的倾斜角度；

b） 连续多级杆塔监测宜采用无线通信方式。

5.4.3 导地线振动监测功能

a） 采用导、地线上安装振动采集单元，测量导地线的振动参数；

b） 通过无线通信方式，实现现场导、地线振动参数的实时发送功能。

5.4.4 导地线舞动监测功能

a） 采用导、地线上安装舞动采集单元，测量导地线的舞动参数；

b） 通过无线通信方式，实现现场导、地线舞动参数的实时发送功能。

5.4.5 导线温度监测功能

a） 采用导线上安装温度传感器，监测导线温度；

b） 可计算导线电流值；

c） 采用导线取能或者导线取能与蓄电池结合方式供电；

d） 具有监测环境温度和日照强度、风速的功能。

5.4.6 气象监测功能

a） 环境温度测量；

b） 环境湿度测量；

c） 风速测量；

d） 风向测量；

e） 雨量测量；

f） 大气压测量；

g） 日照测量。

5.4.7 视频监测功能

a） 具有图像及视频压缩算法，能够传送现场图像、电池电压；

b） 能够采用CDMA/GPRS等无线通信方式进行图像及视频数据的实时传输；

c） 能够实时接收监控中心摄像或拍照、拍摄角度转换等控制命令；

d） 可以具有远程调焦功能；

e） 具有定时拍照功能；

f) 具有远程参数设置功能；

g) 安装在杆塔上的摄像机可配备为全景观测摄像机；

h) 可以具有远程设置摄像机的预置位、巡航轨迹功能。

5.4.8 绝缘子盐密灰密监测功能

a) 采用光传感技术，安装污秽光传感器，采集绝缘子串表面所附的盐密灰密数据；

b) 通过无线通信方式，实现现场绝缘子串表面盐密灰密参数的实时发送功能。

5.5 工作环境要求

5.5.1 监测主站

a) 环境温度：15 ℃～+35 ℃；

b) 相对湿度：≤85%。

5.5.2 监测子站

a) 环境温度：−40 ℃～+45 ℃；

b) 工作温度：−40 ℃～+70 ℃；

c) 相对湿度：1%～100%；

d) 最大风速：在阵风≤40 m/s 条件下正常工作；

e) 应满足相应的电磁环境要求、耐腐蚀及抗振动要求。

5.6 通信网络要求

a) 可采用无线通信方式；

b) 可选择的通信方式为 GSM/GPRS/CDMA/EDGE/3G 或无线接力等通信方式。

5.7 监测子站结构和工艺要求

a) 结构合理便于安装，外观整洁、无损伤和变形，表面涂层无开裂、脱落现象；

b) 各部件应牢固可靠，不应有迟滞、卡死、松脱现象；

c) 各部件应按 JB/T 5750 的有关规定进行防盐雾、防潮湿、防霉菌的处理；

d) 具备良好接地。

5.8 传感器技术要求

传感器应耐高低温、抗干扰并能在恶劣条件下正常工作。

5.8.1 荷载传感器要求

a) 荷载传感器替代金具，应能满足被替代金具的各种性能要求；

b) 能经受设计工作电流和冲击电流（包括短路电流、雷电流）的考验；

c) 标称破坏荷载应大于相应悬挂金具标称破坏荷载的 1.2 倍；

d) 各连接部件应有锁紧装置，应保证在运行中不松脱；

e) 应采用合适的材料和生产工艺制造，满足使用寿命的要求；

f) 应有防尘、防潮、防腐蚀措施；

g) 荷载传感器的结构高度不宜超过被替代的金具结构高度，超过部分导线控制在 50 mm 以内、地线控制在 30 mm 以内；

h) 量程应根据实际被替代金具需要定制；

i) 测量范围：5%～100%（线性工作区间）；

j) 准确度级别(FS)：<0.5 或采用更高的精度级别，如 C3 等级；

k) 荷载传感器的示值指示装置应有零点（或作为零点）的调节功能。

5.8.2 气象传感器要求

a) 气象传感器应能准确测量现场环境温湿度、风速、风向、大气压力、雨量、日照（可选）；

b) 温度监测范围：−45 ℃～+125 ℃；精度：±0.5 ℃；

c) 湿度监测范围：1%～100%，精度：±1%；

d) 风速测量范围:0 m/s~75 m/s;精度:±(0.3+0.03)m/s;

e) 风向测量范围:0°~360°;分辨率:3°;准确度:±3°;

f) 气压测量范围:30 kPa~120 kPa,精度:±18 kPa;

g) 雨量测量范围:0 mm/min~8 mm/min,分辨率:0.20 mm;

h) 日照测量范围:0~1 800 W/m^2。

5.8.3 倾角传感器要求

a) 绝缘子串倾角测量角度范围:双轴≥±60°;

b) 绝缘子串倾角测量精度:≤±0.05°;

c) 绝缘子串倾角测量分辨率:±0.01°;

d) 导地线悬垂角测量角度范围:双轴≥±30°;

e) 导地线悬垂角测量精度:≤±0.03°;

f) 导地线悬垂角测量分辨率:±0.01°。

5.8.4 摄像机技术要求

a) 宜采用低照度摄像机;

b) 摄像机传感器:CCD 或 CMOS;

c) 水平清晰度:CCD 不低于 480 线;CMOS 不低于 30 万像素;

d) 视频分辨率:大于或等于(640×480),可根据用户要求调整;

e) 可配备方位、焦距、光圈、景深、云台预置位的远程设置和控制功能;

f) 系统配置的云台有不少于 60 个预置位;

g) 监视角度:平拍 200 m 或水平 0°~355°,垂直 90°连续可调;

h) 可具有变焦功能,变焦率为 18 倍光学变倍/12 倍电子放大;

i) 照片格式:JPEG;

j) 视频压缩标准:支持 H.264 或 MPEG4 压缩标准;

k) 工作电源:12 V 直流供电。

5.8.5 光传感器技术要求

a) 光传感器:采用圆形高纯度石英棒,几何尺寸误差应小于 3%;

b) 数据传输:光传感器采集的数据采取光纤的方式传递给子站;

c) 监测范围:盐密 0 mg/cm^2~0.8 mg/cm^2、灰密 0 mg/cm^2~3 mg/cm^2;

d) 测量精度:设备测量误差小于 5%。

5.9 电源单元技术要求

a) 蓄电池加太阳能或其他方式供电;

b) 蓄电池的容量应保证在阴雨条件下基本功能正常连续工作 20 天;

c) 采用免维护蓄电池,蓄电池使用寿命不低于 3 年;

d) 蓄电池采用浮充供电方式,监测主站应具有对蓄电池电压监测管理功能;

e) 具有远程控制蓄电池充放电功能。

5.10 电缆技术要求

a) 监测子站与传感器间连接采用信号电缆或视频电缆,电缆应采用双屏蔽,电缆的运行环境条件应符合覆冰在线监测装置的运行条件;

b) 电缆接头和连接器应符合 QJ603 的要求,电缆的屏蔽层应良好接地;

c) 电缆与装置连接后应满足系统抗干扰性能要求;

d) 电缆安装:原则上电缆不得与铁塔部件接触,必要时需用衬垫隔离;电缆固定要牢靠,至少每间隔 0.5m 要有一个固定点。

5.11 安装技术要求

a) 安装应简单方便，可实现带电安装；

b) 安装后不影响线路的电气安全及机械强度，不影响线路的正常运行；

c) 直接安装在导线上的设备应采取措施保护导线不受磨损；

d) 安装件应便于装置的固定，防止滚动或者滑动；

e) 安装件应具有防松、防盗紧固措施。

5.12 电磁兼容性要求

a) 监测子站应达到 3 级电磁兼容试验标准；

b) 所有采集监测子站外露信号传递导线均采用双层屏蔽线；

c) 对于传感器的输入接口，应采用防水等措施，确保接口的可靠性；

d) 监测子站上应装有接地排，安装在铁塔上后，可以很好的接地，减轻强电磁对系统稳定性的干扰。

6 试验方法

6.1 外观检查

a) 外壳表面没有明显的凹痕、划伤、裂缝、变形和污染，表面涂镀层应均匀、不起泡、龟裂、脱落和磨损，金属零部件没有锈蚀及其他机械损伤；

b) 各零部件紧固无松动；

c) 标志、铭牌、文字及符号，应简明清晰，铭牌上要标出产品的名称、产地、型号、制造单位以及装置编号。

6.2 电气特性及功能试验

6.2.1 高低温性能试验

a) 高温试验

按照 GB/T 2423.2 的规定进行试验；

b) 低温试验

按照 GB/T 2423.1 的规定进行试验。

6.2.2 超声、渗透试验

按照 JB/T 4730.3、JB/T 4730.5 的规定进行试验。

6.2.3 准确度试验

要求传感器在二级以上计算单位进行计量校准/检定。

6.2.3.1 荷载传感器

a) 按照 JJG 455 的规定进行试验。

b) 检验点的选择：测量下限为测量上限的 5%，该点为检验起始点，在 5%～20%测量范围内，选取 5%、10%、15%、20%共 4 个点，在 20%～100%测量范围内，选取 20%、40%、60%、80%、100%等 5 个点，即在 5%～100%测量范围内共选取 8 个点。

c) 检验过程：将荷载传感器安装成工作状态，示值指示装置调至零点（或作为零点的起始位置）。沿荷载传感器受力轴线逐点递增标准力值，至各检验点保持稳定后记录相应进程示值，至测量上限后逐点递减卸载标准力值，至各检验点保持稳定后记录相应回程示值。该检验过程连续进行 3 次，每次检验前均应将示值指示装置调至零点（或作为零点的起始位置）。每一次检验结束卸载标准力值后相隔 30 s，记取荷载传感器的回零示值。

d) 计算：荷载传感器的有关技术指标按 DL/T 5092 计算。

6.2.3.2 风速传感器

采用具有气象产品检验资质的厂家生产的合格产品，具有完善的出厂检验报告。

a) 测试装置

1) 二等标准微差压计,准确度:±0.8 Pa;

2) 皮托管,β≤1.005;

3) 风洞;

4) 气压表、气温表和相对湿度表。

b) 风速准确度测试

1) 测试点及顺序为:2 m/s、5 m/s、10 m/s、20 m/s、30 m/s、40 m/s、50 m/s、60 m/s;

2) 每个测试点调好后,稳定 2 min;

3) 根据微差压计的实测风压值(Pa)和流场温度、气压及相对湿度值,计算出风洞内的标准风速值;

4) 将传感器的风速测量值与标准风速值进行比较,计算出示值误差,取各测试点示值误差的最大值作为风速准确值的评定依据。

6.2.3.3 风向传感器

采用具有气象产品检验资质的厂家生产的合格产品,具有完善的出厂检验报告。

a) 测试装置

1) 0°~360°度盘,分辨力:1°;

2) 二等标准微差压计,准确度:±0.8 Pa;

3) 皮托管,β≤1.005;

4) 气压表、气温表和相对湿度表。

b) 风向准确度测试

将风向传感器安放在0°~360°度盘上,先对准0°,然后每转动10°测试一点,读取度盘指示值和风向传感器的测试值,并计算出示值误差,取示值误差最大值作为风向准确度的评定依据。

6.2.3.4 温度传感器

a) 测试装置

1) 铂电阻标准温度计,测量范围:−60 ℃~80 ℃,准确度±0.06 ℃;

2) 低温恒温槽,调温范围:−60 ℃~80 ℃,温度波动度:±0.01 ℃(15 min),温度均匀度:水平方向≤0.01 ℃;垂直方向≤0.02 ℃;

3) 冰点槽。

b) 测试方法

1) 测试点根据每个传感器相应的测量范围选取,但至少应包含以下五个点:量程下限、量程上限、0 ℃、−20 ℃和 30 ℃;

2) 当槽内温度达到测试点并达到设备规定的稳定时间后方可读数;

3) 在每个测试点上,每分钟读一次标准器和数据采集器上相应的温度示值,连续读取四次;

4) 用标准器四次示值的平均值加上修正值作为标准值,用被测温度传感器四次示值的平均值减去标准值作为该测试点的示值误差;

5) 算出各测试点上的各示值误差;

6) 用被测温度传感器在全量程各测试点的示值误差的最大值作为该被测温度传感器测量准确度的评定依据。

6.2.3.5 湿度传感器

a) 测试装置

1) 二等数字式标准通风干湿表,测量范围:10%~100%,准确度:±2%;

2) 湿度检定箱,湿度调节范围:20%~100%,湿度场的不均匀性:≤1%,湿度控制的不稳定性:≤1.5%。

b) 测试方法

1) 通风干湿表的测试点为:30%、50%、70%、80%、90%、98%;

2) 电容式温湿度传感器的测试点及顺序为:30%、50%、70%、80%、90%、98%、90%、80%、70%、50%、30%;

3) 在升湿过程中不能有降湿趋势、在降湿过程中不能有升湿趋势;

4) 当湿度点调好并经过 10 min 的稳定后读数;

5) 用湿度传感器的测量值减去标准器的示值得出示值误差,计算出各测试点上正反行程时的示值误差平均值;

6) 用全量程中各测试点上示值误差平均值中的最大值,作为被测湿度传感器测量准确度的评定依据。

6.2.3.6 大气压力传感器

按照 JB/T 9451 中规定进行试验。

6.2.3.7 倾角传感器

a) 倾角测量示值误差:用分度误差小于 0.5′的卧式多齿分度台进行检定,检定方法依据说明给出的方法或按照 JJG 414 中规定进行检验;

b) 稳定度:按照 JJG 949 中规定进行检测。

6.3 机械性能试验

6.3.1 荷载传感器机械强度试验

按照 GB/T 2317.1 的规定进行试验。

6.3.2 振动试验

按照 GB/T 2423.10 的规定进行试验。

6.3.3 碰撞试验

按照 GB/T 2423.6 的规定进行试验。

6.4 电磁兼容性试验

6.4.1 静电放电抗扰度

按照 GB/T 17626.2 的规定进行试验。

6.4.2 射频电磁场辐射抗扰度

按照 GB/T 17626.3 的规定进行试验。

6.4.3 电快速瞬变脉冲群抗扰度试验

按照 GB/T 17626.4 的规定进行试验。

6.4.4 浪涌(冲击)抗扰度试验

按照 GB/T 17626.5 的规定进行试验。

6.4.5 射频场感应的传导骚扰抗扰度试验

按照 GB/T 17626.6 的规定进行试验。

6.4.6 工频磁场抗扰度试验

按照 GB/T 17626.8 的规定进行试验。

6.4.7 脉冲磁场抗扰度试验

按照 GB/T 17626.9 的规定进行试验。

6.4.8 阻尼振荡磁场抗扰度试验

按照 GB/T 17626.10 的规定进行试验。

6.4.9 振荡波抗扰度试验

按照 GB/T 17626.12 的规定进行试验。

6.4.10 谐波电流发射测试

按照 GB 17625.1 的规定进行试验。

6.5 电源性能试验

a) 对太阳能电池板：

1) 电极材料匹配试验

把电池插入聚四氟乙烯器皿中，将它放入已煮开的无离子水杯中保留数秒，然后取出将器皿放入装有液氮的容器中，循环 2 次，若没有发现电极材料与硅片分离，就认为相匹配。

2) 电池尺寸、质量

电池的尺寸使用卡尺测量。

电池质量使用感量小于 0.01 g 的天平测量。

3) 电池颜色

用目视，电池的各形状缺陷用不小于 10 倍的测量显微镜测量。

b) 对蓄电池，按照 YD/T 799 的规定进行试验。

6.6 防尘和防水试验

按照 GB 4208 的规定进行试验。

7 检验规则

产品检验分型式试验、出厂试验和验收试验。

7.1 型式试验

型式试验是对整套产品进行逐项试验，以证明产品符合设计性能要求。型式试验按表 1 中试验项目依次进行试验。

7.1.1 凡遇下列情况之一，应进行型式试验

a) 新产品定型鉴定前；

b) 产品转厂生产定型鉴定前；

c) 正式投产后，如设计、工艺材料、元器件有较大改变，可能影响产品性能时；

d) 产品停产一年以上又重新恢复生产时；

e) 国家技术监督机构或受其委托的技术检验部门提出型式检验要求时；

f) 出厂检验结果与上批产品检验有较大差异时；

g) 合同规定时。

7.1.2 型式试验的抽样与判定

a) 从出厂检验合格的产品中任意抽取 3 套作为样品进行型式试验；

b) 样品经过型式试验，未发现问题，则判定产品合格。试验中如发现一个不合格，则进行第二次抽样（抽样数量为 5 套），重复进行型式检验。如未发现问题，仍判定该套产品型式试验合格，如第二次抽样样品仍存在问题，则判定产品不合格。

7.2 出厂试验

整套产品出厂前，必须由制造厂的检验部门，对出厂产品逐个进行检验，检验项目按表 1 的规定进行。

7.3 验收试验

验收试验是制造厂向用户证明产品符合技术要求而进行的一种合同性试验。验收试验项目由用户与制造厂协商，也可进行一些适用于特殊工作条件的补充试验。试验项目按表 1 中的规定进行。

表 1　试验项目及要求

序号	检验项目		本标准条款号	型式试验	出厂试验	验收试验
1	外观结构检验		6.1	√	√	√
2	电气特性及功能试验	高低温试验	6.2.1	√	√	—
		超声、渗透试验	6.2.2	√	√	—
		准确度试验	6.2.3	√	√	√
3	机械性能试验	荷载传感器机械强度试验	6.3.1	√	—	—
		振动试验	6.3.2	√	—	—
		碰撞试验	6.3.3	√	—	—
4	电磁兼容性试验		6.4	√	—	—
5	电源性能试验		6.5	√	—	√
	防尘和防水试验		6.6	√	—	√

8　标志、包装、运输保管及贮存

8.1　标志

8.1.1　设备标志

a)　制造厂名称；

b)　型号及规格；

c)　装运、旋转方向标志；

d)　运输设备不能倒放的标记；

e)　毛重及净重；

f)　制造日期；

g)　生产标准编号。

8.1.2　软件的标志

a)　软件名称；

b)　软件开发商名称。

8.2　包装

输电线路状态监测产品必须保证在运输中包装良好，并且包装箱上应注明：

a)　产品名称及型号，制造厂名；

b)　发货单位，收货单位及详细地址；

c)　产品净重、毛重、体积等；

d)　“小心轻放”，“向上”、“易碎”等字样和标识。

8.3　随产品提供技术文件

a)　包装清单；

b)　产品出厂合格证书；

c)　安装，使用说明书(每套产品附一份)；

d)　出厂检验报告。

8.4　运输及贮存

a)　整套产品或分别运输部件的包装，都要适合运输、装卸的要求；

b)　包装好的产品应贮存在通风良好的库房中，室内无酸碱盐及腐蚀性物质。

附 录 A
（规范性附录）
通 信 规 约

本附录规定了输电线路运行状态监测子站与主站系统通信的一般约定、数据帧格式、控制字定义及格式、数据结构及传输规则。

A.1 监测子站在线监测数据量

监测子站在线监测数据量如表 A.1 所示。

表 A.1 监测子站在线监测数据量

序 号	监测量	单 位	说 明
1	环境温度	℃	微气象监测 1. 温度 2 个字节，高位字节的 B7 为符号位，采集值高位除符号位外乘 256 加低位值转换为十进制数除 10，即为最终值； 2. 雨量 2 个字节，高位乘 256 加低位值，转换为十进制数除 100，即为最终值； 3. 日照 2 个字节，高位乘 256 加低位值，转换为十进制数，即为最终值； 4. 气压 2 个字节，高位乘 256 加低位值，转换为十进制数，即为最终值
2	湿度	%	
3	风速	m/s	
4	风向	°	
5	雨量	mm/h	
6	气压	kPa	
7	日照	W/m^2	
8	风偏角	°	2 个字节，高位字节的 B7 为符号位，采集值高位除符号位外乘 256 加低位值转换为十进制数除 100，即为最终值
9	倾斜角	°	2 个字节，高位字节的 B7 为符号位，采集值高位除符号位外乘 256 加低位值转换为十进制数除 100，即为最终值
10	杆塔塔身倾斜角度	°	分别监测沿导线方向及垂直导线方向与水平面的倾斜角度，2 个字节，高位字节的 B7 为符号位，采集值高位除符号位外乘 256 加低位值转换为十进制数除 100，即为最终值
11	拉力	kN	导线(地线)重量加绝缘子串重量加金具重量加冰荷载加风荷载，2 个字节，高位乘 256 加低位值，转换为十进制数除 100，即为最终值
12	A/B/C 三相泄漏电流平均值、最大值、	mA	绝缘子泄漏电流在线监测，2 个字节，高位乘 256 加低位值，转换为十进制数除 100，即为最终值
13	A/B/C 三相超过 3 mA/10 mA 脉冲频次	次/min	绝缘子泄漏电流在线监测，2 个字节，高位乘 256 加低位值，转换为十进制数即为最终值
14	导线测点温度	℃	在线监测导线测点温度，温度 2 个字节，高位字节的 B7 为符号位，采集值高位除符号位外乘 256 加低位值转换为十进制数除 10，即为最终值
15	图像数据	—	静态图像压缩模式，采用 JPEG 格式
16	视频数据	—	动态图像压缩模式，采用 H.264 格式
17	蓄电池电压	V	监测子站设备运行状况，1 个字节，采集值转换为十进制数除 10，即为最终值
18	振动频率	Hz	2 个字节，采集值高位值乘 256 加低位值，转换为十进制数除 100，即为最终值

表 A.1（续）

序号	监测量	单位	说明
19	振动幅度	mm	2个字节，采集值高位值乘256加低位值，转换为十进制数除100，即为最终值

A.2 通信方式约定

a) 监测设备均采用间歇式通信在线的工作方式；

b) 本规约适用于短信(SMS)、GPRS、CDMA、EDGE、3G 等通信方式；

c) 对于短信(SMS)必须采用 PDU8 位编码格式；

d) 图像采用 GPRS/CDMA/EDGE/3G 进行通信；

e) 纯数据可采用短信(SMS)、GPRS、CDMA 任一种进行数据通信；

f) GPRS、CDMA 通信采用 UDP 协议；

g) 每套监测子站配置一张通信卡，采用 GPRS/CDMA/SMS 相结合的通信方式，以 GPRS/CDMA 为主，SMS 备用；

h) 监测子站采用主动上送数据的方式，主站也可以主动召唤数据。

A.3 数据帧格式

A.3.1 帧结构及数据排列格式

数据包采用数据帧模式，对数据帧定义起始码、子站设备号、控制类型码、数据域长度、数据域、校验码和结束码。

A.3.1.1 帧结构

帧结构见表 A.2。

表 A.2 帧结构

起始码	子站号码	控制字	数据长度	数据域	校验码	结束码
1字节	6字节	1字节	2字节	变长	1字节	1字节

A.3.1.2 帧内数据排列格式

字节由高 Bn 到 B0 低上下排列，字节的位由高 b7 到 b0 左右排列，如表 A.3 所示。

表 A.3 帧内数据排列格式

……	……
B7 b6 b5 b4 b3 b2 b1 b0	B2 字节
B7 b6 b5 b4 b3 b2 b1 b0	B1 字节
B7 b6 b5 b4 b3 b2 b1 b0	B0 字节

A.3.2 字节定义

a) 起始符：1字节，该值定义为 53H；

b) 子站号码：6字节(字符串格式)，其中前2个字节为厂家代码(字母字符)，后4个字节为子站代码(数字字符)；

c) 如：厂家代码为 TB，子站代码为 0001，则子站号码为：TB0001；

d) 控制字：1字节，用于区分数据类型；

e) 数据长度：2字节，其中高字节在前，低字节在后。若为零表示无数据域；

f) 数据帧长度不大于 300 字节；短信通信方式，帧长不大于 130 字节；

g) 校验码：采用标准 CRC8 的校验方式，发送方将子站号码、控制字、数据长度和数据区的所有字节进行校验；

h) 结束符:1 字节,该值定义为 4EH。

A.4 控制字定义

控制字可供使用的有 256 个(00H~FFH),可根据实际应用需求进行扩充,具体定义见表 A.4。

表 A.4 控制字定义

控制字	含 义	说 明
11H	校时	该命令请求校时
12H	时间查询	该命令请求子站的时钟查询
13H	设置子站密码	子站出厂密码:0123
14H	主站下发参数配置指令	该指令要求数据采集子站接收到该命令后原命令返回
15H	查询参数配置指令	该指令要求数据采集子站接收到该命令后返回相关配置参数
16H	下发报警参数	用于主站向采集子站下发报警参数,当采集子站所采集到的值大于或等于门槛值时,立即将目前采集到的相关越限数据发送到主站
17H	查询报警参数	该指令要求数据采集子站接收到该命令后返回相关报警参数
18H	开机联络信息	用于主站监测子站上线时间、IP 地址和端口号
19H	更改主站 IP 地址、端口号和卡号	
1AH	查询主站 IP 地址、端口号和卡号	
1BH	设置网络登录参数	设置 APN 用户名密码
1CH	查询网络登录参数	查询 APN 用户名密码
1DH	复位子站	对子站进行程序复位
1EH	配置子站号码指令	配置子站的序列编号
1FH	配置子站功能指令	
20H	查询子站功能指令	
30H	主站请求子站数据	主站请求采集子站采集数据并立即上送
31H	上传导线拉力及倾角数据	
32H	上传地线拉力及倾角数据	
33H	上传绝缘子泄漏电流数据	
34H	上传气象数据	
35H	上传导线测温数据	
36H	上传导线振动数据	
37H	上传导线倾角数据	采用导线、地线倾角推导计算覆冰厚度
38H	上传地线倾角数据	
以下为图像监测部分:		
61H	图像采集参数配置指令	主站下发采集子站的自动开机间隔及开机时长、色彩选择、压缩质量、图像宽度+图像高度+亮度+对比度+饱和度、系统时间等信息
62H	拍照时间表设置	设置采集子站自动拍摄照片的时间、位置
63H	主站请求拍摄照片	在需主动请求拍摄照片时使用

表 A.4（续）

控制字	含　义	说　明
64H	采集子站请求上送照片	采集子站采集完图像数据后向主站发送上送图像数据请求，主站原命令返回
65H	图像数据上送	上送图像拆分后的 N 个数据包
66H	图像数据上送结束标记	用于主站判断图像数据是否上送完毕
67H	补包数据下发	主站接到 66H 指令后，进行数据整理，将未收到的包号下发给采集子站
68H	摄像机远程调节	上、下、左、右、远、近调节，预置位远程设置、更改
69H	启动摄像视频传输	
6AH	终止摄像视频传输	
6BH	查询拍照时间表	
以下为自定义命令段部分：		
C0H～FFH	该命令段为自定义命令段	

A.5 控制字格式

A.5.1 校时 11H

a) 主站每天对子站校时一次；

b) 主站通过联络信息中的时钟与主站的时间差大于 5 min 时对子站校时一次；

c) 主站下发对时命令格式见表 A.5；

表 A.5 主站下发对时命令格式

起始码	子站号码	控制字	数据长度	数据域	校验码	结束码
53H	6 字节	11H	2 字节	—	1 字节	4EH
注：子站收到此命令后按照原命令返回。						

d) 主站主动下发对时命令时，若主站没有收到子站返回原命令，每隔 20 s 发送一次对时命令，最多 3 次。数据域格式见表 A.6。如：2009-02-16 08:09:50 格式为表 A.7 所示。

表 A.6 对时命令数据域格式

年	月	日	时	分	秒
1 字节	1 字节	1 字节	1 字节	1 字节	1 字节
注：用 16 进制表示，其中“年”减去 2000 转换为 16 进制表示。					

表 A.7 对时命令数据域格式示例

2009	02	16	08	09	50
09H	02H	10H	08H	09H	32H

A.5.2 查询时间 12H

子站收到该命令后，返回其当前的时间。查询数据格式见表 A.8。如数据长度为 0，数据域为空。

表 A.8 查询数据格式

起始码	子站号码	控制字	数据长度	数据域	校验码	结束码
53H	6 字节	12H	2 字节	—	1 字节	4EH

应答数据格式见表 A.9。

表 A.9　应答数据格式

起始码	子站号码	控制字	数据长度	数据域	校验码	结束码
53H	6字节	12H	2字节	—	1字节	4EH

数据域格式见表 A.10。

表 A.10　数据域格式

年	月	日	时	分	秒
1字节	1字节	1字节	1字节	1字节	1字节

A.5.3　设置子站密码 13H

设置子站密码数据格式见表 A.11。

a)　数据域:8字节(字符串格式),其中前4字节为原密码,后4字节为新设置密码;

b)　子站出厂密码:0123;

c)　子站收到该命令后判断原密码是否与原设置密码相同,若相同则将密码更改为新密码,并按照原命令返回。若不同,则返回出错信息,格式见表 A.12。

表 A.11　设置子站密码数据格式

起始码	子站号码	控制字	数据长度	数据域	校验码	结束码
53H	6字节	13H	2字节	—	1字节	4EH

表 A.12　出错信息格式

起始码	子站号码	控制字	数据长度	数据域	校验码	结束码
53H	6字节	13H	2字节	FFFFH	1字节	4EH

A.5.4　主站下发参数配置指令 14H

该指令用于主站向子站下发配置参数,格式见表 A.13。数据域格式见表 A.14。

表 A.13　主站向子站下发配置参数指令格式

起始码	子站号码	控制字	数据长度	数据域	校验码	结束码
53H	6字节	14H	2字节	—	1字节	4EH

表 A.14　数据域格式

密码	4字节
主周期时间,表示分钟数	2字节
高速采样数的设定	2字节
高速采样间隔设定,单位为微秒	2字节
休眠时长	2字节
在线时长	2字节
联络间隔时间	1字节
温度测点个数	1字节

注1:密码:子站密码;

注2:主周期时间:即每隔多少分钟1采样周期(采样间隔与图像监测无关);单位为分钟;

注3:高速采样数:即1采样周期采样的组数;

注4:高速采样间隔:单位为微秒;

注5:休眠时长:通信设备休眠时间,即 GPRS/CDMA 不在线时间,该时间内支持短信;单位为分钟;

注6:在线时长:通信设备保持 GPRS/CDMA 在线时间;单位为分钟;

注7:子站验证密码通过后,执行参数配置命令,并按照原命令返回。若密码错误,则返回出错信息,格式见表 A.15。

表 A.15 出错信息格式

起始码	子站号码	控制字	数据长度	数据域	校验码	结束码
53H	6字节	14H	2字节	FFFFH	1字节	4EH

A.5.5 查询参数配置指令 15H

子站收到该命令后，返回其当前的参数。查询数据格式见表 A.16，如数据长度为 0，数据域为空。应答数据格式见表 A.17。数据域格式见表 A.18。

表 A.16 查询数据格式

起始码	子站号码	控制字	数据长度	数据域	校验码	结束码
53H	6字节	15H	2字节	—	1字节	4EH

表 A.17 应答数据格式

起始码	子站号码	控制字	数据长度	数据域	校验码	结束码
53H	6字节	15H	2字节	—	1字节	4EH

表 A.18 数据域格式

主周期时间，表示分钟数	2字节
高速采样数的设定	2字节
高速采样间隔设定，单位为微秒	2字节
休眠时长	2字节
在线时长	2字节
联络间隔时间	1字节
温度测点个数	1字节

A.5.6 下发报警参数 16H

用于主站向采集子站下发报警参数，当采集子站所采集到的值大于或等于门槛值时，立即将目前采集到的相关越限数据发送到主站。当子站设备在线立即发送至主站；若处在休眠中，子站设备立即拨号上线并发送至主站。下发警报参数格式见表 A.19。其中数据域格式见表 A.20。

表 A.19 下发警报参数格式

起始码	子站号码	控制字	数据长度	数据域	校验码	结束码
53H	6字节	16H	2字节	—	1字节	4EH

表 A.20 数据域格式

密码	4字节
泄漏电流	2字节
泄漏电流脉冲频次高位	2字节
泄漏电流脉冲频次低位	2字节
风速	2字节
拉力高位	1字节
拉力低位	1字节
倾斜角	2字节

表 A.20（续）

风偏角	2 字节
导线温度	2 字节
导线振动频率	2 字节
导线振动幅度	2 字节

注 1：密码：子站密码；
注 2：泄漏电流：泄漏电流报警值转换位 16 进制；
注 3：泄漏电流脉冲频次：脉冲频次转换位 16 进制；
注 4：综合拉力：拉力值转换位 16 进制；
注 5：风速：风速值转换位 16 进制；
注 6：温度：温度值转换位 16 进制；
注 7：说明：子站验证密码通过后，执行此命令，并按照原命令返回。若密码错误，则返回密码出错信息，格式如表 A.21 所示。

表 A.21 密码出错信息格式

起始码	子站号码	控制字	数据长度	数据域	校验码	结束码
53H	6 字节	16H	2 字节	FFFFH	1 字节	4EH

A.5.7 查询报警参数 17H

子站收到该命令后，返回其当前的报警参数。查询数据格式见表 A.22。应答数据格式见表 A.23。数据域格式见表 A.24。

表 A.22 查询数据格式

起始码	子站号码	控制字	数据长度	数据域	校验码	结束码
53H	6 字节	17H	2 字节	—	1 字节	4EH

表 A.23 应答数据格式

起始码	子站号码	控制字	数据长度	数据域	校验码	结束码
53H	6 字节	17H	2 字节	—	1 字节	4EH

表 A.24 数据域格式

泄漏电流	2 字节
泄漏电流脉冲频次高位	2 字节
泄漏电流脉冲频次低位	2 字节
拉力高位	1 字节
拉力低位	1 字节
倾斜角	2 字节
风偏角	2 字节
导线温度	2 字节
导线振动频率	2 字节
导线振动幅度	2 字节

A.5.8 开机联络信息 18H

该命令仅适用于 GPRS/CDMA 通信方式，数据格式见表 A.25。该信息在子站设备每次上线时发送，在线期间，若无其他指令，子站按照设置的联络间隔发送一次该信息，遇其他命令后顺延一个联络间隔。主站收到子站联络信息后，原命令返回。

表 A.25　开机联络信息数据格式

起始码	子站号码	控制字	数据长度	数据域	校验码	结束码
53H	6字节	18H	2字节	—	1字节	4EH
注：数据长度为4，数据域为当前时间。						

A.5.9　更改主站 IP 地址、端口号和卡号 19H

更改主站 IP 地址、端口号和卡号数据格式见表 A.26。数据域格式见表 A.27。密码出错数据格式见表 A.28。

表 A.26　更改主站 IP 地址、端口号和卡号数据格式

起始码	子站号码	控制字	数据长度	数据域	校验码	结束码
53H	6字节	19H	2字节	—	1字节	4EH

表 A.27　数据域格式

密码	主站 IP	端口号	主站 IP	端口号	主站卡号	主站卡号
4字节	4字节	2字节	4字节	2字节	6字节	6字节
注1：密码：为子站密码，只有密码与子站密码相同才执行此命令； 注2：主站 IP：标准4字节 IP； 注3：端口号：高字节乘以256加上低字节； 注4：主站卡号：为F加通信卡号，每个数字占半个字节。如卡号为13912345678，则发送数据为：F1H,39H,12H,34H,56H,78H； 注5：说明：只有密码与子站密码相同且两组主站 IP、端口号和主站卡号对应字节完全相同才执行更改命令。子站执行更改命令后按照原命令格式返回； 注6：若密码出错，子站返回出错信息，格式如表 A.28 所示。						

表 A.28　密码出错数据格式

起始码	子站号码	控制字	数据长度	数据域	校验码	结束码
53H	6字节	19H	2字节	FFFFH	1字节	4EH

若两组主站 IP、端口号和主站卡号对应字节不完全相同，子站返回出错信息，格式见表 A.29。

表 A.29　数据不对应出错数据格式

起始码	子站号码	控制字	数据长度	数据域	校验码	结束码
53H	6字节	19H	2字节	0000H	1字节	4EH

A.5.10　查询主站 IP 地址、端口号和卡号 1AH

子站收到该命令后，返回其当前设置的主站 IP、端口号和主站卡号。查询数据格式见表 A.30。应答数据格式见表 A.31，其中数据域格式见表 A.32。

表 A.30　查询数据格式

起始码	子站号码	控制字	数据长度	数据域	校验码	结束码
53H	6字节	1AH	2字节	—	1字节	4EH
注：数据长度为0，数据域为空。						

表 A.31 应答数据格式

起始码	子站号码	控制字	数据长度	数据域	校验码	结束码
53H	6字节	1AH	2字节	—	1字节	4EH

表 A.32 数据域格式

主站 IP	端口号	主站卡号
4字节	2字节	6字节
注1：主站 IP:标准4字节 IP; 注2：端口号:高字节乘以256加上低字节; 注3：主站卡号,为F加通信卡号,每个数字占半个字节。例如卡号为13912345678,则发送数据为:F1H,39H,12H,34H,56H,78H。		

A.5.11 设置网络登录参数 1BH

数据格式见表 A.33,数据域格式见表 A.34。

表 A.33 设置网络登录参数数据格式

起始码	子站号码	控制字	数据长度	数据域	校验码	结束码
53H	6字节	1BH	2字节	—	1字节	4EH

表 A.34 数据域格式

设置密码	APN 长度	APN	登陆用户名长度	用户名	登陆密码长度	登陆密码
4字节	1字节	最多31字节	1字节	最多31字节	1字节	最多31字节
注1：设置密码:为子站密码,只有密码与子站密码相同才执行此命令; 注2：APN:最多31字节的 ASCII 字符; 注3：登陆用户名:最多31字节的 ASCII 字符; 注4：登陆密码:最多31字节的 ASCII 字符; 注5：说明:子站执行更改命令后按照原命令格式返回; 注6：若密码出错,子站返回出错信息,格式如表 A.35 所示。						

表 A.35 子站返回出错信息格式

起始码	子站号码	控制字	数据长度	数据域	校验码	结束码
53H	6字节	1BH	2字节	FFFFH	1字节	4EH

A.5.12 查询网络登录参数 1CH

数据格式见表 A.36。返回数据帧内容格式见表 A.37。

表 A.36 查询网络登录参数数据格式

起始码	子站号码	控制字	数据长度	数据域	校验码	结束码
53H	6字节	1CH	2字节	—	1字节	4EH
注：数据域为空。						

表 A.37 返回数据帧内容格式

APN 长度	APN	登陆用户名长度	用户名	登陆密码长度	登陆密码
1字节	最多31字节	1字节	最多31字节	1字节	最多31字节

A.5.13 复位子站 1DH

复位子站数据格式见表 A.38。只有子站密码通过后,子站执行此命令,否则返回出错信息格式见表 A.39。

表 A.38 复位子站数据格式

起始码	子站号码	控制字	数据长度	数据域	校验码	结束码
53H	6 字节	1DH	2 字节	4 字节(子站密码)	1 字节	4EH

表 A.39 返回出错信息格式

起始码	子站号码	控制字	数据长度	数据域	校验码	结束码
53H	6 字节	1DH	2 字节	FFFFH	1 字节	4EH

A.5.14 配置子站代码指令 1EH

用于配置子站代码(编号),格式见表 A.40。其中数据域格式见表 A.41。

表 A.40 配置子站代码指令格式

起始码	子站号码	控制字	数据长度	数据域	校验码	结束码
53H	6 字节	1EH	2 字节	—	1 字节	4EH

表 A.41 数据域格式

密码	4 字节
子站代码	6 字节

若密码出错,子站返回出错信息,格式见表 A.42。

表 A.42 密码出错数据格式

起始码	子站号码	控制字	数据长度	数据域	校验码	结束码
53H	6 字节	1EH	2 字节	FFFFH	1 字节	4EH

A.5.15 配置终端功能指令 1FH

用于主站向子站下发功能配置参数,格式见表 A.43。其中数据域前 4 个字节为终端密码,后两个字节配置见表 A.44。若密码出错,子站返回出错信息格式见表 A.45。

表 A.43 配置终端功能指令数据格式

起始码	终端号码	控制字	数据长度	数据域	校验码	结束码
53H	6 字节	1FH	2 字节	—	1 字节	4EH

表 A.44 数据域后两字节格式

第一字节(功能配置参数 1)	B7	地线倾角
	B6	导线倾角
	B5	导线振动
	B4	导线温度
	B3	气象数据
	B2	绝缘子泄漏电流
	B1	地线拉力及倾角
	B0	导线拉力及倾角
第二字节(功能配置参数 2)	B7	保留
	B6	保留
	B5	保留
	B4	保留

表 A.44（续）

第二字节(功能配置参数 2)	B3	保留
	B2	保留
	B1	保留
	B0	拍照功能
注：以上位值 1 代表功能有效，0 代表功能无效。		

表 A.45 密码出错数据格式

起始码	子站号码	控制字	数据长度	数据域	校验码	结束码
53H	6 字节	1FH	2 字节	FFFFH	1 字节	4EH

A.5.16 查询终端功能指令 20H

用于主站查询子站功能配置参数，格式见表 A.46。应答数据格式见表 A.47。

表 A.46 查询终端功能指令数据格式

起始码	终端号码	控制字	数据长度	数据域	校验码	结束码
53H	6 字节	20 H	2 字节	—	1 字节	4EH
注：数据域为空。						

表 A.47 应答数据格式

起始码	终端号码	控制字	数据长度	数据域	校验码	结束码
53H	6 字节	20H	2 字节	—	1 字节	4EH
注：数据域两个字节配置见表 A.48。						

表 A.48 应答数据中数据域格式

第一字节(功能配置参数 1)	B7	地线倾角
	B6	导线倾角
	B5	导线振动
	B4	导线温度
	B3	气象数据
	B2	绝缘子泄漏电流
	B1	地线拉力及倾角
	B0	导线拉力及倾角
第二字节(功能配置参数 2)	B7	保留
	B6	保留
	B5	保留
	B4	保留
	B3	保留
	B2	保留
	B1	保留
	B0	拍照功能
注：以上位值 1 代表功能有效，0 代表功能无效。		

A.5.17 主站请求子站数据30H

用于主站主动请求监测子站发送数据，格式见表A.49。子站收到该命令后按原命令返回，并立即按照相应控制字格式将未传送数据依次上送主站。数据域格式见表A.50。

表A.49 主站请求子站数据格式

起始码	子站号码	控制字	数据长度	数据域	校验码	结束码
53H	6字节	30H	2字节	—	1字节	4EH

表A.50 数据域

开始时间	结束时间
6字节	6字节
注：如果数据长度为0，即立刻采集数据并上传；如果数据长度为12，即立刻将该时间段的数据上传。	

A.5.18 上传导线拉力及倾角数据31H

A.5.18.1 主站请求命令格式

主站请求命令格式见表A.51，其中数据域格式见表A.52。

表A.51 主站请求命令格式

起始码	子站号码	控制字	数据长度	数据域	校验码	结束码
53H	6字节	31H	2字节	—	1字节	4EH

表A.52 数据域格式

开始时间	结束时间
6字节	6字节
注：如果数据长度为0，即立刻采集数据并上传；如果数据长度为12，即立刻将该时间段的数据上传。	

A.5.18.2 子站主动上传数据格式

子站主动上传数据格式见表A.53，其中数据域格式见表A.54；包格式见表A.55。主站收到子站主动上传数据命令后，立即回应命令，格式见表A.56。子站收到主站回应命令后，表示数据传送完毕。子站在20s内没有收到主站回应命令，则重新传送，循环3次。

表A.53 子站主动上传数据格式

起始码	子站号码	控制字	数据长度	数据域	校验码	结束码
53H	6字节	31H	2字节	—	1字节	4EH

表A.54 数据域格式

包数	第一包	第二包	第三包	……	第N包
1字节					

表A.55 包格式

采样时间	6字节
电池电压	1字节
第几串	1字节
最大拉力	2字节
风偏角	2字节
倾斜角	2字节

表 A.55（续）

最小拉力	2字节
风偏角	2字节
倾斜角	2字节
最大风偏角	2字节
倾斜角	2字节
拉力	2字节
最小风偏角	2字节
倾斜角	2字节
拉力	2字节

注1：电池电压：子站将所测数值乘以10，得到整数后上送主站。主站将子站上送值除以10即为真实蓄电池电压，如子站上送68，实际电压＝68/10＝6.8 V；

注2：拉力：单位为千牛，高位在前，低位在后；子站将所测数值乘以100，得到整数后上送主站。主站将子站上送值除以100即为真实拉力，如子站上送1 234，实际拉力＝1 234/100＝12.34 kN；

注3：角度：高位在前、低位在后，高字节的最高位代表角度的正负，为0表示角度为正，为1表示角度为负，除符号位外总体数值除100即实际角度；

注4：风偏角：为垂直于导线方向的夹角；

注5：倾斜角：为平行于导线方向的夹角。

表 A.56　回应命令格式

起始码	子站号码	控制字	数据长度	数据域	校验码	结束码
53H	6字节	31H	2字节	AA55H	1字节	4EH

A.5.19　上传地线拉力及倾角数据32H

A.5.19.1　主站请求命令格式

主站请求命令格式见表A.57，其中数据域格式见表A.58。

表 A.57　主站请求命令格式

起始码	子站号码	控制字	数据长度	数据域	校验码	结束码
53H	6字节	32H	2字节	—	1字节	4EH

表 A.58　数据域格式

开始时间	结束时间
6字节	6字节

注：如果数据长度为0，即立刻采集数据并上传；如果数据长度为12，即立刻将该时间段的数据上传。

A.5.19.2　子站主动上传数据格式

子站主动上传数据格式见表A.59，其中数据域格式见表A.60；包格式见表A.61。主站收到子站主动上传数据命令后，立即回应命令，格式见表A.62。子站收到主站回应命令后，表示数据传送完毕。子站若没有收到主站回应命令，则将数据保留，下次传送。

表 A.59　子站主动上传数据格式

起始码	子站号码	控制字	数据长度	数据域	校验码	结束码
53H	6字节	31H	2字节	—	1字节	4EH

表 A.60 数据域格式

包数	第一包	第二包	第三包	……	第 N 包
1 字节					

表 A.61 包格式

采样时间	6 字节
电池电压	1 字节
第几串	2 字节
最大拉力	2 字节
风偏角	2 字节
倾斜角	2 字节
最小拉力	2 字节
风偏角	2 字节
倾斜角	2 字节
最大风偏角	2 字节
倾斜角	2 字节
拉力	2 字节
最小风偏角	2 字节
倾斜角	2 字节
拉力	2 字节

表 A.62 回应命令格式

起始码	子站号码	控制字	数据长度	数据域	校验码	结束码
53H	6 字节	32H	2 字节	AA55H	1 字节	4EH

A.5.20 上传绝缘子泄漏电流数据 33H

A.5.20.1 主站请求命令格式

主站请求命令格式见表 A.63,其中数据域格式见表 A.64。

表 A.63 主站请求命令格式

起始码	子站号码	控制字	数据长度	数据域	校验码	结束码
53H	6 字节	33H	2 字节	—	1 字节	4EH

表 A.64 数据域格式

开始时间	结束时间
6 字节	6 字节
注:如果数据长度为 0,即立刻采集数据并上传;如果数据长度为 12,即立刻将该时间段的数据上传。	

A.5.20.2 子站主动上传数据格式

子站主动上传数据格式见表 A.65,其中数据域格式见表 A.66;包格式见表 A.67。主站收到子站主动上传数据命令后,立即回应命令,格式见表 A.68。子站收到主站回应命令后,表示数据传送完毕。子站若没有收到主站回应命令,则将数据保留,下次传送。

表 A.65 子站主动上传数据格式

起始码	子站号码	控制字	数据长度	数据域	校验码	结束码
53H	6 字节	33H	2 字节	—	1 字节	4EH

表 A.66 数据域格式

包数	第一包	第二包	第三包	……	第 N 包
1 字节					

表 A.67 包格式

采样时间	6 字节
电池电压	1 字节
A 相平均	2 字节
A 相最大	2 字节
A 相超 3 mA 次数	2 字节
A 相超 10 mA 次数	2 字节
B 相平均	2 字节
B 相最大	2 字节
B 相超 3 mA 次数	2 字节
B 相超 10 mA 次数	2 字节
C 相平均	2 字节
C 相最大	2 字节
C 相超 3 mA 次数	2 字节
C 相超 10 mA 次数	2 字节

注 1：电压：上送值除以 10 即为真实蓄电池电压，如 68＝68/10＝6.8 V；

注 2：A、B、C 相泄漏电流平均值、最大值：2 字节，高字节在前，低字节在后，单位为毫安，上传值除以 100 即为实际电流值。如上传数据为 3 456，则泄漏电流值为 34.56 mA；

注 3：A、B、C 相超 3 mA、10 mA 的次数：2 字节，高字节在前，低字节在后，次数等于高字节乘以 256 加上低字节。

表 A.68 回应命令格式

起始码	子站号码	控制字	数据长度	数据域	校验码	结束码
53H	6 字节	33H	2 字节	AA55H	1 字节	4EH

A.5.21 上传气象数据 34H

A.5.21.1 主站请求命令格式

主站请求命令格式见表 A.69，其中数据域格式见表 A.70。

表 A.69 主站请求命令格式

起始码	子站号码	控制字	数据长度	数据域	校验码	结束码
53H	6 字节	34H	2 字节	—	1 字节	4EH

表 A.70 数据域格式

开始时间	结束时间
6 字节	6 字节
注：如果数据长度为 0，即立刻采集数据并上传；如果数据长度为 12，即立刻将该时间段的数据上传。	

A.5.21.2 子站主动上传数据格式

子站主动上传数据格式见表 A.71，其中数据域格式见表 A.72；包格式见表 A.73。主站收到子站主动上传数据命令后，立即回应命令，格式见表 A.74。子站收到主站回应命令后，表示数据传送完毕。子站若没有收到主站回应命令，则将数据保留，下次传送。

表 A.71 子站主动上传数据格式

起始码	子站号码	控制字	数据长度	数据域	校验码	结束码
53H	6 字节	34H	2 字节	—	1 字节	4EH

表 A.72 数据域格式

包数	第一包	第二包	第三包	……	第 N 包
1 字节					

表 A.73 包格式

采样时间	6 字节
电池电压	1 字节
温度	2 字节
湿度	1 字节
风速	2 字节
风向	2 字节
雨量	2 字节
气压	2 字节
日照	2 字节

注 1：电压：上送值除以 10 即为实际蓄电池电压，如 68=68/10=6.8 V；

注 2：温度：上送值高位字节的 B7 为符号位，采集值高位除符号位外乘 256 加低位值转换为十进制数除 10，即为最终值；

注 3：风速：高字节乘以 256 加上低字节，结果除以 100 即为实际风速，如风速上送 213 即为 2.13 m/s；

注 4：风向：高字节乘以 256 加上低字节，结果为与正北方向的夹角；

注 5：降雨量：数值为每小时降雨量；

注 6：气压：高字节乘以 256 加上低字节；

注 7：日照：高字节乘以 256 加上低字节。

表 A.74 回应命令格式

起始码	子站号码	控制字	数据长度	数据域	校验码	结束码
53H	6 字节	34H	2 字节	AA55H	1 字节	4EH

A.5.22 上传导线测温数据 35H

A.5.22.1 主站请求命令格式

主站请求命令格式见表 A.75，其中数据域格式见表 A.76。

表 A.75 主站请求命令格式

起始码	子站号码	控制字	数据长度	数据域	校验码	结束码
53H	6 字节	35H	2 字节	—	1 字节	4EH

表 A.76 数据域格式

开始时间	结束时间
6 字节	6 字节
注：如果数据长度为 0，即立刻采集数据并上传；如果数据长度为 12，即立刻将该时间段的数据上传。	

A.5.22.2 子站主动上传数据格式

子站主动上传数据格式见表 A.77，其中数据域格式见表 A.78；包格式见表 A.79。主站收到子站主动上传数据命令后，立即回应命令，格式见表 A.80。子站收到主站回应命令后，表示数据传送完毕。子站若没有收到主站回应命令，则将数据保留，下次传送。

表 A.77 子站主动上传数据格式

起始码	子站号码	控制字	数据长度	数据域	校验码	结束码
53H	6 字节	35H	2 字节	—	1 字节	4EH

表 A.78 数据域格式

包数	第一包	第二包	第三包	……	第 N 包
1 字节					

表 A.79 包格式

采样时间	6 字节
电池电压	1 字节
测点数目	1 字节
1#测点温度	2 字节
1#测点设备温度	2 字节
1#测点设备电压	2 字节
2#测点温度	2 字节
2#测点设备温度	2 字节
2#测点设备电压	1 字节
n#测点温度	2 字节
n#测点设备温度	2 字节
n#测点设备电压	1 字节

注 1：电压：上送值除以 10 即为实际蓄电池电压，如 68=68/10=6.8 V；

注 2：测点温度：所测导线的温度，上送值高位字节的 B7 为符号位，采集值高位除符号位外乘 256 加低位值转换为十进制数除 10，即为最终值；

注 3：测点设备温度：测温设备本身的温度，上送值高位字节的 B7 为符号位，采集值高位除符号位外乘 256 加低位值转换为十进制数除 10，即为最终值；

注 4：测点设备电压：测温设备本身供电电压，上送值除以 10 即为实际蓄电池电压。

表 A.80 回应命令格式

起始码	子站号码	控制字	数据长度	数据域	校验码	结束码
53H	6字节	35H	2字节	AA55H	1字节	4EH

A.5.23 上传导线振动数据 36H

A.5.23.1 主站请求命令格式

主站请求命令格式见表 A.81,其中数据域格式见表 A.82。

表 A.81 主站请求命令格式

起始码	子站号码	控制字	数据长度	数据域	校验码	结束码
53H	6字节	36H	2字节	—	1字节	4EH

表 A.82 数据域格式

开始时间	结束时间
6字节	6字节
注:如果数据长度为0,即立刻采集数据并上传;如果数据长度为12,即立刻将该时间段的数据上传。	

A.5.23.2 子站主动上传数据格式

子站主动上传数据格式见表 A.83,其中数据域格式见表 A.84;包格式见表 A.85。主站收到子站主动上传数据命令后,立即回应命令,格式见表 A.86。子站收到主站回应命令后,表示数据传送完毕。子站若没有收到主站回应命令,则将数据保留,下次传送。

表 A.83 子站主动上传数据格式

起始码	子站号码	控制字	数据长度	数据域	校验码	结束码
53H	6字节	36H	2字节	—	1字节	4EH

表 A.84 数据域格式

包数	第一包	第二包	第三包	……	第N包
1字节					

表 A.85 包格式

采样时间	6字节
电池电压	1字节
振动频率	2字节
振幅	2字节
测点设备电压	1字节

表 A.86 回应命令格式

起始码	子站号码	控制字	数据长度	数据域	校验码	结束码
53H	6字节	36H	2字节	AA55H	1字节	4EH

A.5.24 上传导线倾角数据 37H

A.5.24.1 主站请求命令格式

主站请求命令格式见表 A.87,其中数据域格式见表 A.88。

表 A.87　主站请求命令格式

起始码	子站号码	控制字	数据长度	数据域	校验码	结束码
53H	6 字节	37H	2 字节	—	1 字节	4EH

表 A.88　数据域格式

开始时间	结束时间
6 字节	6 字节
注：如果数据长度为 0，即立刻采集数据并上传；如果数据长度为 12，即立刻将该时间段的数据上传。	

A.5.24.2　子站主动上传数据格式

子站主动上传数据格式见表 A.89，其中数据域格式见表 A.90；包格式见表 A.91。主站收到子站主动上传数据命令后，立即回应命令，格式见表 A.92。子站收到主站回应命令后，表示数据传送完毕。子站若没有收到主站回应命令，则将数据保留，下次传送。

表 A.89　子站主动上传数据格式

起始码	子站号码	控制字	数据长度	数据域	校验码	结束码
53H	6 字节	37H	2 字节	—	1 字节	4EH

表 A.90　数据域格式

包数	第一包	第二包	第三包	……	第 N 包
1 字节					

表 A.91　包格式

采样时间	6 字节
电池电压	1 字节
大号侧导线弧垂与水平面倾角	2 字节
大号侧导线风偏与水平面的倾角	2 字节
绝缘子串沿导线方向与垂直面的夹角	2 字节
绝缘子串沿风偏方向与垂直面的夹角	2 字节
小号侧导线弧垂与水平面倾角	2 字节
小号侧导线风偏与水平面的倾角	2 字节
注 1：电压：上送值除以 10 即为真实蓄电池电压，如 68=68/10=6.8 V； 注 2：角度：高位在前、低位在后，高字节的最高位代表角度的正负，为 0 表示角度为正，为 1 表示角度为负，除符号位外总体数值除 100 即实际角度。	

表 A.92　回应命令格式

起始码	子站号码	控制字	数据长度	数据域	校验码	结束码
53H	6 字节	37H	2 字节	AA55H	1 字节	4EH

A.5.25　上传地线倾角数据 38H

A.5.25.1　主站请求命令格式

主站请求命令格式见表 A.93，其中数据域格式见表 A.94。

表 A.93　主站请求命令格式

起始码	子站号码	控制字	数据长度	数据域	校验码	结束码
53H	6 字节	38H	2 字节	—	1 字节	4EH

表 A.94 数据域格式

开始时间	结束时间
6字节	6字节
注：如果数据长度为0，即立刻采集数据并上传；如果数据长度为12，即立刻将该时间段的数据上传。	

A.5.25.2 子站主动上传数据格式

子站主动上传数据格式见表A.95，其中数据域格式见表A.96；包格式见表A.97。主站收到子站主动上传数据命令后，立即回应命令，格式见表A.98。子站收到主站回应命令后，表示数据传送完毕。子站若没有收到主站回应命令，则将数据保留，下次传送。

表 A.95 子站主动上传数据格式

起始码	子站号码	控制字	数据长度	数据域	校验码	结束码
53H	6字节	38H	2字节	—	1字节	4EH

表 A.96 数据域格式

包数	第一包	第二包	第三包	……	第N包
1字节					

表 A.97 包格式

采样时间	6字节
电池电压	1字节
地线弧垂与水平面倾角	2字节
地线风偏与水平面的倾角	2字节

表 A.98 回应命令格式

起始码	子站号码	控制字	数据长度	数据域	校验码	结束码
53H	6字节	38H	2字节	AA55H	1字节	4EH

A.5.26 图像监测控制字格式

A.5.26.1 图像采集参数配置指令61H

图像采集参数配置指令格式见表A.99，其中数据域格式见表A.100和表A.101。子站验证密码通过后，执行参数配置命令，并按照原命令返回。若密码错误，则返回出错信息，格式见表A.102。

表 A.99 主站请求命令格式

起始码	子站号码	控制字	数据长度	数据域	校验码	结束码
53H	6字节	61H	2字节	—	1字节	4EH
注：其中数据域包括通道1和通道2配置。						

表 A.100 数据域通道1配置格式

密码	色彩选择	图像大小	亮度	对比度	饱和度	压缩率
4字节	1字节	1字节	1字节	1字节	1字节	1字节
注1：密码：子站密码； 注2：色彩选择：0为黑白，1为彩色； 注3：图像大小定义如下： 注4：320×240为1； 注5：352×288为2；						

表 A.100（续）

<table>
<tr><th>密码</th><th>色彩选择</th><th>图像大小</th><th>亮度</th><th>对比度</th><th>饱和度</th><th>压缩率</th></tr>
<tr><td colspan="7">注 6：640×480 为 3；
注 7：704×576 为 4；
注 8：亮度、对比度、饱和度：1～100 之间设置；
注 9：压缩率：1～99，代表 JPEG 压缩的程度，值越小压缩的越厉害，文件值越小。</td></tr>
</table>

表 A.101 数据域通道 2 配置格式

色彩选择	图像大小	亮度	对比度	饱和度	压缩率
1 字节	1 字节	1 字节	1 字节	1 字节	1 字节

表 A.102 密码出错信息格式

起始码	子站号码	控制字	数据长度	数据域	校验码	结束码
53H	6 字节	61H	2 字节	FFFFH	1 字节	4EH

A.5.26.2 拍照时间表设置 62H

拍照时间表设置指令配置图像采集子站自动拍摄的时间表及拍摄方位，格式见表 A.103，其中数据域格式见表 A.104。子站验证密码通过后，执行参数配置命令，并按照原命令返回。若密码错误，则返回出错信息，格式见表 A.105。

表 A.103 拍照时间表设置指令格式

起始码	子站号码	控制字	数据长度	数据域	校验码	结束码
53H	6 字节	62H	2 字节	—	1 字节	4EH

表 A.104 数据域格式

<table>
<tr><td rowspan="2">密码</td><td rowspan="2">通道号</td><td rowspan="2">组数</td><td colspan="3">第 1 组</td><td colspan="3">第 2 组</td><td colspan="3">第 3 组</td><td>…</td></tr>
<tr><td>时</td><td>分</td><td>预置位号</td><td>时</td><td>分</td><td>预置位号</td><td>时</td><td>分</td><td>预置位号</td><td></td></tr>
<tr><td>4 字节</td><td>1 字节</td><td>1 字节</td><td>1 字节</td><td>1 字节</td><td>1 字节</td><td>1 字节</td><td>1 字节</td><td>1 字节</td><td>1 字节</td><td>1 字节</td><td>1 字节</td><td></td></tr>
</table>

表 A.105 密码出错信息格式

起始码	子站号码	控制字	数据长度	数据域	校验码	结束码
53H	6 字节	62H	2 字节	FFFFH	1 字节	4EH

A.5.26.3 主站请求拍摄照片 63H

主站请求拍摄照片数据格式见表 A.106。子站收到该命令后，子站收到该命令后按原命令返回，并立即启动拍照，按照相应控制字格式将图像数据上送主站。若预置位为 0，子站按照当前位置拍照。

表 A.106 主站请求拍摄照片数据格式

<table>
<tr><td rowspan="2">起始码</td><td rowspan="2">子站号码</td><td rowspan="2">控制字</td><td rowspan="2">数据长度</td><td colspan="2">数据域</td><td rowspan="2">校验码</td><td rowspan="2">结束码</td></tr>
<tr><td>通道号</td><td>预置位号</td></tr>
<tr><td>53H</td><td>6 字节</td><td>63H</td><td>2 字节</td><td>1 字节</td><td>1 字节</td><td>1 字节</td><td>4EH</td></tr>
</table>

A.5.26.4 采集子站请求上送照片 64H

子站上送图像数据前发送采集子站请求上送照片指令，格式见表 A.107，数据域格式见表 A.108。主站收到后立即原命令返回给子站，该命令最多循环发送 5 次，每次间隔 3 s，收到主站应答后立即开始传输图像数据。

表 A.107 采集子站请求上送照片数据格式

起始码	子站号码	控制字	数据长度	数据域	校验码	结束码
53H	6字节	64H	2字节	—	1字节	4EH

表 A.108 数据域格式

蓄电池电压	通道号	预置位号	包数高位	包数低位
1字节	1字节	1字节	1字节	1字节

A.5.26.5 图像数据上送 65H

图像数据上送指令格式见表 A.109，数据域格式见表 A.110。

表 A.109 图像数据上送指令格式

起始码	子站号码	控制字	数据长度	数据域	校验码	结束码
53H	6字节	65H	2字节	—	1字节	4EH

表 A.110 数据域格式

通道号	预置位号	子包包号高位	子包包号低位	图像数据
1字节	1字节	1字节	1字节	
注：子包包号高位乘以 256 加上子包包号低位，从 1 开始计数。				

A.5.26.6 图像数据上送结束标记 66H

图像数据上送结束标记格式见表 A.111，数据域格式见表 A.112。子站上送图像数据全部结束后 2 s，发送该指令，主站收到后立即下发 67H 命令。66H 命令最多循环发送 5 次，每次间隔 20 s，收到主站应答后即停止发送。

表 A.111 图像数据上送结束标记格式

起始码	子站号码	控制字	数据长度	数据域	校验码	结束码
53H	6字节	66H	2字节	—	1字节	4EH

表 A.112 数据域格式

起始码	子站号码	控制字	数据长度	数据域		校验码	结束码
				通道号	预置位号		
53H	6字节	66H	2字节	1字节	1字节	1字节	4EH

A.5.26.7 补包数据下发 67H

补包数据下发格式见表 A.113，数据域格式见表 A.114。主站收到 66H 命令后，立即统计所收到的图像数据，将未收到的包号通过该命令下发给采集子站，采集子站收到命令后，通过 65H 图像数据上送指令，将所需包号数据上送，完毕后再上送 66H 命令。

表 A.113 补包数据下发格式

起始码	子站号码	控制字	数据长度	数据域	校验码	结束码
53H	6字节	67H	2字节	—	1字节	4EH

表 A.114 数据域格式

通道号	预置位号	补包数	第一包包号	第二包包号	……
1字节	1字节	1字节	2字节	2字节	
注 1：补包包数：未收到的总包数； 注 2：补包包号：子包包号高位乘以 256 加上子包包号低位。					

A.5.26.8 摄像机远程调节68H

摄像机远程调节格式见表A.115,其中数据域格式见表A.116,其中动作指令定义如表A.117所示。子站验证密码通过后,执行参数配置命令,并按照原命令返回。若密码错误,则返回出错信息,格式见表A.118。为避免摄像机打开电源后未收到关闭电源指令,致使电池耗能过大,做如下约定:摄像机如果超过10 min没收到任何控制指令,子站强行关闭摄像机电源。

表A.115 摄像机远程调节格式

起始码	子站号码	控制字	数据长度	数据域	校验码	结束码
53H	6字节	68H	2字节	—	1字节	4EH

表A.116 数据域格式

密码	通道号	动作指令	预置位号
4字节	1字节	1字节	1字节

表A.117 动作指令定义

指令值	预置位号	动　　作	说　　明
1	0	打开摄像机电源	
2	所需预置点	摄像机调节到指定预置点	摄像机不能关闭电源
3	0	向上调节1个单位	同上
4	0	向下调节1个单位	同上
5	0	向左调节1个单位	同上
6	0	向右调节1个单位	同上
7	0	焦距向远方调节1个单位	同上
8	0	焦距向近处调节1个单位	同上
9	所需设置预置点	保存当前位置为某预置点	同上
10	关闭摄像机电源		

表A.118 出错信息格式

起始码	子站号码	控制字	数据长度	数据域	校验码	结束码
53H	6字节	68H	2字节	FFFFH	1字节	4EH

A.5.26.9 启动摄像视频传输69H

该指令用于主站请求子站传送视频,要求监测子站接收到该命令后按原命令返回,数据格式见表A.119。

表A.119 启动摄像视频传输数据格式

起始码	子站号码	控制字	数据长度	数据域	校验码	结束码
53H	6字节	69H	2字节	—	1字节	4EH
注1:其中数据域:通道号(1字节)+端口号(2字节); 注2:通道号:1或2; 注3:端口号:高位乘以256加上低位。						

A.5.26.10 终止摄像视频传输6AH

该指令用于主站终止子站传送视频,数据格式见表A.120。

表 A.120 终止摄像视频传输数据格式

起始码	子站号码	控制字	数据长度	数据域	校验码	结束码
53H	6 字节	6AH	2 字节	—	1 字节	4EH
注：数据域为通道号，1 或 2。						

A.5.26.11 查询拍照时间表 6BH

a) 主站查询命令格式

主站查询命令格式见表 A.121。

表 A.121 主站查询命令格式

起始码	子站号码	控制字	数据长度	数据域	校验码	结束码
53H	6 字节	6BH	2 字节		1 字节	4EH
注：数据域为通道号，1 或 2。						

b) 子站上传数据格式：

子站上传数据格式见表 A.122，其中数据域格式见表 A.123。

表 A.122 子站上传数据格式

起始码	子站号码	控制字	数据长度	数据域	校验码	结束码
53H	6 字节	6BH	2 字节		1 字节	4EH

表 A.123 子站上传数据域格式

通道号	组数	第 1 组			第 2 组			第 3 组		
		时	分	预置位号	时	分	预置位号	时	分	预置位号
1 字节	1 字节	1 字节	1 字节	1 字节	1 字节	1 字节	1 字节	1 字节	1 字节	1 字节

A.5.27 自定义命令字 C0～FFH

该命令段为自定义命令段。

A.5.28 CRC 校验算法

为提高运算校率，校验采用查表法。具体算法如下所示。

```
//--------------------------------------------------------------------------------
const unsigned char CheckTable[256] = {
0x00,0x07,0x0e,0x09,0x1c,0x1b,0x12,0x15,0x38,0x3f,0x36,0x31,0x24,0x23,0x2a,0x2d,
0x70,0x77,0x7e,0x79,0x6c,0x6b,0x62,0x65,0x48,0x4f,0x46,0x41,0x54,0x53,0x5a,0x5d,
0xe0,0xe7,0xee,0xe9,0xfc,0xfb,0xf2,0xf5,0xd8,0xdf,0xd6,0xd1,0xc4,0xc3,0xca,0xcd,
0x90,0x97,0x9e,0x99,0x8c,0x8b,0x82,0x85,0xa8,0xaf,0xa6,0xa1,0xb4,0xb3,0xba,0xbd,
0xc7,0xc0,0xc9,0xce,0xdb,0xdc,0xd5,0xd2,0xff,0xf8,0xf1,0xf6,0xe3,0xe4,0xed,0xea,
0xb7,0xb0,0xb9,0xbe,0xab,0xac,0xa5,0xa2,0x8f,0x88,0x81,0x86,0x93,0x94,0x9d,0x9a,
0x27,0x20,0x29,0x2e,0x3b,0x3c,0x35,0x32,0x1f,0x18,0x11,0x16,0x03,0x04,0x0d,0x0a,
0x57,0x50,0x59,0x5e,0x4b,0x4c,0x45,0x42,0x6f,0x68,0x61,0x66,0x73,0x74,0x7d,0x7a,
0x89,0x8e,0x87,0x80,0x95,0x92,0x9b,0x9c,0xb1,0xb6,0xbf,0xb8,0xad,0xaa,0xa3,0xa4,
0xf9,0xfe,0xf7,0xf0,0xe5,0xe2,0xeb,0xec,0xc1,0xc6,0xcf,0xc8,0xdd,0xda,0xd3,0xd4,
0x69,0x6e,0x67,0x60,0x75,0x72,0x7b,0x7c,0x51,0x56,0x5f,0x58,0x4d,0x4a,0x43,0x44,
0x19,0x1e,0x17,0x10,0x05,0x02,0x0b,0x0c,0x21,0x26,0x2f,0x28,0x3d,0x3a,0x33,0x34,
0x4e,0x49,0x40,0x47,0x52,0x55,0x5c,0x5b,0x76,0x71,0x78,0x7f,0x6a,0x6d,0x64,0x63,
0x3e,0x39,0x30,0x37,0x22,0x25,0x2c,0x2b,0x06,0x01,0x08,0x0f,0x1a,0x1d,0x14,0x13,
```

```
0xae,0xa9,0xa0,0xa7,0xb2,0xb5,0xbc,0xbb,0x96,0x91,0x98,0x9f,0x8a,0x8d,0x84,0x83,
0xde,0xd9,0xd0,0xd7,0xc2,0xc5,0xcc,0xcb,0xe6,0xe1,0xe8,0xef,0xfa,0xfd,0xf4,0xf3};
//校验函数
/ ************************************************************************
函 数 名:SET_CRC8(unsigned char * pBuff,unsigned char Len)
说    明:用于计算字符串的校验位
入口参数:unsigned char * pBuff(校验起始地址),unsigned char Len (CRC8 校验长度
返 回 值:reg(校验位)
************************************************************************ /
unsigned char SET_CRC8 ( unsigned char * pBuff,unsigned char Len )
{
    unsigned char reg, len, t;
    reg = 0;
    len = Len+1;
    while (len --)
    {
     t = CheckTable[reg];
    if ( len )
       {
        reg = * pBuff++;
        }
         Else
       {
         reg = 0;
       }
        reg = reg^t;

    }
    return ( reg );
}
/ ************************************************************************
函 数 名:Compar_ANDCRC8(unsigned char dater[],unsigned char Nember)
说    明:用于判断字符串的校验位,字符串的最后两位为校验位!
入口参数:dater[](需校验的字符串),Nember(字符串的长度)
返 回 值:校验正确返回'R'、错误返回'0X00'
************************************************************************ /
unsigned char Compar_ANDCRC8(unsigned char * pBuff,unsigned char Len)
{   unsigned char reg, len, t;
     reg = 0;
     len = Len+1;
     while (len --)
     {
     t = CheckTable[reg];
```

```
    if ( len ) reg = * pBuff++;
        else reg = 0;
        reg = reg ^ t;
    }
    if( * pBuff==reg)
  return('R');
else
  return(0x00);
```

附 录 B
（资料性附录）
安装地点选择指导意见

B.1 覆冰雪监测系统

覆冰雪监测系统宜安装在以下地点：

a) 迎风山坡、垭口、风道、水面上空等特殊地理环境；

b) 输电线路与冬季主导风向夹角大于45°；

c) 常年重积雪区；

d) 高压输电线路重风口区；

e) 洪水冲刷、不良地质区。

B.2 视频监测系统

视频监测系统宜安装在以下地点：

a) 导线易覆冰区；

b) 洪水冲刷、不良地质区；

c) 火灾易发区；

d) 导线舞动区；

e) 通道树木(竹)易生长区；

f) 线路大跨越区；

g) 线路周围建筑施工等易受外力破坏区；

h) 山川、河流等人员不易到达区；

i) 偏远地区。

B.3 气象监测系统

气象监测系统宜安装在以下地点：

a) 平原中的突起高地，暴露的丘陵顶峰及高海拔地区的迎风山坡、垭口、风道、水面上空等特殊地理环境；

b) 对于输电线路常年积雪区，或积雪时间较长的地区；

c) 沿海地区；

d) 输电线路重要地段；

e) 风口地区。

B.4 杆塔的倾斜监测系统

杆塔的倾斜监测系统宜安装在以下地点：

a) 输电线路重要区段；

b) 输电线路常年重积雪覆冰区；

c) 输电线路大跨越区段；

d) 特殊地理位置区段，如：滑坡区、采空区、水流冲刷区等。

附 录 C
（资料性附录）
安装施工及维护指导意见

C.1 安装

a) 要求可以带电安装，要求施工操作简单方便；
b) 安装后不影响线路的电气安全及机械强度，不影响线路的正常运行；
c) 气象监测设备安装在铁塔地电位的合适部位，不影响铁塔的荷载；
d) 不改变原有结构的对地安全距离和结构强度要求；
e) 安装件应便于装置的固定，防止滚动或者滑动；
f) 安装件采取配套有防松、防盗紧固措施。

C.2 维护指导意见

a) 定期检查输电线路上各个产品的运行状况，包括：摄像机、电源、太阳能板、各个传感器；
b) 定期对安装在野外塔上的摄像机外壳进行灰尘的清理；
c) 定期对铁塔上的太阳能板进行清理；
d) 定期监测电源的容量、耐过充电能力试验、充电性能；
e) 定期检查风速，风向传感器的各个零部件，根据磨损情况及时更换；
f) 定期检查各传感器连接屏蔽电缆是否完好；
g) 检查安装在铁塔上机箱与塔身固定的螺栓是否有松动现象。

ICS 29.080.10
K 48

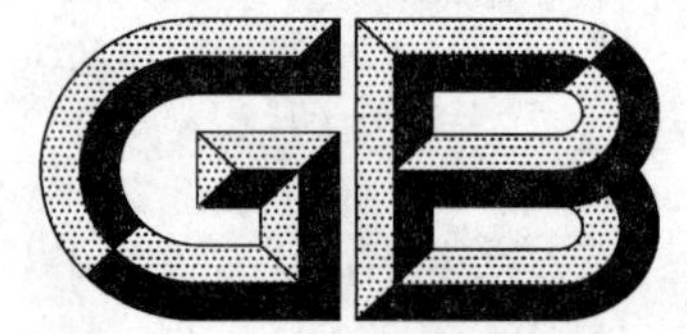

中华人民共和国国家标准

GB/T 25096—2010

交流电压高于1 000 V变电站用电站支柱复合绝缘子 定义、试验方法及接收准则

Composite station post insulators for substations with AC voltages greater than 1 000 V—Definitions, test methods and acceptance riteria

(IEC 62231:2006, Composite station post insulators for substations with a.c. voltages greater than 1 000 V up to 245 kV—Definitions, test methods and acceptance riteria, MOD)

2010-09-02 发布　　2011-02-01 实施

中华人民共和国国家质量监督检验检疫总局
中国国家标准化管理委员会　发布

前 言

本标准修改采用 IEC 62231:2006《交流电压高于 1 000 V～245 kV 的变电站用电站支柱复合绝缘子 定义、试验方法和接收准则》(英文版)。

本标准依据 IEC 62231:2006 重新起草。

除增加了 8.6 和附录 F 外,本标准章条编号与 IEC 62231:2006 的章条编号完全一致。

在采用 IEC 62231:2006 时,本标准做了一些修改。这些技术性差异用垂直单线(|)标识在它们所涉及的条款的页边空白处。

本标准引用了采用国际标准的国家标准。

附录 F 给出了本标准与 IEC 62231:2006 的技术性差异及其原因一览表。

为了便于使用,本标准还做了下列编辑性修改:

a) "本国际标准"一词改为"本标准";

b) 用小数点"."代替作为小数点的逗号",";

c) 删除国际标准的前言。

本标准的附录 A、附录 B、附录 C、附录 E 和附录 F 为资料性附录,附录 D 为规范性附录。

本标准由中国电器工业协会提出。

本标准由全国绝缘子标准化技术委员会(SAC/TC 80)归口。

本标准起草单位:西安高压电器研究院有限责任公司西安电瓷研究所、南通市神马电力科技有限公司、国家绝缘子避雷器质量监督检验中心、国网武汉高压研究院、中国电力科学研究院。

本标准主要起草人:姚君瑞、苏玫、马斌、危鹏、张锐、范建斌。

引　言

电站支柱复合绝缘子由承受机械负荷的实心圆柱体绝缘芯体及外覆在芯体上对芯体起保护作用的弹性物伞套构成，芯体由树脂浸渍纤维制成，机械负荷通过金属附件传递到芯体上。尽管有这些共同特点，但不同制造厂使用的材料和采用的结构仍可能不同。

某些试验集中在一起作为“设计试验”，这类试验对相同设计的绝缘子仅需进行一次，其目的是剔除不适应于高电压用途的结构和材料。时间对电站支柱复合绝缘子及其部件（芯体材料、伞套材料、界面等）机械和电气性能的影响已在规定的设计试验中考虑，以保证其在正常运行条件下有满意的寿命。

本标准采用的弯曲负荷下机械试验方法基于 GB/T 20142—2006。这种方法使用了损伤限概念。损伤限是绝缘子开始出现损伤前能够达到的最大应力。证实用声发射技术测定起始损伤的工作正在进行中。

某些情况下，电站支柱绝缘子要承受组合负荷。作为指导性意见，附录 B 解释了如何计算弯曲、拉伸和压缩负荷组合在绝缘子上产生的等值弯矩。

本标准不包括 GB/T 4585—2004 和 GB/T 22707—2008《直流系统用高压绝缘子的人工污秽试验》规定的污秽试验，因为这些标准对复合绝缘子的适用性尚未得到证实。这样的污秽试验和运行经验的关联尚未建立。复合绝缘子污秽试验方法正在考虑中。

本标准没有考虑把工频电弧试验作为一种必须进行的试验。由于输电网络的结构和杆塔不同，以及电弧保护装置设计不同，试验参数多种多样，结果值也大不相同。金属附件设计中应考虑电弧的加热效应。使用适当设计的电弧保护装置能够避免由短路电流持续引起的金属附件严重损坏。然而，本标准并不排斥经供需双方协议进行电弧试验的可能性。GB/T 25084—2010《标称电压高于 1 000 V 的架空线路用绝缘子串和绝缘子串组　交流工频电弧试验》给出了绝缘子串组电弧试验的细节。

变电站内短路电流引起的冲击（机械）负荷属于典型负荷，支柱绝缘子受其支撑的导体或母线中电流相互作用产生的电动力的影响。

该冲击负荷或负荷峰值可以用 IEC 60865 系列标准中的导则评价。

国际大电网会议（CIGRE）“短路电流的影响”工作正在进行中，其任务是评价变电站中短路电流引起的冲击负荷。这项工作的目的是引入一个新概念：要经常使用的等值静态负荷（ESL）因数。首先，实际峰值负荷可以用峰值负荷乘以 ESL 因数替代。该值在本标准的弯曲强度确定中可以用做 MDCL。

本标准没有规定无线电干扰和电晕试验，因为这两项性能不单纯是绝缘子的特性。

本标准目前没有涉及用空心管作为承力件的电站支柱复合绝缘子。GB/T 21429—2008 给出了空心复合绝缘子试验的细节，其中的许多试验能够用于空心电站支柱复合绝缘子。

交流电压高于 1 000 V 变电站用电站支柱复合绝缘子　定义、试验方法及接收准则

1　范围和目的

本标准适用于电站支柱复合绝缘子，其由实心圆柱体绝缘芯体、伞套（位于实心绝缘芯体的外部）和端部装配件构成。承受负荷的芯体由树脂浸渍纤维制成，伞套由弹性材料（如硅橡胶或乙丙橡胶）制成，端部装配件固定于绝缘子芯体上。本标准所述的电站支柱复合绝缘子承受弯曲、扭转、拉伸和压缩负荷，用于交流电压高于 1 000 V 的变电站。

注：直流系统用电站支柱复合绝缘子可以参照执行。

本标准的目的是：

——定义所用的术语；

——规定试验方法；

——规定接收或不合格准则。

本标准不包含特殊运行条件下选用绝缘子的要求。

2　规范性引用文件

下列文件中的条款通过本标准的引用而成为本标准的条款。凡是注日期的引用文件，其随后所有的修改单（不包括勘误的内容）或修订版均不适用于本标准，然而，鼓励根据本标准达成协议的各方研究是否可使用这些文件的最新版本。凡是不注日期的引用文件，其最新版本适用于本标准。

GB/T 1182—2008　产品几何技术规范（GPS）几何公差　形状、方向、位置和跳动公差标注（ISO 1101:2004，IDT）

GB/T 2900.8　电工术语　绝缘子（GB/T 2900.8—2009，IEC 60050-471:2007，IDT）

GB/T 6553—2003　评定在严酷环境条件下使用的电气绝缘材料耐电痕化和蚀损的试验方法（IEC 60587:1984，IDT）

GB/T 8287.1—2008　标称电压高于 1 000 V 系统用户内和户外支柱绝缘子　第 1 部分：瓷或玻璃绝缘子的试验（IEC 60168:2001 Test on indoor and outdoor post insulators of ceramic material or glass for systems with nominal voltage greater 1 000 V，MOD）

GB/T 16927.1—1997　高电压试验技术　第 1 部分：一般试验要求（eqv IEC 60060-1:1989）

GB/T 18851.1—2005　无损检测　渗透检测　第 1 部分：总则（ISO 3452:1984，IDT）

GB/T 22079—2008　标称电压高于 1 000 V 使用户内和户外聚合物绝缘子　一般定义、试验方法和接收准则（IEC 62217:2005，MOD）

3　术语和定义

下列术语和定义适用于本标准。

3.1

电站支柱复合绝缘子　composite station post insulator

由承受负荷的圆柱体实心绝缘芯体、伞套和固定在绝缘芯体上的端部装配件构成的支柱绝缘子。

3.2

芯体（绝缘子的） core (of an insulator)

绝缘子中心绝缘部件，提供机械性能。

注：伞套和伞不是芯体的一部分。

[GB/T 2900.8 471-01-03]

3.3

伞套 housing

复合绝缘子外绝缘件，提供必要的爬电距离并保护芯体免受环境影响。

注：用绝缘材料制成的中间护套可以是伞套的一部分。

[GB/T 2900.8 471-01-09]

3.4

伞套形状 housing profile

电站支柱复合绝缘子的伞套形状和尺寸包括：

——伞伸出；

——伞根厚度和伞边缘厚度；

——伞间距；

——伞交替形式；

——伞倾角。

3.5

伞（绝缘子的） shed (of an insulator)

绝缘子主体上突出的绝缘部分，用以增加爬电距离。

注：伞可以带棱，也可不带棱。

[GB/T 2900.8 471-01-15]

3.6

绝缘子主体 insulator trunk

绝缘子的中间绝缘部分，伞由此伸出。

注：对较小的绝缘子称作杆体。

[GB/T 2900.8 471-01-11]

3.7

爬电距离 creepage distance

在绝缘子正常施加运行电压的导电部件之间沿其表面的最短距离或最短距离之和。

注 1：水泥或其他非绝缘的胶合材料表面不能计入爬电距离。

注 2：若在绝缘子的绝缘件上施有高阻层，该绝缘件视为有效绝缘表面，其表面距离计入爬电距离。

[GB/T 2900.8 471-01-04]

3.8

电弧距离 arcing distance

绝缘子在正常带有运行电压的两个金属部件之间外部空间的最短距离。

[GB/T 2900.8 471-01-01]

注：也使用术语“干弧距离”。

3.9

界面 interface

不同材料之间的表面。

注：在大多数复合绝缘子中存在许多界面，如：

——伞套与端部装配件之间；

——伞套的各部分之间：例如，伞间，或护套与伞之间；

——芯体与伞套之间。

[GB/T 22079—2008]

3.10

端部装配件 end fitting

绝缘子的组成元件或构成部件，用于将绝缘子连接至支持结构、导体、设备或另一绝缘子。

注：如果端部装配件为金属材质，一般使用“金属附件”这一术语。

[GB/T 2900.8 471-01-06，删除注 2]

3.11

连接区 connection zone

绝缘体和端部装配件间传递机械负荷的区域。

[GB/T 22079 2008]

3.12

联接区 coupling

端部装配件将机械负荷从外部构件传递到绝缘子上的部分。

[GB/T 22079—2008]

3.13

起痕 tracking

由在绝缘材料的表面上起始并发展成导电通道而形成的一种不可逆劣化过程。

注：这种通道甚至在干燥状态下也导电。

[GB/T 22079—2008]

3.14

蚀损 erosion

绝缘子表面出现材料损失而形成的非导电性不可逆的劣化。蚀损可能是均匀的，也可能是局部的或树枝状的。

注：如同瓷绝缘子那样，局部闪络后聚合物绝缘子上通常也会出现轻微的树枝状痕迹。这种痕迹只要不导电就无关紧要，若导电即属于起痕。

[GB/T 22079—2008]

3.15

剥层(芯体的) delamination (of the core)

芯体中纤维和基料之间结合失效。

3.16

开裂 crack

深度超过 0.1 mm 的任何开裂或表面裂纹。

[GB/T 22079—2008]

3.17

规定弯曲负荷 specified cantilever load

SCL

在规定试验条件下绝缘子能够耐受的弯曲负荷等级。

3.18

最大设计弯曲负荷 maximum design cantilever load

MDCL

运行中不应超过的弯曲负荷值,超过此值芯体开始出现损伤。

3.19

规定扭转负荷 specified torsion load

SToL

在规定试验条件下绝缘子能够耐受的扭转负荷等级。

3.20

最大设计扭转负荷 maximum design torsion load

MDToL

运行中不应超过的扭转负荷值,超过此值芯体开始出现损伤。

3.21

规定拉伸负荷 specified tension load

STL

在规定试验条件下绝缘子能够耐受的拉伸负荷等级。

3.22

最大设计拉伸负荷 maximum design tension load

MDTL

运行中不应超过的拉伸负荷值,超过此值芯体开始出现损伤。

3.23

规定压缩负荷 specified compression load

SCoL

在规定试验条件下绝缘子能够耐受的压缩负荷等级。

3.24

挠曲负荷 buckling load

导致绝缘子芯体产生挠曲的压缩负荷。

3.25

最大设计压缩负荷 maximum design compression load

MDCoL

运行中不应超过的压缩负荷值,超过此值芯体开始出现损伤。

3.26

破坏负荷(电站支柱复合绝缘子的) failing load (of a composite station post insulator)

规定试验条件下达到的最大负荷。

注:芯体损伤可能在低于绝缘子破坏负荷时出现。

3.27

总高 overall length

从绝缘子一端金属附件端面到另一端金属附件端面的距离。

3.28

击穿(绝缘子的) puncture (of an insulator)

穿过绝缘子固体绝缘材料,使其绝缘强度永久丧失的一种破坏性放电。

[GB/T 2900.8-01-14]

3.29

残余偏移 residual deflection

施加负荷前在绝缘子顶部测得的起始偏移与负荷释放后在绝缘子顶部测得的最终偏移之差。

注:残余偏移可能和负荷持续时间,以及负荷释放和偏移测量之间的间隔时间有关。

3.30

残余角偏差 residual angular displacement

施加扭转负荷前和释放扭转负荷后测得的绝缘子相对应的端部装配件之间的角度偏差之差。

注:残余角偏差可能和扭转负荷持续时间,以及扭转负荷释放和角偏差测量之间的间隔时间有关。

4 标志

绝缘子制造商应在图样上标明相关尺寸和适应的制造公差,以及按照本标准检查和试验时必要的参数值,同时应标明相应标准规定的型号。

每一个绝缘子上均应标出绝缘子的制造商名称或商标、制造年份、最大设计弯曲负荷(MDCL)或相应标准规定的型号。这些标志应清晰牢固,不易脱落。

注:目前尚无标准规定电站支柱复合绝缘子的型号。

5 环境条件

见 GB/T 22079—2008。

6 运输、储存和安装信息

见 GB/T 22079—2008。

7 试验分类

试验分为以下4种:

7.1 设计试验

设计试验用来验证绝缘子的设计、材料和制造方法(工艺)是否适宜(见附录A关于损伤限的概念)。电站支柱复合绝缘子的设计由以下因素确定:

——芯体和伞套材料,以及制造方法;

——端部装配件材料,以及其结构和固定方法;

——芯体上伞套层厚度(如有,则包括护套);

——芯体直径。

当设计变化时,应按表1规定重新验证。

某一电站支柱复合绝缘子提交设计试验时,试验结果仅对该种设计的绝缘子有效。和该被试绝缘子相比满足下列所有特性的绝缘子均属于该种设计绝缘子。

a) 芯体和伞套材料相同,并且制造方法相同;

b) 金属附件材料、结构相同,并且固定方式相同;

c) 芯体上伞套最小厚度(如有护套,则包括其厚度)相同或较大,差别在±15%范围内;

d) 各种机械负荷下的应力相同或较小;

e) 芯体横截面直径相同或较大;

f) 伞形参数相同，见表1脚注。

表1 设计变化后要重新进行的试验

设计变化因素		重新进行的设计试验项目								
		8.2	8.3	GB/T 22079—2008						8.6
				9.3.1	9.3.2	9.3.3	9.3.4	9.4.1	9.4.2	
		界面和端部装配件连接	组装后芯体负荷试验	硬度试验	加速气候试验	起痕和蚀损试验	可燃性试验	染料渗透试验	水扩散试验	材料起痕和蚀损试验
1	伞套材料	×		×	×	×	×			×
2	伞套形状[a]					×				
3	芯体材料	×	×					×	×	
4	芯体直径	×	×					×	×	
5	制造方法	×	×	×	×	×		×	×	×
6	端部装配件材料	×	×							
7a	端部装配件连接区设计	×	×							
7b	端部装配件联接区设计									
7c	芯体、伞套和端部装配件间界面设计	×	×							
8	端部装配件和芯体的连接方法	×	×							

[a] 在下列范围内伞套形状的变化不构成差别：
伞伸出：±10%；
伞间距：±10%；
直径：+15%，−0%；
平均伞倾角：±3°；
伞根厚和伞尖厚：±15%；
伞交替形式：相同。

7.2 型式试验

型式试验的目的是验证电站支柱复合绝缘子的主要特性，而这些特性又主要取决于绝缘子的形状和尺寸。型式试验应在复合绝缘子已通过设计试验后进行。电站支柱复合绝缘子仅当其型式有变化时，才重新进行型式试验。

绝缘子的电气型式由以下特性确定：

——电弧距离；

——爬电距离；

——伞套形状。

满足上述特性条件的同一类绝缘子电气上属于同一型式，其电气型式试验仅进行一次。如果引弧或均压装置是该型式绝缘子的主要部件，电气型式试验应在装有这些部件的绝缘子上进行。

仅当上述特性中有一项或多项变化时，电气型式试验才重新进行。

绝缘子的机械型式由以下特性确定：

——长度(仅对压缩和挠曲耐受试验)；

——芯体直径和材料；

——端部装配件设计和固定方法。

满足上述特性条件的同一类绝缘子机械上属于同一型式，其机械型式试验仅进行一次。仅当上述特性中有一项或多项变化时，机械型式试验才重新进行。

7.3 抽样试验

抽样试验的目的是验证电站支柱复合绝缘子由制造质量和所用材料质量决定的特性。试品应从提交验收的绝缘子中随机抽取。

7.4 逐个试验

逐个试验的目的是剔除存在制造缺陷的电站支柱复合绝缘子，应对提供的每个绝缘子试验。

注：在某些情况下，对一种新结构的电站支柱复合绝缘子，其设计试验、型式试验、抽样试验和逐个试验的集合称为“定型试验”。

8 设计试验

8.1 总则

设计试验仅做一次，并将结果记录在试验报告中。适宜时，试验的每一部分都可以用新试品独立进行。仅当所有绝缘子或试品通过全部设计试验项目时，才认为该特定设计的电站支柱复合绝缘子通过了设计试验。

8.2 界面和端部装配件连接试验

见 GB/T 22079—2008。

8.2.1 试品

试品数量 4 只，其中 1 只为参考试品，其余见 GB/T 22079—2008。

8.2.2 参考电压和验证试验的温度

见 GB/T 22079—2008。

8.2.3 参考干工频试验

见 GB/T 22079—2008。

8.2.4 热机械预应力

3 只试品应经受两个方向相反的机械负荷和温度循环，如图 1 所示。24 h 温度循环应重复两次。每个温度循环包含 +50 ℃±5 K 和 −35 ℃±5 K 两个温度水平，在每个温度水平应分别至少持续 8 h。低温期温度应至少比高温期实际温度低 85 K。该预应力试验可以在空气中或在其他适宜的介质中进行。

施加的负荷对应于绝缘子试品的 MDCL 值。

该负荷应垂直于绝缘子的轴线，并尽可能接近运行负荷的施加点，即直接在运行导体的位置施加或在附件固定点施加。如果负荷施加点不在上述位置，应对施加负荷进行校正，以使绝缘子底部产生与在上述负荷点施加 MDCL 同样的弯矩。试验中施加于试品的弯曲负荷的方向应反转一次，一般在第一循环完成后，冷却经过环境温度时反转，如图 1 所示。

根据负荷方向反转和试验设备维护的需要，本试验可以中断，但中断总持续时间不超过 2 h。任一次中断后，试验都应从该中断循环的起点重新开始。

注：本预应力试验中的温度和负荷并不代表运行条件，其目的是在绝缘子的各界面上产生特定的可再现的应力。

8.2.5 水煮试验

见 GB/T 22079—2008。

8.2.6 验证试验

陡波前冲击电压试验的电压陡度为 1 000 kV/μs～1 500 kV/μs，其余见 GB/T 22079—2008。

8.3 装配后的芯体负荷试验

极端运行温度可能影响复合绝缘子的机械性能。目前定义绝缘子温度为“极高”或“极低”并不现实，因而供方应规定运行温度的限制范围。

注：只要绝缘子长时间承受“极高”或“极低”温度，建议经供需双方协议在比本标准描述的温度低或高的温度下做机械试验。

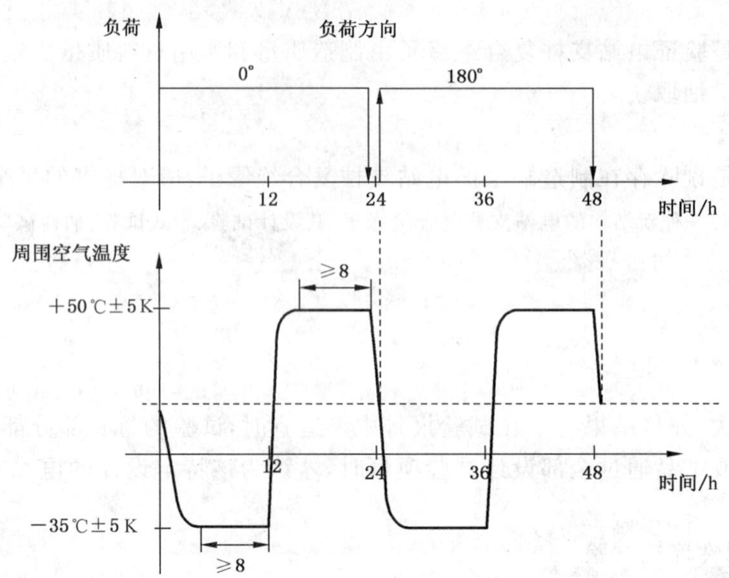

图 1 热机械预应力试验——典型循环

8.3.1 最大设计弯曲负荷(MDCL)验证试验

8.3.1.1 试验程序

选取 3 只在生产线上制造并使用标准端部装配件的绝缘子。如果制造商的设备能力允许,绝缘子的总高应至少为芯体直径的 8 倍,否则应尽可能接近该长度范围。

绝缘子下部附件须刚性固定,在 20 ℃±10 K 温度下平缓加载到 1.1 倍 MDCL,保持 96 h。负荷应施加于绝缘子导线安装位置,并垂直于导线延伸方向和绝缘子芯体。

在 24 h、48 h、72 h 和 96 h,应测量负荷施加点绝缘子的偏移作为附加信息。

卸除负荷后,应按下列步骤检查:

——目测检查下部附件是否开裂或出现永久变形;

——检查端部装配件的螺栓是否可以继续使用;

——若有必要,测量残余偏移。

在离下部附件约 50 mm 处沿与芯体轴线呈 90°方向切断每只绝缘子,然后在前述施加弯曲负荷方向线与绝缘子轴线组成的平面上把下部附件沿轴向切成两半。切割面应用 180 目的细纱布打磨光滑。

——观测切开的两半是否有开裂和剥离;

——按照 GB/T 18851.1—2005 对切开的两个表面进行染料渗透试验,以检查其是否开裂。

8.3.1.2 判定准则

如果没有出现任何开裂、永久变形或剥离,则本试验合格。

8.3.2 最大设计扭转负荷(MDToL)验证试验

8.3.2.1 试验程序

选取 3 只在生产线上制造并使用标准端部装配件的绝缘子。如果制造商的设备能力允许,绝缘子的总高应至少为芯体直径的 8 倍,否则应尽可能接近该长度范围。

在 20 ℃±10 K 温度下平缓加载到 1.1 倍 MDToL,保持 30 min。施加的负荷不应产生弯矩,并垂直于绝缘子芯体轴线。30 min 时测量角偏差,作为附加信息。可以接受的角偏差值应经供需双方协议。

注:扭转试验中,角偏差与端部装配件之间芯体的长度成正比。

试验布置示例于附录 C。

卸除负荷后,应按下列步骤检查:

——如果需要,测量残余角偏差;
——目测检查端部装配件是否开裂或出现永久变形;
——检查端部装配件的螺栓是否可以继续使用;
——在离两端部装配件约 50 mm 处沿与芯体轴线呈 90°方向切断每只绝缘子,然后再于中段的中间部位切断;
——用 180 目细纱布把切割面打磨光滑;
——观测切割面是否有开裂和剥离;
——按照 GB/T 18851.1—2005 对切割面进行染料渗透试验,以检查其是否开裂或剥离。

8.3.2.2 判定准则

如果没有出现任何开裂、永久变形或剥离,则本试验合格。

8.3.3 规定拉伸负荷验证试验

8.3.3.1 试验程序

选取三只在生产线上制造并使用标准端部装配件的绝缘子。如果制造商的设备能力允许,绝缘子的总高应至少为芯体直径的 8 倍,否则应尽可能接近前述长度范围。

拉伸负荷的施加方向应与绝缘子芯体轴线一致。在 20 ℃±10 K 温度下,负荷首先应迅速平稳地从零增加到约 75%STL,然后在 30 s~90 s 时间内平缓增加,直至达到 STL。如果所用时间不足 90 s,则应保持 100%负荷至达到 90 s。

8.3.3.2 判定准则

如果没有出现下列情况,则本试验合格:
——芯体从端部装配件中拉出滑动;
——端部装配件破坏。

8.4 伞和伞套材料试验

见 GB/T 22079—2008。

8.5 芯体材料试验

见 GB/T 22079—2008。

该试验时试样可以带有伞套或不带有伞套。

8.6 伞套材料耐漏电起痕性和耐电蚀损试验

8.6.1 试样

试样可在进行了本标准 8.3.1 试验后的绝缘子(也可在正常生产线上的绝缘子)上按如下方法取得:

8.6.1.1 裁取胶片

在绝缘子较大伞裙上裁取胶片,胶片表面应没有或存在较小的划伤、凸起、凹坑、气泡、标记、修补痕迹等缺陷。胶片数量应不少于 5 片。

8.6.1.2 修整胶片

将胶片修整成长度不小于 60 mm,宽度 40 mm~50 mm,厚度 2 mm~6 mm 的形状,修整时应尽可能少地裁削胶片,并且进行厚度修整时只能对其一面(一般为倾斜角较大的一面)切削,胶片的边沿可以不是直线,但应在以上规定的范围内。

8.6.1.3 压制试样

将裁好的胶片放置于试样制备模具中,放置时应使胶片处于模具中间,未修面紧贴模具底面,然后均匀放置适量胶料(此胶料应与伞裙胶料相同或相近),按混炼胶硫化工艺成型、制样,制备的试样表面应无裂痕,未修整表面中部不应有制样用胶料,必要时可在待试样亲和界面涂偶联剂。压制的试样尺寸应满足 GB/T 6553—2003 的要求。

8.6.2 安装试样

将未修整面按 GB/T 6553—2003 要求打磨处理。安装时，应将长度方向上裁取胶片较靠近底边的一端联接高压电极，且此电极应在未修整面上，上下电极间至少 65％的面积应为待试样。

8.6.3 试验和试验结果判定

试验方法和结果判定依据 GB/T 6553—2003，试验采用恒压法 A，耐受电压 4.5 kV，蚀损深度不应大于 2.5 mm。试验结果仅当蚀损区域在裁取的伞裙胶片内有效(蚀损深度大于 2.5 mm 的部分可以是制样用胶料)，否则应重新补做该号试品。

注：如果绝缘子的外套裁取不到以上规格的胶片时，应采用正常生产使用的胶料，按正常生产的硫化条件制成符合 GB/T 6553—2003 规定的试样。

9 型式试验

型式试验应选取在生产线上制造并使用标准端部装配件的绝缘子。

9.1 尺寸检查

除非另有规定，对没有标注公差的尺寸允许有下列公差：

若 $d \leqslant 300$ mm　　$\pm(0.04d+1.5)$mm

若 $d>300$ mm　　$\pm(0.025d+6)$mm，最大不超过 50 mm

式中：

d——被测尺寸，单位为毫米(mm)。

爬电距离测量以绝缘子图样设计尺寸及其规定的公差为准，即使其大于买方要求的爬电距离也是这样。如果规定了最小爬电距离，则负公差为零。

端面平行度、偏心度[1)]、上下安装孔角度偏差的公差在附录 D 中给出。

9.2 电气试验

9.2.1 和 9.2.2 所列电气试验时绝缘子的安装应尽可能接近绝缘子的实际运行情况，可以垂直或水平安装。绝缘子如果在运行中装有均压装置，试验时也应安装均压装置。

长度居中的绝缘子的电气试验结果可以用已有绝缘子电气试验的结果采用内插法获得，条件是只要作为试验结果内插法两端点的绝缘子电弧距离之比小于或等于 1.5 即可，不允许使用外推法。

9.2.1 干雷电冲击电压试验

支柱绝缘子应在 GB/T 8287.1—2008 中 4.1、4.2 和 4.4.1 规定的条件下试验。应调整冲击发生器产生 1.2/50 冲击波(见 GB/T 16927.1—1997)。

应使用正、负两种极性冲击波。然而，若有证据表明某一极性冲击的闪络电压低于另一极性冲击，则用该极性冲击即可。

常用两种雷电冲击试验程序：

——15 次冲击耐受电压程序；

——50％闪络电压程序。

注：50％闪络电压程序给出的信息更多。

试验程序选择应经供需双方协议。

9.2.1.1 使用耐受电压程序的耐受电压试验

耐受电压试验应对支柱绝缘子施加 15 次冲击，施加的规定电压应按试验时的大气条件校正(见 GB/T 8287.1—2008 中 4.2.2)。

接收准则如下：

---

1) 在国内某些标准和实际使用中，也称为上下附件安装孔中心圆轴线间最大偏差。

——如果每 15 次连续冲击中闪络次数不超过 2 次，则电站支柱绝缘子通过了本试验。

试验中电站支柱绝缘子不应损坏，但允许伞套表面有轻微痕迹。

9.2.1.2 使用 50%闪络电压程序的电压试验

应从 50%雷电冲击闪络电压计算雷电冲击耐受电压，而前者用 GB/T 16927.1—1997 所述的升降法测定。

50%雷电冲击电压应按 GB/T 8287.1—2008 中 4.2.2 校正。

接收准则如下：

如果 50%雷电冲击闪络电压不小于$[1/(1-1.3\sigma)]=1.040$倍规定雷电冲击耐受电压，则电站支柱绝缘子通过本试验。

式中：σ 是标准偏差，假设等于 3%。

试验中电站支柱绝缘子不应损坏，但允许伞套表面有轻微痕迹。

9.2.2 湿工频耐受电压试验

9.2.2.1 试验程序

试验回路参照 GB/T 16927.1—1997。

电站支柱绝缘子应在 GB/T 8287.1—2008 中 4.1、4.2、4.3 和 4.4.1 规定条件下试验。

施加到电站支柱绝缘子上的试验电压应是按试验时大气条件校正过的湿工频耐受电压(见 GB/T 8287.1—2008 中 4.2.2)，持续时间 1 min。为获得更多信息，可以升高电压直到闪络。

9.2.2.2 接收准则

试验中若不出现闪络或击穿，则电站支柱绝缘子通过本试验。

注：如果被试绝缘子闪络，校验淋雨条件后可以对同一元件进行第二次试验。

9.2.2.3 湿工频闪络电压试验

为获取信息，经供需双方协议可以逐渐升高电压测定电站支柱绝缘子的湿闪络电压。测定时，从湿工频耐受电压的 75%以该电压的 2%每秒的速率升压。湿闪络电压是五次连续读数的平均值，将该值校正到标准大气条件(见 GB/T 8287.1—2008 中 4.2.2)后记录。

9.3 机械试验

9.3.1 弯曲破坏负荷试验

长度居中的绝缘子的机械试验结果可以用已有绝缘子机械试验的结果采用内插法获得，只要作为试验结果内插法两端点的绝缘子弯曲力臂之比小于或等于 1.5 即可。不允许使用外插法。

本试验在 20 ℃±10 K 温度下进行，用于测定整只电站支柱绝缘子的破坏负荷。

9.3.1.1 试品

应选择三只在生产线上制造，并使用标准下部附件的绝缘子。

9.3.1.2 试验程序

有必要使用特制螺栓把底板牢固地固定在试验夹具上。弯曲负荷应迅速平稳地从零增加到约 75%规定弯曲负荷(SCL)，然后在 30 s～300 s 之间逐步增加到芯体或端部装配件出现破坏。应注意保持负荷施加方向，尽可能使施加负荷方向与未施加负荷时绝缘子的轴线方向保持垂直。

9.3.1.3 判定准则

3 只试品的破坏负荷值均应大于 SCL。

注：试验中使其断裂的最大负荷被称为电站支柱复合绝缘子的机械破坏负荷，并将破坏状态记录在试验报告中。

9.3.2 规定拉伸负荷试验

本试验在 20 ℃±10 K 温度下进行，用于测定整只电站支柱绝缘子的规定拉伸负荷。本试验可以使用短绝缘子。

9.3.2.1 试品

应选择3只在生产线上制造，并使用标准端部装配件的绝缘子。

9.3.2.2 试验程序

拉伸负荷应施加于绝缘子的轴线方向，迅速平稳地从零升高到大约规定拉伸负荷(STL)的75%。然后在30 s～90 s时间内负荷平缓增加，直至达到STL。如果所用时间不足90 s，则应保持100%负荷至达到90 s。

9.3.2.3 接收准则

芯体没有部分或全部从端部装配件中拉出。

端部装配件没有破坏。

9.3.3 压缩和挠曲耐受负荷试验

仅当实际运行机械负荷主要是压缩负荷时，经供需双方协议，才要求做本试验。

本试验在20 ℃±10 K温度下进行，用于测定整只电站支柱绝缘子的耐受负荷。

9.3.3.1 试品

应选择一只在生产线上制造，并使用标准端部装配件的绝缘子。

9.3.3.2 试验程序

运行中，电站支柱绝缘子的连接属于附录E中1～4四种情况之一。据此，试验室试验时支柱绝缘子承受的压缩负荷均沿其轴线方向。

试验负荷为规定压缩负荷(SCoL)乘以附录E中的校正系数CF。

施加的负荷应在90 s内迅速平稳地从零升高到大约该支柱绝缘子试验负荷的75%，然后在30 s～300 s时间内逐步增加到试验负荷。

应注意保持负荷施加方向，尽可能使施加负荷方向与未施加负荷时绝缘子的轴线方向接近。有必要使用特制螺栓或固定装置使端部装配件和试验装置保持牢固连接。

9.3.3.3 接收准则

绝缘子应能耐受试验负荷，没有可见损坏。

10 抽样试验

10.1 总则

抽样试验应抽取E1和E2两组样本，样本大小如表2所示。如果提交验收的绝缘子超过2 000只，应将其合理划分成几批，每批数量少于2 000只，试验结果应分批评价。

样本应随机抽取，买方有权抽取。抽取的样本应进行相应的抽样试验。

抽样试验包括：

——尺寸检查 (E1+E2)

——镀锌层试验 (E1+E2)

——规定机械负荷验证 (E1)

如果抽样试验中有一只不合格，应采用本标准10.5的程序进行重复试验。

仅当镀锌层试验采用磁力法时，试验后的样本中也只有E2才能在运行中使用。

10.2 尺寸检查(E1+E2)

尺寸检查应检查全部抽取的绝缘子，并按图样规定值及其几何、形状和位置公差进行。如果图样中未规定公差，则其公差应按附录D和9.1的规定执行。图样可以标明在哪两点之间测量爬电距离。

爬电距离测量当从绝缘子图样确定时，应按图样设计尺寸检查，即使本标准的规定大于买方最初规定值。若爬电距离规定为最小值，则负公差为零。

表 2 抽样试验的样本数量(只)

批量(N)	样本量	
	E1	E2
$N \leqslant 100$	协议	
$100 < N \leqslant 300$	2	1
$300 < N \leqslant 2\ 000$	4	3

10.3 镀锌层试验(E1+E2)

试验应按 GB/T 8287.1—2008 对所有镀锌部件进行。

10.4 规定机械负荷验证(E1)

10.4.1 规定弯曲负荷(SCL)验证(E1/2)

10.4.1.1 试验程序

有必要使用特制螺栓把下部附件牢固安全地固定到试验夹具上。弯曲负荷应施加在绝缘子的导体安装部位,并与导体和绝缘子芯体垂直。

负荷应迅速平稳地从零增加到约 75% SCL,然后在 30 s~90 s 时间内逐步增加到 SCL。如果第二步加载过程不足 90 s,则应保持负荷至达到 90 s。

10.4.1.2 判定准则

如果在 SCL 下能够保持所要求的时间,则本试验通过。

为了从试验中获取更多信息,可以升高负荷直至绝缘子芯体或金属附件破坏,并记录破坏负荷值和破坏状态。

10.4.2 规定拉伸负荷(STL)验证(E1/2)

10.4.2.1 试验程序

拉伸负荷应施加于绝缘子的轴线方向,迅速平稳地从 0 kN 升高到大约规定拉伸负荷(STL)的 75%。然后在 30 s~90 s 时间内负荷平缓增加,直至达到 STL。如果所用时间不足 90 s,则应保持 100%负荷至达到 90 s。

10.4.2.2 接受准则

芯体没有部分或全部从端部装配件中拉出。

端部装配件没有破坏。

10.5 重复试验程序

如果抽样试验中仅有一只绝缘子或金属附件不满足要求,应抽取初次样品数量的两倍进行重复试验。重复试验应包含初次试验时未通过的试验项目。

如果抽样试验中两只及两只以上绝缘子或金属附件不满足要求,或重复试验中任意一项不满足要求,则该批绝缘子不符合本标准,应由制造商收回。

若能清楚地识别不合格原因,允许制造商对该批绝缘子进行拣选,以剔除具有这种缺陷的绝缘子。经拣选后的这批绝缘子可以再次提交试验,抽取的样品数量为首次的 3 倍。如果试验中有任一绝缘子不满足要求,则该批绝缘子不满足本标准。

11 逐个试验

11.1 电站支柱绝缘子的标志

每只绝缘子均应标有制造商名称或商标、制造年份。另外,每只绝缘子的标志均应满足第 4 章要求。这些标志应清晰牢固。

11.2 外观检查

对每只绝缘子均应进行检查。端部装配件的安装应符合图样要求。绝缘子的颜色应和图样规定大致相同。

允许绝缘子表面上有下述缺陷：单个面积小于 25 mm^2 的缺陷（总缺陷面积不应超过绝缘子表面总面积的 0.2%），深度或高度小于 1 mm。

11.3 拉伸负荷试验

每只绝缘子均应在环境温度下进行拉伸负荷试验，负荷值至少为 STL 的 50%，持续时间至少 10 s。绝缘子的规定拉伸负荷如果没有给出，应假设至少为 10 kN。

芯体不应从端部装配件中拉出。

附 录 A
（资料性附录）
机械负荷及其试验的说明

本附录介绍了本标准要求的各种机械试验。

A.1 设计试验

对于某一类电站支柱绝缘子，最大设计弯曲应力或最大设计弯矩（通常分别用MPa或N·m表示）限制其弯曲负荷。芯体和端部装配件决定电站支柱绝缘子的类别，而每一类别中可以包含不同长度的绝缘子。

最大设计弯曲应力是绝缘子可以使用的最大弯曲应力，它对应于MDCL。对于某一类电站支柱绝缘子，用96 h弯曲负荷试验验证芯体能够经受最大设计弯曲应力而不损伤。这一试验（设计试验）对每一类绝缘子仅须选取一只具有代表性长度的绝缘子进行一次。

若扭转负荷为主，30 min扭转负荷试验验证芯体能够经受最大设计扭转负荷而不损伤。

另外，拉伸负荷试验用来验证端部装配件的设计及其固定方法。

A.2 型式试验

芯体直径、绝缘子连接长度以及端部装配件的固定方法从机械上确定了电站支柱绝缘子的型式。每一型式电站支柱绝缘子均以最大设计弯曲负荷（MDCL，以kN表示）表征，它通常由设计的MDCL验证试验用内插法获得。对于每种电站支柱绝缘子，表征的MDCL是使用负荷的极限。本标准不包含验证每一种绝缘子的MDCL的试验，因为这样的型式试验费时且不经济。

弯曲破坏负荷用短时负荷型式试验确定。本标准要求弯曲破坏负荷值高于规定弯曲负荷值（SCL），SCL是绝缘子的短时耐受强度。弯曲破坏负荷试验证明在规定弯曲负荷下芯体或端部装配件没有破坏，尽管此时芯体可能已经出现损伤。

压缩或挠曲试验验证芯体能够经受规定压缩负荷而无可见损伤。

A.3 抽样试验

短时弯曲负荷试验纳入抽样试验，以验证绝缘子的规定弯曲负荷（SCL）。拉伸负荷（STL）试验验证端部装配件和芯体结合是否恰当，以及绝缘子是否能够耐受规定负荷。这些试验的试品是批量生产并装有常规端部装配件的完整绝缘子，执行起来简单而且相对迅速。

A.4 逐个拉伸试验

本试验用来代替逐个弯曲试验。本试验可以部分验证生产中端部装配件固定是否牢固和对棒形悬式复合绝缘子进行的逐个拉伸试验相同。其理由是电站支柱复合绝缘子和瓷绝缘子的不同之处在于不是用脆性材料制成的，用MDCL之下的任一负荷值进行逐个弯曲试验都不会得到有用的信息。

与悬式绝缘子不同，由于某些绝缘子端部装配件和安装底座的结构会使施加于绝缘子上的拉伸负荷不平衡，使得本试验更为困难。应仔细采取措施，保证负荷施加于绝缘子的轴线上。

附　录　B
（资料性附录）
弯曲和压缩（拉伸）组合负荷下等值弯矩的确定

B.1　引言

本附录为压缩负荷不为主导，并且不会导致挠曲的电站支柱绝缘子提供应用导则，也认为扭转负荷对绝缘子的组合负荷没有显著影响。

本附录不包含压缩负荷和（或）扭转负荷与弯曲负荷相比占主导地位的情况。

若在电站支柱绝缘子上弯曲负荷为主导，同时施加的压缩（或拉伸）负荷产生的附加应力对相应应力的影响值得注意。组合负荷对应的弯矩不会超过 MDCL 对应的弯矩。

以下给出了电站支柱绝缘子承受组合负荷时计算近似等值弯矩的信息。

计算时使用下列符号：

C_o、T、C	施加的压缩、拉伸和弯曲负荷（N）；
M_C	压缩负荷在支柱绝缘子上产生的弯矩；
M_T	拉伸负荷在支柱绝缘子上产生的弯矩；
d	施加负荷点到下部金属附件顶端边缘的距离（m）；
E	纵向杨氏模量（Pa 或 Nm^{-2}）；
I	芯体的转动惯量（m^4）（对直径为 D 的实心圆棒　$I=\pi d^4/64$）

注：杨氏模量和转动惯量（或芯体实际直径）值由制造商提供。

B.2　最大允许弯矩：M_{max}

由电站支柱复合绝缘子的最大设计弯曲负荷导出其最大允许弯矩 $M_{max}=MDCL\times d$，这一弯矩对应的最大应力对绝缘子芯体不应产生任何损伤。

最大组合应力是由同时施加的弯曲和压缩（或拉伸）负荷导致的最大应力。运行中各种负荷的组合导致的弯矩不大于 MDCL 导致的弯矩。

B.3　电站支柱绝缘子的组合负荷

下列公式用于确定绝缘子承受单一或组合负荷时的弯矩。应当注意到这些公式的准确性取决于试验时的偏移量。弯矩越接近 MDCL，其准确度越小。

也应该注意到即使绝缘子上的弯矩处于可以接受的水平，也能导致在端部装配件或其他附件上的应力处于危险应力水平。

a)　压缩状态

负荷的弯曲分量（C）给绝缘子施加一弯矩，压缩负荷（C_o）为施加于绝缘子头部并指向绝缘子底部的负荷。这二个力产生的弯矩由下式给出：

$$M_{C_o}=\left[\frac{C^2EI}{C_o}\right]^{\frac{1}{2}}\tan\left[d\left(\frac{C_o}{EI}\right)^{\frac{1}{2}}\right] \qquad \text{(B.1)}$$

使用中 M_{C_o} 不应超过 M_{max}。

b)　拉伸状态

负荷的弯曲分量（C）给绝缘子施加一弯矩，拉伸负荷（T）为施加于绝缘子头部并指向离开绝缘子下部的负荷。这二个力产生的弯矩由下式给出：

$$M_T = \left[\frac{C^2EI}{T}\right]^{\frac{1}{2}} \tanh\left[d\left(\frac{T}{EI}\right)^{\frac{1}{2}}\right] \quad \text{(B. 2)}$$

使用中 M_T 不应超过 $M_{\max}$。

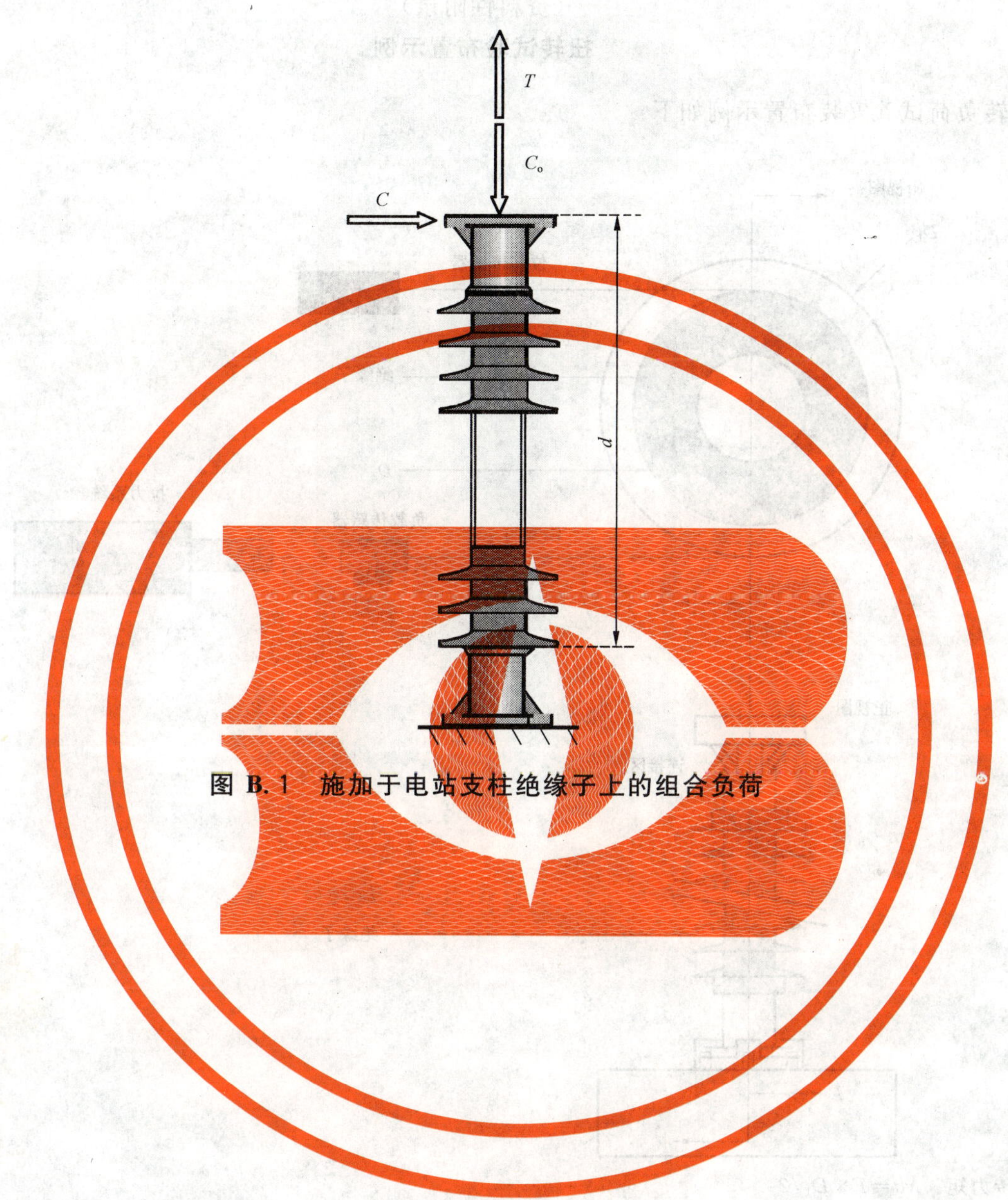

图 B.1 施加于电站支柱绝缘子上的组合负荷

附 录 C
（资料性附录）
扭转试验布置示例

扭转负荷试验安装布置示例如下：

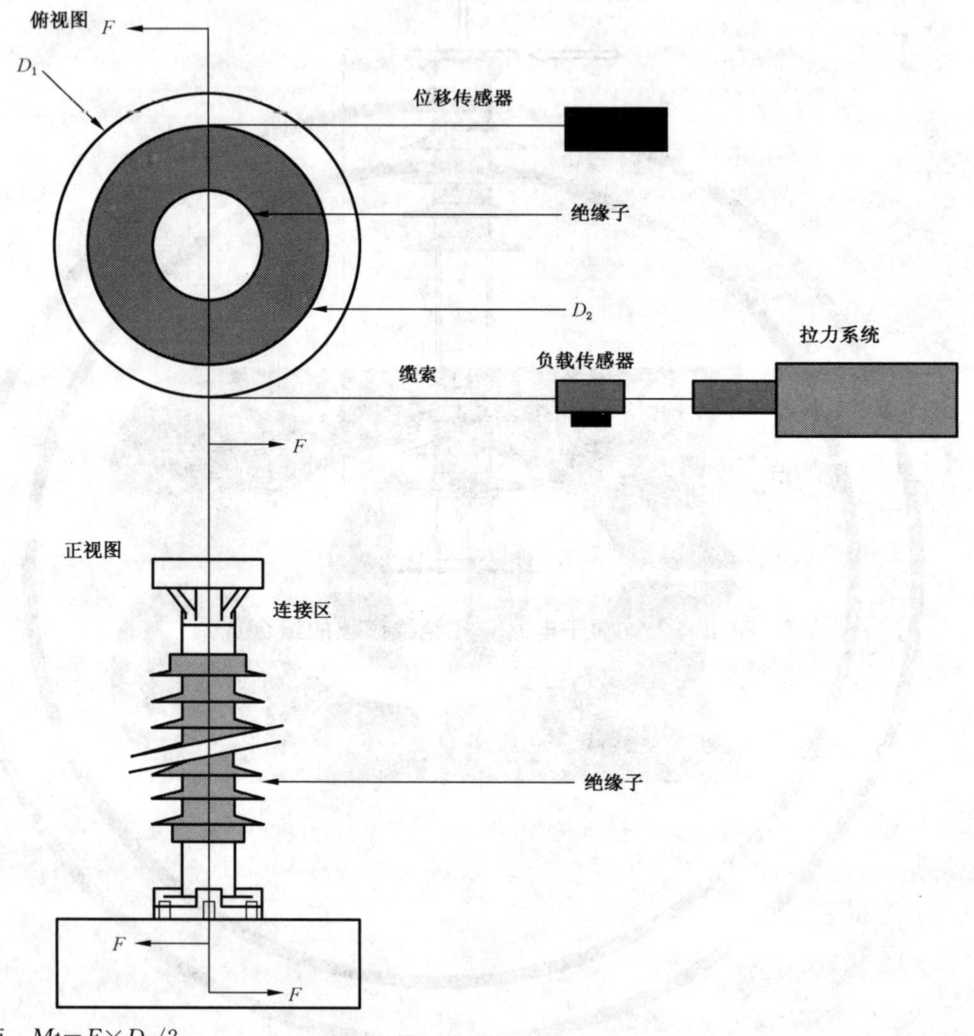

扭转力矩　$Mt = F \times D_1/2$

直线位移　d

角位移　　α

$$\alpha = 2d/D_2$$

式中 α 为弧度。

图 C.1　扭转负荷试验安装布置示例

附　录　D
（规范性附录）
形状和位置公差

图 D.1～图 D.3 给出了电站支柱复合绝缘子的形状和位置公差。图 D.1 所示为端面平行度、同轴度、同心度和偏心度测量的典型夹具及其相应公差。图 D.2 和图 D.3 所示为上下安装孔角度偏差测量的两个示例，图 D.4 汇总了产品几何技术规范（GB/T 1182—2008）中的适用公差。

具体测量方法见 GB/T 8287.1—2008。

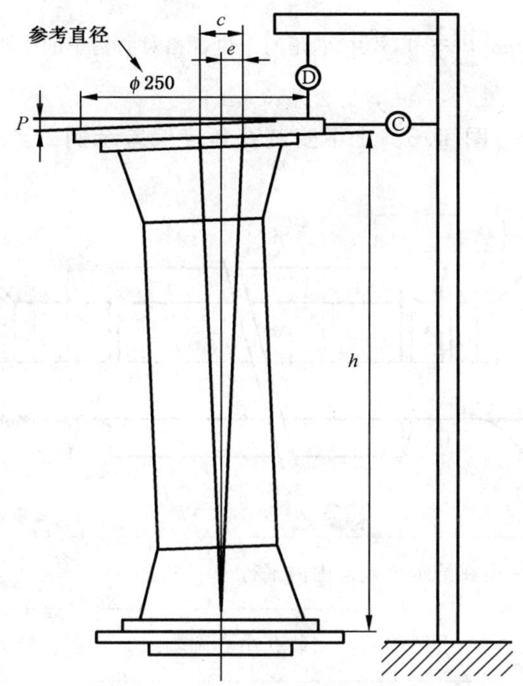

说明：

端面平行度：$h \leqslant 1$ m 时，$P \leqslant 0.5$ mm；$h > 1$ m 时，$P \leqslant 0.5h$ mm（h 单位为 m）

端面平行度公差是指在 250 mm 直径的参考圆上的公差

同轴度和同心度：$c = 2 \times e$

偏心度：$e \leqslant 2(1+h)$ mm（h 单位为 m）

图 D.1　端面平行度、同轴度和同心度

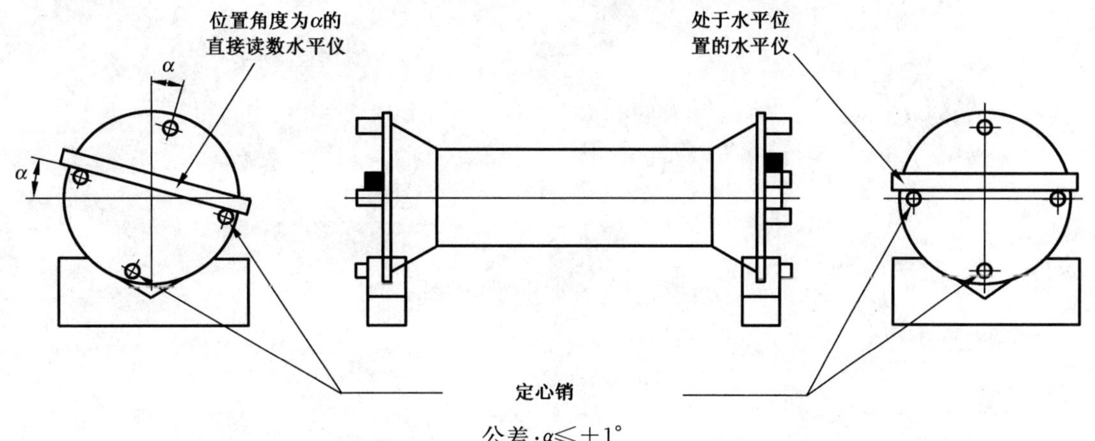

公差：$\alpha \leqslant \pm 1°$

图 D.2　上下安装孔角度偏差示例一

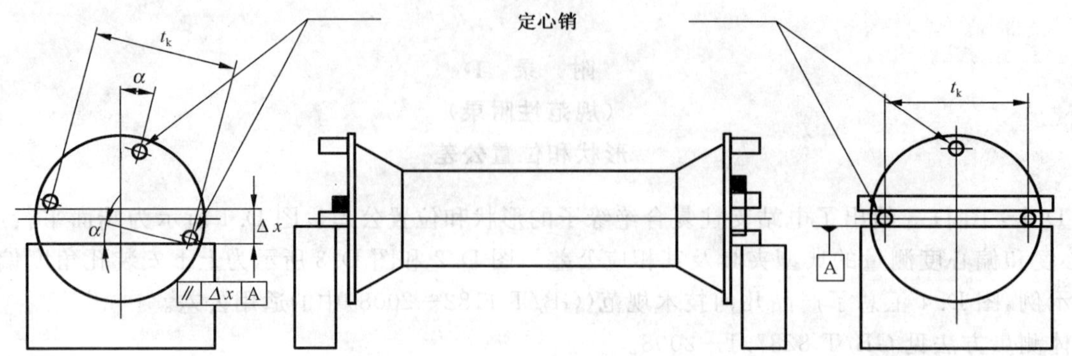

$\alpha=\tan^{-1}\left(\frac{\Delta x}{t_k}\right)$,式中 t_k 是两个位置相对的销子的中心距

公差:$\alpha\leqslant\pm1°$

图 D.3 上下安装孔角度偏差示例二

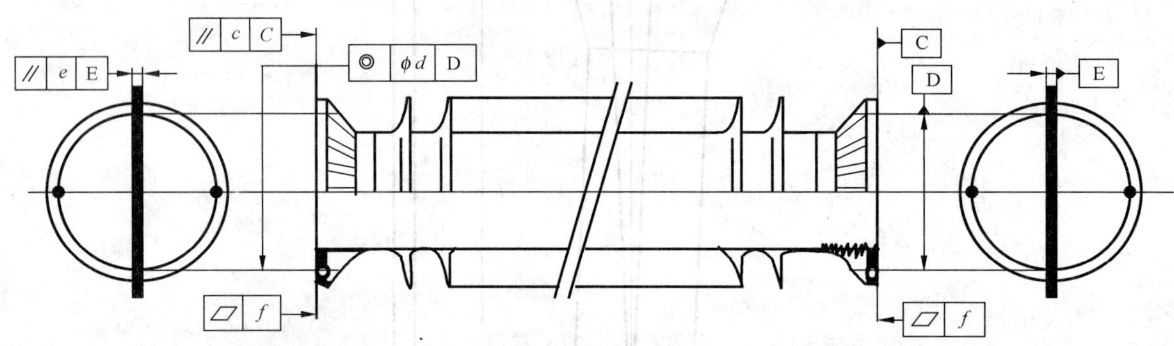

// c C	平行度:上平面在给定公差范围内平行于下平面。
◎ φd D	同轴度和同心度:上端部附件安装孔中心圆轴线必须在直径为所示数值的圆柱体范围内。
▱ f	平面度:f 值表示最大允许表面不平整度。
// e E	安装孔排列:上、下部装配件各自两相对安装孔之间的连线必须在距离为"e"的两条平行线之间。

图 D.4 产品几何技术规范中的适用公差

附 录 E
（资料性附录）
压缩和挠曲试验的说明

压缩和挠曲试验结果受下列因素影响：

——芯体直径；

——端部装配件之间的长度；

——端部装配件的连接方式。

挠曲试验取决于电站支柱绝缘子的上下部连接，有以下四种情况（欧拉弹性挠曲）：

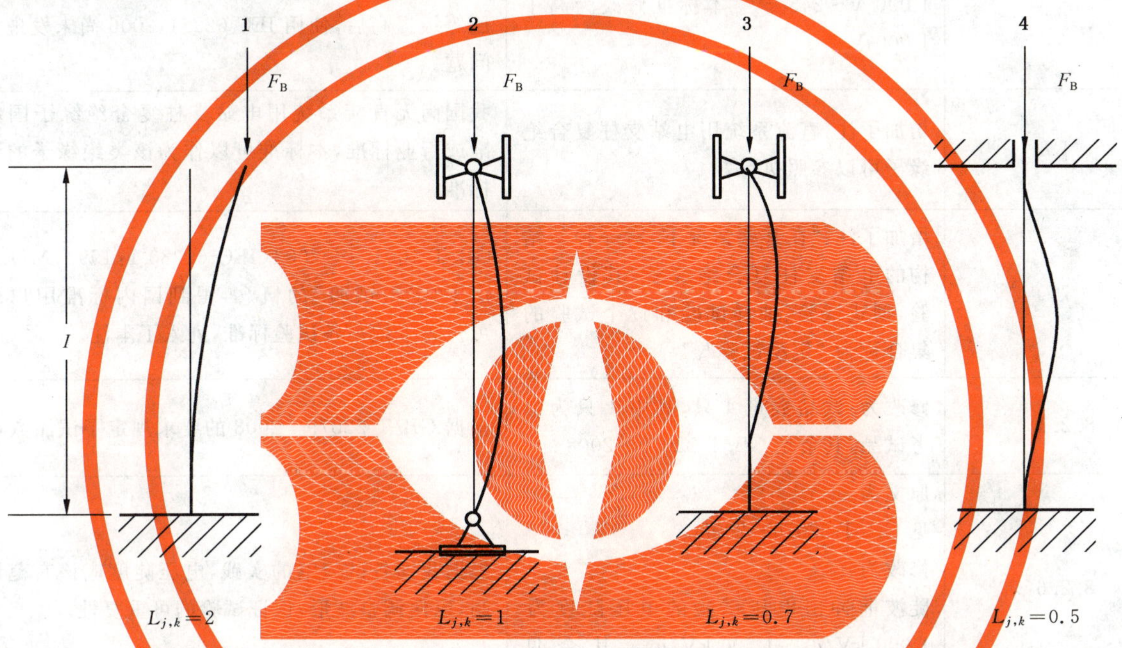

校正因数 CF 如下：

$$CF=\left(\frac{L_j}{L_k}\right)^2$$

式中：j 对应于运行的连接方式，k 对应于试验室的连接方式。

比如：若运行和试验室的连接方式分别对应于情况 1 和情况 4，则校正因数 $CF=(2/0.5)^2=16$

附 录 F
（资料性附录）
本标准条款与 IEC 62231:2006 技术性差异及其原因

表 F.1 给出了本标准与 IEC 62231:2006 的技术性差异及其原因。

表 F.1 本标准条款与 IEC 62231:2006 技术性差异及其原因一览表

本标准的条款号	技术性差异	原 因
标准名称 1	IEC 62231:2006 规定的适用范围为 1 000 V～245 kV，本标准修改为高于 1 000 V。	这类绝缘子我国 500 kV 及以下电压等级系统已经有相当数量使用，直流 800 kV 系统也已采购。电压等级提高后，使用 IEC 62231:2006 尚未发现大的问题。
1	增加了注：直流系统用电站支柱复合绝缘子可以参照执行。	我国尚无直流系统用电站支柱复合绝缘子国家标准或行业标准，本标准可以作为该类绝缘子的参照标准。
7	增加了注："在某些情况下，对一种新结构的电站支柱复合绝缘子，其设计试验、型式试验、抽样试验和逐个试验的集合称为"定型试验"。"	GB/T 1001.1—2003(IEC 60383-1:1993,MOD)提出了"定型试验"的概念，得到国内标准用户的认可。为了统一各试验标准，列入了本注。
8.2.1	修改为：试品数量 4 只，其中 1 只为参考试品，其余见 GB/T 22079—2008。	根据 GB/T 22079—2008 的要求规定了试品数量。
8.2.6	原文为： 见 GB/T 22079—2008。 修改为： 陡波前冲击电压试验的电压陡度为 1 000 kV/μs～1 500 kV/μs，其余见 GB/T 22079—2008。	根据我国各试验室的实践，电压陡度应该有范围限制，以便调整波形，保证试验的可重复性。
表 1 8.6	增加了 8.6 外套材料耐漏电起痕性和耐电蚀损试验。	支柱绝缘子外绝缘材料的实际使用环境较为严酷。我国其他聚合物外绝缘产品标准实施的经验表明，增加外套材料耐漏电起痕性和耐电蚀损试验有利于保证产品质量及其运行寿命。比如 GB/T 19519、GB/T 20142、GB/T 21429 等。
9.1	增加了条文脚注：在国内某些标准和实际使用中，也称为上下安装孔轴线间最大偏差。	IEC 62155 中的"偏心度"对应于国内一些标准中的"上下安装孔轴线间最大偏差"，但 GB/T 1182—2008《产品几何技术规范(GPS) 几何公差 形状、方向、位置和跳动公差标注》中又没有列出"偏心度"定义。为简便起见，本标准仍使用术语"偏心度"，并加条文脚注说明，以免混淆。
10.3	引用了 IEC 60168:2001 对应的国家标准 GB/T 8287.1—2008，但 GB/T 8287.1—2008 的此条款对 IEC 60168:2001 进行了修改，采用 JB/T 8177—1999。	JB/T 8177—1999 在我国执行多年，情况良好，其技术内容和 IEC 60168:2001 基本无差异。

参 考 文 献

[1] GB/T 4585—2004 交流系统用高压绝缘子的人工污秽试验(IEC 60507:1991,IDT)

[2] GB/T 20142—2006 标称电压高于1 000 V的交流架空线路用线路柱式复合绝缘子——定义、试验方法及接收准则(IEC 61952:2002,MOD)

[3] GB/T 21429—2008 户外和户内电气设备用空心复合绝缘子 定义、试验方法、接收准则和设计推荐(IEC 61462:1998,MOD)

[4] GB/T 22707—2008 直流系统用高压绝缘子的人工污秽试验(IEC 61245:1993,MOD)

[5] GB/T 25084—2010 标称电压高于1 000 V的架空线路用绝缘子串和绝缘子串组——交流工频电弧试验(IEC 61467:2008,MOD)

[6] IEC 60865(所有部分) 短路电流——影响的计算

参 考 文 献

[illegible]

ICS 29.040.99
K 40

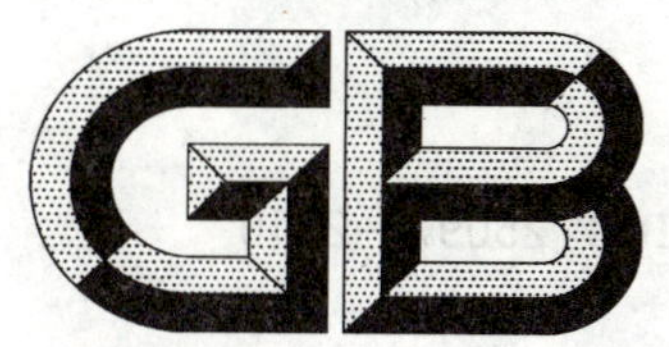

中华人民共和国国家标准

GB/T 25097—2010

绝缘体带电清洗剂

Insulating live-working washing agent

2010-09-02 发布 2011-02-01 实施

中华人民共和国国家质量监督检验检疫总局
中国国家标准化管理委员会 发布

前　言

本标准的附录A为规范性附录。

本标准由中国电力企业联合会提出。

本标准由全国带电作业标准化技术委员会(SAC/TC 36)归口并负责解释。

本标准主要起草单位:国网武汉高压研究院、河南恒安化工科技有限公司。

本标准主要起草人:王力农、郑传广、张平安、易辉、徐莹、刘凯、刘庭、胡建勋、肖宾、张丽华、任洪武、徐一鸣、邵静茹。

绝缘体带电清洗剂

1 范围

本标准规定了绝缘体带电清洗剂的分类、要求、试验、检验规则、标志、包装、运输、贮存等。

本标准适用于由多种有机溶剂和添加剂组成、用于带电清洗电力设备非硅橡胶类外绝缘表面污秽的清洗剂。电力设备污秽情况严重不宜进行水冲洗作业时，可采用此类清洗剂作为绝缘介质进行冲洗作业。

2 规范性引用文件

下列文件中的条款通过本标准的引用而成为本标准的条款。凡是注日期的引用文件，其随后所有的修改单(不包括勘误的内容)或修订版均不适用于本标准，然而，鼓励根据本标准达成协议的各方研究是否可使用这些文件的最新版本。凡是不注日期的引用文件，其最新版本适用于本标准。

GB/T 507 绝缘油 击穿电压测定法(GB/T 507—2002,IEC 60156:1995,EQV)

GB/T 775.2 绝缘子试验方法 第2部分:电气试验方法

GB/T 3536 石油产品闪点和燃点的测定 克利夫兰开口杯法(GB/T 3536—2008,ISO 2592:2000,MOD)

GB/T 7597 电力用油(变压器油、汽轮机油)取样方法

GB/T 14286 带电作业工具设备术语(GB/T 14286—2008,IEC 60743:2001,MOD)

DL/T 421 绝缘油体积电阻率测定法

3 术语和定义

GB/T 14286 确定的以及下列术语和定义适用于本标准。

3.1

绝缘体带电清洗剂 insulating live-working washing agent

在不停电的情况下，用于去除附着在电力设备外绝缘表面上的污秽，以恢复设备表面清洁状态的清洗剂，具有高介电强度、易挥发、无毒无害的特性。

3.2

闪点 flash point

可燃性液体表面上的蒸气和空气的混合物与火接触而初次发生闪光时的温度。

3.3

燃点 burning point

将物质在空气中加热时，开始并继续燃烧的最低温度。

4 分类

绝缘体带电清洗剂按照所适用设备的电压等级分为以下两类。

4.1 A类-高压绝缘体带电清洗剂

适用于清洗运行电压在 3 kV 及以上电压等级设备的绝缘体带电清洗剂。

4.2 B类-低压绝缘体带电清洗剂

适用于清洗运行电压在 3 kV 以下电压等级设备的绝缘体带电清洗剂。

5 要求

5.1 一般要求

5.1.1 环保要求

清洗剂的成分组成应无对人体及环境有害的物质，应不含消耗臭氧层物质。

5.1.2 使用大气环境

温度条件：－20 ℃～40 ℃；

湿度条件：相对湿度＜90％。

5.2 工频击穿电压

按照6.2试验方法，清洗剂的工频击穿电压应符合表1的要求。

表1 清洗剂工频击穿电压

类　型	工频击穿电压 kV
A类	≥30
B类	≥25
注：试验电极间隙2.5 mm。	

5.3 体积电阻率

清洗剂的体积电阻率应符合表2的要求。

表2 体积电阻率

类　型	体积电阻率 Ω·cm
A类	$\geqslant 1\times 10^{10}$
B类	$\geqslant 1\times 10^{8}$

5.4 腐蚀特性

清洗剂对所清洗的设备应无腐蚀性作用，如聚丙烯(PP)、聚氯乙烯(PVC)、聚四氟乙烯(PTFE)、尼龙(Nylon)、聚对苯二甲酸二丁酯(PBT)等有机材料和活性金属、金属镀锌层、玻璃、陶瓷。

5.5 可燃性要求

表3 可燃性

项　目	要　求 ℃
闪点	＞80
燃点	＞350

5.6 挥发残留物绝缘性能

清洗剂在清洁设备外绝缘表面挥发过程中，其残留物不应使设备的外绝缘水平降低，按照6.6试验方法，绝缘子在清洗剂中浸润后的最大工频耐受电压值应不小于浸润前的最大工频耐受电压值。

5.7 清洗能力

清洗剂应对电力设备表面的污秽具有较好的清洗效果，按照6.7试验方法，对人工模拟污秽瓷片进行浸泡后，洗净率应达到80％，除盐率应达到80％。

5.8 包装要求

清洗剂应采用内层有防水涂层的密闭金属容器进行包装，根据用户要求或订货协议，亦可采用其他形式的包装。

6 试验

6.1 包装检查

对清洗剂的包装进行目视检查，产品的包装应满足5.8规定的包装要求。

6.2 工频击穿电压试验

试验方法按GB/T 507绝缘油介电强度测定法进行。

试验应在相对湿度不高于75%的环境中进行，试验时的清洗剂应与室温相同。试验前，应用试样冲洗油杯至少两次。取样按GB/T 7597的规定进行，并应保证样品不受污染、不受潮。

油杯的两个电极应安装在水平轴上，其间隙为2.5 mm，试验时速度为2 kV/s匀速升压，直至试样发生击穿，击穿电压就是电极间发生第一个火花时的电压值。每次击穿后，用准备好的玻璃棒在电极间拨弄数次或用其他方式搅动，除掉因击穿而产生的游离碳，并静置1 min～5 min，待气泡消失后再进行下一次试验。清洗剂的击穿强度试验应连续进行6次，6次击穿电压的算术平均值作为该试样的工频击穿电压。

6.3 体积电阻率试验

按DL/T 421绝缘油体积电阻率测定法进行。

试验环境湿度应不大于70%，试验时清洗剂温度应与室温相同。试验前，将电极杯清洗、干燥，检测电极杯的空杯绝缘电阻应大于10^{15} Ω。

取样：按GB/T 7597规定进行，并应保证样品不受污染，不受潮。

将试样缓缓倒入电极杯至刻度线，插入内电极。用白布或滤纸揩净电极杯外部的污垢，再把电极杯置于恒温器中恒温。温度为20 ℃。

把测量头插入内电极插口。

试验电压，Y-30型电极杯为1 000 V，Y-18型电极杯为500 V。

调整零位。

测量：测20 s(ρ_1)和60 s(ρ_2)时的电阻率。

复位：电极杯进行放电。

复试：应先经过放电5 min，然后再测量。若测试结果误差大，应重新更换样品试验，直至两次试验结果符合精密度要求。

6.4 腐蚀特性的试验

6.4.1 试品及仪器

试品：PP片、PVC片、PTFE片、Nylon片、PBT片、硅酸盐试块、环氧类玻璃钢片、铜片、钢片、瓷片、玻璃片各2片。

仪器：玻璃杯、S形挂钩。

6.4.2 试验方法

将铜片、钢片、瓷片、玻璃片、硅酸盐试块、环氧类玻璃钢片分别用S形挂钩挂起，然后放入盛有清洗剂的玻璃杯中，常温下浸泡96 h，取出后自然晾干进行目测检查，试品表面应无腐蚀、无明显颜色变化。

将PP片、PVC片、PTFE片、Nylon片、PBT片用S形挂钩挂起，然后放入盛有清洗剂的玻璃杯中，常温下浸3 min后，取出后放置于空气中自然晾干，反复操作20次后进行目测检查，试品表面应无腐蚀、无变形、无明显颜色变化。

6.5 可燃性试验

清洗剂的闪点和燃点试验可参照GB/T 3536克利夫兰开口杯法进行。

6.5.1 方法概要

把试样装入试验杯至规定的刻度线。先迅速升高试样的温度，然后缓慢升温。当接近闪点时，恒速升温。在规定的温度间隔，以一个小的试验火焰横着越过试验杯，使试样表面上的蒸气闪火的最低温度作为闪点。如果需要测定燃点，则要继续进行试验，直到用试验火焰使试样点燃并至少燃烧 5 s 的最低温度作为燃点。

6.5.2 仪器

a) 克利夫兰开口杯仪器，包括一个试验杯、加热板、试验火焰发生器、加热器和支架。

b) 防护屏：有一个开口面，内壁涂成黑色的防护屏，尺寸为 46 cm×46 cm×61 cm。

c) 温度计。

6.5.3 试验前的准备

洗涤试验杯，以除去前次试验留下的所有油迹、微量胶质或残渣。如果有碳渣存在，应该用钢丝刷除去。用冷水冲洗试验杯，并在明火或加热板上干燥几分钟，以除去残存的微量溶剂和水。使用前应将试验杯冷却到预期闪点前至少 56 ℃。

将温度计放置在垂直位置，使其在点火器臂的对边，球底离试验杯底 6 mm，位于试验杯中心与边之间的中点，和测试火焰扫过的弧(或线)相垂直的直径上。

6.5.4 试验步骤

在室温下将试样装入试验杯中，使液面最低点与试验刻度线平齐。

点燃试验火焰，并调节火焰直径到 4 mm 左右。如果仪器上安装着金属比较小球，则与金属比较小球直径相同。

开始加热时，试样的升温速度为 14 ℃/min～17 ℃/min。当试样温度到达预期闪点前 56 ℃时，减慢加热速度，控制升温速度，使在闪点前约最后 28 ℃时，为 5 ℃/min～6 ℃/min。

在预期闪点前 28 ℃时，开始用试验火焰扫划，温度计上的温度每升高 2 ℃，就扫划一次。试验火焰须在通过温度计直径的直角线上划过试验杯的中心。用平稳、连续的动作扫划，扫划时以直线或沿着半径至少为 150 mm 的周围来进行。试验火焰的中心必须在试验杯上边缘面上 2 mm 以内的平面上移动，先向一个方向扫划，下次再向相反的方向扫划。试验火焰每次越过试验杯所需时间约为 1 s。

当试样液面上任一点出现闪火时，立即记下温度计上的温度读数作为闪点。但不要把有时在试验火焰周围产生的淡蓝色光环与真正闪点相混淆。

继续加热，使试样的升温速度为 5 ℃/min～6 ℃/min，继续使用试验火焰，试样每升高 2 ℃就扫划一次，直到试样着火，并能连续燃烧不少于 5 s，此时立即从温度计读出温度作为燃点的测定结果。

6.6 残留物绝缘性能试验

取相同三片表面清洁的瓷质或玻璃悬式绝缘子按照 GB/T 775.2 的规定进行最大工频耐受电压试验，取三次试验结果的平均值记录为 U_1；然后将其浸入清洗剂中 30 min 后取出，再次进行最大工频耐受电压试验，取三次试验结果的平均值记录为 U_2，U_2 应不小于 U_1。

6.7 清洗效果试验

6.7.1 污秽配方

污秽配方如表 4 所示。

表 4 污秽配方

成　分	二氧化硅	高岭土	30＃变压器油	氯化钠
质量/g	1	10	88	1

6.7.2 试片：3 块 100 mm×100 mm 瓷片。

6.7.3 试验步骤

a) 将清洁瓷片称重 m_1。

b) 将 3 g 按照 6.7.1 配制的污秽均匀的涂在瓷片上，放置在 60 ℃的环境中干燥 12 h 称重 m_2。

c) 浸泡，将涂有污秽的试片浸泡到清洗剂中 20 min。

d) 将试片取出后干燥 2 h 后称重 m_3。

6.7.4 试验结果

洗净率＝$(m_2-m_1-m_3)\div(m_2-m_1)\times100\%$

洗净率达到80％为合格。

按自然污秽等值附盐密度的测定方法测试盐密，浸泡前盐密值E_1，浸泡后盐密值E_2。

除盐率＝$(1-E_2\div E_1)\times100\%$

除盐率达到80％为合格。

7 检验规则

7.1 型式试验

在下列情况下，应对产品进行型式试验：

a) 新产品投产前的定型鉴定；

b) 产品的结构、材料或制造工艺有较大改变，影响到产品的主要性能；

c) 原型式试验已超过5年。

型式试验项目及试验次序参见表5。

7.2 出厂试验

每批清洗剂在出厂前均应进行出厂试验，出厂试验的项目见表5。

7.3 验收试验

按照买方与生产厂家的协议，验收试验可以是型式试验的全部试验项目，也可以是部分试验项目，也可出用户与制造厂协商增加一些试验项目。验收试验的试验次序参见表5。

表5 试验类型及项目

编号	试验项目	条款	试验类型		
			型式试验	出厂试验	验收试验
1	包装检查	6.1	√	—	√
2	工频击穿电压试验	6.2	√	√	√
3	体积电阻率试验	6.3	√	√	√
4	腐蚀特性试验	6.4	√	√	—
5	可燃性试验	6.5	√	√	—
6	残留物绝缘性能试验	6.6	√	—	√
7	清洗效果试验	6.7	√	—	—
注：“√”表示进行该项试验，“—”表示不进行该项试验。					

验收试验可在制造厂、用户实验室或者在第三方的独立实验室进行。用户也可提出鉴证这些试验的要求。

8 标志、运输及贮存

8.1 标志

每桶符合本标准要求的清洗剂都应具有以下标记：

——带电作业标志符号(双三角形)(见附录A)；

——种类(A类、B类)；

——制造年月。

8.2 运输

清洗剂应采用有篷车辆进行运输，以防雨、防潮、防晒。搬运时应轻拿轻放，避免包装破损。

8.3 贮存

清洗剂包装好后应存放在通风、干燥的库房内，并隔绝火源。产品自生产之日起，贮存期为5年。

附 录 A
（规范性附录）
标 志

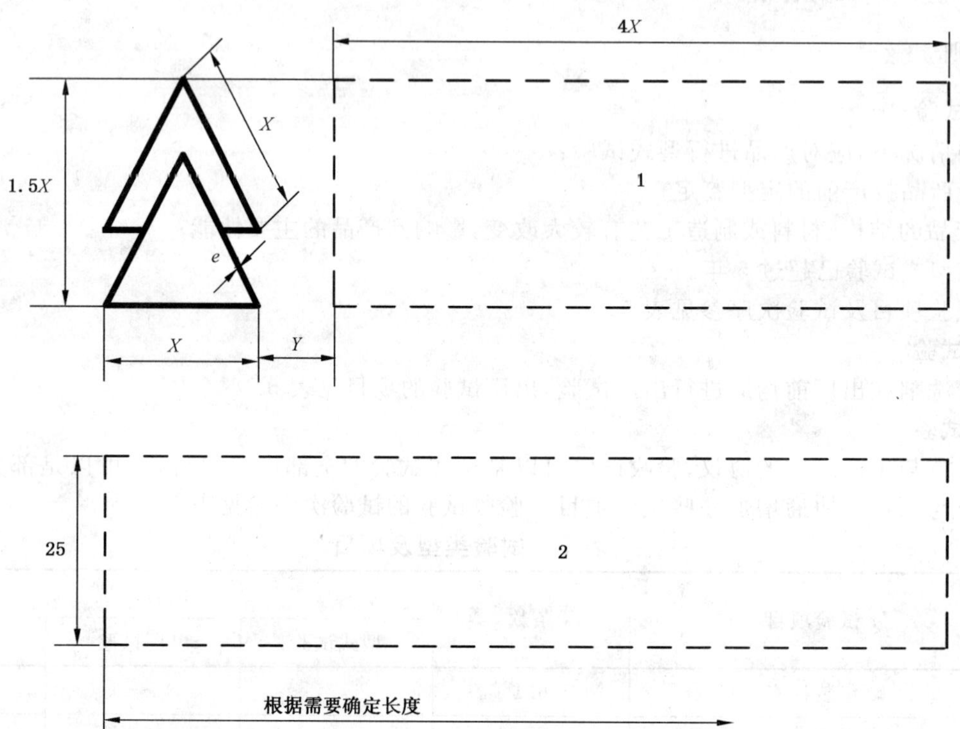

注 1：制造厂名、商标、种类及制造日期等信息在“1”中标明；

注 2：运输、保存注意事项在“2”中标明；

注 3：X——可以是 16、25 或 40，$Y=X/2$，单位为 mm；

注 4：e——线条的宽度，为 2 mm。

图 A.1 带电作业符号——双三角符号

ICS 29.040.01
K 40

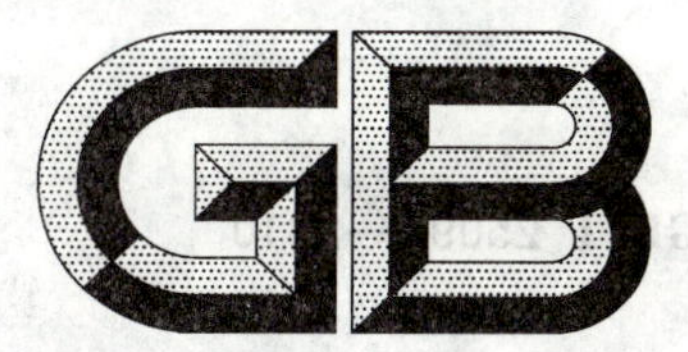

中华人民共和国国家标准

GB/T 25098—2010

绝缘体带电清洗剂使用导则

Live washing regulation of insulating live-working washing agent

2010-09-02 发布　　2011-02-01 实施

中华人民共和国国家质量监督检验检疫总局
中国国家标准化管理委员会　发布

前　言

本标准由中国电力企业联合会提出。

本标准由全国带电作业标准化技术委员会(SAC/TC 36)归口并负责解释。

本标准主要起草单位:国网武汉高压研究院、河南恒安电力科技实业有限公司。

本标准主要起草人:胡毅、郑传广、王力农、刘庭、徐莹、易辉、张平安、王瑜、刘凯、张丽华、胡建勋、肖宾、唐志勇、张建国。

绝缘体带电清洗剂使用导则

1 范围

本标准规定了采用绝缘体带电清洗剂进行带电清洗作业时的技术要求、安全措施、操作流程。

本标准适用于海拔高度1 000 m及以下地区、交流额定电压220 kV及以下电力设备的带电绝缘清洗作业。

2 规范性引用文件

下列文件中的条款通过本标准的引用而成为本标准的条款。凡是注日期的引用文件，其随后所有的修改单(不包括勘误的内容)或修订版均不适用于本标准，然而，鼓励根据本标准达成协议的各方研究是否可使用这些文件的最新版本。凡是不注日期的引用文件，其最新版本适用于本标准。

GB 13398 带电作业用空心绝缘管、泡沫填充绝缘管和实心绝缘棒(GB 13398—2008,IEC 60855:1985;IEC 61235:1993,MOD)

GB/T 14286 带电作业工具设备术语(GB/T 14286—2008,IEC 60743:2001,MOD)

GB/T 14545 带电作业用小水量冲洗工具(长水柱短水枪型)

GB/T 16927.1 高电压试验技术 第一部分:一般试验要求(GB/T 16927.1—1997,eqv IEC 60060-1:1989)

GB/T 18037 带电作业工具基本技术要求与设计导则

DL 408 电业安全工作规程(发电厂和变电所电气部分)

DL/T 974 带电作业用工具库房

3 术语和定义

GB/T 14286确定的以及下列术语和定义适用于本标准。

3.1

带电绝缘清洗 insulating live washing

在设备不停电的情况下，采用绝缘清洗剂，配合专用的冲洗或刷洗设备，对电力设备外绝缘进行清洗。

3.2

组合绝缘 comnbined insulators

在带电体与人体之间由清洗液柱、绝缘杆和导液管的有效绝缘部分组成的绝缘体。

3.3

导液管 washing agent delivery insulating hose

在清洗泵出口和喷枪绝缘杆之间，输送具有一定压力清洗剂的绝缘软管。

4 清洗条件

4.1 气象条件

进行带电绝缘清洗，相对湿度应不大于80%。户外作业一般应在良好天气下进行，风力大于四级(8 m/s)、雨、雪、雾或雷电天气不宜进行户外作业;作业过程中如遇天气突然变化，危及人身及设备安全时，应立即停止工作。户内作业不宜在雷电天气进行。

4.2 清洗剂体积电阻率要求

每桶清洗剂在使用前 4 h 内必须测量体积电阻率，其体积电阻率应满足表 1 的要求。不符合表 1 规定的值不得使用。

表 1 清洗剂体积电阻率要求

类　型	体积电阻率 Ω·cm
A类	$>1\times10^{10}$
B类	$>1\times10^{8}$

5 限制清洗的条件

5.1 电力设备异常运行时不应进行带电绝缘清洗。

5.2 有明显可见裂纹的绝缘设备不应进行带电绝缘清洗。

5.3 作业人员或运行人员基于现场的实际情况，认为存在安全隐患时，不应清洗。

6 清洗工具的基本要求及试验

6.1 带电绝缘清洗的工具包括冲洗工具和刷洗工具。

6.2 冲洗工具由清洗泵、喷枪及导液管三部分组成。各部分的要求如下：

a) 清洗泵的出口压力 0～2 MPa，清洗泵的密封三部件应与清洗剂相容。

b) 喷枪喷口直径在 1 mm～3 mm，所使用的材料及结构应符合 GB/T 14545、GB/T 18037 要求，导液部件应能承受 1.2 倍配套清洗泵的出口压力。

c) 导液管应连接牢靠、无松动和漏液现象，能承受清洗泵 1.2 倍的出口压力，导液管的有效绝缘部分的绝缘性能应不小于同等电压等级的绝缘操作杆。

6.3 刷洗工具包括刷头、绝缘操作杆(含传动杆)、电动机三部分组成。操作杆应能承受工作状态下的机械负荷，所使用的材料及结构应符合 GB 13398、GB/T 18037 的要求。刷洗工具不应对所洗设备的外绝缘表面造成损伤。

6.4 带电绝缘清洗工具应定期进行预防性试验，试验周期为半年，试验项目包括外观检查及电气试验。

6.5 对试品外观进行检查，试品表面应光滑，无气泡、皱纹及开裂，绝缘操作杆各段之间、导液管和操作杆间连接应牢固。

6.6 带电绝缘清洗工具(喷枪、清洗刷、导液管)应能通过表 2 中规定的工频耐压试验，试验设备及测量系统应符合 GB/T 16927.1 的有关规定，测量仪器、仪表每年进行一次计量校核。试验中，试品应无闪络、无击穿、无发热。

表 2 工频耐压试验

序号	电压等级 kV	电极距离 m	工频耐压试验电压 kV
1	10 及以下	0.4	45
2	35	0.6	95
3	110	1.0	220
4	220	1.8	440

7 安全措施

7.1 工作人员工作时应穿戴绝缘手套、安全帽、绝缘靴等安全防护用品。

7.2 据带电清洗现场的具体情况和需要，应设置警告牌、标志牌、安全围栏等安全标志，禁止非工作人员进入工作现场。

7.3 带电绝缘清洗工作原则上应安排在白天工作，如果在夜间作业应具有足够照明设施。

7.4 将清洗泵可靠接地，接地线的截面应不小于 25 mm^2。

7.5 人身与带电体的安全距离不得小于表 3 的规定，手持绝缘工具的最小有效绝缘长度不得小于表 4 的规定。

表 3 人身与带电体的最小安全距离

电压等级	380 V 及以下	10 kV	35 kV	110 kV	220 kV
距离 m	0.2	0.4	0.6	1.0	1.8

表 4 手持绝缘工具最小有效绝缘长度

电压等级 kV	最小有效绝缘长度 m	
	喷枪、清洗刷	绝缘承力工具、绝缘绳索
10 及以下	0.7	0.4
35	0.9	0.6
110	1.3	1.0
220	2.1	1.8

7.6 清洗时设备突然停电应立即停止工作，待重新获得许可人许可后方可继续工作。

7.7 带电绝缘清洗属于带电作业的一种方式，除执行本标准外，还应遵照 DL 408 等其他相关标准规定。

7.8 清洗方案中应作好应急预案，工作负责人和工作监护人应全过程现场状况，如果发生意外情况时，应立即指挥操作人员采取应变措施。

7.9 带电刷洗作业人员应站在上风侧位置作业，应戴口罩、护目镜。

7.10 作业时，作业人的双手应始终握持绝缘杆保护环以下部位，并保持带电清扫有关绝缘部件的清洁和干燥。

8 人员要求

8.1 作业人员

带电绝缘清洗作业的人员应熟悉 DL 408 及本标准，并必须经专门培训合格，取得带电清洗作业证(或上岗证)，方可从事带电绝缘清洗工作。

8.2 作业班组

带电绝缘清洗现场工作班组由工作负责人、工作监护人及操作人员组成。现场作业点不宜超过两个，每个工作小组只在一个作业点工作，工作小组视工作的需要一般配置 3～6 人。由工作负责人全面组织负责。

9 带电绝缘清洗工艺

9.1 清洗前的准备

9.1.1 人员及车辆进入变电站，必须要有工作负责人带领，并与带电设备保持足够的安全距离。

9.1.2 工作负责人需与工作许可人确认有关安全技术措施的落实情况，经双方确认后方可进行清洗。

9.1.3 测量每桶清洗剂的电阻率，对绝缘操作工具及人员安全防护用具进行现场检测，测量风速、风向、空气的相对湿度，并做好记录。

9.1.4 将清洗泵可靠接地，并调整好清洗泵的压强，使液柱满足清洗的要求。

9.1.5 工作负责人得到工作许可后，向工作人员布置工作，交待安全措施及注意事项。

9.1.6 刷洗前，应确认清扫机械工况(电机及控制部分、传动部分等)完好，绝缘部件无变形、脏污和损伤，毛刷转向正确。

9.2 冲洗作业程序

9.2.1 对于上下层布置的设备应先清洗下层，后清洗上层。

9.2.2 垂直安装的设备应自下而上清洗，水平安装的设备应自导线侧向接地侧清洗。

9.2.3 清洗支柱绝缘子时，应先自下而上，而后再自上而下逐层、逐片进行，清洗时喷枪移动应缓慢并旋转摆动、不留死区死角。

9.2.4 清洗悬垂绝缘子串、瓷横担、耐张绝缘子串时，应从导线侧向接地侧依次清洗。

9.2.5 清洗悬式绝缘子时，喷枪应避开空中的导线。

9.2.6 清洗变压器时，应先清洗低压套管，而后清洗中压、高压套管，最后清洗中性点套管。

9.2.7 清洗三相距离较近的绝缘子时应先清洗中间相。

9.3 刷洗作业程序

9.3.1 垂直安装的设备应自上而下刷洗，水平安装的设备应自导线向接地侧刷洗。

9.3.2 刷洗支柱绝缘子时，应先自上而下，逐层、逐片进行。

9.3.3 刷洗变压器时，应先刷洗低压套管，而后刷洗中压、高压套管，最后刷洗中性点套管。

9.4 清洗后的检查

全部设备清洗完毕后，清洗人员至少监视设备 15 min，没有出现异常现象方可收拾工具，由工作负责人清点工具现场，无误后宣布作业完毕，向工作许可人报告完工，撤离现场，并履行有关的工作终结手续。

9.5 带电绝缘清洗的效果

作业完毕后，被清洗设备应表面光亮、无浮尘、油污及其他污秽。

10 工具的运输及贮存

10.1 运输

10.1.1 喷枪、清扫刷等绝缘工具应用防潮的塑料袋或其他防潮材料包装，产品与产品之间应垫纸，整个运输包装应牢固。

10.1.2 清洗泵应用防雨木箱包装。箱板厚度不小于 12 mm，且应使清洗泵紧固在箱中。

10.1.3 电阻率测量仪应用泡沫塑料专用盒封装。如随清洗泵等工具一并装运时，应固定在木箱内。

10.1.4 产品托运应在包装箱外注有防潮、防压等标志。

10.2 贮存

喷枪、清扫刷等绝缘工具应放在满足 DL/T 974 规定的带电作业工具房内，绝缘工具应放在干燥、通风、避免阳光直晒、无腐蚀及有害物质的位置，并与热源保持 1 m 以上的距离。清洗泵等其他工具也应放在干燥、通风的库房内保管，并隔绝火源。

ICS 29.240.99
F 20

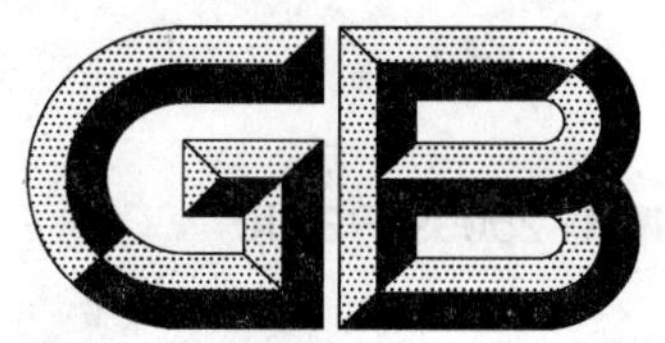

中华人民共和国国家标准

GB/T 25099—2010

配电降压节电装置

Step-down power saving device on distribution networks

2010-09-02 发布　　　　2011-02-01 实施

中华人民共和国国家质量监督检验检疫总局
中国国家标准化管理委员会　发布

前　言

本标准由中国电力企业联合会提出并归口。

本标准负责起草单位:国网武汉高压研究院。

本标准参加起草单位:广东省产品质量监督检验中心、武汉市供电公司、山东点石节能科技开发有限公司、顺富国际机电有限公司、武汉紫光能控科技有限公司、中国电力科学研究院、武汉钢铁集团能源动力公司。

本标准起草人:莫青、康应城、刘晓军、林志力、马桂芬、靖小平、臧洪海、游金水、黄钰惠、祝伟宏、闫华光、吕波。

配电降压节电装置

1 范围

本标准规定了配电降压节电装置(以下简称节电装置)的分类、要求和试验方法等。

本标准适用于额定工作电压交流不超过 10 kV、额定频率 50/60 Hz、额定容量不超过 3 000 kVA 的节电装置。

2 规范性引用文件

下列文件中的条款通过本标准的引用而成为本标准的条款。凡是注日期的引用文件,其随后所有的修改单(不包括勘误的内容)或修订版均不适用于本标准,然而,鼓励根据本标准达成协议的各方研究是否可使用这些文件的最新版本。凡是不注日期的引用文件,其最新版本适用本标准。

GB/T 191 包装储运图示标志(GB/T 191—2008,ISO 780:1997,MOD)

GB 1094.2 电力变压器 第 2 部分 温升(GB 1094.2—1996,eqv IEC 60076-2:1993)

GB 1094.11—2007 电力变压器 第 11 部分:干式变压器(IEC 60076-11:2004,MOD)

GB 3906—2006 3.6 kV～40.5 kV 交流金属封闭开关设备和控制设备(IEC 62271-200:2003,MOD)

GB 4208 外壳防护等级(IP 代码)(GB 4208—2008,IEC 60529:2001,IDT)

GB 7251.1—2005 低压成套开关设备和控制设备 第 1 部分:型式试验和部分型式试验 成套设备(IEC 60439-1:1999,IDT)

GB/T 11022—1999 高压开关设备和控制设备标准的共用技术要求(eqv IEC 60694:1996)

GB/T 12325 电能质量 供电电压偏差

GB/T 14549—1993 电能质量 公用电网谐波

GB 17625.1—2003 电磁兼容 限值 谐波电流发射限值(设备每相输入电流≤16 A)(IEC 61000-3-2:2001,IDT)

GB/Z 17625.6—2003 电磁兼容 限值 对额定电流大于 16 A 的设备在低压供电系统中产生的谐波电流的限制(IEC TR 61000-3-4:1998,IDT)

3 术语和定义

下列术语和定义适用于本标准。

3.1

配电降压节电装置 step-down power saving device on distribution networks

装有高效自耦变压器,有主线圈和辅助线圈,串联安装于中、低压配电系统中,通过调节电压达到节电目的的装置。

3.2

节电率 rate of power saving

运行工况、运行时间周期相同的条件下,接入节电装置之后节省的电能量与接入节电装置之前的电能量之比的百分数。

4 产品分类

节电装置按使用场所分为:户内式和户外式。

5 使用条件

5.1 环境温度

节电装置正常户内工作环境温度下限为−5 ℃,上限不应超过+40 ℃,且在24 h内平均温度不应超过+35 ℃。

节电装置正常户外工作环境温度下限为−10 ℃,上限不应超过+55 ℃,且在24 h内平均温度不应超过+35 ℃。

5.2 相对湿度

户内大气条件:在空气清洁,最高温度为+40 ℃时,相对湿度不应超过50%。在较低温度时,允许有较大的相对湿度,在+20 ℃时相对湿度不应超过90%。

户外大气条件:+25 ℃时,相对湿度短时可允许为100%。

5.3 污染等级

按GB 7251.1—2005中6.1.2.3的规定,节电装置一般情况下,只有非导电性污染,同时考虑到偶然由于凝露造成的暂时的导电性,污染等级为2级。

其他污染等级可根据特殊用途或微观环境考虑采用。

注:用于设备的微观环境污染等级可能受外壳内安装结构的影响。

5.4 海拔高度

节电装置安装场地的海拔高度不应超过2 000 m。

5.5 特殊使用条件

使用条件如果存在与5.1、5.2、5.3、5.4项目不符的情况,制造厂可根据用户的实际使用条件进行特殊设计、制造。

6 技术要求

6.1 机械性能

6.1.1 外形尺寸要求

节电装置的外形尺寸应符合制造厂文件规定的图纸和技术文件的要求。

6.1.2 外观要求

6.1.2.1 节电装置外壳及所有支承件表面(除铝合金、不锈钢外)应涂上无眩目反光的防腐层,其颜色应均匀一致,涂覆不应露出底层金属,表面无起泡、腐蚀、划痕、涂层脱落或沙孔等缺陷。

6.1.2.2 节电装置电镀件表面应光滑、色泽均匀,不应有剥落、针孔、锈蚀及其他机械损伤。

6.1.3 机械结构要求

6.1.3.1 节电装置柜体的框架、外壳应有足够的机械强度和刚度,应由能承受一定机械应力、电气应力及热应力的材料构成,材料还应能经受正常使用时可能遇到的潮湿的影响,并应不因吊装、运输等影响装置的性能。

6.1.3.2 各种构件应结构紧密,装置面板上除可指示灯、显示器、开关按钮外,其他任何影响功能的操作机构均应安装在箱体内。

6.1.3.3 装置面板指示灯应安装紧固无松动,且通电后指示正常。

6.1.3.4 装置的外部开关、引出线、接线端子等应无破损。

6.1.3.5 外接导线端子应符合GB 7251.1—2005中7.1.3的规定。

6.2 旁路功能

节电装置应配备有旁路开关功能。

6.3 电气性能

6.3.1 节电装置额定工作电压交流不超过10 kV,额定频率50/60 Hz。各电压挡次空载输入额定工作电压时,空载输出电压偏差应在±0.5%的范围内。

6.3.2 节电装置电气参数应符合表1的规定。

表1 节电装置电气参数

额定容量 kVA	空载损耗 %	负载损耗 %	空载电流 %
≤2 500	≤0.7	≤2	≤0.3

6.3.3 节电装置的降压范围和适应性应符合GB/T 12325的规定。

6.4 安全性能

6.4.1 介电强度

额定工作电压不超过1 000 V的节电装置,按GB 7251.1—2005中8.2.2.4规定的试验电压值及施加部位对其施加电压时,应无击穿或闪络现象。

额定工作电压大于1 000 V且不超过10 kV的节电装置,按GB 3906—2006中6.2.6规定的试验电压值及施加部位对其施加电压时,应无击穿或闪络现象。

6.4.2 电气间隙和爬电距离

不同极性的裸导体之间及它们与外壳之间的电气间隙、爬电距离应符合下列规定:

a) 额定工作电压不超过1 000 V的节电装置,应符合GB 7251.1—2005中7.1.2的规定;

b) 额定工作电压大于1 000 V且不超过10 kV的节电装置,应符合GB/T 11022—1999中5.14的规定。

6.4.3 防护等级

节电装置的外壳防护等级户内应不低于IP30,户外应不低于IP33D。

6.4.4 温升

额定工作电压不超过1 000 V的节电装置的部件温升应符合GB 7251.1—2005中7.3的规定。

额定工作电压大于1 000 V且不超过10 kV的节电装置的部件温升应符合GB 3906—2006中6.5的规定。

节电装置变压器绕组温升应符合GB 1094.2的规定,部件温升限值不应超过GB 1094.11—2007中表2的规定。

6.4.5 保护电路有效性

节电装置的铁心和金属构件应可靠接地。接地装置应有防锈镀层,并有明显的接地标志。

节电装置不同裸露导电部件应有效地连接在保护电路上,进线保护导体和相关的裸露导电部件之间的电阻不应超过0.1 Ω。

6.4.6 谐波电流限值

a) 额定工作电压不超过1 000 V的节电装置:

每相输入电流不大于16 A条件下的谐波电流应符合GB 17625.1—2003中表1的规定。

额定电流大于16 A条件下的谐波电流应符合GB/Z 17625.6—2003中表1的规定。

b) 额定工作电压大于1 000 V且不超过10 kV的节电装置,谐波电流应符合GB/T 14549—1993中表2的规定。

6.4.7 短路耐受强度

额定工作电压不超过1 000 V的节电装置的短路耐受强度应符合GB 7251.1—2005中7.5的规定。

额定工作电压大于1 000 V且不超过10 kV的节电装置的短路耐受强度应符合GB 3906—2006中6.6的规定。

6.4.8 环境适应性

装置应能在5.1、5.2规定的环境条件下正常工作,无变形、无结构和机械损伤。特殊环境条件应在产品说明书中给出。

6.4.9 电磁兼容性(EMC)

额定工作电压不超过 1 000 V 的节电装置的电磁兼容性应符合 GB 7251.1—2005 中 7.10 的规定。

额定工作电压大于 1 000 V 且不超过 10 kV 的节电装置的电磁兼容性应符合 GB/T 11022—1999 中 6.9 的规定。

6.5 节电率

节电装置各电压挡次在额定负载时,其节电率应不小于式(1)的计算结果。

$$R=[1-(U_2/U_1)^2]\times 100\%-2\% \qquad (1)$$

式中:

R——节电率限定值;

U_1——输入电压;

U_2——输出电压。

7 试验

7.1 试验条件

7.1.1 除气候环境适应性试验外,所有试验应在下列条件下进行:

环境温度:+10 ℃ ~ +40 ℃;

供电电源:相应产品的额定工作电源。

7.1.2 电磁环境

试验场地的电磁环境不应影响试验结果。

7.2 试验分类

检验节电装置性能的试验包括:

——型式试验(见 7.2.1);

——出厂试验(见 7.2.2)。

7.2.1 型式试验

型式试验用来验证给定型式的节电装置是否符合本标准的要求。在下列情况下应进行型式试验:

a) 新产品试制定型时;

b) 已定型的产品当工艺、设计或关键元器件材料更改有可能影响产品性能时;

c) 制造厂或用户认为有必要时。

型式试验应在一台(组)节电装置的样机上进行。

型式试验应由制造厂主动进行。

型式试验项目包括:

a) 外形尺寸、外观检查和机械结构检查(见 7.3.1);

b) 旁路功能试验(见 7.3.2);

c) 空载输入、输出电压试验(见 7.3.3);

d) 空载损耗和空载电流试验(见 7.3.4);

e) 负载损耗试验(见 7.3.5);

f) 介电强度试验(见 7.3.6);

g) 电气间隙和爬电距离试验(见 7.3.7);

h) 防护等级试验(见 7.3.8);

i) 温升极限试验(见 7.3.9);

j) 保护电路有效性试验(见 7.3.10);

k) 谐波电流限值试验(见 7.3.11);

l) 短路耐受强度试验(见 7.3.12)；

m) 电磁兼容性(EMC)试验(见 7.3.13)；

n) 节电率试验(见 7.3.14)。

7.2.2 出厂试验

出厂试验是用来检查产品的性能是否合格的试验。

出厂试验在每一台装配好的新的节电装置上或在每一个运输单元上进行，在安装工地上不作另外的出厂试验。

节电装置采用标准化元件在元件制造厂外进行装配，而使用的部件和附件是制造厂为此用途而规定或提供的，则应由负责装配节电装置的单位进行出厂试验。

出厂试验项目包括：

a) 外形尺寸、外观检查和机械结构检查(见 7.3.1)；

b) 旁路功能试验(见 7.3.2)；

c) 空载输入、输出电压试验(见 7.3.3)；

d) 空载损耗和空载电流试验(见 7.3.4)；

e) 负载损耗试验(见 7.3.5)；

f) 介电强度试验(见 7.3.6)；

g) 电气间隙和爬电距离试验(见 7.3.7)；

h) 防护等级试验(见 7.3.8)；

i) 保护电路有效性试验(见 7.3.10)。

出厂试验项目可按任意次序进行。

注：在制造厂进行的出厂试验工作，不能免除安装单位在经过运输和安装后进行检查试验的责任。

7.3 试验方法

7.3.1 外形尺寸、外观检查和机械结构检查

用量尺等量具对照制造厂文件规定的图纸和技术文件检查节电装置的外形尺寸，目视检查外观，用手检验构件，应符合 6.1.2、6.1.3 的规定。

7.3.2 旁路功能试验

把节电装置接入供电系统，接通旁路开关，测量节电装置输出侧电源特性，应与节电装置输入侧电源一致。

7.3.3 空载输入、输出电压试验

分别接通节电装置各电压调节挡次，输入三相额定频率下的额定电压，测量输入、输出线电压，应符合 6.3.1 的要求。

7.3.4 空载损耗和空载电流试验

将节电装置输入电压调节至三相额定频率的额定电压，测量空载损耗和空载电流，应符合 6.3.2 中表 1 的规定。

7.3.5 负载损耗试验

将节电装置电压调节位置置于“7%”或相近数值，输出端短接，输入端输入三相额定频率的电压，调节输入电压使输入输出短路电流(即主线圈电流)达到额定电流，测量有功功率即为负载损耗，应符合 6.3.2 中表 1 的规定。

7.3.6 介电强度试验

按 6.4.1 的规定进行。

7.3.7 电气间隙和爬电距离试验

测量节电装置相与相之间，不同电压的电路导体之间及带电部件与裸露导电部件之间的最小电气间隙、爬电距离。此距离应符合 6.4.2 的要求。测量方法按照 GB 7251.1—2005 中附录 F 的规定。

7.3.8 **防护等级试验**

按 GB 4208 的规定进行。

7.3.9 **温升极限试验**

额定工作电压不超过 1 000 V 的节电装置的部件温升极限试验按 GB 7251.1—2005 中 8.2.1 的规定进行。

额定工作电压大于 1 000 V 且不超过 10 kV 的节电装置的部件温升试验按 GB 3906—2006 中 6.5 的规定进行。

节电装置的变压器绕组温升试验按 GB 1094.2 的规定进行。

7.3.10 **保护电路有效性试验**

使用电阻测量仪器测量节电装置进线保护导体和相关的裸露导电部件之间的电阻，应符合 6.4.5 的要求。测量仪器应可以使至少 10 A 的交流或直流电流通过电阻测量点之间的阻抗。

7.3.11 **谐波电流限值试验**

a) 额定工作电压不超过 1 000 V 的节电装置：

每相输入电流≤16 A 条件下的谐波电流试验按 GB 17625.1—2003 中的规定进行。

额定电流大于 16 A 条件下的谐波电流试验按 GB/Z 17625.6—2003 中的规定进行。

b) 额定工作电压大于 1 000 V 且不超过 10 kV 的节电装置，谐波电流试验按 GB/T 14549 的规定进行。

检测并记录投入节电装置运行之后的谐波电流值，应符合 6.4.6 的规定。

7.3.12 **短路耐受强度试验**

节电装置的短路耐受强度和短路保护功能试验按 GB 7251.1—2005 中 8.2.3 的规定进行。

试验后，导线不应有过大的变形，电气间隙和爬电距离应符合 6.4.2 的规定，同时，导线的绝缘和绝缘支撑部件不应有明显的损伤痕迹。

检测器件不应指示出有故障电流发生。

导线的连接部件不应松动，导线不应从输出端子上脱落。

7.3.13 **电磁兼容性(EMC)试验**

额定工作电压不超过 1 000 V 的节电装置电磁兼容性试验按 GB 7251.1—2005 中 8.2.8 的规定进行。

额定工作电压大于 1 000 V 且不超过 10 kV 的节电装置电磁兼容性试验按 GB/T 11022—1999 的规定进行。

试验结果应符合 6.4.9 的规定。

7.3.14 **节电率试验**

节电装置输出端接入额定功率负载，负载功率因数 $\cos\phi$ 不低于 0.90；如果条件限制可减低负载，但不能小于额定负载的 20%。输入电压在额定范围内，将节电装置置于不同电压挡位，测试仪表接在节电装置输入端，测量电流、电压、功率、功率因数、用电量(测试时间可定为 0.5 h)。同样负载，相同的输入电压，不接入节电装置测量电流、电压、功率、功率因数、用电量(测试时间与接入节电装置相同)。

节电装置节电率按下式计算：

$$r=\frac{W_0-W_1}{W_0}\times 100\%$$

式中：

r——节电率；

W_0——无节电装置时的用电量，单位为千瓦小时(kW·h)；

W_1——有节电装置时的用电量，单位为千瓦小时(kW·h)。

试验结果应满足 6.5 的要求。

8 标志、包装、运输和贮存

8.1 标志

每台节电装置应有一至数个清晰、耐久的标志，包括铭牌和安全指示标志。铭牌应坚固、耐久，其位置应在节电装置安装好后易于看见的地方，字迹应清楚，其内容应包括：

a) 制造厂名称或商标；

注：制造厂是对完整的成套设备承担责任的机构。

b) 型号或标志号，或其他标记，据此可从制造厂得到有关资料；

c) 额定工作电压；

d) 额定频率；

e) 额定容量；

f) 额定电流；

g) 电压调节挡次；

h) 出厂编号和出厂日期。

8.2 包装

8.2.1 产品在外包装箱内应用防潮材料包装。包装箱上应有符合 GB/T 191 规定的标志名称、图形以及产品名称、型号、数量、出厂日期、净重、生产厂名等文字说明。

8.2.2 随同产品提供的文件应有产品说明书、合格证、保修卡等。

8.3 运输和贮存

8.3.1 包装好的产品应能承受汽车、火车、轮船和飞机等方式的运输。为避免运输过程中振动和冲击对产品造成损伤，应给出必要的指导和/或提供特别的措施以保护元件(开关设备和变压器)的安全。

8.3.2 包装后的产品应贮存在环境温度为－10 ℃～＋40 ℃、相对湿度不大于 80％、无腐蚀性气体、通风良好的室内或仓库内。

8.3.3 节电装置可在环境温度－25 ℃～＋55 ℃之间运输，在短时间内(不超过 24 h)，允许环境温度达到＋70 ℃。设备在未运行的情况下经受上述高温后，不应遭受任何不可恢复的损坏，在规定的条件下应能正常工作。

ICS 01.140.20
A 14

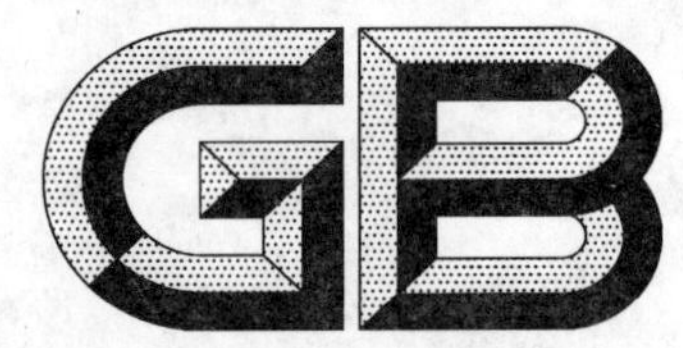

中华人民共和国国家标准

GB/T 25100—2010

信息与文献　都柏林核心元数据元素集

Information and documentation—The Dublin Core metadata element set

(ISO 15836:2009,MOD)

2010-09-02 发布　　2010-12-01 实施

中华人民共和国国家质量监督检验检疫总局
中国国家标准化管理委员会　发布

前言

本标准修改采用国际标准 ISO 15836:2009《信息与文献　都柏林核心元数据元素集》，并参考了 ISO 15836:2003《信息与文献　都柏林核心元数据元素集》、都柏林核心元数据计划（The Dublin Core Metadata Initiative，DCMI）发布的《都柏林核心元数据元素集》（1.1 版）（2008-1-14）、ANSI/NISO Z39.85:2007《都柏林核心元数据元素集》（ISSN:1041-5635）及 RFC 5013《都柏林核心元数据元素集》。

本标准与 ISO 15836:2009 的主要不同之处为：

——根据 ANSI/NISO Z39.85:2007 在"术语和定义"部分增加了术语"DCMI-都柏林核心元数据计划"的说明与解释；

——为加强对元素名称和标签的理解，并指导应用，在"元素集"部分增加了关于元素名称和标签及其使用的有关规定与说明，并保留了 ISO 15836:2003 中的一些规定与说明；

——为加强对应用的指导，根据 ISO 15836:2003 保留了名称（Title）、类型（type）、格式（format）、标识符（identifier）中的有关注释；

——根据有关标准文件更新了有关参考文献的最新网址。

本标准的附录 A 为资料性附录。

本标准由全国信息与文献标准化技术委员会（SAC/TC 4）提出并归口。

本标准主要起草单位：国家图书馆、上海图书馆、北京大学图书馆、清华大学图书馆、中国科学院国家科学图书馆、中国科学技术信息研究所。

本标准主要起草人：申晓娟、刘炜、沈芸芸、郑小惠、梁娜、刘春燕。

引　言

都柏林核心元数据元素集是一个用于资源描述的、由15个元素组成的元素集，由DCMI负责维护。"都柏林"这个名称来源于1995年成立于俄亥俄都柏林的特邀工作小组；"核心"是指它的元素比较宽泛和通用，可用于描述广泛的资源。

本标准所描述的15个都柏林核心元数据元素只是由DCMI负责维护的一系列元数据词表和技术规范中的一部分。作为一套完整的词表，DCMI元数据术语集(DCMI-TERMS)还包括一套资源分类，即DCMI资源类型表(DCMI-TYPE)。在DCMI抽象模型(DCMI Abstract Model,DCAM)的基础上，DCMI词表中的术语可以与应用纲要中规定的、来自其他词表的术语共同使用。

2001年，美国国家信息标准组织发布了ANSI/NISO Z39.85:2001《都柏林核心元数据元素集》，该标准对应于DCMI网站上公布的《都柏林核心元数据元素集》(1.1版)。自2001年以后，在DCMI命名域政策(DCMI Namespace Policy,DCMI-NAMESPACE)的框架下，经DCMI用户委员会(DCMI Usage Board)审查，DCMI对都柏林核心元数据元素集中的元素进行过几次修订。

2006年，DCMI用户委员会对都柏林核心元数据元素集(DCMES)中的元素进行了再次修订，以进一步澄清语义，并使元素的定义和使用注释符合DCMI抽象模型(DCAM)的语言。在征求了公众意见并召开用户委员会会议后，2006年12月18日正式出版了修订后的都柏林核心元数据元素集(DCMES)。在此基础上，2007年美国国家信息标准组织又发布了ANSI/NISO Z39.85:2007《都柏林核心元数据元素集》，对ANSI/NISO Z39.85:2001进行了修订。同样，自2003年国际标准化组织发布了ISO 15836:2003《信息与文献　都柏林核心元数据元素集》后，2008年，国际标准化组织根据ANSI/NISO Z39.85:2007和DCMI的最新修订情况(2008年1月14日修订)，对原ISO 15836:2003进行了修订，于2009年提出了ISO 15836:2009。

信息与文献　都柏林核心元数据元素集

1　范围

都柏林核心元数据元素集是应用于不同领域间资源描述的标准，是根据各类资源的共同特点确定的元数据元素集合。本标准并不限定所描述的资源类型。

本标准仅仅是元素集合，通常应用于一个应用纲要，该应用纲要应当基于特定项目或应用的需要与政策明确规定这些元素的使用。但定义具体的应用规范不是本标准的目标。

2　规范性引用文件

下列文件中的条款通过本标准的引用而成为本标准的条款。凡是注日期的引用文件，其随后所有的修改单(不包括勘误的内容)或修订版均不适用于本标准，然而，鼓励根据本标准达成协议的各方研究是否可使用这些文件的最新版本。凡是不注日期的引用文件，其最新版本适用于本标准。

ANSI/NISO Z39.85:2007　The Dublin Core metadata Element Set

DCAM DCMI Abstract Model　http://dublincore.org/documents/abstract-model/

3　术语和定义

本标准确定采用下列术语和定义。

3.1

都柏林核心元数据计划　Dublin Core Metadata Initiative;DCMI

都柏林核心元数据元素集的维护机构。

3.2

资源　resource

任何可标识的对象(相同的定义见 Internet RFC 3986，DCMI 抽象模型)。

3.3

资源生命周期　lifecycle of a resource

标记资源发展和使用的一系列事件。例如：一项发明的构思，一个草图的设计，一篇文章的修改，一本书的出版，一个图书馆的采访，磁盘转录，向光存贮器迁移，翻译为英文，一项新工作(如一部电影)的源起。

4　元素集

在表1的元素描述中，每一个元素均有一个用于人阅读的描述性标签("label")和一个用于计算机处理的唯一标记("name"，即元素名)。

根据 DCMI 命名域政策[DCMI-NAMESPACE]，元素名("name")应附加于 DCMI 命名域的 URI 后，构成统一资源标识符，作为该元素的全球性唯一标识符。根据本标准的目的，不给出每一元素的统一资源标识符(URI)，元素名和 URI 在不同实际应用技术中的使用见 DCMI 编码指南[DCMI-ENCODINGS]中的解释。

在本标准中，元素名为英文(原文)，并全部小写，以便于计算机标记和编码，并保证与其他语种的 DC 应用保持语义一致性；标签为中文，便于人们阅读。本标准中的标签只是元素名称的一个语义属性，在具体的应用领域，为突出资源的个性和元数据的专指性，更好的体现该元素名称在具体应用中的语义，允许赋予其适合的标签，但语义上与原始定义不允许有冲突，不允许扩大原始的语义。

每一元素均为可选，且可重复。元素可以以任何顺序出现。同一元素(如创建者)多次出现，其排序可能是有意义的，但不能保证排序会在任何系统中保存下来。

为促进全球互操作，很多元素描述建议其元素的值取自受控词表。同样，为了某些特定领域内的互操作性，也可以开发利用其他受控词表。

表1 元素描述

元素名	标签	定义	注释
title	名称	赋予资源的名称	一般指资源正式公开的名称
creator	创建者	创建资源的主要责任者	创建者包括个人、组织或某项服务。通常用创建者的名称来标识这一条目
subject	主题	资源的主题	一般采用关键词、关键词短语或分类号来描述。建议使用受控词表。描述资源的时间或空间主题应采用"时空范围(coverage)"元素
description	描述	资源的说明解释	描述可以包括但不限于以下内容：文摘、目录、图形图像表示、或者关于资源的文本描述
publisher	出版者	使资源可以获得和利用的责任实体	出版者包括个人、组织或某项服务。通常用出版者的名称来标识这一条目
contributor	其他责任者	对资源做出贡献的其他责任实体	其他责任者包括个人、组织或某项服务。通常用其他责任者的名称来标识这一条目
date	日期	与资源生命周期中的一个事件相关的时刻或一段时间	日期可以用来表达任何级别粒度的时间信息。建议采用一个编码体系，例如 ISO 8601 [W3CDTF])的 W3CDTF
type	类型	资源的特征或类型	类型包括描述资源内容的一般范畴、功能、种属或聚类层次的术语。建议采用受控词表，例如 DCMI 资源类型表[DCMI-TYPE]。要描述资源的文件格式、物理媒体或尺寸规格，应使用"格式(format)"元素
format	格式	资源的文件格式、物理媒体或尺寸规格	格式可以包括资源的媒体类型或资源的大小，格式元素可以用来标识展示或操作资源所需的软硬件或其他相应设备。例如尺寸规格可以是大小尺寸或持续时间。建议采用受控词表，例如因特网媒体类型[MIME]定义的计算机媒体格式表
identifier	标识符	在特定上下文环境中，给予资源的一个明确的标识	建议采用符合正式标识体系的字符串进行标识。正式的标识体系包括但不限于统一资源标识符(URI)(包括统一资源定位符[URL])、数字对象标识符(DOI)和国际标准书号(ISBN)等

表 1（续）

元素名	标签	定义	注释
source	来源	与当前资源来源有关的资源	当前资源可能部分或全部源自来源元素所标识的资源。建议采用符合正式标识体系的字符串进行标识
language	语种	资源的语种	建议采用受控词表进行标识，例如 RFC 4646
relation	关联	相关资源	建议采用符合正式标识体系的字符串进行标识
coverage	时空范围	资源所涉及的空间或时间主题，资源所适用的空间或者资源所辖的范围	资源所涉及的空间主题或所适用的空间范围可以是一个地名或地理坐标，时间范围可以是一个时间间隔、日期或日期范围。所辖范围可以是资源所适用的行政实体或地理区域。建议采用受控词表，例如地理名称叙词表[TGN]，并应尽可能地使用由数字表示的坐标或日期范围来描述地名与时间段
rights	权限	资源本身的所有者权利信息或被赋予的权利信息	权限信息通常指与资源相关的各种产权声明，包括知识产权

附　录　A
(资料性附录)
更多参考信息

关于都柏林核心元数据元素集的更多信息可以从以下 URL 获得：

http://dublincore.org

这个网站包含有关都柏林核心元数据计划(DCMI)的专题讨论、报告、工作组文件、项目以及最新进展情况等信息。

参 考 文 献

［1］ ISO 8601 Data elements and interchange formats—Information interchange-Representation of dates and times(数据存储和交换形式　信息交换　日期和时间的表示方法)

［2］ DCMI-ENCODINGS, DCMI Encoding Guidelines(DCMI 编码指南). http://dublincore.org/resources/expressions/

［3］ DCMI-TERMS, DCMI Metadata Terms(DCMI 元数据术语集). http://dublincore.org/documents/dcmi-terms/

［4］ DCMI-NAMESPACE, DCMI Namespace Policy.(DCMI 命名域政策). http://dublincore.org/documents/dcmi-namespace/

［5］ DCMI-TYPE, DCMI Type Vocabulary(DCMI 资源类型表). http://dublincore.org/documents/dcmi-type-vocabulary/

［6］ W3CDTF, Date and Time Formats, W3C Note(日期与时间格式, W3C 注释). http://www.w3.org/TR/NOTE-datetime

［7］ TGN, Getty Thesaurus of Geographic Names(地理名称叙词表). http://www.getty.edu/research/conducting_research/vocabularies/tgn/index.html

［8］ MIME, MIME Media Types(因特网媒体类型). http://www.iana.org/assignments/media-types/

［9］ RFC3986, Uniform Resource Identifiers (URI): Generic Syntax(统一资源标识符(URI):通用句法). http://www.ietf.org/rfc/rfc3986.txt

［10］ RFC4646, Tags for Identifying Languages(语种标识表). http://www.ietf.org/rfc/rfc4646.txt

ICS 01.140.20
A 14

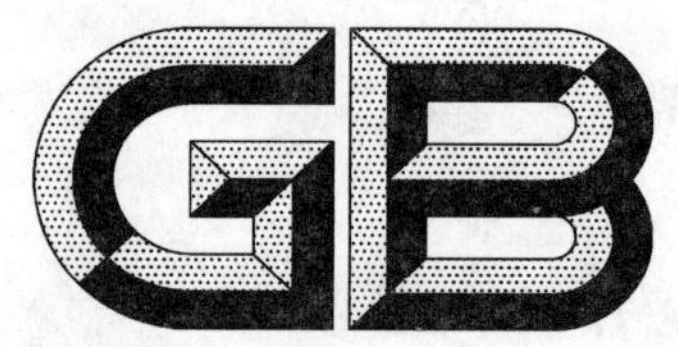

中华人民共和国国家标准化指导性技术文件

GB/Z 25101—2010/ISO/TR 21449:2004

音乐、电影、视频、录音和出版产业内容传递与权益管理标识符和描述符的功能要求

Content delivery and rights management—Functional requirements for identifiers and descriptors for use in the music, film, video, sound recording and publishing industries

(ISO/TR 21449:2004, IDT)

2010-09-02 发布　　　　2010-12-01 实施

中华人民共和国国家质量监督检验检疫总局
中国国家标准化管理委员会　发布

前　言

本指导性技术文件等同采用ISO/TR 21449:2004《内容传递与权益管理　对音乐、电影、视频、录音和出版产业标识符和描述符的功能要求》。

本指导性技术文件由全国信息与文献标准化技术委员会提出并归口。

本指导性技术文件主要起草单位：清华大学、国家图书馆、中国标准化研究院、中国版权协会新技术与版权保护委员会、中央电视台总编室、中央人民广播电台图书音像资料馆、新华通讯社通信技术局、文化部文化市场发展中心。

本指导性技术文件主要起草人：肖燕、富平、程真、李华伟、刘植婷、田胜立、石村、彭明、武国卫、袁力、罗洪涛。

引　言

近年来，数字技术的发展进步促使音乐、电影、视频、录音和出版产业发生了重大变化。网络环境下，它们作为“内容”产业，都在积极开发和使用信息创建、存储和交流的新技术，以便使传统的创作、发行模式适应时代的发展。与此同时，随着产业的调整，其他行业（如信息/通信等）也在进入上述领域。

在出版和录音产业中，用于描述传统作品的标识符已经使用了几十年。数字内容转向网络传递，越发需要高效、可靠的方法标识产品以及包含在其中的知识产权。在扩大的“内容”产业中，作为新的多媒体基础设施的一个组成要素，数字产品的识别和描述的标准化，已成为支撑跨部门、全球化内容相关的电子商务交易的重要手段。这不仅产生了拓展标识符种类的要求，也对标识符的功能提出了新需求，完整性、适用性、可扩展性、灵活性以及互操作性成为考虑的重点，以便追踪数字产品整个生命周期以及贯穿在供应链内的多种交易。

从商业角度看，数字产品的标识、描述作为基础设施的关键要素，在网络环境下，将构成现有技术不可分割的组成部分，这些技术支撑高效商业交易并保护商业权益和利益。

从运营角度看，数字产品标识和描述的规范化设计与应用，对支持内容的创建、制作到产品的发行和使用追踪等整条供应链的活动，都有着关键性的意义。为在多媒体环境下完全有效，数字产品标识符与描述必须具有全方位功能。不仅能够区别产品和财产，适用于聚合和分解多重层次，还必须在多层面和需要互操作的跨部门环境中发挥作用。

本指导性技术文件旨在为内容产业提供一个共享参考框架，用来描述制作、发行和权利管理过程中的商务活动以及信息处理事务的特征，并对需求提供结构化描述，以便对支持上述功能的识别和描述方案的应用开发提供指导。

本指导性技术文件为满足我国出版产业由传统出版向数字出版转型的需要而研制。鉴于本领域技术发展较快，在尚未定型的情况下，不宜采用标准的形式严格限定。

音乐、电影、视频、录音和出版产业内容传递与权益管理标识符和描述符的功能要求

1 范围

本指导性技术文件概略提出了专为知识内容和产品认证与描述方案的管理开发的商务和信息架构。

本指导性技术文件以内容产业(即音乐、电影、视频、录音和出版产业)业内及不同产业间的制作、发行和权利管理相关的商业交易活动为中心,适用于知识和艺术内容开发与传递有关的创作者、制作者、发行者、注册权威机构以及权利管理者理解本组织机构与其他从事制作、发行和权利管理有关的内容产业之间的关系。本指导性技术文件提出的信息模型没有反映诸如市场营销和档案管理的业务功能,也没有反映诸如图书馆、档案馆或者博物馆等二次服务提供者之间的业务活动。

2 方法

对内容产业应用的标识符和描述符的功能需求分析从以下四个方面展开。

第一部分:定义概念性商务架构。该架构明确了从事知识或艺术内容制作、发行以及内容权益管理的个人和组织所执行的功能,强调了各个功能之间重要的商务关系。概念性商务架构提供对商务环境的看法,旨在协助负责制定和管理知识内容和作品的标识和描述方案的组织,理解本组织与其他从事制作、发行和权利管理的内容产业之间的关系。概念性商务架构的细节在第4章中阐述。

第二部分:定义信息架构。该架构给出了对涉及每个商务功能的关键实体(即对象、代理、活动、事件等)及实体之间主要关系的定义和结构化表达。信息架构的细节在第5章中阐述。

第三部分:明确并定义与信息架构中所标识的每个实体相关的属性与关系。属性和关系定义的细节在附录A中阐述。

第四部分:定义一套通用的使用者事务。绘制了上述事务与信息架构重点关注的三个实体(内容、产品和财产)相关的属性与关系的示意图。绘制事务属性与关系示意图旨在为定义内容、产品和财产登记所需的一套通用的描述符奠定基础。使用者事务的定义及其示意图在第7章中阐述。

3 图例

本指导性文件对商务架构和信息模型的具体描述中,使用了一些图形符号,其含义如下:

概念性商务架构(图1中采用)	
○	圆代表个人或组织在制作、发行和权利管理的整体运营背景下的所执行的功能
——→ - - - - →	圆之间的直线和箭头代表执行指定功能的个人与组织之间的事务,次要相关的事务用虚线箭头表示

信息模型(图 2、图 3、图 4 中采用)	
(矩形图例)	矩形代表实体(如:对象、代理、活动、事件等),为了支撑行业内或者行业之间的商务功能,需要关于这些实体的信息
(箭头直线图例)	连接矩形的直线和箭头代表指定实体之间的关系
(虚线矩形图例)	环绕两个或者两个以上的一组实体的虚线矩形表示:与点线相连的箭头所表示的关系可以适用于矩形内任何一个或者所有的实体
(虚尾箭头图例)	虚尾箭头作为页面连接器,以便捷的手段将一个实体与虚尾箭头所引用的图所代表的所有相关实体链接在一起

4 概念性商务架构

图 1 所描述的概念性商务架构用来定义个人和组织在知识或艺术内容的制作、发行以及与内容相关的权利管理中所执行的功能,并且强调上述功能之间关键的商务关系。此处概略描述的架构提供对商务环境的观察,旨在协助负责开发管理知识内容与产品的标识和描述方案的组织,理解该组织与其他涉及制作、发行和权利管理的内容产业之间的关系。本指导性技术文件并不排除存在对相同商务环境的不同观察的可能性,也不排除为其他目的设计的概念性商务架构。

本部分图表描述了 9 个不同的商务功能(每个功能都在表 1 中定义)。商务功能代表着个人和组织在商务环境中所行使的职责。任何个人或组织可能执行多于一项的指定功能或者职责。诸多功能可以采取平行或顺序执行的方式被同步完成。

图中所描述的事项反映了个人和组织之间在执行指定功能职责过程中的商务行为,反映了相关行业内及行业之间在内容制作、发行和权利管理环境中的相关事务。然而,为了能够对功能需求做进一步分析,也从提供内容和产品登记服务机构的角度考虑对主要相关事务与次要相关事务进行了区分。次要相关事务包括那些目前与内容制作、发行和权利管理相关的正常商务模式相脱离的事务,以及那些与登记权威机构所提供的服务或信息没有直接依赖关系的事务。

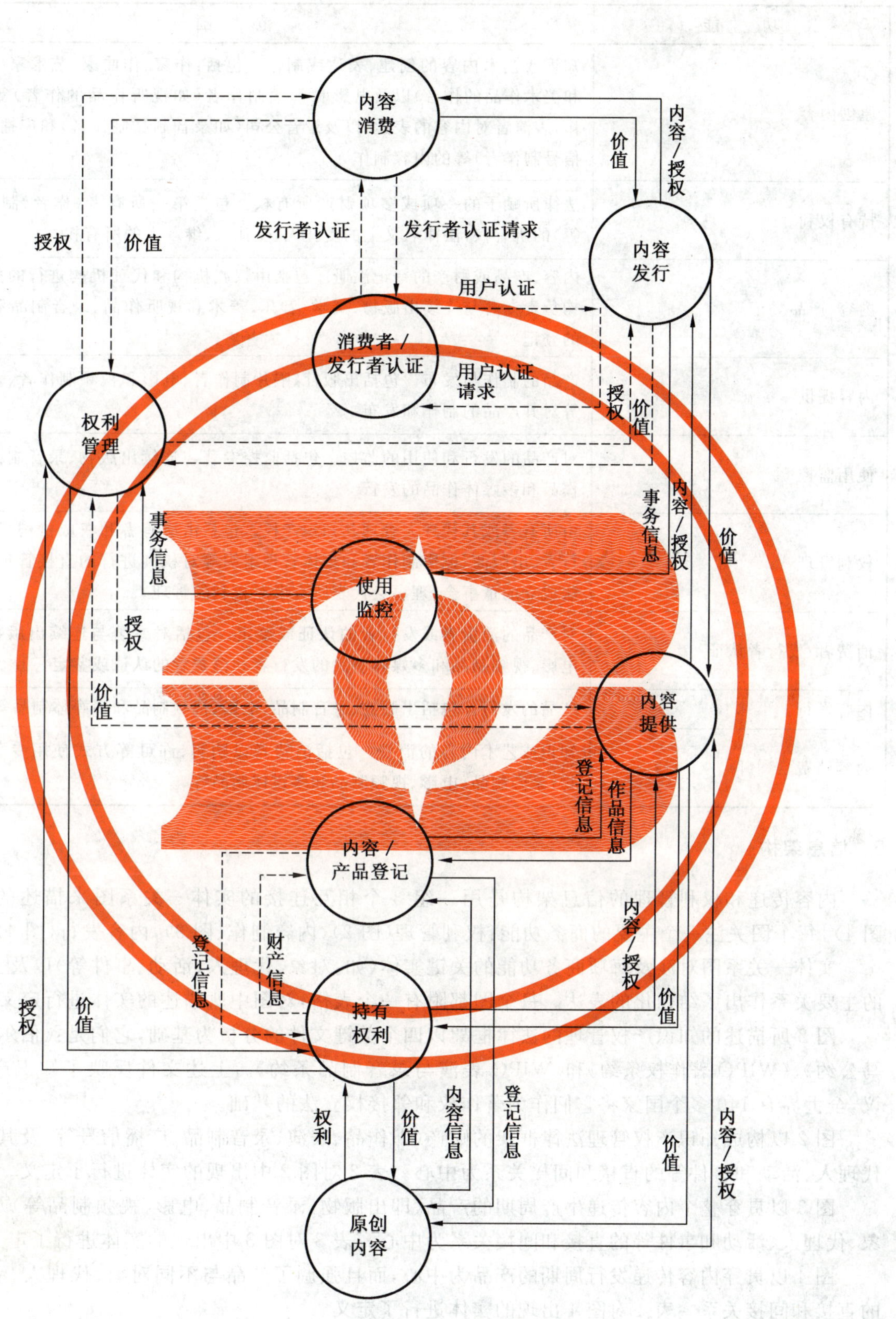

图 1　内容传递和权利管理的概念性商务架构

表 1 概念性商务架构——职责定义

功　能	范　围
原创内容	知识或艺术内容的创建、表达或制作。包括:作家、作曲家、艺术家(如文学、音乐和美术作品的作者)以及电影和视频制作者(如视听作品的作者)等对内容的创作,表演者对内容的表达,以及录音公司(如录音制品制作者)和广播公司(如广播信号制作者)等的内容制作
持有权利	法律所赋予的一项或多项财产所有权。包括第一所有者(作者、制作者、表演者等)的所有权,法律名义上的受托人、受让人、继承人的所有权
内容/产品登记	内容、产品或财产的登记注册。包括由权威机构和代理机构进行的登记。这些机构负责专著与连续出版物、文学、音乐、美术和视听作品、录音制品和广播信号等的登记
内容提供	产品的制作与发布。包括出版社、唱片制作者、电影和视频制作者、多媒体制作者等对其产品的制作和发布
使用监控	对产品的发行和使用的监控。包括监控专著与连续出版物、录音制品、电影、视听作品和多媒体作品的发行
权利管理	由所有者或其代理人管理其知识产权。包括由所有者和权威机构代表代理商、执行者、出版商、电影制作者和集体管理组织等对权利进行的直接管理,也包括由依法成立的董事会、理事会代表所有者对权利的管理
消费者/发行者认证	对产品的消费者或发行者的认证或鉴定。包括对专著与连续出版物、录音制品、电影、视频制品和多媒体制品的发行者和消费者的认证或鉴定
内容发行	产品的发行。包括出版物、录音制品、电影、视频制品和多媒体制品等的发行
内容消费	知识或艺术内容的消费。包括消费者以购买、许可等方式使用专著与连续出版物、录音制品、电影、视频制品和多媒体制品等

5 信息架构

内容传递和权利管理的信息架构是用一组 3 个相互连接的实体—关系图来描述的(图 2、图 3、图 4)。每个图关注一个主要的商务功能:权利管理(图 2),内容制作(图 3),内容发行(图 4)。

实体—关系图对涉及每项商务功能的关键实体(如:对象、代理人、活动、事件等)以及上述实体之间的主要关系作出了结构化的表达。每个图都附有一个表格,对图中所描述的实体进行定义。

图 2 所描述的知识产权管理的法律框架以四个关键文件的分析为基础,它们是:《伯尔尼公约》、《罗马公约》、《WIPO 著作权条约》和《WIPO 表演与录音制品条约》。上述文件反映了知识产权的国际协议,全世界有 140 多个国家将它们作为著作权和邻接权立法的基础。

图 2 以构成知识产权管理法律框架的财产(即作品、表演、录音制品、广播信号等)及其与不同对象、代理人、活动和事件等的直接和间接关系为中心。表 2 对图 2 中出现的实体进行了定义。

图 3 以贯穿整个内容传递生产周期的产品(即出版物、录音制品、电影、视频制品等)及其与不同对象、代理人、活动和事件等的直接和间接关系为中心。表 3 对图 3 中出现的实体进行了定义。

图 4 以贯穿内容传递发行周期的产品为中心,而且强调了产品与不同对象、代理人、活动和事件等的直接和间接关系。表 4 对图 4 出现的实体进行了定义。

尽管独立的实体—关系图已经揭示出每项商务功能(权利管理、制作和发行),但是通过财产、产品、授权认证和使用实体,可以将三个图连接起来。因此,每个图可看成代表内容传递和权利管理整体信息架构的大图的组成部分。

同样，描述信息架构的图与概念性商务架构（图 1）也有直接关系。图 2、图 3、图 4 中所标明的各个代理实体（原创者、所有者、代理人、主管机关、使用者、制作人、创建者、登记注册的权威机构、发行人、监管服务机构、认证权威机构、消费者）均对应于图 1 所描述的商务功能。

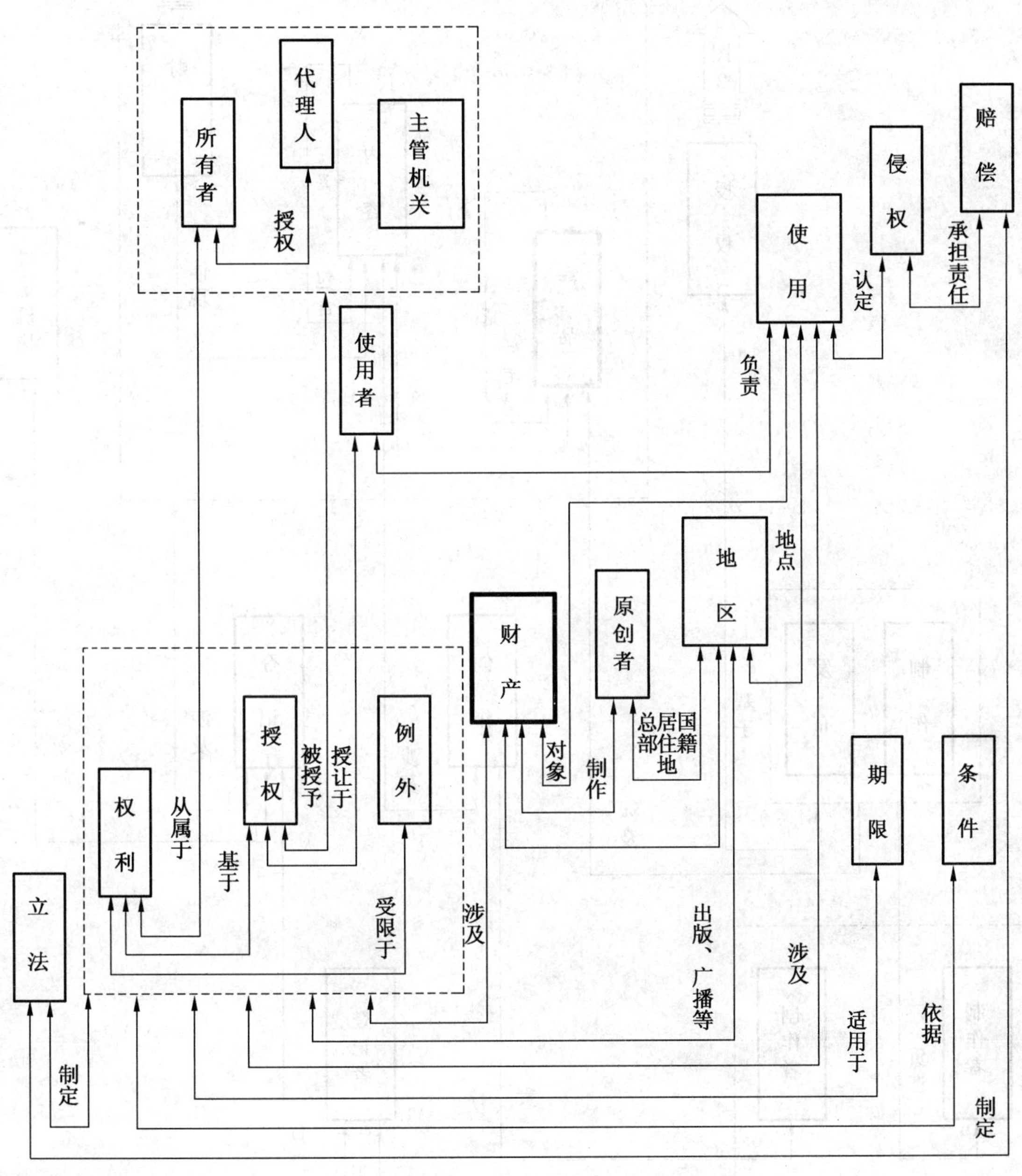

图 2　知识产权管理和保护的法律框架

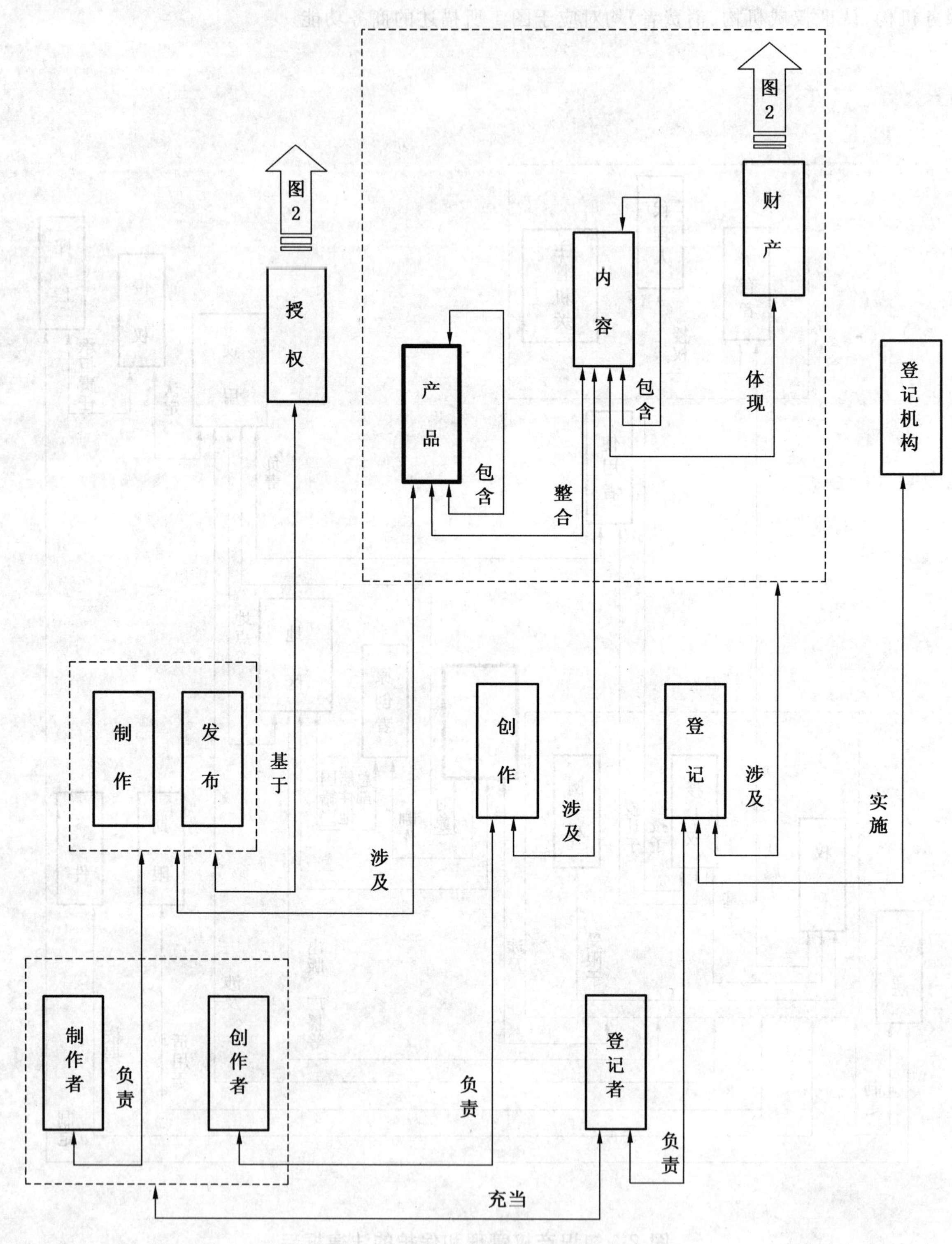

图 3　内容传递的制作周期

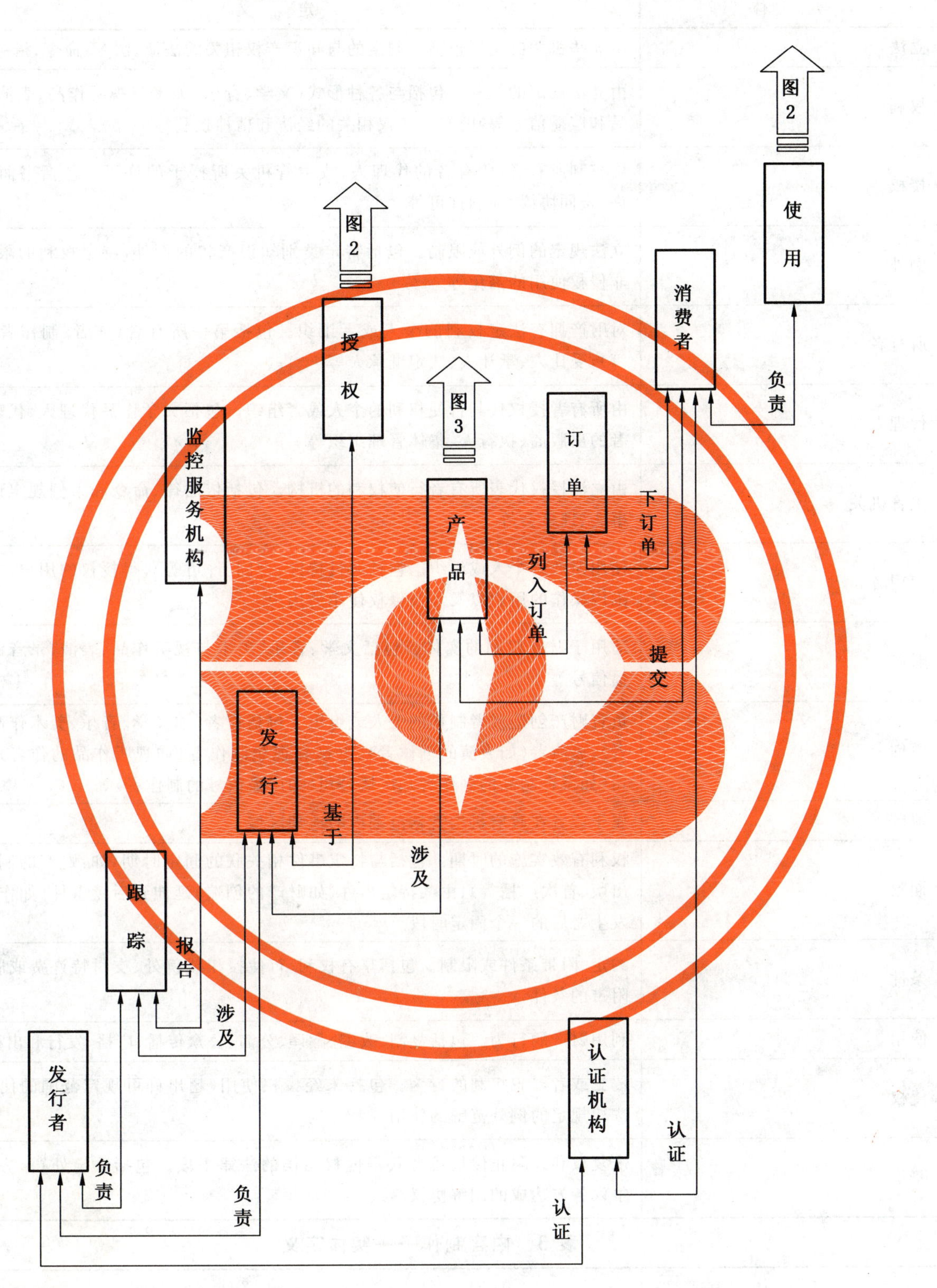

图 4　内容传递的发行周期

表 2　实体定义

实　体	定　义
立法	由立法机关制定。包括已制定的与知识产权相关的法律、法令、命令、指令、条例等
权利	由立法规定的权利。包括与各种形式(文学、音乐、美术与视听作品、表演、录音制品和广播信号等)的知识产权相关的经济和精神权利
授权	由权利所有者、所有者的代理人,或主管机关所授予的许可。包括书面许可、特许、合同协议、强制许可等
例外	立法规定的例外或限制。包括特定类别知识产权的例外,特定权利的限制,特定非侵权使用的豁免等
所有者	对财产拥有法定权利的个人或者组织。包括第一所有者(作者、制作者、表演者等),受让人、承让人、法定继承人等
代理人	由所有者授权代其行使权利的个人或者组织。包括文学作品代理人、代表匿名作者的出版商、执行人、集体管理组织等
主管机关	由立法授权代表所有者行使权利的机构。包括依法律、命令和条例规定设立的董事会、理事会等
使用者	使用财产的个人或组织。包括通过特许、合同、许可等获得授权的用户,在例外范围内操作的用户以及涉及侵权使用的用户
财产	适用于财产权利的实体。包括文学、音乐、美术与视听作品、表演、录音制品和广播信号等
原创者	负责财产创造或者制作的个人或组织。包括作者(如文学、音乐、美术作品的创作者)、表演者(如表演的创作者)、电影和视频制作者(如视听作品的作者)、唱片公司(如录音制品的制作者)、广播公司(如广播信号的制作者)等
地区	属于或者在政府机构管辖范围内的地理区域
期限	权利有效实施的时期。包括与特定事件相关联的固定时期(如:财产的制作、首次出版、首次广播等)、由某特定事件(如财产的创造)延伸到后续事件(如作者去世)发生之后的一个固定时段
条件	约定、附带条件或限制。包括享有权利、行使授权或例外、支付特许费或版税等所附带的条件
使用	利用财产的行为。包括复制、改编、翻译、公演、公众传播、广播、发行和出租等
侵权	侵犯或者冒犯权利的行为。包括未经授权使用,超出许可规定范围的使用,超出法律规定的例外范围的使用等
赔偿	恢复权利并阻止侵权或者获得侵权赔偿的法律手段。包括法定处罚、法院判决,争议各方达成的调解协议等

表 3　内容制作——实体定义

实　体	定　义
制作者	负责产品制作的个人或组织。包括出版者、唱片制作者、电影和视频制作者等
制作	制作产品的行为。包括专著与连续出版物、录音制品、电影、视频、多媒体等产品的制作

表 3（续）

实　体	定　义
发布	向公众提供产品的行为。包括出版、发布录音制品、电影或视频、通过电子网络向公众传播等
授权	由权利所有者，或所有者代理人，或主管机关颁发的许可。包括书面许可、特许、合同协议、强制许可等
产品	经制作生成的对象。包括专著与连续出版物、录音制品、电影、视频、多媒体产品等；包括中间产品，也包括最终产品；包括产品的组成部分、聚合产品，还包括单一实体产品
创建者	负责知识或者艺术内容创作的个人或组织。包括作家、作曲家、艺术家、表演者、唱片和电影制作者等
创作	原创知识或者艺术内容的行为。包括文学、音乐、美术和视听作品的创作、对上述作品的表演、首次将声音固定在记录介质上等
内容	产品中知识或艺术的实质性内容。包括文学、音乐、美术和视听作品、对上述作品的表演、将声音固定在记录介质上等。不仅包括单一实体内容，还包括内容组成部分和聚合内容
登记者	负责对产品、内容或财产进行登记注册的个人或组织。包括制作者、创建者、权利所有者、权利管理者以及其他对登记注册过的产品、内容或财产感兴趣的个人或组织等（如国家书目机构、信息服务提供者）
登记	对产品、内容或财产进行登记注册的行为。包括专著与连续出版物、文学、音乐、美术与视听作品、录音制品、广播信号等的登记
登记机构	负责产品、内容或财产登记的组织。包括负责登记专著与连续出版物、文学、音乐、美术与视听作品、录音制品、广播信号等的机构
财产	适用于财产权的实体。包括文学、音乐、美术和视听作品、表演、录音制品、广播信号等

表 4　内容发行——实体定义

实　体	定　义
发行者	负责产品发行的个人或组织。包括发行出版物、录音制品、电影、视频、多媒体产品等
跟踪	监控和汇集业务数据的行为。包括跟踪专著与连续出版物、录音制品、电影、视频、多媒体等产品发行有关的事务
监控服务机构	监控产品发行的个人或组织。包括监控专著与连续出版物、录音制品、电影、视频、多媒体等产品发行的机构
发行	向消费者分发作品的行为。包括发行专著与连续出版物、录音制品、电影、视频、多媒体等产品
授权	由权利所有者、所有者代理人或主管机关所授予的许可。包括书面许可、特许、合同协议、强制许可等
产品	经制作生成的对象。包括专著与连续出版物、录音制品、电影、视频、多媒体产品等

表 4（续）

实 体	定 义
订单	根据议定条件向发行者发出的逐条列出产品明细的订货单。包括专著与连续出版物、录音制品、电影、视频、多媒体产品等的订单
认证机构	对产品的发行者或消费者进行认证的个人或组织。包括对专著与连续出版物、录音制品、电影、视频、多媒体等产品的发行者或消费者进行认证的机构
消费者	产品的购买者或最终用户。包括专著与连续出版物、录音制品、电影、视频、多媒体等产品的消费者
使用	利用财产的行为。包括复制、改编、翻译、公演、公众传播、广播、发行和出租等

6 属性与关系

附录 A 包含一系列表格，其中列出并定义了信息模型（图 2、图 3、图 4）所标示的每一实体的属性以及实体之间的关系。

该模型的目的是在逻辑层次对属性进行定义（即定义实体具有的特征，而不是专门定义数据元素）。

表中列举的属性，部分来源于对 ISO 标识符方案中所定义的书籍、连续出版物、视听作品、音乐作品、文字作品和录音制品的数据元素的分析，部分来源于其他相关模型（如为 IFLA 研究书目记录的功能需求而开发的模型，以及为电子商务系统内数据的互操作项目（NDECS，Interoperability of Data in E-Commerce Systems）开发的模型）。

表中列出的关系表达了信息模型（图 2、图 3、图 4）中所描述关系的合并。信息模型中描述的关系得到了同类型实体的多个实例之间附加关系的补充（如一个产品与另一个产品，乃至与其他版本、其他格式、复制品等之间的关系）。

7 使用者事务

上述信息架构和附录 A 定义的逻辑属性及关系集合提供了使用分析框架，逻辑属性及关系集合，由支持与内容传递和权利管理相关的商务交易的标识符和描述符组成。

表 5、表 6、表 7 针对八项基本的使用者事务，用图示表达了信息架构中作为主要关注点的三个实体（内容、产品、财产）有关的属性和关系。现对使用者事务作如下定义：

检索　检索符合既定标准的实体（即利用实体的一种属性或者关系作为检索标准，搜索单一实体或者一组实体）。

识别　鉴别实体（即确认所描述或检索到的实体是符合检索要求的实体，或者区分具有相似特征的两个或者两个以上的实体）。

选择　选择符合用户需求的实体（即选择内容、物理格式等符合用户要求的实体，或者放弃不适合用户需求的实体）。

访问　实际接触实体，或通过联网远程计算机以电子方式访问实体。

获取　通过购买、许可、借出等手段获取实体。

公开　通过应用一个或多个软件程序公开电子实体。

使用　使用实体（即对实体进行复制、录制、传播、广播、表演、改编、翻译等）。

控制　控制实体的使用（即基于财产权利，对实体的访问和使用进行限制）。

表 5、表 6、表 7 的左栏列举了三个实体的属性和关系，这三个实体构成了信息模型焦点——内容、产品和财产。在每种关系中，以下位缩行方式列出与关系对象实体相关的关键属性和关系；构成次要关系对象的实体的主要属性也以下位缩行方式列出。

对于所列出的每个属性和关系，表 5、表 6、表 7 右侧的栏目标明了它们与八项一般性事务的属性或关系的相关性。实心正方形(■)表示，对于特定事务而言，反映属性或者关系的数据对于提供基本支撑水准是必须的；空心正方形(□)表示，对于特定事务而言，反映属性或者关系的数据对提供更高支撑水准是有用的。

表 5　内容属性和关系与使用者事务的映射

实体 　属性 　关系 　　　相关实体的属性 　　　相关实体的关系 　　　　　相关实体的属性	检索	识别	选择	存取	获取	开放	利用	控制
内容								
属性								
内容标识符	■	■		■	■		■	■
内容名称	■	■	■	■	■		■	■
版本标注		■	■	■	■		■	■
内容类型		■	■	■	■	■	■	■
表达形式		■	■	■	■	■	■	■
内容程度		□	□			■		
内容说明			■				■	
内容文种		□	■					
内容主题	■		■					
关系								
来源于→创作		■	■	■	■		■	■
属性								
创作日期		■	■	■	■		■	■
创作地点		□						
关系								
负责→创作者		■	■	■	■		■	■
属性								
创作者标识符		■	■	■	■		■	■
创作者名称	■	■	■	■	■		■	■
并入→产品				■	■			
属性								
产品标识符				■	■			
产品名称				■	■			
产品类型				■	■			
发布机构名称				■	■			
版本/期号标注				■	■			

表 5（续）

实体 属性 关系 相关实体的属性 相关实体的关系 相关实体的属性	检索	识别	选择	存取	获取	开放	利用	控制
产品状态				■	■			
发行频率				■	■			
编码				■	■			
可获得性条款				■	■			
获取方式				■				
获取地址				■				
关系								
来源于→产品				■	■			
属性								
产品日期				■	■			
产品地址				■	■			
客体→发布				■	■			
属性								
发布日期				■	■			
发布地址				■	■			
负责→制作者				■	■			
属性								
制作者标识符				■	■			
制作者名称				■	■			
包含→内容		□	□					
属性								
内容标识符		□	□					
内容名称		□	□					
内容类型		□	□					
表达形式		□	□					
体现→财产权								■
属性								
财产权标识符								■
财产权名称								■
财产权类型								■
删节→内容		□	□					

表 5（续）

实体 　属性 　关系 　　相关实体的属性 　　相关实体的关系 　　　相关实体的属性	检索	识别	选择	存取	获取	开放	利用	控制
属性								
内容标识符		☐	☐					
内容名称		☐	☐					
内容类型		☐	☐					
表达形式		☐	☐					
扩充→内容		☐	☐					
属性								
内容标识符		☐	☐					
内容名称		☐	☐					
内容类型		☐	☐					
表达形式		☐	☐					
增补→内容		☐	☐					
属性								
内容标识符		☐	☐					
内容名称		☐	☐					
内容类型		☐	☐					
表达形式		☐	☐					
翻译→内容		☐	☐					
属性								
内容标识符		☐	☐					
内容名称		☐	☐					
内容类型		☐	☐					
表达形式		☐	☐					
内容文种		☐	☐					
修订→内容		☐	☐					
属性								
内容标识符		☐	☐					
内容名称		☐	☐					
内容类型		☐	☐					
表达形式		☐	☐					
改编→内容		☐	☐					

表 5（续）

实体 　属性 　关系 　　　　相关实体的属性 　　　　相关实体的关系 　　　　　　　　相关实体的属性	检索	识别	选择	存取	获取	开放	利用	控制
属性								
内容标识符		□	□					
内容名称		□	□					
内容类型		□	□					
表达形式		□	□					
编辑→内容		□	□					
属性								
内容标识符		□	□					
内容名称		□	□					
内容类型		□	□					
表达形式		□	□					
抽取→内容		□	□					
属性								
内容标识符		□	□					
内容名称		□	□					
内容类型		□	□					
表达形式		□	□					

表 6　产品属性和关系与使用者事务的映射

实体 　属性 　关系 　　　　相关实体的属性 　　　　相关实体的关系 　　　　　　　　相关实体的属性	检索	识别	选择	存取	获取	开放	利用	控制
产品								
属性								
产品标识符	■	■	■	■	■		■	■
产品名称	■	■	■	■	■		■	■
产品类型		■	■	■	■	■	■	■
发布机构名称	□	■	■	■	■		■	■
版本/期号标注		■	■	■	■		■	■
产品状态				■	■			

表 6（续）

实体 　属性 　关系 　　　　相关实体的属性 　　　　相关实体的关系 　　　　　　相关实体的属性	检索	识别	选择	存取	获取	开放	利用	控制
发行频率		■	■	■	■			■
编码		■		■	■			■
可获得性条款				■	■			
介质		□	■					
产品程度		□	□					
产品说明			□			■		
获取方式				■				
获取地址	□			■				
关系								
来源于→产品		■		■	■			■
属性								
制作日期		■		■	■			■
制作地址		■		■	■			■
关系								
负责→制作者		■		■	■			■
属性								
制作者标识符		■		■	■			■
制作者名称		■		■	■			■
主题→发布		■		■	■			■
属性								
发布日期		■		■	■			■
发布地址		■		■	■			■
关系								
负责→制作者		■		■	■			■
属性								
制作者标识符		■		■	■			■
制作者名称		■		■	■			■
包含→产品		□	□					
属性								
产品标识符		□	□					
产品名称		□	□					

表 6（续）

实体 属性 关系 相关实体的属性 相关实体的关系 相关实体的属性	检索	识别	选择	存取	获取	开放	利用	控制
产品类型		□	□					
发布机构名称		□	□					
版本/期号标注		□	□					
并入→内容		□	□					
属性								
内容标识符		□	■					
内容名称		□	■					
内容类型		□	■					
表达形式		□	■					
内容文种		□	■					
内容主题			■					
其他版本→产品		□						
属性								
产品标识符		□	□					
产品名称		□	□					
产品类型		□	□					
发布机构名称		□	□					
版本/期号标注		□	□					
其他格式→产品		□	□					
属性								
产品标识符		□	□					
产品名称		□	□					
产品类型		□	□					
发布机构名称		□	□					
版本/期号标注		□	□					
复制→产品		□	□					
属性								
产品标识符		□	□					
产品名称		□	□					
产品类型		□	□					
发布机构名称		□	□					

表 6（续）

实体 属性 关系 相关实体的属性 相关实体的关系 相关实体的属性	检索	识别	选择	存取	获取	开放	利用	控制
版本/期号标注		☐	☐					
后续→产品		☐	☐					
属性								
产品标识符		☐	☐					
产品名称		☐	☐					
产品类型		☐	☐					
发布机构名称		☐	☐					
版本/期号标注		☐	☐					
增补→产品		☐	☐					
属性								
产品标识符		☐	☐					
产品名称		☐	☐					
产品类型		☐	☐					
发布机构名称		☐	☐					
版本/期号标注		☐	☐					
摘要/索引→产品			☐					
属性								
产品标识符			☐					
产品名称			☐					
产品类型			☐					
发布机构名称			☐					
版本/期号标注			☐					
子系列→产品			☐					
属性								
产品标识符			☐					
产品名称			☐					
产品类型			☐					
发布机构名称			☐					
版本/期号标注			☐					

表 7 财产权属性和关系与使用者事务的映射

实体 属性 关系 相关实体的属性 相关实体的关系 相关实体的属性	检索	识别	选择	存取	获取	开放	利用	控制
财产权								
属性								
财产权标识符	■	■					■	■
财产权名称	■	■	■				■	■
财产权类型		■	■				■	■
创建日期		■					■	■
关系								
基于→权利							■	■
属性								
权利标识符							■	■
权利名称							■	■
权利类型							■	■
权利范围							■	■
权利有效期							■	■
权利修订日期							■	■
关系								
设置→立法							■	■
属性								
立法标识符							■	■
立法名称							■	■
限制→例外							■	■
属性								
例外标识符							■	■
例外名称							■	■
例外类型							■	■
例外范围							■	■
例外有效期							■	■
例外修订日期							■	■
属于→所有人							■	■
属性								
所有人标识符							■	■

表 7（续）

实体 　属性 　关系 　　　相关实体的属性 　　　相关实体的关系 　　　　　相关实体的属性	检索	识别	选择	存取	获取	开放	利用	控制
所有人名称							■	■
地址							□	□
应用→地域							■	■
属性								
地域标识符							■	■
地域名称							■	■
适用→条款							■	■
属性								
条款开始日期							■	■
条款结束日期							■	■
偶然事件							■	■
条款持续时间							■	■
基于→适用条件							■	■
属性								
条件类型							■	■
条件要求							■	■
条件有效期							■	■
条件失效期							■	■
条件修订日期							■	■
主题→授权							■	■
属性								
授权标识符							■	■
授权名称							■	■
授权类型							■	■
授权范围							■	■
授权有效期							■	■
授权修订日期							■	■
关系								
授予→使用者							■	■
属性								
使用者标识符							■	■

表 7（续）

实体 属性 关系	相关实体的属性 相关实体的关系	相关实体的属性	检索	识别	选择	存取	获取	开放	利用	控制
		使用者名称							■	■
	应用→地域								■	■
		属性								
		地域标识符							■	■
		地域名称							■	■
	适用→条款								■	■
		属性								
		条款开始日期							■	■
		条款结束日期							■	■
		偶然事件							■	■
		条款持续时间							■	■
	基于→适用条件								■	■
		属性								
		条件类型							■	■
		条件要求							■	■
		条件有效期							■	■
		条件失效期							■	■
		条件修订日期							■	■
对象→利用										■
	属性									
	利用标识符									■
	利用类型									■
	利用范围									■
	利用程度									■
	利用日期									■
	关系									
	责任→使用者									■
		属性								
		使用者标识符								■
		使用者名称								■
制作→创作者				■						■

表 7（续）

实体 属性 关系 相关实体的属性 相关实体的关系 相关实体的属性	检索	识别	选择	存取	获取	开放	利用	控制
属性								
创作者标识符		■						■
创作者名称	■	■						■
地址								□
死亡日期								■
关系								
国家级的→地域								■
属性								
地域标识符								■
地域名称								■
属于→地域								■
属性								
地域标识符								■
地域名称								■
设立→地域								■
属性								
地域标识符								■
地域名称								■
出版→地域								■
属性								
地域标识符								■
地域名称								■
传播→地域								■
属性								
地域标识符								■
地域名称								■
包含→内容								■
属性								
内容标识符								■
内容名称								■
版本标注								■

表 7（续）

实体 属性 关系 相关实体的属性 相关实体的关系 相关实体的属性	检索	识别	选择	存取	获取	开放	利用	控制
关系								
并入→产品								■
属性								
产品标识符								■
产品名称								■
版本/期号标注								■

附 录 A
（规范性附录）
实体属性和关系表

表 A.1～表 A.33 列举和定义了信息模型(图 2、图 3、图 4)所标明的每个实体的属性和实体之间的关系。

为实现该模型的目的，仅对属性进行逻辑层次的定义(即定义实体的相关特征，而不专门定义数据元素)。

表 A.1～表 A.33 中所列举的属性，部分来源于对 ISO 标识符方案中所定义的书籍、连续出版物、视听作品、音乐作品、文字作品和录音制品的数据元素的分析，部分来源于其他相关模型(如 IFLA 研究书目记录的功能需求而开发的模型，以及为电子商务系统内数据的互操作项目(NDECS, Interoperability of Data in E-Commerce Systems)开发的模型)。

表 A.1～表 A.33 中列举的关系表达了信息模型(图 2、图 3、图 4)中所描述关系的合并。信息模型中描述的关系得到了同类型实体的多个实例之间的附加关系的补充(如一个产品与另一个产品，乃至与其他版本、其他格式、复制品等之间的关系)。

表格列表

表 A.27:赔偿——属性与关系
表 A.28:权利——属性与关系
表 A.29:期限——属性与关系
表 A.30:地区——属性与关系
表 A.31:跟踪——属性与关系
表 A.32:使用——属性与关系
表 A.33:使用者——属性与关系

表 A.1 代理人——属性与关系

属性	定义
代理人标识符	与特定代理人相关、用来区别不同代理人的数字或代码
代理人名称	用于称谓代理人的字词、字符、字词或字符组合。包括个人姓名和组织名称
出生日期	个人出生日期
死亡日期	个人死亡日期
成立日期	组织成立日期(如公司创办日)
解散日期	组织解散日期
地址	代理人的住所或办公场所的地址
关系	**定义**
被授权 → 所有者	代理人与向代理人授权的所有者之间的关系
授予 → 授权	代理人与获代理人授权机构之间的关系

表 A.2 授权——属性与关系

属性	定义
授权标识符	与特定授权相关、用来区别不同授权的数字或者代码
授权名称	用于命名授权的单个字词、短语或字符组合
授权类型	授权的类别或者通用描述符(如公开表演授权)
授权范围	授权适用的具体范围
授权有效日期	授权生效日期
授权修订日期	授权最后修订的日期
关系	**定义**
被设置→立法	授权与设置授权的立法之间的关系
基于→权利	授权与授权所依据的权利之间的关系
被授权→所有者	授权与颁发授权的权利所有者之间的关系
被授权→代理人	授权与颁发授权的代理人之间的关系
被授权→主管机关	授权与颁发授权的主管机关之间的关系
授权给→使用者	授权与获得授权的使用者之间的关系
涉及→财产	授权与授权所涉及的财产之间的关系
限用于→地区	授权与授权适用的地区之间的关系
涉及→使用	授权与授权涉及的使用之间的关系
适用→期限	授权与授权所适用的期限之间的关系

表 A.2（续）

关　系	定　义
依据→条件	授权与授权所附带的条件之间的关系
涉及→制作	授权与依据授权所进行的制作之间的关系
涉及→发布	授权与依据授权所进行的发布之间的关系
涉及→发行	授权与依据授权所进行的发行之间的关系

表 A.3　认证机构——属性与关系

属　性	定　义
认证机构标识符	与特定认证机构相关、用来区别不同认证机构的数字或代码
认证机构名称	用于称谓认证机构的单个字词、字符或一组字词或字符
成立日期	认证机构成立的日期(即创设为认证机构的日期)
解散日期	认证机构解散的日期(即机构停止行使认证职能的日期)
地址	认证机构办公场所的地址
关　系	**定　义**
认证→发行者	认证机构与经其认证的发行者之间的关系
认证→消费者	认证机构与经其认证的消费者之间的关系

表 A.4　主管机关——属性与关系

属　性	定　义
主管机关标识符	与特定主管机关相关、用于区别不同主管机关的数字或代码
主管机关名称	用于称谓主管机关的单个字词、字符、字词或字符组合。包括个人姓名和组织名称
成立日期	主管机关的成立日期(如成立社团机构的日期)
解散日期	主管机关的解散日期
地址	主管机关办公场所的地址
关　系	**定　义**
授予 → 授权	主管机关与其所颁发授权之间的关系

表 A.5　条件——属性与关系

属　性	定　义
条件名称	用于命名条件的单个字词、短语或字符组合
条件类型	条件的类别或基本描述符(如教学使用、个人使用)
条件要求	满足条件所必需符合的特定要求
条件生效日期	条件生效的日期
条件失效日期	条件终止效力的日期
条件修订日期	条件最后修订的日期
关　系	**定　义**
适用于→权利	条件与条件所适用的权利之间的关系
适用于→授权	条件与条件所适用的授权之间的关系
适用于→例外	条件与条件所适用的例外之间的关系

表 A.6 消费者——属性与关系

属　　性	定　　义
消费者标识符	与特定消费者相关、用来区别不同消费者的数字或代码
消费者名称	用于称谓消费者的单个字词、字符、字词或字符组合。包括个人姓名和组织名称
地址	消费者的住所或办公场所地址
关　　系	**定　　义**
提交→订单	消费者与其所提交订单之间的关系
接收→产品	消费者与所其所接收产品之间的关系
被认证→认证机构	消费者与负责消费者认证的认证机构之间的关系
负责→使用	消费者与其所负责的使用之间的关系

表 A.7 内容——属性与关系

属　　性	定　　义
内容标识符	与特定内容相关、用来区别不同内容的数字或代码
内容名称	命名内容的单个字词、短语或字符组合。包括作品、作品的段落章节、作品汇编等的标题名称
版本标注	用来区分特定内容版本与标题名称相同的相关版本的数字、日期、术语、短语等(如 2001-04-29 修订)
内容类型	内容的类别或通用描述符(如小说、传记、交响乐)
表达形式	内容表达的形式(如字母—数字符号、音符、口语单词、声乐、绘图图像、雕刻、舞蹈)
内容程度	内容程度的量化(如文本的字词数量、计算机程序的语句数量、连环画的图像数量)
内容说明	对内容的知识或艺术细节的说明(如乐谱的表演媒介、创建动画使用的技术、同调、比例、投影等)
内容语言	语言或表达内容所使用的语言
内容主题	内容的主题。包括主题描述符、主题分类代码、内容摘要等
关　　系	**定　　义**
整合在→产品	内容与由内容整合组成的产品之间的关系
来源于→创作	内容与产生内容的创作之间的关系
包含→内容	内容与内容所包含的子内容之间的关系
含有→财产	内容与内容所含有的财产之间的关系
节略→内容	内容与内容的节略、浓缩或删节版本之间的关系
增扩→内容	内容与以文本注释、评论、生平传记、图例、数据文档等方式增扩的内容版本之间的关系
补充→内容	内容与补充内容之间的关系
翻译→内容	内容与内容翻译版本之间的关系
修订→内容	内容与内容修订和更新版本之间的关系
改编→内容	内容与内容改编版本之间的关系
汇编→内容	内容与包含该内容的汇编版本之间的关系
摘要→内容	内容与内容摘要之间的关系

表 A.8 创作——属性与关系

属　性	定　义
创作标识符	与特定创作相关、用来区别不同创作的数字或代码
创作类型	创作的类别或通用描述符(如作曲)
创作日期	创作发生的日期
创作地点	与内容创作有关的城市、城镇或其他地点
关　系	**定　义**
负责→创作者	创作和负责创作的创作者之间的关系
涉及→内容	创作和创作涉及的内容之间的关系

表 A.9 创作者——属性与关系

属　性	定　义
创作者标识符	与特定创作者相关、用来区别不同创作者的数字或代码
创作者名称	用于称谓创作者的单个字词、字符、字词或字符组合。包括个人姓名和组织名称
出生日期	个人出生日期
死亡日期	个人死亡日期
成立日期	组织成立日期(如成立社团机构的日期)
解散日期	组织解散日期
地址	创作者的住所或办公场所的地址
关　系	**定　义**
负责→创作	创作者与创作者负责的内容创作之间的关系
行使→登记	创作者与其行使内容或财产登记职责之间的关系

表 A.10 发行——属性与关系

属　性	定　义
发行标识符	与特定发行事务相关、用来区别不同发行事务的数字或代码
发行类型	发行事务的类别或通用描述符(如特许发行)
发行程度	发行数量的量化(如一个覆盖 200 个用户地址的特许)
发行日期	发行事务发生的日期
关　系	**定　义**
符合→跟踪	发行与跟发行相符的跟踪事务之间的关系
负责→发行者	发行与负责发行事务的发行者之间的关系
符合→授权	发行与跟发行相符的授权之间的关系
涉及→产品	发行与发行所涉及的产品之间的关系

表 A.11 发行者——属性与关系

属　性	定　义
发行者标识符	与特定发行者相关、用来区别不同发行者的数字或代码
发行者名称	用于称谓发行者的单个字词、字符、字词或字符组合。包括个人姓名和组织名称

表 A.11（续）

属性	定义
出生日期	个人出生日期
死亡日期	个人死亡日期
成立日期	组织成立日期(如:成立社团机构的日期)
解散日期	组织解散日期
地址	发行者的居所或办公场所的地址
关系	**定义**
负责→发行	发行者与发行者所负责的产品发行之间的关系
负责→跟踪	发行者与发行者负责的产品发行跟踪之间的关系
被认证→认证机构	发行者和负责发行者认证的认证机构之间的关系

表 A.12 例外——属性与关系

属性	定义
例外标识符	与特定例外相关用来区别不同例外的数字或代码
例外名称	命名例外的字词、短语或字符组合
例外类型	例外的类别或通用描述符(如合理使用例外)
例外范围	例外所适用的特定范围(如向公众传播)
例外有效日期	例外生效的日期
例外修订日期	例外最后一次修订的日期
关系	**定义**
被设置→立法	例外与设置例外的立法之间的关系
限制→权利	例外和例外所限制的权利之间的关系
涉及→财产	例外和例外所涉及的财产之间的关系
限用于→地区	例外和例外所限用的地区之间的关系
涉及→使用	例外和例外所涉及的使用之间的关系
适用→期限	例外和例外可适用的期限之间的关系
符合→条件	例外与例外所附带的条件之间的关系

表 A.13 侵权——属性与关系

属性	定义
侵权标识符	与特定侵权相关、用来区别不同侵权行为的数字或代码
侵权类型	侵权的类别或通用描述符(如侵犯精神权利)
侵权范围	侵权的特定范围
侵权程度	侵权数量的量化(如非法进口 3 000 份复制品)
侵权日期	侵权行为发生的日期
关系	**定义**
来源于→使用	侵权与导致侵权的使用之间的关系
符合→赔偿	侵权与侵权相关的赔偿之间的关系

表 A.14　法律——属性与关系

属　　性	定　　义
立法标识符	与特定立法相关、用来区别不同立法的数字或代码
立法名称	用于命名立法的单个字词、短语或字符组合。包括正式名称、简称、引用名称等
立法类型	立法的类别或通用描述符(如著作权立法)
立法有效日期	立法生效日期
立法修订日期	立法最后修订的日期
关　　系	**定　　义**
设置→权利	立法与立法设置的权利之间的关系
设置→授权	立法与立法所设置的授权之间的关系
设置→例外	立法与立法所设置的例外之间的关系
设置→赔偿	立法与立法所设置的赔偿之间的关系

表 A.15　监控服务机构——属性与关系

属　　性	定　　义
监控服务机构标识符	与特定监控服务机构相关、用来区别不同监控服务机构的数字或代码
监控服务机构名称	用来称谓监控服务机构的单个字词、字符、字词或字符的组合
成立日期	监控服务机构的成立日期(如监控服务机构的创设日期)
解散日期	监控服务机构的解散日期(如某组织停止行使监控服务机构职责的日期)
地址	监控服务机构办公场所的地址
关　　系	**定　　义**
接收报告→跟踪	监控服务机构与向其报告的跟踪事务之间的关系

表 A.16　订单——属性与关系

属　　性	定　　义
订单标识符	与特定订单相关、用来区别不同订单的数字或代码
订单类型	订单的类别或通用描述符(如采购订单)
发出日期	订单发出日期
召回/取消日期	订单召回或者取消日期
订单程度	订单的单位数量(如条目数量)
关　　系	**定　　义**
涉及→产品	订单与订单所涉及的产品之间的关系
提交→消费者	订单与提交订单的消费者之间的关系

表 A.17　原创者——属性与定义

属　　性	定　　义
原创者标识符	与特定原创者相关、用来区别不同原创者的数字或代码
原创者名称	用来称谓原创者的单个字词、字符、字词或字符的组合。包括个人姓名和组织名称
出生日期	个人出生日期

表 A.17(续)

属 性	定 义
死亡日期	个人死亡日期
成立日期	组织成立日期(如成立社团机构的日期)
解散日期	组织解散日期
地址	原创者的住所或办公场所的地址
关 系	**定 义**
制作→财产	原创者与其制作的财产之间的关系
国籍→地区	原创者与其持有国籍所属地区之间的关系
居住→地区	原创者与其所居住地区之间的关系
总部→地区	原创者与其总部所在地区的关系

表 A.18 所有者——属性与关系

属 性	定 义
所有者标识符	与特定所有者相关用来区别不同所有者的数字或代码
所有者名称	用来称谓所有者的单个字词、字符、字词或字符的组合。包括个人姓名和组织名称
出生日期	个人出生的日期
死亡日期	个人死亡日期
成立日期	组织成立日期(如成立社团机构的日期)
解散日期	组织解散日期
地址	所有者的住所或办公场所的地址
关 系	**定 义**
拥有→权利	所有者与属于自己的权利之间的关系
授权给→代理人	所有者与经其授权的代理人之间的关系
颁发→授权	所有者与经其颁发的授权之间的关系

表 A.19 制作者——属性与关系

属 性	定 义
制作者标识符	与特定制作者相关、用来区别不同制作者的数字或代码
制作者名称	用于称谓制作者的单个字词、字符、字词或字符的组合。包括个人姓名和组织名称
出生日期	个人出生日期
死亡日期	个人死亡日期
创立日期	组织创立的日期(如成立社团机构的日期)
解散日期	组织解散日期
地址	制作者的住所或办公场所的地址
关 系	**定 义**
负责→制作	制作者与其负责的产品的制作之间的关系
行使→登记	制作者与其行使产品或财产登记职责之间的关系

表 A.20　产品——属性与关系

属　　性	定　　义
产品标识符	与特定产品相关、用来区别不同产品的数字或代码
产品名称	命名产品的单个字词、短语或字符的组合。包括书籍、连续出版物、录音制品、电影、视频制品等的标题;包括不同形式的标题、旧标题、缩略标题、关键标题等
产品类型	产品的类别或通用描述符(如录音制品、电影)
发布机构名称	负责发布产品的机构名称。包括出现在产品中的发布机构的名称和以标准形式出现的发布机构的名称
版本/期号标注	出现在产品中的字词或短语,一般用于指明一个产品与由同一个出版者或发行者先前或同时发行的相关产品的不同内容或不同格式(如第二版、英文版、大字体印刷版等)
产品状态	连续出版产品的状态(如该作品当前是否在版或已经停止出版)
发行频率	产品发布后续各期或更新版的频率(如月刊、季刊)
编码	出现在连续出版物或其他连续发行或更新的产品中的卷、期或日期等标注
可获得条款	制作者或者发行者销售、特许、出租、发行产品所依据的条款
介质	产品出版发行或传播使用的介质
产品程度	产品物理尺度的量化(如页数、帧数)
产品说明	产品物理细节的说明(如编码字符、表现格式、记录密度)
获取方式	获取远程电子资源的手段方法(如万维网)
获取地址	用来实现电子资源远程存取的字母—数字代码(如 URL)
关　　系	**定　　义**
来源于→制作	产品与产品制作之间的关系
客体→发布	产品与产品发布之间的关系
包含→产品	产品与产品所包含的子产品之间的关系
整合→内容	产品与整合在产品中的内容之间的关系
其他版本→产品	产品与产品的另一个版本之间的关系
其他格式→产品	产品与产品的另一种格式之间的关系
复制→产品	产品与产品的复制品之间的关系
后续→产品	产品与后续产品之间的关系
增补→产品	产品与增补产品之间的关系
摘要/索引→产品	产品与产品的摘要/索引作品之间的关系
子系列→产品	产品与该产品的子系列产品之间的关系

表 A.21　制作——属性与关系

属　　性	定　　义
制作标识符	与特定制作相关,用来区别不同制作的数字或代码
制作类型	制作所属的类别或通用描述符(如印刷)
制作程度	制作数量的量化(如 5 000 份的印刷量)
制作日期	制作发生的日期

表 A.21（续）

属　　性	定　　义
制作地	产品制作涉及的城市、城镇或其他地区
关　　系	定　　义
负责→制作者	制作与负责制作的制作者之间的关系
基于→授权	制作与制作所基于的授权之间的关系
涉及→产品	制作与制作所涉及的产品之间的关系

表 A.22　财产——属性与关系

属　　性	定　　义
财产标识符	与特定财产相关，用来区别不同财产的数字或代码
财产名称	用来命名财产的单个字词、短语或字符组合（如作品标题）
财产类型	财产类别或通用描述符（如文学作品、表演）
创作日期	财产被创作的日期
关　　系	定　　义
基于→权利	财产与附属于财产的权利之间的关系
客体→授权	财产与涉及财产的授权之间的关系
客体→例外	财产与涉及财产的例外之间的关系
对象→使用	财产与财产的使用之间的关系
生产→原创者	财产与财产原创者之间的关系
出版→地区	财产与财产首次出版地区或与首次出版同步出版地区之间的关系
广播→地区	财产与财产首次广播地区或与首次广播同步广播地区之间的关系
嵌入→内容	财产与嵌入财产中的内容之间的关系

表 A.23　登记者——属性与关系

属　　性	定　　义
登记者标识符	与特定登记者相关，用来区别不同登记者的数字或代码（如 ISRC 登记者代码）
登记者名称	用来称谓登记者的单个字词、字符、字词或字符组合。包括个人姓名和组织机构名称
地址	登记者的住所或办公场所的地址
登记者联系方式	登记者的个人联系方式，包括姓名、头衔、地址、电话号码等
关　　系	定　　义
作为→制作者	登记者与行使登记者职能的制作者之间的关系
作为→创作者	登记者与行使登记者职能的创作者之间的关系
负责→登记	登记者与登记者所负责的作品、内容、财产的登记之间的关系

表 A.24　登记——属性与关系

属　　性	定　　义
登记标识符	与特定登记相关，用来区别不同登记的数字或代码（注：分配给产品或内容的标识符可以作为登记使用的代理标识符）
登记类型	登记所属的类别或通用描述符（如连续出版物登记）

表 A.24(续)

属　　性	定　　义
登记日期	登记发生的日期
关　　系	定　　义
责任→登记者	登记与负责登记的登记者之间的关系
涉及→产品	登记与登记所涉及的产品之间的关系
涉及→内容	登记与登记所涉及的内容之间的关系
涉及→财产	登记与登记所涉及的财产之间的关系
实施→登记机构	登记与负责登记的登记机构之间的关系(如:ISAN 登记机构)

表 A.25　登记机构——属性与关系

属　　性	定　　义
登记机构标识符	与特定登记机构相关,用来区别不同登记机构的数字或代码
登记机构名称	用来称谓登记机构的单个字词、字符、字词或字符的组合
成立日期	登记机构成立日期(如经认证成为登记机构的日期)
解散日期	登记机构解散日期(如组织停止行使登记机构职能的日期)
地址	登记机构办公场所的地址
关　　系	定　　义
实施→登记	登记机构与登记机构所进行的产品、内容或财产登记之间的关系

表 A.26　发布——属性与关系

属　　性	定　　义
发布标识符	与特定发布相关,用来区别不同发布的数字或代码
发布类型	发布所属的类别或通用描述符(如出版、广播)
发布日期	发布发生的日期
发布地点	产品发布的城市、城镇或其他地区
关　　系	定　　义
责任→制作者	发布与负责产品发布的制作者之间的关系
基于→授权	发布与发布所基于的授权之间的关系
涉及→产品	发布与发布所涉及的产品之间的关系

表 A.27　赔偿——属性与关系

属　　性	定　　义
赔偿标识符	与特定赔偿相关,用来区分不同赔偿的数字或代码(如法院判决的识别代码)
赔偿类型	赔偿所属的类别或通用描述符(如罚款、诉讼费)
赔偿范围	赔偿的特定范围
赔偿程度	赔偿数额的量化(如法院判处的损害赔偿金的数量)
赔偿公布日期	应付赔偿的公布日期
履行赔偿日期	必须履行赔偿的日期

表 A.27(续)

关　系	定　义
适用→侵权	赔偿与其适用的侵权之间的关系
设置→立法	赔偿与设置赔偿的立法之间的关系

表 A.28　权利——属性与关系

属　性	定　义
权利标识符	与特定权利相关,用来区别不同权利的数字或代码
权利名称	命名权利的单个字词、短语或字符的组合
权利类型	权利所属的类别或通用描述符(如复制权)
权利范围	权利适用的特定范围(如以复印方式复制)
权利有效日期	权利生效的日期
权利修改日期	权利最后一次修改的日期
关　系	定　义
设置→立法	权利与设置权利的立法之间的关系
属于→所有者	权利与权利所有者之间的关系
基于→授权	权利与基于权利所颁发的授权之间的关系
限制→例外	权利与限制权利的例外之间的关系
涉及→财产	权利与权利所涉及的财产之间的关系
适用→地区	权利与权利所适用的地区之间的关系
涉及→使用	权利与权利涉及的使用之间的关系
适用→期限	权利与权利适用期限之间的关系
基于→条件	权利与权利所附带的条件之间的关系

表 A.29　期限——属性与关系

属　性	定　义
期限起始日期	期限开始的日期
期限终止日期	期限终止的日期
偶然事件	导致期限的延续发生改变的偶然事件(如作者的死亡)
期限持续期	与偶然事件相关的期限长度(如录音制品制作完成后的保护期长度)
关　系	定　义
适用→权利	期限与期限适用的权利之间的关系
适用→授权	期限与期限适用的授权之间的关系
适用→例外	期限与期限适用的例外之间的关系

表 A.30　地区——属性与关系

属　性	定　义
地区标识符	与特定地区相关,用来区别不同地区的数字或代码
地区名称	用于称谓地区的单个字词、字符、字词或字符的组合。包括正式和非正式名称

表 A.30（续）

关系	定义
地区→原创者	地区与原创者之间的关系。原创者可以是拥有该地区国籍者，也可以是该地的居民或总部设在该地区
发布地区→财产	地区与在该地区首次出版、广播等的财产之间的关系
管理→立法	地区与该地区适用的法律之间的关系
地区→使用	地区与发生在该地区的财产使用行为之间的关系

表 A.31　跟踪——属性与关系

属性	定义
跟踪标识符	与特定跟踪事务相关，用来区别不同跟踪事务的数字或代码
跟踪类型	跟踪事务的类别或通用描述符
跟踪程度	跟踪事务的程度量化
跟踪日期	跟踪事务发生的日期
关系	定义
负责→发行者	跟踪事务与负责跟踪的发行者之间的关系
报告→监控服务机构	跟踪事务与接收跟踪事务报告的监控服务部门之间的关系
涉及→发行	跟踪事务与跟踪事务涉及的发行事务之间的关系

表 A.32　使用——属性与关系

属性	定义
使用标识符	与特定使用相关，用来区别不同使用的数字或代码
使用类型	使用所属的类别或通用描述符（如复制）
使用范围	使用的特定范围（如以复印方式复制）
使用程度	使用数量的量化（如一场面向 800 名观众的公开表演）
使用日期	使用发生的日期
关系	定义
责任→使用者	使用与负责使用的使用者之间的关系
涉及→财产	使用与使用涉及的财产之间的关系
发生→地区	使用与使用所发生的地区之间的关系
基于→权利	使用与使用所基于的权利之间的关系
基于→授权	使用与使用所基于的授权之间的关系
基于→例外	使用与使用所基于的例外之间的关系
认定→侵权	使用与因使用所导致的侵权之间的关系
责任→消费者	使用与负责使用的消费者之间的关系

表 A.33　使用者——属性与关系

属性	定义
使用者标识符	与特定使用者相关，用来区别不同使用者数字或代码
使用者名称	用于称谓使用者的单个字词、字符、字词或字符的组合。包括个人姓名和组织名称

表 A.33（续）

属　　性	定　　义
出生日期	个人出生日期
死亡日期	个人死亡日期
成立日期	组织成立的日期(如成立社团机构的日期)
解散日期	组织解散的日期
地址	使用者住所或办公场所的地址
关　　系	**定　　义**
被授予→授权	使用者与使用者所得到的授权之间的关系
责任→使用	使用者与使用者所负责的使用之间的关系

参考文献

[1] ISO 2108:1992, Information and documentation—International standard book numbering (ISBN).

[2] ISO 3297:1998, Information and documentation—International standard serial number (ISSN).

[3] ISO 3901:2001, Information and documentation—International Standard Recording Code (ISRC).

[4] ISO 15706:2002, Information and documentation—International Standard Audiovisual Number (ISAN).

[5] ISO 15707:2001, Information and documentation—International Standard Musical Work Code (ISWC).

[6] ISO 21047:—1), Information and documentation—International Standard Text Code (ISTC).

[7] ISO/IEC TR 21000-1:2001, Information technology—Multimedia framework (MPEG-21)—Part 1:Vision, Technologies and Strategy.

[8] International Federation of Library Associations and Institutions (IFLA). Functional Requirements for Bibliographic Records: Final report. (UBCIM Publications, New Series, Vol. 19). Munich: K. G. Saur, 1998. ISBN 3-598-11382-X.

[9] RUST, G., BIDE, M. The ⟨indecs⟩ Metadata Framework: Principles, Model and Data Dictionary [online]. Version 2, WP1a-006-2.0. ⟨indecs⟩ Framework Ltd., June 2000 [cited May 2001]. Available from Internet: http://www.indecs.org/pdf/framework.pdf.

[10] World Intellectual Property Organization. Berne Convention for the Protection of Literary and Artistic Works, Paris Act of July 24, 1971, as amended on September 28, 1979. WIPO Publication No. 287 (E). Geneva: WIPO, 1995. ISBN 92-805-0422-3.

[11] World Intellectual Property Organization. Rome Convention 1961: International Convention for the Protection of Performers, Producers of Phonograms and Broadcasting Organizations done at Rome, October 26, 1961. WIPO Publication No. 328 (E). Geneva: WIPO, 1997. ISBN 92-805-0350-2.

[12] World Intellectual Property Organization. WIPO Copyright Treaty (WCT) (1996). WIPO Publication No. 226 (E) Geneva. WIPO, 1997. ISBN 92-805-0706-0.

[13] World Intellectual Property Organization. WIPO Performances and Phonograms Treaty (WPPT) (1996). WIPO Publication No. 227 (E). Geneva: WIPO, 1997. ISBN 92-805-0709-5.

ICS 17.140.50
M 72

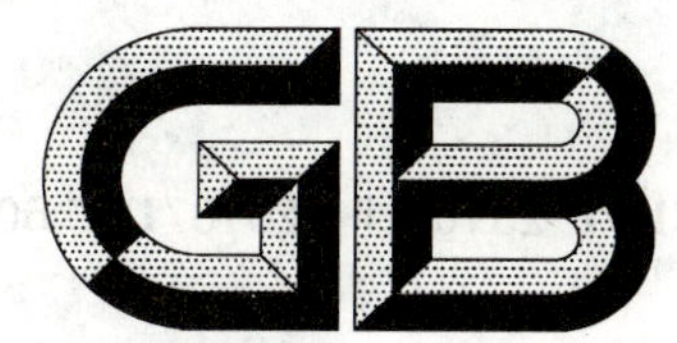

中华人民共和国国家标准

GB/T 25102.1—2010/IEC 60118-1:1999
代替 GB/T 6658—1986

电声学 助听器 第1部分:具有感应拾音线圈输入的助听器

Electroacoustics—Hearing aids—Part 1:Hearing aids with induction pick-up coil input

(IEC 60118-1:1999,Hearing aids—Part 1:Hearing aids with induction pick-up coil input,IDT)

2010-09-02 发布 2011-04-01 实施

中华人民共和国国家质量监督检验检疫总局
中国国家标准化管理委员会 发布

前　言

GB/T 25102《电声学　助听器》分为14个部分：

——第0部分：电声特性的测量；

——第1部分：具有感应拾音线圈输入的助听器；

——第2部分：具有自动增益控制电路的助听器；

——第3部分：不完全佩戴在听者身上的助听设备；

——第4部分：助听器用感应回路系统磁场强度；

——第5部分：插入式耳机的乳头状接头；

——第6部分：助听器输入电路的特性；

——第7部分：助听器产品交货时质量检验的性能测量；

——第8部分：模拟实际工作条件下的助听器性能测量方法；

——第9部分：带有骨振器输出的助听器特性测量方法；

——第11部分：助听器及其有关设备的符号与标记；

——第12部分：电连接器系统的尺寸；

——第13部分：电磁兼容(EMC)；

——第14部分：数字接口的规范。

本部分为GB/T 25102的第1部分。

本部分等同采用IEC 60118-1:1999《电声学　助听器　第1部分：具有感应拾音线圈输入的助听器》(英文版)。

本部分代替GB/T 6658—1986《具有感应拾音线圈输入的助听器电声特性的测量方法》。

与1986年版本相比，本部分有较大的变化，除对原版进行了补充和编辑性修改之外，还增加了一些新的技术内容，进一步加强了科学性和实用性。主要变化如下：

——本部分按照GB/T 1.1—2000进行了版本编辑性修改；

——增加了术语和定义的内容(本版的3.4、3.5、3.6)；

——增加了一章测试条件(本版的第4章)；

——增加了测试项目(本版的5.5、5.6、5.7、5.8)；

——增加了一章等效声输入的测量要求(本版的第6章)。

本部分由中华人民共和国工业和信息化部提出。

本部分由全国电声学标准化技术委员会归口(SAC/TC 23)。

本部分负责起草单位：天津市助听器厂、解放军总医院耳鼻咽喉研究所。

本部分主要起草人：唐惠德、陈洪文、莫庆荣、韩根迎、于黎明、冀飞。

本部分于1986年首次发布，本次为第一次修订。

电声学 助听器
第1部分:具有感应拾音线圈输入的助听器

1 范围

本部分规定了在音频磁场中使用的装有感应拾音线圈的助听器的电声性能测定方法。感应拾音线圈特性是在使用的房间中模拟回路工作状态进行测量。

注:在电话磁场中感应拾音线圈的特性与用本部分测得的结果可能有差异。

2 规范性引用文件

下列文件中的条款通过GB/T 25102的本部分的引用而成为本部分的条款。凡是注日期的引用文件,其随后所有的修改单(不包括勘误的内容)或修订版均不适用于本部分,然而,鼓励根据本部分达成协议的各方研究是否可使用这些文件的最新版本。凡是不注日期的引用文件,其最新版本适用于本部分。

GB/T 11453—1989 模拟实际工作条件下的助听器性能测量方法(eqv IEC 60118-8:1983)

GB/T 25102.100—2010 电声学 助听器 第0部分:电声特性的测量(IEC 60118-0:1983,IDT)

GB/T 25102.4—2010 电声学 助听器 第4部分:助听器用感应回路系统磁场强度(IEC 60118-4:2006,IDT)

IEC 60711:1981 采用耳塞与耳机相连接的耳机测量用堵塞耳模拟器

3 术语和定义

下列术语和定义适用于本部分。

3.1

测试点 test point

规定磁场强度的一个位置。

3.2

测试空间 test space

包括测试点在内的助听器测试时所放的空间位置。

3.3

频率响应 frequency response

在规定的测试条件下,在耳模拟器中测量的声压级可以表示为频率的函数。

3.4

磁-声灵敏度 magneto-acoustical sensitivity

在规定频率点和基本线性输入/输出条件下,助听器在耳模拟器中产生的声压(Pa)与测试点处磁场强度(mA/m)之比。

3.5

磁-声灵敏度级 magneto-acoustical sensitivity level;MASL

磁-声灵敏度与基准灵敏度20 μPa/(1 mA/m)之比,取以10为底的对数乘以20,用分贝(dB)表示。

注:根据本部分中的测量值,计算磁-声灵敏度级(MASL)可使用下面的公式:

$$\text{MASL}=\text{输出声压级(SPL)}-20\lg(H/(1\ \text{mA/m}))\text{dB}$$

式中:

H——测试点的磁场强度,单位为毫安每米(mA/m)。

3.6

最大磁-声灵敏度级　maximum magneto-acoustical sensitivity level

助听器的所有控制器调整到最大位置获得的最大磁-声灵敏度级。

4　测试条件

4.1　概述

本部分中所有声压级的参考都以 20 μPa 为基准，并依照 GB/T 25102.100—2010 和 IEC 60711:1981 测量。磁场强度表示为：安培每米(A/m)或毫安每米(mA/m)。

4.2　残留输出级

当助听器输入测试信号关掉时，由于测试空间的环境交流声、噪声和漏磁场的影响，会有残留输出级产生，其残留输出级应比测试信号接入时下降至少 10 dB 最好 20 dB 以上。

4.3　磁场源

4.3.1　测试空间应远离任何可干扰磁场的铁或铁磁体物质，或其他由于涡流而会产生对磁场干扰的物质。

4.3.2　磁场源应具有表示测试点磁场强度(A/m)和输入电流之间关系的标定。

4.3.3　磁场源应是一个以测试点为中心的内径 10 cm 的球体，尺寸的大小和方向与标称值的偏差分别小于±5%和±10°。

注：一个边长为 a(大于 0.5 m)的方形或者一个直径为 d(大于 0.56 m)的圆形回路可以满足这些要求。

4.3.4　磁场的总谐波失真不大于 1%。

注：如果输入电流的失真小于 1%这个条件可以满足。

4.3.5　在 200 Hz～8 000 Hz 频率范围内，测试点的磁场强度应保持在±20%的容差内。

5　测试步骤

5.1　磁场源强度

磁场源产生的磁场强度可以根据磁场源的几何形状计算确定。

注 1：例如，一个边长为 a(m)，通过电流为 i(A)的方框，其中心的磁场强度为：

$$H=\frac{2\sqrt{2}}{\pi}\cdot\frac{i}{a}\text{(A/m)}$$

一个直径为 d(m)，通过电流为 i(A)的圆环，其中心的磁场强度为：

$$H=\frac{i}{d}\text{(A/m)}$$

注 2：获得恒流条件的一种方法是用恒压源驱动磁场源。在 200 Hz～8 000 Hz 频率范围内，其内阻比磁场源的输入阻抗至少大 100 倍。对于一个低阻抗信号发生器，在其输出端串联一个电阻器可达到上述要求。

5.2　助听器测试安置

5.2.1　助听器的支撑应是非金属的。

5.2.2　助听器放置在测试点，并使它所在的方向能获得最大的拾音信号，其方向应在测试报告中说明。

5.3　助听器的正常工作状态

助听器的正常工作状态按 GB/T 25102.100—2010 和 IEC 60711:1981 规定的测量进行，当电源的材料和结构影响测试结果时，电源的实际类型应在测试报告中说明。

5.4　基本频率响应

测试步骤：

a)　在参考测试频率将测试点的磁场强度调至 31.6 mA/m±1.58 mA/m。

b)　调节增益至参考测试增益控制位置(见 GB/T 25102.100—2010)。其他控制器的位置放在基本频率响应声测量时所调至的位置。

c)　在 200 Hz～8 000 Hz 的频率范围内，改变信号源的频率，保持磁场强度恒定在 31.6 mA/m。

d) 对于连续记录，其扫描速度应使在任何频率点频率响应的偏差都不超过稳定值的 1.0 dB。

e) 以耳模拟器中的声压级作为频率的函数做频率响应曲线图。

5.5 满挡增益控制频率响应

本测试的目的是确定在满挡增益控制时感应拾音线圈输入的频率响应。输入磁场强度足够低以保证基本线性输入/输出条件。

测试步骤：

a) 调节增益控制至满挡如果有其他控制将其调至能获得最大增益位置。

b) 在参考测试频率将测试点的磁场强度调到 31.6 mA/m±1.58 mA/m。如不能获得基本线性输入/输出条件可将磁场强度调低至 10mA/m。

c) 在 100 Hz～10 000 Hz 频率范围内改变声源频率，保持磁场强度恒定。

d) 作耳模拟器的声压级与频率点的频率响应曲线图。磁场输入强度应在报告中说明。

5.6 在参考测试频率的最大磁-声灵敏度级

3.6 所定义的最大灵敏度级，是从 5.5 获得频率响应的参考测试频率点上测定的。

5.7 增益控制位置对频率响应的影响

本测试的目的是要说明具有感应拾音线圈输入的助听器的增益控制位置(如果有)，对频率响应的影响。

注：本测试对于具有感应拾音线圈的助听器在高增益控制位置时检测内部磁感应反馈趋势特别适用。

测试步骤：

a) 按 5.5a)、b)和 c)进行；

b) 在参考测试频率点将增益控制从满挡位置按每挡大约 10 dB 下调；

c) 在每个增益控制位置要对 200 Hz～8 000 Hz 范围内的频率进行改变并保持磁场强度恒定；

d) 每挡增益控制调节的频率响应，宜作图表示耳模拟器的声压级与频率的关系。

5.8 谐波失真

在 GB/T 25102.100—2010 中 6.12.1 对谐波失真做出了规定。

测试步骤：

a) 调节助听器的控制按 5.4b)的方法进行。在参考测试频率磁输入场强度为 100 mA/m，并对输出声压级进行测量，如果输出声压级与在同等条件下声输入声压级为 70 dB 时所测的结果不同，那么就要重新调节助听器的增益，使由磁输入测量的输出声压级与 70 dB 的声输入声压级输出相同。如果所获得的增益达不到要求，那就要将增益调至满挡。

b) 在 200 Hz～5 000 Hz 频率范围内改变声源频率，并对谐波频率 nf 的输出信号进行分析，或对总谐波失真进行记录，滤波器的带宽需在报告中说明，在任何频率，对于连续记录扫描速率应使频率响应与稳定值之差不大于 1 dB。如果在任何测试频率及其二次谐波间的基本频率响应曲线上升 12 dB 或更高，那么该频率点的失真测试可以省略。

c) 如有必要可采用其他磁输出场强重复 b)中的步骤做谐波失真与声源频率或磁场强度关系曲线图。

6 等效声输入

为了适应助听器使用者在音量变化不大的情况下将助听器传声器输入切换到感应拾音线圈位置，感应拾音线圈的灵敏度要与传声器灵敏度相互匹配，因为输入换能器不同，声和磁二者所测得的频率响应可能差别很大。

条件随助听器的设计而变化(耳背式、耳内式、耳道式或完全耳道式)。当根据 GB/T 25102.4—2010 规定的磁输入场强度级感应拾音线圈的频率响应与根据 GB/T 11453—1989 规定的输入声压级为 70 dB 模拟原位增益的频率响应一致时，才能获得最佳性能。

ICS 17.140.50
M 72

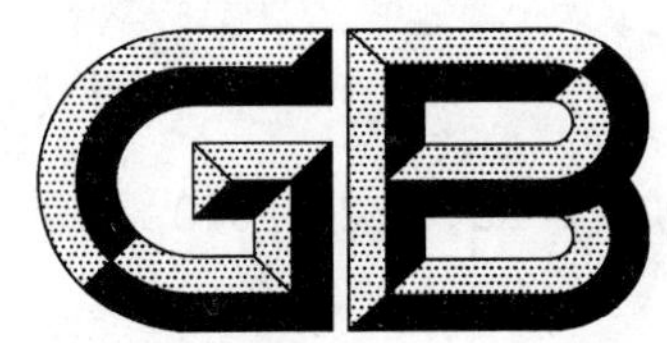

中华人民共和国国家标准

GB/T 25102.2—2010
代替 GB/T 6659—1986

电声学　助听器 第2部分:具有自动增益控制电路的助听器

**Electroacoustics—Hearing aids—
Part 2:Hearing aids with automatic gain control circuits**

(IEC 60118-2:1983,Hearing aids—
Part 2:Hearing aids with automatic gain control circuits,MOD)

2010-09-02 发布　　2011-04-01 实施

中华人民共和国国家质量监督检验检疫总局
中国国家标准化管理委员会　发布

前 言

GB/T 25102《电声学 助听器》分为 14 个部分：

——第 0 部分：电声特性的测量；

——第 1 部分：具有感应拾音线圈输入的助听器；

——第 2 部分：具有自动增益控制电路的助听器；

——第 3 部分：不完全佩戴在听者身上的助听设备；

——第 4 部分：助听器用感应回路系统磁场强度；

——第 5 部分：插入式耳机的乳头状接头；

——第 6 部分：助听器输入电路的特性；

——第 7 部分：助听器产品交货时质量检验的特性测量；

——第 8 部分：模拟实际工作条件下的助听器特性测量方法；

——第 9 部分：带有骨振器输出的助听器特性测量方法；

——第 11 部分：助听器及其有关设备的符号与标记；

——第 12 部分：电连接器系统的尺寸；

——第 13 部分：电磁兼容(EMC)；

——第 14 部分：数字接口的规范。

本部分为 GB/T 25102 的第 2 部分。

本部分修改采用 IEC 60118-2:1983《助听器 第 2 部分：具有自动增益控制电路的助听器》(英文版)以及 IEC 60118-2:1983 修改单 1:1993 和 IEC 60118-2:1983 修改单 2:1997。由于按照 GB/T 1.1—2000 增加规范性引用文件一章，把 IEC 60118-2:1983 的第 2 章目的和第 3 章条件的内容移到引言中，所以章、条编号依次有变化，增加的规范性引用文件为第 2 章，原 IEC 60118-2:1983 的第 4、5、6、7、8 章为本版本的第 3、4、5、6、7 章，而 IEC 60118-2:1983 修改单 1:1993 增加的第 9 章为本版本的第 8 章，IEC 60118-2:1983 修改单 2:1997 增加的第 10 章为本版本的第 9 章，并在相应页面用垂直双“||”线标明。

本部分代替 GB/T 6659—1986《具有自动增益控制电路的助听器电声特性的测量方法》。

本部分与 GB/T 6659—1986 年版本相比，主要变化情况有：除对原版进行了编辑性修改之外，还增加了许多新的技术内容。主要变化如下：

——本部分按照 GB/T 1.1—2000 进行了编辑性修改；

——按照 GB/T 1.1—2000 的规定增加了“规范性引用文件”一章，1986 年版本中第 2 章目的和第 3 章条件的内容移到引言中，所以章、条编号依次有变化，增加的规范性引用文件为第 2 章，原 1986 年版本中的第 4、5、6、7、8 章，为本版本的第 3、4、5、6、7 章；

——修改了 1986 年原版本的第 7 章为本版本的第 6 章，原 7.1 改为 6.2，增加 6.1 瞬态和 6.3 互调失真；

——增加了第 8 章和第 9 章；

——原第 4 章改为第 3 章，增加了 3.8、3.9、3.10、3.12、3.13、3.14、3.15 等 7 条；

——增加了附录 A、附录 B 和参考文献。

本部分附录 A、附录 B 是资料性附录。

本部分由中华人民共和国工业和信息化部提出。

本部分由全国电声学标准化技术委员会归口(SAC/TC 23)。

本部分负责起草单位:天津市助听器厂、解放军总医院。

本部分主要起草人:唐惠德、于黎明、冀飞、陈洪文、莫庆荣。

本部分所代替标准的历次版本发布情况为:

——GB/T 6659—1986。

引　言

本部分的目的是简化具有自动增益控制电路的助听器某些特性的测量方法。这些测量方法在GB/T 25102.100—2010《电声学　助听器　第0部分:电声特性的测量》中未叙述,这些测量方法对描述自动增益控制的作用是必要的。

本部分的测量方法能最直接地反映其特性,这并不排除采用可得到同样结果的其他方法。

参考IEC 60268-8《声系统设备　第8部分:自动增益控制装置》。

除了这里所叙述的测量外,均可按GB/T 25102.100—2010进行。但是,在有自动增益控制装置时,需说明所具备的工作条件。

电声学　助听器
第2部分:具有自动增益控制电路的助听器

1　范围

1.1　本部分规定了具有自动增益控制的助听器的动态工作特性和稳态工作特性及其测量方法。

本部分只规定各种不同特性及相关测量方法,没有规定各性能指标。

本部分适用于具有自动增益控制电路的各种类型的助听器。

1.2　本部分包括对于输入信号的包络具有压缩或限幅功能的装置,还包括长时间平均输出控制的装置。

a）采用自动增益控制电路压缩或减少输出声压的动态范围,以保持输出信号的完整性。

b）通常采用自动增益控制电路代替削峰装置进行限幅。

当输入信号较大时,输入/输出特性会趋于平直。限幅装置的主要作用是防止助听器输出过大的声音进入听者耳朵。

1.3　本部分不包括:

a）扩展器。

b）限幅装置。限幅装置不同于自动增益控制电路,限幅装置削去高于一定电平的信号峰值。而自动增益控制电路,在稳态时能保持输入信号波形不变。

注:具有很短的恢复时间的自动增益控制电路,可能会引起不可忽视的失真,特别是低频范围内,对此,宜特别关注。

2　规范性引用文件

下列文件中的条款通过GB/T 25102的本部分的引用而成为本部分的条款。凡是注日期的引用文件,其随后所有的修改单(不包括勘误的内容)或修订版均不适用于本部分,然而,鼓励根据本部分达成协议的各方研究是否可使用这些文件的最新版本。凡是不注日期的引用文件,其最新版本适用于本部分。

GB/T 3241—1998　倍频程和分数倍频程滤波器(IEC 61260:1995+Amd.1:2001,IDT)

GB/T 3769—1983　电声学　绘制频率特性图和极坐标图的标度和尺寸(IEC 60263:1982,MOD)

GB/T 25102.100—2010　电声学　助听器　第0部分:电声特性的测量(IEC 60118-0:1983,IDT)

GB/T 25102.1—2010　电声学　助听器　第1部分:具有感应拾音线圈输入的助听器(IEC 60118-1:1999,IDT)

IEC 60118-6:1999　电声学　助听器　第6部分:助听器输入电路的特性

IEC 60268-8:1973　声系统设备　第8部分:自动增益控制装置

IEC 60711:1981　测量插入式耳机用堵塞耳模拟器

3　术语和定义

下列术语和定义适用于本部分。

3.1

自动增益控制　automatic gain control;AGC

在助听器内,其增益受输入信号包络大小或其他信号参量的变化而自动控制的一种方法。

注:在本部分中,以声输入为参考。而在某些地方,可利用电磁感应输入进行其他附加测量。

3.2

稳态输入/输出曲线　steady-state input/output graph

在某一规定的频率,表示输出声压级作为输入声压级函数关系的曲线。作图时,两者均以分贝(dB)的线性标度表示(见图1)。

3.3

AGC低点限值或AGC阈值　lower AGC limit or AGC threshold

施加到助听器上,使得增益相对于线性模式下降2 dB±0.5 dB时的输入声压级(见图1)。

3.4

(在规定的输入声压级数值之间的)压缩比　compression ratio (between soecified input sound pressure level values)

在稳态条件下,输入声压级差与相应的输出声压级差的比值。两者均用分贝表示(见图1)。

3.5

动态输出特性　dynamic output characteristics

当输入声信号为用一个预定脉冲幅度的矩形包络脉冲调制的一个预定频率和电平信号时,输出声压的包络与时间的函数(见图2)。

3.6

上升时间　attack time

当输入信号声压级突然增加到规定的分贝的瞬间,到具有AGC电路的助听器输出声压级稳定在升高的稳态值±2 dB之内的时间间隔(见图2)。

3.6.1

语言正常动态范围的上升时间　attack time for the normal dynamic range of speech

初始输入声压级为55 dB并增加25 dB的上升时间(见3.6)。

3.6.2

高声级上升时间　high level attack time

初始输入声压级为60 dB并增加40 dB的上升时间(见3.6)。

3.7

恢复时间　recovery time

在提高输入信号条件下,AGC放大器在到达稳态输出以后,当输入信号声压级突然降低到一个规定的低分贝数值的瞬间,并且输出声压级自助听器稳定状态再一次到达低稳态值±2 dB之内的时间间隔(见图2)。

3.7.1

语言正常动态范围的恢复时间　recovery time for the normal dynamic range of speech

初始输入声压级为80 dB并降低25 dB的恢复时间(见3.7)。

3.7.2

高声级恢复时间　high level recovery time

初始输入声压级为100 dB并降低40 dB的恢复时间(见3.7)。

3.8

AGC触发频率响应　AGC activated frequency response

当一个AGC电路被一个规定AGC触发信号触发时的频率响应。

3.9

AGC 的工作频率范围 operating frequency range of the AGC

在特定的声压级下，输入(信号)能达到或超过 AGC 阈值的频率范围。

3.10

总的均方根声压级 overall root-mean-square sound pressure level

其测量带宽等于频率范围从 200 Hz～8 000 Hz 的 1/3 oct 频带(见 GB/T 3241)的均方根声压级。

3.11

1/3 倍频程频带声压级 one-third-octave band level

在 GB/T 3241 中所定义的一个 1/3 倍频程频带内的信号声压级。

3.12

自谱(功率谱) auto-spectrum (power spectrum)

在频率域助听器的输入信号的功率谱(G_{AA})或从助听器输出的输出信号的功率谱(G_{BB})。它通过信号的傅立叶变换乘以相同信号的傅立叶变换的复共轭来计算。

3.13

互谱 cross-spectrum

G_{AB}

助听器输入和输出之间同一信号的各个频率呈现的互相关程度。它通过助听器输入信号的傅立叶变换的复共轭乘以助听器的输出信号的傅立叶变换来计算。

3.14

相干性 coherence

显示来自助听器的输出信号与其输入信号相关程度的在 0～1 范围内的一个数。一个随机测试噪声信号的相干性被非线性和系统噪声削减。相干性通过如下的自谱和互谱的平均来计算：

$$\text{相干性}=\frac{|\overline{G_{AB}}|^2}{\overline{G_{AA}}\cdot\overline{G_{BB}}}$$

3.15

同步分析 synchronous analysis

与输入信号周期同步的分析，例如与伪随机噪声周期性同步的分析。

4 稳态输入/输出曲线

4.1 输入声压级和输出声压级之间的关系曲线

这种曲线以输入声压级为横坐标，输出声压级为纵坐标，用相同的线性分贝标度。

注：在 AGC 助听器输入/输出特性曲线中，可以辨认出不同部分：

——低于 AGC 阈值，斜率约为 45°(线性放大模式)。

——高于 AGC 阈值，在开始一段曲线斜率降低，然后曲线趋于平直(AGC 模式)。

——当输入声压级很高时，一般由于 AGC 电路达到饱和，曲线的平坦或下降部分后面可能紧跟着较陡斜的曲线。

4.2 测量方法

增益控制器调整到最大位置。AGC 回路后任何控制器的调节不应该使助听器过载。

在保证信噪比大于 10 dB 的条件下，将频率为 1 600 Hz 或 2 500 Hz 的输入信号，以尽可能低的声压级加到输入端，用足够小的步阶把输入声压级提高到 100 dB，每调一阶并达到稳态后，测量相应的输出声压级，以输入声压级为横坐标，输出声压级为纵坐标，用线性分贝坐标绘制出曲线，见 4.1。

在其他有可调节的地方，如AGC、增益或输出控制，将影响稳态输入/输出特性曲线和其他特性，必要时，改变这些调节控制器的位置，分别绘制出输入/输出特性曲线。

5 动态输出特性

5.1 特性测试

本部分测试的目的是为了确定AGC电路的动态特性，尤其是上升时间和恢复时间。应该强调的是所有这些特性都与测试频率、信号声压级、控制器设置和电池电压有关。

5.2 测量方法

5.2.1 语言声压级的动态输出特性

增益控制器置于最大位置，输入信号频率为1 600 Hz或2 500 Hz，声压级为55 dB。在AGC回路后的所有增益控制器置于不使助听器过载的位置。

信号用矩形包络脉冲调制，输入声压级增加25 dB，脉冲宽度应为被测上升时间的5倍以上。如果施加一个以上的信号脉冲，两个脉冲之间的间隔应该为被测最长恢复时间的5倍以上。

注1：这个测试可以在4.2规定的各种控制器位置上进行。

注2：如果采用增益较低的控制器位置，应该详细说明获得这些位置的方法。

注3：用来测量第5章中所述的动态输出特性所采用的扬声器，必须无瞬态失真使测量结果不受影响。

注4：输出信号应该用示波器监测，其时间常数应远小于测量时间。

注5：当要测量很短的响应时间时，应给出声源的响应时间。

注6：对于半波整流的AGC电路，上升时间取决于调制矩形包络开始后测试信号第一半波的极性，因此上升时间的长短与极性有关。测试信号第一个波的幅度，从零瞬时上升的情况是最好的。

5.2.2 高声压级输入的动态输出特性

增益控制器置于最大位置，输入信号频率为1 600 Hz或2 500 Hz，声压级为60 dB。在AGC回路后的所有增益控制器置于不使助听器过载的位置。信号用矩形包络脉冲调制，输入声压级增加40 dB，脉冲宽度应为被测上升时间的5倍以上。

如果施加一个以上的信号脉冲，两个脉冲之间的间隔应该为被测最长恢复时间的5倍以上。

注：见5.2.1的注1到注6。

6 非线性失真

6.1 瞬态

与由于不稳定引起的低频调制一样，在上升时间和恢复时间期间信号的瞬态变化也能引起失真。在当前，这种现象对于听者的影响还不确定，因此没有给出测量瞬态失真的建议。

6.2 谐波失真

6.2.1 特性规定

测试目的是确定达到稳态条件后，谐波失真与输入声压级的函数关系。

6.2.2 测量方法

谐波失真测量按照GB/T 25102.100—2010中规定的步骤进行。

注：这个测试可以按照4.2规定，在不同的控制器位置进行。

6.3 互调失真

互调失真测量按照GB/T 25102.100—2010中规定的步骤进行。

7 电池或电源电压变化对稳态和动态特性的影响

根据GB/T 25102.100—2010中6.8规定，在电池或电源电压变化时对下面的性能参数改变的情况进行测试，如第4章规定的稳态输入/输出特性曲线，第5章规定的动态输出特性、上升时间和恢复时间，第6章规定的非线性失真。

8 采用纯音信号工作的单通道 AGC 电路的助听器 AGC 触发频率响应

8.1 概述

8.1.1 低于 AGC 阈值的测量

当自动增益控制被触发时获知助听器的频率响应是非常重要的。假设在所有测量频率的输入信号级均低于 AGC 阈值,则按 GB/T 25102.100—2010 的 6.4 进行测量。

8.1.2 高于 AGC 阈值的测量

当测量信号级高于 AGC 阈值,且扫描速度、实际上升时间、恢复时间均较缓慢时,任何频率点上的测量都视为稳态测量。

采用此种测量方法获得一组完整的频率响应曲线,对于任何频率都能得到一个稳态输入/输出曲线族。

8.2 一般条件

本部分所提到的声压级的基准值均为 20 μPa。声压级可缩写为 SPL。

注:本部分基准值均针对声学输入。也可使用电磁或电输入进行其他测量,按照 GB/T 25102.1—2010 和 IEC 60118-6 进行。

由替代法(见 GB/T 25102.100—2010 的 3.2)得到的测试结果应作为基本测量数据。

8.3 测试设备

测试设备应符合 GB/T 25102.100 2010 中第 4 章的要求。图 3、图 4 给出了测试设备的原理图。

在这个测量系统中将插入一个中心频率为 f_c 的跟踪带通滤波器,其 3 dB 的带宽不大于中心频率 10%、20 dB 的带宽不大于中心频率 20%。以 f_c 为中心频率,高于 $4f_c$ 或小于 $f_c/4$ 的频率,衰减应该大于 40 dB。高于 $8f_c$ 或低于 $f_c/8$ 的频率,衰减应该等于或大于 60 dB。

注 1:在规定条件下,有可能需分别采用一个具有衰减大于 40 dB 或 60 dB 的滤波器,目的是为了不增加相对于中心测试频率的频率范围,因为在过宽的频率范围内测得的结果是不可靠的。

如果使用自动扫频记录仪进行测试,它在输出端使用一个压缩系统来保持恒定的输入声压级,并在反馈回路中再串入一个符合上述规定的跟踪带通滤波器。

注 2:当将跟踪带通滤波器同步到跟踪扫描频率时,应该考虑从声源到测试点的传播时间,以及滤波器带宽与扫描速度。

另外,对大于 $1.05f_c$ 或小于 $f_c/1.05$ 的频率,衰减应小于 3 dB。可以应用一个在中心频率(f_c)衰减量等于或大于 50 dB 的带阻滤波器并把它调整到 AGC 触发信号频率。

8.4 测试条件

AGC 控制应设置在 AGC 作用最明显(如最低 AGC 阈值)的位置,否则,测量条件应符合 GB/T 25102.100—2010 第 5 章中所述技术规定。测试条件应描述清楚。

8.5 测量

当信号源关闭时,助听器提供的输出数据在 200 Hz～8 000 Hz 的频率范围内应至少下降 10 dB。

8.5.1 AGC 工作范围的确定

测试步骤:

a) 调整增益控制器到满挡,按照本部分的 8.4 设置其他的调节控制器。

b) 施加一个正弦输入信号并改变其频率,保持输入 SPL 恒定在 50 dB、60 dB、70 dB、80 dB 和 90 dB 或直到超过 AGC 阈值为止。

c) 作图表示输出声压级在每个恒定输入声压级的频率关系曲线。

d) 从这些曲线,确定 AGC 工作的近似频率范围和确定在这个频率范围内近似的 AGC 阈值。见本部分 3.3。

e) 使用在规定频率点的输入/输出曲线图可准确确定 AGC 是否工作。

8.5.2 AGC的触发频率响应的测量

测试步骤：

a) 按8.4调整控制器。

b) 施加一个正弦输入信号并将其频率调整到8.5.1d)或e)中所确定的频率范围内的一个数值。

注1：为了避免由高次谐波引起的问题，触发信号的频率最好选在这个频率范围的高端。

c) 按照8.5.1d)或e)，将信号声级调到比AGC估计阈值高大约10 dB。

d) 施加另一个正弦输入信号，保持它的声压级恒定在低于触发信号级20 dB处。在200 Hz～8 000 Hz范围内改变频率，并用一个跟踪带通滤波器或一个带阻滤波器调谐到触发信号频率测量输出声压级。

e) 作图表示输出声压级与频率的关系曲线。

注2：鉴于在触发信号频率附近可能获得无效结果，建议采用差值方法在相对于触发频率的某适当的频率范围内(例如：±20%)绘制频率响应曲线。

8.6 频率响应记录图

按GB/T 3769—1983要求，所有频率响应曲线应该绘制在一个纵坐标为线性分贝标度、横坐标为对数频率标度的坐标系中，且横坐标上长度为10∶1频率间隔的长度等于纵坐标上长度为50 dB的长度。

9 采用宽带稳态输入信号的具有AGC电路助听器频率响应

9.1 总则

传统上是使用扫频纯音作为输入信号测量包括助听器在内的电声系统的频率响应。在整个测量频率范围内测量系统输出时，该信号声压级保持恒定。但随着近来使用稳态宽带噪声作为测试信号的数字频谱分析仪的广泛使用，新近出现了很多其他获得电子系统频率响应的方法。当在非实验室的实际环境中测试助听器处理能力时，使用的较典型的复合输入信号是一个时间稳定的稳态宽带噪声，这种测试信号更适于描述助听器尤其是具有AGC增益控制电路的助听器的性能。

只要助听器工作在线性状态并且信噪比足够大，无论是用扫频纯音或宽带噪声，那些没有自动增益控制(AGC)或其他形式的自适应信号处理电路的助听器，或助听器有这样的电路但测试输入级低于它们的触发点，其频率响应的结果将是相同的。应说明测试使用的方法。

GB/T 25102.100—2010规定了使用扫频纯音信号测定助听器电声特性的方法。当测试具有AGC的或其他非线性电路处于工作状态下的助听器时，在给定频率点的响应将取决于测量信号在相同频点处触发非线性器件的方式。

在本部分第8章规定了AGC助听器特性测量方法。这种方法使用一个固定频率的AGC触发纯音信号，以及一个低于获得频率响应级20 dB的纯音扫频信号。这种测试方法使得非线性器件由AGC触发信号单独控制，并不受测量信号的影响。

本章描述了一种使用稳态宽带输入信号测量助听器频率响应的方法。这种方法应用单通道或双通道频谱分析法测量频率响应。

该方法所规定的测试信号的频谱特性符合美国标准ANSI S3.42[1]。这种信号已经用于测试助听器多年，体现了较好的兼顾性，既在高频区域中确保足够的信噪比，又在一定程度上代表了语言的频谱特性。

使用这种方法时，非线性器件将对宽带信号作出反应，而这种宽带信号含有许多频率成分，不同于GB/T 25102.100—2010或本部分第8章中描述的只含有单频成份的纯音测试信号。

在解释使用稳态噪声信号的测量结果时应谨慎，因为输入信号的动态特性会改变助听器的频率响应，此时这种几乎时不变的输入信号不能完全代表助听器的特性。例如在输入信号的瞬时特性曲线上有自适应的AGC基本时间常数时。

本章在测试信号和频率响应测量步骤上基本与 ANSI S3.42[1]保持一致。重要的例外是，本部分中定义的参考测试增益控制位置以及 IEC 60711:1981 耳模拟器的使用方法和 GB/T 25102.100—2010 一致。双通道测量时，使用双通道测量的相关函数来验证频率响应测量结果。

9.2 测试环境

测试环境应符合 GB/T 25102.100—2010 中规定的要求。在测试点的残留噪声的信噪比在每 1/3 oct 频带中应等于或大于 10 dB，如 9.3.1.2 中规定的全频带均方根值声压级为 50 dB 的噪声输入信号。

9.3 测试条件

所有声压级均以 20 μPa 为基准，并缩写为 SPL。见 GB/T 25102.100—2010 和 IEC 60711:1981 方法。使用互谱测量时，应采用比较法(见 GB/T 25102.100—2010 中 3.3)，当使用自谱和扫描滤波测量时应采用代替法(见 GB/T 25102.100—2010 中 3.2)。

9.3.1 噪声输入信号

9.3.1.1 噪声类型和峰值声压级

输入信号采用随机噪声或伪随机噪声。应说明噪声类型及其周期。噪声信号应有一个截短的正态概率分布，使最大峰值信号级是高于信号电平有效值(r.m.s)上 12 dB±3 dB。噪声应是连续的，在每个分析周期之前其声压级应该恒定在一个足够长的时间来允许助听器的任何自适应信号数据处理单元达到稳定。

注 1：许多自适应助听器使用快速响应检波器来开发它们的信号处理控制。信号处理量的多少常常制约助听器能够提供的增益大小(例如 AGC 助听器)，而信号处理量的多少取决于输入信号的概率分布。与测试助听器常使用的传统纯音测试方法相比，由于宽带噪声输入信号具有相对较大的峰值声压级，所以使用宽带噪声输入信号测试结果的变化将比使用纯音输入信号测试结果差异要大。

注 2：具有相同周期的伪随机噪声也可以作为输入信号。然而，一些情况下，获得的结果可能与使用随机噪声的结果不同。

9.3.1.2 噪声输入信号的频谱

在测试点测量噪声输入信号 1/3 oct 频带声压级的幅度应符合表 1 中的额定值，容差为±2 dB。在高于 8 kHz 和低于 200 Hz 的频率范围，1/3 oct 频带声压级不应高于两个边缘频带的容差上限。额定值上限和下限容差限度见图 5。

表 1 在测试点的噪声输入信号的 1/3 oct 频带声压级的额定值

1/3 oct 频带中心频率 Hz	额定值 dB
200	−17.0
250	−14.5
315	−13.0
400	−12.0
500	−11.0
630	−10.5
800	−10.5
1 000	−10.5
1 250	−10.5
1 600	−11.0
2 000	−11.5

表 1（续）

1/3 oct 频带中心频率 Hz	额定值 dB
2 500	−12.5
3 150	−13.0
4 000	−14.0
5 000	−15.0
6 300	−16.0
8 000	−17.0
注：这个声压级是相对于全频带 r. m. s. 声压级。	

注 1：由中、高频率组成的噪声信号等效为一个截止频率为 900 Hz 的单极低通巴特沃斯滤波器(例如:单独的阻容滤波器部分)。以每倍频程 6 dB 的下降斜率延伸到最末端的 8 000 Hz。由低频组成的噪声信号是等效为一个截止频率为 200 Hz 的双极高通巴特沃斯滤波器。

混合这两个滤波器的滤波特性可用下面的公式计算。

$$10\lg \frac{\left(\frac{f}{200}\right)^4}{\left[1+\left(\frac{f}{200}\right)^4\right]} \times \frac{1}{\left[1+\left(\frac{f}{900}\right)^2\right]}$$

注 2：在测量和计算频率响应时应减去输入信号频谱级。由于 AGC 与频率有关，要求控制输入频谱。

9.4 测试设备

可使用单通道或双通道频谱分析仪。覆盖频率范围的跟踪滤波扫描分析仪也是容许的。

对于任何类型的分析仪，滤波器带宽应不大于中心频率的 1/3 oct。应说明有效的滤波器分析带宽和平滑，包括窗口。

推荐使用互谱方法的双通道分析。采用自谱方法的单通道分析也可以得出几乎相等的结果，但应满足下列条件：

a) 已按照 9.3.1.2 调整声场。

b) 助听器是在稳态工作模式下测试。

c) 信噪比足够大(见 9.2)。

否则，两个方法的结果可能有差别。

分析的频率范围应包括用 1/3 oct 覆盖的 200 Hz～8 000 Hz 的范围。

应说明测试方法(基于 FFT 的自谱或互谱，数字滤波器或扫描跟踪滤波器)、平均时间、分析带宽以及分析的总频率范围。

9.5 频率响应的测量

9.5.1 全部频率响应和基本频率响应(声增益)

调整助听器增益控制器到参考测试增益控制位置，并调整其他的控制器到规定的位置。

按照 9.5.1.1，9.5.1.2 或 9.5.1.3 规定的方法作出一族频率响应曲线(声增益)，然后以每 10 dB 一挡的间隔调整输入噪声的总声压级有效值(r. m. s.)，覆盖高于和低于 60 dB 的期望范围，推荐输入声压级是 50 dB、60 dB、70 dB、80 dB 和 90 dB。在每个输入声压级确保助听器是工作在稳态方式。如果可能，要在同一张图表上作出所有曲线，每一曲线标记相应的输入级。也可使用其他输入声压级。所有输入声压级都应说明。基本频率响应由 60 dB 输入有效声压级获得。

注：测试信号如果使用随机噪声，为了得到一个期望的测量准确度，平均频谱的数目可以通过参考文献[2]第 11 章提供的方法来确定。

9.5.1.1 互谱法

使用本方法时,以复数形式同时确定输入和输出数据。用互谱平均值 G_{AB} 的数值除以输入自谱平均值 G_{AA} 来计算频率响应。每个频率的计算结果要变换为分贝,用 log 以 10 为底的对数乘以 20。

可以使用相干性函数确认频率响应。如果涉及到相干性,应作图表示为频率的函数。

注:如果相干性=1,则助听器是在完全线性和无噪声条件下测试的。如果相干性=0,在助听器所有的输入和输出没有相干性。一个低值的相干性可能由噪声和包括系统时变在内的非线性所引起。如果,例如,在一个给定频率点相干性函数降低于 0.5,则说明助听器在该频率点的噪声和非线性所起的作用比线性信号高。

9.5.1.2 自谱法

测量或确定助听器输入频率函数并记录结果。测量助听器的输出频率函数并记录结果。用助听器输出信号的自谱 G_{BB} 除以助听器输入信号的自谱 G_{AA} 计算传输函数。用 log 以 10 为底的对数结果乘以 10 变换结果为分贝。如果测试信号使用随机噪声,那么应采用平均自谱。自谱法不必同时测量输入和输出信号。

9.5.1.3 扫描滤波法

在每个频率点用输出信号幅度除以输入信号幅度计算频率响应。在每个频率点将幅度比转换为分贝。

9.6 频率响应记录图

按照 GB/T 3769—1983,频率响应曲线应显示在一个纵坐标为线性分贝标度,横坐标为对数频率标度的坐标系上,在横坐标标度上 10∶1 频率间隔长度等于纵坐标标度上 50 dB 的长度。

应说明每次测量的控制器设置或程序参数。

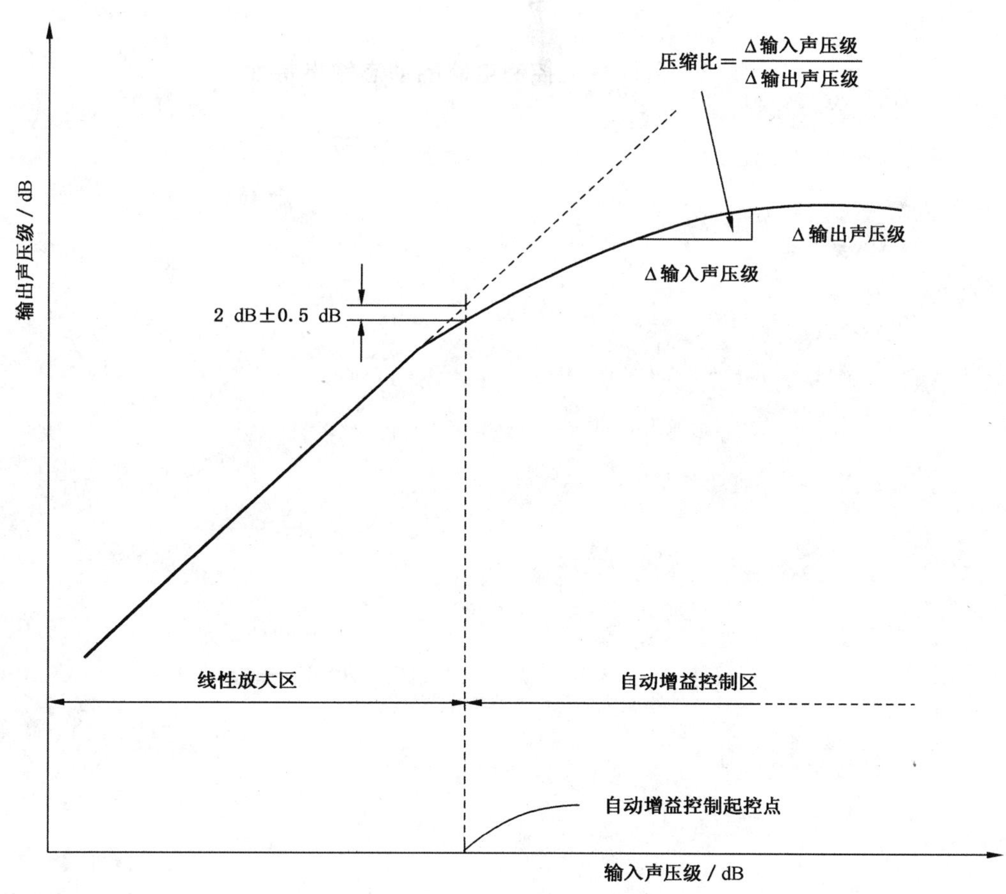

图 1 稳态输入—输出图例

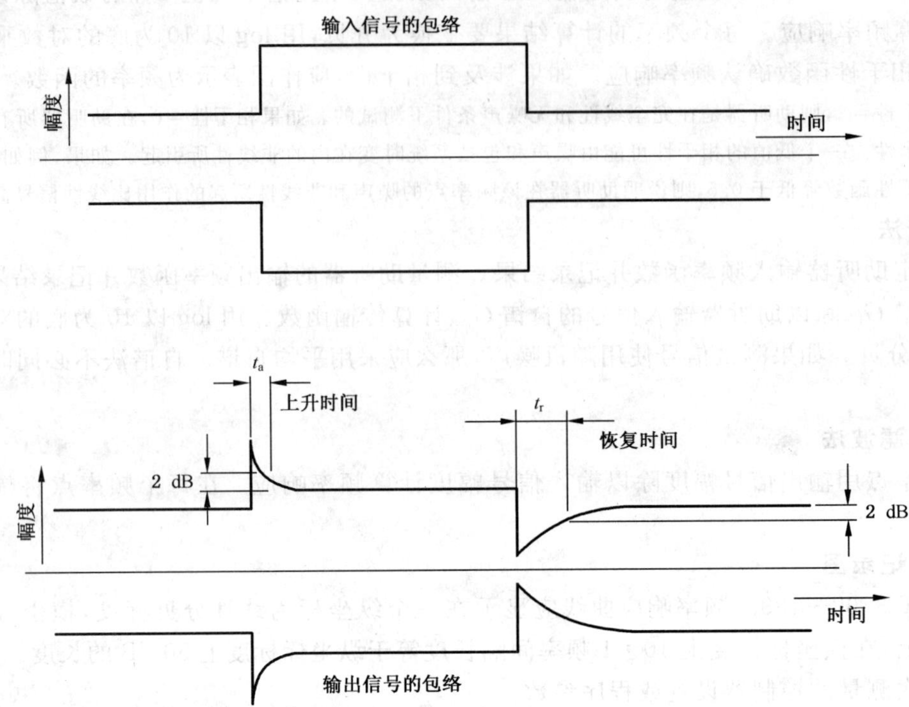

图 2　自动增益控制电路的动态输出特性

附 录 A
（资料性附录）
测量系统图例

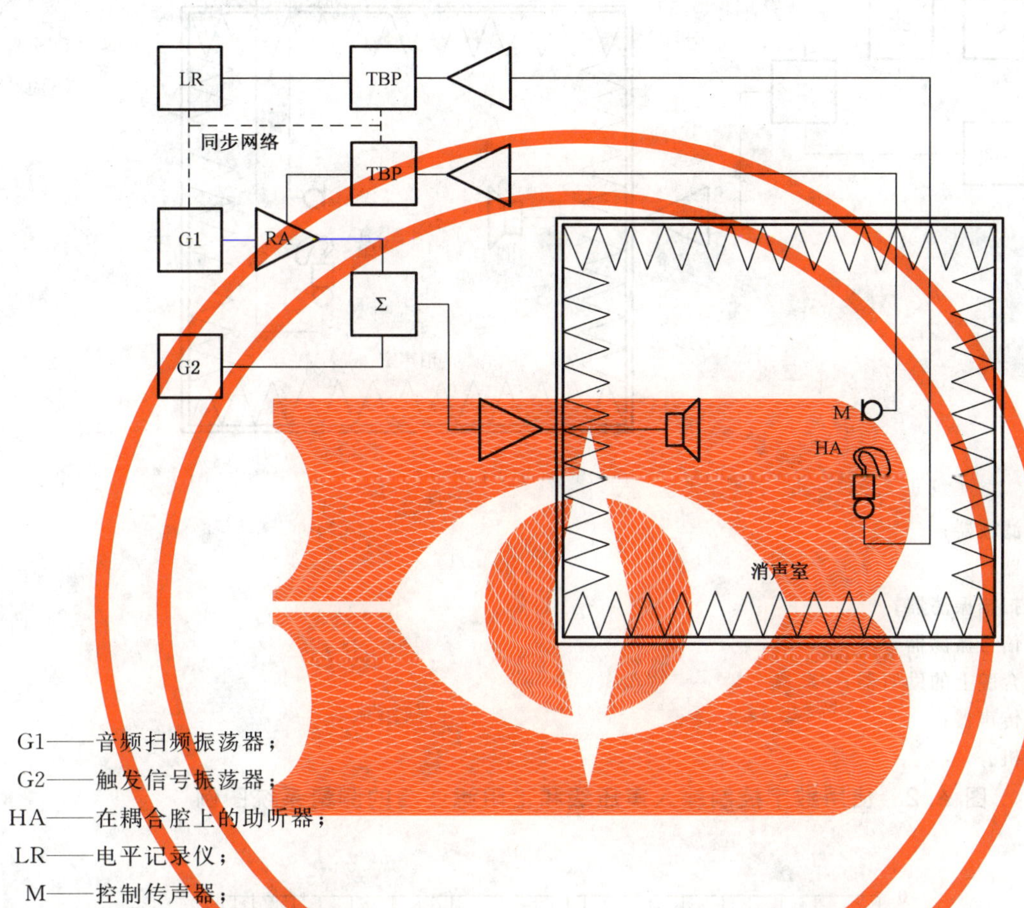

G1——音频扫频振荡器；
G2——触发信号振荡器；
HA——在耦合腔上的助听器；
LR——电平记录仪；
M——控制传声器；
RA——校准放大器；
TBP——跟踪带通滤波器。

图 A.1 根据比较法使用两个跟踪带通滤波器的测量系统图例

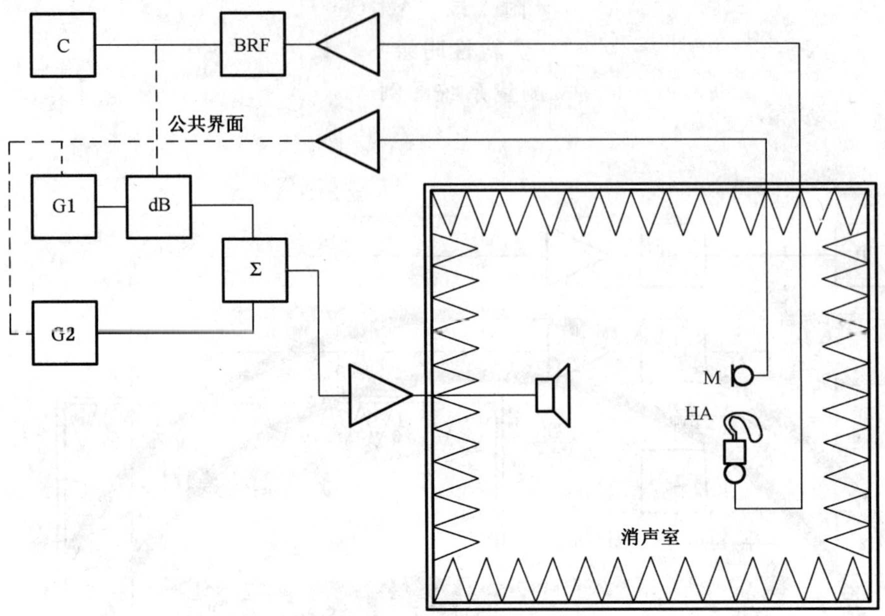

BRF——带阻滤波器；
dB——衰减器；
G1——音频扫描振荡器；
G2——触发信号振荡器；
HA——在耦合腔上的助听器；
M——控制传声器；
C——计算机。

图 A.2 使用数字控制输入声压级和带阻滤波器的测量系统图例

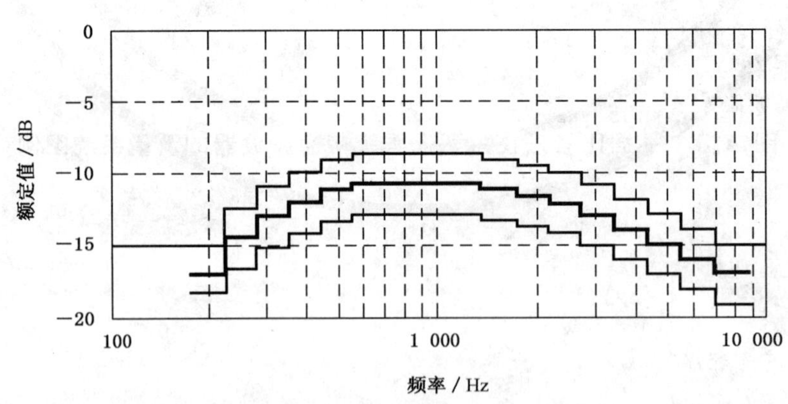

图 A.3 在测试点噪声输入信号的 1/3 倍频带声压级的上限和下限(±2 dB)额定值

附 录 B
（资料性附录）
平滑数据显示

采用FFT分析计算的频率响应在作图表示的曲线中，会产生大量的点一点波动。平滑算法可应用于这些原始数值。应根据用途选择适当的平滑算法。例如：如果关心助听器在声反馈开始发生时的工作状态，那么在频率响应中几乎不用任何平滑处理，以保持精确的原始状态的峰值。在几个可能的平滑频率响应方法中，均采用了3点或5点平均值方法。这种方法是将一定数量的依次高于和低于测试频率的数据和测试频率点的数据值作平均来得到平滑数据。

参 考 文 献

[1] ANSI S3.42;1992，采用宽频噪声信号测试助听器.

[2] Bendat,J. S. and Plersol,A G. (1980): Engineering Applications of Correlation and spectral analysis. Wily &Sons,New York.

[3] Dyrlund,O. (1989);"characterisation of non-Liner Distrotion in Hearing Aids Using cohrehence Analysis",Scandinavian Aodiology 18:143-148.

[4] Dyriund O. (1992);"Corehence measurments in hearing instruments using different Broad-Band Signals",Scandinavian Audiology 21:73-78.

[5] Prokais,J. and Manolakis,D. (1998): Introduction to Digital signal processing, Macmilian publishing company,New York.

ICS 17.140.50
M 72

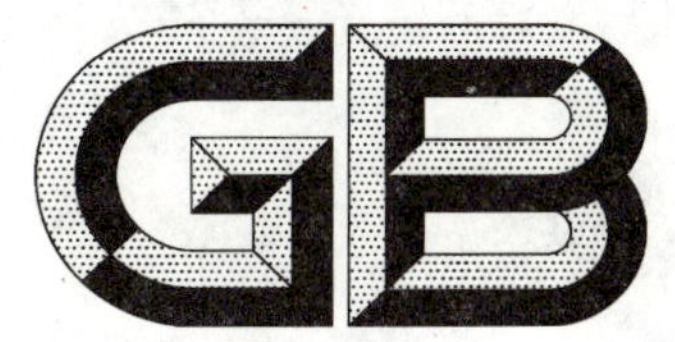

中华人民共和国国家标准

GB/T 25102.4—2010/IEC 60118-4:2006
代替 GB/T 11454—1989

电声学 助听器 第4部分:助听器用感应回路系统磁场强度

Electroacoustics—Hearing aids—Part 4: Induction loop systems for hearing aid purposes—Magnetic field strength

(IEC 60118-4:2006,IDT)

2010-09-02 发布　　2011-04-01 实施

中华人民共和国国家质量监督检验检疫总局
中国国家标准化管理委员会　发布

前　言

GB/T 25102《电声学　助听器》分为14个部分：

——第0部分：电声特性的测量；

——第1部分：具有感应拾音线圈输入的助听器；

——第2部分：具有自动增益控制电路的助听器；

——第3部分：不完全佩戴在听者身上的助听设备；

——第4部分：助听器用感应回路系统磁场强度；

——第5部分：插入式耳机的乳头状接头；

——第6部分：助听器输入电路的特性；

——第7部分：助听器产品交货时质量检验的性能测量；

——第8部分：模拟实际工作条件下的助听器性能测量方法；

——第9部分：带有骨振器输出的助听器特性测量方法；

——第11部分：助听器及其有关设备的符号与标记；

——第12部分：电连接器系统的尺寸；

——第13部分：电磁兼容(EMC)；

——第14部分：数字接口的规范。

本部分为GB/T 25102的第4部分。

本部分是对GB/T 11454—1989《助听器用音频感应回路的磁场强度》的修订。

本部分等同采用IEC 60118-4:2006《电声学　助听器　第4部分：助听器用感应回路系统磁场强度》(英文版)。

本部分代替GB/T 11454—1989《助听器用音频感应回路的磁场强度》。

本部分的当前版本比1989版本有很大的技术变化。标准的题目由原来的《助听器用音频感应回路的磁场强度》修改为《电声学　助听器　第4部分：助听器用感应回路系统磁场强度》。当前版本对前一版本作了许多修改和补充。增加了前言和引言，文本内容由原来的5章共9条修改为6章共50条，并增加了6个资料性附录和18条参考文献。

本部分的附录A、附录B、附录C、附录D、附录E、附录F为资料性附录。

本部分由中华人民共和国工业和信息化部提出。

本部分由全国电声学标准化技术委员会归口(SAC/TC 23)。

本部分负责起草单位：解放军总医院耳鼻咽喉研究所、天津市助听器厂、中国电子科技集团公司第三研究所。

本部分参加起草单位：西门子听力仪器(苏州)有限公司。

本部分主要起草人：陈洪文、唐惠德、于黎明、冀飞、韩捷。

本部分参加起草人：顾军。

本部分所代替标准的历次版本发布情况为：

——GB/T 11454—1989。

引　言

音频感应回路系统是为助听器使用者提供的一种装置，广泛应用于装有感应拾音线圈的助听器使用者，以减少由于与声源距离较远、与讲话者之间有屏蔽窗和/或背景噪声引起的聆听困难。除非在安静环境下的面对面交谈，背景噪声和距离是导致助听器使用者无法达到满意聆听效果的主要原因。为了听力损伤者的便利，国外的教堂、影剧院、会场等公共场所内广泛安装了音频感应回路系统。音频感应回路系统的应用还可以扩展到许多临时交流场所，如售票处、银行柜台和那些免下车服务场所(如路边餐馆)及电梯内等。此外，在电话机手柄上也普遍装有用于与助听器进行磁感应耦合的线圈。

在混响和背景噪声对单纯的声学信号影响显著的环境里，通过感应回路系统发送音频信号通常可以建立一个可以接受的信噪比。

音频感应回路系统的一种形式是在听力损伤者进行聆听的屋子或区域周边，以回路形式铺设的电缆。电缆通过放大器与传声器系统或无线电接收机、CD播放器等其他音频信号源相连。放大器在回路电缆中产生音频电流，从而在回路中产生磁场。感应回路的设计和铺设取决于要安装回路系统的建筑物结构，特别是大量的钢、铁和铝质结构。此外，电缆及设备的安装和位置，会产生较强的音频磁场背景噪声，从而影响回路信号的接收。

音频感应回路系统的另一种形式是小回路，用于与其附近的助听器使用者进行交流。比如颈部回路线圈、售票处系统、独立的便携式系统以及装在座椅上的感应回路等(参见附录A)。

音频感应回路系统的拾音设备通常是装配了拾音线圈的个人助听器，但在某些应用中还有特殊的感应回路接收器。

作为音频感应回路系统的接收器，个人助听器在提供回路系统的任何地方，特别是公共场所，都能够利用回路系统发送的信号帮助助听器佩戴者聆听。为了更有效地发挥回路系统的这一优势，有必要使用一个磁场强度的标准值，以便对助听器的拾音线圈灵敏度进行相应调节。磁场强度应满足以下原则：

——强度应足够大，以便在电源等装置产生的背景磁噪声中实现可以接受的信噪比。

——强度不能过大，以免引起助听器过载。

磁场强度的下限由背景磁噪声可能达到的值控制。为了确定典型值，已在大量的住户、教堂、学校、影剧院等场所进行了测量。此外，还在助听器上进行了测量，以确定可以接受的输入级范围，以此作为磁场强度上限，见GB/T 25102.1—2010。

电声学　助听器
第 4 部分:助听器用感应回路系统磁场强度

1　范围

本部分规定了对助听器用音频感应回路系统磁场强度的要求,目的是确保其在助听器不过载的情况下提供适当的信噪比。本部分还规定了可接受的清晰度所要求的最小频响范围。

本部分规定了测量磁场强度的方法,并给出了适用的测试设备的相关资料(见附录 B)、应提供给系统操作者和使用者的资料(见附录 C)以及其他重要事项。

本部分适用于可产生音频交变磁场,并能为装有感应拾音线圈的助听器提供输入信号的音频感应回路系统。

本部分对回路驱动放大器以及相关的传声器或音频信号源未作规定,对于如在 ITU-T P.370 范畴内的电话机手柄之类设备产生的磁场强度的要求也未作规定。

2　规范性引用文件

下列文件中的条款通过 GB/T 25102 的本部分的引用而成为本部分的条款。凡是注日期的引用文件,其随后所有的修改单(不包括勘误的内容)或修订版均不适用于本部分,然而,鼓励根据本部分达成协议的各方研究是否可使用这些文件的最新版本。凡是不注日期的引用文件,其最新版本适用于本部分。

无。

3　术语和定义

下列术语和定义适用于本部分。

3.1

基准磁场强度级　reference magnetic field strength level

0 dB 基准磁场强度级为 400 mA/m。

注:按 6.3.1 和 6.3.6 规定的方法测量。

3.2

长时间平均磁场强度级　long-term average magnetic field strength level

系统所产生的长时间平均磁场强度级。

注 1:在本部分的先前版本中,这一术语用来定义磁场强度级测量的基准值,但是很难测量。所以本版本中使用短时间平均磁场强度级的最大值(见 6.3.1)用于相同的目的。这并不意味对于场强的要求有技术改变,见附录 D。

注 2:"长时间"并不等效于 GB/T 3785.1 中定义的"S"时间计权。$L_{eq,60}$,对某些语言信号是一个很好的长时间平均指标。

注 3:本部分假定一个 70 dB 声压级的声输入信号与一个长时间平均磁场强度为 100 mA/m 的磁场在助听器中产生相同的声输出级,见 GB/T 25102.1—2010 第 6 章。

3.3

有效磁场空间　useful magnetic field volume

系统能够提供给助听器使用者一个可接受的声音质量信号的空间,见 6.7。

注 1:在本部分的先前版本中曾定义"规定的磁场面积"这一概念,这是因为该版本并未考虑非常重要的"高度"尺寸

（助听器拾音线圈和回路平面之间的垂直距离），见附录E。

注2：通常，有效磁场空间的底面积与感应回路的平面面积是不相等的。

4 在适当的位置安装音频感应回路系统

4.1 概述

注1：由于在系统安装之前应予以考虑的原因，所以正文中包含了本章，其内容宜在6.4以前阐述。

希望安装感应回路系统的所有地点也许不能全部满足可接受的条件，因此，在回路的设计阶段有必要检查目标地点的以下几方面条件：

a） 地板和屋顶的电热系统、照明系统的电控开关（特别是在影剧院中）等电子设备产生的磁噪声级；

b） 在准备安装感应回路的建筑物中，导磁、导电材料的影响；

c） 邻近的其他感应回路系统，其信号可能会干扰打算安装的回路系统。

注2：现有的减少感应回路表面辐射的技术，在先前安装的系统中可能没有这样设计。

4.2 磁场背景噪声级的测量

4.2.1 测量方法

测量磁噪声级时应采用具有A计权网络的测试设备。测量值以磁场强度短时间平均（平均时间0.125 s）均方根值的最大值表示。磁场强度使用磁轴处于垂直位置的拾音线圈进行测量（除非另有规定，见6.1）。测量值应采用相对于基准磁场强度级的分贝表示（见3.1）。

测量时应关闭感应回路系统。磁场背景噪声级应在有效磁场空间中足够多的点上进行测量。测量点的选择可随机分布，但应考虑到使用者的高度范围（一般，对于坐姿的聆听者测量高度为1.2 m，对于站立的聆听者测量高度为1.7 m）、具体座位的要求、场所的布局以及金属材料和干扰信号可能带来的影响。

注：一种有用的方法是在测量之前聆听一下背景噪声，对噪声的频谱以及噪声对聆听者的影响形成一个主观印象。

4.2.2 推荐的最大磁噪声级

为简明起见，本部分中将基准磁场强度级与A计权磁场背景噪声级之差称为“参考信噪比”。在理想条件下，参考信噪比宜大于47 dB。在语言的欣赏价值非常重要且声学背景噪声级很低的影剧院及类似场所，这个值是合适的。这样低的磁噪声（声学噪声见注2）也许很少存在。在某些以交流而不是欣赏为主要目的的场所，较高的磁场背景噪声是可以接受的。但也应考虑到高磁场背景噪声级会引起疲劳感，因此，只有在交流持续时间较短且必要的情况下方可接受。在评估助听器使用者从回路系统获得的整体收益是否优于不使用回路系统，或使用一种需要特殊接收装置的替代技术时（如红外线或无线电），应考虑干扰信号带来的实际听觉影响。

注1：如果使用这样的系统，只能与耳机配合使用，因为磁场背景噪声会由拨到T挡的助听器拾取，这在使用颈部回路线圈时是必要的。耳机比较适合助听器使用者。

如果磁噪声没有显著的令人不快的声调特性或主要集中在低频，则较高的干扰信号级是可以接受的。例如，参考信噪比低至22 dB或许是允许的。如果实际信噪比低于32 dB，应报告并应给出补救措施。

注2：助听器使用者所在位置同时暴露于声学噪声和磁场噪声之中，没有必要要求磁噪声级远低于助听器使用者感知到的声学噪声级。

5 测试信号

5.1 概述

可以使用几种不同类型的测试信号，建立和测量频带中心频率值（在不确定情况下，以1 kHz作为全部倍频程中心频率的平均值）以及磁场强度频率响应。然而，有一些信号并不适合于此类用途，合适的信号取决于系统放大器的幅度特性（见6.2）。除非认为使用其他信号是合理的，应使用放大器生产厂家规定的测试信号。

5.2 语言信号

5.2.1 实际语言信号

实际语言信号仅适合于用作感应回路系统操作的最终验证时使用的测试信号，然而实际语言信号是对回路系统进行主观评估的必要元素。

5.2.2 录音语言材料

在有控制的条件下录制并经过主观和客观评估的语言信号可以用于测试。见 B.2.1。

5.2.3 模拟语言材料

模拟或合成的语言材料包含其幅度、频率成分和时域特性等语言特征，但没有可识别的清晰度。ITU-T P.50 附带一张 CD，包含了合成语言的标准形式，可用作客观测量。见 B.2.2。

5.3 粉红噪声信号

粉红噪声信号应具有有限带宽，峰-峰值电压(使用示波器测量)与真均方根电压之比为(18±2)dB(峰值因数=4)，1/3 倍频程频谱从 100 Hz～5 kHz 平坦，波动在±1 dB 以内。

带宽的限制应使用至少 3 阶巴特沃斯高通和低通滤波器，在 75 Hz 和 6.5 kHz 的频响为－3 dB。见 B.2.3。

注 1：上述限制确保测试信号以类似于正常语言声的方式刺激系统。

注 2：±1 dB 的容差是必要的，因为 3 阶巴特沃斯滤波器规定的理论频率响应在 100 Hz 处为－0.8 dB，5 kHz 处为－0.7 dB，部件的容差会影响准确值。在使用粉红噪声测量频率响应的方法中需要考虑这种影响。

5.4 正弦信号

正弦信号宜至少提供 100 Hz、1 kHz 和 5 kHz 3 个频率(一次一个频率)，在 20 kHz 的带宽范围内总谐波失真小于 2%。输出电压应在 0 mV～10 mV 范围内和 0 V～10 V 范围内可调(以适应传声器和线路电平测试)。输出信号源阻抗不大于 600 Ω。

如果放大器的幅度特性(见 6.2)包含输入信号电压范围，在此范围内输出电流与输入电压成正比，则正弦信号可用于 6.6 规定的测试。具有自动增益控制的放大器一般都能够满足这个动态范围。有增益扩展或更复杂信号处理的放大器一般不能满足测试要求，1 kHz 正弦信号产生的幅度特性和场强除外(见 5.2)。

6 特性的规定、测量方法和要求

6.1 概述

系统(有些系统使用的放大器是单独生产的)的生产厂家宜详细说明与特定安装无关的特性值。安装者应测量与安装有关的特性值并将测量结果提交系统使用者以备日后参考。

除非由于特定情况的特殊要求，应采用将拾音线圈的磁轴处于垂直方向的接收器进行测量。这些特殊的地点可能是指人们需要跪拜、俯伏或仰卧的礼拜堂、医院和康复机构等场所。

在这些情况下，应将测量用的接收器放置在适当的方位进行测量。推荐的背景干扰信号级和对磁场强度以及频响的要求与常规的回路系统相同。

语言信号级和环境磁噪声级的变化时间可能是数秒钟甚至数分钟。对此，需要观察足够长的时间才能观察和注意到这种变化。

在测量过程中，感应回路系统应处于正常使用时的工作条件下，其他电源设备如照明等也应调节到感应回路系统正常使用时的状态。

作任何测量之前，至少需要 5 min 预热时间。当改变系统的输入级时，应考虑到 AGC 电路的释放时间，如果有的话，此时间可能为数 10 s。

注：AGC(自动增益控制)不会产生短时间非线性失真，对于在保持短时间线性放大时，使平均信号级恒定的增益变化，和由某些特定的信号处理过程引起的实际传递特性的非线性失真需要加以区别，后者会改变峰值与平均值之比。一般意义上，正常运转的 AGC 系统不是短时间非线性。

可选择使用不同信号的测量方法,测量时只需采用一种方法,如有必要,则需要给出不同方法测得的结果。

6.2 系统(或放大器)的幅度特性

6.2.1 特性的规定

对于放大器的每个输入,在输入电压的有效范围内(从噪声电平到出现过载点),测试系统(或放大器)输出电流与输入电压之间的关系。

注:宜首先考虑此特性,因为其决定了后续的测试以怎样的方式进行。

6.2.2 使用语言信号的测量方法

此种信号不适用。

6.2.3 使用粉红噪声的测量方法

此种信号不适用。

6.2.4 在具有自动增益控制的系统中使用正弦信号的测量方法

将放大器连接到感应回路或具有适当阻抗和电感的替代负载上。使用电流探针、电流变换器或串联一个阻值很低的电阻器测量输出电流。

注1:如果使用串联电阻器,必须注意,电阻两端可能都不是信号的常规电压。

注2:建议在使用替代负载时,所用的任何电感器件均为空心线圈,以避免可能产生的任何饱和效应。

如果系统提供了电流控制器件,则在测量过程中应将回路电流调至低档,以避免在放大器的输出级产生过载。使用足以使任何 AGC 电路(如果提供)启动或能够在输出级产生几乎最大额定电流(例如,输出电平低于生产厂家提供的最大额定电流 1 dB)的 1 kHz 正弦输入信号。

逐档递减输入信号,每递减一档,记录输入电压和输出电流,将结果用线性刻度,以 dB 为单位作图或用表格表示。

6.2.5 其他测量方法

未用。

6.2.6 要求

无。

注:因为性能要求不在本部分范围之内,所以未作规定。但强力推荐放大器应具有至少在 32 dB 的输入范围内最大输出电平变化为 3 dB 的自动增益控制。总谐波失真加上此范围内输出电流的噪声不宜超过 5%。

6.3 磁场强度

6.3.1 特性的规定

在有效磁场空间内(见 6.7),至少在一个点上使用磁轴处于垂直位置的拾音线圈(除非另有规定,见 6.1)测量由系统产生的磁场强度短时间平均(平均时间 0.125 s)均方根值的最大值。

6.3.1~6.3.5 给出的测量方法,是基于在 AGC 级之后使用有“回路驱动”增益控制的放大器,而且只是为了说明放大器能够产生所要求的磁场强度。如果系统没有此控制装置,则应遵守生产厂家提供的产品说明。为确定整个系统能够由传声器和任何其他信号源产生所要求的磁场强度,6.4 所述的步骤是必需的。

6.3.2 使用模拟语言信号的测量方法

用 5.2.3 规定的模拟语言信号馈给放大器,按照生产厂家的产品说明调节其控制器,使之满足 6.3.6 规定的要求。

6.3.3 使用粉红噪声信号的测量方法

用 5.3 规定的粉红噪声信号馈给放大器,按照生产厂家的产品说明调节其控制器,使之满足 6.3.6 规定的要求。

6.3.4 使用正弦信号的测量方法

用 1 kHz 正弦信号馈给放大器,按照生产厂家的产品说明调节其控制器,使之满足 6.3.6 规定的要求。

注：生产厂家可任意规定最长测量时间，只要在足够长的测量时间内放大器不致产生过热的情况即可。

6.3.5 其他测量方法

未用。

6.3.6 要求

使用平均时间为0.125 s的真均方根值表测得的短时间平均磁场强度最大值应为400 mA/m。但由于大多数放大器均采用峰值检波AGC，该值一般只适于使用正弦信号作为测试信号的情况。对于其他信号要使用一个校正因子，但由于校正因子的精确值取决于AGC电路的特性，只能由放大器的生产厂家自行规定。

就本部分的实际应用而言，可使用一种峰值节目表测量磁场强度。除使用正弦信号测量外，用峰值节目表测得的值有赖于系统放大器的AGC以及其他相关特性。如果生产厂家推荐使用峰值节目表，还须说明使用规定的测试信号测得的场强值。

生产厂家应说明，当放大器设置在工作状态，由正弦信号充分启动AGC电路，使用平均时间为0.125 s的真均方根值表测得的磁场强度值为400 mA/m时，用规定的测试信号也充分启动AGC电路所测得的场强值。见C.4。

表1给出了不同测试信号产生的典型场强值。使用峰值检波AGC的放大器时，用1 kHz正弦信号产生的磁场强度为400 mA/m。使用非峰值检波AGC的放大器测得的结果与表中的值差异很小，可忽略不计。

表1 使用峰值检波AGC的放大器用不同测试信号产生的典型磁场强度

测试信号	磁场强度 mA/m	级(基准值:400 mA/m) dB
正弦信号(1 kHz)	400	0
粉红噪声(见5.3)	200	−6
ITU-T模拟语言声，男声	225	−5
ITU-T模拟语言声，女声	250	−4

由于平均时间较短，粉红噪声、模拟(或实际)语言声所产生的强度在测量仪器上的读数会有波动。因此，测量时间应持续大约60 s读取最大值(见B.3.1.3)。如果测量仪器具有0.125 s平均时间峰值保持功能，应优先使用。

注：噪声和语言信号的自然属性会出现大大超过0.125 s均方根值的短时程峰值，并可能引起信号电流的削峰。除非很严重，这种削峰已被证实对语言可懂度没有显著影响，见参考文献[15]。

6.4 建立(试运行)系统

6.4.1 步骤

试运行步骤，应包括在相对于系统传声器的正常使用位置上的声源(如讲话人等)和其他声源(如CD播放器)的测试。还应检查放大器的控制器等，是否设置在能够达到6.4.2规定的磁场强度的位置。如果放大器有AGC前级增益控制，并且AGC指示器在工作状态，则应将增益控制调到足够大，使之能够达到生产厂家规定的示值。

在系统第一次安装调试或经过较大的变动之后，最好请几位助听器使用者来实际检验一下主观使用效果与测试结果是否一致。在实际检验时，必须让助听器使用者正确操作他们的助听器，并保证他们能够真正理解必须聆听的内容。

参加实验的人员满足E.5之规定，使用正常系统检测用的接收器。

注：有些助听器使用者会将他们的音量调得很高，这会使一些老式助听器在场强还很小的时候就达到饱和。而在有经验的助听器使用者之间有明显差异时，需要检查他们助听器的设置。

6.4.2 要求

使用平均时间为 0.125 s 的均方根值表测得由语言信号得到的短时间平均磁场强度最大值一般应为 400 mA/m，如果助听器使用者称声音过大，则可适当调低。

注 1：400 mA/m 的要求可从 GB/T 25102.1—2010 推算出来，该条假设一般交谈的声压级为 70 dB SPL。但是许多学者报道该值为 65 dB～67 dB SPL，而不是 70 dB SPL。这说明，在一些环境下场强最多低于 400 mA/m 5 dB(即 225 mA/m)，对于助听器使用者来说更合适。低于 225 mA/m 的场强容易导致信噪比不足(同时考虑磁噪声和声学噪声)。

注 2：因为场强会因地而异，在某些地点按 6.3.1 之规定测得的值理应相等，而在另一些地点则会偏高或偏低。主观响度还取决于助听器控制器音量的设置，这不是生产厂家或装配者能够控制的。因此，当公认需要改变场强值时，就不能强制规定一个场强值。

6.5 系统产生的磁噪声级

6.5.1 特性的规定

在所有信号输入都是静噪的情况下，使用磁轴处于垂直位置的拾音线圈(除非另有规定，见 6.1)测量由背景磁场环境和放大器噪声产生的磁场强度。

6.5.2 使用语言信号的测量方法

不适用。

6.5.3 使用粉红噪声的测量方法

不适用。

6.5.4 使用正弦信号的测量方法

不适用。

6.5.5 其他测量方法

在系统开启，但所有信号输入都是静噪的情况下，应按照 4.2.1 之规定，使用 A 计权在有效磁场空间内足够多的点上测量磁场强度。

6.5.6 要求

如果按照 4.4.2 之规定测得的参考信噪比大于 47 dB，系统开启时，任意一点的磁场强度级不应超过背景噪声级 3 dB。如果参考信噪比小于 47 dB，则系统开启时，任意一点的磁场强度级不应超过系统关闭时的磁场强度级。

6.6 磁场的频率响应

6.6.1 特性的规定

使用磁轴处于垂直位置的拾音线圈(除非另有规定，见 6.1)测量磁场强度频率响应。

6.6.2 使用模拟语言信号的测量方法

a) 将 5.2.3 规定的模拟语言信号馈入放大器，在此状态下，按照生产厂家提供的操作说明调节控制器，测量频率响应(见 C.4)。
b) 测量信号源的 1/3 倍频程频谱。
c) 在有效磁场空间内足够多的点上测量磁场的 1/3 倍频程频谱。
d) 从 c)测得的结果减去 b)测得的结果，使最终结果与信号源的频谱无关。

6.6.3 使用粉红噪声的测量方法

a) 将 5.3 规定的粉红噪声信号馈入放大器，在此状态下，按照生产厂家提供的操作说明调节控制器，测量频率响应(见 C.4)。
b) 按 1/3 倍频程测量信号源的频谱。
c) 在有效磁场空间内足够多的点上测量磁场的 1/3 倍频程频谱。
d) 从 c)测得的结果减去 b)测得的结果，使最终结果与信号源的频谱无关。

在有效磁场空间内(见 6.7)足够多的点上，至少应使用 1/3 倍频程中心频率为 100 Hz、1 kHz 和

5 kHz的信号进行频响测量。最好对有效磁场空间内不同点上的频响差异进行分析。初始测试频率建议使用中心频率为5 kHz的1/3倍频程信号。这是为了鉴别由于导电金属结构造成的假性损失。

6.6.4 使用正弦信号的测量方法

a) 将5.4规定的正弦信号馈入放大器,在此状态下,按照生产厂家提供的操作说明调节控制器(见C.4),按照生产厂家或6.2之规定,使放大器工作在AGC阈值以下。

注1:生产厂家可任意规定使用1 kHz信号测量时的磁场强度。

注2:此方法对于任何输入信号级的输入电压与输出电流之间无线性关系的放大器不适用,见C.4。

b) 测量产生的磁场强度。

c) 在有效磁场空间内(见6.7)足够多的点上,至少应使用100 Hz、1 kHz和5 kHz的信号进行测量。最好对有效磁场空间内不同点上的频响差异进行分析。初始测试频率建议用5 kHz。这是为了鉴别由于导电金属结构造成的假性损失。

6.6.5 其他测量方法

不适用。

6.6.6 要求

从100 Hz～5 kHz,相对于1 kHz的频响应在±3 dB范围内。

6.7 有效磁场空间

6.7.1 特性的规定

应满足所推荐的在有效磁场空间内的各项要求或符合4.2.2,6.3.6,6.5.6和6.6.6之规定。

6.7.2 测量方法

见4.2.1,6.3,6.5和6.6。应在预定或要求的有效磁场空间内足够多的点上进行测量。测量点的选择可随机分布,但应考虑使用者高度范围(例如,距地面1 m～2 m的高度)、具体位置的要求和系统安装地点的布局及金属材料和干扰信号可能带来的影响。一般,对于坐姿的聆听者测量高度应为1.2 m,对于站立的聆听者测量高度应为1.7 m。

6.7.3 要求

测得的场强级应在按6.3.6规定使用的测试仪器和信号测得的场强级±3 dB以内。

附 录 A
（资料性附录）
小回路系统

A.1 引言

在专用的环境中，经常需要给助听器使用者提供感应回路信号。通常分为三大类：

A.2 体佩式音频系统

体佩式系统通常用“颈部回路线圈”，就像戴在颈部的项链一样的多圈小回路。这些回路通常由激励标准耳机的音频设备输出端驱动，也可以连接到手机或移动电话上。助听器内拾音线圈的位置通常容易控制，从而，在聆听空间中测量性能的位置就很容易确定。本部分规定的性能通常应达到。

A.3 小范围回路系统规定的装置，主要在家庭内

通常在家庭环境中，小回路系统可以是颈部回路线圈、特制的坐垫或内置回路的座椅。在这种情况下，回路通常由一种小功率放大器驱动。对于特制坐垫和座椅回路，允许限度应在聆听者的头部位置，此位置可能会受到聆听者实际高度的影响。本部分规定的性能通常应达到。有时，由于使用者的助听器所占据空间的限制，磁场强度不一定能满足要求。

A.4 特定交流场所如求助、咨询处、售票处和银行柜台等

在许多复杂的场所通常都设有咨询处或类似的设施。聆听空间一般很难界定，因为装置需要安装在聆听者头部的高度，儿童为 1 m，轮椅使用者为 1.2 m，个高的人则接近 2 m。在水平方向，可能会明显偏离最佳位置。而在这种场合，会容易发现有大量金属。

这会给系统获得好的性能造成困难，因而，应了解对背景噪声（多由电脑产生）的要求和所使用的信号强度及频率响应。必要时，对磁场强度的要求可能需要修改，但可能被使用者的助听器所占用的空间总变化不应超过 9 dB。见附录 E。

附 录 B
(资料性附录)
测 量 设 备

B.1 引言

为满足标准的基本要求,确保感应回路系统设计、安装和调试的准确,有必要推荐对技术要求尽量简单的测量设备。如果使用昂贵的设备,许多装置的性能未必能被测量。如果没有遵循这一点,需要说明推荐的理由。

B.2 信号源

B.2.1 实用语言信号

推荐的信号源是将语言信号录制在CD、MD或数字录音带上。见参考文献[12]和[13]。

可以使用另外规定的信号源,但需要注意,用不同语言信号测得的结果可能会有明显差异。

如使用录制好的语言信号,宜使用合适的设备播放,输出电平范围宜设置在0 mV~10 mV和0 V~1 V,输出阻抗不宜大于1 000 Ω。

如果用当地语言声源,宜测试几种不同语言样本,以确保扬声器间的差异不会使测量无效。

B.2.2 模拟语言材料

推荐的信号源是:

——见参考文献[12];

——作为ITU-T P.50标准的补充,录制在CD上的语言信号宜用男声。

录制的材料宜使用合适的设备播放,输出电平范围宜设置在0 mV~10 mV和0 V~1 V,输出阻抗不宜大于600 Ω。

B.2.3 粉红噪声信号

粉红噪声信号峰—峰值(用示波器测量)均方根电压比宜至少为8,并在100 Hz~5 kHz频率范围1/3倍频程频谱偏差在±1 dB以内,50 Hz和6.5 kHz带限宜在−3 dB以下。输出电压范围宜设置在0 mV~10 mV和0 V~1 V,输出阻抗不宜大于600 Ω。

注:带通滤波器宜至少为三阶,这种有源滤波器要求有一个运算放大器。规定带限是为了使信号与AGC系统相互配合类似语言声。

B.2.4 正弦信号

见5.4。

B.3 磁场强度计

B.3.1 一般推荐

B.3.1.1 磁感应拾音线圈

截面积宜小于100 mm^2。线圈的轴长宜大于平均直径。宜清楚地标识它在助听器中的位置及其最大灵敏度的方向。

B.3.1.2 频率响应

强度计在50 Hz~10 kHz频率范围内,频率响应偏差应不大于±1 dB,在此范围外,下降速率至少每倍频程6 dB。此外,按4.2.1和6.5.5之规定进行测量,要求使用A-计权响应。A-计权模式在100 Hz~5 kHz频率范围内,宜满足GB/T 3785.1规定的2级声级计的要求。

B.3.1.3 量程和指示

为了提高分辨率，量程可分为两级或更多的次级量程，宜完全覆盖－62 dB～＋8 dB(基准值：400 mA/m)。但对许多用途，－52 dB～＋8 dB的范围就足够了，这可使用实用性广且低廉的显示驱动装置得到。对于所推荐的两种类型的强度计，量程范围和指示器刻度是以正弦信号的均方根值为基准值。在－3 dB到＋6 dB(基准值:400 mA/m)的强度级范围，分辨率应为±1 dB或更好。在1 kHz的正弦磁场，以400 mA/m均方根值强度对强度计进行校准时，其读数宜为0 dB。

指示可用移动拾音线圈测量仪、发光二极管点或线条显示或由发光二极管或负载补偿二极管数字显示。可提供“峰值保持”显示，这样测量的“峰值保持值”可能比60 s平均值(见6.3.6)高约2 dB。为调节灵敏度，可提供预调控制器(见附录E和F)。

B.3.1.4 外部连接

为连接耳机和其他测量设备，如频谱分析仪，宜提供一个或多个输出连接。对于耳机，输出宜符合IEC 61938的有关要求，但也参考第E.5章。对于外部测量设备，在最大电平显示时，输出约为均方根值1 V通常是合适的。输出阻抗不宜大于600 Ω。连接一个符合强度计要求的负载，不宜引起测量结果超过0.2 dB的变化。

B.3.2 峰值节目表(PPM)类型

峰值节目表可能是特殊设计的仪器，宜连接一个全波峰值整流器，给出类似于GB/T 17182规定的Ⅱ型仪器的动态特性。

注：由GB/T 17182得到的峰值节目表动态特性的简单技术要求是：

- 在5 kHz,10 ms短纯音产生的读数，宜低于5 kHz连续正弦信号产生的读数(－2±1)dB。
- 在1 kHz,从正弦信号产生0 dB读数下降到－20 dB的时间应为(2.3±0.5)s。如果指示器不是一个移动拾音线圈测量仪，可由测量设备内部适当电压的时间变化来确定。

B.3.3 真均方根表类型

真均方根值表可能是特殊设计的仪器，或是用感应拾音线圈代替传声器的声级计。在非计权测量模式下，加一个均衡器使之产生基本平坦的频率响应。此表必须与真均方根整流器组合，并符合GB/T 3785.1中2级声级计的有关要求，B.3.1.2之规定除外。

B.4 磁场强度计的校准器

校准器的腔体内宜足以容纳所用仪器的整个拾音线圈，在1 kHz频率应产生均方根值为400 mA/m的磁场强度。宜提供100 Hz和5 kHz的附加频率，以便检验这些频率的频响。还可参见附录F。

B.5 频谱分析仪

频谱分析仪至少在100 Hz～5 kHz频率范围内，宜提供1/3倍频程的频谱分析。滤波器特性应符合GB/T 3241之规定。

当频谱分析仪是场强计的一部分时，仅需提供中心频率为100 Hz、1 kHz和5 kHz的滤波器。当评估由于金属带来的损失时，附加的滤波器能对系统性能进行更好的分析。

附 录 C
（资料性附录）
信息保障

C.1 概述

以下要求是为了给系统终端使用者、设备安装和/或操作人员，以及设备生产商提供足够的信息，使感应回路系统的工作能符合本部分的要求。

安装者宜至少提供以下信息：

C.2 提供给助听器使用者的信息

在靠近入口或多个入口处的显著位置宜设有标志，提示安装有感应回路系统。标志应使用耐用材料并足够大，使其容易阅读。图 C.1 给出一个标志的样式。宜使用同样的符号指示电话机手柄上有感应耦合装置。

指示有效磁场空间的平面图，宜置于上述标志的旁边或将两者合并在一起。

要求提供负责回路系统专业操作人员的姓名或职务及联系方式。

对小区域感应回路系统，例如窗口柜台，标志宜置于助听器使用者容易看到的显著位置。

有关如何使用感应回路系统的详细说明，宜便于助听器使用者索取。

图 C.1 图示符号 10：电感耦合[1)]

C.3 提供给负责系统安装及操作人员的信息

宜提供以下信息：

- C.4 中给出的放大器和辅助设备的说明；
- 6.4.2 中述及的磁场强度的设置(包括注释)；
- 在规定的磁场空间内，提供所需磁场强度的控制器位置的设置；
- 为确保系统每天持续工作，提供监控磁场强度的方法；
- 提供传声器的合适位置，信号要求的外部回放设备和适当的控制器设置。以确保在正常工作条件下产生规定的磁场；
- 提供在安装回路系统的范围内使用的其他电器设备的影响。

1) 取自 ETSI TR 101 767，人的指标：为聋人和听力困难的人鉴别电信设备的符号。

C.4 由放大器生产厂家提供的信息

宜提供以下信息：

- 放大器的预期作用；
- 供使用者用的控制器和指示器的各种功能；
- 最大均方根输出电流；
- 此电流的最大均方根输出电压；
- 每种输入的灵敏度和阻抗；
- 按 6.3.6 叙述的测试方法获得的磁场强度；
- 测试频率响应的条件(见 6.6)；
- 按照 6.2 测量的 AGC 特性(如果有)；
- 适当类型的外部设备，如传声器和重放设备。

附　录　D
（资料性附录）
语言信号的测量

在本部分之前的版本中提到语言信号的"长时间平均值"作为基准值。然而，用具有不同平均时间的真均方根值表所示的语言信号测量，这种"长时间平均值"未能被正规定义。

平均时间 s	最大读数时的相对值 dB
0.5	0
1.5	−1
5	−2
15	−5

此外，为在参考点获得 100 mA/m 的"长时间平均值"，具有长时间平均的测量表不能实际用于设置系统的增益控制。即使有 15 s 的平均时间，也许是困难而不准确的。有三方面原因：

- 在这种时间常数的电路中，为了使电压稳定在新的输入级，每次调整后至少需要等待 3 个时间常数，即 45 s。（如果用这种仪表测量粉红噪声信号，可能会见到这种现象。）
- 即使在 15 s 的平均时间，仪表的读数也是不稳定的，这就要在估计一个"平均"读数或读取某一时段（但未规定且未记录）的最大值中作选择。
- 为了复现没有不适宜幅度失真的语言信号，这种测量不能确定感应回路系统是否能产生所需要的较高的磁场强度。

用 0.125 s 时间常数，读数会时刻变化，在这种情况下，使用者还要用某些主观平均值。

另一方面，峰值节目表的设计，可使操作者不致过度疲劳而能获得最大值的可靠读数。大量试验表明，当典型语言信号短时间平均（平均时间 0.125 s）均方根磁场强度为 400 mA/m 时，GB/T 17182 规定的对正弦信号以均方根值刻度的 2 型峰值节目场强表，读数是 560 mA/m。就信号级而言，以使用不压缩（与自动增益控制不同）或适当压缩的方法建立的感应回路系统实际上是最好的。对增益控制设置的变化，仪表能立即作出反应。如在峰值测量过程中放大器过载，这时会显示达到 560 mA/m 失败。

附 录 E
(资料性附录)
基本理论和音频感应回路系统的实际应用

E.1 感应回路及其磁场的特性

一个基本的感应回路,是由携带音频电流的导线环绕出需要接收的区域。在回路中,电流流过回路导线产生磁场,磁场强度以安培每米表示。一个给定的电流所生成的磁场强度,在回路内和回路外都因位置不同而有很大的不同。此类回路会在规定的区域之外产生一些可检测的磁场,而尺寸的限制可能会对此类回路的设计有较大影响。现在已经有减少信号溢出接收区域以及用于覆盖更大区域的技术方法。见参考文献[14]。

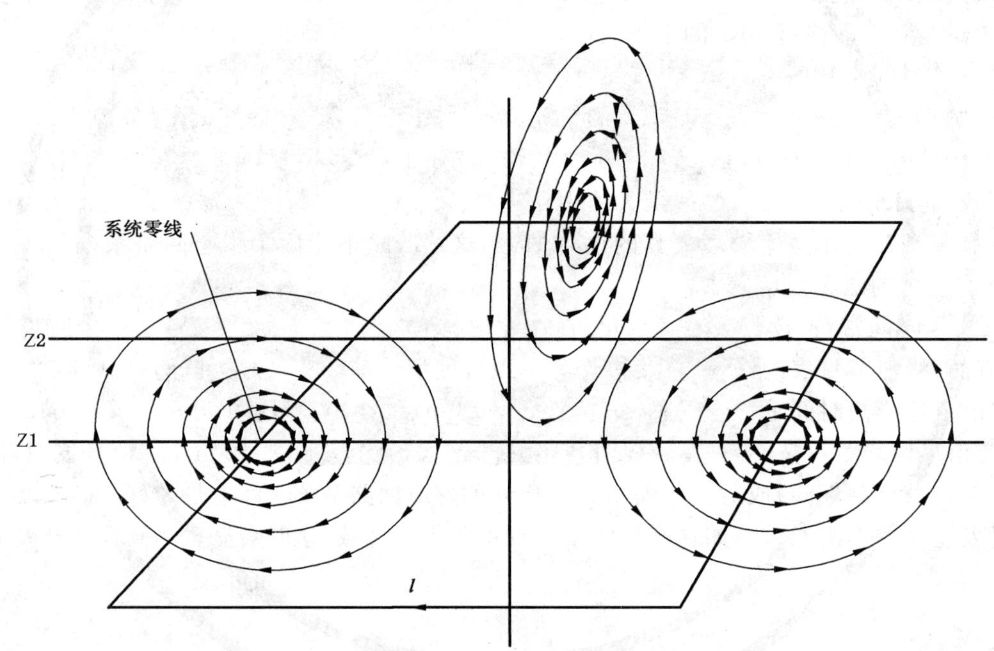

图 E.1 回路透视图,显示场强矢量路径

图 E.1 所示为一回路及其磁场矢量图。这些矢量的方向沿着环线方向而变,由垂直和水平分量构成。在空间分布上,磁场强度的变化很大(见图 E.3)。在回路平面内沿直线 Z1 方向上的场强在接近导线处达到最大值。脱离回路平面(例如图中所示直线 Z2 的位置),可获得较好的场强分布。标有"系统零线"字样的线上诸点磁场垂直分量为零,这些点的走向是随着接收(聆听)位置逐步高于回路平面而向环路周边之外伸展。

图 E.2 中,聆听点高度位于回路宽度的 12% 处(见下文)。实际上在环线正上方没有垂直的磁场,同时在回路中轴线上也没有水平分量。当空间位置改变时,垂直磁场与水平磁场的变化大不相同。如图 E.3 所示,详见参考文献[10]、[11]。

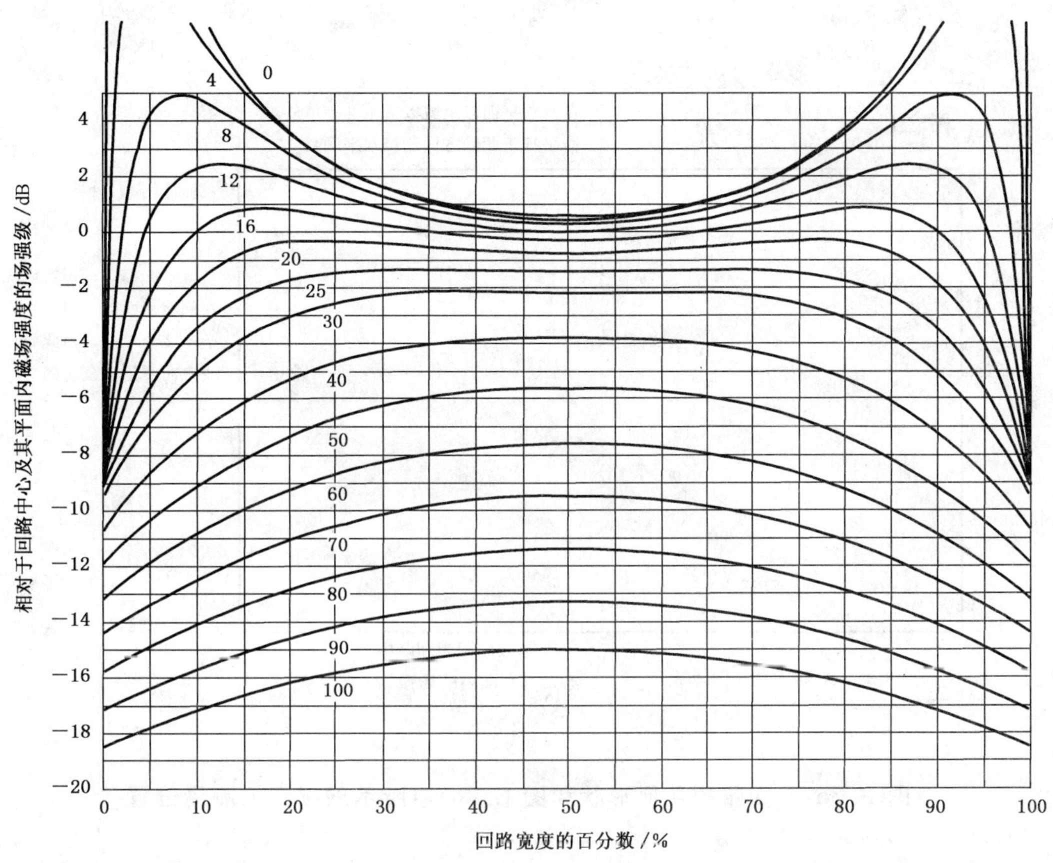

注：曲线上标明了回路平面以上(或以下)的位置高度，以回路宽度的百分数表示。

图 E.2　由矩形回路中电流产生的垂直磁场强度随位置变化，以到回路平面的垂直距离为参数

对于大多数音频感应回路系统，聆听者都是站立或坐姿，因此助听器内的接收线圈轴通常都是垂直的，这正好可以响应回路磁场的垂直分量。然而，在医院和教堂等地方，接收线圈的轴有时可能是水平的或成某个角度，因此，相关方向上的磁场分量也很重要。边长为 d(m)的单圈正方形回路的几何中心，电流 I(A)产生的垂直磁场强度 H(A/m)为 $H=2\sqrt{2}I(\pi d)$(A/m)，且是垂直的(严格的说，是垂直于回路平面)。对于边长为 d_1 和 d_2 的矩形回路，当 d_1 和 d_2 相差不大时，以$\sqrt{d_1 d_2}$代替上述公式中的 d，公式仍然适用。

对于咨询处等地方，回路系统通常是放置在垂直平面，存在于回路顶部平面和以外的有效垂直分量用来驱动助听器。必须注意，低于回路轴线的聆听位置，会接收不到有用信号。

从曲线图中可以看出，在矩形回路(若长宽比不太大)的投影区域内，最均匀的垂直磁场强度是在与回路平面的距离为回路宽度的 0.12～0.16 倍处获得的。图 E.3 显示了在回路平面范围内，作为聆听位置和高度之函数的磁场垂直分量的分布。对长宽比为 1.5 的矩形回路已作过计算，但对接近正方形到长宽比为 4 的矩形回路变化很小。图 E.3 还表明，距离回路平面较远的聆听位置(或尺寸较小的回路)也可使用，但要以场强损耗为代价。回路的最差位置是在头部高度(建议回路导线从地面到门口上方铺设时应注意这一点)。各条曲线都用回路宽度的百分数标注了到回路的距离，而横轴以回路宽度的百分数给出聆听位置。纵轴刻度表示磁场强度的变化，单位为分贝。

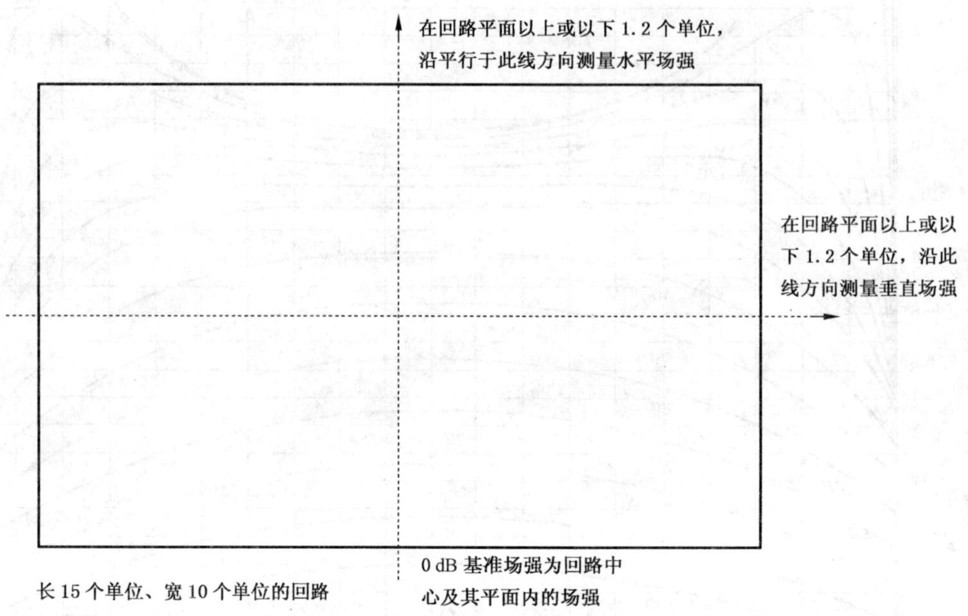

图 E.3a） 回路的几何形状和图 E.3b）中所示磁场图的测量位置

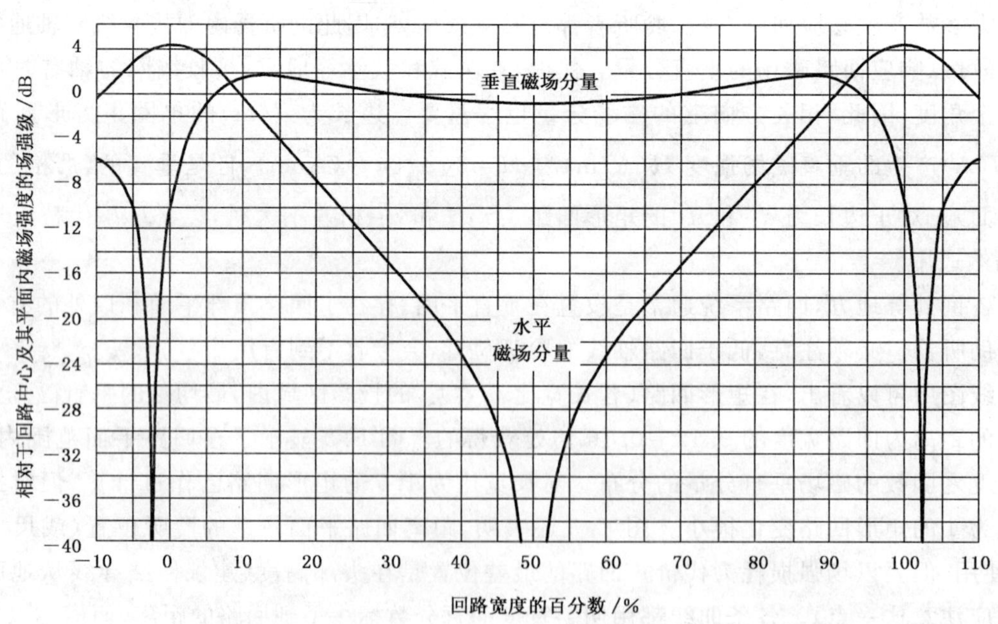

图 E.3b） 在回路平面内，平面以上或以下各点，由水平放置的矩形回路内电流产生的磁场的垂直和水平分量图

E.2 助听器磁感应拾音线圈的指向性响应

当助听器中金属部分对拾音线圈的指向性响应影响很小时，理论响应遵从余弦定理。也就是说，与磁轴成45°角时响应只减少3 dB，偏离磁轴70°角时只减少9.3 dB。见图E.7。

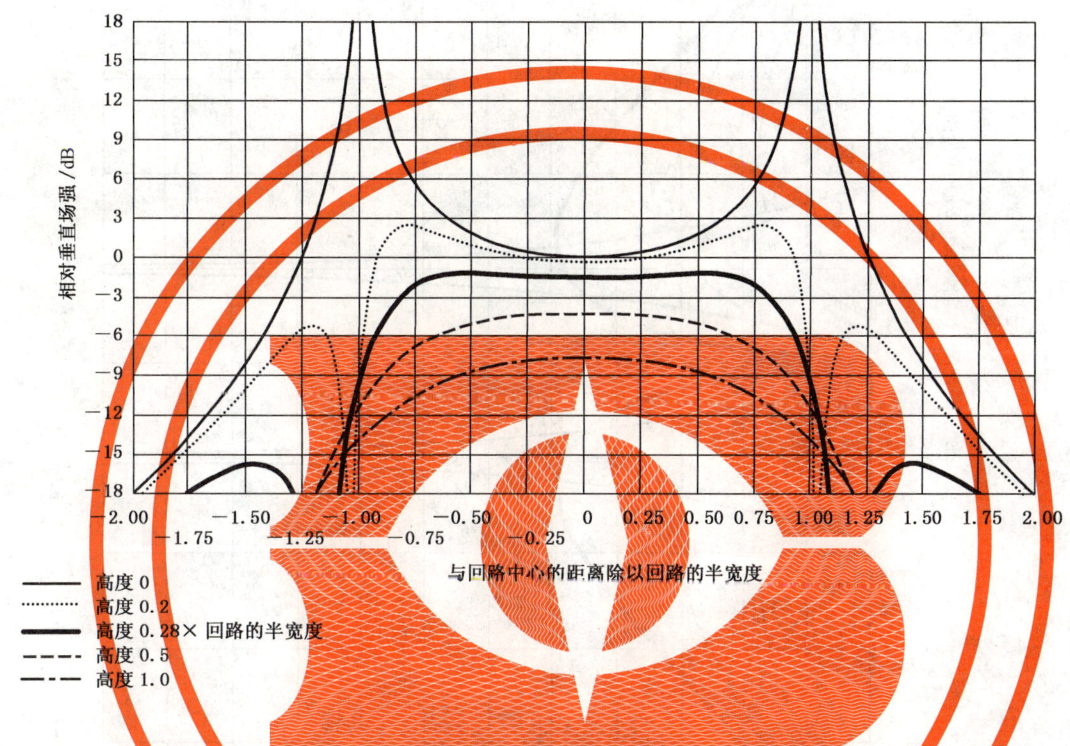

图E.4 水平放置的回路磁场垂直分量分布图

图E.4所示垂直磁场空间变化的面积比图E.2所示的大。在距回路平面较远处，零点会在回路界限之外，且在环路之外的场强足够大，可满足使用或干扰附近的其他回路系统，或两者兼有。

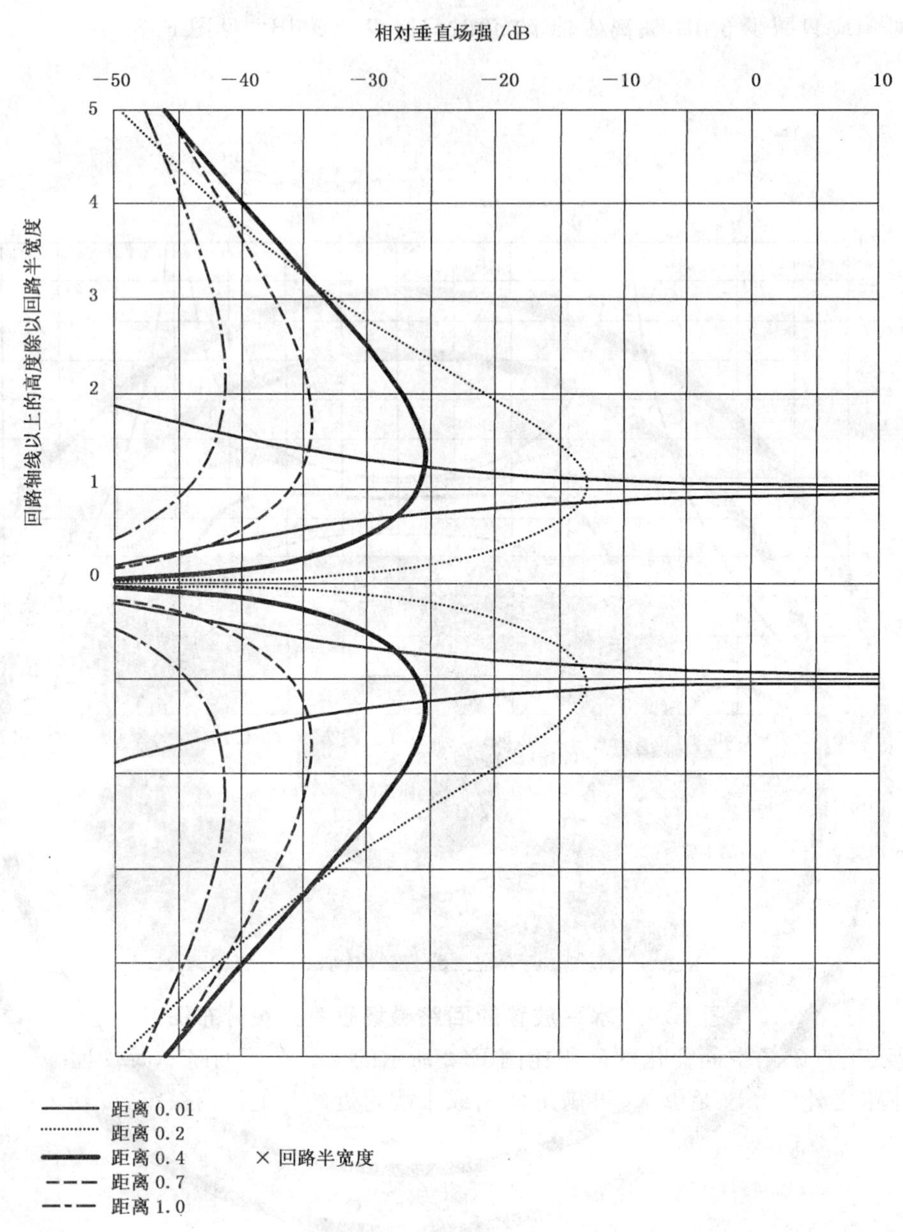

注："距离"指拾音线圈到回路平面的水平距离。

图 E.5 垂直放置的回路磁场垂直分量分布图

图 E.5 所示，由垂直线圈产生的磁场分布图，如用在咨询处的系统(见附录 A)。这些线圈的尺寸宁可小一点，以使其高度所占比例大于房间内水平回路。为了在站立者高度获得足够的场强，在儿童或轮椅使用者高度的场强就必须更高。这就对由系统产生的磁场噪声强度级(见 6.5)提出很高的要求。高场强还可能会使某些助听器功能失准(没有永久损害)。

接近回路水平轴和平面，磁场强度随高度剧烈变化。因此，要求系统使用者不能太靠近回路。

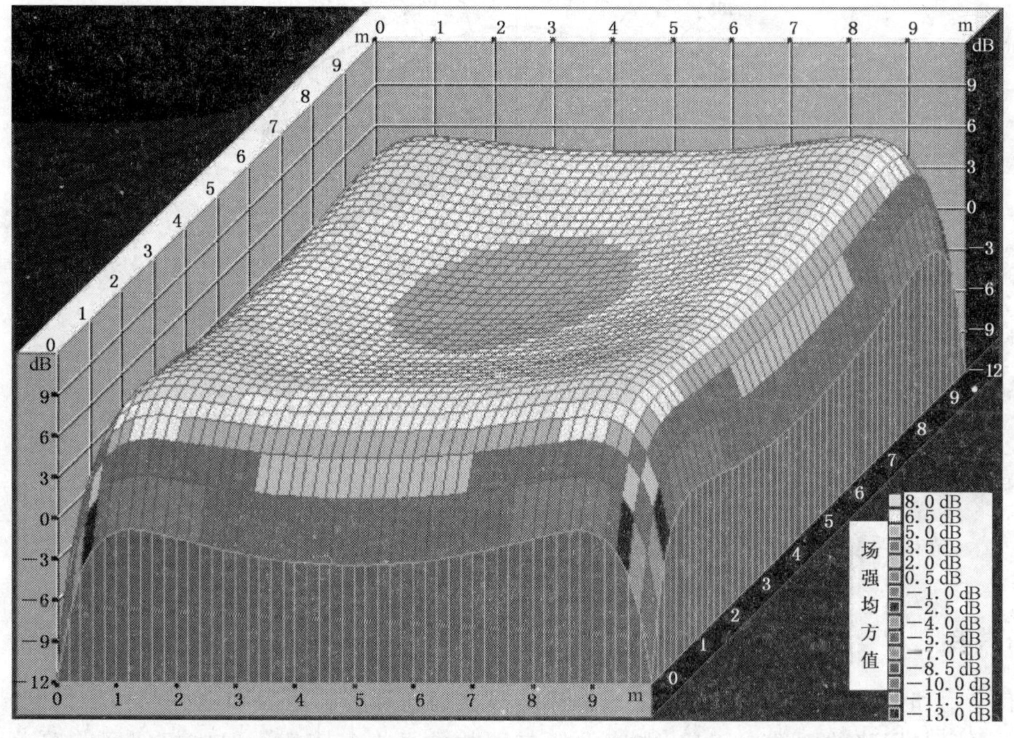

图 E.6 在水平放置的矩形回路平面以上最佳高度处，垂直磁场强度级变化的透视图

图 E.6 所示，一个典型回路系统在回路上方最佳高度的磁场分布透视图。由图中可清晰地看出，从回路中心趋近回路导线，场强随之增加，就在回路边界之外各点，场强急剧下降到零，此处的磁场向量为水平方向。

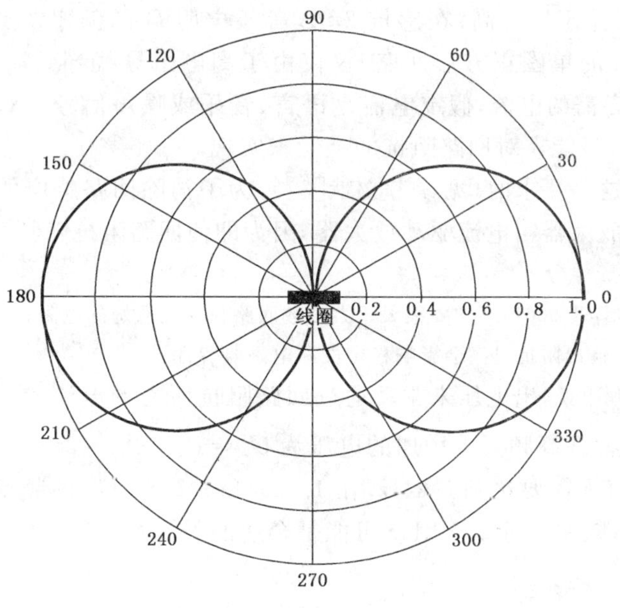

a）助听器磁场拾音线圈的指向性响应—线性幅度刻度

图 E.7 助听器磁场拾音线圈的指向性响应

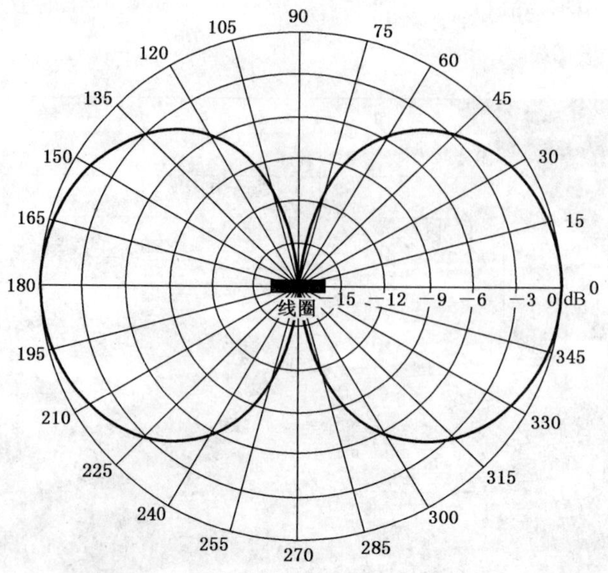

b）助听器磁场拾音线圈的指向性响应—分贝幅度刻度

图 E.7（续）

E.3 回路供电

回路有电阻和电感，对设计而言，二者通常都能很准确地计算。电阻和电感与回路周长成正比，与面积无关。电阻与回路的圈数成正比，电感大约与圈数的平方成正比。但要想使回路覆盖面积大于 1 m^2，如果使用为此应用而设计的现代放大器，单圈一般是最理想的。

已知导线的导电面积为 $a(m^2)$，电阻率为 $\rho(\Omega \cdot m)$，边长为 $d(m)$ 的正方形单圈回路的电阻 $R=4\rho d/a(\Omega)$。

计算单圈回路电感 L 的公式较复杂，但对面积大于 1 m^2，不使用过粗或过细导线的回路，就可以用简单的公式 $L=8d(\mu H)$ 近似计算。内部磁场材料的存在或靠近回路会改变电感。

在高音频，电感会使回路阻抗升高；在感抗 $2\pi fL$ 等于电阻 R 的频率 f 点，阻抗是电阻的 1.4 倍。这表明，对于边长达到 5 m 的单圈正方形回路，仅仅由于高电阻导线导致阻抗明显升高，那么频率在 5 kHz 以上仍能传输回路必需的电流，假定电流是语言、音乐或噪声信号。对于较大的回路，为获得达到 5 kHz 的平坦频率响应，只能靠对回路阻抗的补偿来实现。

当有几种方法可满足这一要求时（见参考文献[3]），为了消除回路感应的影响，通常是使用输出阻抗足够高的放大器。这种放大器叫电流驱动放大器，因为即使回路阻抗随频率变化，它仍能保持回路电流恒定。

注：放大器输出阻抗（见 GB/T 9001）不需要很大。大多数回路只有几欧姆的电阻，一般情况下，输出阻抗是回路电阻的 10 倍就足够了。输出阻抗过高会影响稳定性和电磁兼容性。

放大器必须能产生足够的输出电压来驱动通过回路阻抗所需的电流，在低频电压由 $U=IR$ 得出，这里的 I 和 R 前面已定义。在高频要求增加的电压为 $U_h=I\sqrt{\{R^2+(2\pi fL)^2\}}$。但由于语言频谱能量在高频下降，公式中的 f 值不需要达到 5 kHz，在 1.5 kHz～2.5 kHz 的频率范围通常就能满足要求。如果系统要携载音乐信号，频率接近 2.5 kHz 可能是合适的。

E.4 信号源和电缆

E.4.1 传声器

为减少发送到回路之信号中的混响成分，传声器类型和方位的选择非常重要。通常选用指向性传声器效果较好，另外，包括界面型传声器在内的基本心形指向性传声器的派生产品有时或许也是一种好的选择。原则上，我们希望收集的声音中尽可能少地包含房间混响和环境噪声。这有时要求使用指向性极好的传声器。并不需要昂贵的传声器，但应避免使用需要电池的驻极体类传声器，因为这种传声器需要定期保养。由于灵敏度低和磁反馈的风险，一般不推荐动圈传声器。但是，如果精心设计并使所有传声器及其连线远离回路线圈，此种传声器就能成功地使用。

E.4.2　其他信号源

在某种情况下，使用磁感应拾音线圈的乐器充当有效的感应回路换能器，这会产生使设备损坏的电反馈。因此，需要对与回路系统有关的乐器的摆放位置进行试验。

E.4.3　电缆

需要小心，防止靠近磁场的电缆中由于电流感应引起的故障。见参考文献[16]。

E.5　系统的维护

为了使系统正常运行，应由受过训练的人员在使用前和使用中定期检查。可用一个能够显示(如发光二极管)最小场强为−6 dB和0 dB的便携式接收器进行检查。应由有增益控制的耳机输出。

注：耳机放大器的增益应调到最大，以便在指示器显示0 dB时耳机发出的声音在舒适的聆听级。过度的增益除产生可能有害的声压级之外，还会产生令人厌烦的背景磁噪声级。

没有必要经常维护，但系统部件应定期检查，以保证出现损坏时能尽快修复。

E.6　磁场单位

电流流过一个有限面积的闭合回路，在回路附近产生磁场。对于圆形回路或固定长宽比的矩形回路，磁场强度与电流成正比，与回路周长(非面积)成反比。因此，单位的表达为安培每米(如果是多圈回路，场强要乘以圈数)。

注：将其与静电学的情况相类比有助于思考，两个导电板之间的电压在它们附近产生电场，其强度与电压成正比，与板间距离成反比，单位为伏特每米。

本部分给出表示磁场强度的相关要求。而其他磁场单位也在使用，因此，应恰当地叙述它们之间的关系。用这些单位表达的某些名称已经正式更改(很早之前)，但旧名称仍在使用。

- 磁场强度(之前为“磁动势”)在厘米-克-秒(cm-g-s)制磁系统中用奥斯特(Oe)表示。实际应用中，1 Oe=79.58 A/m。
- 磁感应(之前为“磁通量密度”)；现在用特斯拉(T)表示。与磁场强度的关系式表达为 $B=\mu_0\mu_r H$，式中：μ_0 为自由空间的导磁率($4\pi\times10^{-7}$ H/m)；μ_r 为磁场中存在媒质的相对导磁率。对于感应回路系统，媒质是空气，$\mu_r=1$。因此，1 A/m的磁场强度产生的磁感应为1.256 μT。在厘米-克-秒制磁系统中，磁感应的单位为高斯(Gs)，这个单位现在仍在使用。实际应用中，1 Gs=100 μT。因为在厘米-克-秒制中，$\mu_0=1$，在空气中，79.58 A/m的磁场强度产生1 Gs的磁感应。

E.7　在GB/T 11454—1989和本部分中对磁场强度要求的解释

GB/T 11454—1989提供了对研发音频感应回路系统和建立助听器中感应拾音线圈灵敏度的基本要求。但该标准中某些要求容易产生误解和曲解，在本部分中将对此进行修正。下面列出被认为有误解的条款，并对难解释的条款加以说明。对原版第3章的说明：

3.1　推荐的磁场强度平均值

按照系统使用的语言信号的长时间平均值，在一规定空间内可得到的磁场强度。

3.2　最大磁场强度

按照系统中使用的语言信号短时间平均(相对于平均过程所用的积分时间约0.125 s)的最大值，在一规定空间内可得到的磁场强度。

3.1 中至少有两个问题：

——“推荐”一词提出此特性是磁场强度的唯一或主要的技术要求；

——未定义“长时间平均”。

第二点是非常重要的。根据 3.2 中定义的“最大磁场强度”，语言信号的长时间平均级的变化与短时间平均级的最大值有很大关系。涉及的影响因素包括：

——每个人的说话语调；

——语言的时间特性，如：连续的、会话的、带有修辞的；

——带有感情色彩的。

对于连续的、无感情色彩的语言信号，随平均时间从 0.125 s 开始增加，测量的声级连续下降。平均时间超过 60 s，随平均时间增加的下降率可以忽略，所以这种类型的语言“长时间平均”可称为 $L_{eq,60\ s}$。

实验发现，$L_{eq,0.125\ s}$和 $L_{eq,60\ s}$之间的级差大约是 12 dB。因此，为适应连续的、无感情色彩的语言信号的短时间平均级，系统必须能够产生 3.2 中定义的“最大磁场强度”。此强度要高于长时间平均级 12 dB。

4.1 包括此信息，但不很清楚：

4.1　在规定的磁场范围内推荐的磁场强度平均值

推荐的磁场强度值为：(−20±3)dB(基准值：1 A/m)。

1 000 Hz 正弦输入信号产生的声级与给系统输入的长时间平均语言信号级相等。

注：对于在系统中建立这种推荐的磁场强度，场强的最大值可近似为−8 dB(基准值：1 A/m)。

这一最大磁场强度是根据语言信号的短时间(约 0.125 s)平均值的最大值与长时间平均值之差约为 12 dB 得出的。

磁场强度以 dB 表示(基准值：1 A/m)似乎不够直观；而“100 mA/m”和“400 mA/m”应更容易理解。由于 100 mA/m 的值是“推荐”的，要规定它的容差似乎不可能，尤其是很难用简单的 100 mA/m 表示，尽管用“70 mA/m～140 mA/m”也是一种稍简单的表示。

前面提到 400 mA/m 的场强值，但没有说明系统必定能产生此强度。

原标准中，英文正文最后一段编辑上有误，未能减少由前述正文产生的混淆。应该是：

这一最大磁场强度是根据语言信号级短时间(约 0.125 s)平均的最大值与长时间平均值之差约为 12 dB 得出的。

使用连续语言信号建立 100 mA/m 的磁场强度，并使用 $L_{eq,60\ s}$测量是不现实的，为此，要用 3min 的时间观察改变控制器设置的影响。

其他语言类型如“连续的和无感情色彩的”，表明短时间平均值与长时间平均值的不同比例。但感觉的响度主要与短时间平均值有关，因此，如果所有类型的语言信号都设置相同的短时间平均值，自然会有重复的感觉。

虽然有很多探索容易解释峰值节目表特征读数的见解，但对于 400 mA/m 的磁场强度，使用平均时间为 0.125 s 的表测量是很实用的。这就是在推荐的修订版中采用这些步骤的理由。

用经过校准的峰值节目表读取正弦输入信号的均方根值，在磁场中，对平均时间为 0.125 s 的连续语言信号，峰值表的读数为 400 mA/m，而对较短的平均时间(大约 10 ms)，峰值表的读数为 560 mA/m。遗憾的是相差 3 dB，而这与正弦信号的峰值与均方根值之差毫无关系。

附 录 F
（资料性附录）
磁场强度计的校准

如果传声器的灵敏度受到环境条件的影响，声级计就需要经常校准。对磁场强度计不必经常校准，但校准器还是必需的。下列各种校准线圈均适用：

- 直径为 1 m 或 0.5 m 的可计算回路—大且笨重；
- 直径为 30 cm 的可计算单圈回路；
- 直径为 30 cm 的多圈回路(需要校准，要用一个音频信号发生器来驱动)。

也可使用尺寸相近的正方形线圈。

- 赫姆霍茨线圈(IEC 60268-1)见图 F.1。

这些校准线圈均可用于检验灵敏度和频率响应。

球体中心的磁场强度和线圈电流的关系取决于结构的尺寸。对于已知的尺寸，可用参考文献[10]中给出的公式计算。也可使用适宜的磁场强度计进行测量。

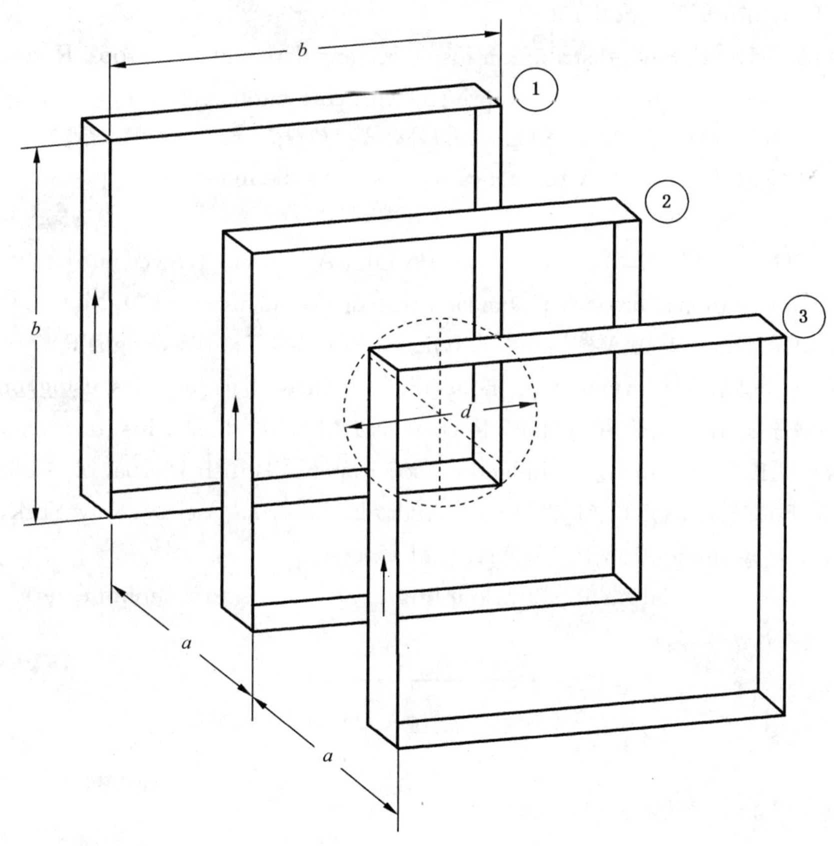

$a=0.375b$

$d=0.5b$

$\frac{n_1}{100}=\frac{n_2}{36}=\frac{n_3}{100}$

n_1、n_2、n_3——分别为线圈 1、2 和 3 的匝数；

d——为内部场强均匀的球体直径。

图 F.1 校准磁场强度计用的三重赫姆霍茨线圈

参 考 文 献

[1] IEC 60118-1:1995,Hearing aids—Part 1:Hearing aids with induction pick-up coil input Amendment 1(1998).

[2] IEC 60268-1,Sound system equipment. Part 1:General.

[3] GB/T 9001 声频放大器测量方法(eqv IEC 60268-3:1983).

[4] GB/T 17182 峰值节目电平表(idt IEC 60268-10:1991).

[5] GB/T 3241 电声学 倍频程和分数倍频程滤波器(idt IEC 61260).

[6] GB/T 3785.1 电声学 声级计 第1部分:规范(idt IEC 61672-1).

[7] IEC 61938,Audio,video and audiovisual systems—Interconnections and matching values—Preferred matching values of analogue signals.

[8] ETSI TR 101 767,Human Factors (HF)—Symbols to identify telecommunications facilities for deaf and hard of hearing people—Development and evaluation.

[9] BS 7594:1993,Code of Practice for audio-frequency induction-loop systems (AFILS), British Standards Institution,London 1993.

[10] DALSGAARD,SC. Field distribution inside rectangular induction loops. Research Laboratory for Technical Audiology,Odense,Denmark 1976 (reprinted with corrections).

注:尽管此处作出的分析仅限于回路以内,但在回路以外公式仍然成立,见下述参考文献[11]。

[11] BARR-HAMILTON,RM. A theoretical approach to the induction loop system. British Journal of Audiology,1978,12,135-139.

[12] Univox CD version 2.4,obtainable from Bo Edin AB,Lidingö,Sweden.

[13] Canford International broadcast standard test discs and tapes (CD,MD and DAT),obtainable from Canford Audio,Crowther Road,Washington,Tyne & Wear,NE380BW,England.

[14] OLOFSSON,Å. Improvement of induction loop field characteristics using multi-loop systems with uncorrelated currents. Technical Audiology Reports,No. 110,Karolinska Institutet,Stockholm,1984.

[15] TRINDER,E. Peak clipping in induction-loop systems. British Journal of Audiology,18,1984.

[16] J. Audio Eng. Soc.,vol 43 (1995 June),Audio Engineering Society,New York,New York,USA.

[17] ITU T Recommendation P. 50,Artificial voices.

[18] ITU T Recommendation P. 370,Coupling hearing aids to telephone sets.

ICS 33.160.10
M 72

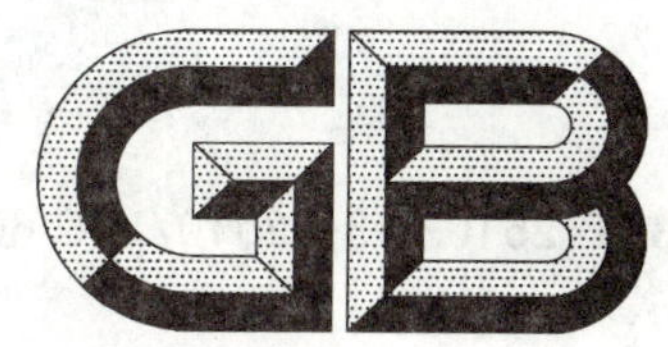

中华人民共和国国家标准

GB/T 25102.13—2010/IEC 60118-13:2004

电声学 助听器 第13部分:电磁兼容(EMC)

Electroacoustics—Hearing aids—
Part 13:Electromagnetic compatibility(EMC)

(IEC 60118-13:2004,IDT)

2010-09-02 发布　　2011-04-01 实施

中华人民共和国国家质量监督检验检疫总局
中国国家标准化管理委员会　发布

前　言

GB/T 25102《电声学　助听器》分为14个部分：

——第0部分：电声特性的测量；

——第1部分：具有感应拾音线圈输入的助听器；

——第2部分：具有自动增益控制电路的助听器；

——第3部分：不完全佩戴在听者身上的助听设备；

——第4部分：助听器用感应回路系统磁场强度；

——第5部分：插入式耳机的乳头状接头；

——第6部分：助听器输入电路的特性；

——第7部分：助听器产品交货时质量检验的性能测量；

——第8部分：模拟实际工作条件下的助听器性能测量方法；

——第9部分：带有骨振器输出的助听器特性测量方法；

——第11部分：助听器及其有关设备的符号与标记；

——第12部分：电连接器系统的尺寸；

——第13部分：电磁兼容(EMC)；

——第14部分：数字接口的规范。

本部分为GB/T 25102的第13部分。

本部分等同采用IEC 60118-13:2004《电声学　助听器　第13部分：电磁兼容(EMC)》(英文版)。

为便于使用，本部分对IEC 60118-13:2004做了下列编辑性修改：

a) 将IEC 60118-13:2004中的前言改为本国前言；

b) 删除“引言”的内容；

c) 用“本部分”代替“本标准”；

d) 用小数点“.”代替“,”；

e) 引用文件“IEC 60118-0”改为“GB/T 25102.100”；

f) 引用文件“IEC 60118-2”改为“GB/T 25102.2”；

g) 引用文件“IEC 61000-4-3”改为“GB/T 17626.3”；

h) 规范性引用文件一章的引导语按照GB/T 1.1—2000中的规定修改；

i) 按照GB/T 1.1—2000的6.2.2中关于范围的起草规定，本部分范围一章中删去原IEC 60118-13范围中关于临近者兼容性和使用者兼容性的具体定义，在定义一章中对临近者兼容性和使用者兼容性给出明确的定义。

本部分的附录A为资料性附录。

本部分由中华人民共和国工业和信息化部提出。

本部分由全国电声学标准化技术委员会归口。

本部分起草单位：中国电子科技集团公司电子第三研究所、信息产业部电信研究院。

本部分主要起草人：何爱英、何桂立。

电声学　助听器
第13部分:电磁兼容(EMC)

1　范围

本部分规定了助听器电磁兼容抗扰度的要求和测量方法。

本部分适用于所有与助听器有关的电磁兼容现象。目前,人们尚未真正了解射频骚扰和静电放电对助听器带来的影响,因此在本部分中未涉及。随着技术的发展,射频骚扰和静电放电将在标准未来的版本或者在对本部分的扩充中予以考虑。助听器对无线电话系统产生的高频电磁场的抗扰度是目前唯一已经被确定的与助听器相关的电磁兼容现象。

对于助听器来说,GB/T 17626.3是电磁兼容测试的基础标准。按使用方式定义了助听器的两种抗扰度等级(见3.1)。

本部分未给出无声信号输出的助听器和通过电缆连接到其他设备上的助听器的测量方法。

2　规范性引用文件

下列文件中的条款通过GB/T 25102的本部分的引用而成为本部分的条款。凡是注日期的引用文件,其随后所有的修改单(不包括勘误的内容)或修订版均不适用于本部分,然而,鼓励根据本部分达成协议的各方研究是否可使用这些文件的最新版本。凡是不注日期的引用文件,其最新版本适用于本部分。

GB/T 25102.100　电声学　助听器　第0部分:电声特性的测量(GB/T 25102.100—2010,IEC 60118-0:1983,MOD)

GB/T 25102.2　电声学　助听器　第2部分:具有自动增益控制电路的助听器(GB/T 25102.2—2010,IEC 60118-2:1983,MOD)

GB/T 17626.3　电磁兼容　试验和测量技术　射频电磁场辐射抗扰度试验(GB/T 17626.3—2006,IEC 61000-4-3:2002,IDT)

IEC 60118-7　助听器　第7部分:助听器交货时质量检验的性能测量

IEC 60126　测量助听器耳塞机用IEC参考耦合腔

IEC 61000-4-20　电磁兼容性(EMC)　第4-20部分:试验和测量技术　横(向)电磁波导发射和抗扰试验

3　术语和定义

GB/T 25102.100,IEC 60118-7,GB/T 17626.3中确立的以及下列术语和定义适用于本部分。

3.1

助听器　hearing aid

用来帮助听力受损人士的佩戴装置,通常由传声器、放大器和耳机组成,由低压电池供电。

注:助听器可以放置于身体(BW)上,耳背(BTE)或耳内(ITE)。

3.2

临近者兼容性　bystander compatibility

助听器的抗扰度能够确保当助听器佩戴者处在数字无线设备工作的环境中时,助听器可正常使用(2 m,见A.4)。

3.3

使用者兼容性 user compatibility

助听器的抗扰度能够确保当助听器佩戴者通过助听器使用数字无线设备时，助听器可正常使用。

3.4

(助听器的)参考方向 reference orientation(of a hearing aid)

助听器相对于射频发射源的方向，相当于在实际应用中人面对射频发射源时助听器的方向。

注：在助听器的抗扰度测试中发现相对于助听器正常使用的方向，当射频源位于两个正交轴上时更加合适(见附录A)。

3.5

输入相关干扰电平 input related interference level;IRIL

用来表征助听器抗扰度特性的电平。

注：声学中IRIL用相对于20 μPa的分贝数来表示。当助听器处于传声器模式并暴露在1 kHz调制的射频场中时，通过在助听器的输出端测得的1 kHz信号电平减去助听器的增益来计算IRIL。助听器的增益是在输入为55 dB声压级的条件下确定的。

如果助听器提供一个附加的指向传声器，那么使用全向传声器时确定的增益将被用来确定IRIL的值。

如果助听器提供了一个拾音线圈，那么测试中将仍然使用声学测量中的控制装置。拾音线圈模式下的IRIL表示为相对于20 μPa的用分贝表示的等效声输入有效值(r. m. s)，基于假设以1 A/m为参考－20 dB的磁场强度相当于声学上70 dB的声压级。

当助听器处于拾音线圈模式并暴露在1 kHz调制的射频场中时，拾音线圈模式下的IRIL值通过从助听器输出端测得的1 kHz信号的电平减去助听器的输出[1)]与55 dB之间的差值来计算。

IRIL值减小表明抗扰度增加。

4 产品的操作和功能

助听器基本上由传声器、放大器和耳机组成。对于耳背式(BTE)助听器，声音通常通过一个单独定制的耳模(耳塞)馈入耳道。耳内式(ITE)助听器有一个有源电路位于耳道中。

助听器通常使用电池作为电源。对于一些助听器，使用者可以手动甚至是通过遥控的方式调节助听器的控制器。

5 EMC环境的规定

助听器用于GB/T 17626.3中描述的所有环境。

6 抗扰度要求

表1中规定了确定助听器抗扰度时射频测试信号的场强。临近者兼容性是最低要求，使用者兼容性是附加特性，如果助听器能够满足使用者兼容性，可在说明书中声明。

表1 确定助听器抗扰度时射频测试信号场强

	临近者兼容性 当处于以下场强时，IRIL≤55 dB 场强以V/m表示[a]					使用者兼容性 当处于以下场强时，IRIL≤55 dB 场强以V/m表示[a]				
频率范围 GHz	0.08～0.8	0.8～0.96	0.96～1.4	1.4～2.0	2.0～3.0	0.08～0.8	0.8～0.96	0.96～1.4	1.4～2.0	2.0～3.0

1) 在频率为1 kHz，以1 A/m为参考－35 dB输入电平条件下确定的。

表 1（续）

	临近者兼容性 当处于以下场强时，IRIL≤55 dB 场强以 V/m 表示[a]					使用者兼容性 当处于以下场强时，IRIL≤55 dB 场强以 V/m 表示[a]				
传声器模式	考虑中	3	考虑中	2	考虑中	考虑中	75	考虑中	50	考虑中
拾音线圈模式[b]	考虑中	3	考虑中	2	考虑中	考虑中	考虑中	考虑中	考虑中	考虑中
指向传声器模式[b]	考虑中	3	考虑中	2	考虑中	无相关规定	无相关规定	无相关规定	无相关规定	无相关规定

[a] 给出的测试场强为无调制的载波值。

[b] 如果助听器提供了该模式。

目前，还没有发现频率低于 0.8 GHz 的射频干扰源会对助听器产生影响，所以暂不考虑在这个频率范围内的测试。同时，由于目前无线电话一般不提供感应耦合，所以拾音线圈模式下的使用者兼容性要求还在考虑中。即使助听器还支持另一个传声器输入选择(指向传声器)，也不考虑在这种模式下的使用者兼容性。拾音线圈模式下的临近者兼容性对于在感应回路环境中的抗干扰性能十分重要。同时，对于能用拾音线圈作为输入换能器来接收移动电话辅助收听装置(例如便携免提终端)发送的信号的助听器，拾音线圈模式下的临近者兼容性也很重要。因为工作在其他频段的设备正在逐渐普及，例如蓝牙和全球移动电话系统(UMTS)，本部分在未来的版本中可能会增加在这些频段的测试。

注：当需要产生高场强时，可能会导致射频功率放大器失真，必须确保该失真不会对测试结果产生影响。

7 抗扰度测试程序

7.1 应当使用在 IEC 61000-4-20 中规定的射频测试设备、测试布置和测试程序。要求使用 1 kHz、80%正弦波调制的载波信号。

注：对于无连接线的小装置(例如助听器)可以使用在 IEC 61000-4-20 中所述的合适的 GTEM 小室和带状线。

7.2 在测试装置中，除了助听器外不允许有使射频场失真的物体。

为了把 IEC 60126 中规定的金属耦合腔从测试装置中移开，助听器和耦合腔之间的正常导管将被孔径为 2 mm、典型长度值为从 50 mm～1 000 mm 的导管替代。对于耳内式装置，接收器的出口应当通过一个合适的适配器耦合到导管。因为助听器的增益是在每个单独的测试布置中确定的，所以适配器和导管的长度是不重要的，在图 1 中给出了一个测试布置的例子。

7.3 助听器的增益控制器应当调节到参考测试位置，其他控制器应当设定到 IEC 60118-7 描述的基本的设定位置。

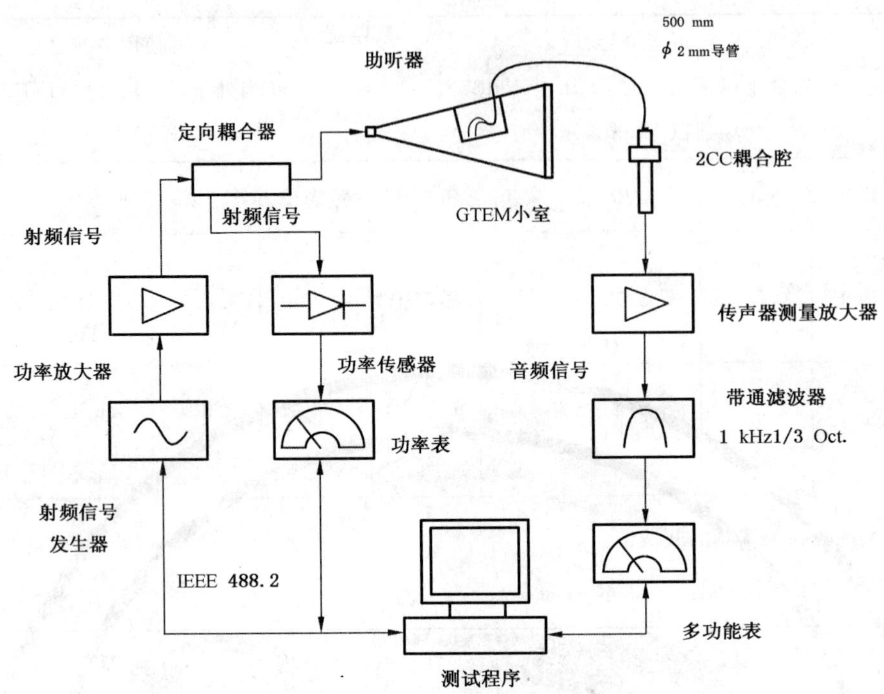

注：测试布置的本底噪声电平至少比关心的最低干扰电平低 10 dB。

图 1　例：用 GTEM 小室进行助听器抗扰度测试布置

7.4　根据在 7.2 中描述的声耦合和 7.3 中描述的测试条件，按照 GB/T 25102.2 中的规定测量助听器在 1 000 Hz 频率点的输入输出响应。这个测试适用于所有的助听器，不仅仅是自动增益控制(AGC)助听器。从输入输出曲线可以得出在 55 dB 声压级(SPL)输入电平时的增益。如果助听器提供一个拾音线圈，可以得出以 1 A/m 为参考的 −35 dB 输入时输出声压级。在图 2 中给出了输入输出响应曲线的例子。

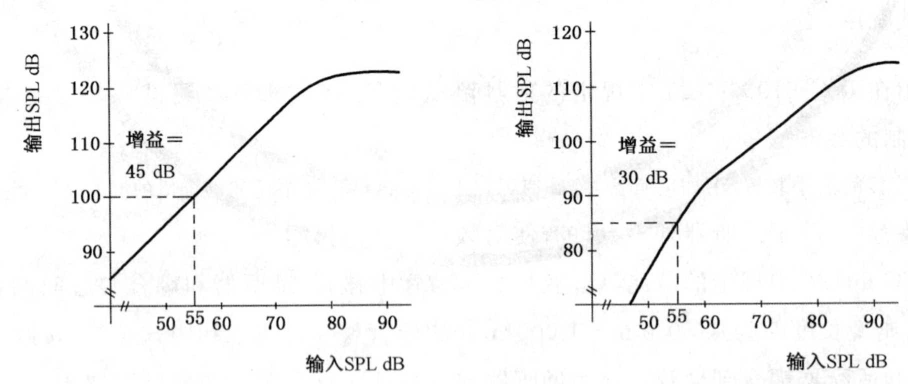

图 2　例：在 1 000 Hz 处的输入输出响应曲线和在 55 dB 输入电平时增益确定

7.5　助听器应按 7.3 所描述的状态设置并置于射频场中，使用一个最大带宽为 1/3 倍频程的带通滤波器来确定 1 000 Hz 干扰信号的声压级。

助听器应当按照参考方向(见 3.4)放置，然后沿水平面旋转 90°。在每一个方向上，载波频率应当按照 GB/T 17626.3 的规定用 1% 载波频率的步进进行扫频。

注：应当认真分析带有自动信号处理(ASP)特性或其他非线性处理功能的助听器的测试结果，因为干扰信号可能以一种不可预知的方式激活这些系统。

7.6 助听器的抗扰度分类根据表1来决定，如果助听器在所有频率和方向上都能满足使用者兼容性的要求，那么可以结束试验，否则将进行临近者兼容性的测试。测试将通过传声器、指向传声器（如果提供）和拾音线圈（如果提供）进行。对于指向传声器，将通过在7.4中用全向传声器测得的输出值来确定IRIL。对于拾音线圈，在以1 A/m为参考的−35 dB的输入情况下，在7.4中测得的输出值将用来确定IRIL，图3给出了确定IRIL的例子。

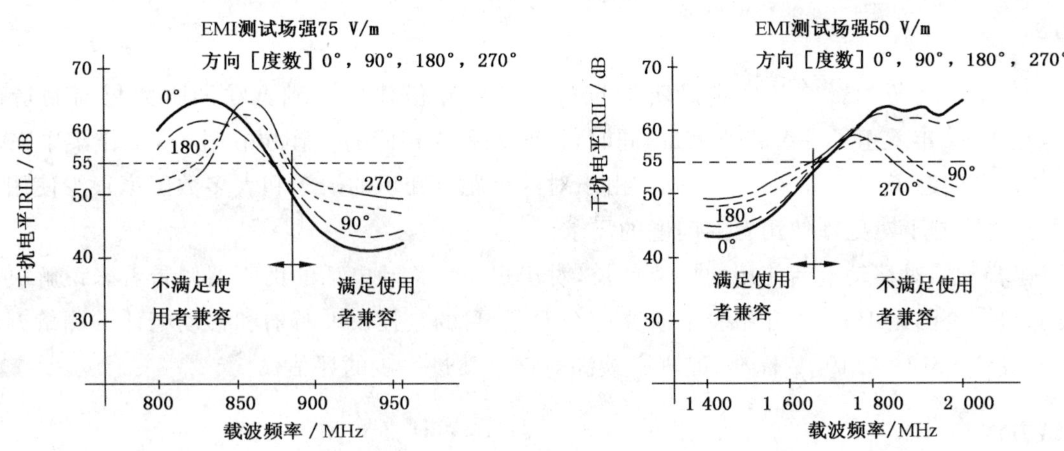

图3 例：通过电磁兼容试验确定IRIL

7.7 试验报告应包括所有的输入模式和整个载波频率范围内IRIL值的测试结果，例如：对于场强75 V/m频率范围从800 MHz～960 MHz，传声器模式，如果IRIL≤55 dB声压级，试验结果可以报告如下：使用者兼容800 MHz～960 MHz，传声器模式。

试验报告中的使用者兼容性的频率范围可以比整个测试范围窄，例如：使用者兼容1 714 MHz～1 856 MHz。即使助听器不能在整个的测试范围都满足使用者兼容性要求，仍然可以声明助听器在特定移动蜂窝电话网络的传送频率上符合使用者兼容性要求。

8 测量不确定度

测量不确定度由以下几个因素组成：

——使用设备的不确定度，例如，信号发生器、电平表、测量传声器和耦合腔等。

——助听器到耦合腔的声耦合方面的偏差。这些偏差与导管的直径和长度有关。

——准确和小心的定位助听器。

考虑以上因素就可以确定测量的不确定度。

注：最好通过与一个已经认证过的试验室比较测试结果来验证不确定度。

为了保证标称数据，制造商与购买者对不确定度的解释是不同的。

制造商产品测试限定值：差值减去测量不确定度。

购买者测试可以接受的限定值：标称数据加上测量不确定度。

附 录 A
（资料性附录）
建立测试方法，性能判据和测试等级的背景

A.1 概述

为了对测试干扰源的影响和确定助听器抗扰度的实际值建立基础。欧洲听力仪器制造商联盟(EHIMA)在1994年承担了一系列的测量，同时，在澳大利亚相同的工作也在进行，工作集中在对测量和指出对临近者问题了解的情况提供基础。由于对这个题目知识的缺乏和大多数国家很少使用移动电话，所以在当时限制了对处理使用者的问题的需求。

然而，随着人们对移动电话使用的快速增长，对于想使用移动电话的助听器佩带者来说解决这个问题变得很迫切。美国在1997年开始着手研究这个问题，目的是提议助听器和移动电话的测量方法。这项工作成就了 ANSI C63.19[4]标准，促进了欧洲对该草案进一步的评估。

A.2 测试方法

全球移动通信系统 (EHIMA GSM)课题最终的报告[2]介绍了 EHIMA GSM 课题发展所取得的阶段性成果，EHIMA GSM 课题是一个由 EHIMA 设立的很全面的课题，目的是建立一个测试环境使成员公司能够处理产品有关 GSM 干扰方面可能出现的问题。

报告中还包括了与 EHIMA GSM 课题有关的其他研究成果。

课题相关部分概括如下。

选择5种类型的助听器在实验室进行研究，代表不同的电声特性、干扰电平和干扰频谱。用总输入相关干扰电平(OIRIL)来表征助听器的干扰性能，总输入相关干扰电平用分贝表示的声压级来表示。

首先，助听器按照 GB/T 25102.100 进行声学测试。为了能够把金属模拟耳从射频场中移开，使用500 mm长的导管连接在助听器和模拟耳之间以进行声音耦合。可以看到这一改动带来的声学方面巨大变化。这意味着应当对每个被测的助听器进行增益测量以用来决定 OIRIL。

助听器暴露在具有模拟的 GSM 射频场的电波暗室中，置于正常使用时的方向。峰值场强 10 V/m 作为测试信号，相当于功率为8 W的移动电话在2 m距离或功率为2 W的移动电话在1 m距离所产生的场强。

通过试验可以确定在造成最大干扰方向上干扰信号的频谱，通过输入相关频谱减去助听器的增益来最终确定 OIRIL。

对所有被测助听器归一化输入相关频谱几乎是相同的，谐波电平随着频率的增加而降低。这意味着对于抗扰度测试仅需要频谱的低频部分就可以确定足够精度的 OIRIL。

助听器在水平面上旋转在某种程度上影响干扰性能，对于不同的助听器产生最大干扰的角度也不同。在实际所有情况中，射频场的垂直电场极化像使用 GSM 装置那样往往能够引起最高干扰电平。

不同类型助听器之间 OIRIL 存在相对较大的差异，即使同类型样品中也存在少数的这种情况。

当场强与干扰电平的比例用分贝表示为1：2时，该比例下的场强范围被视为是干扰信号大于助听器底噪声(线性)但不使其饱和的场强范围(图 A.1)。

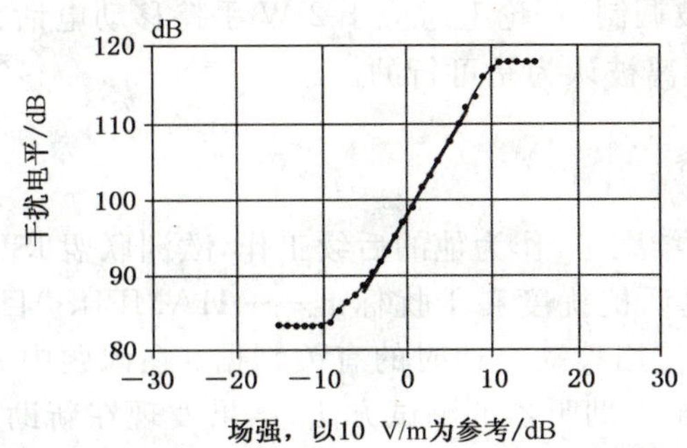

图 A.1 场强与干扰电平(dB)的比例为 1：2

为了确定助听器置于耳后和耳内带来的影响进行了一些试验。当人的头部在发射源和助听器之间时头部能有效衰减 GSM 信号，但是当助听器正对发射源时没有发现 GSM 信号有明显的不同。基于这些发现确定测量结果不需"人体系数"修正。

研究还表明当使用与模拟的 GSM 信号"峰值 有效值"相同的载波电平 80%、1 000 Hz 正弦波调制信号时，在助听器上产生近似相同的输入相关干扰电平。这与 GB/T 17626.3 中的结论和建议一致。因此，决定建议助听器测试时信号采用正弦波调制。测量结果用 IRIL(输入相关干扰电平）表示。按照同样方法确定在 1 000 Hz 频率点的 OIRIL。

A.3 性能判据

为了对可接受电平建立基础，对助听器进行了一系列的听力测试。对所有助听器干扰信号的归一化输入相关频谱几乎都是一样的，用其中一个信号给一组 5 个具有正常听力的人让他们判断干扰是"不严重"，"轻微干扰"，"严重"和"非常严重"。干扰信号采用不同的电平并且与三个不同的噪声和语音信号一起模拟不同的听力情况。

从这些测试结果中，得出用自由场的声压级表示可接受电平值。

基于这些听力测试和实验室研究的结果，得出结论在大多数实际环境下 55 dB 声压级是可能确保助听器使用者可接受的条件。在本部分中此数值已被选作性能判据。这一选择通过一个额外的听力损害课题的研究得到了证实。

总而言之，IRIL(在 1 000 Hz 上的输入相关干扰电平，以分贝表示的声压级)应当被用来表征助听器的抗扰度。IRIL 值的减小表明抗扰度的增加。IRIL 等于或小于 55 dB 声压级是可以确保助听器使用者在大多数实际情况下可以接受的条件，而且被建议用作性能判据。

A.4 测试场强——临近者兼容

为了使助听器测试时的场强更加接近现实情况，例如模拟当助听器被附近手持式移动电话干扰时的环境场强，应考虑以下几点。

第一，建议的测试程序是基于一些最坏的情况。

——相对于干扰场，助听器在 4 个不同方向上的最大干扰。

——在特定的载波频段的最大干扰被用来决定助听器的抗扰度。这些载波频率一般与实际的载波频率不同。

——移动电话工作在最大传输功率，尽管实际上移动电话只在特定情况下才以最大功率发射(电池被充分的充电，移动电话与基站之间的距离较远)。

第二，应注意一些实际情况。

——移动电话的使用者可能希望尽可能的保密，于是会尽可能的增加与附近人员的距离。

——关于助听器受到移动电话干扰的投诉记录很少，甚至是在 GSM 装置非常普及的国家。

3 V/m 的场强(80%正弦波调制)理论上对应于 2 W 手持移动电话在约 2 m 保护距离产生的场强。考虑到以上提到的因素,2 m 距离被认为是可行的。

A.5 测试场强——使用者兼容

EHIMA 的工作在 1995 年结束了,作为他的后续工作,欧洲联盟 ISIS 资助的课题也在 1999 年开始了。这个课题"助听器和移动电话抗扰度和干扰标准——HAMPIIS"目的是建立一个有关 IEC 60118 这部分助听器佩带者他们自己使用移动电话时的有关判据。在课题中验证了在标准 ANSI C63.19 中给出的用偶极子天线近场辐射检查助听器的测试方法,结果发现在新助听器的设计和研发阶段用偶极子天线(或者一个移动电话)近场辐射助听器的方法是有价值的,他会带来有价值的信息,在图 A.2 中给出了一个用偶极子天线进行测试布置的例子。

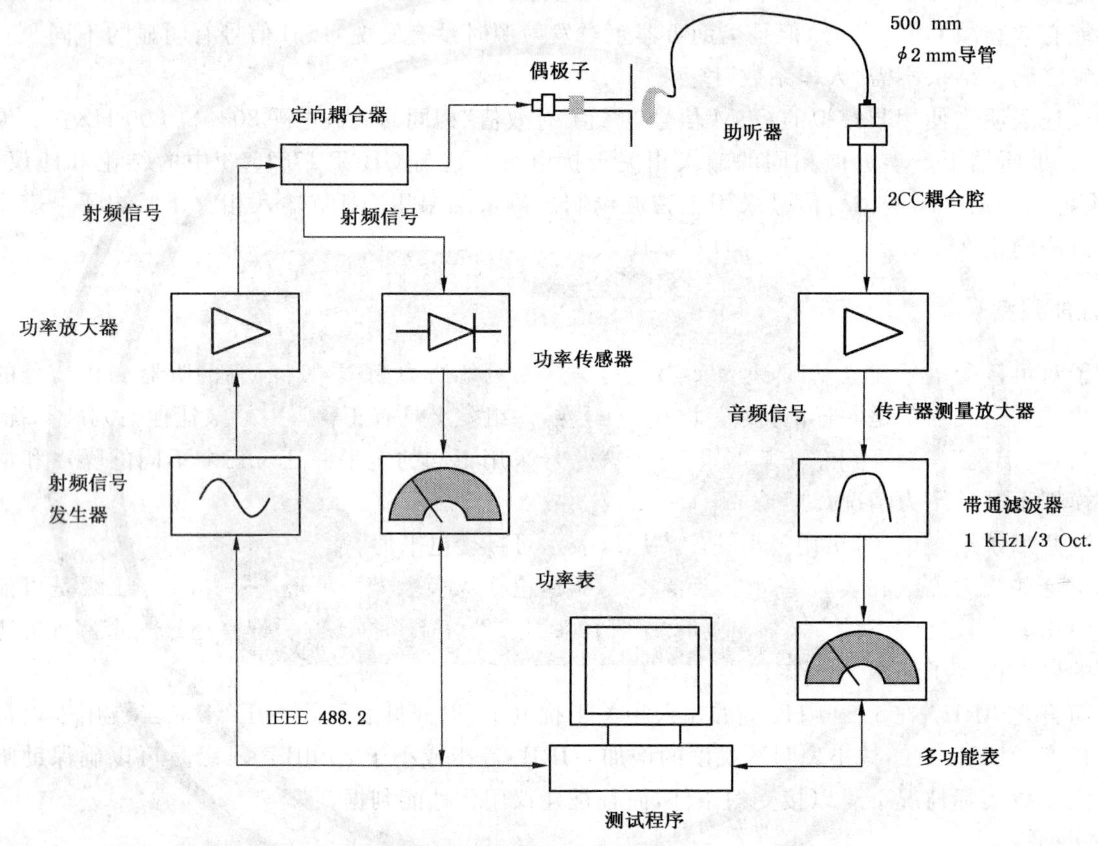

图 A.2 例:用偶极子天线进行助听器抗扰度测试布置

然而,作为一个标准的方法来测试助听器和区分助听器的抗扰度等级,用偶极子测试是被否决的。否决的原因主要是由于该测试需要一个屏蔽的测试环境以及该测试方法从一种测试布置到另一种测试布置时的可靠性比较低。另外,助听器使用者真正使用的环境是一个近场辐射助听器的环境,还不能在测试的性能和真正现实生活性能之间找到一个良好的修正。

通过对使用者环境中助听器抗扰度的研究,确定了佩戴助听器近场使用移动电话的测试场强。当助听器在场强为 3 V/m,干扰信号频率为 900 MHz 的 GTEM 小室中进行测试时,有 12 个助听器的输入相关干扰电平(IRIL)从小于 20 到大于 70,在场强为 2 V/m,干扰信号频率为 1 800 MHz 时,IRIL 值从小于 20 到大于 100。测试是按听力试验的方法进行的,通过一个移动电话基站模拟器进行调节使 900 MHz 和 1 800 MHz GSM 电话工作在最大的功率。研究的结果显示了公平和可靠的依据,在 GTEM 中进行测试时,对于一个达到确定的临近者场强的 25 倍(近似 28 dB)的场强,75 V/m 或者更高在 900 MHz 和 50 V/m 或者更高在 1 800 MHz,如果 IRIL 低于 55 dB,则助听器在用户环境中将可以被使用。

该性能判据不能保证助听器能够承受使用无线电话带来的总的干扰和自由噪声，但是建立了一个大多数情况下助听器具有良好功能的环境。实际上助听器使用者将在耳朵附近选择一个移动电话的位置使助听器受到最小干扰或者没有干扰。这将使助听器能够满足使用者兼容性的要求，尤其使用低辐射无线电话时。例如，在正常使用时，无线电话天线与助听器的距离超过 5 cm(例如图 A.3 的 D)。

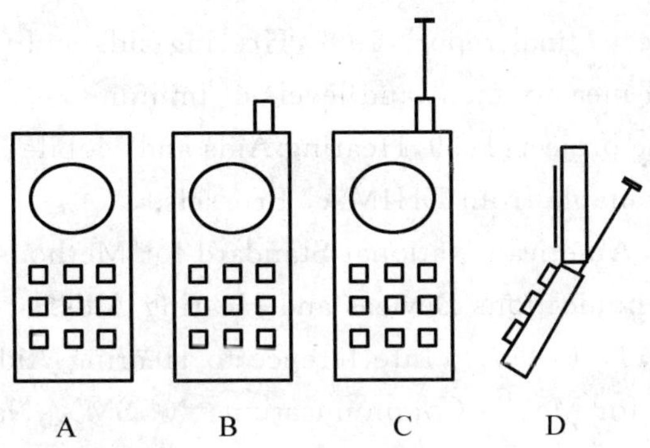

图 A.3　移动电话天线设计

参考文献

[1] IEC 60118-4:1981, Hearing aids—Part 4:Magnetic field strength in audio-frequency induction loops for hearing aid purposes. Amendment 1(1998).

[2] EHIMA GSM project, final report:1995, Hearing aids and GSM mobile telephones:Interference problems, methods of measurement and levels of immunity.

[3] EU ISIS programme project:1999, Hearing Aids and Mobile Phones Immunity and Interference Standards-HAMPIIS, available from EHIMA, Brussels.

[4] ANSI C63.19:2001 American National Standard for Methods of Measurement of Compatibility between Wireless Communications Devices and Hearing Aids.

[5] NAL report No. 131, (1995)., Interference to Hearing Aids by the Digital Mobile Telephone System, Global System for Mobile Communications, (GSM). National Acoustic Laboratories, Australia.

ICS 17.140.50
M 72

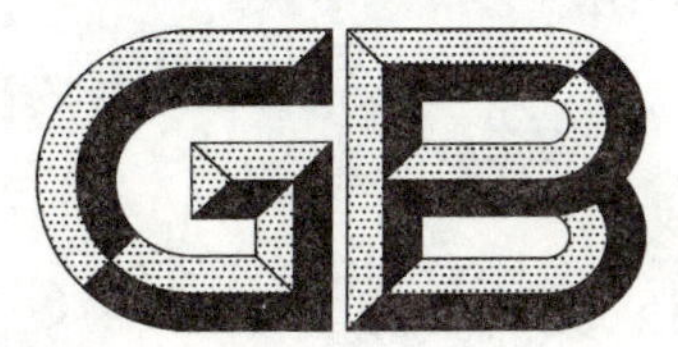

中华人民共和国国家标准

GB/T 25102.100—2010
代替 GB/T 6657—1986

电声学 助听器 第0部分:电声特性的测量

Electroacoustics—Hearing aids—Part 0:Measurement of electroacoustical characteristics

(IEC 60118-0:1983,Hearing aids—Part 0:Measurement of electroacoustical characteristics,MOD)

2010-09-02 发布 2011-04-01 实施

中华人民共和国国家质量监督检验检疫总局
中国国家标准化管理委员会 发布

前　言

GB/T 25102《电声学　助听器》分为14个部分：

——第0部分：电声特性的测量；

——第1部分：具有感应拾音线圈输入的助听器；

——第2部分：具有自动增益控制电路的助听器；

——第3部分：不完全佩戴在听者身上的助听设备；

——第4部分：助听器用感应回路系统磁场强度；

——第5部分：插入式耳机的乳头状接头；

——第6部分：助听器输入电路的特性；

——第7部分：助听器产品交货时质量检验的性能测量；

——第8部分：模拟实际工作条件下的助听器性能测量方法；

——第9部分：带有骨振器输出的助听器特性测量方法；

——第11部分：助听器及其有关设备的符号与标记；

——第12部分：电连接器系统的尺寸；

——第13部分：电磁兼容(EMC)；

——第14部分：数字接口的规范。

本部分为GB/T 25102的第0部分。

本部分修改采用IEC 60118-0：1983《电声学　助听器　第0部分：电声特性的测量》(英文版)和IEC 60118-0：1985/IEC 60118-0 Amend.1：1994 1号修改单。

本部分代替GB/T 6657—1986《助听器电声特性的测量方法》。

与1986年版本相比，本部分有了一些变化，除对原版内容进行了补充和修改之外，还作了版本的编辑性修改，主要变化如下：

——本部分按照GB/T 1.1—2000进行了版本编辑性修改，将英文版IEC 60118-0中的第2章和第3章合并放到了引言中，术语和定义为本标准第3章，其他章节依次递推；

——根据IEC 60118-0 Amend.1：1994，增加了术语和定义中3.17的解释内容，在正文中页边空白处用垂直双线(‖)标识；

——修改了第7章测量方法中的测量步骤表述方法(1986年版未列条款，本版以条款表述)；

——根据IEC 60118-0 Amend.1：1994，修改了个别条款编号的错误引用(GB/T 6657—1986中5.4.6引用了6.4.5，本版修改为4.4.6引用5.4.4)，在正文中页边空白处用垂直双线(‖)标识；

——修改了环境条件参数(原版6.4.4中的温度、相对湿度和大气压数值)；

——增加了互调失真的测量；

——修改了附录A的表述内容(GB/T 6657—1986表述的是：测量耳塞机用的堵塞耳模拟器，本版表述的是：谐波失真和互调失真)；

——将原文中耦合腔改为耳模拟器。

本部分附录A是资料性附录。

本部分由中华人民共和国工业和信息化部提出。

本部分由全国电声学标准化技术委员会归口(SAC/TC 23)。

本部分负责起草单位：天津市助听器厂、解放军总医院耳鼻咽喉研究所。

本部分主要起草人：唐惠德、陈洪文、莫庆荣、韩根迎、于黎明、冀飞。

引　言

本部分叙述了评定助听器电声性能的测量方法。

所选的测量方法是以一定范围内任选的固定参量为基础的，它首先考虑的是实用性和再现性。因此，当对不同型号和厂家的助听器测试结果进行比较时应注意到这一情况，而且在每种情况下都可以检验所任选的参量对测试结果进行比较所产生影响的程度。

按本部分规定的方法，在实验条件下所测得的性能不一定与实际使用条件下助听器的性能完全一致。

本部分不限制助听器性能和特性的多样化，也绝不阻碍工艺水平的提高。

在本部分中内容变化最大的是使用了一个根据 IEC 60711《测量插入式耳机用的堵塞耳模拟器》中所规定的耳模拟器。而不是使用 IEC 60318-5《测量助听器耳塞用 IEC 参考耦合腔》中所规定的声耦合腔。这种变化对于增益和饱和声压级在某些频率点上所测量的结果与使用声耦合腔所测得的结果相比有明显提高。因此，使用本部分中所叙述的方法所测得的结果不能直接与先前出版的 GB/T 6657—1986《助听器电声特性测量方法》或 IEC 60118-7《助听器　第 7 部分：助听器产品交货时质量检验的性能测量》或 GB/T 11453—1989《助听器　第 8 部分：模拟实际工作条件下的助听器性能测量》所测得的结果相比较。

本部分规定的声压级均以 20 μPa 为基准。适当时声压级可缩写为 SPL。

应以采用替代法进行逐点测量所测得的结果作为基准，并为解释比较法和声压法所测得的结果做参考。

电声学 助听器
第0部分:电声特性的测量

1 范围

本部分规定了采用自由场技术和用耳模拟器测定气导助听器物理性能特性的方法。

本部分适用于气导助听器电声特性的测量。

2 规范性引用文件

下列文件中的条款通过GB/T 25102的本部分的引用而成为本部分的条款。凡是注日期的引用文件,其随后所有的修改单(不包括勘误的内容)或修订版均不适用于本部分,然而,鼓励根据本部分达成协议的各方研究是否可使用这些文件的最新版本。凡是不注日期的引用文件,其最新版本适用于本部分。

GB/T 3241—1998 倍频程和分数倍频程滤波器

GB/T 3769—1983 绘制频率特性图和极坐标图的标度和尺寸

GB/T 25102.1—2010 电声学 助听器 第1部分:具有感应拾音线圈输入的助听器(IEC 60118-1:1999,IDT)

GB/T 25102.2—2010 电声学 助听器 第2部分:具有自动增益控制电路的助听器(IEC 60118-2:1983,MOD)

IEC 60711:1981 采用耳塞与耳机相连接的耳机测量用堵塞耳模拟器

3 术语和定义

下列术语和定义适用于本部分。

3.1

耳模拟器 ear simulator

一种装置,用来测量耳机在已知声负载条件及规定频率范围内的输出声压。它主要由一个规定体积的空腔,声负载网络和已校准的传声器组成。传声器位置的选择,应使得传声器处的声压与人耳鼓膜处的声压相近。(见IEC 60711:1981)

3.2

替代法 substitution method

这种测量方法是将助听器和测量自由场声压的传声器交替地放在声场中的同一点上。

3.3

比较法 comparison method

这种测量方法是将助听器和测量自由场声压的传声器同时放在声场中的两个声学等效点上。

3.4

声压法 pressure method

这种测量方法是由声压校准的控制传声器控制靠近助听器入声口处的输入声压级,这样,就基本上消除了来自助听器绕射的影响。

3.5

实位模拟法 simulated in situ method

为了模拟一个普通成年佩戴者的声学效果,将助听器安装在仿真人头和躯干上的测量方法。

3.6

(助听器的)参考方向　reference orientation (of a hearing aid)

助听器在测试箱中相对于声源的方向,它与实际使用中人面向声源时助听器的方向相一致。

3.7

(助听器的)参考点　reference point (of a hearing aid)

为了确定助听器在声场中测量时的位置,需在助听器上面选择出一个点。

3.8

测试点　test point

测试点是测试箱中的一个位置,它既是测量自由场声压级的参考点,又是确定所测助听器位置的参考点。

3.9

电源电压　supply voltage

助听器开关接通时,助听器电池的端电压。

3.10

声增益　acoustic gain

在规定的频率和在规定的工作状态下,助听器在耳模拟器中所产生的声压级与在测试点上测得的声压级之差值。

3.11

满挡声增益(频率响应曲线)　full-on acoustic gain (frequency response curve)

在一个规定的频率点或作为频率的函数,增益控制在最大(满挡)位置,其他控制器在指定的位置,助听器基本线性输入/输出条件下测得的声增益。

3.12

规定频率点的最大声增益　maximum acoustic gain at a specified frequency

在规定频率点,助听器可能达到的最高声增益。

3.13

饱和声压级(频率响应曲线)　saturation sound pressure level (frequency response curve)

在规定的频率点,助听器在耳模拟器内可能达到的最高声压级,或称作频率函数。

注:饱和声压级不一定在最高输入声压级时出现。

3.14

最大饱和声压级　maximum saturation sound pressure level

饱和声压级频率响应曲线上的最大值。

3.15

在规定频率点(或几个频率点)输入声压级为 90 dB 时的输出声压级($OSPL_{90}$)　output sound pressure level for an input sound pressure level of 90 dB ($OSPL_{90}$) at a specified frequency (or frequencies)

在规定频率点(或几个频率点),增益控制器处于满挡位置,其他控制器处于得到最大增益的位置,当输入声压级为 90 dB 时在耳模拟器中测得的声压级。其缩写是 $OSPL_{90}$(或 $OSPL_{90}$ 频率响应曲线)。

3.16

参考测试频率　reference test frequency

参考测试频率通常为 1 600 Hz,在该频率点,调节增益控制器,以得到与 $OSPL_{90}$ 有关的增益控制的参考测试位置。对于某些适用较高参考测试频率的助听器(如高音调助听器),参考测试频率 2 500 Hz。如果采用 2 500 Hz,则在测试报告中应清楚地说明。

3.17

参考测试增益控制位置　reference test gain control position

在参考测试频率,输入声压级为 60 dB,调节助听器的增益控制使在耳模拟器中的输出声压级比 $OSPL_{90}$ 低(15±1)dB,该增益位置即称为参考测试增益控制位置。如果可得到的增益达不到该位置,在参考测试频率将使用一个比满挡声增益低 7 dB 的增益控制位置,这个增益控制位置要在测试报告中说明。

3.18

参考测试增益　reference test gain

在参考测试频率点,增益控制器的位置调到参考测试增益控制位置时助听器的声增益。

3.19

频率响应　frequency response

在规定的测试条件下,助听器在耳模拟器中产生的声压级随频率变化的函数关系。

3.20

综合频率响应曲线　comprehensive frequency response curves

助听器在整个工作范围内,增益控制调到参考测试增益控制位置,用一组输入声压级测得的助听器输入/输出特性的频率响应曲线族。

3.21

基本频率响应曲线　basic frequency response curve

输入声压级为 60 dB 时,在参考测试增益控制位置测得的频率响应曲线。

3.22

稳态输入-输出图　steady state input-output graph

在规定的频率和增益控制条件下,作图表示输出声压级与输入声压级的函数关系,两者都以分贝线性刻度表示。

4　测试设备

4.1　测试箱的声学要求

4.1.1　测试箱内的使用空间要保证自由场在 200 Hz～8 000 Hz 频率范围内测试的条件要求。满足下列要求的声场,基本上认为是自由场条件;在测试点前后 100 mm 的两点上声压级偏离距离反比定律($1/r$ 定律)之值,在 200 Hz～400 Hz 频率范围内不大于±2 dB;在 400 Hz～8 000 Hz 频率范围内不大于±1 dB;在测试点左、右、上、下 100 mm 的各点上,在 200 Hz～8 000 Hz 频率范围内声压级偏离测试点上的声压级不大于±1 dB。在测试声场时,测试箱中不应有助听器和其他障碍物。

4.1.2　在 200 Hz～8 000 Hz 频率范围内,自由场测试箱中的环境噪声的声压级应足够低,以保证在断开测试信号时,其读数至少下降 10 dB。

4.2　测试点的声场

声源在测试点应能产生 50 dB～90 dB 的恒定声压级,并保持在下列容差内:

a)　用替代法时:在 200 Hz～5 000 Hz 频率范围内为±1.0 dB,在 5 000 Hz～8 000 Hz 频率范围内为±1.5 dB。

b)　用比较法时:在 200 Hz～3 000 Hz 频率范围内为±1.5 dB;在 3 000 Hz～8 000 Hz 范围内为±2.5 dB。声源的频率应保持在指示值的±2%以内。

声源的声信号的总谐波失真,在声压级 70 dB(包括 70 dB)以下时不能超过 1.0%。在声压级大于 70 dB,小于或等于 90 dB 时不能超过 2.0%。测量失真时,声源的声信号的总谐波失真不能超过 0.5%。

4.3 耳模拟器

应依据 IEC 60711 所规定的堵塞耳模拟器进行所有的测量。

注：如根据本标准所述内容，按照 IEC 60318-5 文本使用耦合腔对任何一项进行测量时，应在测试报告中对每一项相关的数据或图表作明确说明。

4.4 用于测量耳模拟器中声压级的设备

用于测量助听器在耳模拟器中所产生的声压级所使用的设备应符合下列要求：

4.4.1 在规定频率处，声压级测量系统(不包括耳模拟器)的校准精度应保持在±0.5 dB 以内。

注：在测量过程中，应经常反复地进行传声器的校准，以保证精度在规定范围内。

4.4.2 测量传声器的声压灵敏度级在 200 Hz～3 000 Hz 范围内各点偏离 1 000 Hz 之值不应超过±1.0 dB。在频率 3 000 Hz～8 000 Hz 范围内不应超过±2.0 dB。

4.4.3 在 200 Hz～5 000 Hz 频率范围内，声压级达到 130 dB 时，测试设备的总谐波失真应小于 1.0%。声压级大于 130 dB 但不超过 145 dB(包括 145 dB)时，应小于 3.0%。

4.4.4 有关哼声、热骚动和其他噪声源的声压级应足够低。以保证在断开测试信号时，其读数至少下降 10 dB。

可以采用对 200 Hz 及以上的频率范围不产生影响的高通滤波器来达到此目的。

注：在频率响应曲线上应表明噪声级。

4.4.5 在信号峰值因数不大于 3 时，所用输出指示器指示的有效值的容差应在±0.5 dB 以内。

注 1：在某些情况下，为了区分助听器的固有噪声和对信号的响应，可以采用选择性测量系统，所用的选择系统应在测试结果报告中说明。

注 2：在高输入声压级测量时，可能产生非正弦电压，如果测量非正弦电压，则所用的输出指示器的类型会明显地影响测试结果。

4.4.6 因为耳模拟器的校准受环境条件(尤其是大气压)影响，必要时应进行修正(见 5.4.4)。 ‖

4.5 用于自动扫频记录的设备

该设备应能在 50 dB～90 dB 范围内对测试点上全部所需要的声压级进行记录。其容差应在 4.2 规定的范围内。

记录纸上所指明的频率应在±5%精度范围内。在 200 Hz～5 000 Hz 频率范围内，自动记录值与稳定值之间的偏差应不大于±1 dB。在 5 000 Hz～8 000 Hz 频率范围内应不大于±2 dB。

4.6 自由场声压级的校准

在规定的频率点，自由场声压级的校准精度应在±0.5 dB 以内，相对于规定频率的自由场灵敏度级，测量传声器的自由场灵敏度级在 200 Hz～5 000 Hz 频率范围内，偏差应在±1.0 dB 以内，在 5 000 Hz～8 000 Hz 频率范围内，偏差应在±1.5 dB 以内。

注：对于比较法，建议使用直径为半英寸(12.7 mm)的传声器作为控制传声器。

5 测试条件

5.1 测试点选择

按照固定在测试箱中声源的位置来选择测试点，以满足 4.1 的要求。

从声源到测试点需要有足够的距离，以防止声源和助听器之间的相互影响，通常这个距离选择在 0.5 m～1.5 m 之间。

测试点的选择，对测试物应在±10 mm 以内能重复放置。

5.2 校准声场

用替代法和比较法校准声场的方法是不同的。

5.2.1 替代法

在不放置助听器的情况下，对测试点的声场进行校准，调节声源的电输入使之达到测试所要求的声压级，并记录输入电压值。

5.2.2 比较法

采用控制传声器和 4.5 所述的设备使测试点的声压保持恒定。

注：当控制传声器和助听器的尺寸较小时，对称置于声源轴心两侧的控制传声器和助听器之间的距离取 60 mm～120 mm。

5.3 助听器测试定位

5.3.1 助听器的参考点及参考方向

助听器的参考点通常选在主传声器开口面的中心，如果用其他参考点，则应在测试结果报告中说明。

助听器的参考点应与测试点重合(见 5.1)。

助听器在测试箱中按参考方向放置。

对于不能确定参考方向的助听器，应将标定参考点的助听器开口面面向声源，使入射声的方向垂直于参考点开口面。

5.3.2 助听器的机械支撑

无论是耳模拟器还是助听器的支架，都不应在各测试频率点对助听器附近的声场有明显的扰动。而且也不应由于机械共振或机械振动产生附加的影响。同时不能对被测试助听器的任何机械和声的性能产生影响。

助听器应放置在没有任何遮蔽物或模拟人体(或佩带者身体的一部分)装置的自由场中。

当需要把耳模拟器放到紧靠助听器的声场中时，应使助听器声入口处的声场产生最小的畸变。

5.4 助听器的正常工作条件

在没有说明其他条件下，助听器在测试时正常的工作条件为：

5.4.1 电池或电源电压

助听器可以采用经初始局部放电的普通电池或模拟电池电压和内阻抗的外接电源装置。所用电源的类型和电源电压都应在测试报告中说明。若采用外接电源，还应说明其内阻抗。

电池电压的测量值与规定值的偏差应在±50 mV 之内。

5.4.2 增益控制

满挡增益控制位置、参考测试增益位置或其他所用的位置均应在测试报告中说明。

5.4.3 其他控制

所选择的音调控制位置应在测试报告中说明。一般应选择在能够通过衰减高频或低频来得到最宽的频率范围的基准位置。如果其他位置对助听器的正常使用更有代表性也可采用。应在测试报告中说明。

所有其他控制器，应选择给出最高 $OSPL_{90}$ 和最高声增益的设置。如最高 $OSPL_{90}$ 与最高声增益所需的设置不一致时，使用给出最高的 $OSPL_{90}$ 的设置。

所有控制器选定的位置，都应在测试报告中说明。

5.4.4 环境条件

测试时，测试空间的环境条件应在测试报告中说明，并应保持在下列容差内：

温度：23 ℃±5 ℃

相对湿度：40%～80%

大气压：101.3^{+5}_{-20} kPa

注：若上述条件达不到，应对实际条件给予说明。参考 IEC 68《基本环境测试方法》。

5.4.5 声出口系统

见 IEC 60711。使用特殊的声出口连接系统，如用插入式耳机、声管等应予说明。

5.4.6 用于连接助听器传声器开口处的附件

若采用特殊的附件应予以说明。

6 测量方法

在 200 Hz～8 000 Hz 频率范围内，所有数据都是在信号源关闭时助听器的输出至少下降 10 dB 的条件下测得的。

6.1 最大饱和声压级

本测试的目的是，调节助听器的控制器的所有位置、输入声压级和频率，测定助听器在耳模拟器中所能产生的最高声压级。

测试步骤：

a) 置增益控制到满挡位置，其他控制器置于规定的位置；

b) 在给定的频率点，增加输入声压级直到耳模拟器中的声压级达到最大，并记录耳模拟器中的声压级；

c) 在 200 Hz～8 000 Hz 频率范围内，取足够多的点，重复上述步骤；

d) 耳模拟器中的声压级相对于频率作图。从曲线上确定最大饱和声压级(见 3.14)。这种测试步骤特别适用于点测法，当使用足够高的输入声压级时，可采用自动记录频率响应的方法。若在恒定的高输入声压级的条件下采用自动记录法，则要保证在需要的频率范围内所测得的结果和点测法所得的结果相符合。

在饱和状态下的输出信号可能包括大量的谐波成分，因此，这种测量方法可能影响测量的声压级。如用中心频率等于测试信号频率的滤波器所测得的值将低于用宽带设备测得的值，所以本部分只推荐用宽带法来测量饱和声压级。

6.2 输入声压级为 90 dB 时的输出声压级的频率响应

本测试的目的是，在输入声压级为 90 dB、增益控制在满挡位置时，在耳模拟器中测得的声压级的频率响应。

测试步骤：

a) 增益控制置于满挡位置，其他控制器在规定的位置；

b) 在某一适当的频率，调节输入声压级到 90 dB；

c) 在 200 Hz～8 000 Hz 频率范围内，改变声源频率，且保持输入声压级恒定在 90 dB，记录耳模拟器中的输出声压级。

6.3 满挡声增益的频率响应

本测试的目的是，确定助听器可能得到的满挡声增益。为了保持线性输入/输出条件，应用足够低的输入声压级，在满挡声增益控制位置处测量耳模拟器中输出声压级。

测试步骤：

a) 增益控制置于满挡位置，其他控制器在规定的位置；

b) 在某一适当频率，输入声压级调到 60 dB，如果仍不能得到基本上线性输入/输出条件，则可用 50 dB。如果在 200 Hz～8 000 Hz 频率范围的所有频率点输入声压级改变 10 dB 所引起的输出声压级的改变为(10±1)dB，则可认为是基本上线性输入/输出条件，该输入声压级应在测试报告中说明；

注：对具有某些电路(如推挽电路)的助听器，在大部分工作范围上可看到非线性输入/输出特性。

c) 在 200Hz～8 000 Hz 频率范围内，保持输入声压级恒定，改变声源频率，测量满挡声增益的频率响应；

d) 作图表示满挡声增益与频率的关系，并报告规定的频率。

6.4 综合频率响应和基本频率响应

本测试的目的是，表示输入声压级对助听器频率响应的影响，所得到的曲线族表示综合频率响应曲线，它给出助听器输入/输出的特性。

6.4.1 测试步骤

a) 增益控制器置于参考测试增益位置，其他控制器置于规定的位置；

b) 在 200 Hz～8 000 Hz 频率范围内分别地将输入声压级恒定在 50 dB、60 dB、70 dB、80 dB 和 90 dB 或恒定在其他输入声压级。变换声源频率，观测在各种输入声压级的情况下助听器的特性；

c) 对于每一个使用的输入声压级，把在耳模拟器中测得的声压级相对于频率作图。

6.4.2 基本频率响应

在输入声压级为 60 dB 时测得的曲线即为基本频率响应曲线。

注：对于使用指向性传声器的助听器，基本频率响应曲线应在相当于参考方向的一组规定的方向上测定。

6.5 音调控制器位置对于助听器的基本频率响应的影响

本测试的目的是表明音调控制器的位置对助听器基本频率响应的影响。

测试步骤：

a) 置音调控制器于规定的位置；

b) 置其他控制器于规定的位置，然后将增益控制器调节到参考测试增益位置；

c) 在 200 Hz～8 000 Hz 频率范围内，保持输入声压级恒定在 60 dB，改变声源频率；

d) 改变音调控制位置，重复 c)项中的测试；

e) 把在各种音调控制位置测得的频率响应与基本频率响应画在同一张图上。

6.6 增益控制器的位置对频率响应的影响

本测试的目的是表示增益控制器的位置对频率响应的影响(如果有的话)。

测试步骤：

a) 按 6.3 条的 a)、b)和 c)项进行；

b) 在参考测试频率点，调节增益控制器从满挡位置开始下降，每挡约 10 dB；

c) 对每个增益控制位置在 200 Hz～8 000 Hz 频率范围内，改变频率保持输入声压级恒定；

d) 在每个增益控制位置，把耳模拟器中的声压级相对于频率作图。

6.7 增益控制特性

本测试的目的是确定增益控制和预置增益控制(如果有的话)的特性，以满挡声增益为准，给出控制器的机械位置与声增益的关系。

测试步骤：

a) 置增益控制于满挡；

b) 按 6.3 的 b)项调节输入声压级；

c) 测定声增益；

d) 在控制器整个范围内，在增益控制的其他足够多的位置重复测试；

e) 以满挡声增益为准，作图表示声增益与各增益控制器位置的关系，控制器的位置用线性刻度。

6.8 电池或电源电压变化对满挡声增益的影响

本测试的目的是确定电池或电源电压的变化对满挡声增益的影响。

测试步骤：

a) 按 6.7 中 a)、b)和 c)项进行；

b) 在电池正常工作时，在规定的电压范围内，改变电源电压的数值重复以上的测试；

c) 以正常电池电压获得的满挡声增益为准，将满挡声增益相对于电压的变化作图。

6.9 电池或电源内阻的变化对满挡声增益的影响

本测试的目的是确定电池或电源内阻的变化对满挡声增益的影响。

测试步骤：

a) 按 6.7 中 a)、b)和 c)项进行；

b） 在电源电压恒定、改变其内阻的条件下，重复以上的测试，电源的内阻应在助听器所使用的电池型号的阻值范围内；

c） 以正常的内阻所得到的声增益为准，作图表示声增益与内阻的关系。

6.10 电池或电源电压变化对 $OSPL_{90}$ 的影响

本测试的目的是确定电池或电源电压的变化对 $OSPL_{90}$ 的影响。

测试步骤：

a） 置增益控制于满挡；

b） 调节频率到参考测试频率；

c） 调节输入声压级到 90 dB；

d） 测 $OSPL_{90}$ 值；

e） 在助听器的电压范围内，改变电源电压的值重复测试；

f） 以正常电池电压得到的 $OSPL_{90}$ 为准，作图表示 $OSPL_{90}$ 与电压的关系。

6.11 电池电流

本测试的目的是确定助听器从电池获得的电流。

6.11.1 测试步骤

a） 置增益控制器在参考测试增益位置，在参考测试频率点，测量输入声压级为 60 dB 时的电池电流。直流测量系统应具有下列特性：

1） 电流测量精度为±5.0％；

2） 直流电阻不超过 50 Ω/I（I 是指被测电流，以毫安表示）；

3） 在 20 Hz～5 000 Hz 频率范围内，交流阻抗不超过 1 Ω。

注：实现以上 3 项的一个可行的方法是用一个 8 000 μF 的电容器旁路电流表，这个电容器不应对电池或电源产生分流。

6.12 助听器幅度非线性测量

本测试的目的是确定在指定状态下声输出的幅度非线性的程度。

幅度非线性可以用如下非线性失真程度来描述：

a） 谐波失真

谐波失真成分是由系统的非线性传递函数在测试信号频率的整数倍频率上产生的。

谐波失真成分出现在高于输入信号频率的各频率点。使用耳模拟器测量时，较高频率的谐波失真成分可能位于耳机的频响范围之外。因此，本测量不足以说明较高频率的非线性程度，但可对较低频率范围谐波失真成分的非线性程度给予适当的描述。

b） 互调失真

谐波成分是由至少两个不同频率的输入信号的非线性传递函数引起的。例如，互调失真的成分是采用不同频率失真方法来测得的，在较高频率范围内，它要比采用非线性输入测得的谐波失真成分更为敏感。（详细资料见附录 A）

6.12.1 谐波失真

谐波失真用一个频率为 f 的正弦纯音输入信号来测量，第 n 次谐波的频率为 nf，n 为整数。

总谐波失真或第 n 次谐波失真被定义为：总的谐波或第 n 次谐波的输出声压与总的输出声压之比。失真可用百分数或分贝来表示。

总谐波失真可用式(1)表示：

$$\sqrt{\frac{p_2^2+p_3^2+p_4^2+\cdots}{p_1^2+p_2^2+p_3^2+p_4^2+\cdots}} \qquad (1)$$

第 n 次谐波失真可用式(2)表示：

$$\sqrt{\frac{p_n^2}{p_1^2+p_2^2+p_3^2+p_4^2+\cdots}} \qquad (2)$$

式中：

p_1——耳模拟器中信号基波的声压；

p_2、p_3、p_4…p_n——分别为第二次、三次、四次……n 次谐波成分的声压。

测试步骤：

a) 调节助听器增益控制到参考测试增益位置，其他控制器应在测试报告中说明，这些控制器应调到给出最宽频带的位置；

b) 在 200 Hz～5 000 Hz 频率范围内输入声压级为 70 dB，改变声源频率，分析出第 n 次谐波的输出信号电平或记录总的谐波失真成分。所用滤波器的宽度应说明。如果连续记录，则在任何频率的扫描速度不能使测量结果与稳定值之差大于 1 dB。

在频响曲线上，任何测试频率如果比其二次谐波的频率响应高出 12 dB 或更多，即可省略此频率点上的失真测试；

注：总谐波失真仪利用 6.12.1 中式(1)所述的原理测量滤掉基波后的余量。因此，测试空间的环境噪声或助听器的固有噪声将被作为失真成分。当输入信号断开后，失真仪上的读数应至少下降 10 dB，否则，会降低测量精度。

c) 如果需要，在其他输入声压级重复 b)叙述的过程；

d) 作图表示谐波失真与输入声源频率和/或输入声压级的关系。

6.12.2 差频失真

采用幅度一致性在 1.5 dB 范围之内的二个正弦信号 f_1 和 $f_2(f_2>f_1)$ 组合而成的输入信号对差频失真进行测量。应测量二次(f_2-f_1)和三次($2f_1-f_2$)输出电平的失真成分，并表示为相对于 f_2 的输出电平的百分数或分贝。也可以对较高次的失真成分进行测量。

测试步骤：

a) 将增益控制器置于参考测试增益位置。其他控制器位置应在报告中说明。

b) 调节测试信号频率 f_1 和 f_2，使 $f_2-f_1=125$ Hz。

注：当出现频差不是 125 Hz 时可能也适用，这时在报告中需对所使用的频差进行说明。例如：信噪比比 125 Hz 低很多可使用较高频差。

c) 在 350 Hz～5 000 Hz 范围内，从声源或信号源选择出一种适合的 f_1 和 f_2 频率，保持所选择使用的频差，并将两种测试纯音的声压级各自保持在 64 dB。使用适合的滤波器对 f_2-f_1 和 $2f_1-f_2$ 频率的声压级进行测量。当把 f_2 测试信号关掉时，滤波器终端的输出级至少下降 10 dB。滤波器的带宽应在测试报告中说明。

d) 如果认为与输入级有关的其他信息是重要的，那么就要在其他合适的输入级重复 c)项步骤。

e) 对每种输入级的差频失真成分，分别画二张曲线图或用表格表示。一张曲线图为二次谐波失真成分，另一张为三次谐波失真成分，将其作为较高频率 f_2 的函数。

注：虽然频率范围的上限限制在 5 000 Hz，但在高于 5 000 Hz 的某些频率处，也可能出现大量的互调失真成分。

6.13 电池或电源电压和内阻变化对幅度非线性的影响

本测试的目的是，确定由于电池或电源电压及内阻变化对幅度非线性的影响。

在助听器厂家规定的电池或电源电压范围内，用合适的电压重复 6.12 叙述的测试步骤。

6.14 助听器的固有噪声

助听器内部所产生的噪声可用 6.14.1 所述的简便方法测量，或者用 6.14.2 所述的 1/3 倍频程分析法，所用的方法应在测试报告中说明。

6.14.1 简便方法

用这种方法，可以把固有噪声称作等效输入噪声级，测试空间的环境噪声应小到可以忽略不计。

注：如同 1/3 倍频程分析法一样，如果没有测量测试处的环境噪声频谱，则很难估计环境对耳模拟器所测出的总噪声级的影响。因此应注意，务必使环境噪声不致影响测试结果。

测试步骤：

a) 将助听器的增益控制大概置于参考测试增益位置。本测试无须将增益控制置于精确位置。其他控制器的位置应在测试报告中说明。

b) 在参考测试频率点，纯音输入声压级 L_1 为 60 dB，测量耳模拟器中的输出声压级 L_S。

注：对自动增益控制(AGC)的助听器，用输入声压级为 60 dB 可能太高，应降到一个比较低的声压级，以保证基本上线性输入/输出条件，这时，输入声压级应在测试报告中说明。

c) 关闭声源，测量耳模拟器中由固有噪声所产生的声压级 L_2，为了确定耳模拟器和耳模拟器中传声器系统的噪声足够低，在助听器切断电源时，测得的噪声应至少下降 10 dB。

d) 等效输入噪声 L_N 可按式(3)计算：

$$L_N = L_2 - (L_S - L_1) \qquad \cdots\cdots(3)$$

式中：

L_2——c)项中测得的耳模拟器中声压级；

L_S——b)项中测得的在参考测试频率处耳模拟器中声压级；

L_1——在参考测试频率处的输入声压级(60 dB)。

6.14.2 1/3 倍频程分析法

这种方法是将固有噪声按照 1/3 倍频程带宽的等效输入噪声级表示为频率的函数。见 GB/T 3241。

测试步骤：

a) 声源断开时，用中心频率位于 200 Hz～5 000 Hz 范围内的 1/3 倍频程带宽滤波器测得的测试环境处的噪声级，应比 e)项中所计算出的等效输入噪声级至少低 10 dB。

b) 用中心频率为 1 600 Hz 的 1/3 倍频程带宽滤波器按照 6.14.1 所述将助听器的增益控制器调到参考测试增益位置。

c) 将声源断开，用中心频率位于 200 Hz～5 000 Hz 频率内的 1/3 倍频程带宽滤波器测量耳模拟器中的输出噪声级(见图 1a))。为了确定耳模拟器中和耳模拟器传声器系统的噪声足够低，当助听器电源断开时，所测得的噪声应至少下降 10 dB。

d) 在增益控制位置不变的情况下，在 1/3 倍频程滤波器的中心频率点，测定纯音输入和输出声压级之差的声增益(见图 1b))。

为了确保助听器基本是线性输入/输出条件，测定声增益的声压级应在 60 dB 或更低(必要时)，尤其是具有 AGC 的助听器可能需要较低的输入声压级。

注：a)、c)和 d)项的测量可能需要连续记录。

e) 采用 c)项中测得的噪声级减去 d)项中测得的纯音声增益的方法获得每一个 1/3 倍频程的等效输入噪声级(见图 1c))。

注：在每个 1/3 倍频程频带内，纯音增益变化超过 10 dB，等效输入噪声级应加以识别，否则可能会难于解释测试结果。

6.15 具有感应拾音线圈输入的助听器的特性

见 GB/T 25102.1。

6.16 具有自动增益控制电路的助听器的特性

见 GB/T 25102.2。

7 频率响应记录卡片

所有表示参数随频率变化的曲线应画在卡片上，卡片的纵坐标是线性分贝刻度，横坐标是对数频率刻度的十进位长度等于纵坐标 50 dB 的长度，可见 GB/T 3769—1983。

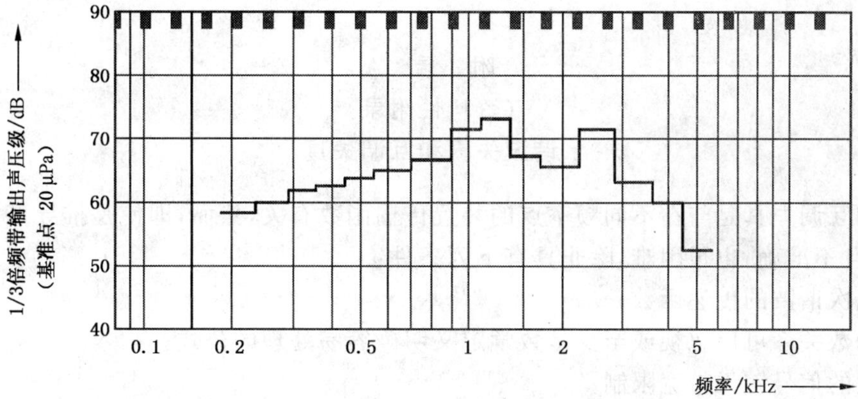

a）增益控制置于参考测试增益位置时，1/3 倍频带输出噪声声压级记录

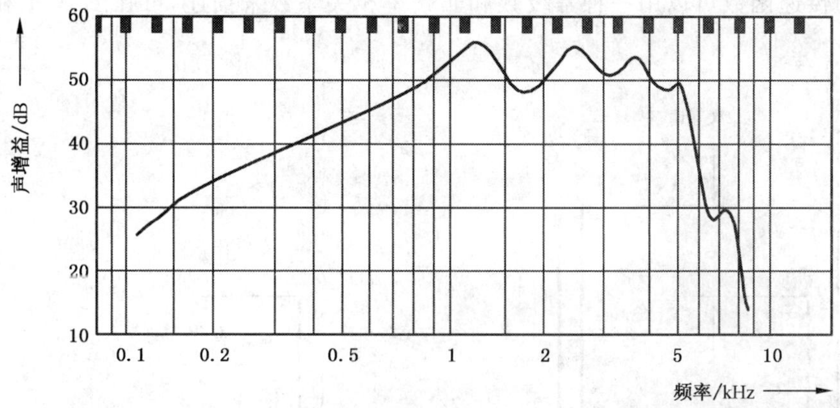

b）增益控制置于参考测试增益位置时，输入声压级为 60 dB 时纯音声增益记录

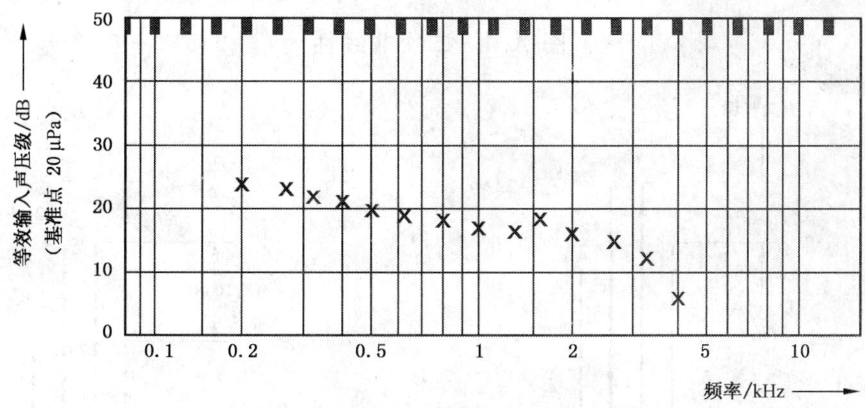

c）计算得到的等效输入噪声声压级

图 1　助听器等效输入噪声级测定示例

附　录　A
（资料性附录）
谐波失真和互调失真

谐波失真和互调失真是与在不同频率点的装置传输函数有关，然而，即使是推导谐波失真的一种形式也是冗长的，且不准确，也很困难，除非具有下列条件：

1）　已知低次谐波的传递函数；

2）　频率函数关系可以忽视或至少是数学定义明确容易处理的公式；

3）　非线性的信号链无带宽限制；

4）　在所考虑的整个幅度范围内，以幂级数表示的传递函数含有完全与信号幅度无关的系数。

如果设备的传递函数可以用一种幂级数和非频率相关系数来描述，可在图 A.1 和 A.2 中找到它们之间的关系。

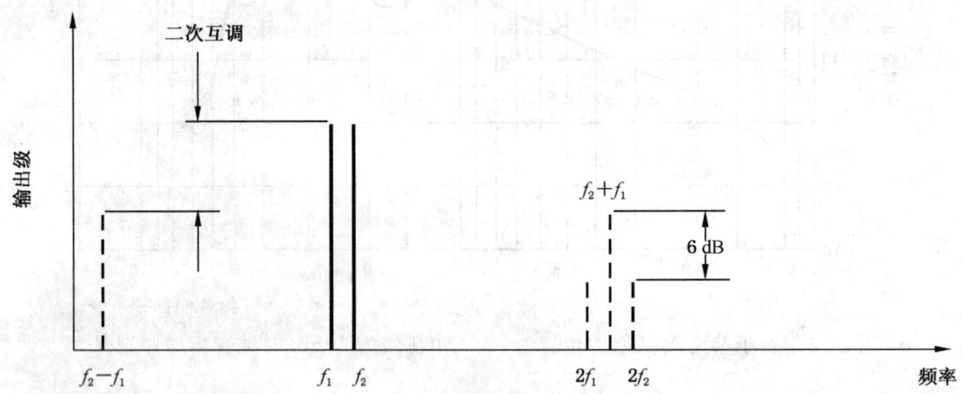

图 A.1　二次非线性

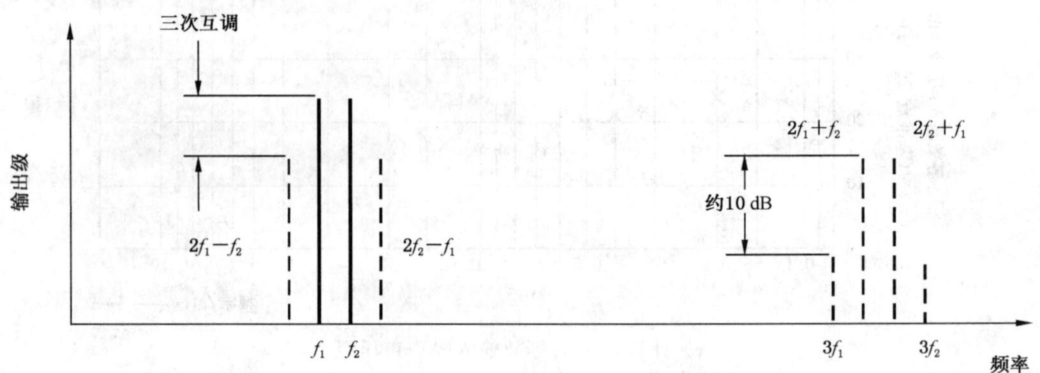

图 A.2　三次非线性

参 考 文 献

IEC 68 号公告《基本环境测试方法》

ICS 35.240.50
J 07

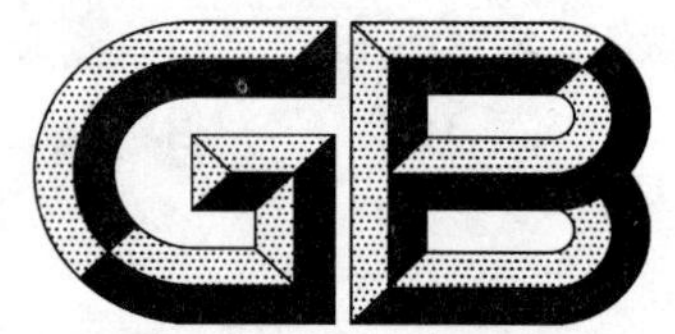

中华人民共和国国家标准

GB/T 25103—2010

供应链管理业务参考模型

Supply chain management business reference model

2010-09-02 发布　　2010-12-01 实施

中华人民共和国国家质量监督检验检疫总局
中国国家标准化管理委员会　发布

前　言

本标准由中国机械工业联合会提出。

本标准由全国自动化系统与集成标准化技术委员会(SAC/TC 159)归口。

本标准起草单位:北京机械工业自动化研究所、清华大学。

本标准主要起草人:黎晓东、黄双喜。

引　言

随着科学技术和经济的发展，进入21世纪之后，消费者的需求趋于多样化、个性化，市场变化莫测，再加上信息技术的蓬勃兴起，加剧了企业的全球化竞争。市场竞争环境的改变，使得传统企业只关注内部资源运作的管理模式正在经受严峻挑战。供应链管理正是顺应经济和时代的要求而发展起来的一种管理模式。它不仅关注企业内部的资源和竞争力，而且关注企业外部的资源和竞争力，强调在整个供应链上对资源和竞争力进行集成，是一种新的管理思想和方法。研究供应链管理的标准与规范，对于提高我国企业的管理水平和竞争能力，具有十分重要的理论意义和现实意义。

本标准在广泛调查研究，吸收并借鉴国内外有关资料的基础上，明确了供应链管理的概念、范围和内容，提出了供应链管理的业务参考模型，旨在规范我国当前供应链管理的基本概念与运做流程，以适应供应链管理的迅速发展和与国际接轨的需要。

供应链管理业务参考模型

1 范围

本标准规范了供应链管理的概念和定义,明确了供应链管理的范围和内容,给出了供应链管理的业务参考模型。本标准适用于供应链管理及相关领域的研究与开发,可为供应链的实施用户、系统提供商在选型、开发及实施过程中提供相应的参考。

2 规范性引用文件

下列文件中的条款通过本标准的引用而成为本标准的条款。凡是注日期的引用文件,其随后所有的修改单(不包括勘误的内容)或修订版均不适用于本标准,然而,鼓励根据本标准达成协议的各方研究是否可使用这些文件的最新版本。凡是不注日期的引用文件,其最新版本适用于本标准。

GB/T 18725—2008 制造业信息化 技术术语

3 术语和定义、缩略语

3.1 术语和定义

下列术语和定义适用于本标准。

3.1.1

供应链 supply chain

围绕核心企业,从采购原材料开始,到制成中间产品、最终产品,直至由销售网络把产品和服务送到消费者手中的流程,是包括供应商、制造商、分销商、零售商、直到最终客户的一个网链结构。

3.1.2

供应链管理 supply chain management

计划、组织和控制从最初原材料到最终产品及其消费的整个业务流程,对供应链过程中涉及的跨部门、跨企业、跨产业、跨地域运作的物流、信息流、资金流进行整体规划设计与运作管理的活动。

[GB/T 18725—2008]

3.1.3

供应链管理系统 supply chain management system

采用系统工程的理论、技术与方法,借助于计算机技术、信息技术等建立的用于支持供应链管理的信息系统。

3.1.4

供应链业务参考模型 supply chain business reference model

一套标准化的流程及流程定义体系,用于对供应链进行描述,使供应链管理的相关业务标准化。

3.1.5

流程 process

为完成某项目标而进行的一系列活动。

3.1.6

业务流程 business process

为完成企业业务目标而设定的特别流程。

3.1.7

活动 activity

流程中的单个步骤。

3.1.8

核心企业　core enterprise

在由供应商、制造商、分销商等实体构成的供需链中，总有一个企业(或实体)处于主导地位，它是供应链的利益主体，称该实体为核心企业。

3.1.9

供方　supplier

需求项目的提供者。

3.1.10

需方　acquirer

需求项目的消费者。

3.1.11

需求项目　demand project

对需方有价值的事物，它可以是各类原材料、半成品、最终消费品、方案、信息等。

3.1.12

物流　logistics

物品从供应地向接收地的实体流动过程。根据实际需要，将运输、储存、装卸、搬运、包装、流通加工、配送、信息处理等基本功能实施的有机结合。

[GB/T 18725—2008]

3.1.13

牛鞭效应　bullwhip effect

在供应链中，向供应商定货量的波动程度(方差)会大于向其顾客销售量的波动程度(方差)，并且这种波动程度沿着供应链向上游不断扩大。

3.1.14

零和博弈　zero-sum game

一种市场竞争策略，即总利润一定，一方利润的增加以另一方利润的减少为前提。

3.1.15

扩展企业　extended enterprise

一种先进的企业经营模式，核心是：从合作的角度出发，基于契约的方式，以供应链为核心，由核心企业发起而建立的企业联合体，其通过将各成员企业的核心价值单元进行连接，充分发挥各成员企业的核心能力，进行长期的战略合作，谋求赢得更大的利益。

3.1.16

库存　inventory

以支持生产、维护、操作和客户服务为目的而存储的各种物料。广义的库存还包括处于制造加工状态和外购(协)运输状态的物品。

3.1.17

配送　distribution

在经济合理区域范围内，根据用户要求，对物品进行挑选、加工、包装、分割、组配等作业，并按时送达指定地点的物流活动。

3.1.18

能力需求计划　Capacity Requirements Planning

CRP

确定、测试能力和负荷水平，即为完成某生产任务需要多少劳动力和机器能力的过程。

[GB/T 18725—2008]

3.1.19

物流计划　logistics planning

对设备、设施、劳动力以及库存等资源进行计划协调，用于库存管理和物流过程控制。

3.1.20

制造计划　manufacturing planning

对生产资源计划做出安排，用来确定主生产计划和物料需求计划。

3.1.21

采购计划　source planning

对物料发放、装船和入库做出安排。采购需求建立在能力限制、物流需求和制造需求的基础上，显示长期的物料需求和发放计划。

3.1.22

能力限制　capacity limitation

企业内部和外部的制造、库存和运输等资源约束。用以识别资源的"瓶颈"所在，并对资源进行有效的管理。

3.1.23

配送需求计划　Distribution Requirements Planning

DRP

一种既保证有效地满足市场需要又使得物流资源配置费用最省的计划方法，是 MRP 原理与方法在物品配送中的运用。

3.1.24

计划期物流需求　logistics planning on planning horizon

在一个计划期内，计划期需求数减去现有存货、再减去计划入库数所得到的数值。

3.1.25

主生产计划　Master Production Schedule

MPS

预先建立的一份计划，反映企业打算生产什么，什么时候生产以及生产多少。决定着企业未来的工作负荷、库存投资、生产安排和交货时间，为车间制造与采购等工作提供计划方向，贯穿直到完成交货为止的整个生产制造过程。

3.1.26

物料需求计划　Material Requirements Planning

MRP

一种工业制造企业内物资计划管理模式。根据产品结构各层次物品的从属和数量关系，根据每个物品为计划对象，以完工日期为时间基准倒排计划，按提前期长短区别各个物品下达生产计划时间的先后顺序。

3.1.27

作业　operation

为完成供应链任务而布置的活动，包括接收、处理、装运顾客订货，协调采购订货入库所需的各种活动。

3.1.28

运输单证　transportation documents

运输过程中使用的所有单据、票据、凭证的总称。

3.1.29

库存管理　inventory management

与库存物料计划与控制相关的所有业务。库存管理主要任务是控制库存量，加速库存周转，降低库存资金占用,从而降低库存成本。

3.1.30

按库存生产　manufacturing to stock

产品在客户订单收到前就已完成生产,根据销售预测来安排生产的。

3.1.31

按订单生产　manufacturing to order

在接收到客户的订单后才完成终产品的生产,根据客户订单来安排生产的。

3.1.32

定制生产　engineer to order

按客户提出的特殊要求对产品进行设计、开发和生产。

3.1.33

供应链性能特征　supply chain performance

可以进行分析、评价的供应链性能特性。

3.1.34

衡量指标　indicator

用来衡量供应链各种性能表现的基本指标。

3.1.35

性能指标　Measures of Effectiveness

MOE

衡量供应链业务性能的重要指标。由供应链性能特征与衡量指标组成。

3.1.36

供应链配送可靠性　supply chain distribution reliability

在配送时供应链的表现。

3.1.37

供应链反应性　supply chain responsiveness

供应链将产品送达到客户的速度。

3.1.38

供应链柔性　supply chain flexibility

供应链面对市场变化获得和维持竞争优势的灵活性。

3.1.39

供应链成本　supply chain cost

供应链运营所消耗的成本。

3.1.40

订单完成提前期　order lead time

从发出订货单到收到货物的时间间隔。

3.2　**缩略语**

下列缩略语适用于本标准。

DRP——distribution requirement planning,配送需求计划

EDI——electronic data interchange,电子数据交换

ERP——enterprise resource planning,企业资源计划

MOE——measures of effectiveness,性能指标

MRP——material requirement planning,物料需求计划

MPS——master production scheduling，主生产计划

SCM——supply chain management，供应链管理

SCOR——supply chain operation reference model，供应链运作参考模型

4 供应链概念、结构与特征

供应链是围绕核心企业，从采购原材料开始，到制成中间产品、最终产品，直至由销售网络把产品和服务送到消费者手中的流程，供应链是包括供应商、制造商、分销商、零售商、直到最终客户的一个网链结构。

供应链是一个跨企业结构模式，它包含所有加盟的节点企业，从原材料的供应开始，经过链中不同企业的制造加工、组装、分销等过程，直到最终客户。它不仅是一条联接供应商到客户的物流链、信息链、资金链，而且是一条增值链，物料在供应链上因加工、包装、运输等过程而增加其价值，给相关企业都带来收益。

供应链中存在着一个核心企业。对于核心企业，供应链是连接其供应商、供应商的供应商以及用户、用户的用户的网链。供应链的每一个环节都存在供方与需方的对应关系。供应链涉及多个相互关联但是法律上又相对独立的企业与组织，是以某个企业为核心的以满足客户需求，规避供应链参与企业的风险，提升供应链参与企业价值的增值网络。伴随着物流、资金流和信息流在这个网络中的流动，核心企业同供应链上的其他企业一起，共同承担着与一类或多类产品相关的采购、生产并最终将产品送达顾客等各项活动。供应链的结构模型如图1表示。

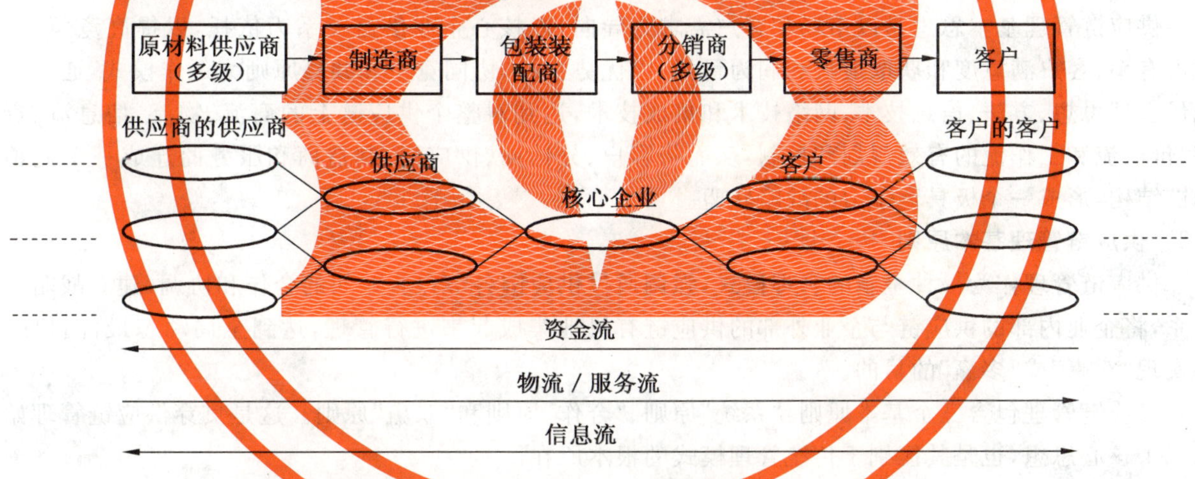

图1 供应链结构模型

供应链具有以下基本特征：

a) 供应链是一个复杂网络的系统。受不同外部经济环境、不同行业、不同生产技术和不同产品的影响，会产生不同形态结构、不同行为主体构成和采用不同控制方式的供应链。供应链往往由多个、多类型甚至多国企业构成。供应链是个网状结构，企业可以存在于多个供应链中，因此供应链结构模式比一般单个企业的结构模式更为复杂。

b) 供应链是一个动态变化的网络系统。供应链因企业战略和适应市场需求变化的需要，其中节点企业需要动态地更新，这就使得供应链具有明显的动态性。供应链的组成需要根据市场需求及加盟企业的产品或服务的类型，即供应链的战略目标来确定，应该只选取对供应链战略目标或绩效起关键作用的企业。

c) 以客户为中心，满足市场客户需求。这是供应链上的供需匹配成为一个持续的难题，从而导致了供应链上的消费需求和生产供应，始终存在时间差和空间分隔。通常，在实现产品销售的数

周或数月之前，制造商必须先期决定生产的款式和数量。这一决策直接影响到供应链系统的生产、仓储、配送等功能的容量设定，以及相关的各种成本构成。而供应链的形成、存在、重构，都是基于一定的市场需求而发生，并且在供应链的运作过程中，客户的需求拉动是供应链中信息流、产品/服务流、资金流运作的驱动源。

d) 供应链是一个价值链与实体网络交叠的利益共同体。供应链中的企业群必须以一个共同市场需求作为目标，供应链的形成、存在与重构，都是基于一定的市场需求而发生，市场需求是供应链中信息流、产品或服务流、资金流运作的驱动源。供应链追求运作高效率与低成本，力求达到整体利益最大化。

5 供应链管理概念与内涵

5.1 供应链管理定义

供应链管理是计划、组织和控制从最初原材料到最终产品及其消费的整个业务流程，是对供应链过程中涉及的跨部门、跨企业、跨地域运作的物流、信息流、资金流进行整体规划设计与运作管理的活动。

供应链管理是一种集成化的管理思想和方法，采用系统的观点对供应链中的物流、信息流和资金流进行设计、规划、控制与优化，以寻求建立供、产、销企业以及客户间的战略合作伙伴关系，最大程度的减少内耗与浪费，实现供应链整体效率的最优化并保证供应链中成员取得相应的绩效和利益，满足顾客需求的整个管理过程。

5.2 供应链管理基本思想

供应链管理基本思想是以市场和客户需求为导向，以核心企业供需关系为依托，以提高竞争力、市场占有率、客户满意度和获取最大利润为目标，以优势互补、协同竞争和共赢原则为运作模式，通过运用现代管理思想、方法、信息技术、网络技术和集成技术，达到对整个供应链上的商流、物流、信息流、资金流、价值流和工作流的有效规划和控制，从而将客户、分销商、供应商、制造商和服务商连成一个完整的网链结构，形成一个极具竞争力的战略联盟。

5.3 供应链管理基本原则

供应链管理作为一种全新的管理模式，强调通过供应链各节点企业间的合作和协调，建立战略伙伴关系，将企业内部的供应链与企业外部的供应链有机地集成起来进行管理，达到全局动态最优目标，最终实现“双赢”或“多赢”的目的。

供应链管理包含三个基本原则：“系统”原则、“合作”原则和“双赢”原则。这是贯穿供应链管理始终的三个核心思想，也是其区别于传统管理模式的根本所在。

a) “系统”原则

供应链是一个系统，是由核心企业、供应商以及供应商的供应商、用户以及用户的用户所组成的，整个系统在统一的管理和协调下，实现信息流、物流和资金流的顺利流动，实现系统的增值。在对供应链进行管理的时候，首先要用系统的思想作为指导。系统观念的核心思想是不再孤立地看待各个企业及各个部门，而是考虑所有相关的内外联系体——供应商、制造商、销售商等，并把整个供应链看成是一个有机联系的整体。系统原则是供应链管理原则中的核心，是“双赢”原则和“合作”原则的基础。只有当用系统的观念来思考供应链中的问题时，才能真正做到“合作”和“双赢”。

b) “合作”原则

合作是供应链管理成功的基本要求和条件，整个供应链竞争力的大小直接取决于供应链各节点企业间合作的程度。供应链管理中合作的含义较以往有了较大的扩展和延伸。供应链管理中的合作不仅要求在计划、生产、质量、成本等方面的信息沟通和在成本、质量改进上的互相帮助等，还要求在产品开发中的相互交流，双方在资金上的相互支援以及双方在人力资源上的相互交流等。也就是说合作伙伴关系不仅是“风险分担、利益共享”，还包括“信用互守、信息共享、团结互助”等含义。它涉及了从物流、资金流到信息流，包含了整个供应链所有节点企业，因此它是一种更深层次、更大范围的企业合作。这种全方位、深层次的合作要求供应链各节点企业有强烈的“合作”意识和“整体”意识，把供应链的整体利益当作自身利益，以实现整体利益的最大化为目标。通过供应链节点企业间的联系和合作，可以有效地减轻供应链中的牛鞭效应。

c) “双赢”原则

独立企业通常都只注重企业内部的资源管理，它们的经营策略是一种零和博弈竞争的策略，即总利润一定，一方利润的增加以另一方利润的减少为前提。供应链管理通过合作来提高整个供应链的总利润。因此，供应链管理强调通过企业间的合作达到整个供应链的绩效最优。以此来实现各节点企业对利润的追逐。因此“双赢”原则是“系统”原则和“合作”原则得以贯彻实施的保障。

5.4 供应链管理的内容

供应链管理涉及供应链不同节点企业之间的供应链计划、协作、运行和控制，覆盖了从供应商的供应商到客户的客户的全部过程。

供应链管理涵盖了广泛的内容，包括对供应链不同过程中的物流、信息流、资金流、增值流、业务流以及贸易伙伴关系等进行规划设计；选择战略伙伴企业，构筑扩展企业模式；对供应链过程进行计划、组织、协调和控制工作。对供应链核心企业而言，供应链管理包括营销、计划、采购、制造、储存、运输、配送、交货和其他相关服务等不同的过程。

供应链管理可以被划分为三个主要流程：

a) 计划：包括需求预测、库存计划、资源配置、设备管理、渠道优化、生产作业计划、物料需求与采购计划等，旨在使正确的产品在正确的时间和地点交货。

b) 实施：主要关注运作效率，包括客户订单执行、采购、制造、存货控制以及后勤配送等，其目标是提高货物和服务在供应链中的流动效率。

c) 执行评估：对供应链运行情况跟踪，以便于制定更有效的决策，更有效地反应变化的市场需求。

供应链管理主要内容包括以下几方面：

a) 供应链网络构建：供应链的组织结构设计，如供应商、制造商、经销商、用户的选择；相关经营主体经营关系的构筑，供应链管理平台信息网络的设计等。

b) 供应商与采购管理：原材料、配件、产成品需求预测、计划与管理，营销管理、战略采购等。

c) 生产制造管理：主要指多工厂的协调管理与流程控制，包括多工厂生产计划、生产作业计划和跟踪控制、库存管理。

d) 集成化信息管理：包括需求预测、生产计划、生产作业计划和跟踪控制、库存管理、制造管理、分销和促销管理、客户关系管理与增值服务、协调管理与控制等方面的信息化、电子化和集成化管理。

e) 集成化物流管理：分销渠道设计与管理，包括用户服务水平确定、物流过程监控、信息流和资金流管理等。

5.5 供应链管理系统

供应链管理系统是指采用系统工程的理论、技术与方法，借助于计算机技术、信息技术等建立的用于支持供应链管理的信息系统。

供应链管理系统结构包括计划和执行两个层次。计划用于供应链的计划和协调。执行是对顾客订单的处理、采购、配送等的作业活动。供应链管理系统结构如图 2 所示。

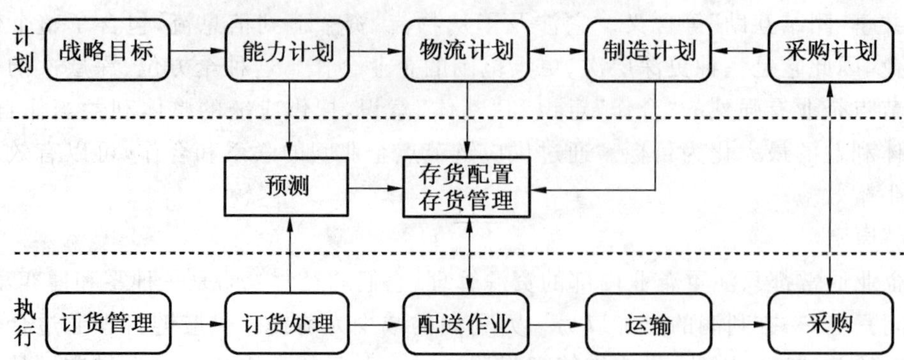

图 2 供应链管理系统结构

a) 计划:系统的计划模块形成了制造商和经销商的信息系统的支柱,目的在于指导企业资源分配、履行从产品采购到交付使用的职能。它包括战略目标、能力计划、物流计划、制造计划和采购计划。

1) 战略目标:包括营销目标,诸如明确目标市场、产品、营销计划、服务水平;金融目标,诸如入库数、销售额、生产水平、资金和人力资源的限制。营销目标和金融目标应该结合起来取得一致。

2) 能力计划:能力计划是由企业的内部和外部的制造、仓库和运输等资源所确定的,通过能力限制可以识别物料的"瓶颈"所在,并对资源进行有效的管理,以满足市场需要。对每一个产品来说,能力限制可以决定生产、储存和运输的时间、地点和数量。

3) 物流计划:物流计划起着协调设备、设施、劳动力,以及库存等资源的作用,通常作为存货管理和过程控制的工具,通过使用配送需求计划(DRP)来实施。计划期物流需求是建立在预测、顾客订货和促销的基础上的。物流计划必须把能力限制和制造需求结合起来,以获取最佳的系统功能。

4) 制造计划:制造计划用于确定主生产计划(MPS)和物料需求计划(MRP)。MPS 用于确定每周或每天的生产和机器设备的安排,给定 MPS 后,物料需求计划才能为执行制造计划协调采购和物料、零部件的到达时间。

5) 采购计划:对物料发放、装船和入库做出安排。采购需求建立在能力限制、物流需求和制造需求的基础上,显示长期的物料需求和发放计划。

b) 执行:包括订货管理、订货处理、配送作业、运输和采购。

1) 订货管理:通过使用通信技术(如邮件、电话、传真、EDI 等),登录和维护顾客订货。当收到订货时,订货管理就存取所需要的信息,编辑适当的计算结果,然后对可接受的订货进行处理。

2) 订货处理:是向公开的顾客订货和补充订货指派或分配库存。分配可以以收到订货的实际时间(即时)为基础,也可以按批量(按天或按工班)进行。实时分配更易做出及时反应,但当存货量较低时,批量处理使厂商更易于控制局面。

3) 配送作业:结合供应链信息系统功能指导配送中心的活动,其中包括产品入库、物料搬运、储存和订货选择等。

4) 运输:包括运输计划和时间表、联合运输、运输通知、运输单证的生成和承运人的管理等。

5) 采购:传统的采购系统没被看作供应链信息系统的组成部分。但在管理整个供应链时,有效的供应链信息系统应该是采购、物流计划和物流活动结合起来,以协调物料入库、设施的生产能力等。

6 供应链业务参考模型

6.1 供应链业务参考模型的范围

建立良好的供应链业务参考模型是企业实施供应链管理的基础。一个良好的业务参考模型，确保了正确的供应链管理系统的设计与实施。

供应链业务参考模型为企业提供了供应链快速描述、建模及学习交流的工具，其衡量指标体系提供了供应链评价及快速确定改进机会的方法。

供应链业务参考模型是一个业务流程参考模型。用以描述供应链的业务活动。用供应链业务参考模型提供的一组通用的标准业务流程元素建立模块，可以描述很简单的或很复杂的供应链。

该模型描述流程，而不是功能。该模型将重点放在供应链相关活动，而不是执行活动的人、组织机构或系统。

供应链业务参考模型有着明确的界限和范围。

参考了 SCOR 模型规范，供应链模型的范围为：

a) 所有的用户交易活动(从提交订单到结算付款)；

b) 所有的物料传输交易(从供应商的供应商到顾客的顾客，包括设备、供应、备件、主要产品、软件等)；

c) 所有市场交互活动(从了解和收集需求到满足每一份订单)；

d) 退货。

供应链业务参考模型并不企图描述每一个业务流程，特别是销售和市场开拓、产品研发或发送后的用户支持等活动。供应链业务参考模型不包括：

a) 销售管理流程；

b) 技术开发流程；

c) 产品和工艺流程设计、开发。

供应链业务参考模型认为应包括以下活动，但不由供应链业务参考模型来定义：

a) 培训；

b) 质量；

c) 信息技术管理(非供应链管理)。

应该注意，该模型的范围不断地根据市场需求变化。根据企业将服务和产品一起交付顾客的实际需求，模型引进一些特定的术语，从而能够覆盖服务产品和有形产品两种情况。随着退货流程的引入，该模型扩展到售后服务和客户支持流程。

6.2 供应链业务参考模型组织框架

供应链业务参考模型旨在开发来描述满足客户需求的所有阶段的企业活动。供应链业务参考模型将供应链管理分为计划、采购、生产、配送和退货 5 个基本流程(它们从一个侧面反映了供应链的组织结构)，每个流程都有相应的支持系统，如图 3 所示。通过这些基本流程模块来描述供应链，该模型可以使用一套公共的定义来描述简单的或者复杂的供应链，描述不同行业任何供应链的宽度和深度。该模型成功地描述并提供了一个改善全球范围或者某个地区范围的供应链的基础。

供应链业务参考模型将这些流程分为三类：计划流程、实施流程和支持流程。

计划流程将预期的资源合理组合，以平衡能力与需求，同时通过协调全局的计划来平衡总体需求。一般地，计划流程定期执行，与供应链反应时间有密切关系。

采购、生产、配送和退货流程又统称为实施流程。实施流程以计划或实际的需求为驱动，在实施过程中改变产品的状态，包括日程安排、原材料的转化以及服务和产品的运输。

支持流程包含供应链管理的基础工作，包括规则的建立和管理、业绩表现评估、信息系统与数据管理、库存管理、资产管理、运输管理、供应链配置管理、遵守法规管理等。

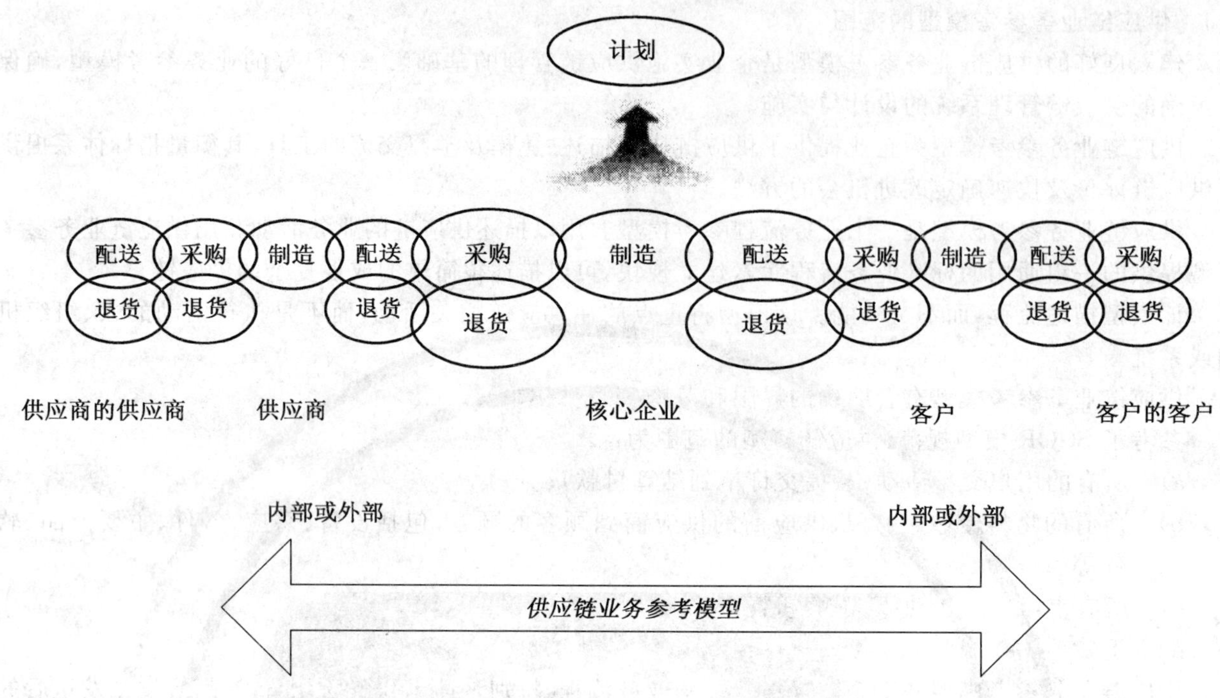

图 3 供应链业务参考模型

6.3 供应链业务参考模型层次结构

供应链业务参考模型支持不同复杂程度、不同行业的供应链管理。基于供应链流程基本元素，供应链业务参考模型分成 3 个层次(见图 4)，分别为顶层(流程类型)，配置层(流程种类)，流程元素层(分解流程)。

第一层描述了五个基本流程:计划、采购、制造、配送和退货。它定义了供应链业务参考模型的范围和内容，并确定了企业竞争性能目标的基础，是企业建立竞争目标的关键。

第二层是配置层，由可能构成供应链的核心流程范畴组成。企业可选用该层中定义的标准流程单元构建他们的供应链。每一种产品或产品型号都可以有它自己的供应链。

第三层是流程分解层，它给出第二层每个流程分类中流程元素的细节。

第三层以下还可能有第四层或者更多层次，这些层次都是实施层，它们不属于参考模型的范畴。因为当企业提出特殊供应链改进要求时，每一个企业在第四层的具体定义都是根据企业自身情况决定的，具有特殊性，所以没有在参考模型中定义特殊元素的可能和必要。在实施层中，各个企业根据自身供应链管理的实际将第三层中分解出的流程元素进行再分解，从而获得竞争优势并适应商业流程的变化。

根据该层次结构，可以自顶向下、由粗到精逐层分解供应链过程，大大降低了供应链建模的复杂度。

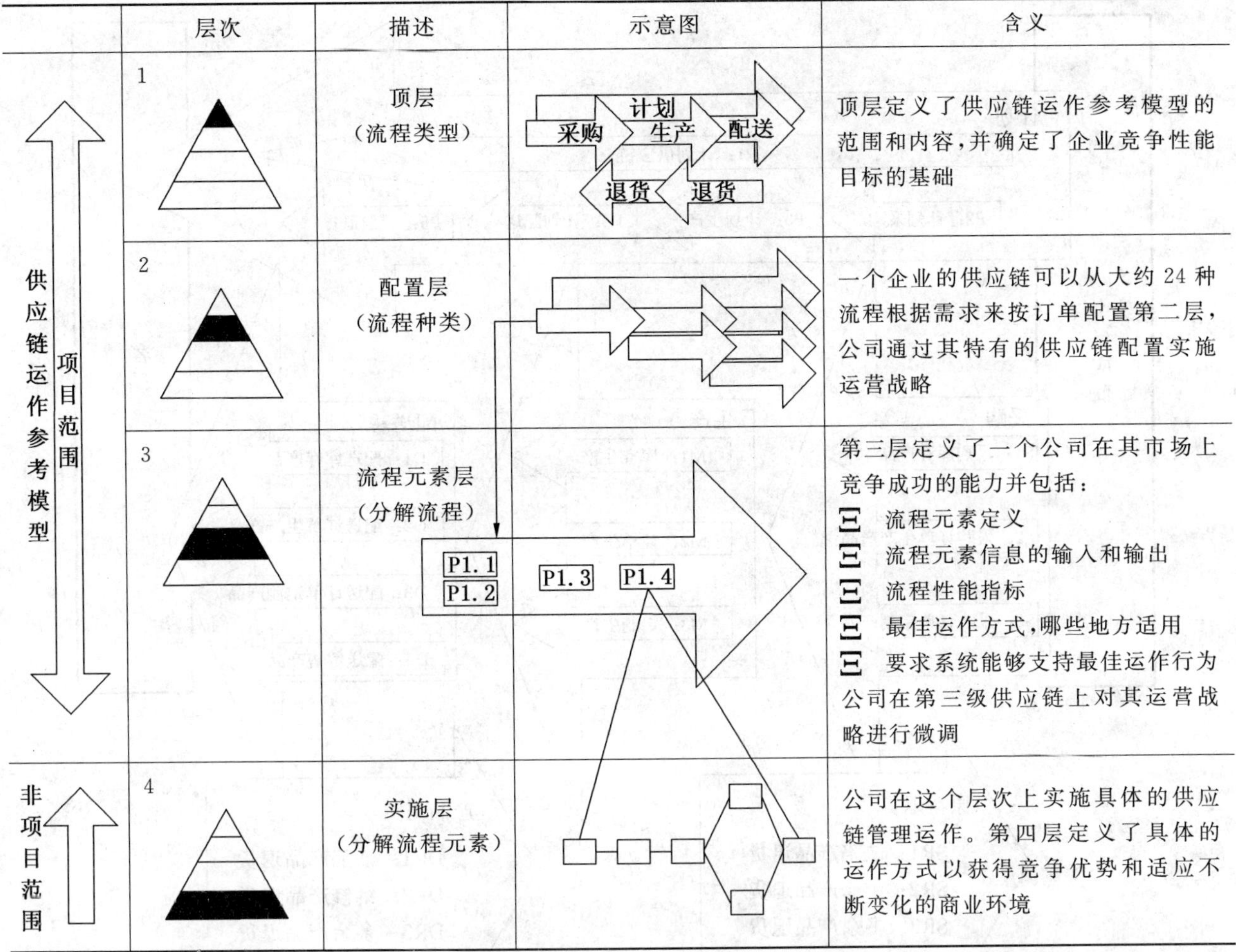

图 4　供应链业务参考模型层次结构

6.4　供应链业务参考模型标记符号系统

整个供应链业务参考模型采用了一套标准的符号。P 代表计划流程,S 代表采购流程,M 代表生产流程,D 代表配送流程,R 代表退货流程。E 加在上述任何符号前面代表相应流程的支持流程,例如 EP 代表计划流程的支持流程。供应链业务参考模型分为四个层次。P、S、M、D、R 是最高层定义层的符号,用来确定供应链的范围和目标;P2、S1、D3、SR2 等为第二层配置层的符号,而 Pa. b、Sa. b、Da. b、Ma. b 等则为第三层流程元素层的符号,表示第三层的流程因素,a 表示该流程因素对应的第二层分流程的脚标,b 表示该流程因素在上层分流程中的排序。第三层是第二层的细化,用数字和小数点标记层次,如 P1. 1=P(计划)1(供应链). 1(供应链计划流程有关的计划因素,进行确定、排序和汇总供应链需求)。

在采购、生产和配送流程中,设定了基本的内部结构,采用相同的表示方法。供应链业务参考模型集中考虑三种运作环境:按库存进行生产(Manufacture-to-Stock)、按订单进行生产(Manufacture-to-Order)和按订单定制进行生产(Engineer-to-Order)。这样,在配置层,S1 就代表按库存进行的采购,S2 代表按订单进行的采购,而 S3 则代表按订单定制进行的采购。对于生产和配送也符合同样约定,如 M1 指按库存进行的生产,D2 指的是配送按订单生产的产品。对于退货流程,R1 指对缺陷产品的退货;R2 指的是对维修产品的退货;而 R3 则表示对多余产品的退货。

6.5　供应链业务参考模型流程定义

供应链业务参考模型流程定义如图 5 所示。

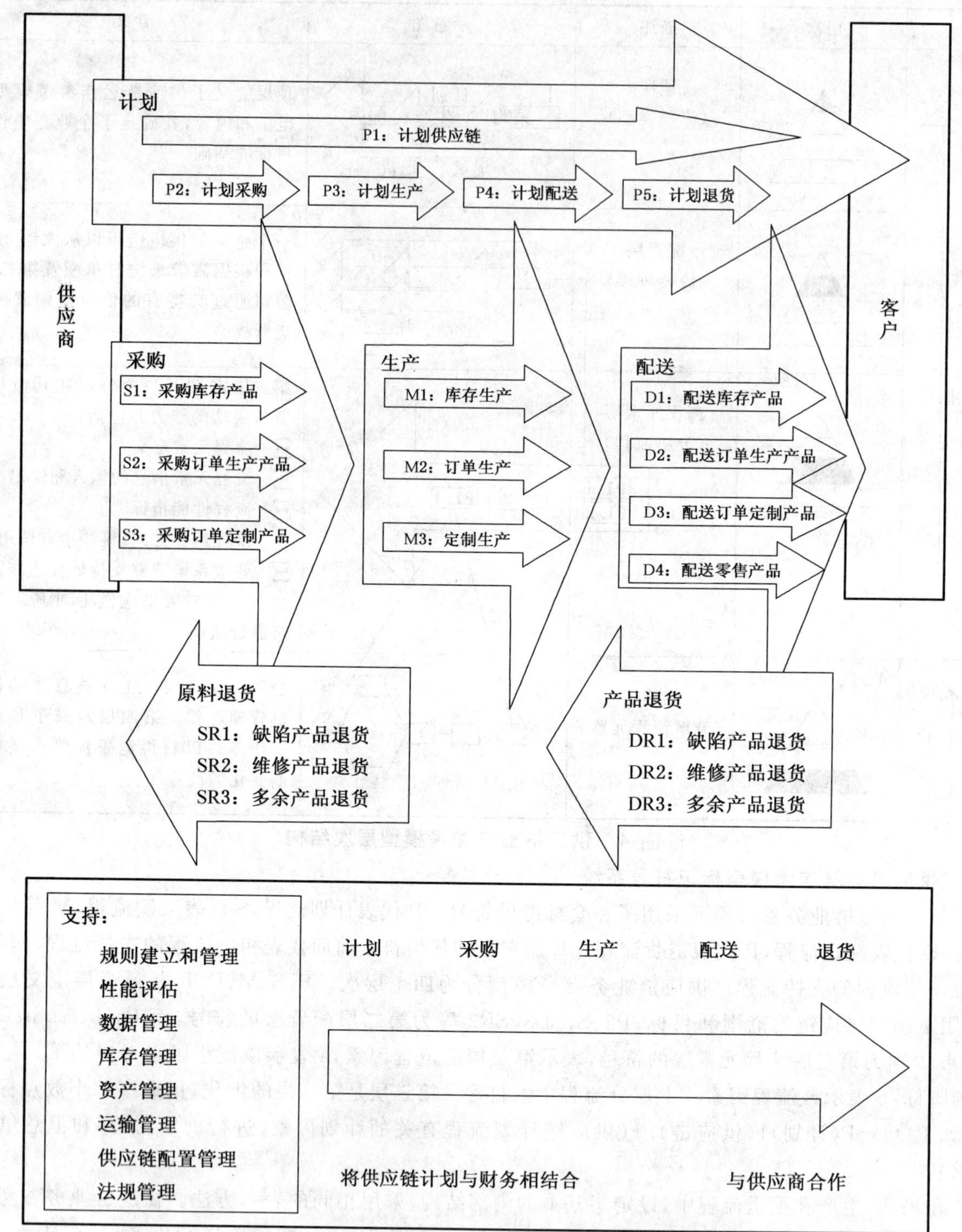

图 5 供应链业务参考模型流程定义

计划、采购、生产、配送、退货是供应链的五个基本流程要素，每个要素包含着不同的内容：

a) 计划

需求/供应计划：评估企业整体生产能力、总体需求计划以及针对产品与分销渠道进行库存计划、分销计划、生产计划、物料及生产能力的计划。包括制造或采购决策的制定、供应链结构设计、长期生产能力与资源规划、企业计划、产品生命周期的决定、生产正常运营的过度期管理、产品衰退期的管理与产品线的管理等。此外还涉及基础设施计划的管理。

P1:开发和建立一套在确定时间段内的行动方案,以合理利用供应链资源来满足供应链需求;

P2:开发和建立一套在确定时间段内的行动方案,以合理利用原材料来满足供应链需求;

P3:开发和建立一套在确定时间段内的行动方案,以合理利用生产资源来满足生产需求;

P4:开发和建立一套在确定时间段内的行动方案,以合理利用配送资源来满足配送需求;

P5:这是一个战略或战术过程,用以开发和建立一套在确定时间段内的行动或作业方案,以合理利用退货资源及资产来满足预料到的和不曾预料到的退货需求,其范围包括卖出商品的无计划退货以及有计划的退货,如一些循环产品可以重新回收,更新后再卖给顾客。

b) 采购

寻找供应商和原材料的接收:包括获得、接收、检验、拒收与发送物料;对供应商的评估、采购运输管理、采购品质管理、采购合约管理、进货运费条件管理、采购零部件的规格管理;原材料仓库管理。

原材料运送和安装管理:原材料运输管理、付款条件管理以及安装进度管理。

采购支持业务:采购业务规则管理、原材料存货管理。

S1:原材料、零部件、产品和服务的获取、交付、接收和转移;

S2:根据客户订单的需求设计和配置原材料的需求,并进行采购和接收;

S3:为订单定制的产品客户配置零部件或特定原材料产品及服务,并与供应商进行谈判磋商,进行采购和接收的过程。

c) 生产

这个流程包括生产运作:申请及领取物料、产品制造和测试、包装出货等;工程变更、生产状况掌握、产品质量管理、现场生产进度制定、短期生产能力计划与现场设备管理等;在制品运输。

生产支持业务:如制造业务规则管理,在制品库存管理等。

M1:在按库存生产环境的生产过程中,产品通过混合、分离、组合、机械加工及化学反应过程来增值。按库存生产的产品倾向于现货供应和最终产品运输。其产品在客户订单收到前就已完成生产,通常是根据销售预测来安排生产的。

M2:在按订单生产环境的生产过程中,产品通过混合、分离、组合、机械加工及化学反应过程来增值。按订单生产是在接收到客户的订单后才完成最终产品的生产,通常是适应客户订单来安排生产的。

M3:生产独特产品的过程,如有些零部件在转化加工过程中暂时保留其特性,等到收到客户订单后再依客户的需求进行改变,完成最终产品的生产。按订单生产实际上还是按客户的要求生产标准产品,或在产品的配置包装上根据客户的订单而相应地发生一些变化。但按订单定制的产品就不是标准产品了,是按客户提出的特殊要求对产品进行设计、开发和生产。

d) 配送

这个流程包括订单管理、产品库存管理、产品运输安装管理和配送支持业务四大块。其中,订单管理包括订单输入、报价、客户资料维护、订单分配、产品价格资料维护、应收帐款管理、受信、收款与开立发票等;产品库存管理包括存储、拣货、按包装明细将产品包装入箱、制作客户特殊要求的包装与标签、整理确认订单、运送货物等;产品运输安装管理包括运输方式安排、出货运费条件管理、货品安装进度安排、进行安装与产品试运行等;配送支持业务包括配送渠道的决策制定、配送存货管理、配送品质的掌握和产品的进出口业务等。

D1:配送按库存进行生产的产品,即在客户订单收到之前就已经处于最终产品状态。

D2:配送按订单进行生产的产品,即产品的生产、装配及包装都是在收到客户订单并确认后才进行的。

D3:配送按订单定制进行生产的产品,即产品的设计、生产、装配及包装都是在收到客户订单并确认后才进行的。

D4:配送零售产品,对已在市场上销售的产品进行配送。

e) 退货

退货有原材料的退货(用符号 SR 表示)和产品的退货(用符号 DR 表示)。退还原材料给供应商包括:与商业伙伴的沟通、同时准备好文件资料以及原材料实体的返还和运送等。接受并处理从客户处返回的产品包括:与商业伙伴的沟通、同时准备好文件资料以及产品实体的返还、接受和处理等。

R1:质量担保合同中声明的缺陷产品、需回笼产品及非合格产品的退货和处理,包括适当的产品替换。

R2:对于重要的技术维修计划中的定义的维护、维修及待检产品的退货。

R3:对于客户/供应商合同中条款规定的剩余产品、陈旧产品和耐用产品的退货。

7 供应链性能/绩效衡量

不同企业的业务流程有不同的性能表现,所以衡量供应链的表现与理解其运营具有同样的必要性,需要满足以下四点要求:

a) 衡量工作必须结合企业的目标;
b) 衡量工作要有可重复性;
c) 衡量工作必须能对更有效的管理供应链提出见解;
d) 衡量一定要适合于所评测的流程活动。

为了做出衡量和比较,必须确定复杂管理业务流程的描述标准和衡量尺度,因此,根据供应链业务参考模型定义了用于与客观的、企业外部参考点的流程绩效比较的性能特征和衡量指标(即 MOE 值:Measures of Effectiveness 性能指标)。性能特征是供应链可以用来分析、评价的特性,以满足不同供应链之间相互比较的需要。图 6 描述了供应链性能特征与衡量指标结合的用于流程绩效比较的性能指标(MOE),这是衡量供应链业务流程性能的重要指标。

性能特征	性能特征定义	第一层衡量指标
供应链配送可靠性	在配送时供应链的表现(7c)):正确的时间、将正确的产品以正确的质量并完整的文件资料、正确的包装和放置条件、送达正确的地点、交给正确的客户的能力	配送性能
		完成率
		订单的完好履行率
供应链的反应性	供应链将产品送达到客户的速度	订单完成提前期
供应链的柔性	供应链面对市场变化获得和维持竞争优势的灵活性	供应链响应时间
		生产的柔性
供应链的成本	供应链运营所耗成本	产品销售成本
		供应链管理总成本
		增值生产力
		产品保证成本/退货处理成本
供应链管理的资产利用率	一个组织为满足需求利用资本的有效性,包括各项资本的利用:固定资本和运营资本	现金周转时间
		供应库存总天数
		净资产周转次数

图 6 供应链性能指标

供应链业务参考模型衡量指标是基本指标,用来衡量供应链各种基本性能表现,包括供应链可靠性、供应链响应性、供应链灵活性、供应链成本以及对供应链资产的管理,其具体的描述见图 7。值得注意的是,与每个流程、分流程和流程因素划分不同层次一样,衡量指标也可以继续分解到特定的计划、实施和支持流程(即层次 2 或层次 3 的指标和更细的诊断指标),成为其他流程的衡量指标。

根据供应链的性能指标(MOE值),就可以设计出供应链记分卡(见图8),评估企业供应链目前的情况,进行差距分析,从而设计出改进方案,实施改进方案、评估并持续改进。

性能指标	面向客户			面向内部	
供应链管理	可靠性	反应能力	柔性	费用	资产/利用
配送性能	√				
完成率	√				
订单的完好履行	√				
订单完成提前期		√			
供应链响应时间			√		
生产的柔性			√		
供应链管理的总成本				√	
产品销售成本				√	
增值生产力				√	
产品保证/退货处理成本				√	
现金周转时间					√
供应库存总天数					√
净资产周转次数					√

图7 供应链性能指标

供应链记分卡				性能/竞争者数量			
	衡量指标概述	供应链指标	目前的	一般	较好	高级	改进后所获效益
外部	供应链可靠性	按承诺准时配送的百分比					
		完成率					
		完好订单履行					
	响应	订单完成提前期					
	柔性	供应链反应时间					
		生产柔性					
内部	成本	SCM管理总成本					
		担保成本					
		增值生产					
	资产	供应的库存成本					
		资金周转时间					
		净资产周转率(运营资本)					

图8 供应链记分卡

ICS 75.040
E 21

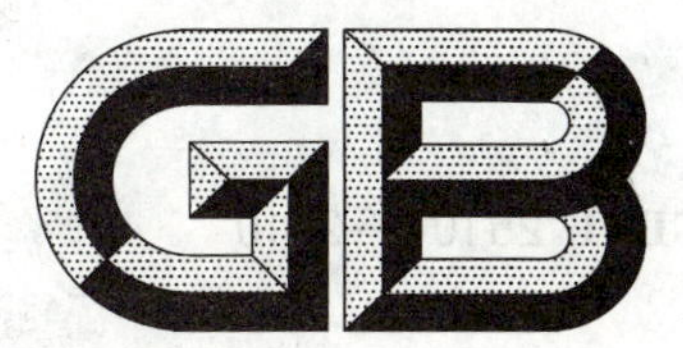

中华人民共和国国家标准

GB/T 25104—2010

原油水含量的自动测定　射频法

Crude oil-automatic determination of water—RF method

2010-09-02 发布　　2010-12-01 实施

中华人民共和国国家质量监督检验检疫总局
中国国家标准化管理委员会　发布

前　言

本标准由中国机械工业联合会提出。

本标准由全国工业过程测量和控制标准化技术委员会(SAC/TC 124)归口。

本标准由锦州电子技术研究所起草。

本标准主要起草人:朱广陞、高世春、朱丹。

原油水含量的自动测定　射频法

1　范围

本标准规定了射频法自动测定原油水含量的方法。

本标准适用于原油以管线输油方式和罐车运输方式时原油水含量的自动测定。

2　规范性引用文件

下列文件中的条款通过本标准的引用而成为本标准的条款。凡是注日期的引用文件，其随后所有的修改单(不包括勘误的内容)或修订版均不适用于本标准，然而，鼓励根据本标准达成协议的各方研究是否可使用这些文件的最新版本。凡是不注日期的引用文件，其最新版本适用于本标准。

GB 3836.1　爆炸性环境　第1部分：设备　通用要求(GB 3836.1—2010，IEC 60079-0：2007，MOD)

GB 3836.2　爆炸性环境　第2部分：由隔爆外壳“d”保护的设备(GB 3836.2—2010，IEC 60079-1：2007)

GB 3836.4　爆炸性环境　第4部分：由本质安全型“i”保护的设备(GB 3836.4—2010，eqv IEC 60079-11：2006)

3　术语与定义

下列术语和定义适用于本标准。

3.1

含水率　water ratio

用以表示水含量的大小，以水占原油总量的百分比数值表示。某一时刻的含水率为瞬时含水率，某一时段瞬时含水率的算术平均值为平均含水率。

3.2

探头擦除功能　function of probe cleaning

清除探头表面的附着物，以排除其对测量准确度的影响。

4　基本原理与方法概要

4.1　基本原理

根据比耳(Beer)定律和电磁波的物理特性，同一频率的电磁波通过不同浓度的介质时，由于介质吸收了部分能量，透射电磁波的强度产生相应变化。若介质厚度不变，介质浓度越大，则电磁波强度的相应变化越显著，其关系见式(1)：

$$\lg \frac{I_0}{I} = \mu c \qquad (1)$$

式中：

I_0——入射电磁波强度；

I——透射电磁波强度；

μ——吸收常数；

c——介质浓度。

工作时，感应单元向原油中发射稳频恒幅的电磁波，电磁波穿透介质，透射电磁波强度随水含量变化而变化，透射电磁波由感应单元接收，经分析处理单元转换为水含量信号。

4.2 方法概要

将探头安装在原油的流经部位进行全时测定，感应单元将接收的射频信号反馈至分析处理系统，分析处理系统将射频信号转换为水含量数字信号，通过计算软件进行自动计算得出瞬时含水率和平均含水率。

5 自动测定系统

自动测定系统由感应单元、分析处理单元和辅助单元组成。感应单元主要由探头、射频信号发生器和接收器，以及探头擦除装置或采用其他清洁方法的装置组成；分析处理单元主要由信号接口箱、中心处理器和显示器组成；辅助单元指计算软件，内置于中心处理器。

5.1 技术要求

5.1.1 测定含水率范围：0.01%(体积分数)～99.99%(体积分数)。

5.1.2 测定频率：0.1 s/次。

5.1.3 分辨力：0.01%(体积分数)。

5.1.4 具有探头擦除功能。

5.1.5 探头具有防腐蚀性能。

5.1.6 探头的绝缘强度不小于 2 500 MΩ。

5.1.7 计算软件应具有可靠性、易用性和可维护性。

5.2 安全要求

5.2.1 符合 GB 3836.1、GB 3836.2、GB 3836.4 的要求。

5.2.2 对环境无放射性污染和其他污染，对人体无放射性危害和其他危害。

6 准备工作

6.1 安装感应系统。

6.2 目测探头表面无明显附着物。

6.3 使用中确保探头与原油充分接触。

6.4 原油中含有目测可见杂物时，须在探头前加装过滤装置。

7 测定步骤

7.1 主机运行，输入与记录有关的识别参数。

7.2 开始输油，自动测定系统开始采集信号数据。

7.3 输油结束，采集信号数据结束。

7.4 中心处理器自动处理计算，得出含水率结果数据。

7.5 主机关闭。

8 计算

平均含水率，按式(2)计算：

$$w_v = \frac{1}{n}\sum_{i=1}^{n} w_{vi} \times 100\% \qquad \cdots\cdots(2)$$

式中：

w_{vi}——瞬时含水率，%(体积分数)；

w_v——平均含水率，%(体积分数)；

n——累计采样次数。

9 测量准确度

含水率≤3.00%(体积分数)时为±0.05%(体积分数);

含水率>3.00%(体积分数)时为±1.00%(体积分数)。

10 报告

10.1 取平均含水率作为水含量的最终测定结果。

10.2 测定结果的表示

含水率≤3.00%(体积分数)时应报告至小数点后两位;

含水率>3.00%(体积分数)时应报告至小数点后一位。